空间微波遥感研究与应用丛书

合成孔径雷达图像智能解译

徐　丰　王海鹏　金亚秋　著

科学出版社
北　京

内 容 简 介

　　本书总结了作者近5年来在合成孔径雷达(SAR)图像智能解译方面的研究成果。本书共分13章。第1~3章主要介绍 SAR 图像解译的研究背景和现状、深度学习新技术的发展以及深度学习基本原理。第4~6章主要介绍基于深度学习技术的 SAR 图像智能目标识别研究,包括地面目标识别、海面目标识别以及目标特征表征学习等。第7~10章介绍极化 SAR 图像的智能解译技术研究,包括基于深度学习的极化 SAR 地表分类、多极化 SAR 图像重构、极化 SAR 图像因子分解以及极化干涉 SAR 植被参数反演。第11章介绍 SAR 图像统计建模和基于深度学习的 SAR 相干斑滤波。第12章介绍基于深度学习的虚拟场景重建。第13章介绍基于深度学习的 SAR 图像与光学图像相互翻译。主要章节均附有实例代码。

　　本书适合空间微波遥感、雷达图像处理等有关的科技工作者,以及高等院校相关专业师生阅读使用。

图书在版编目(CIP)数据

　　合成孔径雷达图像智能解译 / 徐丰,王海鹏,金亚秋著. —北京:科学出版社,2020.9

　　(空间微波遥感研究与应用丛书)

　　ISBN 978-7-03-065991-0

　　Ⅰ.①合… Ⅱ.①徐… ②王… ③金… Ⅲ.①合成孔径雷达–图像处理 Ⅳ.①TN958

　　中国版本图书馆 CIP 数据核字(2020)第 166179 号

责任编辑:彭胜潮 赵 晶/责任校对:何艳萍
责任印制:吴兆东/封面设计:黄华斌

科 学 出 版 社 出版

北京东黄城根北街 16 号
邮政编码:100717
http://www.sciencep.com

北京建宏印刷有限公司 印刷

科学出版社发行 各地新华书店经销

*

2020 年 9 月第 一 版　　开本:787×1092 1/16
2024 年 1 月第四次印刷　　印张:29 3/4
字数:703 000

定价:198.00 元
(如有印装质量问题,我社负责调换)

丛 书 序

空间遥感从光学影像开始，经过对水汽特别敏感的多光谱红外辐射遥感，发展到了全天时、全天候的微波被动与主动遥感。被动遥感获取电磁辐射值，主动遥感获取电磁回波。遥感数据与图像不仅是获得这些测量值，也是通过这些测量值，反演重构数据图像中内含的天地海目标多类、多尺度、多维度的特征信息，进而形成科学知识与应用，这就是"遥感——遥远感知"的实质含义。因此，空间遥感从各类星载遥感器的研制与运行到天地海目标精细定量信息的智能获取，是一个综合交叉的高科技领域。

在 20 世纪七八十年代，中国的微波遥感从最早的微波辐射计研制、雷达技术观测应用等开始，开展了大气与地表的微波遥感研究。1992 年作为"九五"规划之一，我国第一个具有微波遥感能力的风云气象卫星三号 A 星开始前期预研，多通道微波被动遥感信息获取的基础研究也已经开始。当时，我们与美国早先已运行的星载微波遥感差距大概是 30 年。

自 20 世纪 863 高技术计划开始，合成孔径雷达的微波主动遥感技术调研和研制开始启动。

自 2000 年之后，中国空间遥感技术得到了十分迅速的发展。中国的风云气象卫星、海洋遥感卫星、环境遥感卫星等微波遥感技术相继发展，覆盖了可见光、红外、微波多个频段通道，包括星载高光谱成像仪、微波辐射计、散射计、高度计、高分辨率合成孔径成像雷达等被动与主动遥感星载有效载荷。空间微波遥感信息获取与处理的基础研究和业务应用得到了迅速发展，在国际上已占据了十分显著的地位。

现在，我国已有了相当大规模的航天遥感计划，包括气象、海洋、资源、环境与减灾、军事侦察、测绘导航、行星探测等空间遥感应用。

我国气象与海洋卫星近期将包括星载新型降水测量与风场测量雷达、新型多通道微波辐射计等多种主被动新一代微波遥感载荷，具有更为精细通道与精细时空分辨率，多计划综合连续地获取大气、海洋及自然灾害监测、大气水圈动力过程等遥感数据信息，以及全球变化的多维遥感信息。

中国高分辨率米级与亚米级多极化多模式合成孔径成像雷达 SAR 也在相当迅速地发展，在一些主要的技术指标上日益接近国际先进水平。干涉、多星、宽幅、全极化、高分辨率 SAR 都在立项发展中。

我国正在建成陆地、海洋、大气三大卫星系列，实现多种观测技术优化组合的高效全球观测和数据信息获取能力。空间微波遥感信息获取与处理的基础理论与应用方法也得到了全面的发展，逐步占据了世界先进行列。

如果说，21 世纪前十多年中国的遥感技术正在追赶世界先进水平，那么正在到来的二三十年将是与世界先进水平全面的"平跑与领跑"研究的开始。

为了及时总结我国在空间微波遥感领域的研究成果，促进我国科技工作者在该领域研究与应用水平的不断提高，我们编撰了《空间微波遥感研究与应用丛书》。可喜的是，丛书的大部分作者都是在近十多年里涌现出来的中国青年学者，取得了很好的研究成果，值得总结与提高。

我们希望，这套丛书以高质量、高品位向国内外遥感科技界展示与交流，百尺竿头，更进一步，为伟大的中国梦的实现贡献力量。

主编： **姜景山**(中国工程院院士　中国科学院国家空间科学中心)
　　　 吴一戎(中国科学院院士　中国科学院电子学研究所)
　　　 金亚秋(中国科学院院士　复旦大学)

2017 年 6 月 10 日

前　言

合成孔径雷达(synthetic aperture radar，SAR)是一种成像雷达，它利用雷达与目标的相对运动，通过时间累积相干处理获得二维高分辨率雷达图像。星载 SAR 可以全天时、全天候对全球进行高分辨率微波成像，其在军事侦察、地形测绘、环境监测、武器精确制导、灾害评估等方面发挥着重大应用，是我国战略高技术之一。

由于特殊的成像机制和复杂的电磁散射机理，SAR 图像不同于光学图像，不易直观解读。随着我国系列雷达卫星上天，每天获取海量 SAR 数据，因此迫切需要发展系统的 SAR 数据解译和信息提取基础理论与新方法，为发展 SAR 遥感的各种重要应用提供理论技术支撑。在大数据和人工智能技术蓬勃发展的时代，我们重新审视 SAR 图像智能解译这一重大需求。深度学习技术在计算机视觉领域已取得巨大成功，但这些先进算法是针对光学图像开发的。而 SAR 图像解译和信息获取必须基于对基本的电磁散射机制的理解。因此，SAR 智能信息获取的发展，必须同时在数学层面结合智能信息处理方法、在物理层面结合电磁散射理论，这就使得我们要发展融合电磁散射先验规律的人工智能技术，我们称其为微波视觉 SAR 智能信息获取方法。

本书总结了作者近五年来开展的基于深度学习的 SAR 图像智能解译方面的研究。

本书第 1～3 章介绍 SAR 技术发展和图像智能解译背景需求与研究现状，包括传统 SAR 图像解译研究方向，以及深度学习基本原理，它们为本书后面的内容提供背景和基础知识。

第 4 章介绍基于深度卷积网络的 SAR 地面目标识别研究，全卷积网络架构和训练方法，并给出针对装甲车和飞机目标的分类应用实例。

第 5 章介绍 SAR 海面目标识别，还分别介绍 SAR 图像海陆分割方法、船舶目标检测方法、SAR-AIS 数据库的建立方法，以及基于深度学习的船舶目标鉴别和识别方法。

第 6 章研究在无法获取样本数据时的 SAR 目标表征学习，提出采用生成网络来对已知目标数据进行表征学习获得特征空间表征，以及基于仿真数据训练神经网络实现零样本学习的方法。

第 7 章介绍基于深度学习的极化 SAR 地表分类，包括传统实数神经网络对多通道极化 SAR 图像的分类，以及我们提出的复数域卷积神经网络，包括网络结构和训练方法，最后给出基于复数域卷积神经网络的极化 SAR 地表分类实例。

第 8 章研究全极化 SAR 重构，首先介绍由简极化通过稀疏重建方法恢复全极化图像，然后介绍基于深度学习的从单极化 SAR 图像恢复全极化 SAR 图像的方法和实验结果。

第 9 章介绍一种基于机器学习的极化 SAR 图像因子分解方法，采用非负矩阵分解的理论，将极化 SAR 图像分解为若干非相干散射子及其分布系数图像。

第 10 章研究极化干涉 SAR 数据反演树高的问题，首先分析极化系统参数对树高反演的误差影响，然后给出极化干涉 SAR 反演误差模型，最后给出基于深度学习的从极化干涉 SAR 反演树高的实验。

第 11 章首先介绍 SAR 图像统计建模相关研究，然后给出 SAR 杂波仿真方法及其实验，最后提出一种 SAR 相干斑滤波神经网络并给出实验结果。

第 12 章介绍从多源遥感数据中进行三维场景重建的方法，包括对光学遥感影像的地表分类、建筑物提取和重构，最后给出基于重建三维场景的 SAR 图像仿真结果。

第 13 章提出了一种用于 SAR 图像和光学图像相互翻译的深度卷积网络架构，并给出基于真实数据的实验结果。

本书多数章节在阐述基本理论与方法的同时，还提供了实例代码讲解以便初学者入门。

本书主要章节内容均选自作者团队近年来研究 SAR 图像解译的人工智能技术相关成果，多位研究生参与了本书相关研究和章节内容整理，如宋倩(第 3、第 6、第 8、第 9 章)、岳冬晓(第 3、第 8、第 11 章)、王潇(第 10 章)、符士磊(第 13 章)、敖巍(第 5 章)、李索(第 7、第 12 章)、陈思喆(第 4 章)、周雨(第 7 章)、张支勉(第 7 章)、侯晰月(第 5 章)、郭倩(第 3 章)、卢思佳(第 3 章)等，在此一并致谢。

随着人类科技进入大数据与人工智能的时代，对地观测与遥感具备天然的大数据优势，将来基于深度学习等人工智能技术进行遥感大数据挖掘的研究将会越来越深入，希望本书介绍的初步研究能起到抛砖引玉的作用，吸引更多学者和研究生加入这一新的研究方向中来。

作　者

2020 年 9 月

目　　录

第1章 绪 论

人类科技发展呈现指数式增长的规律，新技术革命来临的时间间隔越来越短，而每一次新技术范式的出现都会引起爆发式飞速发展。由数据驱动的科学研究被视为是继理论、实验、计算之后的第四种范式，或第四种科学支柱。随着深度学习和人工智能技术的迅速发展，人工智能与大数据紧密联系在一起，人工智能为大数据驱动的研究提供了新的科学基础、思维方式与处理能力。人类社会由信息时代步入智能时代，智能科学是智能时代的基石。

智能时代一定涵盖了广泛的科学与应用技术领域，智能科学将与传统学科交叉融合共同进步，正如在计算科学时代，我们依赖高速计算机和高性能数值计算方法，与各传统学科交叉产生了计算数学、计算物理、计算生物、计算化学、计算电磁学等。智能科学的理论基础不仅在于计算神经建模或大数据挖掘处理，也在于各个传统学科产生的新增长点，还在于智能与数学、物理、化学、生物、医学、地学等自然科学甚至社会科学的交叉。这种交叉赋予了大数据具体而智能的生命活力与行为舞台。

这种交叉肯定是双向、双赢的。今天的智能科学还是一个年轻的学科，虽然近年来深度学习等技术发展十分迅速，依靠海量的训练数据和深度神经网络的超强拟合能力取得了很好的应用效果，但学术界已经感觉到深度学习的理论发展存在瓶颈，深度神经网络没有脱离函数拟合的本质，这也引发了人工智能领域新一轮的思考与探索。我们认为，智能科学与传统科学的交叉融合是重要的发展方向。

智能科学将促进传统学科的进一步发展，就像过去半个世纪以来计算机和计算科学大大加快了各门科学研究的速度，成为现代科学定量数值研究的最重要工具。人工智能对客观世界或人类社会大数据的挖掘分析，将成为科学研究的新一代重要工具，应当加强更多传统科学的研究人员使用人工智能和大数据技术进行科学研究。从海量的大数据中挖掘发现新的科学规律，如从大量材料合成试验的数据中挖掘归纳实现新材料，从对大量病人数据的分析处理中发现某种疾病隐藏的规律，从对社交网络大数据分析中得出某种人类活动的规律等。

以物理学与智能科学的交叉研究为例，依据物理学基本理论来发展能应对物理世界的人工智能，我们将其称为物理智能。物理智能将超越人类智能，因为：①物理学描述的现象超越人类感官范畴，如物理学涵盖的尺度范围和速度范围远超过人类能适应的范围，又如电磁学描述的频谱远超过人眼能感知的光谱范围；②计算物理的精度和速度可以超过人类大脑的估算能力。物理智能一个典型的例子，通过力学模型构建的人工智能，可以精准地控制机器人的运动。另一个例子我们称为"微波视觉"，一种基于计算电磁学的物理智能，像人脑处理光信息一样来处理微波信息，微波视觉是计算智能与计算电磁的交叉领域。本书的研究内容就是对微波视觉这一新领域的初步试探，以微波雷达图像为研究对象，结合深度学习技术和传统电磁学原理，发展雷达图像解译和信息提取的新理论和新方法。

我国科技发展进入了新的关键点，中华文明将在人类科技史上做出与我们悠久历史相称的贡献，智能时代的来临给予我们一个契机，大力加强智能科学交叉领域的研究，引领智能时代的新学科发展方向，在世界智能科学时代占据先机。

1.1　SAR 信息获取

主动微波遥感，由于其工作波段能够穿透大气和云层、工作方式不依赖于外界辐射源，从而具有全天候(all-weather)、全天时 (day-and-night) 观测的能力和优势。雷达是实现主动微波遥感的主要设备之一。

雷达(radar)即无线电检测和测距(radio detection and ranging)的合写。常规雷达的概念形成于 20 世纪初，它的工作原理是发射机通过天线把电磁波能量射向空间某一方向，处在此方向上的物体反射电磁波；雷达天线接收此反射波，然后将其送至接收设备进行处理，提取有关该物体的某些信息，如目标物体至雷达的距离、距离变化率或径向速度、方位、高度等。

合成孔径雷达(synthetic aperture radar，SAR)是一种成像雷达，可以产生高分辨率雷达图像。它利用雷达与目标的相对运动，把在不同位置接收到的目标回波信号进行相干处理，从而获得方位向高分辨率。这种方法相当于把许多个小孔径天线合并为一个大孔径天线，即合成孔径技术。SAR 是雷达技术从一维到二维跨越的一次革命。星载 SAR 可以全天时、全天候对全球进行高分辨率微波成像，在军事侦察、地形测绘、武器精确制导、环境监测、灾害评估等方面发挥重大应用，是我国战略高技术之一。经过数十年的自主研究和技术攻关，我国星载 SAR 已发射运行多颗，机载 SAR 也大量装备，在战略情报保障和国民经济建设中发挥着重要作用。

与光学和红外相比，雷达卫星携带的 SAR 不受日照和天气条件的限制，能对全球范围内的各种目标和地球环境进行高分辨率成像。由于特殊的成像机制和复杂的电磁散射机理，SAR 图像不同于光学图像，不易直观解读，即使是经过训练的专业解读人员也无法精确高效地识别目标信息，更何况随着遥感应用的普及和遥感数据的剧增，这种纯人工读图方式已不再适用。

随着我国系列雷达卫星上天，每天对全球观测获得海量 SAR 数据，迫切需要发展系统的 SAR 数据解译和信息提取基础理论和新方法，为发展 SAR 遥感的各种重要应用提供理论支撑。一方面，各种先进 SAR 体制和成像模式的出现，使得 SAR 图像分辨率越来越高、维度越来越高，不断推动着 SAR 数据解译理论的发展，如多波段、多角度、多极化、多时相 SAR 数据相应地催生了 SAR 干涉测量、极化分解、变化检测等先进技术，因此需要发展更完善的数据解译理论作为支撑。另一方面，国家各种重大应用需求也推动着 SAR 图像解译理论的发展，如高精度测绘、动态环境监测、精细目标识别等，它们均对 SAR 解译方法提出了更高的要求。

在大数据和人工智能技术蓬勃发展的时代，我们重新审视 SAR 图像解译这一重大需求。大数据时代的智能方法，如计算机视觉技术目前已经取得巨大成功，然而这些先进算法是针对光学图像开发的，并不适合直接应用到 SAR 图像上。SAR 图像解译和信息获取必须基于对基本的电磁散射机理的理解。因此，SAR 智能信息获取的发展必须同时在数学层面结合智能信息处理方法、在物理层面结合电磁散射理论，这就是我们要发展的微波视觉 SAR 智能信息获取方法。

1. SAR 技术发展

20 世纪 70 年代以来，星载 SAR 技术得到快速发展，SAR 在地球观测领域得到重要应用，特别是进入 21 世纪以来世界各国竞相发展星载 SAR 技术。欧洲空间局(ESA)哨兵 1 号是第一个正式运营的雷达卫星，标志着合成孔径雷达遥感黄金时代的来临。机载 SAR 实验和星载 SAR 项目的成功运行，极大地推动了 SAR 在地形测绘和土地测量、资源勘探与地质研究、农业与林业管理、自然灾害预测与评估、内陆水探测与冰雪监测、海洋研究与开发、城市规划与环境调查等各个民用遥感领域的应用。

从 1978 年美国海洋卫星(Seasat)成功获取第一幅星载 SAR 图像以来，SAR 空间遥感技术得到了长足进步。美国国家航空航天局(NASA)在 1981 年、1984 年、1994 年先后将三部航天飞机成像雷达(shuttle imaging radar，SIR)送入太空，其中第三部 SIR-C/X-SAR 为 L、C、X 三个波段的全极化合成孔径雷达。欧洲空间局分别于 1991 年、1995 年发射了载有 SAR 的地球资源卫星(ERS)1 号和 2 号，工作在 C 波段、单极化。加拿大航天局(CSA)也于 1995 年成功发射载有 SAR 的雷达卫星(Radarsat)1 号，也是单极化工作在 C 波段(图 1.1)。

欧洲空间局在 2002 年成功发射的环境卫星(Envisat)上搭载了高级合成孔径雷达(advanced SAR，ASAR)，这是一部工作在 C 波段、双极化的 SAR。日本在 2006 年发射的先进陆地观测卫星(ALOS)上搭载了一部全极化的 L 波段的相控阵合成孔径雷达(PALSAR)，并于 2013 年发射了第二代 ALOS2 的 L 波段 SAR 卫星。德国宇航中心(DLR)主持的 Terra-X 卫星在 2007 年发射，该卫星搭载 X 波段的高分辨率、全极化 SAR，并在 2010 年发射另一颗同样的卫星 TanDEM-X，组成双星干涉 SAR(interferometric SAR，InSAR)应用，并获得前所未有的全球高分辨率高精度地面高层形变测量能力。另外，加拿大航天局在 2007 年发射雷达卫星 2 号(Radarsat-2)，它是一颗具备 C 波段全极化 SAR 观测能力的资源卫星，2019 年 6 月加拿大发射由三颗一样的雷达卫星组成的 RadarSat 星座(radarsat constellation mission，RCM)。意大利于 2007~2010 年连续发射了由四颗卫星组成的 COSMO-SkyMed 星座，具备 X 波段双极化最高 1m 分辨率的高重访观测能力。印度于 2012 年发射了系列 RISAT-1 雷达卫星，其是 C 波段全极化 SAR。中国于 2012 年发射了首颗民用雷达卫星 HJ-1C，其是 S 波段，并于 2016 年发射了 C 波段的全极化高分 3 号 SAR 卫星(GF3)。作为哥白尼计划的重要部分，欧洲空间局于 2013~2015 年发射的 Sentinel-1a/b 雷达卫星，载有 C 波段双极化 SAR，这是首个业务运行的雷达卫星，并且所有 SAR 数据均向全世界无偿开放，进一步推进 SAR 遥感黄金时代的来临，其具有里程碑意义(Morera et al., 2013)。

经过近 30 年的发展，我国雷达卫星技术取得了一系列重大突破，基本达到国际先进水平，包括 GF3 在内的雷达卫星得到很好的应用，为我国经济和社会发展做出了重要贡献。中国科学院电子学研究所首先开展 SAR 成像技术的研究，并于 1979 年成功研制第一部机载 SAR 原理样机。其他相关单位也先后开展了 SAR 系统的研制工作。最近十几年来我国 SAR 技术得到迅猛发展，成像分辨率由最初的几十米提高到目前的亚米级，为国防和民用领域的各种应用奠定了坚实的技术装备基础(吴一戎，2013)。2006 年我国第一颗雷达卫星上天以后，陆续发展了一系列以 SAR 技术为主的雷达卫星，我国还制定了一直到 2030 年的军民两用 SAR 卫星发展长远计划。根据国家星载 SAR 未来的主要发展方向和任务需求，我国开展了各种先进 SAR 技术，如高分辨率、宽测绘带、多极化、干涉和动目标指示等的研制工作。此外，SAR 地面应用技术也随着得到长足的发展，包括星载 SAR 成像信号处理、SAR 图像信息获取、精细化运控、微波辐射定标、高精度质量评定等一系列关键技术均得到了突破。基于 SAR 数据的国防军事侦察、海洋与植被等环境监测、高层地形测绘监测、自然灾害预警与评估等各领域的应用也得以开展，产生了巨大的政治、军事、社会和经济效益。

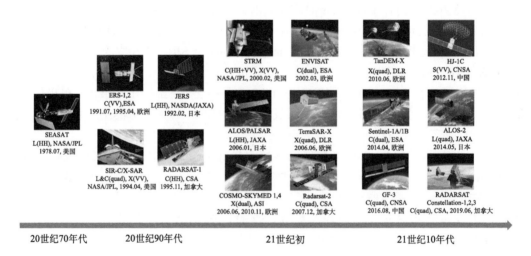

图 1.1 星载 SAR 发展历程

总体而言，SAR 技术的发展朝着更高分辨率、更高观测维度、更高观测效率三个方向发展。分辨率的提高带来的直观优越性是图像清晰度得到提高，能观测到成像目标更多的细节信息。一般认为，达到米级分辨率即高分辨率(high-resolution，HR)SAR。通过一些聚束、滑动聚束或凝视聚束的模式，目前星载 SAR 最高分辨率已达到或超过分米级别。当技术发展进入高分辨率 SAR 的时代后，相应的遥感理论研究也等待着新一轮的发展。高分辨率往往会导致观测幅宽降低，为了实现高分宽幅观测能力，一般采用数字波束形成(digital beam forming，DBF)等阵列多通道技术。为了提高观测效率，除了使用宽幅的观测模式外，还依赖于多星联合实现高重访周期。

在提高观测维度方面，一般有多极化、多角度、多方位、多频段、多时相等。其中，雷达全极化(radar polarimetry)测量技术已在 SAR 空间微波遥感领域中有十分重要的进展。相对于单极化而言，多极化甚至全极化就好比是将原本的黑白图片变成了彩色。不同极化通道提供了被观测地表丰富的信息，尤其是当对具备四个相干相位极化通道的全极化合成孔径雷达(fully polarimetric SAR)进行观测时，通过极化信息解析理论可以从极化散射信息中提取如目标形状、取向等丰富的信息。

多角度观测中的一个重要技术即多轨干涉，通过轨道的基线可以运用垂直轨道方向的空间基线干涉(cross track interferometry, XTI)来测量高程形变，或者运用平行轨道方向的时间基线干涉(along track interferometry, ATI)来测量目标的运动。全极化与干涉联合可实现极化干涉 SAR。多基线干涉可以实现三维层析成像的效果，对应的也有极化层析成像技术。

双站(bistatic)或多站(multi-static)又是 SAR 技术发展的另一个方向。传统的 SAR 发射机和接收机位于同一平台上，接收目标的后向散射信息，称为单站(monostatic)SAR。双站 SAR(bistatic SAR，BISAR)的接收机和发射机在不同的平台上，具有高隐蔽性、高安全性、增强接收功率、反隐形等优点。

多频段 SAR 也是一个趋势，典型的就是 NASA 与印度航天局(ISRO)联合开展的NISAR 计划，其是 L 波段和 S 波段的双频 SAR。多时相技术主要用于变化监测，主要难题在于星座轨道的设计使得观测的重访周期短或时间分辨率提高，目前还在研发中的高轨/静止轨道 SAR 就是高时间分辨率 SAR 技术之一。

先进 SAR 技术的发展，特别是星载 SAR 的发射运行使得每天获得海量 SAR 观测数据，由此对 SAR 图像解译带来新的挑战与更迫切的需求。

2. SAR 图像解译

由于复杂的成像机制，SAR 图像不易直观解读，图像解译成为现阶段 SAR 实际应用中面临的主要难题。随着遥感应用的普及和遥感数据的剧增，人工读图方式显然已经不再适用了，更何况迅速更新的各种高级 SAR 技术使得训练专业读图人员更不现实。SAR 图像解读是 SAR 遥感的最后一个步骤，遥感过程是指遥感信息的获取、传输、处理以及分析判读和应用的全过程。

SAR 遥感理论研究涵盖多个方面：电磁散射理论建模，SAR 工作模式，雷达及其平台设计，SAR 硬件技术、校正与定标，成像压缩算法，SAR 图像模拟，SAR 图像配准，SAR 图像减噪，SAR 图像处理，SAR 图像对于目标的分类，识别与重建，InSAR、POLSAR、POL-IN-SAR、BISAR、TomoSAR 等理论与方法。

完整的 SAR 遥感理论研究一方面应当从复杂目标和自然环境的电磁波散射的物理基础理论出发，根据遥感工作方式建立电磁散射模型，通过理论模拟归纳散射信息与物理模型的关联，进而模拟 SAR 图像；而另一方面则从图像特征开始，研究各种目标在SAR 图像上的表现，试图从 SAR 图像的强度信息、相位信息、极化信息和空间信息中提取关于目标的有用信息，这就是 SAR 遥感的正向研究和逆向研究(徐丰，2007)。

正向(direct/forward)研究，是指从给定或假定的信息出发，建立能够描述遥感过程的模型或模拟工具，通过模拟来研究散射信息或图像信息与模型参数的联系，发现遥感物理过程所隐含的内部规律，发展参数反演等逆向方法，或给遥感器及平台设计提供参考、给实验数据提供验证。

逆向(inverse)研究，则是从获得的遥感数据出发，一般在正向研究和理论模型的辅助下，发展用遥感数据进行定性地表分类、定量参数反演、特定目标识别及重建的方法。

如图 1.2 所示的 SAR 遥感理论体系，由需求推动遥感任务的进行，基于电磁场、散射测量、雷达成像理论等基础理论，通过遥感器与平台设计、机载试验与星载项目的开展、信号处理与数据处理方法的实现，完成最后的定标、校正与验证，最终获得 SAR 遥感图像或其他形式的遥感数据。而在另一侧，遥感理论的研究分为正向和逆向两个部分，正向研究从散射模型出发，模拟回波和成像过程，获得模拟数据，通过对数据的分析，为逆向研究及遥感技术提供参考和帮助；在此帮助下，逆向研究从遥感数据出发，试图利用其散射、极化、空域、相位等信息，实现地物的分类与识别、特征参数的反演、目标的提取和重建、干涉测量等目的，最终在遥感应用的各个领域发挥作用，满足最初的需求。

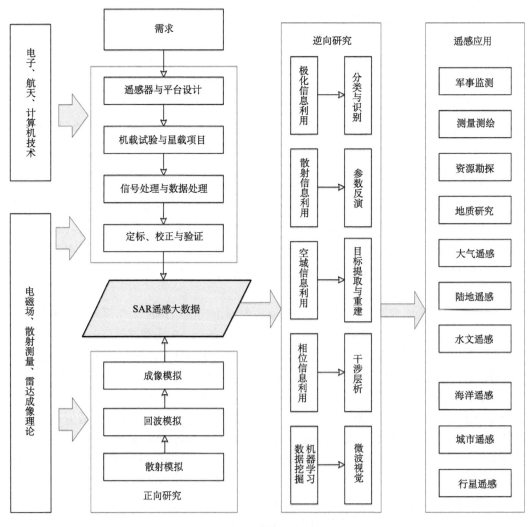

图 1.2　SAR 遥感理论体系

在正向研究方面，20 世纪 70 年代 Ulaby 领导的堪萨斯大学遥感实验室最早开展了微波遥感研究(Ulaby et al., 1981; 1982; 1986)奠定了微波遥感的理论基础。此后在微波遥感基础理论研究领域，Tsang 等(1985，2000，2001)所著的遥感方面的专著，为现代微波遥感的进一步发展做出了重要贡献。

在电磁散射理论建模的研究中，辐射传输(radiative transfer，RT)(Jin, 1993)是解决电磁波在随机复杂自然介质中散射与传输问题的经典理论方法。Tsang 和 Jin 等发展了用于计算植被极化散射的粒子层矢量辐射传输模型(vector RT，VRT)(Jin, 1992, 1993; Tsang et al., 2001)，用随机取向的瑞利(Rayleigh)近似下的非球形粒子模拟树冠和垂直取向的有限长圆柱模拟树干求解 VRT 方程，得到了一阶 Mueller 矩阵解。Ulaby 等(1988)也发展了类似的用于植被散射计算的模拟方法。

随机粗糙面是对地球表面进行电磁散射建模的另一个重要方法，从早期的基尔霍夫近似法(Kirchhoff approximation，KA)和微扰法(small perturbation method，SPM)(Tsang et al., 1985)，到后来发展的双尺度模型综合了 KA 和 SPM 两种贡献。Fung(1994)发展的积分方程法(integral equation method，IEM)结合了两种散射机制，在 KA 近似基础上引入补偿场，计入表面快速起伏引起的散射贡献。IEM 是一种更精确的粗糙面模型，且直接给出了非相干散射的 Mueller 矩阵形式。

对电大尺寸复杂人工目标的散射估算也是电磁散射建模的重要方面，高频近似(high frequency methods)(Deschamps, 1972; Keller, 1962; Ufimtsev, 1962; Ling et al., 1989)是解决这类问题的最好方法之一。用于估计雷达散射截面(radar cross section，RCS)的传统高频方法涉及几何光学(geometrical optics，GO)、物理光学(physical optics，PO)、几何绕射(geometrical theory of diffraction，GTD)、物理绕射(physical theory of diffraction，PTD)、射线追踪(ray tracing，RT)等。高级的 RCS 估算工具有部件分解法、面元剖分与射线追踪法、弹跳射线法(shooting and bouncing rays，SBR)、图形硬件加速法(graphical electromagnetic computation，GRECO)，以及双向解析射线追踪法(bidirectional analytic ray tracing，BART)(Xu and Jin, 2009)。BART 融合了计算几何与计算电磁学，用多边形表征射线柱，用多边形布尔运算表征射线与面元的反射遮挡关系，实现了给定几何模型下计算复杂度与频率无关的性能。

在散射建模的基础上，进一步发展 SAR 成像模拟或图像模拟工具对于 SAR 遥感研究及技术发展有着非常重要的作用。一般 SAR 原始信号模拟仅关注信号处理部分，往往采用点目标散射模型。基于散射建模的 SAR 成像仿真应考虑地物散射特性，综合考虑地物散射和 SAR 成像信号处理的效应，这对 SAR 系统与平台设计验证和 SAR 信息获取算法评估均有重要作用(Xu and Jin, 2006, 2008)。

正向研究为理解遥感成像机理、遥感器和平台轨道设计、图像数据预测与评估、数据校正和验证、信息获取与影像重构等提供了十分有力的帮助和参考。而逆向研究则从地表分类、参数反演到目标识别与重建方面开展工作。如何处理 SAR 原始信号进行成像、如何滤除 SAR 图像上的相干斑噪声、如何解析全极化 SAR 的信息、如何估算与反演自然地表的特征参数、如何识别和提取感兴趣目标、如何重建目标的三维形状等，这些都是逆向研究的关键任务。

在获得 SAR 原始信号后，必须通过成像压缩算法进行信号处理，才能获得清晰的二维 SAR 图像。从时域的后向投影（back-projection，BP）方法到频域的距离多普勒（range Doppler，RD）算法，再到调频缩放（chirp scaling，CS）以及距离徙动算法（range migration algorithm，RMA）等（Soumekh，1999；邢孟道等，2014）。

用全极化 SAR 对自然地表进行分类是一项有效且重要的研究，比较经典的有基于特征分析的 H-α 分解及无监督分类方法（Cloude and Pottier，1997），还有基于简单散射模型的 Freeman-Druden 三分量分解（Freeman and Durden，1998），以及在无监督分类基础上加上复维希特（Wishart）分类器的无监督分类方法（Lee et al., 1999），先采用分类平面或者三部分分解方法得到初始分类集，将此分类集作为复 Wishart 分类器的监督分类的初始集，并进行迭代，从而得到较好的分类效果。此外，极化在传统雷达及电子对抗中也有显著作用（庄钊文等，1999）。

地表特征参数反演是遥感的重要应用之一，包括地表湿度和粗糙度反演、植被参数反演等。利用 SAR 图像空间信息来识别特定目标乃至重建三维形状是 SAR 逆向遥感研究的终极目标。在目标识别方面，多依赖于图像处理理论和技术。而用 SAR 技术进行目标的三维成像与重建是 SAR 逆向研究的迫切任务，尤其是进入高分辨率阶段以来，更多的目标几何信息可以从图像上获得，大大提高了三维重建的可行性。SAR 三维成像可以通过立体投影关系实现，也可以通过多次平行轨道观测实现，还可以通过成像机理或随机建筑物模型从高分辨率 SAR 图像重建建筑物等。

本书主要探讨在新的 SAR 技术的发展趋势下的图像解译问题，即如何高效地从海量复杂 SAR 图像中提取信息。SAR 图像解译不能照搬传统计算机图像和遥感影像处理技术，必须从电磁波与复杂目标和自然环境相互作用的机理出发，由理论模型反推发展 SAR 深层次信息提取的方法。先进 SAR 技术的发展并不意味着多源 SAR 信息获取的实现，正如超高速计算机的更新发展并不意味着大规模计算的科学问题的解决，相反，它促使了新科学问题的层出不穷。如图 1.3 所示，多源 SAR 技术的发展促生了高分辨率（米级、分米级、厘米级）、高维度 SAR（三维空域、多波段、多极化、多时相、多方位等）数据的出现，这对 SAR 数据解译理论方法的发展提出了新要求。

现阶段我国 SAR 应用业务以人工目视判读为主，远远落后于技术装备本身的发展，且高维度 SAR 数据的出现也将严重限制人工解读的可行性。而基于计算机的图像处理或机器智能技术的研究在提取深层次信息方面也有很大局限性。我国在技术利用和数据解译方面的软实力急需突破应用瓶颈。雷达波与目标环境复杂的相互作用构成了深层次的目标信息，该信息的提取与理解单靠习惯于光学图像的人眼目视判读或通用的计算机图像处理技术是无法实现的，目标与环境特征信息往往不再局限于"回波信号的有无强弱"等统计信息，而是"目标类别、形状、尺寸、构造、行为姿态"等更加精细的目标特征提取和重构。在大数据时代，必须借助新发展的数据和物理双重驱动的新方法，即借鉴新兴的数据挖掘和机器学习技术，融合电磁散射物理机理，才能高效地从海量 SAR 数据中提取有用信息。

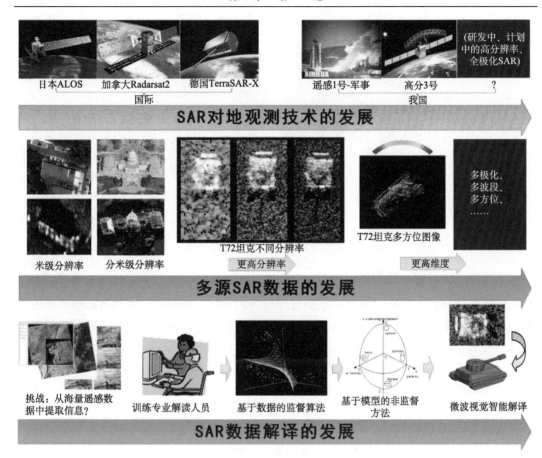

图 1.3　SAR 技术发展形势

1.2　深度学习技术

1. 深度学习

　　人工智能、机器学习和深度学习(如深度神经网络)三者的关系如图 1.4 所示,机器学习是人工智能的一个分支,而深度学习是指采用如深度神经网络等多层次架构的机器学习实现方法。此外,监督学习、非监督学习和强化学习等概念则是按机器学习的问题形式(如是否有监督信息、是否采取交互方式)来划分的。

　　1956 年夏天,在达特茅斯学院召开的"达特茅斯夏季人工智能研讨会"被广泛认为是现代人工智能研究的诞生之日。从这次会议之后,科学家们一直梦想由计算技术实现具有人类智力特征的复杂机器,即让机器拥有人类的感觉,像人类一样思考。要实现真正意义上的通用智能还很遥远,但随着深度学习技术的发展,在一些特定任务上我们已经能让机器的性能达到甚至超越人类,如图像识别、人脸识别等计算机视觉任务等,这些领域被称为狭义人工智能或弱人工智能。

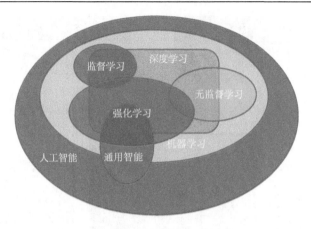

图 1.4　人工智能、机器学习和深度学习

机器学习，也称为统计机器学习，是人工智能领域的一个分支，其基本思想是基于数据构建统计模型，并利用模型对数据进行分析和预测。机器学习最基本的做法是使用算法来分析数据，从数据中学习规律，并利用规律对新的数据进行处理。机器学习方法按问题信息不同可分为监督学习、无监督学习和强化学习。其中，监督学习的主要任务是建立从输入数据到标签的有效映射，因此需要通过人工标注或其他数据源来获得标签，无监督学习的任务是构建对原始数据的有效/有意义的表征，强化学习的任务则是实现一个可动态交互的智能体，其目的是在给定奖励的准则下实现得分最大化。

深度神经网络则是机器学习的一种实现算法，其前身为人工神经网络。人工神经网络其实已经有超过 60 年的历史，在这段时期里，神经网络的发展也经历了多次起伏。神经网络的第一次热潮出现在 20 世纪 50 年代。1957 年，计算科学家 Rosenblatt 提出了"感知器"的概念，即由输入层和输出层构成的无隐藏层神经网络，这也是神经网络第一次出现在大众的视野。Rosenblatt 还现场演示了如何利用感知器来学习识别简单图像的过程，这在当时的社会上引起了极大的轰动，人们第一次看到机器是如何通过学习来获得智能的，许多学者和科研机构纷纷投入神经网络的研究中，这次热潮持续到 1969 年才结束。造成神经网络走向低潮的原因之一在于，单层的感知机无法解决非线性数据的分类，它甚至无法解决简单的"异或"问题，虽然后来有学者提出多层的神经网络能够解决这类非线性问题，但是却没有提出多层神经网络的有效训练方法。神经网络的第二次热潮出现在 20 世纪 80 年代，其以反向传播算法的提出为标志。1986 年，Rumelhart 和 Hinton 等提出了反向传播(back propagation，BP)算法，该算法解决了两层乃至多层的神经网络训练问题，带动了业界对神经网络研究的第二次浪潮。第二次热潮一直持续到 20 世纪 90 年代中期，人们开始发现利用 BP 算法求解多层神经网络存在很多制约：第一个制约是随着神经元节点的增多，训练的时间也变得越来越长。第二个制约是神经网络的优化函数是一个非凸优化问题，往往容易造成局部最优解。而更严重的是第三个制约，从理论上来说，网络层数越多，神经网络的学习能力越强大，但人们发现，随着网络层数的增多，网络的学习能力并没有随之提高，这在后来被证明主要是由于 BP 算法中梯度消失。另外，在这段时期，由 Vapnik 等发明的支持向量机(support vector machine，SVM)

算法诞生，很快就在若干方面体现出了优势，如无须调参、高效、全局最优解等。由于以上种种原因，SVM 迅速成为了机器学习的主流，而神经网络则进入了第二次低潮。

2006 年，Hinton 提出通过"贪婪学习"的思路，实现对多层自编码器的训练，重新引发了神经网络领域对于深层网络的研究兴趣(Hinton and Salakhutdinov, 2006)。2012 年 Hinton 团队将深度卷积网络用于 ImageNet 图像分类挑战赛上(Krizhevsky et al., 2012)，一举取得远高于以往浅层算法的良好成绩，引起机器学习领域的关注，从此机器学习主流开始往多层自动学习算法偏移，超过三层结构以上的机器学习算法被称为深度学习。2016 年，谷歌 DeepMind 将深度神经网络应用于强化学习上，开发了 AlphaGO 计算机围棋程序，并一举击败了世界冠军李世石，从而引发了社会的广泛关注，各行各业对于人工智能的兴趣开始爆炸式增长，特别是在工业界，深度学习已被广泛地应用在各领域，如计算机视觉、语音识别、机器翻译、搜索引擎、自动驾驶、机器人等。

2. 深度卷积网络

事实上，目前深度学习最成功的算法应该是深度卷积网络(CNN)，如对于图像、视频类空域信息的处理，以及深度循环网络对于语音、文字类序列信息的处理(LeCun et al., 2015)。例如，深度强化学习的一些应用均是得益于这两个核心神经网络算法对于原始输入数据的处理。而卷积神经网络与循环神经网络这两种网络结构早在 20 世纪 90 年代就被提出。可见，深度神经网络或深度学习的核心在于"深度"，即用深层结构来表征原始数据。

深度学习的核心思想是通过层次化的特征提取结构(图 1.5)，如深度卷积网络仿照哺乳动物视觉神经系统，利用层次化特征提取的信息处理模式，先对输入信息进行低级特征提取，在高层将低级特征组合成更高级的特征信息，经过多层特征传递，得到足够高级的特征信息，再计算最终的输出。通过训练，从海量数据中自动提取所关心的特征，将数据标签映射拟合到一个高度非线性函数中。所以，深度神经网络的本质可以看作是一个多层嵌套的非线性拟合函数，它巧妙地通过随机梯度下降算法将网络训练到合适的拟合精度。然而，"深度"的概念也不是最新才提出的，用超过三层的多层神经网络来拟

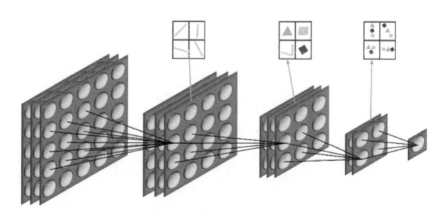

图 1.5　深度学习的主要思想：层次化可组合的特征表征框架

合的方法早就被尝试过。因此，学术界普遍认为深度学习爆发与三个条件有关：计算能力的指数次增长、数据量的爆炸式增长和神经网络算法的改进。这三个条件的成熟使得神经网络迈入了深度学习的阶段，因而能解决更接近实际应用的复杂问题。

回顾历史可以发现，21 世纪初出现的计算能力的增长和数据量的增长使得训练深度神经网络成为可能，而算法的改进一直到近几年才出现。从 2006 年 Hinton 提出的多层自编码网络直到 2012 年的深度卷积网络之间并没有出现很成功的应用，而从 2012 年之后，深度学习的代表性应用均为深度卷积网络，这说明深度神经网络的核心算法改进发生在 2006～2012 年。

2006 年，Hinton 提出的"贪婪算法"训练多层自编码器引领了一批人去研究深度神经网络，包括 LeCun 和 Bengio 等。深度神经网络之所以取得巨大成功，本书认为其对核心算法的改进在于采用了一类简化的激活函数，即规则化线性单元(rectified linear unit，ReLU)。从图 1.6 可以看出，ReLU 本质上是分段线性函数 $y=\max(0, x)$。类似 ReLU 的激活函数事实上早在 1975 年就被提出来(Fukushima, 1975)，但是在 20 世纪 80 年代被 Sigmoid (图 1.6)等具有良好非线性、连续可导、梯度计算复杂度低优点的激活函数全面取代。一直到 2009 年，LeCun 团队(Jarrett et al., 2009)在研究深度神经网络时发现，类似 ReLU 的分段线性激活函数是实现对深度网络端到端训练的关键因素。2011 年，Bengio 团队(Glorot and Bengio, 2010; Glorot et al., 2011)研究得出，深度神经网络最适合用 ReLU 作为激活函数，其给出的理由包括 ReLU 与人脑神经元的相似性，因为神经元对某些输入完全没有反应，而对一些输入的反应呈单调关系，每一时刻处在激活状态的神经元总是稀疏的。这些工作奠定了 2012 年 Hinton 团队(Krizhevsky et al., 2012)首次采用深度卷积网络赢得 ImageNet 挑战赛的理论基础。

关于 ReLU 的优点，图 1.6 中给出一种简单的解释，即其梯度在多层网络后向传播时能保持稳定，不像 Sigmoid 的梯度在累乘后容易达到饱和。关于 ReLU 的理论研究在 2012 年后还在继续，如 2014 年 LeCun 团队(Choromanska et al., 2014)证明了深度神经网络损失函数中的局部最小值均为较优解，且很容易被随机梯度下降算法找到，由此在理论上，它解释了深度神经网络取得巨大成功的一个主要原因。

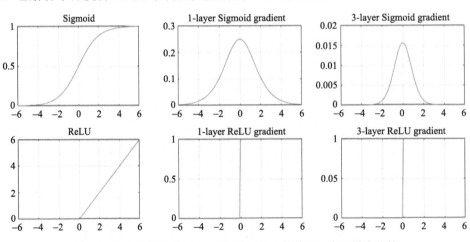

图 1.6　两种激活函数(Sigmoid, ReLU)及其单层、多层梯度比较

　　可以看出,深度神经网络的本质是采用很多层嵌套的非线性函数来拟合海量的数据,监督学习即拟合高维数据空间中的一个流形,而非监督学习如生成网络则拟合一种分布。到目前为止,真正解决实际应用问题的深度学习技术无论在网络结构上有各种各样的创新,或者在训练优化算法上有各种各样的设计,都逃脱不了一个模式,即用海量的训练数据来拟合一个包含海量未知数的复杂多层网络。

　　然而,无论深度学习技术取得多大成功,我们还没有突破其曲线/曲面拟合的本质。已有学者已经开始反思深度学习面临的困境,由于其背后基础理论积累不足,深度学习技术很快就陷入一个瓶颈期。现在的深度学习相关技术过于简单,以至于可以完全被计算机掌握,各种工具箱的出现使得绝大多数人可以轻易掌握深度神经网络应用技能,绝大多数人掌握这些技能后便快速陷入调参数、调结构的瓶颈。显然,这本身就是一份机械的工作,可以被人工智能取代。

3. 深度学习的快速发展

1)数据资源

　　深度学习的兴起离不开大数据的推动,数据资源是深度学习的"燃料"。 众所周知,深度学习的成功需要依靠大量的训练数据来进行学习,大数据是深度学习的基础。例如,我们可以看到机器学习领域的经典数据集的数量随着时间呈现指数次增长。很难想象如果没有 ImageNet 这样海量的数据集,深度学习技术变革还是否会按时来到。

2)计算资源

　　计算资源是深度学习的"引擎"。要对大量的数据进行学习和训练,效率问题就成为制约深度学习进一步发展的一大难题,但随着高性能计算平台的不断发展,当前数据的处理速度相比十年前有了很大提升,尤其是图形处理器(GPU)技术的发展,GPU 拥有出色的浮点数计算性能、超高的并行度和优化的矩阵运算能力,特别适合于深度学习两大关键步骤:分类和卷积,并且在相同精度下,相对传统中央处理器(CPU)处理数据的方式,GPU 拥有更快的处理速度、更少的服务器投入和更低的功耗。

3)算法改进

　　深度神经网络算法是神经网络得以发展的另一重要因素。改进的网络结构,如特殊连接方式(Conv、Pooling、LSTM)、特殊架构(ResNet)以及深度的结构。深度学习算法改进的本质是通过改进网络结构的形式以融合先验知识,减少网络的学习参数。对于一个明确的任务,在这个任务范畴内我们需要尽可能利用先验知识,但是这个先验知识又必须是尽可能在整个任务范畴内尽可能通用,也就是从给定任务范畴内归纳出通用的先验知识,并融入深度学习中(网络设计、数据设计、算法设计等)。

　　现有的深度学习技术成功的关键都是基于对于某些人类擅长的任务(如目标识别)进行很好的先验知识归纳+实现(如卷积结构、层次化组合表征),这也就决定了这样的深度学习不可能超过人类,如卷积神经网络的趋势是向人眼识别的能力逼近。这样的技术并不一定适用于其他专业领域，特别是人类不擅长的领域，如处理震荡的信号、对复杂的物理模型求逆；对于那些问题，必须要直接从其正向的物理模型来归纳先验知识，也就是要以正向模型为老师进行学习，这样才有可能达到最佳水平——超过人类的水平。

4. 深度学习带来的变革

计算机视觉就是深度学习应用中几个最活跃的研究方向之一，因为视觉是一个对人类以及许多动物毫不费力，但对计算机却充满挑战的任务。深度学习中许多流行的标准基准任务包括目标识别。计算机视觉是一个非常广阔的发展领域，其中包括多种多样的处理图片的方式以及应用方向。计算机视觉的应用广泛，无论是监测图像中存在哪个物体，还是给图像中每个目标周围添加注释性的边框，或从图像中转录符号序列，或给图像中的每个像素标记它所属对象的标识，大多数计算机视觉中的深度学习往往用于目标识别或者某种形式的检测。由于生成模型已经是深度学习研究的指导原则，因此还有大量图像合成工作使用了深度模型。尽管图像合成（"无中生有"）通常不包括在计算机视觉内，但是能够进行图像合成的模型通常适用于图像恢复，即修复图像中的缺陷或从图像中移除对象这样的计算机视觉任务。

语音识别是深度学习应用的另外一个重要领域。从 20 世纪 80 年代直到约 2010 年，最先进的语音识别系统是隐马尔可夫模型(hidden Markov model, HMM)和高斯混合模型(Gaussian mixture model, GMM)的结合。从 20 世纪 80 年代末期到 90 年代初期，大量语音识别系统使用了神经网络。当时，基于神经网络的自动语音识别(automatic speech recognition，ASR)的表现和 GMM-HMM 系统的表现差不多。然而，由于语音识别软件系统中复杂的工程因素以及在基于 GMM-HMM 的系统中已经付出的巨大努力，工业界并没有迫切转向神经网络的需求。直到 2010 年左右，学术界和工业界的研究者更多的是用神经网络为 GMM-HMM 系统学习一些额外的特征。之后，随着更大更深的模型以及更大的数据集的出现，通过使用神经网络代替 GMM 来实现将声学特征转化为音素（或者子音素状态)的过程可以大大提高识别的精度。从那时开始，工业界的几个语音研究组开始寻求与学术圈的研究者之间的合作，这些合作带来了突破性进展，这些技术现在被广泛应用在产品中，如移动手机端。在大约两年时间内，工业界大多数的语音识别产品都包含了深度神经网络，这种成功也激发了 ASR 领域对深度学习算法和结构的一波新的研究浪潮，并且影响至今。

自然语言处理(natural language processing)让计算机能够使用人类语言。为了让简单的程序能够高效明确的解析，计算机程序通常读取和发出特殊化的语言。而自然的语言通常是模糊的。自然语言处理中的应用，如机器翻译，学习者需要读取一种人类语言的句子，并用另一种人类语言发出等同的句子。许多 NLP 应用程序基于语言模型，语言模型定义了关于自然语言中的字、字符或字节序列的概率分布。与其他应用一样，非常通用的神经网络技术可以成功地应用于自然语言处理。在早期对符号和词建模的工作之后，神经网络在 NLP 上最早的应用为将输入表示为字符序列，之后将焦点重新引到对词建模并引入神经语言模型，从而产生可解释的词嵌入。神经语言模型背后的思想已经扩展到多个自然语言处理应用，如解析、词性标注、语义角色标注、分块等，有时使用共享词嵌入的单一多任务学习架构。目前，基于深度学习的机器翻译已经达到可以接近专业翻译的水平。

总而言之，深度学习出现的意义首先是很好地利用了数据资源的优势，实现了超强拟合能力，解决了各个领域的实际应用问题。其次，它引发了人们对于人工智能技术的广泛关注，引领了一个大力研究智能科技的时代。实际应用中已有诸多领域被深度学习技术彻底变革，其中就包括遥感图像解译。

1.3　SAR 智能解译与微波视觉

1. 深度学习与 SAR 智能解译

遥感大数据时代下的 SAR 图像解译是一个极大的科学应用挑战。大数据时代的智能方法，如计算机视觉技术目前已经取得巨大成功，然而这些先进算法是针对光学图像开发的，如何借鉴这些方法并应用 SAR 图像解译是值得研究的课题。

在过去几年，有一些已发表的文献是关于深度学习技术在 SAR 图像分析方面的研究。其中，深度学习技术主要用于一些典型的应用，如自动目标识别(ATR)、地表分类、变化检测及参数反演等。近几年这方面的研究发展迅速，下面回顾了早期的一些例子。

SAR ATR 是军事侦察领域的一个重要应用，常见的高效 ATR 架构一般包括三个阶段：检测、鉴别与分类。每个阶段都比前一个阶段执行复杂度更高、精度也更高的处理，并进一步选取更小范围的区域进入下一阶段的处理。本质上这三个阶段都是分类问题，如检测阶段一般是通过恒虚警率(constant false alarm rate，CFAR)给出一个自适应阈值，用于快速地从背景中分出散射强度高的目标区域；鉴别阶段则进一步在候选目标区域中将虚警与真实目标区分开；最后分类阶段对候选目标进行分类，是目标识别的关键步骤。

目标分类主流方法有模板匹配、基于模型的方法以及机器学习方法。最近发展的基于深度学习的方法属于后者。传统机器学习方法需要人为设计特征提取器，深度学习方法则自动通过训练多层结构来从原始数据中提取特征进行分类，并由此大大提高分类精度。最早将深度学习应用于 ATR 的主要有基于堆栈自编码器(SAE)、深度置信网络(DBN)、深度卷积网络(CNN)等。这些研究均发现对 SAR 图像进行数据增强操作如平移、加噪声等可以有效改善训练网络的泛化能力。Chen 等(Chen and Wang, 2014; Chen et al., 2016)将 CNN 引入 MSTAR 车辆 SAR 数据集中进行智能目标识别，发现训练样本的缺乏是主要问题。因此提出将传统 CNN 最后两层全连接层全部改为卷积层可以大大降低训练自由度，同时还采用数据增强方法，从而减轻过拟合的问题。其测试精度达到99.1%，这部分内容在本书第 4 章介绍。Wagner(2016)提出先采用 CNN 从 SAR 图像中提取特征，然后将特征输入 SVM 进行训练分类器。这里训练 CNN 时包含了全连接层，一旦训练完成后，即去掉全连接层，用 SVM 取代，其目的应该也是为了降低过拟合现象。此外，在数据增强时采用了弹性失真、仿射变换等操作，用于模拟传感器失真的现象。同一时期，还有 Ding 等(2016)、Du 等(2016)研究了基于 CNN 的 SAR ATR 应用。为了解决 ATR 少样本学习的问题，Song 等(2017, 2019)则提出通过构建深度生成网络来实现零样本学习，即用已知样本来训练生成网络，从而得到具备物理意义的特征表征空间，然后再将已知样本通过卷积网络映射到该空间中。由此可以对零样本类别通过其在特征空间的位置来解读，也可以通过生成对抗网络对方位角进行插值，从而实现数据增强，这样可有效降低对样本的依赖性，这两项工作将在本书第 6 章介绍。此外，还有通过如迁移学习、度量学习、半监督学习、多角度特征融合等方法来解决 ATR 少样本学习的问题(Zhang et al., 2017a, 2017b; Liu et al., 2018; Pei et al., 2018; Huang et al., 2019; Pan et al., 2019)。

对于海面船只目标而言，一个很重要的应用是船只检测，即判断有无并确定位置，这也是计算机视觉中的目标检测问题，因此有很多研究尝试了基于深度网络的 SAR 目标检测。Schwegmann 等(2016)尝试用极深网络做 SAR 船只检测与鉴别；Bentes 等(2016)则将其应用在船与冰山的鉴别；Odegaard 等(2016)尝试用仿真 SAR 图像增强数据样本实现船只分类；Liu 等(2017)研究了海陆分割与卷积网络结合的 SAR 船只检测；Kang 等(2017a)研究了 CNN 利用周边区域信息来实现 SAR 船只检测；Kang 等(2017b)和 Li 等(2017)均研究了将改进的经典目标检测网络 Faster R-CNN 用于 SAR 船只检测；Jiao 等(2018)提出了密集连接网络用于端到端的多尺度多场景 SAR 船只检测；Nieto-Hidalgo 等(2018)将 CNN 用于船只和漏油检测；Huang 等(2018)介绍了基于 Sentinel-1 的船只切片数据集 OpenSARShip；Hou 等(2019)介绍了高分三号高分辨率船只切片数据集，其是基于一个集成了 SAR 船只检测与 SAR-AIS 数据匹配的自动流程构建的，这部分工作将在本书第 5 章介绍。

ATR 是对象级的应用，还有更多像素级的应用，包括地表分类、变化检测、参数反演等。最经典的是 POLSAR 图像的地表分类。传统 POLSAR 分类如目标分解方法一般是单像素操作，即仅考虑单个像素内部的特征信息。基于深度学习的方法往往会将当前像素邻域窗口的图像作为输入，因此会考虑图像空域特征。Xie 等(2014)使用堆栈稀疏自编码器引入了 POLSAR 多层特征学习，用于提取特征，先采用了相干斑滤波和极化白化滤波作为预处理步骤，输入的数据格式是从协方差矩阵中提取的 9 维实数矢量。Geng 等(2015, 2017)提出了深度卷积自编码器(deep convolutional auto encoder，DCAE)，用于提取特征并进行自动分类。DCAE 的前几层为手工设计的卷积层，后几层为待训练的堆栈自编码器。Lü 等(2015)测试了 DBN 在 POLSAR 对土地利用和土地覆盖进行分类的应用。Hou 等(2016)提出了堆栈自编码器与超像素分割结合的 POLSAR 分类方法。Jiao 和 Liu(2016)提出了深度堆栈网络用于 POLSAR 分类，主要利用了基于线性投影的快速 Wishart 距离计算能力，该方法主要实现了以 Wishart 距离为相似度度量的 K-Means 聚类和分类。还有基于深度卷积网络的研究，如 Zhou 等(2016)使用 CNN 实现 POLSAR 分类；Gao 等(2017)提出了双路深度卷积网络在 POLSAR 分类的应用；Wang 等(2018)研究了整合稀疏/低秩子空间表征的 CNN 进行 POLSAR 分类；Chen 和 Tao(2018)提出了极化特征驱动的 CNN 进行 POLSAR 分类；Zhang 等(2017b)提出了复数域的 CNN (CV-CNN)用于处理多极化 SAR 数据，CV-CNN 可以有效利用不同通道之间的相位差信息，这项工作在本书第 7 章中详细介绍；Zhang 等(2019)提出了多任务极化 SAR 图像解译的复数域深度学习架构；Song 和 Xu(2017)提出了利用深度神经网络进行极化 SAR 信息重构，即从单极化灰度图中提取空域特征信息，然后从数据中学习从空域特征到极化域特征的映射关系，最后实现对单极化 SAR 图像重构全极化 SAR 图像的功能，这部分工作在本书第 8 章介绍。

　　变化检测是指从前后两个时间点获取的 SAR 图像上找出发生变化的信息。Gong 等 (2016) 提出了基于堆栈玻尔兹曼机框架的变化检测方法，通过多层学习提取特征，从而进行变化像素与不变像素的二分类。Zhang 等 (2016a, 2016b) 则采用了堆栈自编码器处理多源 (SAR 与光学) 多分辨率的变化检测问题，先通过深度学习建立从一种遥感图像到另一种遥感图像的映射关系，然后通过分析所提取特征的相似性来获得最终的变化分割图。

　　参数反演是定量遥感的范畴，也属于像素级应用。Wang 等 (2016) 使用 CNN 反演 SAR 图像中的海冰成分，其与地表分类问题的区别在于这是一个回归问题，也即最终输出的是连续变化的值而非离散的标签，因此需要采用类似欧氏距离的损失函数。这里采用人工标记的值作为标签，结果显示，通过训练 CNN 得到的反演算法的性能超过现有反演产品。Shen 等 (2017) 介绍了一种集成包括卷积网络在内的多种方法提取海冰的特征进行分类。Wang 和 Wang (2019) 则研究了使用 CV-CNN 进行极化干涉 SAR 对森林树高的反演，这部分工作将在本书第 10 章介绍。

　　在城区遥感方面，Sun 等 (2019) 研究了基于高分辨率 SAR 图像的建筑物高度估计；Shahzad 等 (2019) 研究了基于全卷积网络的高分辨率 SAR 图像中的建筑物检测。在 SAR 相干斑抑制方面，有很多基于深度卷积网络的研究，如 Wang 等 (2017) 研究了基于 CNN 的 SAR 相干斑抑制，Zhang 等 (2018) 提出了膨胀残差网络对 SAR 图像进行相干斑抑制，Yue 等 (2018) 则提出了基于对数卷积乘积模型的相干斑抑制网络，这里一部分工作将在本书第 11 章介绍。在干涉 SAR 处理方面，也有基于深度卷积网络的尝试 (Schwegmann et al., 2017; Ichikawa and Hirose, 2017)。在 SAR 与光学图像融合方面，也有基于深度卷积网络的研究，如 Mou 等 (2017)、Hughes 等 (2018)、Merkle 等 (2018) 研究了 SAR 与光学图像的匹配。Yao 等 (2017) 研究了基于深度网络的 SAR 与光学图像对的语义分割；Ao 等 (2018) 用 GAN 实现 Sentinel-1 到 TerraSAR-X 的翻译；Fu 等 (2019) 实现了从光学到高分辨率 SAR 图像的翻译，用于实现辅助目视判读，这部分工作在本书第 13 章介绍。深度学习相关技术在 SAR 图像解译领域研究发展迅速 (Zhu et al., 2017)，此处限于篇幅，未能将所有相关工作逐一介绍，请读者谅解。

　　相对于计算机视觉，SAR 图像解译有着相同的目的，即从图像中提取有用信息，但所处理的 SAR 图像与可见光图像有显著区别，主要体现在波段、成像原理、投影方向、视角等方面。因此，在借鉴计算机视觉领域的新方法解决 SAR 图像解译的问题时，需要充分考虑和利用这些差异性 (表 1.1)。

表 1.1　SAR 图像解译与计算机视觉的差异

属性	光学图像	SAR 图像	SAR 的特点
波段	可见光波段	微波波段	不连续，信号闪烁
聚焦机理	真实孔径	相干合成孔径	相干斑噪声
投影方式	垂直-水平	距离-方位	叠掩、透视缩短、投影
分辨率	与距离向成正比	与距离无关	无失真
数据格式	颜色、强度	相位、幅度、极化	多通道、复数

目前，基于深度学习技术的 SAR 研究中主要存在以下三个问题。

(1)SAR 图像与光学图像有显著差异。SAR 与光学的差异来自于两方面的原因：一方面是微波散射机理与光学散射的差异，微波散射有角反射、边缘绕射、多次散射等特殊机制，导致 SAR 图像中目标的形态与光学图像差异很大；另一方面，SAR 成像几何投影关系与相机投影的区别，SAR 图像中存在叠掩、短视、阴影、顶底倒置等特殊现象。如表 1.1 所述的几个方面的差异，如何将这些特性进行合理的考量，从而设计更合适的神经网络或学习方法，是一个迫切需要研究的问题。

(2)SAR 样本数量少、获取成本高。SAR 图像需要通过卫星或飞机平台进行获取，相比于光学图像可以通过消费级相机大量获取，SAR 图像获取成本远远高于光学图像。SAR 图像不像光学图像可以通过互联网获取海量样本，其获取渠道单一有限，对于特殊目标获取样本的机会受限。而深度学习技术主要依赖于海量的训练样本，因此如何利用 SAR 图像的特点进行针对性的少样本学习研究是解决 SAR 图像智能解译的关键。

(3)SAR 图像对观测条件敏感。雷达图像依赖于微波电磁散射，对于人造目标，由于其不连续处散射和多次散射复杂，通过相干叠加后散射中心会随着观测角度等发生剧烈波动，即闪烁现象，这使得 SAR 图像在各个观测维度上泛化学习的难度大大提升，仅仅采用现有的深度学习技术将需要获取比光学图像还要多的样本才能达到相当的性能，这对于本身样本储备少、获取困难的 SAR 图像来说无疑是雪上加霜，因此需要进一步研究能实现 SAR 观测维度稳健泛化的深度学习技术。

显然上述三大问题背后所隐含的核心线索，即电磁物理规律和雷达成像原理。作者在前期电磁散射机理、微波遥感图像解译和参数反演等研究基础上，从 2013 年起开展了基于深度学习技术的 SAR 图像智能解译的初步研究，并在本书中做了简要归纳。利用深度学习技术可以在标准数据集上得到较理想的性能，但同时我们也认识到本书的例子所适用的范围有限，真正将深度学习技术应用到实际业务中还需要进行更深入、更广泛的研究。如何利用深度学习技术进一步发展 SAR 图像智能解译是亟须研究的课题。　　图1.7 给出一种数据驱动和模型约束下的 SAR 智能解译框架，深度学习技术本身必须由海量数据来驱动，但是往往人们忽视了模型的作用，也就是将先验知识融合到智能算法中。事实上，从深度卷积网络的巨大成功可以看出，其核心创新"多层卷积网络"结构即来源于对于视觉神经信号处理的理解。特别是针对 SAR 图像这样的电磁波散射物理过程的产物，我们需要融合电磁散射理论和机器学习理论，将物理规律等先验知识体现在智能

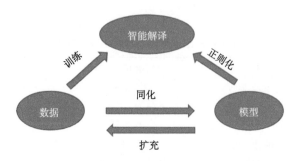

图 1.7　数据驱动-模型约束下的 SAR 智能解译

解译算法中，这一目的可由模型与数据和算法三者协作达成：模型可以产生模拟数据，实测数据可以同化于模型中，同时模型可以直接对机器学习算法进行正则化约束(徐丰等, 2017)。

这一发展方向提升到更高层面上将是物理与智能的交叉融合、计算电磁与计算智能的交叉融合，我们把它称为"微波视觉"(徐丰和金亚秋，2018)。

2. 微波视觉

人的视觉能看见光，但看不见微波。若外星人的眼睛能看见微波，那他就有"微波眼睛"，他的视觉神经中枢必与人类视觉不同，可称为"微波视觉"。第二次世界大战发明的雷达等技术已使人类具备感受到微波信息的能力，是否也能发展基于人工智能的信息感知与理解的"微波视觉"？

在可见光世界中历经亿年进化，人类形成与生俱来的适应光学信息的大脑，初生婴儿的大脑通过其与光学世界交互进行学习，最终形成能感知世界、认识自我的人类视觉。人类视觉能高效理解光学信息、实现自主定位导航，同时还是产生自我意识的关键因素。

深度学习前沿技术 AlphaGO Zero 给予我们启发，智能算法与虚拟围棋世界的交互和学习可以获得超越人类的智能。早期 AlphaGO 版本采用人类棋谱进行训练，AlphaGO Zero 版本则完全通过在围棋游戏模拟器里面相互对弈，然后相互学习优化，经过三天的学习就达到了人类冠军的水平。AlphaGO Zero 达到这一成绩的核心前提条件在于模拟器精确地模拟了围棋游戏世界的规则，也就是说，如果我们有一个能精确模拟物理世界的模拟器，可以相信我们也能用现有深度学习技术训练出实用的人工智能。

显然，物理智能的其中一种途径(或者说当前可行的途径)就是用精确高效的计算物理模拟器来训练基于深度学习的人工智能，而这样的思想已经在西方国家得到大力推广。例如，在自动驾驶领域的绝大多数企业都在使用虚拟现实模拟器和真实采集的数据一起训练自动驾驶算法。2017 年年底，美国 DARPA 启动"进攻性蜂群使能战术"OFFSET 研究项目，旨在研发能自动控制上百架无人机进行协同作战的人工智能技术。该项目的主要技术途径即依赖虚拟现实飞行模拟器 AirSim 来训练这一人工智能技术。

基于现有深度学习技术，我们可以发展适应电磁信息的认知智能算法，并用超算模拟电磁世界，通过与电磁模拟器的交互进行演化学习，实现人造"微波视觉"。研究"微波视觉"能自动解译雷达图像、复杂电磁环境等微波信息，实现"微波视觉"自主定位导航，为探索意识本质提供基础。

图 1.8 阐述了"微波视觉"的主要构思，光视觉是人在光世界中进化和学习获得的，而我们提出通过模拟电磁(微)波世界实现相类似光视觉，但又截然不同电磁信息感知认知的"微波视觉"。其主要技术途径是借鉴 AlphaGO/OFFSET，基于电磁学理论，构建微波世界模拟器，用于演化和训练"微波视觉"。

"微波视觉"的三个科学问题如下。

(1)智能体与物理世界的交互机理及其对智能演化和意识产生的作用——光视觉是人脑内在的智能与太阳光外在的世界交互演化的产物，因此研究人类光视觉产生和运作机理是实现"微波视觉"的基础，也是智能科学的第一阶段数学智能。

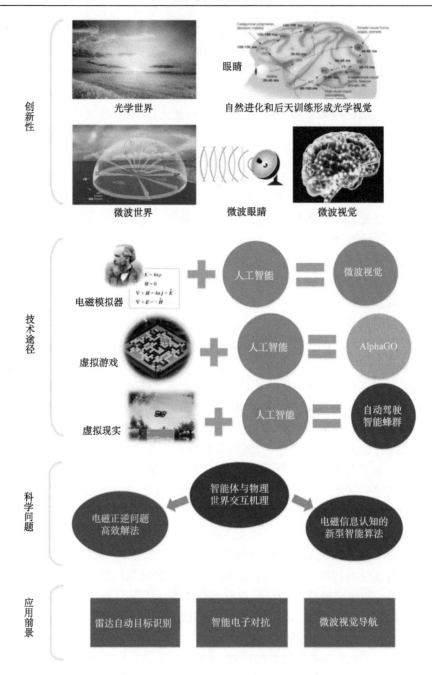

图 1.8 "微波视觉"的概念与内涵(徐丰和金亚秋,2018)

(2)面向智能的电磁学正逆问题高效解法——正问题是实现高效微波世界模拟器的基础,为"微波视觉"的进化和学习提供环境;逆问题则是"微波视觉"反演目标信息的基础。

(3)面向电磁信息认知的新型智能算法——以人类智能运作机理为基础,建立专门适应于环境目标的电磁(微)波信息的新型认知机理和智能算法。

这些问题的解决推动天地海环境中监测目标的多源多模式高分辨率微波雷达数据成像的判读、识别信息的感知和目标认知的应用，以及其他空间电磁军事科技应用等。

"微波视觉"与人类长期依靠的"光视觉"不一样，它的产生将颠覆传统的雷达信号处理与以光视觉为基础的图像处理技术，将使得目前似乎看不见、摸不着的微波监测成为"微波视觉"中看得清、理解透的新的技术形态，如自主定位导航、电子侦查对抗等电磁波技术。"微波视觉"将实现天地海目标雷达回波图像在线自动解译，改变目前地面站人工判读业务形态；实现雷达回波直接重构目标与场景的可视化表征，颠覆传统电磁信号处理、雷达回波图像解译的思维与方法；实现直接对散射辐射场的视觉语义概念生成、推理、决策和交互，改变现有雷达、侦查、干扰对抗的技术形态；实现基于"微波视觉"的智能自主定位导航，补充传统视觉导航技术。

"微波视觉"将是从基本理论到多种关键技术再到广泛应用的体系化研究，其面临多个维度的挑战。"微波视觉"作为新的交叉学科发展方向，我们的研究任重而道远，本书作为作者粗浅工作的归纳，主要目的是为入门者提供参考，同时激励更多人加入这一激动人心的新领域前沿研究中来。

3. 本书内容

本节第2章介绍了SAR图像解译相关的基础知识，第3章介绍了深度学习基础理论和方法，这两章为本书后续章节中的具体研究提供了基础知识。第4、第5章分别介绍了地面目标和海面目标的自动识别，采用了深度学习技术。第6章介绍了针对目标训练样本少或缺失情况下的SAR目标表征与零样本学习。第7章介绍了复数卷积网络及其在极化SAR地表分类中的应用。第8章介绍了从单极化或多极化SAR图像中重构全极化SAR图像的研究。第9章介绍了极化SAR因子分解理论和方法。第10章则介绍了极化干涉SAR反演植被高度研究。第11章介绍了SAR杂波仿真和基于深度学习的相干斑滤波。第12章介绍了利用深度学习从光学影像中重构三维场景的研究。第13章介绍了利用深度卷积网络进行SAR与光学图像相互翻译的方法。本书多数章节在阐述基本理论与方法的同时还提供了实例代码讲解，以便初学者入门。

参 考 文 献

金亚秋, 徐丰. 2008. 极化散射与SAR遥感信息获取. 北京: 科学出版社.

吴一戎. 2013. 多维度合成孔径雷达成像概念. 雷达学报, (6): 135-142.

邢孟道, 保铮, 李真芳, 等. 2014. 雷达成像算法进展. 北京: 电子工业出版社.

徐丰. 2007. 全极化合成孔径雷达的正向与逆向遥感理论. 复旦大学博士学位论文.

徐丰, 金亚秋. 2018. 从物理智能到微波视觉. 科技导报, 36(10): 30-44.

徐丰, 王海鹏, 金亚秋. 2017. 深度学习在SAR目标识别与地物分类中的应用. 雷达学报, 6(02): 136-148.

庄钊文, 肖顺平, 王雪松. 1999. 雷达极化信息处理及其应用. 北京: 国防工业出版社.

Ao D, Dumitru C, Schwarz G, et al. 2018. Dialectical GAN for SAR image translation: From Sentinel-1 to TerraSAR-X. Remote Sensing, 10(1597): 1-23.

Bentes C, Frost A, Velotto D, et al. 2016. Ship-Iceberg Discrimination with Convolutional Neural Networks in High Resolution SAR Images. 11th European Conference on Synthetic Aperture Radar.

Braakmann-Folgmann A, Donlon C. 2019. Estimating snow depth on arctic sea ice using satellite microwave radiometry and a neural network. The Cryosphere Discussions, 03: 1-26.

Chen S, Tao C. 2018. PolSAR image classification using polarimetric-feature-driven deep convolutional neural network. IEEE Geoscience and Remote Sensing Letters, 15(4): 627-631.

Chen S, Wang H. 2014. SAR Target Recognition Based on Deep Learning. 2014 International Conference on Data Science and Advanced Analytics.

Chen S, Wang H, Xu F, et al. 2016. Target classification using the deep convolutional networks for SAR images. IEEE Transactions on Geoscience and Remote Sensing, 54(8): 4806-4817.

Cloude S R, Pottier E. 1997. An entropy based classification scheme for land applications of polarimetric SAR. IEEE Transactions on Geoscience and Remote Sensing, 35(1): 68-78.

Cui Z, Cao Z, Yang J M, et al. 2015. Hierarchical recognition system for target recognition from sparse representations. Mathematical Problems in Engineering, (5786): 1-6.

Deschamps G A. 1972. Ray techniques in electromagnetics. Proceedings of the IEEE, 60(9): 1022-1035.

Ding J, Chen B, Liu H, et al. 2016. Convolutional neural network with data augmentation for SAR target recognition. IEEE Geoscience and Remote Sensing Letters, 13(3): 364-368.

Du K, Deng Y, Wang R, et al. 2016. SAR ATR based on displacement-and rotation-insensitive CNN. Remote Sensing Letters, 7(9): 895-904.

Duan Y, Liu F, Jiao L, et al. 2017. SAR image segmentation based on convolutional-wavelet neural network and markov random field. Pattern Recognition, 64: 255-267.

Freeman A, Durden S L. 1998. A three-component scattering model for polarimetric SAR data. IEEE Transactions on Geoscience and Remote Sensing, 36(3): 963-973.

Fu S, Xu F, Jin Y Q. 2019. Reciprocal translation between SAR and optical remote sensing images with cascaded-residual adversarial networks. https://arxiv.org/pdf/1901.08236

Fukushima K. 1975. Cognitron: A self-organizing multilayered neural network. Biological Cybernetics, 20: 121-136.

Fung A K. 1994. Microwave Scattering and Emission Models and Their Applications. Boston: Artech House.

Gao F, Huang T, Wang J, et al. 2017. Dual-branch deep convolution neural network for polarimetric SAR image classification. Applied Sciences, 7: 447.

Geng J, Fan J, Wang H, et al. 2015. High-resolution sar image classification via deep convolutional autoencoders. IEEE Geoscience and Remote Sensing Letters, 12(11): 2351-2355.

Geng J, Wang H, Fan J, et al. 2017. Deep supervised and contractive neural network for SAR image classification. IEEE Transactions on Geoscience and Remote Sensing, 55(4): 2442-2459.

Glorot X, Bengio Y. 2010. Understanding the difficulty of training deep feedforward neural networks. Journal of Machine Learning Research, 9: 249-256.

Glorot X, Bordes A, Bengio Y. 2011. Deep sparse rectifier neural networks. Journal of Machine Learning Research, 15: 315-323.

Gong M, Zhao J, Liu J, et al. 2016. Change detection in synthetic aperture radar images based on deep neural networks. IEEE Transactions on Neural Networks and Learning Systems, 27(1): 125-138.

Hinton G E, Salakhutdinov R R. 2006. Reducing the dimensionality of data with neural networks. Science, 313(5786): 504-507.

Hou B, Kou H, Jiao L. 2016. Classification of polarimetric SAR images using multilayer autoencoders and superpixels. IEEE Journal of Selected Topics in Applied Earth Observations and Remote Sensing, 9(7): 3072-3081.

Hou X, Ao W, Song Q, et al. 2020. FUSAR-Ship: A High-resolution SAR-AIS Matchup Dataset of Gaofen-3 for Ship Detection and Recognition. Sciences of China Information Sciences.

Huang L, Liu B, Li B, et al. 2018. OpenSARShip: A dataset dedicated to Sentinel-1 ship interpretation. IEEE Journal of Selected Topics in Applied Earth Observations and Remote Sensing, 11(1): 195-208.

Huang Z L, Pan Z X, Lei B. 2019. Transfer learning with deep convolutional neural network for SAR target classification with limited labeled data. Remote Sensing, 9(907): 1-21.

Hughes L, Schmitt M, Mou L, et al. 2018. Identifying corresponding patches in SAR and optical images with a Pseudo-Siamese CNN. IEEE Geoscience and Remote Sensing Letters, 15(5): 784-788.

Ichikawa K, Hirose A. 2017. Singular unit restoration in InSAR using complex-valued neural networks in the spectral domain. IEEE Transactions on Geoscience and Remote Sensing, 55(3): 1717-1723.

Jarrett K, Kavukcuoglu K, Ranzato M, et al. 2009. What is the Best Multi-Stage Architecture for Object Recognition? Proceedings IEEE International Conference on Computer Vision.

Jiao J, Zhang Y, Sun H, et al. 2018. A densely connected end-to-end neural network for multiscale and multiscene SAR ship detection. IEEE Access, 6: 20881-20892.

Jiao L, Liu F. 2016. Wishart deep stacking network for fast POLSAR image classification. IEEE Transactions on Image Processing, 25(7): 3273-3286.

Jin Y Q. 1992. A mueller matrix approach to complete polarimetric scattering from a layer of non-uniformly oriented, non-spherical scatters. Journal of Quantitative Spectroscopy and Radiative Transfer, 48(3): 295-306.

Jin Y Q. 1993. Electromagnetic Scattering Modeling for Quantitative Remote Sensing. Singapore: World Scientific.

Jin Y Q, Xu F. 2013. Polarimetric Scattering and SAR Information Retrieval. Singapore: Wiley-IEEE Press.

Kang M, Ji K, Leng X, et al. 2017a. Contextual region-based convolutional neural network with multilayer fusion for SAR ship detection. Remote Sensing, 9(8): 860.

Kang M, Leng X, Lin Z, et al. 2017b. A modified faster R-CNN based on CFAR algorithm for SAR ship detection. International Workshop on Remote Sensing with Intelligent Processing.

Keller J B. 1962. Geometrical theory of diffraction. Journal of the Optical Society of America, 52(2): 116-130.

Krizhevsky A, Sutskever I, Hinton G E. 2012. ImageNet classification with deep convolutional neural networks. Advances in Neural Information Processing Systems, 25(2): 1097-1105.

LeCun Y. 2015. The loss of surface of multilayer networks. Eprint Arxiv, 192-204.

LeCun Y, Bengio Y, Hinton G. 2015. Deep learning. Nature, 521(7553): 436-444.

Lee J S, Grunes M R, Ainsworth T L, et al. 1999. Unsupervised classification using polarimetric decomposition and the complex Wishart classifier. IEEE Transactions on Geoscience and Remote Sensing, 37(5): 2249-2258.

Li J, Qu C, Shao J. 2017. Ship Detection in SAR Images Based on An Improved Faster R-CNN. Beijng: SAR in Big Data Era: Models, Methods and Applications.

Ling H, Chou R C, Lee S W. 1989. Shooting and bouncing rays: calculating the RCS of an arbitrarily shaped cavity. IEEE Transactions on Antennas and Propagation, 37(2): 194-205.

Liu L, Pan Z X, Qiu X L, et al. 2018. SAR Target Classification with CycleGAN Transferred Simulated Samples. IEEE International Geoscience and Remote Sensing Symposium.

Liu Y, Zhang M, Xu P, et al. 2017. SAR ship detection using sea-land segmentation-based convolutional neural network. International Workshop on Remote Sensing with Intelligent Processing.

Lv Q, Dou Y, Niu X, et al. 2015. Urban land use and land cover classification using remotely sensed SAR data through deep belief networks. Journal of Sensors.

Merkle N, Auer S, Müller R, et al. 2018. Exploring the potential of conditional adversarial networks for optical and SAR image matching. IEEE Journal of Selected Topics in Applied Earth Observations and Remote Sensing, 11(6): 1811-1820.

Moreira A, Prats-Iraola P, Younis M, et al. 2013. A tutorial on synthetic aperture radar. IEEE Geoscience and Remote Sensing Magazine, 1(1): 6-43.

Morgan D. 2015. Deep convolutional neural networks for ATR from SAR imagery. SPIE Defense + Security.

Mou L, Schmitt M, Wang Y, et al. 2017. A CNN for the identification of corresponding patches in SAR and optical imagery of urban scenes. Joint Urban Remote Sensing Event, 1-4.

Nieto-Hidalgo M, Gallego A, Gil P, et al. 2018. Two-stage convolutional neural network for ship and spill detection using SLAR images. IEEE Transactions on Geoscience and Remote Sensing, 56(9): 5217-5230.

Ødegaard N, Knapskog A O, Cochin C, et al. 2016. Classification of Ships Using Real and Simulated Data in A Convolutional Neural Network. IEEE Radar Conference.

Pan Z X, Bao X J, Wang B W, et al. 2019. Siamese Network Based Metric Learning for SAR Target Classification. IEEE International Geoscience and Remote Sensing Symposium.

Pei J, Huang Y, Huo W, et al. 2018. SAR automatic target recognition based on multiview deep learning framework. IEEE Transactions on Geoscience and Remote Sensing, 56(4): 2196-2210.

Qin F, Guo J, Sun W. 2017. Object-oriented ensemble classification for polarimetric SAR Imagery using restricted Boltzmann machines. Remote Sensing Letters, 8(3): 204-213.

Schwegmann C, Kleynhans W, Engelbrecht J, et al. 2017. Subsidence Feature Discrimination Using Deep Convolutional Neural Networks in Synthetic Aperture Radar Imagery. IEEE International Geoscience and Remote Sensing Symposium.

Schwegmann C, Kleynhans W, Salmon B P, et al. 2016. Very Deep Learning for Ship Discrimination in Synthetic Aperture Radar imagery. IEEE International Geoscience and Remote Sensing Symposium.

Shahzad M, Maurer M, Fraundorfer F, et al. 2019. Buildings detection in VHR SAR images using fully convolution neural networks. IEEE Transactions on Geoscience and Remote Sensing, 57(2): 1100-1116.

Shen X, Zhang J, Zhang X, et al. 2017. Sea ice classification using Cryosat-2 altimeter data by optimal classifier-feature assembly. IEEE Geoscience and Remote Sensing Letters, 14(11): 1948-1952.

Song Q, Xu F. 2017. Zero-shot learning of SAR target feature space with deep generative neural networks. IEEE Geoscience and Remote Sensing Letters, 14(12): 2245-2249.

Song Q, Xu F, Jin Y Q. 2019. SAR Image Representation Learning with Adverasrial Autoencoder Networks. IEEE International Geoscience and Remote Sensing Symposium.

Soumekh M. 1999. Synthetic Aperture Radar Signal Processing with Matlab Algorithms. New York: John Wiley & Sons, Inc.

Sun Y, Hua Y, Mou L, et al. 2019. Lagre-scale building height estimation from single VHR SAR image using fully convolutional network and GIS buidling footprints. Joint Urban Remote Sensing Event.

Tsang L, Kong J A. 2001. Scattering of Electromagnetic Waves, Vol. 3: Advanced Topics. New York: Wiley Interscience.

Tsang L, Kong J A, Ding K H. 2000. Scattering of Electromagnetic Waves, Vol. 1: Theory and Applications. New York: Wiley Interscience.

Tsang L, Kong J A, Ding K H, et al. 2001. Scattering of Electromagnetic Waves, Vol. 2: Numerical Simulations. New York: Wiley Interscience.

Tsang L, Kong J A, Shin R. 1985. Theory of Microwave Remote Sensing. New York: Wiley-Interscience.

Ufimtsev P Y. 1962. Method of edge waves in the physical theory of diffraction (from the Russian "Metod krayevykh volnv fizicheskoy teorii difraktsii"). Izd-Vo Sov. Radio, 1-243.

Ulaby F T, McDonald K, Sarabandi K, et al. 1988. Michigan Microwave Canopy Scattering Models (MIMICS). IEEE International Geoscience and Remote Sensing Symposium.

Ulaby F T, Moore R K, Fung A K. 1981. Microwave Remote Sensing: Active and Passive Volume I: Microwave Remote Sensing Fundamentals and Radiometry. Massachusetts: Addison-Wesley.

Ulaby F T, Moore R K, Fung A K. 1982. Microwave Remote Sensing: Active and Passive Volume II: Radar Remote Sensing and Surface Scattering and Emission Theory. Massachusetts: Addison-Wesley.

Ulaby F T, Moore R K, Fung A K. 1986. Microwave Remote Sensing: Active and Passive Volume III: Scattering and Emission Theory. Massachusetts: Artech House.

Wagner S A. 2016. SAR ATR by a combination of convolutional neural network and support vector machines. IEEE Transactions on Aerospace and Electronic Systems, 52(6): 2861-2872.

Wang H, Chen S, Xu F, et al. 2015. Application of Deep-Learning Algorithms to MSTAR Data. IEEE International Geoscience and Remote Sensing Symposium.

Wang L, Scott K A, Xu L, et al. 2016. Sea ice concentration estimation during melt from dual-pol SAR scenes using deep convolutional neural networks: A case study. IEEE Transactions on Geoscience and Remote Sensing, 54(8): 4524-4533.

Wang P, Zhang H, Patel V. 2017. SAR Image despeckling using a convolutional neural network. IEEE Signal Processing Letters, 24(12): 1763-1767.

Wang X, Wang H. 2019. Forest height mapping using complex-valued convolutional neural network. IEEE Access, 7(1): 126334-126343.

Wang Y, He C, Liu X, et al. 2018. A hierarchical fully convolutional network integrated with sparse and low-rank subspace representations for PolSAR imagery classification. Remote Sensing, 10(2): 342.

Wilmanski M, Kreucher C, Lauer J. 2016. Modern approaches in deep learning for SAR ATR. International Society for Optics and Photonics.

Xie H, Wang S, Liu K, et al. 2014. Multilayer feature learning for polarimetric synthetic radar data classification. IEEE Geoscience and Remote Sensing Symposium.

Xu F, Jin Y Q. 2006. Imaging simulation of polarimetric SAR for a comprehensive terrain scene using the mapping and projection algorithm. IEEE Transaction on Geoscience and Remote Sensing, 44(11): 3219-3234.

Xu F, Jin Y Q. 2008. Imaging simulation of bistatic synthetic aperture radar and its polarimetric analysis. IEEE Transactions on Geoscience and Remote Sensing, 46(8): 2233-2248.

Xu F, Jin Y Q. 2009. Bidirectional analytic ray tracing for fast computation of composite scattering from an electric-large target over randomly rough surface. IEEE Transactions on Antennas and Propagation, 57(5): 1495-1505.

Yao W, Marmani D, Datcu M. 2017. Semantic segmentation using deep neural networks for SAR and optical image pairs. Big data from space.

Yue D X, Xu F, Jin Y Q. 2018. SAR despeckling neural network with logarithmic convolutional product model. International Journal of Remote Sensing.

Zhang F, Hu C, Yin Q, et al. 2017a. Multi-aspect-aware bidirectional LSTM networks for synthetic aperture radar target recognition. IEEE Access, 5: 26880-26891.

Zhang L, Dong H, Zou B. 2019. Efficiently utilizing complex-valued PolSAR image data via a multi-task deep learning framework. Journal of Photogrammetry and Remote Sensing, 157: 59-72.

Zhang L, Ma W, Zhang D. 2016b. Stacked sparse autoencoder in PolSAR data classification using local spatial information. IEEE Geoscience and Remote Sensing Letters, 13 (9): 1359-1363.

Zhang P, Gong M, Su L, et al. 2016a. Change detection based on deep feature representation and mapping transformation for multi-spatial-resolution remote sensing images. Journal of Photogrammetry and Remote Sensing, 116: 24-41.

Zhang Q, Yuan Q, Li J, et al. 2018. Learning a dilated residual network for SAR image despeckling. Remote Sensing, 10 (2): 1-18.

Zhang Z, Wang H, Xu F, et al. 2017b. Complex-valued convolutional neural network and its application in polarimetric SAR image classification. IEEE Transactions on Geoscience and Remote Sensing, 55 (12): 7177-7188.

Zhao Z, Jiao L, Zhao J, et al. 2017. Discriminant deep belief network for high-resolution SAR image classification. Pattern Recognition, 61: 686-701.

Zhou Y, Wang H, Xu F, et al. 2016. Polarimetric SAR image classification using deep convolutional neural networks. IEEE Geoscience and Remote Sensing Letters, 13 (12): 1935-1939.

Zhu X X, Tuia D, Mou L, et al. 2017. Deep learning in remote sensing: A comprehensive review and list of resources. IEEE Geoscience and Remote Sensing Magazine, 5 (4): 8-36.

第 2 章　SAR 图像解译基础

  SAR 是一种散射成像雷达，能产生米级亚米级高分辨率二维图像。它利用雷达与目标的相对运动，把在不同位置接收到的目标回波信号进行相干处理，从而获得很高的方位向分辨率。这种方法相当于把许多个小孔径天线合并为一个大孔径天线，即合成孔径技术。由于 SAR 散射成像机理，SAR 图像不如光学摄影那样直观，散射相干产生的相干斑噪声也是 SAR 图像特有的，使得 SAR 图像信息解译要比光学图像困难得多。近年来，随着多种模式 SAR 技术的发展，SAR 数据量极大地增长，迫切需要对 SAR 图像自动解译技术进行研究。本章从 SAR 成像机理出发，介绍 SAR 图像包含的众多物理信息，如极化信息、统计信息，以及 SAR 图像处理已有的基本方法，如滤波、检测与识别、分割与分类等。

2.1　SAR 成像原理

2.1.1　雷达测距与脉冲压缩技术

  脉冲雷达发射较窄的脉冲波，并接收回波，根据回波波形变化获取探测目标的结构信息。回波时延和距离(range)满足关系：

$$2R = c\Delta t \tag{2.1.1}$$

这里距离是指从目标到雷达的单程距离，对于单站雷达(后向观测)来说，波程即 $2R$。回波沿着时延分布，即对应着来自不同距离目标的贡献。理论上，当脉冲足够的窄，就能清晰分辨不同距离的目标。雷达的这种分辨不同距离目标的能力叫距离分辨率。

  但实际工程中，很难获得很窄的发射脉冲，而且窄脉冲的峰均比(peak-to-average ratio，PAR)很高，消耗发射功率很大，故通过时域窄脉冲的方式获得距离分辨率的可行性较低。

  脉冲压缩是一种通过间接地扩展信号带宽获得距离向分辨率的技术，其中最常用的是线性调频(linear frequency modulation，LFM)脉冲信号。LFM 脉冲的复数形式可写为

$$p(t) = \Pi(t/T_{\mathrm{p}}) \cdot \exp\left(j2\pi f_{\mathrm{c}}t + j\pi K t^2 \right) \tag{2.1.2}$$

式中，$\Pi(\cdot)$ 为[−0.5, 0.5]上的单位矩形窗函数；T_{p} 为脉冲宽度；f_{c} 为载频；K 为调频率。该脉冲的频谱为分布于 f_{c} 两侧的频带，带宽为 $B = KT_{\mathrm{p}}$，且带内幅度基本不变(Franceschetti and Schirinzi, 1990)。

  来自 R 处目标的回波为 $p(t-2R/c)$，其经过中频后回到基带。根据匹配滤波原理，其参考信号为

$$p_r(t) = \Pi(t/T_\mathrm{p}) \cdot \exp(-j\pi Kt^2) \qquad\qquad (2.1.3)$$

该回波信号与参考信号卷积，相当于在频域乘上频谱的复共轭，其对应频谱为一个矩形窗函数，容易写出其反变换即匹配滤波后的信号满足以下形式（保铮等，2005；刘永坦，1999）。

$$s(t) = \frac{\sin\left[\pi B(t - 2R/c)\right]}{\pi Bt(t - 2R/c)} \exp\left(-j\frac{4\pi R}{\lambda}\right) \qquad\qquad (2.1.4)$$

这是一个位于回波时延处的冲击函数，其附加相位为多普勒（Doppler）相移，匹配滤波将原来的宽脉冲压缩为窄脉冲，故称为脉冲压缩。其时间分辨率为$1/B$，对应距离分辨率为

$$r_R = \frac{c}{2B} \qquad\qquad (2.1.5)$$

图 2.1 显示的是雷达测距示意图，在距离向上，回波时间与斜距成反比。图 2.2 显示的一个点目标信号的压缩过程或称为距离向聚焦，可以看出，由于后两个目标的间距非常接近距离分辨率，因此在聚焦信号中变得难以分辨。这一距离向探测技术就是雷达的测距功能。

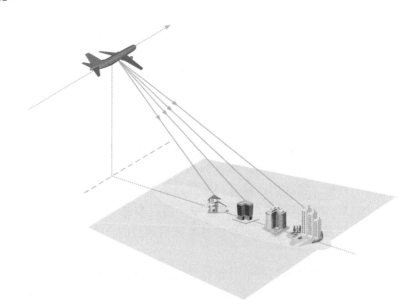

图 2.1　雷达测距示意图

2.1.2　合成孔径与方位向压缩

雷达测距只能得到距离向一维像，在方位向（飞行方向）只能靠天线窄波束来分辨不同位置的目标，然而由于目标远离雷达，天线波束再窄，方位向分辨率也无法达到理想

水平。利用合成孔径(synthetic aperture)技术(保铮等, 2005; 刘永坦, 1999)，可以等效地获得与合成孔径长度成反比的极窄波束，从而实现方位向的高分辨率成像，这就是 SAR 的原理。

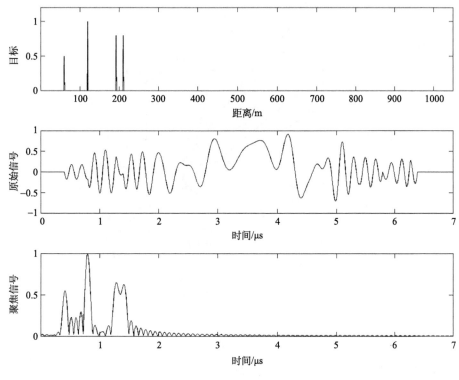

图 2.2　雷达测距原理

如图 2.3 所示，平台朝方位向 $\hat{x}$ 飞行的同时，天线朝距离向 $\hat{y}$ 照射，照射区域的位置和大小由天线的方向图决定，在常见的条带式工作模式下，天线的方向图和指向保持不变，因此照射区域的长度就是合成孔径的长度，照射区域的宽度称为成像的条带宽度(swath)。

在距离向，通过脉冲压缩技术可以区分位于不同 y 或 r 的目标。r 为斜距，定义为目标到航线的垂直距离。在方位向，当雷达飞过一个合成孔径长度时，目标均处在雷达的照射区域中，收集来自目标的回波，通过合成孔径技术获得方位向分辨率。

所谓合成孔径技术就是将合成孔径内不同位置所接收的信号进行合成，最经典的实现方法就是利用多普勒率调制进行方位向压缩。不难发现，对于位于不同距离的目标，其对应的合成孔径长度(即目标处在雷达照射范围内的时段中雷达所移动的长度)与目标距离成正比，即

$$L \approx R_0 2\delta \tag{2.1.6}$$

式中，2δ 为天线方向图波束宽度，即目标方位向积累角。合成孔径技术通过时间相干累积获得等效的空间天线孔径，根据天线孔径与波束宽度的关系，合成孔径对应的等效波束宽度为

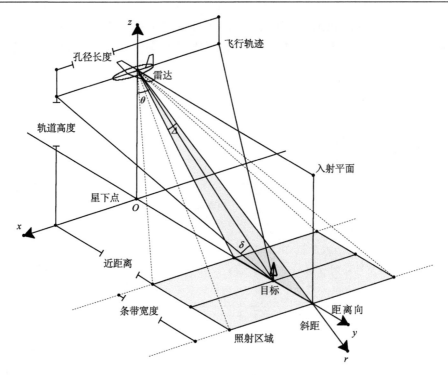

图 2.3　SAR 成像原理

$$\delta' \approx \frac{\lambda}{L}$$

因此，对应目标处的方位向分辨率可表示为

$$r_A = \frac{R_0 \delta'}{2} = \frac{\lambda}{4\delta} \tag{2.1.7}$$

式中，分母中的系数 2 是收发均采用合成孔径技术引起的。可见，合成孔径雷达的方位向分辨率有跟距离无关的特性。考虑到雷达真实天线的波束宽度与真实孔径存在以下关系：

$$2\delta = \frac{\lambda}{D} \tag{2.1.8}$$

因此，我们最终可以得到 SAR 方位向分辨率直接与其天线真实孔径有关的结论：

$$r_A = \frac{D}{2} \tag{2.1.9}$$

　　由此可见，SAR 系统所采用天线真实孔径越小，表示对应波束越宽。因此，照射目标的时间越长，对应相干累积时间越长，合成孔径越长，而使方位向分辨率越高。图 2.3 给出 SAR 信号成像的图解模型。

　　设雷达以速度 v 沿 $\hat{x}$ 飞行，并以间隔 T_r 重复发送 LFM 矩形脉冲波，定义脉冲重复频率（pulse repeat frequency，PRF）为 $1/T_r$，雷达发射信号写为

$$s_0(t) = \sum_n p(t - nT_r) \tag{2.1.10}$$

设 (x, r) 处点目标的散射幅度为 $\sigma(x, r)$，则该点的回波信号经过中频后写为

$$s(t) = \sigma \cdot \varpi(t) \cdot s_0[t - 2R(t)/c] = \sum_n \sigma \cdot \varpi(t) \cdot p[t - nT_r - 2R(t)/c] \tag{2.1.11}$$

式中，ϖ 为方向图增益，这里略写了各个量与 (x, r) 的关联；$R(t)$ 为目标离雷达的距离：

$$R(t) = \sqrt{(vt - x)^2 + r^2} \approx r + \frac{(vt - x)^2}{2r} \tag{2.1.12}$$

这里的近似是根据条件 $r \gg vt - x$ 得出的。

首先，对该回波信号进行距离向脉冲压缩，由式 (2.1.4) 不难写出距离向压缩后的信号为

$$s_1(t) = \sum_n \sigma \cdot \varpi(t) \cdot \delta_R[t - nT_r - 2R(t)/c] \cdot \exp\left[-j\frac{4\pi R(t)}{\lambda}\right] \tag{2.1.13}$$

这里用 $\delta_R(\cdot)$ 表示距离向压缩后的冲击函数，即式 (2.1.4) 的幅度项。相对于电磁波传播而言，雷达飞行速度要慢得多，可以假设在一个脉冲发射到接收期间雷达静止不动，这就是一步一收 (stop-and-hop) 模型，于是有

$$R(t) \approx R(n'T_r), \quad \varpi(t) \approx \varpi(n'T_r), \quad n' = \lceil t/T_r \rceil \tag{2.1.14}$$

式中，$\lceil \cdot \rceil$ 表示取整；$n'T_r$ 为雷达发射脉冲的时刻，称为慢时间；而快时间则定义在一个脉冲收发期间之内，即 $\tau = t - nT_r$。

若将式 (2.1.13) 按快、慢时间排列为二维阵列，第 n 列表示第 n 个脉冲对应的回波，于是重写为

$$s_1(n, \tau) = \sigma \cdot \varpi(nT_r) \cdot \exp\left[-j\frac{4\pi R(nT_r)}{\lambda}\right] \cdot \delta_R[\tau - 2R(nT_r)/c] \tag{2.1.15}$$

图 2.4 形象地表示了该信号的结构及其收集过程，重排以后同一目标的回波将按一条抛物线的轨迹排列，这是一个合成孔径内雷达到目标的距离变化引起的，这一效应也称为距离徙动 (range migration) 效应，这一轨迹在 $n - \tau$ 平面上表示为

$$\Delta\tau(n) = 2R_m(n)/c$$
$$R_m(n) = R(nT_r) - r = \frac{(vnT_r - x)^2}{2r} \tag{2.1.16}$$

式中，R_m 称为距离徙动量。

令 $n_x T_r = \lceil x/v \rceil$，则第 n_x 个脉冲发射时刻为距离目标最近的点，也即合成孔径的中心。设合成孔径长度为 L，则包含在合成孔径内的脉冲时刻个数为

$$N_L = \frac{L}{vT_r} \tag{2.1.17}$$

只有在这些时刻目标才被照射到，这在方向图增益中体现，重写增益函数为

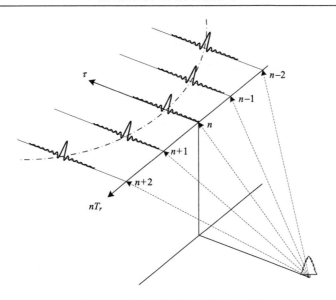

图 2.4　一步一收模型与快慢时间重排

$$\varpi(nT_r) = \begin{cases} \varpi^0(n-n_x, r) & n \in \left[n_x - N_L/2, \ n_x + N_L/2\right] \\ 0 & \text{其他} \end{cases} \quad (2.1.18)$$

式中，$\varpi^0(n,r)$ 为仅与目标相对位置有关的方向图增益函数，理想情况下认为照射区域内均匀辐射，则可以忽略方位向关联，即 $\varpi^0(r)$。

综上，若将徙动轨迹上 s_1 的信号峰值排列成一维信号，可写为

$$s_1(n) = C \cdot \Pi\left(\frac{n-n_x}{N_L}\right) \cdot \exp\left[j\pi K_d(n-n_x)^2 T_r^2\right]$$

$$C = \sigma \cdot \delta_R(0) \cdot \varpi^0(r) \cdot \exp\left(-j\frac{4\pi r}{\lambda}\right) \quad (2.1.19)$$

$$K_d = -\frac{2v^2}{r\lambda}$$

式中，C 为常系数；K_d 为多普勒调频率。对比式 (2.1.2) 可以发现，s_1 就是一个 LFM 矩形脉冲回波信号。于是，可以采用脉冲压缩技术进行方位向压缩。其带宽也称为多普勒带宽，可写为

$$B_d = -K_d N_L T_r = \frac{2vL}{r\lambda} \quad (2.1.20)$$

对应时间分辨率为 $1/B_d$，故方位向空间分辨率为

$$r_A = \frac{v}{B_d} = \frac{r\lambda}{2L} \quad (2.1.21)$$

可以看出，方位向分辨率与合成孔径成反比，与距离和载波波长成正比。

由图 2.4 可见，位于不同位置目标的回波信号，不仅在距离向而且在方位向都会发

生混叠。距离向的压缩并不受影响，但如果距离徙动量较大时（超过一个分辨率单元），方位向就无法直接进行压缩。实际应用中，诸如此类还有很多问题，如飞机轨道误差、星载 SAR 相对地面的运动等，它们使得无法直接实现 SAR 成像，必须借助于各种 SAR 成像算法。

其中，最简单常用的时域后向投影（BP）算法（Soumekh，1999），其原理是在距离向压缩后的二维信号中提取聚焦位置所对应的徙动轨迹上的采样信号，先补偿这些回波信号的多普勒相位，然后进行相干叠加。该方法由于直接在时域操作，复杂度较高。对应的还有一些改进的快速 BP 算法（Yegulalp，1999）。

频域算法中最简单的是距离多普勒（RD）算法（Wu et al.，1982），其原理是将距离压缩后的二维信号进行方位向傅里叶变换，然后转换到多普勒域，再按多普勒域的距离徙动系数进行距离徙动校正，然后进行频域压缩。RD 算法是一种性能较低的基础算法，在进行距离徙动校正的时候需要进行插值运算。其他的高级频域算法有调频缩放（CS）（Raney et al.，1994）、距离徙动算法（RMA）（Soumekh，1999）等。

脉冲压缩的冲击响应为

$$g_R(r) \approx \mathrm{sinc}\left(2\pi K T_\mathrm{p} r/c\right) \tag{2.1.22}$$

方位向压缩的冲击响应为

$$g_A(x'-x) = \mathrm{sinc}\left[\frac{2\pi L x}{\lambda(R_0+r)}\right] \tag{2.1.23}$$

可以看出，最终所得 SAR 图像是场景散射系数图 $\sigma(x,r)$ 与 $g_R \cdot g_A$ 的卷积，故 $g_R \cdot g_A$ 也称为点目标响应或点扩散函数（point spread function，PSF），它是反映 SAR 成像能力和聚焦性能的重要指标。

常用的几个性能指标是点目标响应的峰值旁瓣比（peak side-lobe ratio，PSLR）、积分旁瓣比（integral side-lobe ratio，ISLR）及主瓣宽度。在实际系统设计中，为了降低旁瓣水平，往往通过在频域加窗（如汉明窗）实现，但同时也以加宽主瓣作为代价。

实际 SAR 系统中的信号在中频到基带后都是经过采样转换到数字信号处理。根据采样定理，采样率必须大于信号的双边带宽。距离向的快时间采样率，即所谓的 A/D 转换的采样率 f_S 要大于带宽 B，方位向的慢时间采样率，即脉冲重复频率 PRF 要大于多普勒带宽 B_d。采样后的离散信号在完成处理后得到的 SAR 图像自然也是离散的二维阵列，每个离散单元称为像素。容易推算，SAR 图像的像素大小（pixel spacing）由采样率 f_S 和脉冲重复频率 PRF 决定，其关系如下：

$$\begin{aligned} \tilde{r}_R &= \frac{c}{2f_S} = \frac{B}{f_S} r_R \\ \tilde{r}_A &= \frac{v}{\mathrm{PRF}} = \frac{B_\mathrm{d}}{\mathrm{PRF}} r_A \end{aligned} \tag{2.1.24}$$

可以看出，像素尺寸必然要小于分辨率，且小的倍数等于采样的倍数。在实际应用中，一般选采样倍数为 1.0～1.2 倍。

　　另外，合成孔径技术是一个相干叠加的过程，严重依赖于回波的相位信息。当合成孔径内目标回波存在波动，相干叠加后的 SAR 图像将出现乘性噪声特性。SAR 图像的这种乘性噪声称为相干斑（speckle），相干斑的研究对于理解、处理和模拟 SAR 图像都至关重要。

　　最后还需要提及的一个重要概念是 SAR 图像的视数（number of looks）。SAR 的一个"视"就是指一次合成孔径处理，相当于 SAR 在方位向"看"了一次。上面所说的成像压缩过程中都只包含了一次合成孔径处理，所以是单视 SAR 图像。如果在成像压缩处理时将原本长 L 的合成孔径分为 N 段，每段长 L/N，称为子孔径，对于每个子孔径各自按同样的流程处理也可以得到单视 SAR 图像。这相当于 SAR 在方位向"看"了 N 次。但此时方位向分辨率对应降低 N 倍。这些 SAR 图像称为子视图像。

　　现将这些子视图像对应像素进行系综平均，每个像素由原先散射矩阵变为 Mueller 矩阵，得到的图像称为多视 SAR 图像，视数为 N。可以看出，每个子视图像实际上都是相干得到的随机散射信息，带有相干斑，经过平均以后相当于得到 N 个样本的统计量，随机程度降低，相干斑得到抑制。多视处理实际上就是以降低分辨率来抑制相干斑。因此，还有另外一种比较简单的多视处理方法，就是直接在空域对相邻的像素取平均，但一般来说这样得到的多视图像的视数要少于理论值。一般公开发布的 SAR 数据既有单视的也有多视的，其取决于所采用的处理方式。

　　经过成像后得到的 SAR 图像一般还需要经过辐射定标，即为了定量观测地表散射特性而进行系统误差校正，定标包括系统内定标、依赖人工目标或自然地表的外定标等技术。定标的目的是建立 SAR 图像的像素值与对应像素内地物的归一化散射系数 Sigma0 的映射关系，其中归一化散射系数表示单位面积地表的平均散射系数。

　　此外，一般还会对 SAR 图像进行地理编码，地理编码的操作是将投影在斜距向和方位向的像素映射到地球表面的经纬度坐标中，因此不仅与平台轨道、入射角有关，而且还与地面高层有关。

2.2　SAR 极化信息

2.2.1　极化电磁波

　　雷达通过发射电磁波和接收散射回波来获取目标信息。电磁波在与其传播方向垂直的平面上的分量的时空变化轨迹称为极化（polarization）。如图 2.5 所示，定义坐标系 $(\hat{v}, \hat{h}, \hat{k})$，$\hat{k}$ 为传播方向，$\hat{v}$、$\hat{h}$ 分别为垂直和水平极化方向。该横电磁（transverse electromagnetic，TEM）波由 $\hat{v}$、$\hat{h}$ 上的两个分量表示为（Kong, 2005）

$$
\begin{aligned}
\boldsymbol{E}(z,t) &= \hat{v}E_{\mathrm{v}} + \hat{h}E_{\mathrm{h}} \\
E_{\mathrm{v}} &= E_{0\mathrm{v}}\cos(kz - \omega t + \varphi_{\mathrm{v}}) \\
E_{\mathrm{h}} &= E_{0\mathrm{h}}\cos(kz - \omega t + \varphi_{\mathrm{h}})
\end{aligned}
\tag{2.2.1}
$$

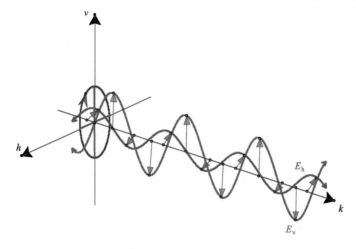

图 2.5　极化电磁波

在空间固定位置，随时间变化，该电场矢量端点画出一定的轨迹，该轨迹由两个分量的幅度比和相位差决定，即极化比：

$$|\rho| = E_{0h} / E_{0v}, \quad \varphi = \varphi_h - \varphi_v \tag{2.2.2}$$

根据轨迹形状来定义电磁波的极化：线极化（当 $\varphi = m\pi, \ m = 0,1,2,\cdots$ 时）、圆极化（当 $\varphi = m\pi + \pi/2, \ m = 0,1,2,\cdots;$ 且 $E_{0v} = E_{0h}$ 时）及椭圆极化。各种极化的轨迹画在 $(|\rho|, \varphi)$ 极坐标平面上如图 2.6 所示。

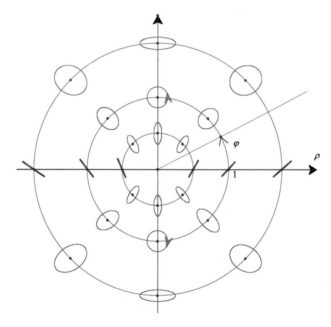

图 2.6　极化比平面

事实上，任意极化轨迹可以表示为如下椭圆方程：

$$\left(\frac{E_{\mathrm{v}}}{E_{0\mathrm{v}}}\right)^2 - 2\frac{E_{\mathrm{v}}E_{\mathrm{h}}}{E_{0\mathrm{v}}E_{0\mathrm{h}}}\cos\varphi + \left(\frac{E_{\mathrm{h}}}{E_{0\mathrm{h}}}\right)^2 = \sin\varphi \tag{2.2.3}$$

该椭圆轨迹又由三个几何参数直观描述：幅度 A、椭圆角 χ、取向角 ψ，如图 2.7 所示。

$$A = \sqrt{E_{0\mathrm{v}}^2 + E_{0\mathrm{h}}^2}$$

$$|\sin 2\chi| = 2\frac{E_{0\mathrm{v}}E_{0\mathrm{h}}}{E_{0\mathrm{v}}^2 + E_{0\mathrm{h}}^2}|\sin\varphi| \tag{2.2.4}$$

$$\tan 2\psi = 2\frac{E_{0\mathrm{v}}E_{0\mathrm{h}}}{E_{0\mathrm{v}}^2 - E_{0\mathrm{h}}^2}\cos\varphi$$

式中，椭圆角 χ 的符号指示轨迹旋转方向。可见，椭圆角 χ 决定了椭圆的形状，取向角 ψ 决定其取向，它们一起表示电磁波的极化特征，是研究雷达极化信息的重要参数。

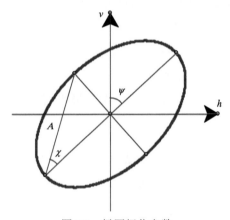

图 2.7　椭圆极化参数

2.2.2　完全极化波与相干散射

完全极化波也叫单极化波，仅有一种极化状态，即可写为式(2.2.1)的形式。而该式形式较复杂，一般用一个复矢量表示单极化波，即 Jones 矢量：

$$\boldsymbol{E} = \begin{bmatrix} E_{\mathrm{v}} \\ E_{\mathrm{h}} \end{bmatrix} = \begin{bmatrix} E_{0\mathrm{v}}\mathrm{e}^{j\varphi_{\mathrm{v}}} \\ E_{0\mathrm{h}}\mathrm{e}^{j\varphi_{\mathrm{h}}} \end{bmatrix} \tag{2.2.5}$$

其两个分量是由对应横电场分量的幅度和相位构成的复数。结合式(2.2.2)，可以定义形式更简洁的极化比：

$$\rho = |\rho|\mathrm{e}^{j\varphi} = \frac{E_{0\mathrm{h}}\mathrm{e}^{j\varphi_{\mathrm{h}}}}{E_{0\mathrm{v}}\mathrm{e}^{j\varphi_{\mathrm{v}}}} \tag{2.2.6}$$

任一 Jones 矢量对应一个椭圆极化轨迹，因此又可以用椭圆极化参数表示为

$$\boldsymbol{E} = A\mathrm{e}^{j\varphi_0}\begin{bmatrix} \cos\psi & -\sin\psi \\ -\sin\psi & \cos\psi \end{bmatrix}\begin{bmatrix} \cos\chi \\ j\sin\chi \end{bmatrix} \tag{2.2.7}$$

式中，φ_0 为绝对相位，一般不包含重要信息。观察式 (2.2.7) 可以发现，通过对 Jones 矢量的变换可以对应改变极化特征，这对于极化信息分解理论具有重要意义。

雷达发射波一般是完全极化波，经过目标散射后接收散射回波，若考虑点目标或简单确定性目标，散射波也是完全极化波，称为相干散射。若入射波和散射波的 Jones 矢量为 $\boldsymbol{E}_{\mathrm{i}}$、$\boldsymbol{E}_{\mathrm{s}}$，则相干散射可由一个 2×2 的复矩阵即散射矩阵 $\boldsymbol{S}$ 表示：

$$\boldsymbol{E}_{\mathrm{s}} = \frac{\mathrm{e}^{-jkr}}{r}\boldsymbol{S}\cdot\boldsymbol{E}_{\mathrm{i}} = \frac{\mathrm{e}^{-jkr}}{r}\begin{bmatrix} S_{\mathrm{vv}} & S_{\mathrm{vh}} \\ S_{\mathrm{hv}} & S_{\mathrm{hh}} \end{bmatrix}\cdot\boldsymbol{E}_{\mathrm{i}} \tag{2.2.8}$$

式中，r 为观测点到散射点的距离，第一项表示球面波传播的衰减和相移，很多情况下略去不写。散射矩阵的每个元素 S_{pq}，p,q = v,h 表示 q 极化入射、p 极化散射的复散射振幅函数。全极化 SAR（fully polarimetric SAR）获得整个 $\boldsymbol{S}$ 矩阵，而单极化或双极化 SAR 则仅获得其中一个或两个元素。入射和散射极化相同称同极化（co-polarization），否则为交叉极化（cross-polarization）。

另外，两个常用的概念是散射系数和雷达散射截面（RCS）。散射系数定义为散射场均匀充满全空间角时对于入射场的能量比，即

$$\sigma_{\mathrm{pq}} = 4\pi\left|S_{\mathrm{pq}}\right|^2 \tag{2.2.9}$$

RCS 则进一步对照射面积归一化。传统的雷达仅关心回波强度，多用 RCS 描述。对于极化散射分解，相位信息至关重要，因此多用散射矩阵。

2.2.3　部分极化波与非相干散射

当目标是分布式的或不确定的，其散射回波具有一定分布或随机性，称为部分极化波或多极化波，此时得用散射场的二阶统计量（二阶矩）描述其极化特性，即斯托克斯（Stokes）矢量 $\boldsymbol{I}$，其由以下四个 Stokes 参数构成：

$$\begin{aligned}
I &= \frac{1}{\eta}\left\langle\left|E_{\mathrm{v}}\right|^2 + \left|E_{\mathrm{h}}\right|^2\right\rangle = \frac{1}{\eta}\left\langle E_{0\mathrm{v}}^2 + E_{0\mathrm{h}}^2\right\rangle \\
Q &= \frac{1}{\eta}\left\langle\left|E_{\mathrm{v}}\right|^2 - \left|E_{\mathrm{h}}\right|^2\right\rangle = \frac{1}{\eta}\left\langle E_{0\mathrm{v}}^2 - E_{0\mathrm{h}}^2\right\rangle \\
U &= \frac{1}{\eta}2\mathrm{Re}\left\langle E_{\mathrm{v}}E_{\mathrm{h}}^*\right\rangle = \frac{1}{\eta}2\left\langle E_{0\mathrm{v}}E_{0\mathrm{h}}\cos\varphi\right\rangle \\
V &= \frac{1}{\eta}2\mathrm{Im}\left\langle E_{\mathrm{v}}E_{\mathrm{h}}^*\right\rangle = \frac{1}{\eta}2\left\langle E_{0\mathrm{v}}E_{0\mathrm{h}}\sin\varphi\right\rangle
\end{aligned} \tag{2.2.10}$$

式中，* 表示共轭；η 为波阻抗；$\langle\cdot\rangle$ 表示系综平均。可见，对于完全极化波，Stokes 参数满足：

$$I^2 = Q^2 + U^2 + V^2 \tag{2.2.11}$$

仅有三个 Stokes 参数是独立的，它们对应于表征椭圆极化的三个特征参数，两者之间的关系表示为

$$I = \begin{bmatrix} A \\ A\cos 2\psi \cos 2\chi \\ A\sin 2\psi \cos 2\chi \\ A\sin 2\chi \end{bmatrix} \tag{2.2.12}$$

而对于部分极化波，则满足：

$$I^2 > Q^2 + U^2 + V^2 \tag{2.2.13}$$

在确定强度 I 后，在由 (Q,U,V) 支撑的三维空间中，每个完全极化波对应于以 I 为半径的球上一点，部分极化波则位于球内，这个球称为庞加莱(Poincare)球。在 Poincare 球上，任一点的位置矢量与坐标轴所成的角即对应于椭圆极化的特征参数 2χ、2ψ。Poincare 球上的极化分布如图 2.8 所示，它与图 2.6 的极化比平面存在映射关系(庄钊文等，1999)。

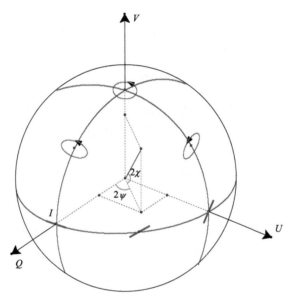

图 2.8　Poincare 球

在正向问题中，一般采用另一种 Stokes 参数的定义：

$$I_{\mathrm{v}} = \frac{1}{\eta}\left\langle \left| \boldsymbol{E}_{\mathrm{v}} \right|^2 \right\rangle$$

$$I_{\mathrm{h}} = \frac{1}{\eta}\left\langle \left| \boldsymbol{E}_{\mathrm{h}} \right|^2 \right\rangle$$

$$U = \frac{1}{\eta}2\operatorname{Re}\left\langle \boldsymbol{E}_{\mathrm{v}}\boldsymbol{E}_{\mathrm{h}}^* \right\rangle \tag{2.2.14}$$

$$V = \frac{1}{\eta}2\operatorname{Im}\left\langle \boldsymbol{E}_{\mathrm{v}}\boldsymbol{E}_{\mathrm{h}}^* \right\rangle$$

为方便表述，本书统一称式(2.2.10)为统一 Stokes 矢量，称式(2.2.14)为分立 Stokes 矢量，当需要对两者进行区分时，分别用 ± 和 *vh* 标注。

对于分布式或不确定目标，散射时发生去极化效应，接收到回波为部分极化波，称为非相干散射。此时，入射波和散射波均由 Stokes 矢量 I_i、I_s 表示，非相干散射由一个 4×4 的实矩阵，即 Mueller 矩阵(也称 Stokes 矩阵)表述：

$$I_s = M \cdot I_i \tag{2.2.15}$$

对于统一 Stokes 矢量 $I^{\pm}$ 和分立 Stokes 矢量 I^{vh} 两种定义，对应有两种 Mueller 矩阵的定义。

由式(2.2.8)、式(2.2.10)、式(2.2.14)，容易推出 Mueller 矩阵与散射矩阵的关系：

$$M^{vh} = \begin{bmatrix} \langle |S_{vv}|^2 \rangle & \langle |S_{vh}|^2 \rangle & \mathrm{Re}\langle S_{vv}S_{vh}^* \rangle & -\mathrm{Im}\langle S_{vv}S_{vh}^* \rangle \\ \langle |S_{hv}|^2 \rangle & \langle |S_{vv}|^2 \rangle & \mathrm{Re}\langle S_{hv}S_{hh}^* \rangle & -\mathrm{Im}\langle S_{hv}S_{vh}^* \rangle \\ 2\mathrm{Re}\langle S_{vv}S_{hv}^* \rangle & 2\mathrm{Re}\langle S_{vh}S_{hh}^* \rangle & \mathrm{Re}\langle S_{vv}S_{hh}^* + S_{vh}S_{hv}^* \rangle & -\mathrm{Im}\langle S_{vv}S_{hh}^* - S_{vh}S_{hv}^* \rangle \\ 2\mathrm{Im}\langle S_{vv}S_{hv}^* \rangle & 2\mathrm{Im}\langle S_{vh}S_{hh}^* \rangle & \mathrm{Im}\langle S_{vv}S_{hh}^* + S_{vh}S_{hv}^* \rangle & \mathrm{Re}\langle S_{vv}S_{hh}^* - S_{vh}S_{hv}^* \rangle \end{bmatrix} \tag{2.2.16}$$

从式(2.2.16)可见，对于相干散射而言，Mueller 矩阵的 16 个元素中仅有 7 个是独立的，存在 9 个等式(庄钊文等，1999)，正好对应于散射矩阵中的 7 个自由度(求二阶矩后丢失了绝对相位这一自由度)。对于一般自然界的目标，满足同极化和交叉极化不相关(Cloude and Pottier，1996)，即 $M^{\pm}$ 的左下和右上四分之一共 8 个元素趋于 0。剩下的 8 个元素中，左上四分之一对应为四种极化的散射系数平均值，右下四分之一反映同极化之间和交叉极化之间的相关性。

仅仅从 Mueller 矩阵的 16 个元素无法直观地看出极化散射的特征，因此引入以下参数。

同极化特征(co-polarization signature)：

$$\sigma_c(\chi,\psi) = 4\pi \cdot \frac{1}{2} I_s^{\mathrm{T}} \cdot I_i(\chi,\psi) \tag{2.2.17}$$

去极化特征(cross-polarization signature)：

$$\sigma_d(\chi,\psi) = 4\pi \cdot \frac{1}{2} \left[I_s^{\mathrm{T}} \cdot I_s - I_s^{\mathrm{T}} \cdot I_i(\chi,\psi) \right] \tag{2.2.18}$$

极化度(polarization degree)：

$$m_s = \frac{Q_s^2 + U_s^2 + V_s^2}{I_s^2} \tag{2.2.19}$$

同极化和去极化间的相位差：

$$\phi_{vh} = \tan^{-1}\frac{M_{43} - M_{34}}{M_{33} + M_{44}} \tag{2.2.20}$$

式中，上标 T 表示转置；M_{ij} 为 Mueller 矩阵的第 i, j 个元素。可以看出，$\sigma_c(\chi,\psi)$、$\sigma_d(\chi,\psi)$

为当入射波为 χ、ψ 椭圆极化时,其同极化和去极化散射系数。代入 $\chi = 0°$、$\psi = 0°$ 或 $\chi = 0°$、$\psi = 90°$,即水平或垂直同极化和去极化散射系数。极化特征在极化散射信息分解中很常用,它将 Mueller 矩阵直观地表示为在 χ、ψ 上的曲面。例如,理想二面角 (dihedral) 的散射矩阵和 Mueller 矩阵均是单位阵,对应的归一化极化特征曲面如图 2.9 所示。

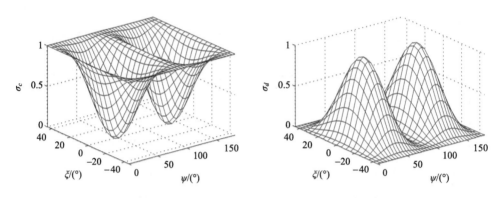

图 2.9　理想二面角散射的同极化特征和去极化特征

极化散射建模就是用散射模型描述极化电磁波入射、在目标上发生散射的这一过程,也就是根据目标参数来预测其散射矩阵或 Mueller 矩阵,从而得知从入射波到散射波的关系。一般来说,对于采用统计方式描述的随机目标,多研究其非相干散射的 Mueller 矩阵,而精确描述的目标则研究其相干散射的散射矩阵。极化散射建模是一个正问题,由已知的参数来推算散射信息,而极化信息分解、参数反演、目标重建就是一系列的逆问题,由雷达获得的散射信息来反推目标的形状、材料、位置、取向、分布等信息。

2.2.4　雷达极化测量

极化雷达测量目标的方法就是发送一个极化波,然后用极化天线去接收目标回波并获得天线增益及相位信息,如何设计测量方法、如何分解测量信息构成了雷达极化 (radar polarimetry) 测量的基本内容。

雷达获得的测量值为回波极化与接收天线极化的点积,一个极化可由其与任意一对正交极化基的点积完全表示。因此,为了完全测量回波的极化信息,必须用一对互为正交极化的天线同时接收。

同样地,为了能发射任意极化的波,往往通过一对正交极化的天线同时发射来组合构造所需要的极化方式。

所谓全极化 (full polarimetry) 测量,就是指获得在所有极化方式照射下的目标回波的所有极化信息。任一极化电磁波可以表示为两正交的线极化电磁波的叠加,因此发射两个互为正交的线极化波,就可获得全极化测量。

下面将证明:由此得到的回波信息可以通过极化基变换得到任意极化入射下的回波信息。

考虑入射正交极化基 $(\hat{e}_x, \hat{e}_y)$，当以单位能量发射极化 $\hat{e}_x$ 时，获得回波为 $\boldsymbol{E}_s = S_{xx}\hat{e}_x + S_{yx}\hat{e}_y$，这里将回波统一转换到 $(\hat{e}_x, \hat{e}_y)$ 下表示；当发射极化 $\hat{e}_y$ 时，获得回波为 $\boldsymbol{E}_s = S_{xy}\hat{e}_x + S_{yy}\hat{e}_y$。可将测量信息写为 2×2 散射矩阵的形式：

$$\boldsymbol{E}_{s(x,y)} = \begin{bmatrix} S_{xx} & S_{xy} \\ S_{yx} & S_{yy} \end{bmatrix} \cdot \boldsymbol{E}_{i(x,y)} \tag{2.2.21}$$

利用极化基变换，可以将 $\boldsymbol{E}_{(x,y)}$ 变化到任意极化基 $(\hat{e}_x', \hat{e}_y')$：

$$\begin{aligned} \boldsymbol{E}_{(x',y')} &= \boldsymbol{U}_{\varphi}(-\varphi') \cdot \boldsymbol{U}_{\chi}(-\chi') \cdot \boldsymbol{U}_{\psi}(-\psi') \cdot \boldsymbol{E} \\ &= \boldsymbol{U}_{\varphi}(-\varphi') \cdot \boldsymbol{U}_{\chi}(-\chi') \cdot \boldsymbol{U}_{\psi}(-\psi') \cdot \boldsymbol{U}_{\psi}(\psi) \cdot \boldsymbol{U}_{\chi}(\chi) \cdot \boldsymbol{U}_{\varphi}(\varphi) \cdot \boldsymbol{E}_{(x,y)} \\ &= \boldsymbol{U}_{(x',y')\leftarrow(x,y)} \cdot \boldsymbol{E}_{(x,y)} \end{aligned} \tag{2.2.22}$$

式中，$\boldsymbol{U}$ 为变换矩阵（徐丰，2007）。于是由式 (2.2.21) 可以得出：

$$\begin{aligned} \boldsymbol{E}_{s(x',y')} &= \begin{bmatrix} S_{x'x'} & S_{x'y'} \\ S_{y'x'} & S_{y'y'} \end{bmatrix} \cdot \boldsymbol{E}_{i(x',y')} \\ &= \boldsymbol{U}_{(x',y')\leftarrow(x,y)} \begin{bmatrix} S_{xx} & S_{xy} \\ S_{yx} & S_{yy} \end{bmatrix} \cdot \boldsymbol{U}_{(x',y')\leftarrow(x,y)}^{-1} \cdot \boldsymbol{E}_{i(x',y')} \end{aligned} \tag{2.2.23}$$

说明此时可以获得任意极化入射下的回波极化信息。式 (2.2.23) 就是散射矩阵 $\boldsymbol{S}$ 的变基公式。

一个 2×2 的复散射矩阵承载了全极化测量的所有信息，因此在全极化测量能力范围内，散射矩阵 $\boldsymbol{S}$ 即完全代表了一个确定性散射目标。极化矢量对应于完全极化波，而散射矩阵对应的是确定性目标。

对于非确定性目标，按同样的方法可以证明，Mueller 矩阵承载了全极化测量的所有信息，完全代表了一个非确定性散射目标。事实上，在前面介绍极化特征曲面时就可以发现，从一个 Mueller 矩阵能计算出各种极化的同极化和去极化散射系数。用同样的方式不难推出 Stokes 矢量和 Mueller 矩阵的变基公式，由于其变基公式较复杂且在极化信息分解中作用不大，这里不做介绍。

在极化雷达测量过程中，若要测得 Mueller 矩阵信息，必须做多次观测并将观测得到的散射矩阵作平均。而对 SAR 测量时，一般通过对单视图做多视处理或空域平均处理来得到 Mueller 矩阵信息。

从散射矩阵计算 Mueller 矩阵是一个求二阶统计矩的过程，且 Mueller 矩阵可以由散射矩阵各元素的二阶矩完全表示。现直接将散射矩阵展开为矢量：

$$\boldsymbol{k}_L = \begin{bmatrix} S_{xx} \\ S_{xy} \\ S_{yx} \\ S_{yy} \end{bmatrix} \tag{2.2.24}$$

其协方差矩阵为

$$C = \left\langle k_L \cdot k_L^+ \right\rangle \tag{2.2.25}$$

还有一种比较重要的展开方法是 Pauli 展开，具体如下：

$$k_P = \frac{1}{\sqrt{2}} \begin{bmatrix} S_{xx} + S_{yy} \\ S_{xx} - S_{yy} \\ S_{xy} + S_{yx} \\ -j(S_{xy} - S_{yx}) \end{bmatrix} \tag{2.2.26}$$

其协方差矩阵称为相干矩阵，写为

$$T = \left\langle k_P \cdot k_P^+ \right\rangle \tag{2.2.27}$$

散射矩阵展开的矢量一般称为散射矢量。可见，Mueller 矩阵与协方差矩阵和相干矩阵三者是等价互换的关系。

1. 不同定义及其相互转换

先引入新的定义规范，理清多种不同定义下各个量的转换关系，如表 2.1 所示。在长期的雷达与散射研究中，由于各种原因，出现了许多不同的定义方式，为了避免混淆，在此整理这些定义及其相关的量之间的转换关系(图 2.10)。

首先，介绍前向散射对准约定(forward scattering alignment，FSA)与后向散射对准约定(backward scattering alignment，BSA)。前面介绍的散射建模都是在 FSA 下，即极化基与波传播方向构成右手螺旋准则 $(\hat{x}, \hat{y}, \hat{k})$；而在雷达研究中，描述回波时，天线的视向永远是逆着传播方向，因此为了描述方便而定义 BSA，即极化基与波传播方向构成左手螺旋准则。所以 FSA 也称为波坐标系(wave coordinates)，BSA 则称为天线坐标系(antenna coordinates)。在后向散射情况下，BSA 与 FSA 的区别就是 $\hat{x}$ 方向相反，同时极化旋转的参考方向也相反。两种约定的转换关系通过散射矩阵可以表示为

$$S_A = \begin{bmatrix} S_{xx}^* & S_{xy}^* \\ -S_{yx}^* & -S_{yy}^* \end{bmatrix} \tag{2.2.28}$$

这里用下标 A 标记天线坐标系，即 BSA，由此不难推导对应的 Mueller 矩阵、协方差矩阵和相干矩阵的转换关系。

其次，要提及的两种规范是关于最常用的线极化基 $(\hat{v}, \hat{h})$ 的约定，在很多经典的基础电磁理论与散射理论的教科书中(Fung, 1994; Jin, 1993; Kong, 2005; Tsang et al., 1985)，一般定义 $(\hat{v}, \hat{h}, \hat{k})$ 为波传播坐标系，在前面也沿用了这一定义；而在很多极化信息分解的文献中(Cloude and Pottier, 1996; Hellmann, 2001; Huynen, 1970; Lopez-Martinez et al., 2005)，一般定义 $(\hat{h}, \hat{v}, \hat{k})$ 为波传播坐标系，为了便于和相应文献作对照，后面的极化信息分解将采用 $(\hat{h}, \hat{v}, \hat{k})$ 定义。而这两种定义之间的变换关系相对简单，利用式(2.2.28)，其散射矩阵分别写为

表 2.1　各种定义下的量的表示法

项目	v/h		h/v, ±				
			FSA，波坐标系		BSA，天线坐标系		
	±	v/h	双站	反向散射	双站	后向散射	
散射矩阵	$S_{v/h}^{\pm}$	$S_{v/h}^{vh}$	$S_{h/v}^{vh}=$	S	S^B	S_A	S_A^B
Mueller 矩阵	$M_{v/h}^{\pm}$	$M_{v/h}^{vh}$	$M_{h/v}^{vh}=$	M	M^B	M_A	M_A^B
相干矩阵	$T_{v/h}^{\pm}$	$T_{v/h}^{vh}$	$T_{h/v}^{vh}=$	T	T^B	T_A	T_A^B

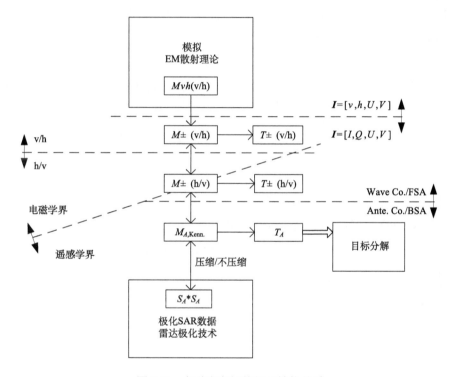

图 2.10　各种定义间的相互转换关系

$$S_{v/h} = S\big|_{x=v,y=h}, \quad S_{h/v} = S\big|_{x=h,y=v} \tag{2.2.29}$$

这里用 v/h 标记 $(\hat{v},\hat{h},\hat{k})$，用 h/v 标记 $(\hat{h},\hat{v},\hat{k})$，从而容易推出对应的 Mueller 矩阵、协方差矩阵和相干矩阵的转换关系。

另外一种定义的分歧就是前面提到的统一与分立两种 Stokes 矢量的定义，即式 (2.2.14) 以 I_h,I_v 代替 I,Q 的定义方式，这两种分歧仅表现在 Mueller 矩阵 $M^{\pm}$ 和 M^{vh}。

最后，在目标分解理论中，后向散射及其互易性是一个非常关键的特性，在后向互易条件下，两个交叉极化满足一定关系，散射矩阵退化到 3 个复变量，协方差矩阵和相干矩阵退化为 3×3 维，而 Mueller 矩阵的自由度对应也降低 9 个。它们对应的有在后向情况下的简化表示式。

表 2.1 列出了这些定义及其对应的量的表示式，其中后向互易条件下的简化表示式用 B 作标记。图 2.10 归纳了这些分歧导致的不同 S、M、T 的定义及其转换关系，图 2.10 中虚线表示两种定义方式之间的界线，箭头表示所存在的转换关系。

2. 特征分析与最优极化

Kennaugh(1952) 早在 20 世纪 70 年代从极化接收功率最优化方面研究了目标的最优极化，Huynen(1970) 于 60～70 年代在散射矩阵特征分析等方面研究了目标分解与极化叉，Boerner 与 van Zyl 等（Davidovitz and Boerner, 1986; van Zyl, 1985）在 80 年代进一步发展了极化树和极化轨迹，这些里程碑式的研究成果奠定了雷达极化测量的基础。由于这套理论体系庞大，限于篇幅，只简要介绍 Huynen 的特征分析与极化叉的概念。

对散射矩阵建立特征值方程：

$$S \cdot x = \lambda \cdot x \tag{2.2.30}$$

在后向互易条件下，散射矩阵为厄米共轭阵（Hermitian），求得两个实特征值与复特征矢量，且散射矩阵以对角化的形式可写为

$$S_D = \begin{bmatrix} \lambda_1 & 0 \\ 0 & \lambda_2 \end{bmatrix} = U^T \cdot S \cdot U, \quad U = [e_1, e_2] \tag{2.2.31}$$

式中，$\lambda_i, e_i (i=1,2)$ 分别为特征值和特征矢量。

对比式 (2.2.31) 与式 (2.2.23) 发现两式具有相似性，事实上可以证明（Huynen, 1970）特征值矩阵 U 可以写为 $U_{(x',y')\leftarrow(x,y)}$ 的形式如下：

$$S_D = U^T(\psi,\tau,\nu) \cdot S \cdot U(\psi,\tau,\nu) \tag{2.2.32}$$

这意味着式 (2.2.31) 的物理意义是：通过某种极化基变换之后，在新极化基坐标下散射矩阵退化为对角阵。而 ψ、τ、ν 即这次极化基变换的参数。而散射矩阵为对角阵的意义是：目标对于两个极化基之间不存在交叉散射。

Huynen 进一步将对角阵用三个参数表示为

$$S_D = m \begin{bmatrix} 1 & 0 \\ 0 & \tan^2 \gamma \end{bmatrix} e^{j2\rho} \tag{2.2.33}$$

这里将前面忽略的绝对相位添上。于是，一个后向互易目标(其散射矩阵为 6 个自由度)可以由 6 个实参数表示，Hueynen 分别给出其名字与解释，具体如下：

旋转角 ψ 指示目标的取向；

螺旋角 τ 指示目标的非对称性；

跳跃角 ν 指示目标散射过程(多次散射)中的跳跃次数；

特征角 γ 指示目标的本质特征；

绝对幅度 m 即目标的散射截面；

绝对相位 ρ 包含了目标本身及其离开雷达距离等信息。

这套参数分解就是最经典的 Huynen 目标分解(target decomposition，TD)理论，之后发展的目标分解理论大多都是以它为基础。

3. 自由度与对称性

自由度的分析能很好地揭示极化信息的本质，也能衡量一套极化信息分解理论的完备性。

一般情况下，散射矩阵有 8 个自由度，确定性目标的 Mueller 矩阵、相干矩阵自由度为 7，丢弃了绝对相位信息，非确定性目标为 16，其中相干矩阵为厄米共轭对称阵。

在后向互易(reciprocity)情况下，散射矩阵自由度为 6：

$$\boldsymbol{S}_{\text{recip}} = \begin{bmatrix} S_{\text{hh}} & S_{\text{hv}} \\ S_{\text{hv}} & S_{\text{vv}} \end{bmatrix} \tag{2.2.34}$$

对应于 Huynen 的 6 个目标分解参数。目标矢量重新定义为

$$\boldsymbol{k}_{L,\text{recip}} = \begin{bmatrix} S_{\text{hh}} \\ \sqrt{2}S_{\text{hv}} \\ S_{\text{vv}} \end{bmatrix}, \quad \boldsymbol{k}_{P,\text{recp}} = \frac{1}{\sqrt{2}} \begin{bmatrix} S_{\text{hh}} + S_{\text{vv}} \\ S_{\text{hh}} - S_{\text{vv}} \\ 2S_{\text{vh}} \end{bmatrix} \tag{2.2.35}$$

协方差矩阵和相干矩阵也退化为 3×3 维复数对称阵，自由度为 9，当然 Mueller 矩阵自由度也变为 9 个，但仍然是 4×4 维实数阵。

若在此条件下，目标包含一个对称轴(按对称轴翻转对称)，称为反射对称(reflection symmetry)，可以证明此时目标仅通过 ψ 旋转即可实现散射矩阵对角化，也就是说，螺旋角 $\tau \to 0$，6 个 Huynen 参数仅留下 5 个，故散射矩阵自由度也为 5。此时交叉极化与同极化散射不相关，即 $\left\langle S_{\text{hh}} \cdot S_{\text{hv}}^* \right\rangle = \left\langle S_{\text{vv}} \cdot S_{\text{hv}}^* \right\rangle = 0$，因此 Mueller 矩阵、协方差矩阵和相干矩阵的自由度为 5，且有以下形式：

$$\boldsymbol{T}_{\text{ref-sym}} = \begin{bmatrix} a & d+je & 0 \\ d-je & b & 0 \\ 0 & 0 & c \end{bmatrix}, \quad \boldsymbol{C}_{\text{ref-sym}} = \begin{bmatrix} a' & 0 & d'+je' \\ 0 & b' & 0 \\ d'-je' & 0 & c' \end{bmatrix} \tag{2.2.36}$$

若进一步考虑目标按对称点旋转对称，称为旋转对称(rotation symmetry)，此时旋转变换对于目标失去意义，也就是说旋转角 $\psi \to 0$，且水平极化与垂直极化散射幅度相同，即特征角 $\gamma \to \pi/4$，6 个 Huynen 参数仅留下 4 个，故散射矩阵自由度也为 4。由相干矩阵的旋转不变性得

$$\boldsymbol{T}_{\text{rot-sym}} = \begin{bmatrix} a & 0 & 0 \\ 0 & b+c & j(b-c) \\ 0 & -j(b-c) & b+c \end{bmatrix}$$

$$\boldsymbol{C}_{\text{rot-sym}} = \frac{1}{2} \begin{bmatrix} a+b+c & j\sqrt{2}(b-c) & a-b-c \\ -j\sqrt{2}(b-c) & 2b+2c & j\sqrt{2}(b-c) \\ a-b-c & -j\sqrt{2}(b-c) & a+b+c \end{bmatrix} \tag{2.2.37}$$

说明此时 Mueller 矩阵、协方差矩阵和相干矩阵的自由度为 3。

若目标同时具备反射对称和旋转对称，则 Huynen 参数仅留下 3 个，而相干矩阵和协方差矩阵有以下形式：

$$T_{\mathrm{sym}} = \begin{bmatrix} a & 0 & 0 \\ 0 & b & 0 \\ 0 & 0 & b \end{bmatrix}, \quad C_{\mathrm{sym}} = \frac{1}{2}\begin{bmatrix} a+b & 0 & a-b \\ 0 & 2b & 0 \\ a-b & 0 & a+b \end{bmatrix} \tag{2.2.38}$$

说明此时 Mueller 矩阵、协方差矩阵和相干矩阵的自由度为 2。

上述几种特殊情况在现实中较为常见的是后向互易性和反射对称性，这在 2.2.5 节目标分解中将得到应用。

关于极化的数学研究还有很多超出本书范围的内容。例如，少数学者发现极化与相对论和量子力学之间的相似性，对此进行了研究(Britton, 2000)；另外，群论、唯像论在极化信息分解理论中也有重要应用(Cloude, 1986, 1992; Huynen, 1970)。

2.2.5　目标分解与地表分类

如何揭示目标极化散射信息所传递的目标本身的几何、物理信息，从描述极化散射信息的量 S、k_{p}、k_L、M、C、T 中提取具有物理意义的目标参数，是极化信息分解的根本任务，其中目标分解理论的研究就旨在解决这一问题。

目标分解理论分为确定性目标分解和非确定性目标分解两大类：第一类主要针对散射矩阵；第二类针对 Mueller 矩阵、协方差矩阵或相干矩阵。

确定性目标分解最基本的是 Huynen(1970)单目标分解；此后，Krogager(1990)提出将散射矩阵分解为球散射、二次面散射和螺旋线散射的加权和，称为 Krogager 分解；而 Cameron 提出将散射矩阵首先分解为互易和非互易部分，互易部分又分解为对称与非对称部分，并基于此给出相干散射目标的分类模式，称为 Cameron 分解(Cameron and Leung, 1990; Cameron et al., 1996)。

对于非确定性目标分解，一般都是先分解出确定性目标，再按确定性目标进行分解。Huynen(1970)最早提出非确定性目标分解，其主要思想是将 Mueller 矩阵分解为一个完全极化波 Mueller 矩阵(称为单目标 Mueller 矩阵)与一个噪声 Mueller 矩阵的和，并进一步将单目标 Mueller 矩阵进行参数分解，认为目标的主体由这些参数描述，而噪声 Mueller 矩阵则指示目标的随机特性。

Cloude 和 Pottier(1996)提出对相干矩阵进行特征分析，并将其表示为三个确定性目标的相干矩阵的加权和，将目标看成是三种目标的概率平均，由此推出熵 H 表示目标随机程度，角度 α、β、γ 表示目标散射特征。

此外，还有基于散射模型的 Freeman 三元分解法(Freeman and Durden, 1998)、van Zyl(1989)的特征分析与散射模型结合的分解方法、乘性分解法(Carrea and Wanielik, 2001; Mischenko, 1992)等。限于篇幅，仅对 Cameron 分解、Cloude-Pottier 分解、Yamaguchi 分解和我们提出的去取向分解做简要介绍。

首先，介绍基本且常用的 Pauli 分解，即前面提到的散射矩阵的 Pauli 展开：

$$\boldsymbol{S} = k_{\mathrm{P},1}\boldsymbol{i} + jk_{\mathrm{P},2}\boldsymbol{l} - jk_{\mathrm{P},3}\boldsymbol{k} + jk_{\mathrm{P},4}\boldsymbol{j} \tag{2.2.39}$$

式中，$k_{\mathrm{P},i}$ 为 $\boldsymbol{k}_{\mathrm{P}}$ 的第 i 个元素。

$\boldsymbol{k}_{\mathrm{P}}$ 的四个分量的意义如下：第一个分量 $k_{\mathrm{P},1}$ 对应的散射矩阵是 $\boldsymbol{i}$，反映的是奇数次面散射，如表面、球体、角反射体等；第二个分量 $k_{\mathrm{P},2}$ 对应的散射矩阵是 $\boldsymbol{jl}$，反映的是偶数次面散射，如二面角；第三个分量 $k_{\mathrm{P},3}$ 对应的散射矩阵是 $-\boldsymbol{jk}$，其则是经过 45°倾斜的二次散射，如倾斜的二面角；第四个分量 $k_{\mathrm{P},4}$ 对应的散射矩阵的形式是 $\boldsymbol{jj}$，它是交叉极化器(cross-polarizer)，后向散射时不存在。

此外，Pauli 展开的另一条重要性质是散射矢量 $\boldsymbol{k}_{\mathrm{P}}$ 所对应的极化基旋转变，后向互易情况下，当极化基做 $\boldsymbol{U}_{\psi}(\psi)$ 旋转变换时，对应散射矢量的变换公式如下：

$$\boldsymbol{k}_{\mathrm{P}} = \begin{bmatrix} 1 & 0 & 0 \\ 0 & \cos\psi & \sin\psi \\ 0 & -\sin\psi & \cos\psi \end{bmatrix} \boldsymbol{k}_{\mathrm{P}} \tag{2.2.40}$$

可见，极化基旋转体现在 Pauli 散射矢量上就是第二个分量与第三个分量之间的能量转移。这一性质在接下来的目标分解中有关键作用。

Cameron 在 1990 年提出对称目标分解法。根据满足互易性的散射矩阵的交叉极化相等这一条件，Cameron 将散射矩阵分解为非互易和互易两部分：

$$\boldsymbol{S} = \boldsymbol{S}^r + \boldsymbol{S}^n, \quad 2S_{\mathrm{hv}}^r = 2S_{\mathrm{vh}}^r = S_{\mathrm{hv}} + S_{\mathrm{vh}} \tag{2.2.41}$$

此时，$\boldsymbol{S}^r$ 可以看作是满足后向互易条件的目标所产生的散射矩阵。考虑将其 Pauli 分解为散射矢量 $\boldsymbol{k}^r$，并认为该散射矢量在其几何空间中可以投影到一个最大对称分量和另一个最小对称分量上去，写为

$$\boldsymbol{k}^r = \|\boldsymbol{k}^r\| \left[\cos\tau \cdot \hat{k}_{\mathrm{sym}}^{\max} + \sin\tau \cdot \hat{k}_{\mathrm{sym}}^{\min} \right] \tag{2.2.42}$$

其中，最大对称分量满足如下形式：

$$\hat{k}_{\mathrm{sym}}^{\max} = \frac{1}{\|\boldsymbol{k}^r\|\cos\tau} \cdot \begin{bmatrix} k_1^r \\ \delta\cos\theta \\ \delta\sin\theta \end{bmatrix}, \quad \delta = k_2^r\cos\theta + k_3^r\sin\theta \tag{2.2.43}$$

若使 $\boldsymbol{k}^r$ 在 $\hat{k}_{\mathrm{sym}}^{\max}$ 分量投影值最大，可解得

$$\tan 2\theta = \frac{k_2^r k_3^{r*} + k_2^{r*} k_3^r}{\left|k_2^r\right|^2 - \left|k_3^r\right|^2} \tag{2.2.44}$$

这里 k_i^r 表示 $\boldsymbol{k}^r$ 的第 i 个分量。由此 $\hat{k}_{\mathrm{sym}}^{\max}$ 表示了 $\boldsymbol{k}^r$ 中能够分解的最大的对称目标分量；τ 指示目标的对称度。

若将对称目标分量 $\hat{k}_{\mathrm{sym}}^{\max}$ 用对应散射矩阵表示，则可以写为如下形式：

$$\boldsymbol{S}_{\text{sym}}^{\max} = \boldsymbol{U}_{\psi}^{\text{T}}(\theta) \cdot \boldsymbol{\Lambda} \cdot \boldsymbol{U}_{\psi}(\theta), \quad \boldsymbol{\Lambda} = \frac{1}{\sqrt{1+z^2}}\begin{bmatrix} 1 & 0 \\ 0 & z \end{bmatrix}, \quad |z| < 1 \qquad (2.2.45)$$

该式的意义在于，将一个对称目标旋转一定角度即可将其散射矩阵对角化，且保证第一个对角元素大于第二个。Cameron 将该对角阵 $\boldsymbol{\Lambda}$ 用一个复数 z 表示（类似于极化比 ρ 的定义），进一步将 z 所在复平面上的单位圆划分为如图 2.11 所示的 7 个区域，分别用典型的散射体表示。Cameron 给出一套根据目标散射矩阵对目标进行分类的方法，其中每次判断均是通过将散射矢量在两个方向分解的分量大小对比来实现的。

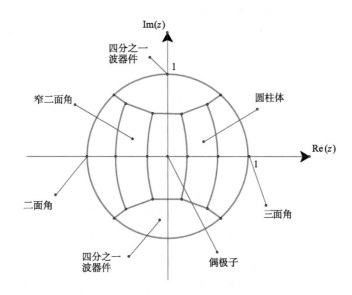

图 2.11　Cameron 目标分解的单位复平面

Cloude 和 Pottier 在 1996 年提出针对非确定性目标的特征分析法。考虑后向互易情况，Pauli 分解的散射矢量退化为三维，Cloude 将其做如下参数化：

$$\boldsymbol{k}_{\text{P}} = \|\boldsymbol{k}_{\text{P}}\| \cdot \begin{bmatrix} \cos\alpha \cdot \mathrm{e}^{i\phi} \\ \sin\alpha \cdot \cos\beta \cdot \mathrm{e}^{i\sigma} \\ \sin\alpha \cdot \sin\beta \cdot \mathrm{e}^{i\gamma} \end{bmatrix} \qquad (2.2.46)$$

显然 α、β 就是 $|\boldsymbol{k}_{\text{P}}|$ 所在三维空间中表示其方向的两个角度，而另外三个角度 ϕ、σ、γ 就是 $\boldsymbol{k}_{\text{P}}$ 分量的相位。

考虑 $|\boldsymbol{k}_{\text{P}}|$ 在空间中的旋转，经过以下三次矩阵变换可以将 $\boldsymbol{k}_{\text{P}}$ 退化到单位矢量 $[1,0,0]^{\text{T}}$，Cloude(1995) 将其称为散射矢量退化定理：

$$\boldsymbol{k}_{\text{P}} = \|\boldsymbol{k}_{\text{P}}\| \begin{bmatrix} \cos\alpha & \sin\alpha & 0 \\ -\sin\alpha & \cos\alpha & 0 \\ 0 & 0 & 1 \end{bmatrix} \cdot \begin{bmatrix} 1 & 0 & 0 \\ 0 & \cos\beta & \sin\beta \\ 0 & -\sin\beta & \cos\beta \end{bmatrix} \cdot \begin{bmatrix} \mathrm{e}^{i\phi} & 0 & 0 \\ 0 & \mathrm{e}^{i\delta} & 0 \\ 0 & 0 & \mathrm{e}^{i\gamma} \end{bmatrix} \cdot \begin{bmatrix} 1 \\ 0 \\ 0 \end{bmatrix} \qquad (2.2.47)$$

前面已经提到，式(2.2.47)中对于 β 的旋转矩阵正好对应于散射矩阵极化基变换中的取向角 ψ 的变换。由此 Cloude 认为，β 表示目标的取向信息，事实上并不完全如此，关于 β 与目标取向的关系将在后面详细讨论。另外，Cloude 根据几种典型散射机制以及 Pauli 分量对应的散射机制归纳出角度 α 的物理意义为：$\alpha = 0$ 表示均匀单次散射，如球体；$\alpha = 45°$ 表示偶极子散射；$\alpha = 90°$ 表示二次面散射；粗糙地面及其他目标的单次散射介于 $0° \to 45°$；其他目标与地面的二次散射介于 $45° \to 90°$。

对于由 $\boldsymbol{k}_\text{P}$ 构成的相干矩阵，Cloude 首先对其进行特征分解：

$$\left\langle \boldsymbol{k}_\text{P} \boldsymbol{k}_\text{P}^+ \right\rangle = \boldsymbol{T} = \sum_i \lambda_i \boldsymbol{e}_i \cdot \boldsymbol{e}_i^+ = \sum_i \lambda_i \boldsymbol{T}_i, \quad \lambda_1 \geqslant \lambda_2 \geqslant \lambda_3 \tag{2.2.48}$$

式中，$\lambda_i, \boldsymbol{e}_i (i = 1, 2, 3)$ 分别为实特征值与特征矢量。

可见，通过特征分解，可以将非确定性目标的相干矩阵写成 3 个类似的矩阵 $\boldsymbol{T}_i$ 按其特征值 λ_i 的加权和。若将每个 $\boldsymbol{T}_i$ 看成一个确定性散射目标的相干矩阵，即定义 3 个随机出现的确定性目标，每个目标的相干矩阵为 $\boldsymbol{T}_i$，出现概率定义为

$$P_i = \lambda_i \bigg/ \sum_i \lambda_i \tag{2.2.49}$$

可以发现，这 3 个随机出现目标产生的非相干散射的相干矩阵正好就是 $\boldsymbol{T}$，而每个目标的散射矢量就是特征矢量 $\boldsymbol{e}_i$。对每个目标按式(2.2.46)进行参数化，具体如下：

$$\boldsymbol{e}_i = \begin{bmatrix} \cos\alpha_i \cdot e^{j\phi_i} \\ \sin\alpha_i \cdot \cos\beta_i \cdot e^{j\sigma_i} \\ \sin\alpha_i \cdot \sin\beta_i \cdot e^{j\gamma_i} \end{bmatrix} \tag{2.2.50}$$

进一步定义平均 α、β 如下：

$$\bar{\alpha} = \sum_i \alpha_i P_i, \quad \bar{\beta} = \sum_i \beta_i P_i \tag{2.2.51}$$

以及熵：

$$H = -\sum P_i \log_3 P_i \tag{2.2.52}$$

至此完成了 Cloude-Pottier 的非确定性目标分解，上述参数中：$\bar{\alpha}$ 表示随机目标的平均散射机制；$\bar{\beta}$ 表示其平均取向。观察式(2.2.52)可以看出，当 $\boldsymbol{T}$ 为确定性目标的相干矩阵时，$\lambda_1 \neq 0, \lambda_2 = \lambda_3 = 0$，熵 $H = 0$；而当 3 个随机目标以等概率出现时，$\lambda_1 = \lambda_2 = \lambda_3$，熵 $H = 1$。由此说明，熵 H 表征了目标的随机程度。

另外，Pottier 还引入了各向异性度(anisotropy)：

$$A = \frac{\lambda_1 - \lambda_2}{\lambda_1 + \lambda_2} \tag{2.2.53}$$

当熵 H 非常大(各种散射相当)或者非常小(只有一个主要散射)时，各向异性度没有信息量；而在一般情况下，各向异性度反映了相对较弱的两个散射之间的比重关系，且提供了熵 H 的补充信息。

基于上面的参数，Cloude 提出了经典的 $\alpha\text{-}H$ 无监督地表分类方法，分类谱如图 2.12 所示。将 $0<\bar{\alpha}<45°$ 分为三个区域，分别解释为面散射、偶极子、多次散射区。同样地，将 $0<H<1$ 分解为三个区域，分别为有序、随机、高度随机。在 $\alpha\text{-}H$ 图上可以得到 9 个区域。图 2.12 中曲线左侧为有效区域，这是根据 α 和 H 之间的隐含关系所确定的(Cloude and Pottier, 1996)。

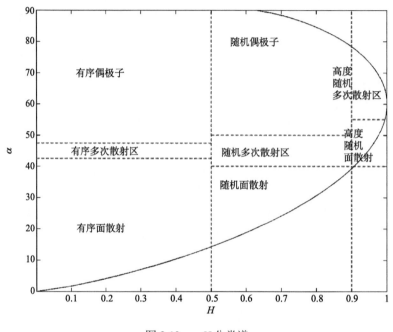

图 2.12　$\alpha\text{-}H$ 分类谱

4. Yamaguchi 分解

基于散射模型的分解方法是以物理散射模型为基础，按照散射机制进行建模，它不需要使用任何地面测量数据。常见的分解方法有 Freeman-Durden 三分量分解、Yamaguchi 四分量分解(Yamaguchi et al., 2005)等。Freeman 三分量分解包含三种典型的散射模型：体散射模型、二次散射、面散射模型，基于这三种典型散射模型提出的三分量分解是通过将实测数据分解为这三种模型的线性叠加来确定目标散射机制的一种极化 SAR 数据分解方法，它不需要使用任何地面测量数据。它根据总能量不变原则，将上述三项不同散射机制构成的模型进行线性组合，得到各散射分量对应的权重系数。

由于 Freeman 三分量分解的条件限制，因此 Yamaguchi 等引入了反射对称假设不成立情况的附加项，即 $\langle S_{\mathrm{HH}}S_{\mathrm{HV}}^{*}\rangle \neq 0$ 和 $\langle S_{\mathrm{HV}}S_{\mathrm{VV}}^{*}\rangle \neq 0$，从而有了 Yamaguchi 四分量分解模型。除了上述三个分量外，引入了螺旋散射体散射功率作为第四个散射成分，因为 Yamaguchi 四分量分解可以涵盖 Freeman 三分量分解，故本书只介绍四分量分解方法。

根据目标的螺旋性，所有线极化入射波经螺旋体目标散射产生的回波为左旋或右旋

圆极化回波。左手螺旋体目标的散射矩阵为

$$S_{LH} = \frac{1}{2}\begin{pmatrix} 1 & j \\ j & -1 \end{pmatrix} \tag{2.2.54}$$

可得左手螺旋体的协方差矩阵为

$$C_{3LH} = \frac{f_C}{4}\begin{bmatrix} 1 & -j\sqrt{2} & -1 \\ j\sqrt{2} & 2 & -j\sqrt{2} \\ -1 & j\sqrt{2} & 1 \end{bmatrix} \tag{2.2.55}$$

右手螺旋体目标的散射矩阵为

$$S_{RH} = \frac{1}{2}\begin{pmatrix} 1 & -j \\ -j & -1 \end{pmatrix} \tag{2.2.56}$$

可得右手螺旋体的协方差矩阵为

$$C_{3RH} = \frac{f_C}{4}\begin{bmatrix} 1 & j\sqrt{2} & -1 \\ -j\sqrt{2} & 2 & j\sqrt{2} \\ -1 & -j\sqrt{2} & 1 \end{bmatrix} \tag{2.2.57}$$

式中，f_C 为螺旋散射分量的贡献。

同时，对于体散射分量在 Yamaguchi 四分量分解中需要根据不同场景选择合适的体散射平均协方差矩阵 $\langle C_{3V\theta} \rangle$，其基本形式为

$$\langle C_{3V\theta} \rangle = f_V \begin{bmatrix} a & 0 & d \\ 0 & b & 0 \\ d & 0 & c \end{bmatrix} \tag{2.2.58}$$

式中，a、b、c、d 的数值选择需要根据同极化功率之间的相对差，即 $10\log\left(\left\langle |S_{VV}|^2 \right\rangle \big/ \left\langle |S_{HH}|^2 \right\rangle\right)$ 来决定，具体选择见表 2.2。

表 2.2 体散射平均协方差矩阵 $\langle C_{3V\theta} \rangle$ 的选择

$10\log\left(\left\langle \|S_{VV}\|^2 \right\rangle \big/ \left\langle \|S_{HH}\|^2 \right\rangle\right)$ $C_{3V\theta}$	−3dB −2dB	0dB	+2dB +4dB
	$\dfrac{f_V}{15}\begin{bmatrix} 8 & 0 & 2 \\ 0 & 4 & 0 \\ 2 & 0 & 3 \end{bmatrix}$	$\dfrac{f_V}{8}\begin{bmatrix} 3 & 0 & 1 \\ 0 & 2 & 0 \\ 1 & 0 & 3 \end{bmatrix}$	$\dfrac{f_V}{15}\begin{bmatrix} 3 & 0 & 2 \\ 0 & 4 & 0 \\ 2 & 0 & 8 \end{bmatrix}$

而 Yamaguchi 四分量分解中的二次散射分量和表面散射分量与 Freeman 三分量分解相同。

仍假设体散射成分、二次散射成分、表面散射成分以及螺旋散射成分四个分量互不相关，那么总的散射模型为

$$C_3 = C_{3S} + C_{3D} + \langle C_{3V\theta} \rangle$$

$$= \begin{bmatrix} f_S|\beta|^2 + f_D|\alpha|^2 + \dfrac{f_C}{4} & \pm j\dfrac{\sqrt{2}f_C}{4} & f_S\beta + f_D\alpha - \dfrac{f_C}{4} \\[2mm] \mp j\dfrac{\sqrt{2}f_C}{4} & \dfrac{f_C}{2} & \pm j\dfrac{\sqrt{2}f_C}{4} \\[2mm] f_S\beta^* + f_D\alpha^* - \dfrac{f_C}{4} & \mp j\dfrac{\sqrt{2}f_C}{4} & f_S + f_D + \dfrac{f_C}{4} \end{bmatrix} + f_V\begin{bmatrix} a & 0 & d \\ 0 & b & 0 \\ d & 0 & c \end{bmatrix} \tag{2.2.59}$$

由此可以获得 5 个等式，其中包含了 6 个未知量。

可以计算得到总散射功率为

$$\text{Span} = |S_{HH}|^2 + 2|S_{HV}|^2 + |S_{VV}|^2 = P_S + P_D + P_C + P_V \tag{2.2.60}$$

式中，$P_S = f_S\left(1 + |\beta|^2\right)$；$P_D = f_D\left(1 + |\alpha|^2\right)$；$P_C = f_C$；$P_V = f_V$。

Yamaguchi 分解算法的具体流程为：先用散射矩阵计算螺旋体散射功率 P_C，然后依据 $10\log\left(\langle|S_{VV}|^2\rangle \big/ \langle|S_{HH}|^2\rangle\right)$ 的值选取平均协方差矩阵，由此可以计算得出体散射功率 P_V，然后判断 Span 与 $P_C + P_V$ 的大小，若两者之和已经超过总散射功率，则另外两个分解量均为 0，否则继续利用式(2.2.60)计算次散射功率 P_D 和螺旋散射功率 P_C。由于功率均为正值，一旦计算得出某一个分解量为负数则令其为 0。

如图 2.13 所示，图 2.13(a) 为表面散射功率 P_S 的灰度图像，图 2.13(b) 为二次散射功率 P_D 的灰度图像，图 2.13(c) 为螺旋散射功率 P_C 的灰度图像，图 2.13(d) 为体散射功率 P_V 的灰度图像。其中，表面散射、二次散射和体散射在不同地物中的成分与 Freeman 三分量分解类似，而螺旋散射则是人造建筑物如桥等地物的主要散射成分，可以从图 2.13(c) 中看到海洋完全呈现黑色，而金门大桥则明显得多，陆地中的地物都十分明显。

(a) 表面散射功率 P_S (b) 二次散射功率 P_D

(c) 螺旋散射功率P_C　　　　　　　　　(d) 体散射功率P_V

图 2.13　Yamaguchi 分解散射机制成分的功率

图 2.14 是由四种散射分量中体散射分量、二次散射分量和表面散射分量合成的 RGB 图像，二次散射功率 P_D 为红色像素值，体散射功率 P_V 为绿色像素值，表面散射功率 P_S 为蓝色像素值。虽然 Yamaguchi 分解中的二次散射分量和表面散射分量与 Freeman 三分量分解中的一致，但是体散射分量则有所不同，因此可以看到图像中的绿色成分有所不同，而其余则大致相同。

5. 去取向 *u-v-w* 分解

我们提出"去取向"(deorientation)的概念(Xu and Jin，2006)，其是指去除目标取向对散射的影响而突出显示目标本体特性，两个不同取向而其他特征完全一样的散射目标在经过去取向的转换后，散射信息应是完全相同的。

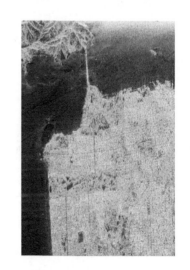

图 2.14　Yamaguchi 分解伪彩色合成图
红色=P_D；绿色=P_V；蓝色=P_S

去取向给分类带来的好处是：使得完全随机取向的目标群的特征更加明显，容易区别；使得相同目标在取向不同的情况下能够被划分为一类；不同目标在不同取向下可能产生相似的散射而不会误分为一类。由于自然界物体的取向多呈随机分布，我们往往更关注目标的本体特征，如种类、形状等。对于同一类目标，采用某特定取向时的目标散射矢量来代表该目标，即将任意取向的同一类目标经过一定角度的旋转后都变换到同一取向。去取向后定义参数空间如下：

$$\begin{cases} a = \tan^{-1}\left(|S_{vv}|/|S_{hh}|\right) \\ b = \dfrac{1}{2}\arg\left(S_{vv}/S_{hh}\right) \\ c = \cos^{-1}\left(\sqrt{2}\,|S_x|/\|\overline{k}_L\|\right) \end{cases} \qquad \begin{cases} u = \sin c \cos 2a \\ v = \sin c \sin 2a \cos 2b \\ w = \cos c \end{cases} \qquad (2.2.61)$$

式中，w 反映交叉极化和同极化的相对大小；在交叉极化较小时（$\sin c \rightarrow 1$），u 反映两个同极化分量的相对大小，v 反映在两个同极化分量相对大小可比时（$\sin 2a \rightarrow 1$）的相位差。

以参数 u、v、w 为轴可以做出图 2.15 的四分之一个球体，球体内部的点为可能的参数分布位置，参数 u、v、w 对应轴 OA、B_1B_2、OC。由于 $u \geqslant 0$ 和 $u < 0$ 的区别仅仅在于同极化分量哪个更大，其散射机制相同，因此图 2.15 中只画出 $u \geqslant 0$ 的部分。可见，交叉极化较大时分布趋向于点 C，当交叉极化较小时分布趋向于平面 B_1B_2A；而在平面 B_1B_2A 上，当同极化分量相对幅度大小相差悬殊时，分布趋向于点 A，当同极化分量相对幅度大小可比时，分布趋向于线 B_1B_2；在线 B_1B_2 上，随着同极化分量相位差由小到大从点 B_1 向点 B_2 变化。

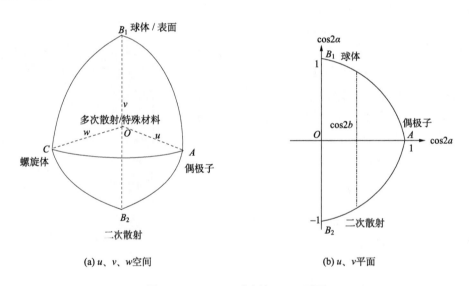

(a) u、v、w 空间　　　　　　　　　　　(b) u、v 平面

图 2.15　u、v、w 空间与 u、v 平面

容易给出各种经典的基本散射体在图 2.15 所示特征空间中的分布，螺旋线散射趋向于点 C，偶极子散射趋向于点 A，球体散射或面散射趋向于点 B_1，角散射体散射（二次面散射）趋向于点 B_2。而 O 点处的散射矩阵满足 $[S_o] = \begin{bmatrix} 1 & 0 \\ 0 & j \end{bmatrix}$，因此 O 点附近为特殊材料散射或者复杂多次散射。

一般简单的目标散射均可由面 B_1B_2A 上两个参数 u、v 表征，有

$$v = \sin 2a \cos 2b = \cos 2\alpha$$

即 v 轴的变化对应 Pauli 展开目标解析参数 α 的变化。面 B_1B_2A 上参数关系及散射分布情况与 Cloude 给出的参数 α 的解释吻合。可见，参数 u、v 所包含的信息包含了参数 α 的信息，并且还能给出更多散射机制的特征信息。因此，用参数 u、v 分类能达到更加细化分类的目的。

本节简要介绍了极化测量学的基本内容，从极化基本概念及其变换形式到散射矩阵、Mueller 矩阵及相干矩阵，再到散射矩阵矢量化和散射矢量参数化，最后到确定性目标分解、非确定性目标分解及目标与地表分类方法，它们为本书关于极化 SAR 解译的内容提供背景知识。

2.3　SAR 图像统计模型

2.3.1　Rayleigh 相干斑模型

SAR 图像的相干斑是由大量散射单元反射波的相干叠加引起的。相干斑使相邻像素间的信号强度发生变化，视觉上表现为颗粒状的噪声。它增加了图像解译和分析的难度，降低了图像分割和特征分类的性能。研究 SAR 图像相干斑统计特性有助于设计有效的相干斑滤波、地物参数统计、地物覆盖分类应用等算法，能更好地提取所需的信息(Oliver and Quegan, 2004)。

当雷达波束所照射的表面起伏尺度相对于雷达波长而言比较"粗糙"时，回波信号是由一个分辨单元内大量散射单元(或小散射截面)所反射的电磁波共同作用的结果，如图 2.16 所示。由于散射单元的位置是随机的，它们和雷达接收机的距离也是随机的，因此各散射单元反射回波的频率相同，而相位不尽相同。当这些回波的相位较为接近时，回波合成一个强信号；反之，则合成一个弱信号。图 2.16 示意了回波合成过程，亦即复平面上的矢量和(Oliver and Quegan, 2004)：

$$\sum_{i=1}^{M}(x_i + jy_i) = \sum_{i=1}^{M}x_i + j\sum_{i=1}^{M}y_i = x + jy$$
$$z = Ae^{i\theta} = \sum_{k=1}^{M}a_k e^{i\theta_k}$$

(2.3.1)

式中，$x_i + jy_i$ 为第 i 个散射体的回波；$x + jy$ 为所有 M 个散射体回波矢量和；a_k、θ_k 分别为第 k 个散射分量的幅值和相位。SAR 图像由连续脉冲回波的相干处理生成，这使得相邻像素间的信号强度不连续，视觉上表现为颗粒状的噪声，称为相干斑。由于电磁波的相干作用而在 SAR 图像中形成了大量的"相干斑"，其构成了 SAR 图像最基本的特征。

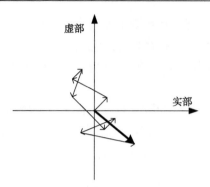

图 2.16　相干斑形回波合成过程示意图

当满足下面条件：

(1) 均匀媒质的一个分辨单元内有大量的散射单元；

(2) 斜距距离远大于雷达波长；

(3) 以雷达波长尺度衡量媒质表面非常"粗糙"；

(4) 各散射单元回波的矢量和具有在 $(-\pi, \pi)$ 上均匀分布的相位。

根据中心极限定理，可得矢量和的实部 x 和虚部 y 相互独立，各自服从均值为 0、方差为 $\sigma / 2$ 的正态分布：

$$x \sim N\left(0, \sigma / 2\right), \ y \sim N\left(0, \sigma / 2\right) \tag{2.3.2}$$

对于单视图像，则可推导出观测强度 I 服从负指数分布：

$$P_I\left(I\right) = \frac{1}{\sigma}\exp\left(-\frac{I}{\sigma}\right), \quad I = x^2 + y^2 \tag{2.3.3}$$

则 SAR 图像的幅度服从 Rayleigh 分布：

$$P_A\left(A\right) = \frac{2A}{\sigma}\exp\left(-\frac{A^2}{\sigma}\right), \ A = \sqrt{x^2 + y^2} \tag{2.3.4}$$

对于 L 视图像，平均强度 I 的概率分布为

$$P_{I_L}\left(I_L\right) = \frac{1}{\Gamma\left(L\right)}\left(\frac{L}{\sigma}\right)^L I_L^{L-1}\exp\left(-\frac{LI_L}{\sigma}\right), \quad I_L = \frac{1}{L}\sum_{k=1}^{L}I_k \tag{2.3.5}$$

L 视图像，平均幅度 A_L 的概率分布为

$$P_{A_L}\left(A_L\right) = \frac{2}{(L-1)!}\left(\frac{L}{\sigma}\right)^L A_L^{2L-1}\exp\left(-\frac{LA_L^2}{\sigma}\right), \quad A_L = \frac{1}{L}\sum_{k=1}^{L}A_k \tag{2.3.6}$$

上述模型称为 Rayleigh 相干斑模型。

2.3.2　乘积模型

在单通道相干斑理论的数据模型中，信息以被相干斑影响的每个像素的平均强度或

RCS 为载体。乘性噪声模型中，单通道 SAR 数据被看成是特定 RCS 和一个具有各态历经性的相干斑随机过程的乘积。许多类型的杂波都可以用包含两个不相关的过程的乘积模型表示。SAR 图像的观测强度 I 可以表示为乘积 (Oliver and Quegan, 2004；Lee and Pottier, 2009)：

$$I = \sigma n \tag{2.3.7}$$

根据乘积模型，可导出单视相干斑 n 和 L 视相干斑 n_L 的概率密度函数：

$$P_n(n) = \exp(-n) \tag{2.3.8}$$

$$P_{n_L}(n_L) = \frac{L^L n_L^{L-1}}{\Gamma(L)} \exp(-Ln_L) \tag{2.3.9}$$

根据式 (2.3.9) 可以看出，相干斑的概率密度函数仅与视数有关。一般视数是不容易估计的，我们经常用等效视数 (ENL) 来代替：

$$\mathrm{ENL} = \frac{(\mathrm{mean})^2}{\mathrm{variance}} \tag{2.3.10}$$

一般很难对 RCS (σ) 的 PDF 进行描述，它是与特定的地势类型和纹理相关的。最常用的 RCS 分布是伽马分布，表示为

$$P(\sigma) = \left(\frac{v}{\langle \sigma \rangle} \right)^v \frac{\sigma^{v-1}}{\Gamma(v)} \exp\left[-\frac{v\sigma}{\langle \sigma \rangle} \right] \tag{2.3.11}$$

式中，v 为阶数；$\langle \sigma \rangle$ 为均值。

2.3.3　SAR 图像统计模型

早期的雷达分辨率比较低，一个分辨率单元内会包含很多目标，空间的变化及相关特性都难以保留，此时 SAR 图像的统计特性可用 Rayleigh 相干斑模型描述，即此时的复数概率密度函数是高斯的，幅度服从 Rayleigh 分布，而强度服从负指数分布。

对于高分辨率成像雷达，许多细节信息可以得以保留，每个散射单元都有一个确定的散射值。高分辨 SAR 图像的结构信息较为丰富，简单的 Rayleigh 相干斑模型不再适用于描述其统计特征。为了描述更高分辨率的数据，SAR 图像的统计分布必须引入更多的参数，对数正态分布和 Weibull 分布是具有两个参数的统计分布，可以描述非均匀区域的 SAR 图像分布。对数正态分布可用于对高分辨率的海洋杂波和建筑区域进行统计建模，Weibull 分布可描述不同分辨率下大范围的海面杂波，Weibull 分布也广泛应用于陆地、大气以及海冰等的杂波。这些分布或者适用于幅度数据，或者适用于强度数据。概率密度函数的最终选择依赖于由特定杂波样本观测到的统计特性。

对数正态分布由式 (2.3.12) 表示：

$$P(x) = \frac{1}{x\sqrt{2\pi V}} \exp\left[-\frac{(\ln x - \beta)^2}{2V} \right] \tag{2.3.12}$$

式中，x 为观测值；β 和 V 分别为 $\ln x$ 的均值和方差。

对数正态分布的均值和 n 阶归一化矩分别为

$$\langle x \rangle = \exp\left[\beta + \frac{V}{2}\right], \quad x^{(n)} \equiv \frac{\langle x^n \rangle}{\langle x \rangle^n} = \exp\left[n(n-1)\frac{V}{2}\right] \tag{2.3.13}$$

Weibull 分布由式(2.3.14)表示：

$$P(x) = \frac{cx^{c-1}}{b^c}\exp\left[-\left(\frac{x}{b}\right)^c\right] \tag{2.3.14}$$

式中，b 为比例参数；c 控制着形状。该分布的均值和 n 阶归一化矩分别为

$$\langle x \rangle = b\Gamma\left(1+\frac{1}{c}\right), \quad x^{(n)} = \frac{\Gamma(1+n/c)}{\Gamma^n(1+1/c)} \tag{2.3.15}$$

对于 Weibull 分布，当 $c=2$ 时，概率密度函数与瑞利分布相同，当 $c=1$ 时与负指数分布相同。因此，无论是幅度数据还是强度数据，Weibull 分布都可以对单视相干斑进行精确的描述。但遗憾的是，它不能精确表示多视相干斑。

高分辨率 SAR 图像的统计特征较为复杂，乘积模型是对其分布进行建模的有力工具。Rayleigh 相干斑模型用于描述均匀场景的散射回波，而非均匀场景的散射回波的建模则比较复杂。根据对均匀区域的瑞利相干斑模型的推导，可以得出相干斑可看作乘性噪声的结论。根据该结论进而发展出了乘积模型，即将 SAR 图像观测值看作 RCS 和不相关的相干斑噪声的乘积。由于乘积模型简化了 SAR 图像统计特征的分析，因此将乘性相干斑噪声推广到了非均匀区域的情况，得到了乘积模型框架下的 SAR 图像统计分布，基于乘积模型的常见概率分布见表 2.3。

表 2.3 　基于乘积模型的常见概率分布

相干斑分布		RCS 分布		观测图像分布	
幅度	强度	幅度	强度	幅度	强度
单视瑞利分布	单视负指数分布	常数	常数	瑞利分布	负指数分布
多视平方根伽马分布	多视伽马分布	常数	常数	平方根伽马分布	伽马分布
		平方根广义逆高斯分布	广义逆高斯分布	G_A 分布	G_I 分布
		平方根伽马分布	Gamma 分布	K_A 分布	K_I 分布
		平方根逆 Gamma 分布	逆 Gamma 分布	G_A^0 分布	G_I^0 分布
		平方根逆高斯分布	逆高斯分布	G_A^h 分布	G_I^h 分布
广义伽马分布		广义伽马分布		GC 分布	—

服从 Rayleigh 分布(Oliver and Quegan，2004)的幅度 Z_A 表达式为

$$p_{Z_A}(z) = \frac{2z}{\sigma}\exp\left(-\frac{z^2}{\sigma}\right) \tag{2.3.16}$$

服从平方根 Gamma 分布(Oliver and Quegan，2004)的幅度 Z_A 表达式为

$$p_{Z_A}(z;n,\sigma) = \frac{2}{\Gamma(n)}\left(\frac{n}{\sigma}\right)^n z^{2n-1} e^{-nz^2/\sigma} \tag{2.3.17}$$

服从 G_A 分布(Frery et al.，1997)的幅度 Z_A 表达式为

$$p_{Z_A}(z;\beta,\gamma,\alpha,n) = \frac{2n^n(\beta/\gamma)^{\alpha/2}}{\Gamma(n)K_\alpha(2\sqrt{\beta\gamma})} z^{(2n-1)}\left(\frac{\gamma+nz^2}{\beta}\right)^{\frac{\alpha-n}{2}} K_{\alpha-n}\left[2\sqrt{\beta(\gamma+nz^2)}\right] \tag{2.3.18}$$

其中，参数 $\alpha \in R,(\beta,\gamma) \in \Theta_\alpha$，$n$ 为视数。

$$\Theta_\alpha = \begin{cases} \{(\beta,\gamma):\beta>0,\gamma \geqslant 0\} & \text{if } \alpha>0 \\ \{(\beta,\gamma):\beta>0,\gamma>0\} & \text{if } \alpha=0 \\ \{(\beta,\gamma):\beta \geqslant 0,\gamma>0\} & \text{if } \alpha<0 \end{cases}$$

服从 K_A 分布(Oliver and Quegan，2004)的幅度 Z_A 表达式为

$$p_{Z_A}(z;\beta,\alpha,n) = \frac{4\beta nz}{\Gamma(n)\Gamma(\alpha)}\left(\beta nz^2\right)^{(\alpha+n)/2-1} K_{\alpha-n}\left(2z\sqrt{\beta n}\right), \quad \beta,\alpha,n,z>0 \tag{2.3.19}$$

服从 G_A^0 分布(Frery et al.，1997)的幅度 Z_A 表达式为

$$p_{Z_A}(z;\gamma,-\alpha,n) = \frac{2n^n\Gamma(n-\alpha)\gamma^{-\alpha}z^{2n-1}}{\Gamma(n)\Gamma(-\alpha)\left(\gamma+nz^2\right)^{n-\alpha}}, \quad \gamma,-\alpha,n,z>0 \tag{2.3.20}$$

服从 G_A^h 分布(Frery et al.，1997；Muller and Pac，1999)的幅度 Z_A 表达式为

$$p_{Z_A}\left(z;\lambda,\mu,\alpha=-\frac{1}{2}\right) = \sqrt{\frac{2\lambda}{\pi}}\frac{2n^n z^{(2n-1)}}{\Gamma(n)}\left(\frac{(\lambda+2nz^2)\mu}{\lambda}\right)^{\frac{-1-2n}{4}} K_{n+1/2}\left(\frac{(\lambda+2nz^2)\lambda}{\mu}\right) \tag{2.3.21}$$

服从广义复合分布(generalized compound，GC)(Anastassopoulos et al.，1999)的幅度 Z_A 表达式为

$$p_{Z_A}(z;a,b_1,v_1,b_2,v_2) = \frac{b_1 b_2}{\Gamma(v_1)\Gamma(v_2)}\frac{z^{b_1 v_1-1}}{a^{b_2 v_2}}\int_0^\infty x^{b_2 v_2-b_1 v_1-1}\exp\left[-\left(\frac{x}{a}\right)^{b_2}-\left(\frac{z}{x}\right)^{b_1}\right]\mathrm{d}x \tag{2.3.22}$$

强度分布的表达式可以根据幅度分布通过变量代换得到，这里就不详细给出。

2.4　SAR 图像处理方法

2.4.1　SAR 图像滤波

SAR 图像中的相干斑是由一个散射单元中多个目标散射相干叠加引起的，具体来说就是雷达发射的电磁波照射到每一个表面单元，致使在一个分辨单元内的大量小散射单

元散射波共同作用，而形成了雷达接收到的回波信号。

由于目标中的各散射单元位置随机，也就是说和雷达接收机的距离是随机的、取向随机的等，因此虽然雷达接收到的经各个散射单元的散射回波的频率相同，但是相位却不相同。当接收到的回波相位比较接近时，合成的回波是一个相干增强的强信号；而当回波相位相差较大时，合成的是一个相干消减的弱信号。SAR 图像是由连续脉冲波经相干处理生成的，这致使图像中相邻像素间的信号强度不是连续的，视觉上表现为颗粒状的噪声，这一现象称为相干斑。在 SAR 图像中这一相邻像素强度不连续的现象导致了许多问题，其中最重要的一个问题就是单一的像素值不能用于表征分布目标的散射率。这些问题给图像解译和分析带来了困难，也就造成了图像分割和特征分析性能的降低。因此，在对图像进行分解前需要对数据做预处理，即进行滤波，但是通常相干斑滤波或者简单的平均处理可能会影响 SAR 数据内在的散射特性。

常用来降噪的平均处理方法是均值滤波(boxcar filter)，具体实现过程是，使用一个 3×3 或更大的滑动窗口(基本使用奇数值的窗口)，将窗口的中心像素值用窗口中所有元素的平均值代替。这一滤波器的优点是算法简单，实现容易，对于均匀区域的降斑较为有效，而且能够保留均值。但是其也有明显的缺点，就是不加区别地平均所有图像中的像素，尤其是非均匀媒质，这使得空间分辨率降低。从图像处理的角度来看，均值滤波器会导致图像中的边缘模糊，单一散射强度目标的模糊，亮线特征减弱。

除了均值滤波器以外，还有中值滤波器，它也是使用一个 3×3 或更大的滑动窗口，将滑动窗中心像素值用窗口中所有元素的中间值代替，这一滤波器的降噪效果一般，而且会引起失真。

设计极化 SAR 相干斑滤波器需要遵守如下准则：为保留滤波前数据的极化特征，协方差矩阵的每个元素都需要用类似多视处理的方式，选取相同的邻近像素，进行同等程度的滤波；为避免滤波后引入极化通道间串扰，协方差矩阵的每一元素应在空间域独立地进行滤波；为保持散射特征、边缘清晰度和单一散射目标特征，滤波器应能自适应地选取或加权邻近的像素。

在设计相干斑滤波算法时，描述相干斑比较简便的方法是使用乘性噪声模型：

$$y(k,l) = x(k,l)v(k,l) \tag{2.4.1}$$

式中，$y(k,l)$ 为图像中第 (k,l) 个像素点的幅度；$x(k,l)$ 为反射系数即无噪声时的幅度；$v(k,l)$ 为噪声，服从均值 $E[v(k,l)]=1$，标准差为 σ_v 的分布。

为了在预处理阶段很好地抑制 SAR 图像中的斑点噪声，目前已有多种滤波方法，如中值滤波器、Lee 滤波器、Gamma MAP 滤波器、Frost 滤波器和基于非局域思想的滤波方法。本书简要介绍以下几种经典的抑制噪声的方法。

1. Lee 滤波与 Refined Lee 滤波

在抑制噪声的过程中，两个关键的问题是建立真实的后向散射系数的估计机制以及制定相同质地区域的像素样本的选择方案。最小均方误差滤波，即 Lee 滤波的方法是利用图像中局部的统计特性对图像中的相干斑进行滤波，这是基于完全发育的斑点噪声模型，选择一定长度的滑动窗口作为局部区域，通过计算该区域的均值和方差可以得到先验均值和方差。根据式(2.4.1)乘性噪声模型，最小均方误差滤波器的原理是假设 x 的估计值 $\hat{x}$ 是先验均值 $\bar{x}$ 和图像像素值 y 的线性组合（Lee and Pottier, 2009）：

$$\hat{x} = a\bar{x} + by \tag{2.4.2}$$

式中，$\bar{x} = \bar{y}$，$\bar{y}$ 为 y 在局部区域内的均值。选择参数 a 和 b 使得估计的均方误差 $J = E\left[(\hat{x} - x)^2\right]$ 最小，即 a 和 b 的最优值选择必须满足：

$$\frac{\partial J}{\partial a} = 0, \quad \frac{\partial J}{\partial b} = 0 \tag{2.4.3}$$

即 $E\left[\bar{x}(a\bar{x} + by - x)\right] = 0$，$E\left[y(a\bar{x} + by - x)\right] = 0$，由此可以得到 $a = 1 - b$，且有 $E\left[y(x - \bar{x}) + b(\bar{x} - y)y\right] = 0$，从而可以推得 $b = \dfrac{\mathrm{Var}(x)}{\mathrm{Var}(y)}$。

因此，最小均方误差滤波器可以表示为

$$\hat{x} = \bar{y} + b(y - \bar{y}) \tag{2.4.4}$$

y 在局部窗口内的方差为

$$\begin{aligned}
\mathrm{Var}(y) &= E\left[(y - \hat{y})^2\right] = E\left[\left(x(v-1) + (\hat{x} - x)^2\right)\right] \\
&= \left[\mathrm{Var}(x) + \bar{x}^2\right]\sigma_v^2 + \mathrm{Var}(x)
\end{aligned} \tag{2.4.5}$$

由此可以得到 x 的方差为

$$\mathrm{Var}(x) = \frac{\mathrm{Var}(y) - \bar{y}^2\sigma_v^2}{1 + \sigma_v^2} \tag{2.4.6}$$

需要指出的是，在计算 $\mathrm{Var}(x)$ 时，如果样本数不够或使用了大于正确值的 σ_v^2，所得到的计算结果可能为负，此时应当令 $\mathrm{Var}(x) = 0$，从而确保 b 在 0 和 1 之间。

后来，Lee 又提出了精细化(refined)滤波器，这是一种基于边缘检测的自适应滤波算法，主要是通过重新定义中心像素的邻域来提高估计的准确性。精细化滤波中通常使用的滑动窗口大小为 7×7，其具体实现过程如下。

假设图像中滑动窗口中心像素为 x；将 7×7 的滑动窗口分为九个子区间，子区间之间有重叠，每个子区间大小为 3×3，接着计算各个子窗口的平均值，用这些均值可以构造一个 3×3 的矩阵 $\boldsymbol{M}$，用来估计局域窗口中边缘的方向，计算均值可以消除噪声对计算边缘方向准确性的影响。估计边缘方向时将 3×3 梯度模板应用到均值矩阵中，梯度绝对值最大的方向即可认为是边缘的方向。梯度模板只需要水平、垂直、45° 和 135° 四个方向的即可，相反方向只需用相反数表示。这四种模板形式如下所示：

$$\begin{bmatrix} 1 & 1 & 1 \\ 0 & 0 & 0 \\ -1 & -1 & -1 \end{bmatrix} \begin{bmatrix} -1 & 0 & 1 \\ -1 & 0 & 1 \\ -1 & 0 & 1 \end{bmatrix} \begin{bmatrix} 0 & 1 & 1 \\ -1 & 0 & 1 \\ -1 & -1 & 0 \end{bmatrix} \begin{bmatrix} 1 & 1 & 0 \\ 1 & 0 & -1 \\ 0 & -1 & -1 \end{bmatrix} \tag{2.4.7}$$

　　图像对上述四种边缘目标进行加权计算，选择计算加权结果绝对值最大的方向来确定边缘方向。一种边缘方向对应着两种模板 X_{ij} 和 X_{ji}，比较 M_{ij} 和 M_{ji} 大小，从而确定选择哪一种窗口。所有阴影区域外的像素将取代原来滑动窗口内所有的像素来计算局域的均值和方差，从而重新估计局域窗的中心像素值。

2. 非局域滤波

　　非局域滤波方法针对全极化图像，根据待测像素与周围相似度的不同，利用不同的相似度大小决定不同的权重，进行极化图像的滤波。

　　对于极化图像散射矩阵：

$$\boldsymbol{S} = \begin{bmatrix} S_{hh} & S_{hv} \\ S_{vh} & S_{vv} \end{bmatrix} \tag{2.4.8}$$

其中假定 $S_{hv} = S_{vh}$。定义散射矢量：

$$\boldsymbol{k} = [S_{hh} \quad \sqrt{2}S_{hv} \quad S_{vv}]^{\mathrm{T}} \tag{2.4.9}$$

这里的上标 T 表示矩阵转置，相干矩阵定义为

$$\begin{aligned}\boldsymbol{C} &= \frac{1}{n}\sum_{i=1}^{n} k_i k_i^{*\mathrm{T}} \\ &= \begin{bmatrix} \langle |S_{hh}|^2 \rangle & \langle \sqrt{2}S_{hh}S_{hv}^* \rangle & \langle S_{hh}S_{vv}^* \rangle \\ \langle \sqrt{2}S_{hv}S_{hh}^* \rangle & \langle 2|S_{hv}|^2 \rangle & \langle \sqrt{2}S_{hv}S_{vv}^* \rangle \\ \langle S_{vv}S_{hh}^* \rangle & \langle \sqrt{2}S_{vv}S_{hv}^* \rangle & \langle |S_{vv}|^2 \rangle \end{bmatrix}\end{aligned} \tag{2.4.10}$$

式中，上标 * 表示复共轭；$\langle . \rangle$ 表示求系综平均；n 为视数。相干矩阵服从复 Wishart 分布，其可表示为 $X \in W_C(q, n, V_x)$

$$P_C^{(q,n,V_x)}(X) = \frac{n^{qn}|X|^{n-q}\exp[-n\mathrm{Tr}(V_x^{-1}X)]}{K(n,q)|V_x|^n} \tag{2.4.11}$$

式中，V_x 为 $\boldsymbol{C}$ 的期望值，即 $V_x = E[\boldsymbol{C}]$，此处使用矩估计的方法得到期望值。$K(n,q) = \pi^{q(q-1)/2}\prod_{j=1}^{q}\Gamma(n-j+1)$，Tr 为矩阵的迹，$q$ 为相干矩阵的维数，此处 $q=3$。其中 $q \times q$ 维的 Hermitian 正定矩阵 $\boldsymbol{X}$ 和 $\boldsymbol{Y}$ 均服从复 Wishart 分布，即 $\boldsymbol{X} \in W_C(q, n, V_x)$，$\boldsymbol{Y} \in W_C(q, m, V_y)$，其中 $V_x = 1/(n\boldsymbol{X})$，$V_y = 1/(m\boldsymbol{Y})$。假设 $\boldsymbol{X} + \boldsymbol{Y}$ 也服从复 Wishart 分布，即 $\boldsymbol{X} + \boldsymbol{Y} \in W(q, n+m, V)$，其中 $V = 1/(n+m)(\boldsymbol{X}+\boldsymbol{Y})$，则似然比定义为下列形式：

$$Q = \frac{P_C^{(q,n,V)}(\boldsymbol{X}+\boldsymbol{Y})}{P_C^{(q,n,V_x)}(\boldsymbol{X})P_C^{(q,n,V_y)}(\boldsymbol{Y})} \tag{2.4.12}$$

　　根据复 Wishart 分布的公式，即式(2.4.11)，式(2.4.12)可化简如下：

$$Q = \frac{(n+m)^{q(n+m)}}{n^{qn}m^{qm}} \frac{|\boldsymbol{X}|^n |\boldsymbol{Y}|^m}{|\boldsymbol{X}+\boldsymbol{Y}|^{n+m}} \tag{2.4.13}$$

通常情况下，两个相干矩阵具有相同的视数，即 $n=m=L$ 。然后对似然比 Q 取对数，得到式(2.4.14)：

$$\ln Q = n(2q\ln 2 + \ln|\boldsymbol{X}| + \ln|\boldsymbol{Y}| - 2\ln|\boldsymbol{X}+\boldsymbol{Y}|) \tag{2.4.14}$$

一般情况下，$\ln Q < 0$，只有当两像素点完全相同时，$\ln Q$ 取得最大值，最大值为 $\ln Q = 0$。Chen 等提出 Pretest 非局部滤波方法(Chen et al., 2011)，在该方法中，计算两像素的相似度时不仅仅考虑两个像素点，还考虑两点对应邻域处的相似度。对于 POLSAR 图像，假设邻域内的相干矩阵均服从复 Wishart 分布，联合分布可认为是邻域内的相干矩阵共同作用的结果，考虑邻域影响后的似然比可以定义为

$$H = \frac{\prod_{i=1}^{k} P_C^{(q,n,V_i)}(\boldsymbol{X}_i + \boldsymbol{Y}_i)}{\prod_{i=1}^{k} P_C^{(q,n,V_{x_i})}(\boldsymbol{X}_i)\prod_{i=1}^{k} P_C^{(q,n,V_{y_i})}(\boldsymbol{Y}_i)} = \prod_{i=1}^{k} Q_i \tag{2.4.15}$$

$\boldsymbol{X}$ 和 $\boldsymbol{Y}$ 具有相同视数时，即 $n=m$，这时对 H 取对数得到：

$$\begin{aligned}
\ln H &= \sum_{i=1}^{k} \ln Q_i \\
&= n\left[2qk\ln 2 + \sum_{i=1}^{k}(\ln|X_i| + \ln|Y_i| - 2\ln|X_i + Y_i|)\right]
\end{aligned} \tag{2.4.16}$$

$\ln H$ 是邻域内对应像素点的 $\ln Q$ 之和，当像素邻域与自己本身比较时，相似度最大，$\ln H = 0$。

图 2.17 是考虑邻域的相似度 $\ln H$ 的计算示意图，也表示了所选区域和邻域的概念。$\ln H$（图 2.17 中的 $\ln H_{i,j}$）表示相似度，根据相似度的大小来计量其对检测目标的贡献，即计算权重：

$$W_{i,j} = \exp\left(-\frac{\ln H_{i,j}}{\ln H_t}\right) \tag{2.4.17}$$

式中，$\ln H_t$ 为经验值，一般为负值。由权重的计算公式可知，相似度越大时权重越大，相似度越小时权重也越小，相似度完全相同时权重取最大值 1。加入权重的思想，相似度小时对图像的影响也较小，相似度大时对图像的影响也较大，用此权重的思想来进行极化图像的滤波。

3. 极化白化滤波(PWF)

极化白化滤波(PWF)通过最优地组合极化协方差矩阵中的所有元素，从而达到降低图像中相干斑的目的。

假设降斑后的数据可以表示为二次型形式：

$$w = \vec{\boldsymbol{u}}^{*\mathrm{T}} \boldsymbol{A} \vec{\boldsymbol{u}} \tag{2.4.18}$$

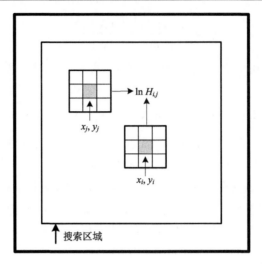

图 2.17　相似度 $\ln H$ 示意图

式中，$\boldsymbol{A}$ 为正定埃尔米特矩阵；$\vec{\boldsymbol{u}}$ 为复散射矢量，$\vec{\boldsymbol{u}} = \begin{pmatrix} S_{HH} \\ \sqrt{2}S_{HV} \\ S_{VV} \end{pmatrix}$。滤波时需要优化矩阵 $\boldsymbol{A}$，

使得 w 的标准差和均值的比值 J 最小，矩阵 $\boldsymbol{A}$ 优化的方法是分析矩阵的特征值。令 $\boldsymbol{\Sigma} = E\left[\vec{\boldsymbol{u}}^{*\mathrm{T}}\vec{\boldsymbol{u}}\right]$，$w$ 的均值为

$$E[w] = E\left[\vec{\boldsymbol{u}}^{*\mathrm{T}}\boldsymbol{A}\vec{\boldsymbol{u}}\right] = \mathrm{Tr}\left(E\left[\vec{\boldsymbol{u}}^{*\mathrm{T}}\vec{\boldsymbol{u}}\right]\boldsymbol{A}\right) = \mathrm{Tr}(\boldsymbol{\Sigma}\boldsymbol{A}) = \sum_{i=1}^{3}\lambda_i \tag{2.4.19}$$

式中，λ_i 为 $\boldsymbol{\Sigma}\boldsymbol{A}$ 的特征值。由于 $\boldsymbol{A}$ 和 $\boldsymbol{\Sigma}$ 都是埃尔米特矩阵，因此 $\boldsymbol{\Sigma}\boldsymbol{A}$ 的特征值 λ_i 均为正实数。

同理，可以得到 w 的标准差：

$$\mathrm{Var}(w) = \mathrm{Tr}(\boldsymbol{\Sigma}\boldsymbol{A})^2 = \sum_{i=1}^{3}\lambda_i^2 \tag{2.4.20}$$

显然可以得到 $J = \dfrac{\mathrm{Var}(w)}{E[w]} = \dfrac{\sum\limits_{i=1}^{3}\lambda_i^2}{\sum\limits_{i=1}^{3}\lambda_i} \geqslant \dfrac{1}{\sqrt{3}}$，当 $\lambda_1 = \lambda_2 = \lambda_3 = \lambda$ 时等号成立。

令 $\boldsymbol{S}$ 为特征矢量：

$$\boldsymbol{S}\boldsymbol{\Sigma}\boldsymbol{A}\boldsymbol{S}^{-1} = \begin{pmatrix} \lambda & 0 & 0 \\ 0 & \lambda & 0 \\ 0 & 0 & \lambda \end{pmatrix} = \lambda\boldsymbol{I} \tag{2.4.21}$$

式中，$\boldsymbol{I}$ 为单位矩阵。由式（2.4.21）可以得到 $\boldsymbol{\Sigma}\boldsymbol{A} = \lambda\boldsymbol{I}$，即 $\boldsymbol{A} = \lambda\boldsymbol{\Sigma}^{-1}$。由此可以得到极化白化滤波器表达式为

$$w = \vec{u}^{*T} \Sigma^{-1} \vec{u} \tag{2.4.22}$$

因此，极化白化滤波过程通过滑动窗口来计算协方差矩阵 Σ，然后利用式 (2.4.22) 对图像进行滤波。极化白化滤波器的实质是利用极化间的复统计相关性。

在反射对称的情况下，协方差矩阵 Σ 为

$$\Sigma = E\left[\left|S_{HH}\right|\right] \begin{pmatrix} 1 & 0 & \rho\sqrt{\gamma} \\ 0 & 2\varepsilon & 0 \\ \rho^*\sqrt{\gamma} & 0 & \gamma \end{pmatrix} \tag{2.4.23}$$

式中，$\varepsilon = \dfrac{E\left[\left|S_{HV}\right|^2\right]}{E\left[\left|S_{HH}\right|^2\right]}$；$\gamma = \dfrac{E\left[\left|S_{VV}\right|^2\right]}{E\left[\left|S_{HH}\right|^2\right]}$；$\rho$ 为 S_{HH} 和 S_{VV} 间的复相关系数。

于是得到

$$y = \left|S_{HH}\right|^2 + \frac{1}{\gamma}\left|S_{VV}\right|^2 + \frac{1-|\rho|^2}{\varepsilon}\left|S_{HV}\right|^2 - \frac{2\mathrm{Re}\left(\rho S_{HH}^* S_{VV}\right)}{\sqrt{\gamma}} \tag{2.4.24}$$

2.4.2　SAR 图像目标检测与识别

目标检测首先是判读目标是否存在，提取出感兴趣目标所在的区域，即从 SAR 图像中将感兴趣目标和背景杂波区分开来，确定什么区域存在目标并提取目标切片，以便于后期识别工作的进行。目标检测主要是依据感兴趣目标在 SAR 图像中的成像特征及其自身先验知识，将目标所在区域在 SAR 图像中迅速缩小到某一个或某一些区域，如河流或海面背景中的舰船，依据先验知识，可以将舰船目标缩小至有河流或海面的区域。对于陆地背景中的建筑物，则缩小至陆地背景，也可以根据感兴趣目标的材质和形状等信息来缩小搜索区域。

SAR 图像中常用的目标检测算法之一是恒虚警率 (constant false alarm ratio，CFAR) 算法，主要是利用给定背景杂波在 SAR 图像中的分布特征，通过给定目标的恒虚警率来找到判断待测位置像素是否为目标的阈值，根据此阈值来提取感兴趣目标所在区域，也是通过恒虚警率来保证此类方法的检测性能。

另外一类目标检测算法基于模板的检测器 (Herman, 2006)，它是一类同时考虑目标特性和背景杂波特性的检测算法。通过假设目标周围一定区域内的后向散射特性，给出目标检测模板，其不足之处是模板的参数都是凭经验设置，所以算法的鲁棒性较差。

近年来，还出现了很多目标检测算法，如小波变换、子孔径分解、似然比等，它们也有比较好的检测结果。

目标识别是在目标检测的基础上进一步确认目标的类型、参数等细节信息，常见的目标识别算法有如下三类。

1. 基于模板的识别系统

以美国国防高级研究计划署(Defense Advanced Research Project Agency，DARPA)和美国空军研究实验室(Air Force Research Laboratory，AFRL)于 20 世纪 80 年代支持的由麻省理工学院林肯实验室负责研制的 SAIP 系统为代表，此系统对所处理图像提取感兴趣目标的特征矢量，将此特征矢量与模板进行匹配，通过实现感兴趣目标的特征矢量与模板的最佳匹配来实现目标的识别工作。从 SAR 图像的成像机制分析，其图像对目标角度的变化、背景的复杂程度、目标结构和参数、是否遮挡等各项因素都很敏感，因此，此系统需要有大量的模板才可能达到最佳的匹配结果，这些模板应该包含目标不同的角度变换、不同的背景杂波、不同大小不同型号的目标及是否遮挡等各种情况。也正是由于模板的局限性，此类方法在目标角度等方面的分类、识别精确度有待提高。

2. 基于模型的识别系统

对储存在数据库(真实图像或建模图像)中的目标模型进行处理，智能、实时(或近实时)地改变目标姿势及目标类型等，同时观测模型的图像或特征矢量，直到它和测量图像的图像或特征矢量匹配为止。此系统中模型可以连续地改变姿势及目标类型，可以实现更为精确的识别结果，但是考虑到电磁环境的复杂性，此方法在计算上相当复杂。目前，随着科技的进步，计算机水平的快速提高在一定程度上解决了此类方法的不足之处，使得此方法得到更多的关注。

3. 基于机器学习的识别系统

基于机器学习的识别系统如人工神经网络、支持向量机(SVM)和概率图模型等。这类方法的主要特点在于首先在带有类别标注的样本数据上提取一组特征，用特征向量来表示目标，接下来利用这些特征向量去训练一个分类器。通过最小化一个代价函数，分类器算法可以自动地在特征空间上寻找到最优决策平面，将特征空间分割成几个独立的区域，每个区域对应一个特定地目标类别。此类方法可以很好地分类目标，但是训练分类器时所需数据量也很大。

机器学习、深度学习技术在 SAR 目标检测和识别领域开始得到了广泛的应用，也取得了优异的成果，我们在本书后续章节中予以叙述。

2.4.3　SAR 图像分割与分类

根据图像强度、纹理、颜色等特定属性，将 SAR 图像分割成不同区域，即根据图像在同一区域内具有在一定准则下可认为"是或相似"的特征进行分割。它是机器视觉中重要的基础技术之一，在很多领域有广泛的应用，如地物分类、目标识别、图像压缩、图像检索、特征提取等。多年来，SAR 图像分割已有不少研究，形成多种 SAR 图像分割方法，如基于特征的聚类算法、阈值方法、形态学方法、基于图形的方法和基于统计模型的方法等。

　　SAR 图像分割通常有两种思路：一种是基于边缘的方法，即按照一定的规则将区域边界上的像素点连接起来，描绘出具体区域的轮廓；另一种是基于纹理特征的方法，即按照一定的规则将像素进行归类，根据像素的相似性进行区域分割。一般来说，基于边缘检测的算法计算简单，运行速度快，但对噪声敏感，适用于机场、高速公路、海岸线检测、冰川变化检测等具有明显边界特征的图像，但对一般的 SAR 图像，因为噪声的影响，往往很难得到理想的分割结果。所以，提取边缘信息时，一般会利用 2.4.1 节所讲滤波算法对原始 SAR 图像进行去噪处理，但滤波有时会导致边界信息的损失，这时通过边缘检测算法得到的边界信息是不连续的，需要进一步运用处理算法进行纠正。传统的图像分割算法包括如下几种。

1. 基于特征的 SAR 图像分割

　　该类方法首先从 SAR 图像中提取特征，如纹理特征、SAR-SIFT 特征等，再利用这些特征对图像进行聚类、分割。它将图像的分割问题转化成特征空间中关于像素点特征向量的聚类问题，将具有相同属性特征的像素点划分为一类，依据像素点的聚类结果实现对 SAR 图像的分割。该方法对噪声具有较好的抑制效果，但无法获得图像的高层语义信息。该方法的本质是利用不同地物在图像中的差异性进行分类，但对于具有相同特征的不同目标无法进行准确分类，如平静的水面与平整的路面、建筑物阴影，都很难区分开。

2. 基于模型的 SAR 图像分割

　　该方法通过建立 SAR 图像的数据模型，并利用该模型确定目标的边缘进行分类，常用的方法主要有水平集方法、随机场方法及其变型、多项式潜在模型、基于支持向量机(SVM)等。基于概率的随机场模型能够将标记的 SAR 图像的非全局领域信息和待分割 SAR 图像的统计信息相结合，保留图像的结构信息进行；基于 SVM 的 SAR 图像分割方法在特征空间中寻找最佳的分割超平面，使得算法具有鲁棒性，效果良好。

3. 基于阈值的 SAR 图像分割方法

　　该方法根据图像像素灰度值，确定一个或多个阈值对图像进行分割，实际操作中可以用单个像素值，也可以用像素均值，常用的算法包括最小误差法、最佳门限法、直方图阈值估计等。该方法比较简单，仅关注了像素的灰度值，忽略了图像的邻域和上下文信息，容易受到噪声的影响，只适用于差异比较大的地物之间的分割，对于复杂区域的 SAR 图像往往无法得到令人满意的结果，所以该算法应用范围有限。

4. 基于区域的 SAR 图像分割

　　基于区域合并的算法一般由初始分割区域和迭代合并区域两部分组成：首先，利用一种简单有效的初始分割算法获得过分割结果，如分水岭算法、阈值算法、MRF、聚类算法等，将图像分为多个相似的区域，得到初始分割的区域集合，然后将初始分割结果中的区域之间的相似性以一定的形式表现出来，按照一定的准则迭代地合并最相似的相邻区域，直到满足最终的迭代条件，得到分割结果。

　　如上所述，传统的图像分割较多的是利用纹理特征分割、阈值分割和边缘检测等人为设计特征进行分割。近年来，深度学习在图像分类问题上得到广泛的应用，传统的图像分割方法开始转向利用深度学习进行图像的有监督分割，其分割效果比传统方法的效果有显著提升。虽然深度学习方法在图像分割上用得很好，但是也带来了许多问题，如训练时间慢、需要海量的标记样本数据等，因此需要进一步研究改进，得到新的高效准确的分割算法模型。

参 考 文 献

保铮, 邢孟道, 王彤. 2005. 雷达成像技术. 北京: 电子工业出版社.

焦李成, 张向荣, 侯彪. 2008. 智能 SAR 图像处理与解译. 北京: 科学出版社.

刘永坦. 1999. 雷达成像技术. 哈尔滨: 哈尔滨工业大学出版社.

庄钊文, 肖顺平, 王雪松. 1999. 雷达极化信息处理及其应用. 北京: 国防工业出版社.

Anastassopoulos V, Lampropoulos G A, Drosopoulos A, et al. 1999. High resolution radar clutter statistics. IEEE Transactions on Aerospace and Electronic Systems, 35(1): 43-60.

Britton M C. 2000. Radio astronomical polarimetry and the Lorentz Group. The Astrophysical Journal, 532: 1240-1244.

Cameron W L, Leung L K. 1990. Feature Motivated Polarization Scattering Matrix Decomposition. IEEE International Radar Conference.

Cameron W L, Youssef N N, Leung L K. 1996. Simulated polarimetric signatures of primitive geometrical shapes. IEEE Transactions on Geoscience and Remote Sensing, 34(3): 793-803.

Carrea L, Wanielik G. 2001. Polarimetric SAR Processing Using the Polar Decomposition of the Scattering Matrix. IEEE Geoscience and Remote Sensing Symposium.

Cloude S R. 1986. Group theory and polarization algebra. OPTIK, 75(1): 26-36.

Cloude S R. 1992. Uniqueness of target decomposition theorems in radar polarimetry. Direct and Inverse Methods in Radar Polarimetry, 267-296.

Cloude S R, Pottier E. 1996. A review of target decomposition theorems in radar polarimetry. IEEE Transactions on Geoscience and Remote Sensing, 34(2): 498-518.

Davidovitz M, Boerner W M. 1986. Extension of Kennaugh's optimal polarization concept to the asymmetric scattering matrix case. IEEE Transactions on Antennas and Propagation, 34(4): 569-574.

Franceschetti G, Schirinzi G. 1990. A SAR processor based on two-dimensional FFT codes. IEEE Transactions on Aerospace and Electronic Systems, 26(2): 356-366.

Freeman A, Durden S L. 1998. A three-component scattering model for polarimetric SAR data. IEEE Transactions on Geoscience and Remote Sensing, 36(3): 963-973.

Frery A C, Muller J J, Yanasse C C F, et al. 1997. A model for extremely heterogeneous clutter. IEEE Transactions on Geoscience and Remote Sensing, 35(3): 648-659.

Fung A K. 1994. Microwave Scattering and Emission Models and Their Applications. Boston: Artech House.

Hellmann M. 2001. SAR Polarimetry Tutorial. http: //epsilon. nought. de /tutorials/polsmart/index. php.

Herman V W G, Naouma K. 2006. Findings of the DECLIMS Project-Detection and Classification of Marine Traffic from Space.

Huynen J R. 1970. Phenomenological Theory of Radar Targets. Netherlands: Delft University of Technology.

Jin Y Q. 1993. Electromagnetic Scattering Modeling for Quantitative Remote Sensing. Singapore: World Scientific.

Kennaugh E M. 1952. Polarization Properties of Radar Reflections. Columbus, OH: Antenna Lab. , Ohio State University.

Kong J A. 2005. Electromagnetic Wave Theory. Massachusetts: EMW Publishing.

Lee J S, Pottier E. 2009. Polarimetric Radar Imaging: From Basics to Applications. Boca Raton: CRC Press.

Lopez-Martinez C, Ferro-Famil L, Pottier E. 2005. Polarimetry Tutorial. http: //earth. esa. int/polsarpro/ tutorial. html.

Mischenko M I. 1992. Enhanced backscattering of polarized light from discrete random media: Calculations in exactly the backscattering direction. Journal of the Optical Society of America, 9: 978-982.

Muller H J, Pac R. 1999. G-statistics for scaled SAR data. IEEE International Geoscience and Remote Sensing Symposium, 2: 1297-1299.

Oliver C, Quegan S. 2004. Understanding Synthetic Aperture Radar Images. Raleigh, NC: SciTech Publishing, Inc.

Raney R K, Runge H, Bamler R, et al. 1994. Precision SAR processing using chirp scaling. IEEE Transactions on geoscience and remote sensing, 32(4): 786-799.

Soumekh M. 1999. Synthetic Aperture Radar Signal Processing with Matlab Algorithms. New York: John Wiley & Sons, Inc.

Tsang L, Kong J A, Shin R. 1985. Theory of Microwave Remote Sensing. New York: Wiley-Interscience.

van Zyl J J. 1985. On the Importance of Polarization in Radar Scattering Problems. Pasadena: California Institute of Technology.

van Zyl J J. 1989. Unsupervised classification of scattering behavior using radar polarimetry data. IEEE Transactions on Geoscience and Remote Sensing, 27(1): 36-45.

Ward K. 1981. Compound representation of high resolution sea clutter. Electronics Letters, 17(16): 561-563.

Wu C, Liu K Y, Jin M. 1982. Modeling and a correlation algorithm for spaceborne SAR signals. IEEE Transactions on Aerospace and Electronic Systems, 18(5): 563-575.

Yamaguchi Y, Moriyama T, Ishido M, et al. 2005. Four-component scattering model for polarimetric SAR image decomposition. IEEE Transactions on Geoscience and Remote Sensing, 43(8): 1699-1706.

Yegulalp A F. 1999. Fast Backprojection Algorithm for Synthetic Aperture radar. IEEE Radar Conference.

第 3 章　深度学习基础

本章介绍深度学习的基础知识和技术进展，为理解后续章节中深度学习在雷达图像解译中的应用提供背景知识。限于篇幅，本章仅介绍人工神经网络的组成、模型、学习算法，深度卷积网络和深度循环网络两种主要的网络架构，以及深度学习在计算机视觉的经典任务中的应用研究。深度学习的理论与技术可以参阅相关的著作（如 LeCun et al., 2015; Goodfellow et al., 2016）。

3.1　人工神经网络

3.1.1　神经元模型

人的大脑是由大量相互连接的神经元组成的，神经元与神经元之间相互连接构成神经网络，神经元之间的连接称为突触。人的学习能力体现在大脑的可塑性即突触的可塑性，突触可以动态生灭，且突触连接的强弱可以调整。图 3.1 给出了大脑及神经元连接示意图。人的大脑中有 100 亿~1 000 亿个神经元，每个神经元大约会与其他 10 000 个神经元相连。图 3.1 中给出了一个神经元细胞的结构，其主要由细胞体、树突、轴突和突触 4 部分构成。细胞体是神经元的主体，由细胞核、细胞质和细胞膜 3 部分组成。树突是从细胞体向外延伸出许多突起的神经纤维，负责接收来自上一级神经元的输入信号，相当于神经元的输入端。轴突是由细胞体伸出的最长的一条突起，轴突的末端处有很多细的分支成为神经末梢，每一条神经末梢可以向下一级神经元传出信号，相当于神经元的输出端。突触是上一级神经元通过其轴突的神经末梢和下一级神经元的细胞体或树突进行通信的连接处，突触即轴突和树突接触的地方。

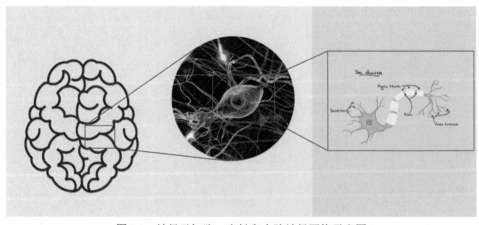

图 3.1　神经元细胞、突触和大脑神经网络示意图

　　一个神经元的输入端有多个树突，其主要用于接收输入信息。突触对输入信息进行处理，对其进行累加，当处理后的输入信息大于某一个特定的阈值时，就会把信息通过轴突传递出去，此时神经元被激活，否则神经元处于抑制状态，不会传递信息或传递很少的信息。这就是一个神经元细胞对于神经信号的处理功能。

　　由此我们可以得到神经网络的主要特征，具体如下：神经网络由很多神经元相互连接构成、神经元从树突获取上一级神经元的输入信号、神经元对信号进行处理、神经元将处理结果通过轴突输出到下一级神经元、轴突通过突触传递信号给树突、突触具备可塑性即可以调节信号传递的增益(权重)。

　　通过神经生物学的研究，我们已经对神经元细胞对神经信号的处理功能、突触对权重的调节机制有一定的认识，但对于神经网络的连接方式、神经回路动态工作过程的了解则相对缺乏，这是因为大脑神经网络太复杂，而人类又缺乏微尺度活体观测手段。基于已经获得的知识，我们可以构建简单的神经元数学模型。

　　人工神经元的数学模型如图 3.2 所示，在预激活阶段接收来自突触前多个神经元传递过来的输入信号，这些输入信号经过相应突触的权重调整后加权求和传递给下一阶段，该过程的表达式可以写为

$$h = \sum_{i=1}^{n} w_i x_i + b \tag{3.1.1}$$

　　在激活阶段，将预激活的加权结果传递给表征神经元处理功能的激活函数 f，一般来说，经过激活函数的处理后，预激活的数值将被压缩到一个范围区间内。数值的大小将决定神经元到底是处于活跃状态还是抑制状态，最后将输出结果传递给下一层的神经元。因此有

$$y = f(h) = f\left(\sum_{i=1}^{n} w_i x_i + b\right) \tag{3.1.2}$$

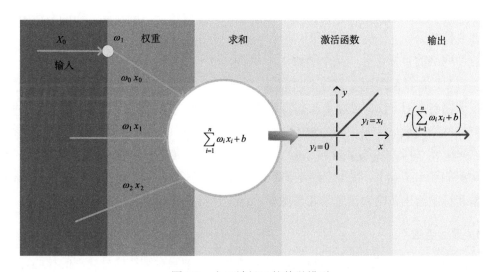

图 3.2　人工神经元的数学模型

3.1.2　神经网络模型

通过对微观神经元的理解，我们可以构建简单的神经元数学模型，而如何用神经元构建神经网络则是比较困难的问题，最简单的想法就是直接采用前馈神经网络或全连接神经网络。

感知机(perceptron)是最早的人工神经网络模型(Rosenblatt, 1961)。单层感知器是最简单的神经网络，如图 3.3 所示，它由直接相连的输入层和输出层组成。单层感知机本质上是在高维空间中，构造出合理的边界超平面，把不同类别的数据集分离，因此对于线性可分或者近似线性可分的数据集有很好的效果。但对于线性不可分数据集，感知机的效果不理想，其学习能力非常有限。

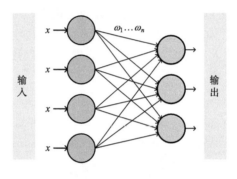

图 3.3　单层感知机

要解决非线性分类问题，需要在输入层和输出层之间引入隐藏层，让网络有更强大的学习能力。多层感知机(multilayer perceptron, MLP)，也叫作前馈神经网络(feedforward neural network)，其输入端和输出端之间可以包括多个隐藏层，如图 3.4 所示。前层至后层节点通过神经网络权值相连接，同层节点中没有任何耦合，层与层之间的激活函数通常是非线性的。

前馈网络的目标是近似某个函数 f^*。例如，对于分类器，$y = f^*(x)$ 将输入 x 映射到一个类别 y。前馈网络定义了一个映射 $y = f(x;\theta)$，并且学习参数 θ 的值，使它能够得到最佳的函数近似。这种模型被称为前馈的，因为信息只往前流，不存在任何反馈连接。

前馈网络的最后一层被称为输出层(output layer)。在神经网络训练或学习的过程中，我们调整参数 θ 让 $f(x;\theta)$ 去逼近 $f^*(x)$ 的值。训练数据或样本给出了在不同输入 x 情况下所期望的输出 $f^*(x)$，即每个样本 x 都伴随着一个标签 $y \approx f^*(x)$。学习算法应根据这些样本和标签给出策略来调整学习参数 θ，这里包括中间隐藏层中的所有参数。

1. 激活函数

激活函数是神经网络的核心单元，对应于神经元细胞对神经信号处理的核心功能。因为神经元在某些输入情况下会异常活跃，其他情况则保持不变。因此，通常把处在活跃状态的神经元称为激活态，处在非活跃状态的神经元称为抑制态，表示这一功能用的称为激活函数。

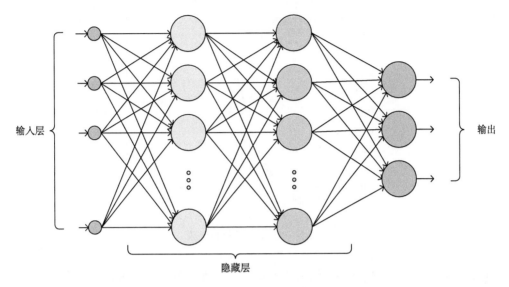

图 3.4 前馈神经网络

激活函数在神经网络中的主要作用如下：①引入非线性特性——非线性的激活函数使神经网络引入非线性映射能力，提高了模型的学习能力；②实现激活和非激活状态——仿照生物神经元细胞，通过激活函数处理后，神经元可以出现激活态和抑制态，因此神经元可以被有选择地进行激活或者抑制，有用的神经元被激活，从而实现自动特征提取的功能。一般来说，为了便于使用基于梯度的学习算法，首先我们希望激活函数具有连续可导的特性，其次我们也希望激活函数是单调的，这样能尽可能使得单个神经元容易学习。

1）Sigmoid 函数

Sigmoid 函数是最常用的激活函数，如图 3.5 所示。Sigmoid 函数把输入数据压缩到[0，1] 范围内，处在中间部分的数据变化大，重要的特征会集中在这一部分区域，其称为活跃区；相反，处在两侧的数据变化较小，神经元处在抑制状态。其表达形式为

$$g(x) = \sigma(x) = \frac{1}{1 + e^{-x}} \tag{3.1.3}$$

其梯度为

$$\sigma'(x) = \sigma(x)\big[1 - \sigma(x)\big] \tag{3.1.4}$$

但是，Sigmoid 函数存在两个不足：

（1）利用后向传播（BP）来训练神经网络时，Sigmoid 函数会产生梯度消失问题，这是由于 Sigmoid 的梯度是小于 1 的，经过若干次累乘后即远小于 1，这导致采用 BP 训练深

层网络的效果不理想。

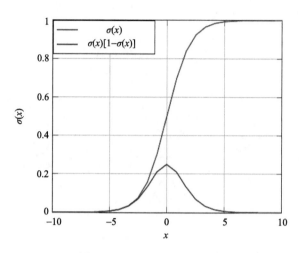

图 3.5　Sigmoid 函数和导数

(2)经过 Sigmoid 函数处理后的输出数据是一个非负值。经过 Sigmoid 函数处理后，每一个神经元的输出数据均大于 0，它们的值将传递给下一层隐藏层，可见该值将影响对应权重的梯度，导致梯度取值均大于 0；这种不平衡性会增加梯度的不稳定性。

2) tanh 函数

tanh 函数把数值区间压缩到 [−1,1] 的范围内，如图 3.6 所示。可以把它看成是对 Sigmoid 函数进行了按比例的伸缩，其表达式为

$$g(x) = \tanh(x) = \frac{1 - e^{-2x}}{1 + e^{-2x}} \tag{3.1.5}$$

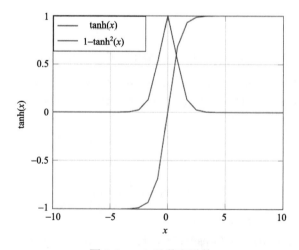

图 3.6　tanh 函数和导数

其梯度为

$$\tanh'(x) = 1 - \tanh^2(x) \tag{3.1.6}$$

与 Sigmoid 函数相比，tanh 函数具有更稳定的梯度，这是因为经过 tanh 激活函数的处理后，输出数据取值小于 0、均值约为 0，相当于做了归一化的工作，避免了上面提到的 Sigmoid 函数的第二个不足。此外，tanh 函数的导数区间为 $[0,1]$，比 Sigmoid 函数的导数区间要大，在后向传播的过程中，衰减速度要比 Sigmoid 函数慢。但由于 tanh 函数的导数小于 1，因此利用后向传播来最优化神经网络模型时，同样无法避免梯度消失问题。

3）规则化线性单元（rectified linear units，ReLU）

为了解决梯度不稳定的问题，在深度学习技术中一种非常关键的激活函数称为 ReLU（如图 3.7 所示），其函数表达式及导数表达式分别为

$$g(x) = \mathrm{ReLU}(x) = \begin{cases} x & x \geqslant 0 \\ 0 & x < 0 \end{cases} \tag{3.1.7}$$

$$\mathrm{ReLU}'(x) = \begin{cases} 1 & x \geqslant 0 \\ 0 & x < 0 \end{cases} \tag{3.1.8}$$

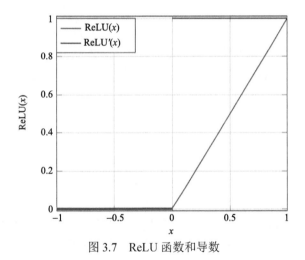

图 3.7　ReLU 函数和导数

与传统的 Sigmoid 函数相比，ReLU 激活函数具有以下一些优点：

（1）单侧抑制。当输入小于 0 时，神经元处于抑制态，相反，当输入大于 0 时，神经元处于激活态，因此也具备非线性。

（2）相对宽阔的兴奋边界。不管是 Sigmoid 函数还是 tanh 函数，它们的激活态都集中在中间的狭小范围内，而 ReLU 则要宽阔很多，只要输入大于 0，神经元都会处于激活态，这使得所有神经元在激活态下都有学习能力。

（3）稀疏激活性。相比其他激活函数，稀疏性是 ReLU 的优势。发现这两个激活函数

实际上是把抑制态的神经元置为一个非常小的值。非常小的值意味着它们仍然会参与到计算过程中，但 ReLU 直接把抑制态的神经元置为 0，使得这些神经元不再参与到后续的计算过程中，这个细小的变化导致 ReLU 在实际应用中的收敛速度要远远快于其他的激活函数。

4）泄漏 ReLU（leaky-ReLU, L-ReLU）图像

L-ReLU 是 ReLU 的改进版，其函数和导数如图 3.8 所示。L-ReLU 将 α 固定成一个类似 0.01 的小值（泄漏），其函数形式为

$$g(x) = \text{L-ReLU}(x) = \begin{cases} x & x \geqslant 0 \\ 0.01x & x < 0 \end{cases} \tag{3.1.9}$$

其导数为

$$\text{L-ReLU}'(x) = \begin{cases} 1 & x \geqslant 0 \\ 0.01 & x < 0 \end{cases} \tag{3.1.10}$$

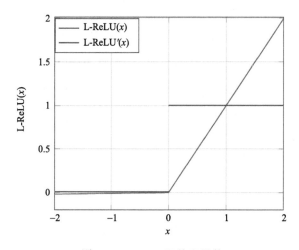

图 3.8　L-ReLU 函数和导数

我们可以发现，L-ReLU 的最主要改变是在抑制侧把原来的直接置为 0 的值重新置为一个很小的实数，这个改动能有效缓解稀疏性导致的训练脆弱问题。此外，还有其他各种改进版本，这里不再赘述。

5）最大输出单元（maxout）

最大输出单元进一步扩展了 ReLU 单元。它将 x 划分为每组具有 k 个值的组，而不是使用作用于每个元素的函数。每个单元则输出每组中的最大元素：

$$g(x) = \max_{j \in G} x_j, \quad G = \{1, 2, \cdots, k\} \tag{3.1.11}$$

其提供了一种方法来学习对输入空间中多个方向响应的分段线性函数。

最大输出单元可以学习具有多达 k 段的分段线性的凸函数。因此，可以将其视为学习激活函数本身，而不仅仅是单元之间的关系。使用足够大的 k，最大输出单元可以以任意的精确度来近似任何凸函数。

2. 网络层

普通前馈神经网络可以看成是由若干网络层按顺序级联构成的。网络的输入层指直接接收数据的第一层，输入层可以对输入参数做一些预处理，如归一化等。网络的输出层即产生结果的最后一层，输出层一般可以直接将神经网络输出值作为结果，也可以做一些处理，如后面介绍的软性最大化(softmax)，即对分类问题的一组神经元输出进行归一化操作。中间层可以有各种形式，最普通的是全连接层(图 3.4)，此外还有对应各种不同特征的神经网络层，如后面介绍的卷积层、池化层、长短时记忆网络层等。

3.1.3　神经网络学习

1. 机器学习与损失函数

机器学习技术是根据经验学习执行一项任务，并达到要求性能。所谓学习，是指一种根据经验(数据)自动学习的通用算法，且其算法与数据无关、算法存在可调节性(参数)，同时必须先有训练数据，然后进行学习(调节)，最后可以在实际任务中运行。相对于学习的方法，传统方法就是非学习的，即设计确定性的专用算法来实现该任务，该算法可能与数据有关，但该算法一旦设计好后即固定而不随数据改变，因此也不需要再有训练数据，直接可以部署。非学习的方法是根据人的知识或经验手工设计的，其本质是人代替机器在学习。

机器学习，特别是监督学习的本质是一个已知目标而去调节未知参数使得该方法达到所要的目标，是广义上的通过数据点来进行函数拟合的优化问题。

优化问题必然涉及目标函数，目标函数也称为损失函数(loss function)，其是监督学习中的必要元素。损失函数在机器学习中用于衡量模型预测结果与所期望的输出(标签)的差距，它是一个非负实数值函数，常用的损失函数包括两种。

1)L2 范数损失函数

最常见的距离是欧式距离，因此 L2 范数损失函数是最常用的，即网络输出结果 $y=f(x)$ 与标签 y^* 的欧式距离，其可写为

$$L = \frac{1}{2}\left(y - y^*\right)^2 \tag{3.1.12}$$

对于这种损失函数，一般输出层即采用最简单的神经元输出值。

2)交叉熵损失函数

分类问题的损失函数一般选用交叉熵损失函数：

$$L = -\sum y_i^* \ln y_i \tag{3.1.13}$$

与交叉熵损失函数配对的输出层一般会采用一种软性极大函数(softmax)，即将最后一层神经元的输出再通过归一化使其符合概率的定义，其形式可写为

$$o(y_i) = \frac{e^{z_i}}{\sum e^{z_i}} \tag{3.1.14}$$

式中，z_i 为最后一层第 i 个神经元的输出。

注意到这里将神经元输出经过指数函数变化的目的是与交叉熵损失函数配合实现高效的梯度下降，容易发现对式(3.1.14)和交叉熵损失函数求梯度可以得到：

$$\frac{\partial L}{\partial z_i} = y_i - y_i^* \tag{3.1.15}$$

给定损失函数和网络结构，"学习"就成了函数拟合或者最优化问题。因此"学习"就是用数据来"训练"，其等效于数据"拟合"，本质就是参数"优化"。所以在这里学习、训练、拟合、优化是一个概念。常见的优化算法有三类，图 3.9 给出了在最优解的性质、是否需要对损失函数求导、收敛速度三个方面进行的比较。牛顿法需要计算二阶导数，因此计算梯度的代价太高。启发式算法往往收敛速度太慢，对于大尺度问题不实用。综合来看，梯度下降法对于神经网络学习比较适合，通过后向传播容易求得所需要的一阶导数，而且由 3.1.3 节第二部分的介绍可以看出，随机梯度下降法不仅收敛速度适中，而且计算效率高、性能稳健。当然梯度下降法难以摆脱局部最优解的陷阱，不过在最近的深度神经网络研究中发现，深度神经网络的局部最优解与全局最优解非常接近，而且梯度下降往往能找到较优的局部最优解，能够满足训练要求，这一点在第 1 章提到过。

优化算法	最优解		求导		收敛速度	
梯度下降法	局部最优解	✔	一阶	✔	中	✔
牛顿法	局部最优解		二阶	✘	快	
启发式（模拟退火、遗传算法、单纯形法）	全局最优解	✘	不需要		慢	✘

图 3.9　优化方法对比

2. 随机梯度下降

这里介绍随机梯度下降的概念。损失函数 $y = f(x)$ 是一个多维输入的标量函数，即 $f: \mathbb{R}^n \to \mathbb{R}$，其中 x 和 y 是实数。梯度下降算法即从任意一个参数初始值 x 出发，在该

点处求损失函数对于某个参数的偏导数 $\dfrac{\partial}{\partial x_i} f(\boldsymbol{x})$，其衡量在点 $\boldsymbol{x}$ 处只有 x_i 增加时 $f(\boldsymbol{x})$ 如何变化。这里的梯度是相对一个向量 $\boldsymbol{x}$ 求导的导数，即由所有参数 x_i 的偏导数组成的向量，记为 $\nabla_{\boldsymbol{x}} f(\boldsymbol{x})$，梯度的第 i 个元素是 f 关于 x_i 的偏导数。从初始值 $\boldsymbol{x}$ 出发，往梯度 $\nabla_{\boldsymbol{x}} f(\boldsymbol{x})$ 的反方向移动一小步来减小 $f(\boldsymbol{x})$，这种技术称为梯度下降。

对于机器学习问题，损失函数往往定义在整个训练集的平均水平，因此可以考虑该损失函数是整个训练数据集的平均还是只针对部分训练集，据此可分为批量梯度下降和随机梯度下降两种方法。

(1)批量梯度下降(batch gradient descent，BGD)，即最速下降法，损失函数恒定义为全量训练样本的平均损失函数值，该方法的主要缺点是效率低，当数据量很大时，每次做一小步调整都需要计算所有训练样本的损失函数和梯度，因此其计算复杂度很高，迭代更新速度很慢。

(2)随机梯度下降(stochastic gradient descent，SGD)，针对 BGD 的缺点，SGD 的策略是每一次更新只随机选取少量训练样本(miniBatch)来计算损失函数和梯度，这样速度可以很快。为了使所有样本能有平等的机会被选中参与运算，一般的做法是把所有训练样本顺序打乱，然后每步迭代依次选取小批量进行计算，这样在很多步后可以把所有样本都轮流一遍，这称为一个轮回(epoch)；接着继续打乱顺序进行下一个轮回，一直到满足训练要求。

除了效率高，SGD 在解决非凸优化问题时还具有鲁棒的优点，如图 3.10 所示，当损失函数构成的曲面不对称时，任意一点处的梯度方向往往不能指向极值点，因此收敛效率低甚至不稳定，而采用 SGD，其随机性会导致其统计意义上能够鲁棒的收敛。

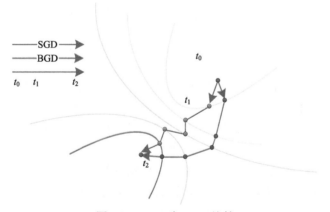

图 3.10　BGD 与 SGD 比较

3. 后向传播

后向传播是神经网络学习过程中用于高效计算其梯度的算法，Rumelhart 等(1986)首次将其应用于神经网络的训练中。当我们使用前馈神经网络接收输入 x 并产生输出 $\hat{y}$ 时，信息通过网络向前流动。输入 x 提供初始信息，然后传播到每一层的隐藏单元，最

终产生输出 $\hat{y}$，这称为前向传播(forward propagation)。在训练过程中，前向传播可以持续向前直到它产生一个标量代价函数 $J(\theta)$。后向传播(back propagation)算法允许来自代价函数的信息通过网络向后流动，以便计算梯度。后向传播这个术语经常被误解为用于多层神经网络的整个学习算法。实际上，随机梯度下降算法是学习算法，而后向传播仅指 SGD 中用于计算梯度的方法。此外，后向传播经常被误解为仅适用于多层神经网络，但是原则上它可以计算任何图运算的函数的导数。

后向传播由前向和后向两个操作构成，如图 3.11 所示。前向操作利用当前的权重参数和输入数据，从前往后(即从输入层到输出层)求取预测结果，并利用预测结果与真实值求解出损失函数的值。后向操作则利用前向操作求解得到的损失函数，从后往前(从输出层到输入层)求解网络的参数梯度。经过前向和后向两个操作后，完成了一次迭代过程。图 3.11(a)中给出了涉及三个神经元的一个神经网络局部，现假设前一层的一个神经元的权重为 w、输入为 x，则其输出可以写为 $y = f\left(w^{\mathrm{T}}x\right)$，其中 f 为激活函数，这里将多个权重和多个输入加权求和写为矢量乘的形式。不妨假设后一层有两个神经元接收该神经元的输出，并且对应的权重分别为 w_1、w_2，显然这两个神经元的输出与 w 的关系可以表示为

$$y_1 = f\left(w_1 y + \cdots\right) = f\left[w_1 f\left(w^{\mathrm{T}}x\right) + \cdots\right] \tag{3.1.16}$$

$$y_2 = f\left(w_2 y + \cdots\right) = f\left[w_2 f\left(w^{\mathrm{T}}x\right) + \cdots\right]$$

显然，最终损失函数 L 必然是 y_1、y_2 的函数，且 w 必然是通过 y_1、y_2 与损失函数关联，因此有

$$L\left(y_1, y_2, \cdots\right) = L\left\{f\left[w_1 f\left(w^{\mathrm{T}}x\right) + \cdots\right], f\left[w_2 f\left(w^{\mathrm{T}}x\right) + \cdots\right], \cdots\right\} \tag{3.1.17}$$

用梯度下降来调整权重 w 优化损失函数时，需要求导 $\partial L / \partial w$，通过链式法则不难求得

$$\frac{\partial L}{\partial w} = \left\{\frac{\partial L}{\partial y_1} \cdot f_1' \cdot w_1 + \frac{\partial L}{\partial y_2} \cdot f_2' \cdot w_2\right\} \cdot f' \cdot x \tag{3.1.18}$$

从式(3.1.18)可以看出，对 w 求梯度的过程正好对应于图中蓝色虚线标记的运算路径，这就是 BP 的后向传播算法。后向传播时神经元的运算与前向略有不同，主要体现在后向传播的都是梯度信息，后向回传到神经元时加权求和，输出时为复制分发，神经元的传递函数因变为乘以其一阶导数 f'。图 3.11 以一个两输入、两输出的神经元为例，进行了前向和后向两种运算的对比，可见用 BP 实现神经网络需要对每个神经元或网络层给出前向和后向两种算法及其实现。可以看到，通过 BP 不当可以对任意复杂的神经网络求梯度(只要每个单元给出对应的前后向传播算法)，而且求梯度的过程中不存在重复计算或变量存储，因此实现效率很高。当前主流的深度学习工具箱均给出了实现方法。

3.1.4 神经网络的训练技巧

使用深度学习解决实际问题所需要的三个步骤如下。

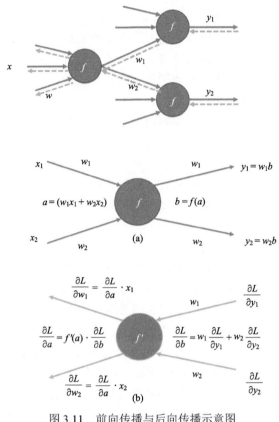

图 3.11　前向传播与后向传播示意图

(a) 前向传播；(b) 后向传播

(1)根据问题设计合适的神经网络；

(2)使用数据训练神经网络；

(3)测试分析并再次迭代。

其中，神经网络架构的设计可以沿用常见的规则，如处理图像类数据可以用卷积神经网络、处理时间序列数据可以用循环神经网络等。给定神经网络模型和数据后，完成训练神经网络需要一些技巧，这也是深度学习应用过程中最难的部分。

机器学习最常见的两个问题是过拟合(overfitting)和欠拟合(underfitting)，如图 3.12 所示，用简单的曲线拟合表示机器学习，可以看到过拟合是由曲线阶数太高(网络模型太

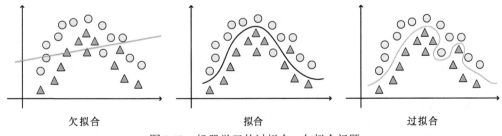

图 3.12　机器学习的过拟合、欠拟合问题

复杂)或数据太少,训练数据与测试数据不是完全同分布而引起的,而欠拟合往往是由曲线阶数不足(网络模型过于简单)或训练过程陷入不理想的局部最小值而引起的。在训练阶段,如果训练性能没有达到理想的或合理的水平,则存在欠拟合的问题。在测试分析阶段,一般采用测试数据对训练好的模型进行测试,检验其性能是否达到与训练数据相当的水平,如果没有达到则说明存在过拟合的问题。

本节主要介绍神经网络训练过程中解决过拟合、欠拟合问题所用到的技巧。

1. 优化学习策略

第一类是优化学习策略,主要是通过改进随机梯度下降算法的某些方面,如动态调整学习速率来避免陷入局部最小值,从而降低欠拟合的可能性。

1) 自适应学习率

一般梯度下降无法直接达到较好的最小值,这与损失曲面局部形状有关,而随机梯度下降算法中的学习率是比较关键的超参数,它对学习收敛过程有重要影响。最常见的动态调整学习率的思路是动量方法,如图 3.13 所示。回顾传统的梯度更新策略,我们发现每一次迭代的方向等于当前批量数据集的误差损失函数的梯度,但是很多时候不同批量之间数据变化比较大,这样就会造成迭代方向来回震动的情况,从而减缓了收敛的速度,甚至导致发散。动量(momentum)更新策略从物理学的角度出发来解决传统的梯度更新策略中存在的问题。一个物体在运动时具有惯性,把这个思想运用到梯度下降中,即更新时在一定程度上保留之前更新的方向的同时,也利用当前 batch 的梯度微调最终的更新方向,因此,整个更新策略既保留了稳定性,也能根据实际的数据变化做出相应的调整。基于动量思路有一批动态调整学习率的方法,这里不展开介绍。

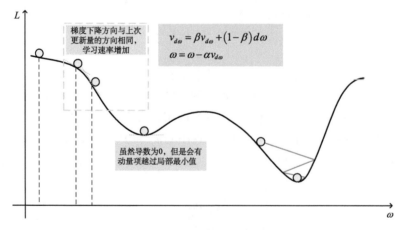

图 3.13　动量梯度下降优化

2) 参数初始化

梯度下降类算法能否达到全局最小值或较优局部最小值的一个重要因素是初始点的

选择。理论上说，如果初始点选择在较优解附近，则有更大概率和更快速度能达到较优解，有时甚至能决定算法是否收敛。

一般选择初始点对参数初始化的策略是简单的、启发式的，即初始化模型的权重参数为高斯或均匀分布中随机抽取的值。进一步改进初始化测量是比较困难的，因为神经网络优化本身还未被很好地理解。此外，有些初始点从优化的角度看或许是有利的，但是从泛化的角度看是不利的，也即可能导致过拟合，这些现象都没有很好地被理解。

一般认为，更大的初始权重具有更强的破坏对称性的作用，其有助于避免冗余的单元。如果初始权重太大，那么会在前向传播或后向传播中产生爆炸的值。较大的权重也会产生使得激活函数饱和的值，导致饱和单元的梯度完全丢失。有一种初始化 m 个输入和 n 输出的全连接层的权重的启发式方法是从分布 $U\left(-\dfrac{1}{\sqrt{m}}, \dfrac{1}{\sqrt{m}}\right)$ 中采样权重；而另一种使用标准初始化 (Glorot and Bengio，2010)：

$$W_{i,j} \sim U\left(-\sqrt{\frac{6}{m+n}}, \sqrt{\frac{6}{m+n}}\right) \tag{3.1.20}$$

3）批量标准化

批量标准化 (batch normalization) (Ioffe and Szegedy，2015) 是深度神经网络最有效的优化学习策略之一。实际上它并不是一个优化算法，而是一个自适应的调整参数化的方法，试图解决训练非常深的模型的问题。它不仅可以加快模型的收敛速度，而且更重要的是在一定程度缓解了深层网络中"梯度弥散"的问题，从而使得训练深层网络模型更加容易和稳定。所以，目前其已成为几乎所有卷积神经网络的必用技巧了。

2. 正则化

第二类是正则化 (regularization)，主要是通过添加一些基于先验知识或规律的约束项，通过约束可训练的自由度来降低过拟合的可能性。

1）参数范数惩罚

正则化方法通过对目标函数 f 添加一个参数范数惩罚，限制模型 (如神经网络、线性回归或逻辑回归) 的学习能力。我们将正则化后的目标函数记为 $\tilde{f}$：

$$\tilde{f}(\boldsymbol{\theta}; \boldsymbol{x}) = f(\boldsymbol{\theta}; \boldsymbol{x}) + \alpha \Omega(\boldsymbol{\theta}) \tag{3.1.21}$$

式中，$\alpha \in [0, \infty)$ 为权衡范数惩罚项 Ω 和标准目标函数 $f(\boldsymbol{\theta}; \boldsymbol{x})$ 相对贡献的超参数。将 α 设为 0 表示没有正则化，α 越大，对应的正则化惩罚越大。

最常见的两类参数正则化是 L2 和 L1 范数，即惩罚项为参数的 L2 范数或 L1 范数。其中，L2 范数正则化也称为 Tikhonov 正则化，其作用就是限制权重对噪声过于敏感。L1 正则化则会导致参数具备稀疏性，即最终参数中不为 0 的个数尽量少。这些正则化方法在压缩感知中被广泛使用。

2) 数据集增强 (data augmentation)

让机器学习模型泛化或避免过拟合的一种简单办法是使用更多的数据进行训练。由于在实践中，我们拥有的数据量总是有限的，可以通过人为产生数据并添加到训练集中实现，其称为数据增强。

对分类来说这种方法是最简单的。分类器需要一个复杂的高维输入 x，并用单个类别标识 y 概括 x。这意味着分类面临的一个主要任务是要对各种各样的变换保持不变。我们可以轻易通过转换训练集中的 x 来生成新的 $(x;y)$ 对。数据增强往往利用这样的变换不变性来产生更多训练数据，可以看出，数据增强的本质与一些利用先验知识设计网络结构是一致的。例如，卷积层的使用就是基于平移不变性来降低网络复杂度；反过来，通过平移几个像素可以大大扩充训练样本，从而可以训练更复杂的网络。类似的许多其他操作，如旋转图像或缩放图像也已被证明非常有效。

这个过程中也需要避免某些变换导致样本发生质的改变，如手写字符识别任务需要认识到 "b" 和 "d" 以及 "6" 和 "9" 的区别，所以对这些任务来说，水平翻转和旋转180°并不是正确的数据增强方式。此外，还有一种非常直观的增强方法，即在数据中添加各种测量噪声。

3) 提前终止 (early stopping)

一般来说，在训练神经网络模型时，我们会观察到训练误差会随着时间的推移逐渐降低，但验证集的误差会再次上升。这意味着模型在中间某处开始由欠拟合变为了过拟合。因此，我们希望能返回使验证集误差最低的参数设置，这样就可以有效避免过拟合。这种方法就是提前终止策略，这可能是深度学习中最常用的正则化形式，它非常有效和简单。仅需要将数据分为三份：训练集、验证集和测试集，其中验证集用于观察曲线并做提前终止；而在训练过程中则将中间结果保存，以便返回最佳点处。

4) 参数共享

参数共享是指显式地强制多组参数相等，即共享一组参数。这种方法本质上就是参数正则化的更强方式。显然，最流行和最成功的参数共享就是应用计算机视觉中的卷积神经网络 (CNN)。人类视觉信息处理的一个重要原则是平移不变性，如猫出现在视野中的左侧或右侧对人类视觉而言其识别结果都为猫。CNN 通过在图像多个位置共享参数来利用这个先验规律。相同的特征 (具有相同权重的隐藏单元) 在输入的不同位置上计算获得。这意味着无论猫出现在图像中的第几列，我们都可以使用相同的猫探测器找到猫。参数共享显著降低了 CNN 模型的参数数量，并显著提高了网络的大小而不需要相应地增加训练数据。它是将先验知识有效地整合到网络架构的最佳范例之一。本章后面会具体介绍 CNN 的技术细节。

5) 集成方法

集成方法 Bagging (bootstrap aggregating) 是通过结合几个模型降低泛化误差的技术

(Breiman, 1994)，其分别训练几个不同的模型，然后让所有模型表决测试样例的输出。这是机器学习中常规策略的一个例子，被称为模型平均(model averaging)。采用这种策略的技术被称为集成方法。这种模型平均奏效的原因是不同的模型通常不会在测试集上产生完全相同的误差。不同的集成方法以不同的方式构建集成模型。例如，集成的每个成员可以使用不同的算法和目标函数训练成完全不同的模型。模型平均是一个减少泛化误差的非常强大、可靠的方法。

6）丢弃法(dropout)

丢弃法(Srivastava et al., 2014)可以被认为是集成大量深层神经网络的实用集成法。丢弃法在训练过程中对于不同数据随机选择关闭部分神经元，这使得在训练过程中每个神经元所看到的训练集都是不同的子集。而最后在测试阶段则将所有神经元打开，这类似于集成学习中把不同子集训练得到的模型进行综合。丢弃法的一个优点是实现起来非常方便，另一个显著的优点是不怎么限制适用的模型或训练过程，几乎在所有使用分布式表示且可以用随机梯度下降训练的模型中都表现得很好。

3.2　深度神经网络

3.2.1　深度卷积网络

卷积神经网络(convolutional neural network，CNN)是深度学习技术中极具代表性的网络结构，它的应用非常广泛，尤其是在计算机视觉领域取得了很大的成功，其关键设计原则受到了早期视觉神经科学实验研究的启发。

早期神经生物学实验发现，哺乳动物视觉神经具有对某种局部图案敏感的特性，1980年 Fukushima 提出了"神经识别机"(neocognitron)的概念，1990 年 LeCun 等(1995)发表的论文确立了 CNN 的结构。其论文中提出的 LeNet-5 是一个多层卷积网络，采用 BP 方法训练主要用于手写识别分类。

在海量数据和高性能计算技术的时代，以 Hinton、LeCun、Bengio 为代表的学者开始重新思考深层机器学习算法，特别是深度神经网络和深度卷积网络的训练与应用(LeCun et al., 2015)。这里面几次关键的突破分别是：2006 年 Hinton 等提出的深度信念网络(deep belief network)引起学界重新对深层学习算法的研究(Hinton and Salakhutdinov, 2006)；2009 年 LeCun 团队发现使用 ReLU 可以使得深度神经网络得到有效的训练(Jarrett et al., 2009)；2011 年 Bengio 团队指出深度神经网络应该用 ReLU 作为激活函数(Glorot et al., 2011)；2012 年 Hinton 团队采用基于 ReLU 的 CNN 网络 AlexNet 在 ImageNet 图像分类比赛取得重大突破并获得冠军(AlexNet 2012)，引起学界对深度学习技术的关注；2015 年 LeCun 团队又通过模拟分析说明深度神经网络在使用 ReLU 后，其会出现很多较优局部的最小值，而且这些较优解可以通过梯度下降获得(Choromanska et al., 2014)，至此深度学习的核心技术突破和理论基础得到了奠定。

自 2012 年 AlexNet 之后，深度学习技术获得爆发式发展，特别是用于计算机视觉领域 ImageNet 竞赛多种经典的 CNN 网络，如 ZFNet、VGGNet、GoogleNet 和 ResNet 等。CNN 发展的特点就是层数越来越多，结构越来越复杂。通过增加深度可以从数据中抽象出更深层、更抽象的图像特征，但也对网络训练带来困难，而这其中有些研究如 ResNet 就致力于解决这一问题。

卷积层的核心运算是卷积操作，其可以写为

$$s(t) = (x \times w)(t) = \int x(a) w(t-a) \mathrm{d}a \qquad (3.2.1)$$

式中，x 为输入（input）；w 为核函数（kernel function）或卷积核；s 为输出，也称特征图（feature map）。离散形式的二维卷积操作可写为

$$S(i,j) = (I \times K)(i,j) = \sum_m \sum_n I(m,n) K(i-m, j-n) \qquad (3.2.2)$$

许多神经网络库会实现一个相关的函数，称为互相关函数（cross-correlation），其和卷积运算几乎一样，但是并没有对核进行翻转，即

$$S(i,j) = (I \times K)(i,j) = \sum_m \sum_n I(i+m, j+n) K(m,n) \qquad (3.2.3)$$

因为卷积核是隐性的，所以卷积和相关操作对于输入输出而言是等价的，因此许多深度学习库中的卷积层的本质是相关操作。

卷积运算通过三个重要的思想来帮助改进机器学习系统：稀疏连接（sparse connection）、参数共享（parameter sharing）、等变表示（equivariant representations）。另外，卷积提供了一种处理大小可变的输入的方法。全连接神经网络中前一层的每一个神经元与后一层的每一个神经元相连，因此待训练的权重参数是指数次关系，而卷积层每个神经元仅仅与后一层的局部卷积窗口内的神经元有连接，就实现了稀疏连接的特性，从而大大降低训练的自由度。此外，通过卷积运算默认将一组局部连接的权重通过参数共享强制等于同一个卷积核，可以进一步大大降低训练的自由度。通过卷积运算本身的特性，我们还实现了等变表示特性，即同样的输入特征在不同空间位置对神经网络的输出响应是一样的，只不过是输出位置不同，这与生物视觉经验一致。因此，我们可以看出 CNN 本质上就是利用生物视觉先验规律巧妙地设计了特殊网络结构，从而达到大大减少训练参数的目的。

常见 CNN 往往由卷积层、激活层、池化层、全连接层构成，其中在前部特征提取阶段往往由卷积、激活、池化迭代多次，最后特征提取出来后进入全连接层进行分类。其中，激活层就是在神经元上加激活函数，因为有些 CNN 的卷积层并不加激活函数，所以可以把激活层单独分离出来作为一层看待。这里主要介绍卷积层的特征、池化层的原理以及它们的 BP 实现方法。

如图 3.14 所示，卷积层可以看成是输入图（三维张量，维度为 x、y、d）与卷积核（四维张量，维度为 x_0、y_0、d、n）进行卷积操作后，得到输出图（三维张量，维度为 x'、y'、n）。其中，卷积核也可以看成是一组共 n 个，每个为三维张量（维度为 x_0、y_0、d），其中核尺寸为 x_0、y_0，通道数为 d，与输入图通道数 d 一致，这样每个卷积核与输入图像卷积后得到一个通道的输出图，尺寸为 x'、y'，共 n 个卷积核可以产生 n 个通道的输

出图 x'、y'、n。

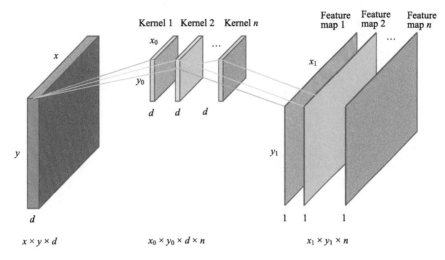

图 3.14　卷积层原理

　　例如，一副 RGB 彩色图像尺寸为 100×100，则输入三维张量就是 $100 \times 100 \times 3$，卷积核尺寸为 $5 \times 5 \times 3$，共 7 个卷积核，输出必然为 $x' \times y' \times 7$ 的多通道图像，其中输出图像的尺寸与卷积层的其他参数如步长、补零有关。其中，步长(stride)是指卷积核滑动时每一步所滑的长度(像素个数)，补零是指在输入图四周补零的宽度(像素个数)。

　　对于给定的输入数据，当确定了卷积核大小、卷积核的个数、步长和补零个数，那么卷积层的结构也能被完全确定，即输出图的维度也被完全确定，有如下关系：

$$x' = \frac{(x+2p)-x_0}{s}+1$$

$$y' = \frac{(y+2p)-y_0}{s}+1$$

(3.2.4)

式中，s 为步长；p 为补零个数。

　　可以看出，卷积核的大小是一个重要的参数，其决定了 CNN 所提取的特征尺度，也称为局部感受野(local receptive fields)，卷积核越大意味着这一层提取的特征尺度越大，当然通过多个卷积层的嵌套本质上可以进一步扩大。卷积核的个数则意味着所提取的特征数量多少，因为每个卷积核一旦学好后就固定地检测一种特征。

　　为了采用后向传播方法训练 CNN，必须实现卷积层的后向传播运算，卷积层的特点在于参数共享，也即相同位置的权重要强制相等。其实现方法非常简单，在初始化时将对应的权重设置相同的初始值，然后在每次更新权重时先按常规的 BP 获得对每个权重的更新量，然后将应该相等的权重所对应的更新量取平均，用这一平均后的更新量调整对应的权重，这样就能保证这些权重一直相等。

　　池化层也称为子采样层(subsampling layer)。当通过卷积层提取物体的特征后，通常需要在两个相邻的卷积层之间插入池化层操作。最常用的池化层操作就是最大池化（max pooling），在前向传播时，将当前窗口中最大值作为输出结果，在后向传播时，窗口中的最大值元素不变而其余元素为 0，如图 3.15 所示。

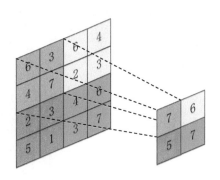

图 3.15　池化层

池化层是 CNN 网络中非常重要的设计，它本质上是对卷积操作的结果做一个降维。因为卷积操作得到的是图像中对于某一个特征的响应，这个响应的分辨率必然与该特征的尺寸相当，也就是说，卷积层的输出往往是模糊的，因此通过下采样后不会损失信息，而池化正好可以实现这一功能。因此，卷积层与池化层往往是交替设计，往往是经过 1 个或多个卷积层后添加一个池化层来降维。

图 3.16 给出了一个简单的示例来说明 CNN 如何通过卷积+池化来提取图像中的特征，假设图上有三类几何特征，通过学习获得的理想的卷积核应该与要提取的特征一致，这样卷积层的输出应该是在对应位置处对应特征通道上的响应，经过池化下采样后得到对应通道对应位置处的冲击响应，就是一种对原始图像的有效表征。进一步将该特征输入下一层网络，下一层网络应该是检测由这些基础特征形状组合得到的更复杂的形状，对应的卷积核也是由这些基础形状的组合得到的，由此即可检测出该图像所包含的是什么样的目标，从而实现如分类、目标检测等目的。

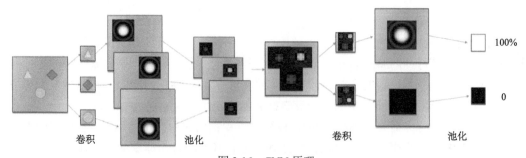

卷积　　　　　　　池化　　　　　　　　卷积　　　　　　　池化

图 3.16　CNN 原理

3.2.2　深度循环网络

对于像语音、文本、视频这样的数据，它们具有一个共同的特点——数据可以看作是一个关于时间的序列 $X_t(t=0,1,2,\cdots,n)$。例如，语音可以看作是音节序列，文本可以看作是字、词序列，视频可以看作是二维图像序列。序列具有一个很重要的属性——时间的顺序性。序列中元素的先后顺序本身也是一个重要信息。例如，"生长"和"长生"显然代表不同的意思；视频中，人物从"坐着"状态到"站立"状态的变化与人物从"站立"状态到"坐着"状态的变化是两个截然不同的动作，即"起立"和"坐下"。

传统卷积神经网络的不同输入被单独处理，彼此之间不相互交互信息，无法嵌入序列数据的这种"顺序性"。如何将这种顺序性加入神经网络呢？循环神经网络(recurrent neural network，RNN)目前被广泛用于序列数据处理的机器学习算法之一。循环神经网络能"记住"当前时刻 t 之前输入的数据的信息，并将这个信息用到当时的 t 的数据 X_t，还应包括时间 t 之前的信息。

图3.17是一个最简单的循环神经网络结构示意图。网络根据序列数据 $X_t(t=0,1,2,\cdots,n)$，预测输出 $Y_t(t=0,1,2,\cdots,n)$；对于多层循环神经网络，X_t 和 Y_t 可能为某一层神经网络的输入和输出。从图 3.17 中可以看出，网络的输入还包括上一时刻网络的输出 Y_{t-1}，Y_t 由 X_t 和 Y_{t-1} 共同决定。同时，当前时刻输出 Y_{t-1} 会被传递给下一时刻网络的输入端。因此，循环神经网络可看作是学习映射函数 $Y_t=f(X_t,Y_{t-1})$。而 $Y_{t-1}=f(X_{t-1},Y_{t-2})$，因此 $Y_t=f(X_t,X_{t-1},X_{t-2},\cdots,X_0)$。但出于优化的考虑，目前循环神经网络无法做到无限循环。实际中，假设循环神经网络为一个有限响应网络(finite response system)，即当前时刻数据仅影响之后 N 时刻内系统的输出。根据此假设，$Y_t=f(X_t,X_{t-1},X_{t-2},\cdots,X_{t-N})$，此时循环神经网络可展开为如图 3.18 所示的结构。注意：网络也不一定在每个时刻都需要输出。例如，视频动作识别只需要在输入完视频序列后，输出识别结果。理论上讲，网络也不一定在每个时刻都需要有输入。

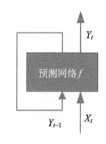

图 3.17　最简单的循环神经网络结构示意图

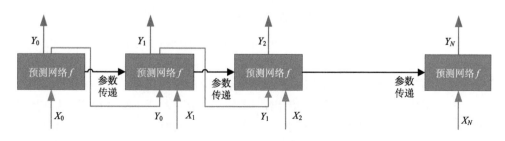

图 3.18　循环神经网络按时间展开后的结构

在前馈神经网络中，使用误差反向转播和梯度下降的方法实现权重更新。而循环神经网络使用一种基于时间的反向传播（BP through time，BPTT）算法对网络中的参数进行更新。具体做法是：将循环神经网络在时间维度上展开，展开后的网络可看作是前馈神经网络，可在展开后的网络中应用误差反向传播。

RNN 算法虽然在处理序列问题时具有显著优势，但在训练过程中存在着梯度消失和梯度爆炸问题。与 BP 算法中的梯度消失和梯度爆炸问题类似，在误差向后传播过程中，值较小的误差有梯度消失的危险，而值较大的误差可能会越来越大，造成某些参数的梯度爆炸式增加的后果。在前馈神经网络中，这种情况会随着网络的深度（层数）的增加而越加突出。在 RNN 中，这种问题主要是由记忆时间过长造成的，也称为长期依赖（long-term dependencies）问题。在序列数据处理任务中，有些任务仅需要网络记住短时间内的信息，如视频中的动作识别；而有些任务需要长时间记忆，如股市中股价一周的变化规律、一年的变化规律等；还有些任务可能同时需要短时间和长时间记忆，如文本生成、机器翻译等。因此，梯度消失或梯度爆炸的问题无法回避。传统地，可以使用梯度裁剪（gradient clipping）或参数正则化（weights regularization）方法来限制梯度和参数的值。因此，需要设计特殊的网络单元来解决长期依赖问题。

长短期记忆网络（long short term memory，LSTM）由 Hochreiter 和 Schmidhuber（1997）提出，是目前使用最多、最重要的时间序列算法。图 3.19 为 LSTM 算法的网络结构示意图。上一节所举例的 RNN 中，不同时刻的隐含层向量 h 线性叠加，信息靠 h 进行传递。而 LSTM 中，信息靠专门的状态向量进行传递。此外，LSTM 还设置了控制门，判断不同时刻输入的"重要性"，保留更为重要的信息，而遗忘不重要的信息。

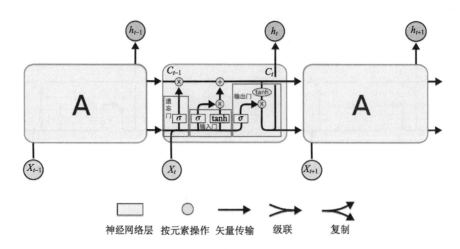

图 3.19　LSTM 算法的网络结构示意图（Olah，2015）

如图 3.19 所示，LSTM 算法的网络结构包含三个控制门结构，即遗忘门、输入门和输出门，其中输出门的输出为网络的输出。遗忘门根据输入产生一个遗忘系数来衰减前一时刻记忆信息，输入门对输入信息进行非线性变换，从而产生当前时刻新增的信息，遗忘门产生的记忆信息与输入门产生的新增信息合成得到当前时刻的内部状态信息，而输出门则根据这一状态产生当前时刻的输出。

Cho 等(2014)提出了门控循环单元(gated recurrent unit，GRU)，其对 LSTM 网络改变较大。GRU 将遗忘门和输入门整合为"更新门"，并将当前时刻的输出与之前时刻隐含层状态合并，限于篇幅这里不再展开介绍。

3.3　计算机视觉

计算机视觉是研究如何用计算机程序来实现视觉信息处理的学科，一般认为传统计算机视觉有四个基本任务，即图像分类、对象定位及检测、语义分割、实例分割(Garcia-Garcia et al., 2017)。

(1)图像分类：根据目标在图像信息中所反映的不同特征，把不同类别的目标区分开来。

(2)目标检测：细分该任务可得到两个子任务，即目标检测与目标识别。首先，检测是视觉感知的第一步，它尽可能搜索出图像中某一块存在目标(形状、位置)。而目标识别类似于图像分类，用于判决当前找到的图像块的目标具体是什么类别。

(3)语义分割：按对象内容进行图像分割，分割的依据是内容，即对象类别。

(4)实例分割：按对象个体进行分割，分割的依据是单个目标。

(a) 图像分类

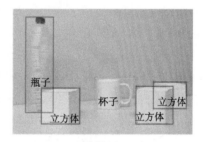
(b) 目标检测

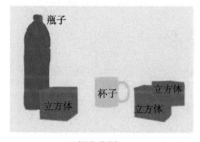
(c) 语义分割

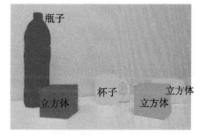
(d) 实例分割

图 3.20　图像分类、目标检测、语义分割与实例分割示意图(Garcia-Garcia et al., 2017)

3.3.1　图　像　分　类

图像分类是计算机视觉中最基本的任务，其目的是对给定的分类集合中的数据赋予标签。CNN 模型 LeNet-5 (LeCun et al.,1998) 就是第一个应用于手写数字分类识别问题的卷积神经网络，它的网络结构中包含了深度学习的基本模块：卷积层、池化层以及全连接层，如图 3.21 所示。网络的输入为 28×28 大小的 MNIST 手写数字图片，输出为 0～9 十个数字的标签，其实现了分析一个输入图像数据返回图像标签的积分任务。

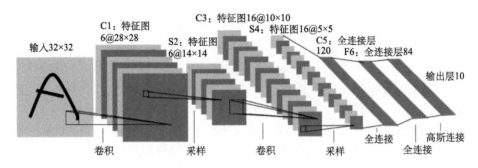

图 3.21　LeNet-5 结构 (LeCnn et al.,1988)

Krizhevsky 等 (2012) 在图像分类任务竞赛 (ImageNet) 中获得冠军，引起学界对深度神经网络的关注。他们的 AlexNet 主要网络结构如图 3.22 所示。其主要包含了 5 层卷积层。AlexNet 在网络结构中使用了非线性激活函数 ReLU，其效果在较深的神经网络中超过了 Sigmoid 函数，解决了 Sigmoid 函数在网络较深时的梯度弥散问题。AlexNet 在网络结构中使用了重叠的最大池化，此前 CNN 中普遍使用平均池化，这样的池化操作避免平均池化的模糊化效果，并且 AlexNet 中提出池化步长比池化核的尺寸小，这样池化层的输出之间会有重叠和覆盖，保证特征的丰富性。此外，还采用了数据增强 (data agumentation) 和丢弃法等正则化技术，其中数据增强操作是随机地从 256×256 的原始图像中截取 224×224 大小的区域，这样最多可以增加 1024 倍的数据量，而丢弃会在训练时随机关闭一部分神经元，测试时全部打开，相当于对多个模型进行集成。

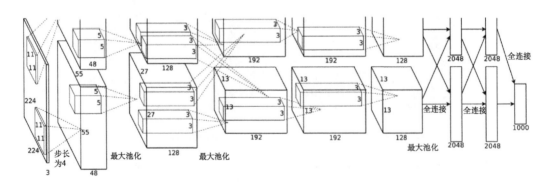

图 3.22　AlexNet 结构 (Krizhevsky et al., 2012)

在图像分类领域涌现出了很多新的网络结构。牛津大学计算机视觉组 (visual geometry group) 和谷歌深思公司 (Google DeepMind) 的研究员一起研发出的 VGGNet

(Simonyan et al., 2015)在 ImageNet 2014 年竞赛中取得了很好的效果。3×3 的卷积核和 2×2 的最大池化核应用在 VGG 的网络结构中，证明卷积核较小、深层的网络结构可以提高神经网络的性能。此网络也证明了堆积的小卷积核优于采用大的卷积核，因为其拥有更多的非线性变换使得 CNN 的学习能力增强，而且拥有更少的参数量。例如，两个 3×3 的卷积层串联相当于一个 5×5 的卷积层，即串联后的感受野与 5×5 的卷积层每个像素的感受野相同。但是两个 3×3 的卷积层串联可以使用两个 ReLU 激活函数，拥有更多的非线性变换，并且 VGG 多次重复使用统一大小的卷积核来提取更复杂和更具有表达性的特征。

此外，谷歌的 InceptionNet(Szegedy et al., 2015)也是较为常用的典型的 CNN 模型。Inception 是一种特殊设计的网络结构，其围绕着 1×1 的卷积和小卷积核(3×3)，引入多尺度卷积核增加网络对于不同尺度的适应性，同时又利用卷积特性进行升降维，减少模型参数。Inception 网络结构的实际功能是一种并行连接，按功能可译为"并行连接网络"，按音译可称为"伊瑟网络"。它的特点是不仅提高了网络深度，还增加了它的宽度，即每一层的单元个数。但是，这种简单直接的解决方法存在两个缺点：首先，参数越多，需要的计算资源会越多，同时模型越大越容易产生过拟合；其次，还需要更多高质量的训练数据用于学习。在该模块中，输入多个尺寸的卷积核(1×1、3×3 和 5×5)分别进行卷积运算，然后再聚合，可将相关性强的特征汇聚在一起，从而特征的冗余信息较少，收敛速度更快。

神经网络层数越多，其提取特征的能力越强。但随着层数的增加，后向传播后梯度减小，训练困难，优化函数只能找到局部最优解。有时候层数增加会使得其在训练集上的准确率饱和甚至下降，这就是神经网络的退化问题，残差网络(ResNet)就是针对这一问题提出的。ResNet(He et al., 2016)的基本思想是引入了能够跳过一层或多层的直连 (shortcut connection 或 skip connection)，如图 3.23 所示，即图中的弧线。通过这个直连通道，可以将误差在后向传播时直接跨过中间层传到前面的网络层，从而等效于每个部分都是浅层网络。直连通道给出的是输入本身，输出显然为输入和中间网络等输出的叠加 $y=F(x)+x$，因此中间网络层实质上学习的是输出与输入的差 $y-x=F(x)$，因此称为残差网络。这个简单的加法并不会给网络增加额外的参数和计算量，却能够大大增加模型的训练速度，提高训练效果。基于这一结构原先最多几十层的深度网络一下子可以提升到上千层，而且网络性能也确实随着层数的增多显著提升，现在很多网络架构中都会纳入这种残差连接。

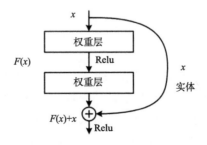

图 3.23　残差学习框架(He et al., 2016)

表 3.1 归纳了上述各种经典 CNN 网络架构的特点。

表 3.1　CNN 模型对比(Zheng et al., 2019)

模型	技术手段	结构特点
LeNet-5	激活函数为 ReLU，分类器使用 softmax 回归	网络结构简单，模型深度较浅，图像特征提取能力一般。训练过程中容易出现过拟合
AlexNet	激活函数为 ReLU，采用 dropout 技术、数据增强技术、多 GPU 平行训练技术等	有效避免过拟合现象。网络模型的收敛速度会相对稳定，能避免或抑制网络训练时的梯度消失现象。模型训练速度较快，具有更深的网络结构，计算量增大，具有更多的参数
ZF-Net	激活函数为 ReLU，采用 dropout 技术、数据增强技术、多 GPU 平行训练技术等，使用较小的 filter，分类器使用 softmax 回归等	调节了参数，性能比 Alex Net 更强，保留更多原始像素信息。网络结构没什么改进，同 Alex Net
VGGNet	激活函数为 ReLU，采用 dropout 技术、数据增强技术、多 GPU 平行训练技术等，使用 1×1 和 3×3 的小卷积核，分类器使用 softmax 回归等	小卷积核使判决函数更具有判决性，具有更少的参数，增加了非线性的表达能力，网络结构更深，计算量更大
GoogLeNet	激活函数为 ReLU，采用 dropout 技术、数据增强技术、多 GPU 平行训练技术等，引入 Inception 结构代替了单纯的卷积+激活的传统操作技术，分类器使用 softmax 回归等	引入 Inception 结构，使用 1×1 卷积核来降维，解决计算量大的问题。中间层使用 LOSS 单元作为辅助更新网络。全连接层全部替换为简单的全局平均 pooling，参数更少，虽然网络深，但参数只是 Alex Net 的 1/12
ResNet	激活函数为 ReLU，多 GPU 平行训练技术，引入残差块，平均池化，分类器使用的 softmax 回归等技术	引入残差单元，通过直接将输入信息绕道传到输出，保护信息的完整性。整个网络只需要学习输入、输出差别的那一部分，简化学习目标难度。在一定程度上解决了信息传递时或多或少会存在的信息丢失、损耗等问题，同时还有梯度消失或者梯度爆炸、很深的网络无法训练等问题
DenseNet	激活函数为 ReLU，多 GPU 平行训练技术，引入残差块，平均池化，分类器使用 softmax 回归等技术	由若干个 Dense Block 串联起来而得到的，在每个 Dense Block 之间有一个 Convolution+Pooling 的操作，Dense Net 通过连接操作来结合 feature map，并且每一层都与其他层有关系，这种方式使得信息流最大化，解决了深层网络的梯度消失问题，加强了特征的传播，鼓励特征重用，减少了模型参数

3.3.2　目 标 检 测

目标检测比图像分类更进一步，不仅仅要求神经网络返回目标的类别，同时也要在图像中标记出它的位置。目标检测可以分为两种类型：特定实例检测和特定类别检测。特定实例检测的主要任务是在数据中检测特定目标的实例，后者的主要任务是检测特定类别的不同实例，如飞机检测、舰船检测、行人检测等。从图像分类到目标检测的一个很关键的问题就是对不同区域进行区分，因此将深度学习应用到目标检测领域的开创性工作是区域卷积神经网络(region-based CNN, R-CNN)。总体来说,目前较为成熟的深度学习目标检测的算法可以分为两种:两阶段检测——提取候选区域,对候选区域应用图像分类算法;一阶段检测——从输入图像直接得到图像的类别以及坐标。

1. 两阶段检测

Girshick 等(2014)提出 R-CNN 算法,这是典型的"两阶段检测"算法。R-CNN 算法利用选择性搜索(selective search)算法评测相邻图像子块的特征相似度,通过对合并后的相似图像区域打分,选择感兴趣区域的候选框作为样本输入卷积神经网络结构内部,由网络学习候选框和标定框组成的正负样本特征,形成对应的特征向量 R-CNN,采用深度网络进行特征提取。在训练 CNN 时先用一个较大的识别库(ImageNet)来训练图像分类,然后用一个较小的检测库(Pascal VOC 2007)来训练标定每张图片中物体的类别和位置。

R-CNN 主要分为 4 个步骤,如图 3.24 所示。神经网络输入一张图像;使用选择性搜寻提取大约 2000 个候选区域;对每个候选区域进行图像层面的拉伸,得到固定大小的图像,使用深度网络提取特征;将特征送入每一类的 SVM 分类器,判别是否属于该类;使用回归器精细修正候选框位置。

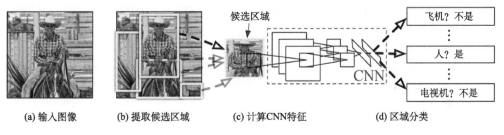

(a) 输入图像　　　(b) 提取候选区域　　　(c) 计算CNN特征　　　(d) 区域分类

图 3.24　R-CNN 架构与步骤(Girshick et al.,2014)

R-CNN 存在一些局限性,包括候选框提取较多,重复计算;网络训练方式复杂,需要分为候选区域提取、特征提取、分类、回归;计算量较大,速度较慢;所有的候选框都需要强制缩放到特定的大小,因此又针对这些问题提出了快速 R-CNN(Girshick, 2015)和 Faster R-CNN[Ren et al., 2015]等改进版本。

2. 单阶段检测

两阶段检测使用滑动窗口、选择性搜寻等方法进行候选框提取,这种方法耗费计算资源较多,同时精度不高。单阶段检测方法采用单个神经网络实现目标检测,只看一次("you only look once",YOLO)(Redmon et al.,2016)和单次多框检测器(single shot multibox detector,SSD)(Liu et al.,2016)是最常见的两类单阶段检测算法。

YOLO 将目标检测作为回归问题进行求解,其搭建了一个单独的端到端网络,完成从原始图像的输入到物体位置和类别的输出,具有计算速度快等优点。YOLO 算法流程如图 3.25 所示,其主要步骤为:将图像调整为统一的尺寸 448×448,并将其作为神经网络的输入；神经网络回归得到一些边界框坐标，同时给出边界框对应的包含物体的置信度和属于某一类别的概率；最后进行非极大值抑制，筛选边界框。YOLO 相对于"区域建议框+验证"两阶段检测算法的优势在于速度快，但定位精度有所下降，特别是对于一些小物体。

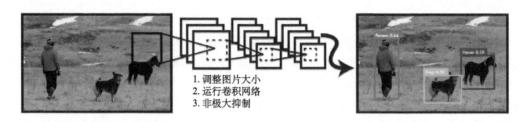

图 3.25　YOLO 算法流程(Redmon et al.，2016)

　　SSD 借鉴了 YOLO 中的回归算法，不同的是 SSD 在数据的不同尺度区域特征进行回归，大尺度特征图(较靠前的特征图)可以用来检测小物体，而小尺度特征图(较靠后的特征图)可以用来检测大物体。SSD 和 YOLO 一样都是采用一个 CNN 网络来进行检测，其基本架构如图 3.26 所示，其主要改进了三点：多尺度特征图，利用卷积进行检测，设置先验框。这使得 SSD 在准确度上更好，而且对于小目标检测效果也相对较好。

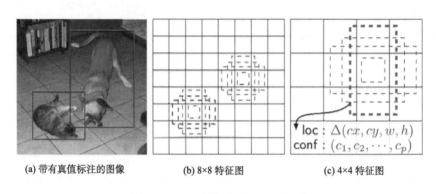

(a) 带有真值标注的图像　　　　(b) 8×8 特征图　　　　(c) 4×4 特征图

图 3.26　SSD 框架(Liu et al., 2016)

3.3.3　图　像　分　割

　　图像分割是指根据纹理、颜色、形状等信息将图像划分成互不相交的若干个区域，使得具有相似特性的像素点位于同一区域内，让不同区域间存在差异性。根据实际分割任务的不同，图像分割可大致分为语义分割、实例分割。语义分割是对图像的高层理解，它结合了传统的图像分割和目标识别，是像素级别的分割，对图像中的每个像素都划分对应的类别。实例分割是目标检测与语义分割的结合，不仅要求像素级别的分割，还要区分开同一类别的不同实例。从图 3.20 可以看出,语义分割只需要区分不同类别的物体,不需要区分同一类别中的不同实例(如图 3.20 中的两个正方体 cube 连在一起不需要区分);而实例分割则需要进一步把不同的实例分别标出,因此实例分割与目标检测关系更紧密。

全卷积神经网络(fully convolutional network,FCN)是将 CNN 由图像分类应用推广到语义分割应用的最经典的工作(Long et al.,2015),后期的许多网络模型都是在此基础上进行修改的。如图 3.27 所示,将诸如 AlexNet 等分类网络的后几层全连接层修改为卷积层,再根据分割任务增加一个空间损失函数,即可定义一种新的架构。为了增加视野、提取更多的抽象、突出类别的特征,池化操作往往会造成空间信息的丢失,而全卷积神经网络在恢复编码器中降低分辨率时丢失的信息所用的方法是融合不同分辨率的语义信息,原因在于随着网络层的增加,卷积层有较小的梯度流,捕获到的语义层次更高,但空间信息就不如浅层网络层那么多,通过融合不同粗糙程度的语义信息有利于细化分割结果。值得注意的是,FCN 中低分辨率语义特征图的上采样通过经双线性插值滤波器初始化的反卷积操作完成,即卷积核本身是固定的。FCN 可以处理任意大小的输入,并产生对应大小的输出,另外就是可以从 VGG、AlexNet 等分类网络进行迁移学习。FCN 实现端到端的、像素到像素的分割。

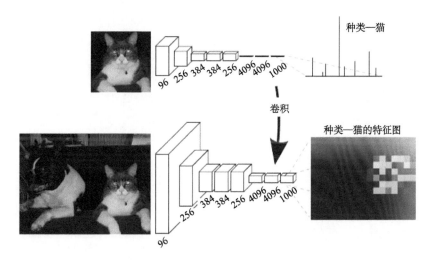

图 3.27　全卷积神经网络 FCN(Long et al.,2015)

第二大类语义分割网络采用编码器-解码器结构,如 SegNet(Badrinarayanan et al.,2017)。相比于 FCN,SegNet 的创新之处在于逐级将低分辨率的特征图恢复到输入图像尺寸(图 3.28)。具体来说,首先解码器中利用编码器阶段记录最大池化的索引位置进行非线性上采样,从而生成稀疏的特征图;然后,用可训练的卷积核进行卷积操作,生成密集的特征图。SegNet 提出的反池化有助于保持高频信息的完整性。

U-Net 则综合了全卷积和编码-解码结构的语义分割网络(图 3.29)(Ronneberger et al.,2015)。该网络整体上呈 U 形结构,可分为对称的两部分,左半部分是典型的卷积网络架构，包含卷积层和池化层，右半部分包含上采样层与卷积层，每一次上采样后都要与左边特征提取部分对应的特征图融合，形成一个个的连接。池化层会降低图像分辨率，丢失边界信息，特征融合在一定程度上既保留了浅层次的位置信息，又运用了深层次的抽象信息，使得模型能够运用上下文信息实现更精确的分割。U-Net 网络结构被证明在少量样本的情况下也能实现准确的分割。

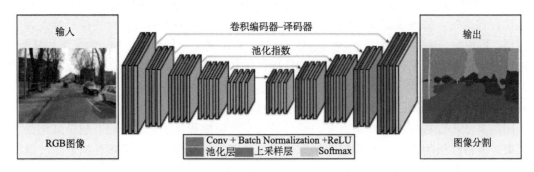

图 3.28　SegNet 网络架构(Badrinarayanan et al., 2017)

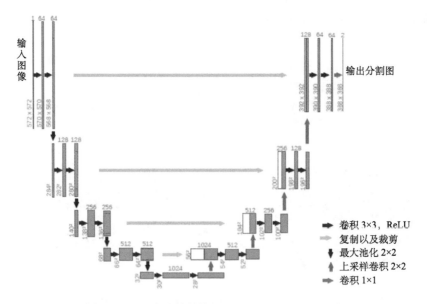

图 3.29　U-Net 网络架构(Ronneberger et al.，2015)

在实例分割方面，He 等(2017)提出了掩模 R-CNN(Mask R-CNN)，该网络可以增加不同的分支，以完成目标分类、目标检测、语义分割、实例分割等多种任务。如图 3.30(a)所示，在快速 F-RCNN 的目标检测结构中，在将边界框真值投影到感兴趣区域(region of interest，ROI)特征图时，像素边界点由于池化的缘故变成了浮点数，此时通常的做法是进行整数量化，这样必然造成特征的真实边界和量化边界之间的误差，而 Mask R-CNN提出 ROI Align 替换 ROI-Pooling，每个浮点数像素位置的像素值由周围四个真实存在的像素值双线性插值计算出来，即相当于目标在特征图中的相对位置和在原图中的位置对应起来，此外还更换了 Mask R-CNN 中不同的骨干架构和头架构来获得不同的性能，如图 3.30(b) 所示，为了产生对应的 mask，提出了两种架构，即左边的 FasterR-CNN/ResNet 和右边的 Faster R-CNN/FPN 的架构，其骨干网络分别基于 ResNet 和 FPN，其中特征金字塔网络(feature pyramid networks，FPN)是一个对特征使用金字塔池化的新网络。Mask R-CNN 将检测、分类、分割三个任务结合，并且每个任务上的效果都好于现有的单个模型，因此其使实例分割的研究获得了突破性进展。

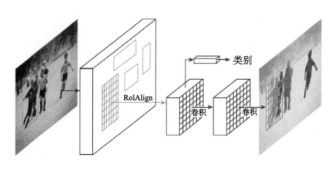

(a) Mask R-CNN流程

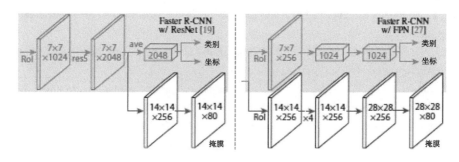

(b) 书中提出的两种架构

图 3.30　Mask R-CNN 和 Faster R-CNN 网络架构对比(He et al.，2015)

参 考 文 献

Badrinarayanan V, Kendall A, Cipolla R S. 2017. A deep convolutional encoder-decoder architecture for image segmentation. IEEE Transactions on Pattern Analysis and Machine Intelligence, 39(12): 2481-2495.

Breiman L. 1994. Bagging predictors. Machine Learning, 24(2): 123-140.

Cho K, B van Merrienboer, D Bahdanau, et al. 2014. On the properties of neural machine translation: Encoder-decoder approaches. arXiv preprint arXiv:1409.1259.

Choromanska A, Henaff M, Mathieu M, et al. 2014. The loss surface of multilayer networks. arxiv. org/abs/1412.0233

Garcia-Garcia A, Orts-Escolano S, Oprea S, et al. 2017. A review on deep learning techniques applied to semantic segmentation. 2017. arXiv preprint arXiv:1704.06857.

Girshick R. 2015. Fast R-CNN. Proceedings of the IEEE international Conference on Computer Vision.

Girshick R, Donahue J, Darrell T, et al. 2014. Rich Feature Hierarchies for Accurate Object Detection and Semantic Segmentation. Proceedings of the IEEE Conference on Computer Vision and Pattern Recognition.

Glorot X, Bengio Y. 2010. Understanding the difficulty of training deep feedforward neural networks. AISTATS'2010 .

Glorot X, Bordes A, Bengio Y. 2011. Deep sparse rectifier neural networks. In AISTATS'2011 .

Goodfellow I, Begio Y, Courville A. 2016. Deep Learning. Massachusetts: MIT Press.

He K, Gkioxari G, Dollár P, et al. 2017. Mask R-CNN. Proceedings of the IEEE International Conference on Computer Vision.

He K, Zhang X, Ren S, et al. 2016. Deep Residual Learning for Image Recognition. Proceedings of the IEEE Conference on Computer Vision and Pattern Recognition.

Hinton G E, Salakhutdinov R R. 2006. Reducing the dimensionality of data with neural networks. Science, 313(5786): 504-507.

Hochreiter S, Schmidhuber J. 1997. Long short-term memory. Neural Computation, 9:1735-1780.

Ioffe S, Szegedy C. 2015. Batch normalization: Accelerating deep network training by reducing internal covariate shift. arXiv:1502.03167

Jarrett K, Kavukcuoglu K, Ranzato M, et al. 2009. What is the best multi-stage architecture for object recognition? In ICCV'09 .

Krizhevsky A , Sutskever I , Hinton G. 2012. ImageNet Classification with Deep Convolutional Neural Networks. New York: NIPS. Curran Associates Inc.

LeCun Y, Bottou L, Bengio Y, et al. 1998. Gradient-based learning applied to document recognition. Proceedings of the IEEE, 86(11):2278-2324.

LeCun Y, Bengio Y, Hinton G. 2015. Deep learning. Nature, 521(7553): 436-444.

Liu W, Anguelov D, Erhan D, et al. 2016. Ssd: Single shot multibox detector. European conference on computer vision. Springer, Cham.

Long J, Shelhamer E, Darrell T. 2015. Fully Convolutional Networks for Semantic Segmentation. Proceedings of the IEEE Conference on Computer Vision and Pattern Recognition.

Olah C. 2015. Understanding LSTM networks, colah.github.io/posts/2015-08-Understanding-LSTMs/.

Redmon J, Divvala S, Girshick R, et al. 2016. You Only Look Once: Unified, Real-Time Object Detection. Proceedings of the IEEE Conference on Computer Vision and Pattern Recognition.

Ren S, He K, Girshick R, et al. 2015. Faster r-cnn: Towards real-time object detection with region proposal networks. arXiv:1506.01497.

Ronneberger O, Fischer P, Brox T. 2015. U-net: Convolutional Networks for Biomedical Image Segmentation. International Conference on Medical Image Computing and Computer-Assisted Intervention. Springer, Cham.

Rosenblatt F. 1961. Principles of Neurodynamics. New York: Spartan.

Rumelhart D E, Hinton G E, Williams R J. 1986. Learning representations by back-propagating errors. Nature, 323: 533-536.

Simonyan K, Andrew Z. 2014. Very deep convolutional networks for large-scale image recognition. arXiv preprint arXiv:1409.1556.

Srivastava N, Hinton G, Krizhevsky A, et al. 2014. Dropout: A simple way to prevent neural networks from overfitting. Journal of Machine Learning Research, 15: 1929-1958.

Szegedy C, Liu W, Jia Y, et al. 2015. Going Deeper with Convolutions. Proceedings of the IEEE Conference on Computer Vision and Pattern Recognition.

Zheng Y, Li G, Li Y. 2019. Survey of application of deep learning in image recognition. Computer Engineering and Applications, 55(12): 20-36.

第4章　SAR 地面目标智能识别

本章介绍深度卷积神经网络在 SAR 地面自动目标识别(ATR)中的应用。在传统方法中，特征提取对于目标检测和目标识别阶段都是十分重要的，由于深度学习算法在计算机视觉和语音识别领域取得了巨大的成功，受到这一启发，我们尝试通过一个多层网络来自动地从 SAR 图像数据中学习多层特征，而不是利用人工设计的特征。一般来说，SAR 图像训练样本很难达到"大数据"，如果将深度卷积网络直接用于 SAR-ATR，会出现严重的过拟合问题。观察到绝大部分的独立参数存在于高层的全连接层，我们提出的全卷积网络(Chen et al., 2016)通过去掉全连接层来减少独立参数的个数，这里的全卷积网络(AConvNets)与另一种全卷积网络略有区别，AConvNets 强调对于传统的分类网络将其最后部分全连接网络用卷积层代替。本章中介绍 AConvNets 的整体结构、训练细节、设置超参数的一些常见法则。MSTAR 数据集上面的结果验证了算法的有效性，标准条件下 10 类目标分类达到了 99%的准确率，扩展条件下对于变形目标的分类准确率也很高，不仅可以对目标进行分类，全卷积网络对于目标检测的效果也很好。在此基础上又介绍了端到端的目标检测—鉴别—识别方法与结果，还对机场停驻飞机目标进行检测与鉴别。首先进行机场的检测与分割，其次再进行飞机目标的检测与鉴别(郭倩等，2018)，最后介绍了一种所需训练样本少且不易发生过拟合的小波散状网络，并在 MSTAR 数据集上给出测试结果(Wang et al., 2018)。

4.1　全卷积网络(AConvNets)

1. 网络架构

首先介绍 AConvNets 的整体架构与组成部件，如图 4.1 所示，深度卷积网络的前几层由卷积层(convolution layer)与池化层(pooling layer)交替构成，后面若干层是全连接层。但是，深度卷积网络的自由参数太多，在训练样本不足时会导致严重的过拟合。值得注意的是，绝大部分的可训练参数都包含在全连接层。一些实验结果表明，网络的层数对其性能具有十分重要的影响(Zeiler and Fergus, 2014)。因此，我们可以用卷积层取代全连接层，而不是通过大量地减少网络的层数来减少需要训练的参数。尽管这一改变降低了网络的表示能力，但是也大大减小了过拟合。这种只包含卷积层的网络结构有些类似于 Fukushima(1980)提出的新认知机(neocognitron)，新认知机也被认为是深度卷积网络的鼻祖。但是两者的训练方法完全不同，深度卷积网络采用有监督的后向传播算法，新认知机采用一种称为自组织的无监督学习算法和一些增强学习(reinforcement learning)的准则。此外，新认知机中每个计算单元的计算模型要比深度卷积网络复杂得多。随机失活(或称丢弃法)(dropout)是一种十分有效的正则化方法，用于全连接层来避免过拟合。我们的实验结果表明，在卷积层中运用随机失活方法同样是有效的。

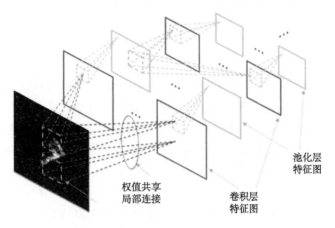

图 4.1　深度卷积网络的示意图，由卷积层与池化层交替组成

　　我们提出的全卷积网络包含 5 个可训练层，如图 4.1 所示，它是对深度卷积网络做了一些小的改变。深度卷积网络也是深度神经网络(DNN)的一种。深度神经网络包含许多可训练层，所有层都采用全连接形式，每一个隐层节点(hidden unit)以前一层中全部的节点值作为其输入。卷积层和池化层的所有节点都排列成一系列二维数组，叫作"特征图"(feature map)。在卷积层中，每个隐层节点的输入仅包含前一层中一个局部邻域内的节点。前一层处于局部邻域内的节点乘以一个权值矩阵，再通过一个非线性激活函数，运算结果作为卷积层的节点输出值。每个隐层节点都可以被看作是一个特征检测器，因为当其输入中出现它所代表的某种特征时，该节点便有一个较大的响应值。同一个特征图上的全部节点被限制为共享相同的连接权值，所以每个特征图在图像的不同位置检测同一种特征。由于局部连接和权值共享，需要从数据中学习的独立参数的个数大为减少。卷积层接下来是池化层，每一个池化层特征图对应于一个卷积层特征图。池化层的每个节点以之前卷积层中一个局部邻域内的节点为输入，然后进行下采样，通常的方法是只保留一个局部邻域内所有节点的最大值，而忽略其余的节点值。一个深度卷积网络包含许多卷积层与池化层的组合对。当处理多元分类问题时，归一化指数函数(softmax)通常应用于最后的输出层节点，它是一种非线性函数。这些运算的细节在下文展开描述。

2. 卷积层

　　卷积层中的每一个特征图 $O_j^{(l)}(j=1,\cdots,J)$ 都会连接到前一层所有的特征图 $O_i^{(l-1)}(i=1,\cdots,I)$，其中 $O_i^{(l-1)}(x,y)$ 是第 i 张输入特征图中位置 (x,y) 处的节点，$O_j^{(l)}(x,y)$ 是第 j 张输出特征图中位置 (x,y) 处的节点。令 $k_{ji}^{(l)}(u,v)$ 表示连接第 i 张输入特征图到第 j 张输出特征图的可训练卷积核，$b_j^{(l)}$ 表示第 j 张输出特征图的可训练偏置。卷积层中每

一个节点的计算值为

$$V_j^{(l)}(x,y) = \sum_{i=1}^{I} \sum_{u,v=0}^{F-1} k_{ji}^{(l)}(u,v) \cdot O_i^{(l-1)}(x-u,y-v) + b_j^{(l)} \tag{4.1.1}$$

$$O_j^{(l)}(x,y) = f\left[V_j^{(l)}(x,y)\right] \tag{4.1.2}$$

式中，$f(x)$为非线性激活函数；$V_j^{(l)}(x,y)$为第j张输出特征图位置(x,y)处节点的总体输入值。卷积层的超参数包含特征图的数量J，卷积核大小$F \times F$，步长(stride)S，补零个数(zero padding)P。步长指的是卷积核作用于输入特征图时每一次滑动的间隔。卷积运算本身会导致输出信号的维度减少，为了保持特征图的大小不变，在输入特征图的周围补零是一种常见的手段。如果输入包含I个大小为$W_1 \times H_1$的特征图，输出包含J个大小为$W_2 \times H_2$的特征图，则$W_2 = (W_1 - F + 2P)/S + 1$，$H_2 = (H_1 - F + 2P)/S + 1$。卷积层总共包含$(I \times J \times F \times F)$个权值和$J$个偏置，这些参数需要从训练样本中学习。一些研究指出，选择小一些的卷积核(如3×3或5×5)，步长取1，通常可以带来更好的结果(Zeiler and Fergus, 2014)。每一层设置多少特征图是根据交叉验证(cross-validation)来确定的。通常的设置为靠近输入的卷积层设置较少的特征图，而靠近输出的卷积层设置较多的特征图。因为卷积层的权值共享，所以如果输入平移一定量，其卷积层的输出也会平移相同的量，并保持其他不变。

3. 非线性激活函数

因为输入图像到输出类别的映射是非线性的，所以在卷积层中需要加入非线性激励函数。在传统的卷积神经网络中，非线性激活函数通常选取双曲正切函数$f(x) = \tanh(x)$或 Sigmoid 函数$f(x) = 1/[1 + \exp(-x)]$。但问题在于当双曲正切函数饱和时，即输出接近-1或1时，梯度降为0，而后向传播算法需要用到梯度信息，此时会导致训练停滞不前。这些会饱和的非线性激活函数也是造成直接用后向传播算法训练深度神经网络比较困难的原因之一。后来研究新发现了一种不会饱和的非线性激活函数，叫做修正线性单元(rectified linear unit, ReLU)，又称线性整流函数。在实际运行中，ReLU 的效果更好，训练时收敛更快。ReLU 非线性激活函数为

$$f(x) = \max(0, x) \tag{4.1.3}$$

此外，实验结果表明，当训练样本足够多时，使用 ReLU 非线性激活函数，从随机初始化开始直接用后向传播法训练，深度神经网络也可以达到最好的结果，此时无监督的逐层预训练不再对最终的分类结果有帮助。

4. 池化层

卷积层后面是池化层，池化层的主要作用是减少模型参数数量，降低模型过拟合风险。一般采用只保留局部最大值、均值或和的下采样运算，其中最大池化(max pooling)最常用。这步运算使得池化层的节点输出值对于局部平移和微小变形不敏感

(Abdel-Hamid et al., 2014)。最大池化运算定义为

$$O_i^{(l+1)}(x,y) = \max_{u,v=0,\cdots,G-1} O_i^{(l)}(x \cdot s + u, y \cdot s + v) \tag{4.1.4}$$

式中，G 为池化尺寸；s 为步长 (stride)，指相邻两个下采样窗口之间的间隔。实际中常见的超参数设置：池化尺寸取 2×2，步长取 2；或者池化尺寸取 3×3，步长取 2。更大的池化尺寸通常导致性能变差，因为下采样时丢弃了太多信息。

5. 归一化指数函数

在多元分类任务中，归一化指数函数 (softmax) 通常用作输出层，其输出为分类器判断当前输入信号属于每一类的概率，即对于 K 元分类问题，最终的输出为 K 维向量，向量中的每一个元素代表每一类的后验概率 $p_i = P(y = i \mid x)$，$i = 1, \cdots, K$。归一化指数函数的形式如下 (Bishop, 2006)：

$$p_i = \frac{\exp\left[O_i^{(L)}\right]}{\sum_{j=1}^{K} \exp\left[O_j^{(L)}\right]} \tag{4.1.5}$$

式中，$O_j^{(L)}$ 为输出层第 j 个节点总体输入值，其计算形式如式 (4.1.1) 和式 (4.1.2)。给定一组包含 m 个样本的训练集 $\left\{\left(x^{(i)}, y^{(i)}\right), i = 1, \cdots, m\right\}$，其中 $y^{(i)}$ 代表真实的类别，需要最小化的交叉熵损失函数 (cross-entropy loss function) 定义如下：

$$L(w) = -\frac{1}{m} \sum_{i=1}^{m} \log P\left[y^{(i)} \mid x^{(i)}; w\right] \tag{4.1.6}$$

在最小化损失函数的过程中，算法会自动调节参数 w 来提高模型预测概率中对应于真实类别的分量，这与最大似然估计是等价的。这里我们没有选择最小化真实类别与模型预测类别的平方误差，而是最小化两者之间的交叉熵，在分类问题中后者的效果更好，在回归问题中通常前者的效果更好。实际中，通常在损失函数中加入正则项 λw^2 来减少过拟合，这个正则项叫作 L^2 权值衰减，因为在损失函数中加入了 L^2 范数。

6. 随机失活

随机失活 (dropout) 是 2012 年提出的能够有效减少过拟合的正则化方法。训练大量不同的网络结构，然后取它们各自输出的平均值是提升模型性能的一种有效手段。然而，独立训练许多不同的网络结构，然后将各自的输出作平均是非常耗费时间的。随机失活提供了一种非常有效的手段，可以近似地计算大量不同网络结构的几何平均值。随机失活的实现方式为：训练时将每一个节点的输出值以一定的概率(如 50%)随机地设置为 0。对于训练时的每一次迭代，它都会随机采样一个不同的网络结构，而且只更新采样网络所对应的参数。尽管每一次都采样一个不同的网络结构，但是这些网络的参数是共享的。以 50% 为例，因为训练时有一半的节点会被随机丢弃，而测试时所有的隐层节点都被保

留，只是将节点的输出值乘以 0.5。

因为卷积层中独立参数的数量要远小于全连接层，所以卷积层产生过拟合的可能性已经大大减小了。此外，使用随机失活正则化方法会增加一倍的训练时间。因此，随机失活通常只用于全连接层。然而，将随机失活用于卷积层同样会提高性能。在本章例子中，由于我们使用的网络结构和训练样本的数量都不是非常大，因此训练时间不是问题。所以，我们在靠近输出层的卷积层中使用随机失活正则化方法来减少过拟合。

7. 具体的网络结构配置

本章中使用的全卷积网络 AConvNets 如图 4.2 所示，其总共包含 5 个卷积层和 3 个池化层。前三个卷积层的后面接有池化层，采用最大值池化形式，下采样窗口的大小取 2×2，相邻窗口的间隔取 2。线性整流函数(ReLU)作用于前四个卷积层。归一化指数函数作用于第五个卷积层的输出节点。卷积层中卷积核的滑动步长全部取 1，输入特征图的周围没有补零。输入图像的大小为 88×88，第一个卷积层选取了 16 个大小为 5×5 的卷积核，输出 16 个大小为 84×84 的特征图。经过第一个池化层后特征图的大小变为 42×42。第一个池化层的输出送入第二个卷积层，它包含 32 个大小为 5×5 的卷积核，生成 32 个大小为 38×38 的特征图。经过第二个下采样层，特征图的大小变成 19×19。第三个卷积层包含 64 个大小为 6×6 的卷积核，生成 64 个大小为 14×14 的特征图。经过第三个池化层后，特征图的大小变成 7×7。第四个卷积层包含 128 个大小为 5×5 的卷积核，生成 128 个大小为 3×3 的特征图。随机失活方法也应用于第四个卷积层。第五个卷积层包含 10 个大小为 3×3 的卷积核，以保证有 10 个大小为 1×1 的输出节点，每个节点的输出值对应于一个类别的概率。

图 4.2　全卷积网络的整体结构(包含 5 个可训练层)

卷积层表示为"Conv.(卷积核数量)@(卷积核大小)"

4.2　网络的训练方式

与绝大多数的机器学习算法相类似，全卷积网络中所有的权值和偏置都是通过最小化损失函数来训练的。通常情况下，很难通过解析方法去计算损失函数的全局最小值，不过损失函数对权值的梯度 $\partial L/\partial w$ 可以解析地计算出来。因此，可以通过迭代数值优化的方法来最小化损失函数。这类优化算法中最简单的是梯度下降法（gradient descent），权值迭代更新的准则为：$w \leftarrow w - \epsilon \cdot \partial L/\partial w$，其中 ϵ 是学习速率或步长。在深度卷积网络中，损失函数对权值的梯度可以通过后向传播算法非常有效地计算。但是考虑到深度卷积网络具有局部连接、权值共享和取最大值下采样这些特点，常规的后向传播算法需要做一些改动，我们采用深度学习工具包 Caffe 实现（Jia et al., 2014）。

1. 卷积网络中的后向传播算法

后向传播算法首先计算一个叫作"误差项" δ_i^l 的中间变量，然后将其与损失函数对权值的梯度 $\partial L/\partial w$ 相联系。对于输出层的每个节点，误差项为真实类别 y_i 与模型预测概率 p_i 之间的差异：

$$\delta_i^l = -(y_i - p_i) \tag{4.2.1}$$

然后误差项可以从后向前传播，直到输入层。如果第 $l+1$ 层是卷积层，则第 l 层的误差项为卷积核 $k_{ji}^{(l+1)}$ 与误差图 $\delta_j^{(l+1)}$ 之间补零后的互相关：

$$\delta_i^{(l)}(x,y) = \sum_j \sum_{u,v=0}^{F-1} k_{ji}^{(l+1)}(u,v) \cdot \delta_j^{(l+1)}(x+u, y+v) \tag{4.2.2}$$

尽管池化层中不包含可训练的权值，但池化层节点上的误差项也需要向前传播。如果第 $l+1$ 层是池化层，第 l 层的每个下采样窗口中只有输出值最大的那个节点接收从第 $l+1$ 层传播下来的误差项，其余节点的误差项定义为 0：

$$\delta_i^{(l)}(x,y) = f'\!\left[V_i^{(l)}(x,y)\right] \cdot \sum_{m,n} \delta_i^{(l+1)}(m,n) \cdot \varepsilon\!\left(u_{i,m} + m \cdot s - x, v_{i,n} + n \cdot s - y\right) \tag{4.2.3}$$

式中，$f'(x)$ 为非线性激活函数的导数，如果非线性激活函数取 ReLU，当 $x>0$ 时导数为 1，当 $x \leqslant 0$ 时导数为 0。$\varepsilon(x,y)$ 是狄拉克函数（Dirac function），当且仅当 x 和 y 都是 0 时，$\varepsilon(x,y)=1$，其余情况下函数值都为 0。$(u_{i,m}, v_{i,n})$ 是下采样窗口中输出值最大的那个节点的位置下标：

$$(u_{i,m}, v_{i,n}) = \operatorname*{argmax}_{u,v=0,\cdots,G-1} O_i^{(l)}(m \cdot s + u, n \cdot s + v) \tag{4.2.4}$$

完成了每一层中误差项的计算之后，就可以方便地计算损失函数对卷积核与偏置的梯度：

$$\frac{\partial L}{\partial k_{ji}^{(l)}(u,v)} = \sum_{x,y} \delta_j^{(l)}(x,y) \cdot O_j^{(l-1)}(x-u, y-v) \tag{4.2.5}$$

$$\frac{\partial L}{\partial b_j^{(l)}} = \sum_{x,y} \delta_j^{(l)}(x,y) \tag{4.2.6}$$

2. 带有动量项的小批量梯度下降法

对于批量梯度下降法(full-batch gradient decent),在每一次迭代时需要所有的训练样本来估计损失函数对权值的梯度。不过即使是真正的梯度方向也仅仅是损失函数局部下降最快的方向,而不是指向全局最小值的方向,所以对梯度值估计得再精确也是没有意义的。因此,每一次迭代选用较少的训练样本估计梯度,增加权值更新的次数,反而有助于搜索更多的参数空间,收敛到更好的极小值。所以,通常情况下,每次迭代时选用其中一部分训练样本来估计梯度,这种方法称作小批量梯度下降法(mini-batch gradient decent)。在每一个小批量中,每一类训练样本的数量需要大致相等(Bengio, 2012)。

动量项(momentum)(LeCun et al., 2012)是一种有效提高训练速度的方法。该方法通过将具有不同符号的梯度相叠加从而减少在该方向上的左右摇摆,将具有相同符号的梯度相叠加从而加速该方向上的学习。在动量项方法中,不是利用当前的梯度估计值来更新权值,而是利用当前的梯度估计值更新速度参数(velocity parameter) v_i,然后采用当前的速度参数更新权值。

整个网络采用有监督的小批量随机梯度下降法训练,其中小批量的大小为 100,动量项系数为 0.9,权值衰减正则化系数为 0.004。权值 w 的更新准则为

$$v_{i+1} = 0.9 \cdot v_i - 0.004 \cdot \epsilon \cdot w_i - \epsilon \cdot \left\langle \frac{\partial L}{\partial w_i} \right\rangle_i \tag{4.2.7}$$

$$w_{i+1} = w_i + v_{i+1} \tag{4.2.8}$$

式中,i 为迭代次数;ϵ 为学习速率;v 为动量项中定义的速度参数;$\langle \partial L / \partial w_i \rangle_i$ 为由第 i 组小批量训练样本计算得到的损失函数对梯度的平均值。

3. 权值初始化

对于绝大多数的深度卷积网络,权值都是通过均值为 0、标准差为 0.01 的高斯分布来初始化,偏置都初始化为常数 0.1。将权值随机初始化是非常重要的,因为如果所有的权值都初始化为同一个值,则所有的节点开始时将输出相同的值,进行后向传播算法时将产生相同的梯度值,因此每一次迭代时所有权值的更新量也相同。一般地,如果使用 ReLU 非线性激活函数,那么权值应该通过均值为 0、标准差为 $\sqrt{2/n}$ 的高斯分布初始化,其中 n 是每个节点的输入节点数。

4. 学习速率

在训练过程中逐渐降低学习速率(learning rate)通常是有利的。开始时最好使用较大的学习速率,让权值调节得更快一些。但是如果始终保持很高的学习速率,那么权值最

终将会左右摇摆，无法收敛到一个更好的值。通常学习速率起始值的数量级为 10^{-2} 或 10^{-3}，具体是能够使损失函数尽快下降的那个值。一种启发式的减小学习速率的方法是在训练过程中观察验证集上的表现，如果验证集的准确率在一段时间内停止改善，则将学习速率置为原来的 1/10 成 1/2。本章中的学习速率起始值为 0.001，在 50 个周期（epoch）之后将学习速率乘以 0.1，其中一个 epoch 指的是所有的训练样本都轮过一遍。

5. 提前停止训练

当训练一个深层模型时，通常会观察到一开始验证集上的准确率随着训练的进行逐步提高，但是训练了一段时间之后，准确率反而开始降低。提前停止训练（early stopping）是一种正则化方法，避免模型从欠拟合（underfitting）过渡到过拟合（overfitting）。通常的做法是每当验证集上的准确率有所提高时，就将此时的权值保留下来，当训练结束时存储使得验证集准确率最高的权值，而不是最后一次迭代得到的权值。

4.3　车辆目标检测与识别

为了验证提出的全卷积网络在 SAR 目标识别中的有效性，我们用实测数据进行实验。实验数据是由美国桑迪亚国家实验室（SNL）的 SAR 传感器采集的。数据的采集是由美国国防部先进研究项目局（DARPA）和美国空军研究实验室（AFRL）共同资助的，作为运动和静止目标获取与识别（MSTAR）项目的一部分（Keydel et al., 1996）。该项目采集了几十万张包含地面军事目标的 SAR 图像，其中包括不同的目标类型、方位角、俯仰角、炮筒转向、外型配置变化和型号变种，但是只有其中一小部分可以在网站上公开获取。公开的 SAR 数据集中包含 10 类不同的地面军事车辆（装甲车：BMP-2、BRDM-2、BTR-60、BTR-70；坦克：T-62、T-72；火箭发射车：2S1；防空单元：ZSU-234；军用卡车：ZIL-131；推土机：D7），由 X 波段 SAR 传感器采集，采用聚束式成像模式，方位向和距离向分辨率都是 0.3m，全方位角覆盖 0°～360°。MSTAR 基准数据集广泛运用于 SAR-ATR 算法的测试与比较。图 4.3 展示了 10 类目标的光学图像和同一方位角下的 SAR 图像。为了完整地衡量算法的性能，该算法同时在标准操作条件（standard operating conditions，SOC）和扩展操作条件（extended operating conditions，EOC）下进行测试。标准操作条件指的是测试 SAR 图像与训练 SAR 图像中目标的外形配置与型号相同，仅成像时目标的俯仰角和方位角不同。扩展操作条件指的是测试 SAR 图像中的目标与训练 SAR 图像有很大的不同，主要是成像角度有很大的改变、外形配置的变化、训练集与测试集中同一类目标的型号不同。

1. 标准操作条件下（SOC）的实验结果

在标准操作条件下，我们测试算法对于 10 类目标分类的结果。训练集和测试集的目标型号、成像俯仰角和每一类的样本数量都展示在表 4.1 中。训练集和测试集中的同一类目标具有相同的型号，但是成像俯仰角与方位角不同。训练集 SAR 图像是在 17° 俯仰角下采集的，而测试集 SAR 图像是在 15° 俯仰角下采集的。原始数据集中每一类目

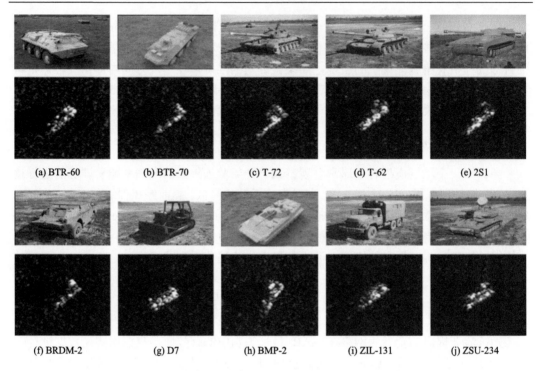

图 4.3　10 类车辆目标示例：光学图像 vs. SAR 图像

表 4.1　SOC 条件下训练 SAR 图像和测试 SAR 图像

类别	序列号	训练		测试	
		俯仰角/(°)	图片数目	俯仰角/(°)	图片数目
BMP-2	9563	17	233	15	196
BTR-70	c71	17	233	15	196
T-72	132	17	232	15	196
BTR-60	k10yt7532	17	256	15	195
2S1	b01	17	299	15	274
BRDM-2	E-71	17	298	15	274
D7	92v13015	17	299	15	274
T-62	A51	17	299	15	273
ZIL-131	E12	17	299	15	274
ZSU-234	d08	17	299	15	274

标的样本数不相等。人工提高训练样本数量是提高机器学习算法性能的一种常用的技巧。我们在原始 128×128 大小的 SAR 图像切片中随机采样许多 88×88 大小的切片，因为在原始的 SAR 图像中，目标正好位于图像切片的中心，如图 4.3 所示，所以这就保证了每一张随机采样的图像切片都能够完整地包含目标区域。经过这种随机采样，每一类目标的训练样本数量最大提高(128−88+1)×(128−88+1)=1681 倍。例如，BMP-2 装甲车原来有 233 张训练样本，经过随机采样最大有 233×1681 张不同的样本。最终我们对每一类

目标选择 2700 张训练样本。我们在人工扩展的数据集上训练模型。对于 SAR 图像我们没有做任何预处理。在标准操作条件下的混淆矩阵见表 4.2, 混淆矩阵的每一行代表实际的目标类型，每一列代表模型预测的类型。

表 4.2　SOC 条件下的混淆矩阵

类别	BMP-2	BTR-70	T-72	BTR-60	2S1	BRDM-2	D7	T62	ZIL-131	ZSU-234	P_{cc} / %
BMP-2	194	0	1	0	1	0	0	0	0	0	98.98
BTR-70	0	195	0	0	0	1	0	0	0	0	99.49
T-72	0	0	196	0	0	0	0	0	0	0	100
BTR-60	1	0	0	188	0	0	0	1	1	4	96.41
2S1	0	0	0	0	269	4	0	0	0	1	98.18
BRDM-2	0	0	0	0	0	272	0	0	0	2	99.27
D7	0	0	0	0	0	0	272	1	1	0	99.27
T-62	0	0	0	0	0	0	0	272	1	0	99.64
ZIL-131	0	0	0	0	0	0	0	0	273	1	99.64
ZSU-234	0	0	0	0	0	0	1	0	0	273	99.64
总计											99.13

为了测试全卷积网络的抗噪声性能，我们在待测试图像中随机选取一定比例的像素点，然后将像素值替换为从均匀分布中随机采样得到的值，如图 4.4 所示。这种噪声模拟方法与 Dong 等 (2014) 所采用的方法一样。使用之前在 10 类目标分类任务中训练好的网络在不同噪声程度下的分类正确率见表 4.3。

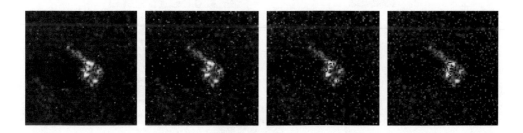

图 4.4　四幅图从左到右分别叠加了 1%、5%、10% 和 15% 的噪声

表 4.3　不同噪声程度下的分类正确率

噪声 /%	1	5	10	15
P_{cc} / %	91.76	88.52	75.84	54.68

从表 4.3 可以看出，随着噪声的提高，分类准确率不断下滑。当 5% 的像素值被替换成随机值时，分类准确率下降了 10%。因此，为了提高准确率，待测试图像输入网络前最好进行滤波。

经过训练的全卷积网络的内部变量如图 4.5 所示，将一幅 T-72 坦克的 SAR 图像输入训练好的网络，我们显示了所有的特征图和一部分卷积核。例如，第二个卷积层总共有 32×16 个不同的卷积核，因为地方有限，所以我们只显示了其中前 64 个。

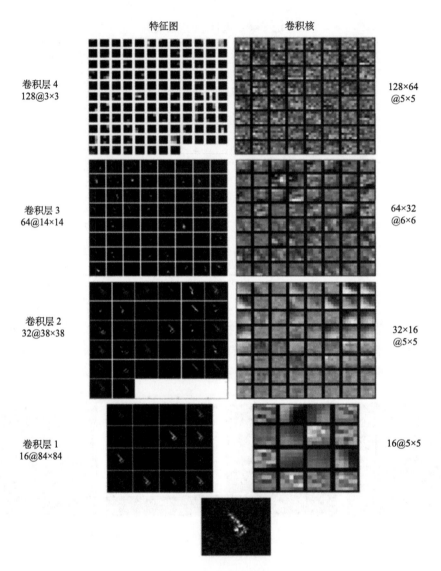

图 4.5　将 T-72 坦克的 SAR 图像输入训练好的全卷积网络

图中显示出每一层的特征图(左列)和部分卷积核(右列)

2. 扩展操作条件(EOC)下的实验结果

因为 SAR 成像结果对于俯仰角的改变非常敏感，所以我们首先测试全卷积网络在成像俯仰角度有相当大的改变时的结果。由表 4.4 可知，MSTAR 数据集中只有 4 类目标(2S1、BRDM-2、T-72、ZSU-234)包含 30° 俯仰角下的 SAR 图像，所以我们只测试这 4

类目标在 30° 俯仰角下的结果，训练图像是这 4 类目标在 17° 俯仰角下的 SAR 图像。大俯仰角变化条件下（记作 EOC-1）的混淆矩阵见表 4.5。

表 4.4　EOC-1 条件下的测试样本数量（大俯仰角度变化）

类别	序列号	俯仰角/(°)	图片数目
2S1	b01	30	288
BRDM-2	E-71	30	287
T-72	A64	30	288
ZSU-234	d08	30	288

表 4.5　EOC-1 条件下的混淆矩阵（大俯仰角度变化）

类别	2S1	BRDM-2	T-72	ZSU-234	P_{cc}/%
2S1	274	12	1	1	95.14
BRDM-2	0	285	0	2	99.30
T-72	2	1	266	19	92.36
ZSU-234	0	0	4	284	98.61
总计					96.12

在另一组 EOC 实验中，我们测试全卷积网络在目标外观配置改变（configuration variants）与型号变种（version variants）情形下的性能。变形目标如图 4.5 所示，主要包括坦克履带两侧的是否安装防护板、尾部是否安装燃料桶，以及同一类目标的不同型号变体、炮台和炮筒的左右和上下转向。在这组实验设置中，训练集包含 17° 俯仰角下的四类目标（BMP-2、BRDM-2、BTR-70、T-72）的 SAR 图像。表 4.6（记为 EOC-2）和表 4.7（记作 EOC-3）中分别列出了两组测试集，包含 17° 和 15° 俯仰角下采集的两种 BMP-2 变形目标和 10 种 T-72 变形目标。测试集中目标的型号并不出现在训练集当中。EOC-2 和 EOC-3 条件下的混淆矩阵分别见表 4.8 和表 4.9。从表 4.8 和表 4.9 可以看出，T-72 和 BMP-2 最容易和对方混淆。但是 Park 和 Kim（2014）与 Srinivas 等（2014）的研究中的其他方法的结果并没有这样明显的趋势，其中错分的 T-72 被均等地分为 BMP-2、BRDM-2 和 BTR-70。然而，T-72 和 BMP-2 确实更像，因为它们都具有炮台和炮筒。因此，结果显示 T-72 和 BMP-2 最难以区分是合理的。

图 4.6　T-72 变形目标示意图（从左至右依次：A04、A05、A64）

表 4.6　EOC-2 条件下的测试样本数量(外观配置变化)

类别	序列号	俯仰角/(°)	图片数目
T-72	S7	15，17	419
	A32	15，17	572
	A62	15，17	573
	A63	15，17	573
	A64	15，17	573

表 4.7　EOC-3 条件下的测试样本数量(型号变种)

类别	序列号	俯仰角/(°)	图片数目
BMP-2	9566	15，17	428
	c21	15，17	429
T-72	812	15，17	426
	A04	15，17	573
	A05	15，17	573
	A07	15，17	573
	A10	15，17	567

表 4.8　EOC-2 条件下的混淆矩阵(外观配置变化)

类别	序列号	BMP-2	BRDM-2	BTR-70	T-72	P_{cc} / %
T-72	S7	7	0	0	412	98.33
	A32	11	0	0	561	98.08
	A62	1	0	0	572	99.83
	A63	6	0	0	567	98.95
	A64	4	0	0	569	99.30
总计						98.93

表 4.9　EOC-3 条件下的混淆矩阵(型号变种)

类别	序列号	BMP-2	BRDM-2	BTR-70	T-72	P_{cc} / %
BMP-2	9566	412	1	2	13	96.26
	c21	423	1	0	5	98.60
T-72	812	16	0	0	410	96.24
	A04	6	2	0	565	98.60
	A05	1	0	0	572	99.83
	A07	3	0	0	570	99.48
	A10	0	0	0	567	100
总计						98.60

我们将全卷积网络的表现与四种广泛引用的算法以及四种最近发表的算法做比较。做比较的算法包括扩展最大平均 （EMACH）(Singh and Kumar, 2002)、支持向量机 (SVM)(Zhao and Principe, 2001)、条件高斯模型 （cond Gauss)(O'Sullivan et al., 2001)、自适应集成分类器(AdaBoost)(Sun et al., 2007)、迭代图增厚 （IGT）(Srinivas et al., 2014)、单演信号稀疏表征 （MSRC)(Dong et al., 2014)、单演尺度空间 （MSS)(Dong and Kuang, 2014)、改进的极坐标映射分类器 （M-PMC)(Park and Kim, 2014)。各种算法在不同的测试条件下的平均分类正确率总结在表 4.10 中。需要指出的是，EMACH、SVM、AdaBoost 的实验结果摘录自参考文献(Srinivas et al., 2014)，因为原始文献只介绍了算法对于三类目标分类的正确率，没有公布 10 类目标的分类结果以及在 EOC 实验条件下的结果。文献(Srinivas et al., 2014)的作者实现了这些算法并且线上发布了代码。其他方法的实验结果都摘自对应的论文。可以看出，全卷积网络算法结果与这些算法相比，都得到了更好的结果。

表 4.10　全卷积网络与目前最好的算法相比较

算法	SOC/%	EOC-1/%	EOC-2/%
EMACH	88	77	68
SVM	90	81	75
AdaBoost	92	82	78
cond Gauss	97	80	79
IGT	95	85	80
MSRC	93.6	98.4	—
MSS	96.6	98.2	—
M-PMC	98.8	—	97.3
AConvNets	**99.13**	**96.12**	**98.93**

3. 拒绝外来目标的能力

为了评价全卷积网络对于外来目标的拒绝能力，我们训练一个三元分类的网络，训练集中包含 BMP-2、BTR-70 和 T-72 三类目标,两个需要拒绝的混淆目标 2S1 和 ZIL-131 放到测试集中。在本次实验场景设置中，测试集包含 588 个已知目标(每类 196 个样本，总共 3 类已知目标)，以及 548 个混淆目标(每类 274 个样本,总共 2 类混淆目标)。因为最终输出是一个概率向量，向量的每一个元素对应于输入属于每一类的后验概率，所以拒绝外来目标的准则可以设置为：如果所有的预测概率都小于某一个阈值 τ_{th}，那么该目标将被判断为混淆目标。经过训练之后，同时描述检测率 P_d 和虚警率 P_{fa} 之间关系的受试者工作特征(receiver operating characteristic，ROC)的曲线可以通过设置不同的阈值 τ_{th} 而得到，如图 4.7 所示。其中，P_d 定义为检测到的已知目标与已知目标总数的比值，P_{fa} 定义为混淆目标中被判断为已知目标的数量与混淆目标总数的比值。较大的阈值会导致较低的检测率，较小的阈值会导致较高的虚警率。在图 4.7 中，当检测率 $P_d = 0.9$ 时，全

卷积网络的虚警率 P_{fa} 为 0.359。文献(Zhao and Pricipe, 2000)描述的四种算法(模板匹配、多分辨率主成分分析、具有二次互信息代价函数的神经网络、具有高斯核函数的支持向量机)在相同的实验条件下,当检测率 $P_d = 0.9$ 时,四种算法对应的虚警率分别是 0.465、0.4、0.455 和 0.312。全卷积网络对于外来混淆目标的拒绝能力与文献(Zhao and Pricipe, 2000)中提到的四种方法具有可比性。

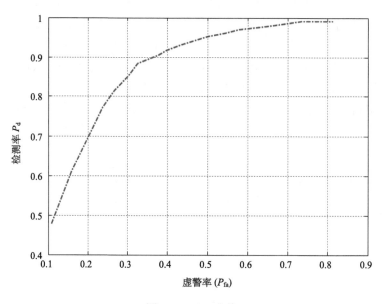

图 4.7 ROC 曲线

4. 全卷积网络与传统深度卷积网络的性能比较

为了比较全卷积网络和传统深度卷积网络的性能,我们测试了四种不同的传统深度卷积网络,见表 4.11。这些网络的结构与本章中使用的全卷积网络很相近,主要的不同点在于靠近输出的高层:从具有一个包含 512 个节点的全连接层的网络 "A",到具有两个包含 1024 个节点的全连接层的网络 "D"。Dropout 正则化方法会应用于所有的全连接层来减少过拟合。我们测试了这四种不同结构的传统深度卷积网络在 SOC 和 EOC 这两种实验条件下的结果。在 SOC 实验条件下,包含 10 类目标的训练集和测试集,见表 4.1。在 EOC 实验条件下,与前面的一样包含 10 类目标的训练集,但是测试集包含表 4.6 和表 4.7 所列的 BMP-2 和 T-72 的变形目标。这 5 种不同网络结构的实验结果见表 4.12。在 SOC 实验条件下,这 5 个网络的结果都不错,但是在 EOC 实验条件下,全卷积网络的表现远远超过传统的具有全连接层的深度卷积网络。所以,我们可以得出结论:全卷积网络能够在很大程度上抑制训练样本稀缺而导致的过拟合问题,其非常适合于 SAR 目标分类。

表 4.11 每一列代表一种传统的 **ConvNet** 网络结构,其中全连接层表示为 "**FC-**(节点数)",卷积层表示为 "**Conv-**(特征图数量)**@**(卷积核大小)"

网络配置			
A	B	C	D
Conv-16@5×5 + 最大池化			
Conv-32@5×5 + 最大池化			
Conv-64@5×5 + 最大池化			
FC-512	FC-1024	FC-512 FC-512	FC-1024 FC-1024
softmax			

表 4.12 5 种不同网络结构的平均正确分类率

网络结构	SOC/%	EOC/%
A	97.46	65.12
B	98.03	76.20
C	97.33	71.85
D	97.88	77.84
AConvNets	99.13	87.40

5. 端到端的 SAR 目标识别

以上研究仅涉及 SAR 自动目标识别系统中的目标自动分类,端到端(end-to-end)的系统还包含目标自动检测模块,首先,从复杂的场景(如森林、城区、海洋)中检测出潜在目标,提取包含潜在目标的图像切片。然后,将包含目标的图像切片输入分类器,分类器输出待识别目标的类型。目标检测可以使用经典的恒虚警率(constant false alarm rate,CFAR)类型的算法。为了展示全卷积网络对于目标检测也有良好的效果,我们选择两级的全卷积网络:第一级用于目标检测;第二级用于目标分类。目标检测本质上是二元分类问题,其将输入分成目标与杂波(clutter)。

1)数据准备

可以公开获取的 MSTAR 数据集包含大量尺寸为 1748×1478 但不包含目标的 SAR 场景图像,所以我们将许多大小为 128×128 的目标嵌入场景中,结果如图 4.9(a)所示。这一处理是合理的,因为目标和场景都是使用同一个机载 SAR 系统获取的,成像分辨率都是 0.3 m。

2)目标检测

目标检测是二元分类问题(目标或杂波),因此也可以采用全卷积网络算法。目标检测阶段采用的全卷积网络包含 4 个卷积层和 3 个池化层,如图 4.8 所示。前 3 个卷积层后面都连接有下采样层，下采样窗口的大小为 2×2，窗口滑动步长为 2。卷积层的步长固定为 1，卷积层输入特征图的周围没有补零。从第一个到第四个卷积层，卷积核的尺寸分别为 5×5、5×5、6×6 和 4×4，前三个卷积层每层包含 32 个特征图，第四个卷积层包含 2 个节点，代表输入是目标的可能性。

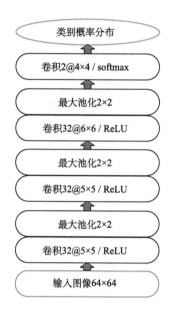

图 4.8　用于目标检测的全卷积网络的具体网络结构

　　训练数据集中包含目标切片和背景切片，目标切片与之前训练时用到的数据一致，背景切片是从许多不同的场景数据中采样得到的，包含草地、森林、农作物、小型建筑物。训练集和验证集都包含 2000 张目标样本和 4000 张背景样本。训练完成后，将二元分类的全卷积网络作为目标检测器，以滑窗的形式作用于整幅 SAR 场景图像。这一步的输出为一个预测目标存在概率的地图，如图 4.9(b) 所示。接着用阈值 0.9 将概率图二值化，大于 0.9 的部分置为 1，小于 0.9 的部分置为 0，然后计算每一个连通区域的质心，用来指示潜在目标的位置，如图 4.9(c) 所示。

　　3）目标分类

　　目标检测中检测出的连通区域的质心即潜在目标在 SAR 场景图像中对应的位置，用一个 88×88 的边框包围起来，然后将 88×88 大小的图像切片输入训练好的 10 类目标分类的全卷积网络，最终结果如图 4.9(d) 所示，其中绿色字体表示正确分类，红色字体表示错误分类，黄色字体表示虚警。图 4.9(e) 显示了另外一幅图像的结果，所提算法在两幅场景都取得了优异的检测与识别结果。

(a)

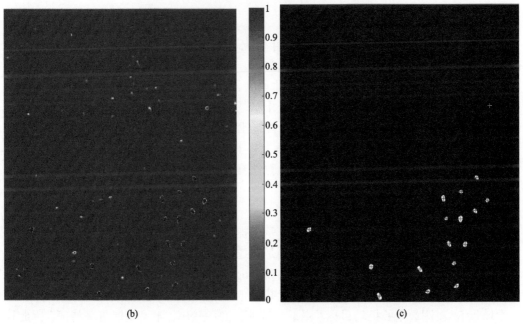

(b)　　　　　　　　　　　　　　　　　　(c)

(d)　　　　　　　　　　　　　　　　　　　　(e)

图 4.9　(a) 将目标嵌入整幅 SAR 场景；(b)指示目标存在概率的地图；(c)将概率图二值化并提取连通区域的质心；(d)最终目标识别的结果，用红色边框代表检测到的目标切片，用字符指示自动分类的结果(绿色字体表示正确分类，红色字体表示错误分类，黄色字体表示虚警)；(e)另一个例子的结果

4.4　飞机目标检测与识别

　　飞机目标为 SAR 目标监测中的一个重要类型,本节提出机场分割与飞机目标检测识别算法,并用实例进行分析,给出大场景下机场目标的粗检测算法与小场景下的精确分割算法;针对机场中的飞机目标,提出一种基于 Canny 算子的边缘检测与卷积神经网络结合的飞机目标检测算法。最后利用高分 3 号卫星和 TerraSAR-X 卫星数据对机场分割与飞机目标检测进行验证,结果表明,该算法具有优异的性能。

1. 机场目标粗检测

　　现有的机场检测方法主要分为两类：基于提取直线特征检测机场与基于图像分割检测机场。基于提取直线特征检测机场主要是通过检测跑道直线特征来检测机场,还有学者通过机场沿跑道呈双峰分布来检测机场(Zhang et al., 2010)。基于图像分割检测机场时常用的特征有长宽比、形状复杂度、灰度共生矩阵与 Hu 不变矩等(Liu et al., 2008)。对于大场景 SAR 图像中的机场目标, 由于目标所占面积较小,不易提取直线特征,因此检测结果较差。对于大场景下的 SAR 图像,机场区域常为较暗区域,基于图像分割检测机场算法较稳定,鲁棒性好。对于大场景下 SAR 图像中机场检测,我们提出机场目标二次检测算法，即首先进行机场目标的粗检测，再进行机场区域的精确分割。

图 4.10 为高分 3 号 SAR 数据示意图，图片大小为 7000 像素×7500 像素，分辨率为 3 m×3 m，以此来进行算法的验证。

图 4.10　高分 3 号 SAR 图像

平整的机场跑道以镜像散射为主，故机场区域在大场景 SAR 图像中呈大面积暗区域分布(郭雷等，2014)，因此在大场景 SAR 图像中机场检测可从暗区域分布入手。为减少陆地区域杂波对目标检测的影响，首先通过图像均值滤波对图像噪声进行抑制，后通过大津法(Otsu，1979)确定全局阈值对图像进行二值化处理。对二值化图像进行先膨胀后腐蚀操作，减少背景杂波影响，再取面积排名前十的连通域进行后续鉴别步骤。大场景 SAR 图像下面积较大的连通域主要为图 4.11 中所示的四种情况。图 4.11(a)为机场连通域，由于受机场建筑物等影响，其连通域中间有大部分孔洞，但形状比较规则，通常呈方形或三角形；图 4.11(b)为大面积海洋区域，连通域中间孔洞较少，面积较大且形状不固定，存在于图像边角；图 4.11(c)一般由于 SAR 图像中错综的道路与个别建筑在提取连通域时出现，其连通域中间也有较多孔洞，但由于道路与建筑分布的多变性，其形状呈不规则分布；图 4.11(d)是在大场景 SAR 图像中存在的面积较大的湖泊等较暗区域，连通域中孔洞较少，但面积远小于其他连通域。

(a)　　　　　　　　(b)　　　　　　　　(c)　　　　　　　　(d)

图 4.11　连通域主要存在情况

给出如下四种鉴别算子，对连通域进行鉴别来提取机场区域。

孔洞鉴别算子：连通域孔洞填充后面积 $\mathcal{S}_{\text{filled}}$ 与原面积 $\mathcal{S}_{\text{con}}$ 差占原面积比。

$$k_1 = \frac{\mathcal{S}_{\text{filled}} - \mathcal{S}_{\text{con}}}{\mathcal{S}_{\text{con}}} \tag{4.4.1}$$

形状鉴别算子：连通域面积与其最小外接矩形框面积 $\mathcal{S}_{\text{bbox}}$ 之比。

$$k_2 = \frac{\mathcal{S}_{\text{con}}}{\mathcal{S}_{\text{bbox}}} \tag{4.4.2}$$

面积鉴别算子：连通域面积与该幅图像中最大连通域面积 $\mathcal{S}_{\text{max\_con}}$ 之比。

$$k_3 = \frac{\mathcal{S}_{\text{con}}}{\mathcal{S}_{\text{max\_con}}} \tag{4.4.3}$$

复合鉴别算子：

$$k_4 = k_2 \times k_3 \tag{4.4.4}$$

机场区域粗检测算法流程如图 4.12 所示。

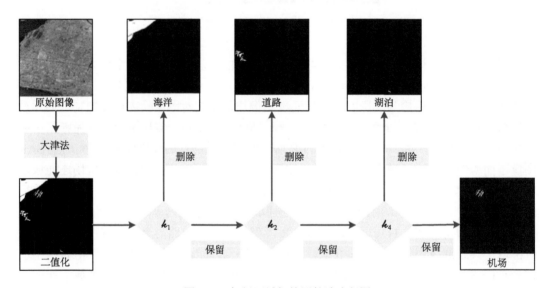

图 4.12　机场区域粗检测算法流程图

通过以上流程，机场区域粗检测结果如图 4.13 所示。

通过上述步骤，实现对大场景 SAR 图像中机场区域粗检测，从而对机场目标区域进行定位。

2. 机场区域精细分割

由于 SAR 图像特殊的成像机制及复杂散射条件的影响，SAR 图像原始数据中常存在横干涉条纹的影响。为消除这种影响，故先对图片进行滤波处理，在尽量保留图像细节特征的条件下对目标图像的横干涉条纹进行抑制。目前，常用的滤波方法主要有均值滤波与高斯滤波等。高斯平滑滤波器对于抑制服从正态分布的噪声非常有效。一维零均值高斯函数为

$$\mathcal{G}(x) = \exp\left(-\frac{x^2}{2\varsigma^2}\right) \tag{4.4.5}$$

式中，高斯分布参数 ς 决定了高斯函数的宽度。

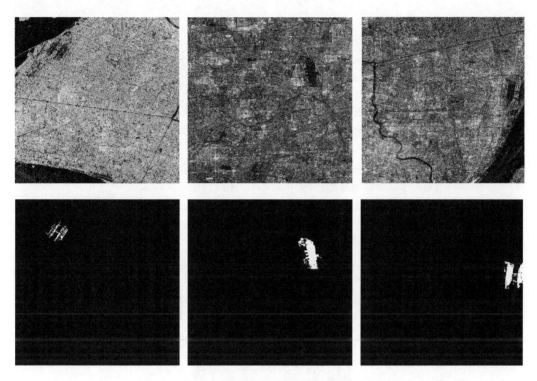

图 4.13　机场区域粗检测结果示意图

　　均值滤波对于图像整体起平滑模糊作用，横干涉条纹并没有去除，机场细节信息反而有所损失；高斯滤波主要对正态分布的噪声有较好的抑制作用，但对横干涉条纹处理效果不甚理想。因此，我们提出"替代滤波"算法，即先检测横条纹，然后采用图像中横条纹附近图像值替代横条纹处图像值。这种滤波方法不但可以保留机场细节信息，而且对横条纹有较好的抑制作用。图 4.14 给出了卷积核为 3×3 的均值滤波器、ς 为 1 的高斯滤波器以及替代滤波器在给定的 SAR 图像上进行滤波的效果比较。

　　对图像进行滤波预处理后，对图像进行机场精细分割，分割算法如图 4.15 所示。

　　机场精细分割结果如图 4.16 所示。采用提出的机场精细分割算法可实现对大场景 SAR 图像中机场目标粗定位后机场目标精细分割，同时机场精细分割算法也适用于对小场景 SAR 图像中机场目标的检测。

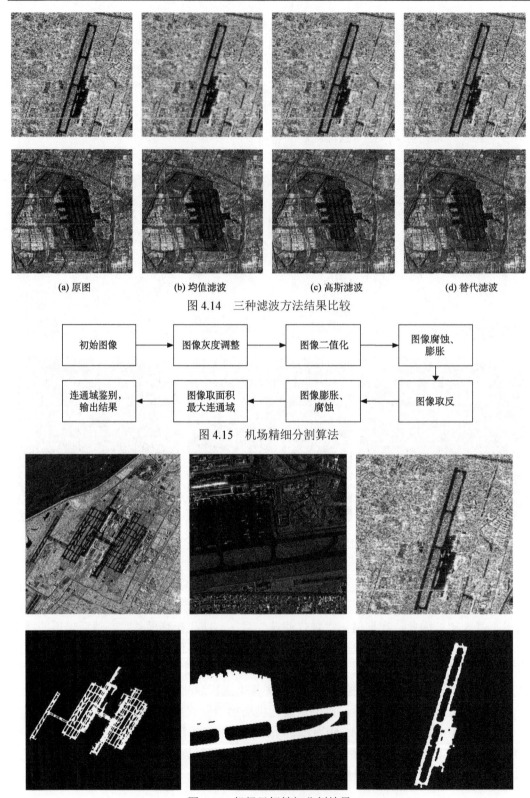

(a) 原图　　　　　(b) 均值滤波　　　　　(c) 高斯滤波　　　　　(d) 替代滤波

图 4.14　三种滤波方法结果比较

图 4.15　机场精细分割算法

图 4.16　机场目标精细分割结果

3. 飞机目标特征分析

因 SAR 图像具有特殊的成像机制，且成像结果随着散射条件的变化而变化，故 SAR 图像中飞机目标成像结果具有多样性。飞机在高分辨率 SAR 图像中易呈现不连续的散射点，且由于受背景强散射点，如地面保障设备、储油库等的影响，采用传统 CFAR 方法对 SAR 图像中飞机目标的整体检测效果很差，检测结果除存在漏检外，还包含大量虚警。传统目标检测方法常通过手动方式设计特征，存在目标特征提取能力不足且鲁棒性差的问题。图 4.17 为 SAR 图像中飞机目标示例。

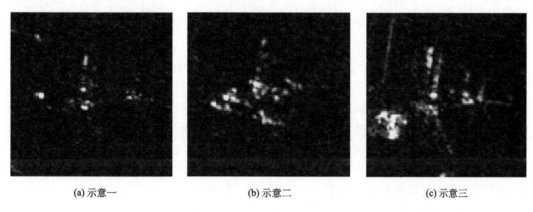

(a) 示意一　　　　　　　　　(b) 示意二　　　　　　　　　(c) 示意三

图 4.17　SAR 图像中飞机目标示例

4. 飞机目标粗定位

深度卷积网络在目标检测领域有显著优势，因此针对高分辨率 SAR 数据的陆地目标检测技术，提出了一种基于 Canny (1986) 算子的边缘检测与神经网络相结合的飞机目标检测算法，主要检测思路如图 4.18 所示。

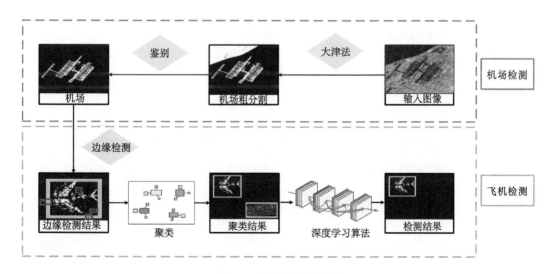

图 4.18　检测流程示意图

为减少机场区域杂波对目标检测的影响，首先通过全局 CFAR 对图像杂波与噪声进行抑制。其次，采用 Canny 算子对图像边缘进行提取。然后，对边缘提取后的图像进行膨胀与腐蚀操作，并对边缘虚警进行剔除，实现目标粗分割。通过飞机占机场面积比算子确定可疑目标在高分辨率 SAR 图像中的位置范围，提取包含目标与虚警的边界框。通过对边界框的处理进行飞机部件的组合，确定飞机整体目标的可能位置。最后，基于 ResNet (He et al., 2016) 神经网络对可疑目标进行鉴别，提取得到飞机目标。

在 SAR 图像中，飞机目标边缘是其重要的属性信息。鉴于实际 SAR 图像中陆地区域存在许多背景杂波，图像的边缘往往是各种类型的边缘和它们模糊化后结果的组合，且实际图像信号存在噪声。噪声和边缘都属于高频信号，很难用频带做取舍。图像边缘检测可大幅减少数据量，剔除被认为不相关的信息，保留图像重要的结构属性。因此，采用边缘检测对陆地可疑目标进行粗定位。

边缘检测的基本方法有很多，如 Roberts Cross 算子、Prewitt 算子、Sobel 算子、Canny 算子等。Robert 算子定位比较精确，但因不包括平滑，故对于噪声比较敏感。Prewitt 算子和 Sobel 算子都是一阶的微分算子，其对于混合多复杂噪声的图像处理效果不理想。Canny 边缘检测算子在一阶微分算子的基础上，增加了非极大值抑制和双阈值两项改进：利用非极大值抑制算法不仅可有效抑制多响应边缘，还可提高边缘的定位精度；利用双阈值可有效减少边缘的漏检率。因此，采用 Canny 算子对机场检测后的 SAR 图像进行边缘提取，其主要步骤和原理如下。

(1)用高斯滤波器平滑图像。

$$h(x,y,\sigma) = \frac{1}{2\pi\sigma^2}\exp\left(-\frac{x^2+y^2}{2\sigma^2}\right) \tag{4.4.6}$$

令 $g(x,y)$ 为平滑后的图像，用 $h(x,y,\sigma)$ 对图像 $f(x,y)$ 进行平滑，$g(x,y)$ 可表示为

$$g(x,y) = h(x,y,\sigma)*f(x,y) \tag{4.4.7}$$

式中，*代表卷积。

(2)用一阶偏导的有限差分计算梯度的幅值和方向。

利用一阶有限差分近似式来计算 x 与 y 偏导数的两个阵列 $f_x'(x,y)$ 与 $f_y'(x,y)$，即

$$f_x'(x,y) \approx \mathcal{G}_x = \frac{\left[f(x+1,y)-f(x,y)+f(x+1,y+1)-f(x,y+1)\right]}{2} \tag{4.4.8}$$

$$f_y'(x,y) \approx \mathcal{G}_y = \frac{\left[f(x,y+1)-f(x,y)+f(x+1,y+1)-f(x+1,y)\right]}{2} \tag{4.4.9}$$

幅值和方位角可用直角坐标到极坐标的坐标转化公式来计算，即

$$\mathcal{M}[x,y] = \sqrt{\mathcal{G}_x(x,y)^2+\mathcal{G}_y(x,y)^2} \tag{4.4.10}$$

$$\theta[x,y] = \arctan\left[\frac{\mathcal{G}_x(x,y)}{\mathcal{G}_y(x,y)}\right] \tag{4.4.11}$$

式中，$M[x,y]$ 反映了图像的边缘强度；$\theta[x,y]$ 反映了边缘的方向，使 $M[x,y]$ 取得局部最大值的方向角 $\theta[x,y]$ 反映了边缘的方向。

(3) 对梯度幅值进行非极大值抑制。

仅得到全局的梯度并不足以确定边缘，因此为确定边缘，必须保留局部梯度最大的点，抑制非极大值。在 Canny 算法中，非极大值抑制是进行边缘检测的重要步骤，通俗意义上是指寻找像素点(边缘)局部最大值，将非极大值点所对应的灰度值设置为 0，从而剔除大部分非边缘的点。

(4) 用双阈值算法检测和连接边缘。

设置两个阈值 t_1 和 t_2，两者关系为 $t_1=0.4*t2$。先将梯度值小于 t_1 的像素的灰度值设为 0，得到图像 1；再将梯度值小于 t_2 的像素的灰度值设为 0，得到图像 2。以图像 2 为基础，以图像 1 为补充，连接图像的边缘。

基于 SAR 图像机场检测结果，采用 Canny 算子进行边缘提取，结果如图 4.19 所示。

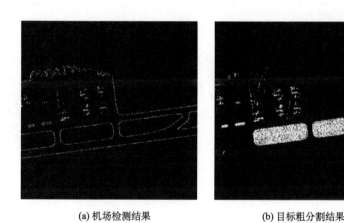

(a) 机场检测结果　　　　　　　　　　(b) 目标粗分割结果

图 4.19　边缘检测结果

图 4.19 中，可疑目标粗分割结果去除了机场边缘信息，从而使飞机目标更为清晰，但其包含了大量陆地杂波，且飞机目标被分成许多小块。

目标粗分割使得飞机目标更为清晰，且去除了大量背景杂波的影响，飞机目标基本为一个连通域。由于 SAR 图像特殊的成像机制和散射条件的多变性，机翼、机头、机尾等一些飞机部件成像为独立的高亮散射点。相对于其余虚警边界框，该边界框与机身相距很近，故通过聚类算法可将飞机部件与机身进行合并。以符合飞机尺寸要求的目标框作为初始聚类中心，通过 K-Means 聚类算法对边界框进行合并与剔除，处理结果如图 4.20 所示。

5. 飞机目标鉴别

鉴于残差网络(ResNet)的优越表现，将其用于该数据集飞机目标二分类识别。所采用的网络结构如图 4.21 所示。

(a) 去除边界虚警后边界框

(b) 小边界框合并后边界框

图 4.20　目标粗检测结果

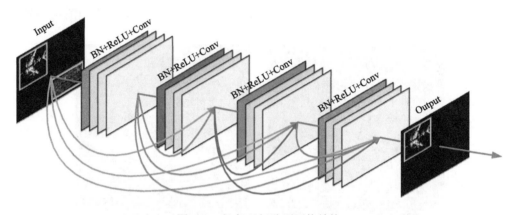

图 4.21　飞机目标鉴别网络结构

利用训练好的网络对图 4.20(b) 待识别边界框中的目标进行识别，其识别结果如图 4.22 所示。

图 4.22　飞机目标识别结果

通过基于 Canny 算子的边缘检测算法，可有效去除边缘虚警，减少后续步骤计算量；通过 K-Means 聚类算法，对大小边界框进行匹配，可对因复杂散射机制而成像为独立亮斑的飞机部件与机身进行组合，完善飞机目标，同时有效去除独立虚警目标；通过基于 ResNet 的飞机目标二分类卷积神经网络的识别，可对高分辨率 SAR 图像中的可疑目标进行鉴别，有效剔除陆地区域较大虚警目标。对飞机目标检测结果的分析表明，该方法对 SAR 图像中飞机目标的检测率达到 100%，虚警率达到 7.7%。

4.5　小波散状网络

快速小波变换理论创始人 Mallat 于 2013 年提出的一种类似于深度卷积网络的模型用于提取特征，该模型被命名为小波散状网络（wavelet scattering convolutional network）（Bruna, 2013），本书将这里的"Scattering"翻译为"散状"，以避免与电磁波散射混淆。小波散状卷积网络是一种基于小波变换的多层图像特征提取网络。首先，利用小波变换对图像进行分层特征提取，保留图像中存在的高频信息，即通常意义上而言的图像微小细节信息。接着，利用平均算子对所提取的高频信息量进行降频转化，将信息量变为低频信息。这个过程中虽然高频信息存在丢失，但通过低频处理的方式，保持了图像高频信息的稳定性。在下一层次的卷积网络变换过程中，高频信息又可以得以恢复保留。因此，采用小波散状卷积网络可以有效准确地对图像不同层次处所保留的高频信息量进行提取分析。

小波散状网络具有三大优点：首先，不同于常见的深度学习模型中每层都包含大量需要从训练样本中学习的参数，小波散状网络除了分类器之外，每层的参数都是预先定义好的。小波散状网络减少了需要从训练样本中学习的参数，从而减轻了发生过拟合的可能性，进而减少了对训练样本数量的需求。其次，小波散状网络中需要手工调节的超参数也非常少，因此减少了试验的次数。最后，数学理论可以证明通过构造特定的小波函数，小波散状网络的输出信号具有平移、旋转、尺度不变性，对噪声和微小变形不敏感。

本节简要介绍小波散状网络的构造思想及其性质，并测试了其在 MSTAR 数据集中 10 类目标的分类性能。

1. SAR 图像小波变换

信号变换的本质是将信号分解为一组奇函数的线性组合，傅里叶变换的基函数是 $\left\{e^{jwt}\right\}$，小波变换的基函数是 $\left\{\psi_{j,\theta},\phi_J\right\}_{j,\theta}$，小波基函数是通过对小波母函数 ψ 进行旋转和尺度缩放得到的：

$$\psi_{j,\theta}(u) = 2^{-2j}\psi\left(2^{-j}r_{-\theta}u\right) \tag{4.5.1}$$

$$\phi_J(u) = 2^{-2J}\phi\left(2^{-J}u\right) \tag{4.5.2}$$

式中，旋转角度为 θ； $r_\theta = \begin{bmatrix} \cos\theta & -\sin\theta \\ \sin\theta & \cos\theta \end{bmatrix}$；　2^j 为尺度缩放倍数，$1 \leqslant j \leqslant J$，只要同时

满足 $\psi \in L^2\left(\mathbb{R}^2, \mathbb{C}\right)$ 和 $\int_{\mathbb{R}^2} \psi(u) \mathrm{d}u = 0$，$\psi$ 就可以作为一个小波母函数。本书中 ψ 采用 Morlet

小波，ϕ 采用高斯函数，如图 4.23 所示。

$$\psi(u) = \frac{1}{2\pi\sigma}\left(\mathrm{e}^{iu.\xi} - \beta\right)\mathrm{e}^{-\frac{\|u\|^2}{2\sigma^2}} \tag{4.5.3}$$

$$\phi(u) = \frac{1}{2\pi\sigma}\mathrm{e}^{-\frac{\|u\|^2}{2\sigma^2}} \tag{4.5.4}$$

式中，$\beta \ll 1$；$\sigma = 0.85$；$\xi = 3\pi/4$。

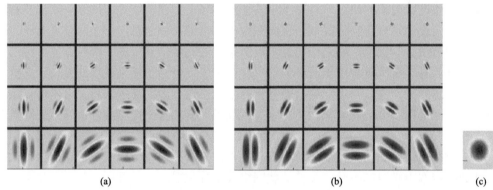

(a)　　　　　　　　　　　　　(b)　　　　　　　　(c)

图 4.23　(a) Morlet 小波 ψ 实部；(b) Morlet 小波 ψ 虚部；(c) 高斯函数 ϕ

其中，尺度缩放按行排列，$1 \leqslant j \leqslant 4$；旋转变化按行排列，$L = 8$

如果小波母函数 $\psi(u)$ 的傅里叶变换 $\hat{\psi}(w)$ 的中心频率是 η，则 $\psi_{j,\theta}(u)$ 的傅里叶变换为 $\hat{\psi}_{2^{-j}r_{-\theta}}(w) = \hat{\psi}\left(2^j r_{-\theta}w\right)$，其中心频率为 $2^{-j}r_{-\theta}\eta$，带宽与 2^{-j} 成正比。$\psi_{j,\theta}(u)$ 的傅里叶变换如图 4.24 所示。

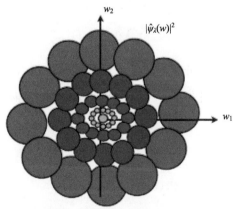

图 4.24　小波基函数的傅里叶变换

所谓小波变换，实质上就是对原始信号进行滤波。对带通小波函数缩放和旋转可以得到一个多分辨率的小波函数：

$$Wx(u) = \left\{ x * \phi_J(u), x * \psi_{j,\theta}(u) \right\}_{\theta, j \leqslant J} \tag{4.5.5}$$

小波变换满足如下性质。

(1) 能量保持不变：$\|Wx\|^2 = \sum_{\theta, j \leqslant J} \int |x * \psi_{j,\theta}|^2 + \int |x * \phi_J|^2 = \|x\|^2$

(2) 平移协变性：当信号平移一段距离，其小波变换也平移同样的距离，即 $\forall c \in \mathbb{R}$，

$$x_{\tau=c}(u) = x(u-c), \quad W(x_{\tau=c}) = (Wx)_{\tau=c}$$

为了建立具有平移不变性的表征，需要在上述小波变换后引入一种非线性池化算子 M。经过该非线性变换后，$\int M(x * \psi_\lambda)(\mu) \mathrm{d}\mu$ 对于形变要稳定。该非线性变换算子 M 必须是一种非扩张映射，从而保证对噪声具有稳定性。在满足上述条件的同时，还需要保留图像的能量信息，那么最终满足这种条件的非线性池化算子经过数学证明之后，可以得出 $\mathbf{L}^1$ 范数：

$$\|x * \psi_\lambda\|_1 = \int |x * \psi_\lambda(u)| \mathrm{d}u \tag{4.5.6}$$

$\mathbf{L}^1$ 范数正则化的 $\left\{ \|x * \psi_\lambda\|_1 \right\}_\lambda$ 是一种粗糙的信号表征，表现出小波系数的稀疏性。虽然取模的过程会丢失小波变换系数的相位信息，但是信息的损失并不是来自取模的过程。已经证明，x 可以通过小波系数的模 $\left\{ |x * \psi_\lambda(u)| \right\}_\lambda$ 重建出来（Waldspurger et al., 2015）。信息的损失来自于 $|x * \psi_\lambda(u)|$ 的集成，这个过程中去掉了所有非零的频率。这些非零的频率在计算 $|x * \psi_{\lambda_1}|$ 的小波系数 $\left\{ |x * \psi_{\lambda_1}| * \psi_{\lambda_2}(u) \right\}_{\lambda_2}$ 时得到恢复。两者的 $\mathbf{L}^1$ 范数定义了一个更深层次的平移不变性的表征，即对于所有的 λ_1 和 λ_2，有

$$\left\| |x * \psi_{\lambda_1}| * \psi_{\lambda_2} \right\|_1 = \int \left| |x * \psi_{\lambda_1}(u)| * \psi_{\lambda_2} \right| \mathrm{d}u \tag{4.5.7}$$

如上所示，可以通过迭代小波变换和模算子得到更多具有平移不变性的系数。令 $U[\lambda]x = |x * \psi_\lambda|$，对于一个路径序列 $p = (\lambda_1, \lambda_2, \cdots, \lambda_m)$ 计算非线性且非互易的散状传播子：

$$U[p]x = U[\lambda_m] \cdots U[\lambda_2]U[\lambda_1]x = \left\| |x * \psi_{\lambda_1}| * \lambda_2 |\cdots * \psi_{\lambda_m}| \right| \tag{4.5.8}$$

式中，$U[\theta]x = x$。沿着路径 p 的散状变换定义如下：

$$\bar{S}x(p) = u_p^{(-1)} \int U[p]x(u)\mathrm{d}u, \quad \text{其中 } \mu_p = \int U[p]\delta(u)\mathrm{d}u \tag{4.5.9}$$

散状系数 $\bar{S}x(p)$ 对 x 具有平移不变性。由式 (4.5.9) 可以看出，该变换和傅里叶变换有很多相似之处，但是小波散状系数对于形变具有 Lipschitz 连续性，而傅里叶变换则没有。

在分类时，通常会使得提取的局部特征描述在尺度小于预定义的尺度 2^J 时具有平移不变性，而在尺度大于 2^J 时使得其保持空间上的可变性。这就需要用一个空间窗口

$\phi_{2^J}(u) = 2^{-2J}\phi(2^{-J}u)U[p]x * \phi_{2^J}(u)$　将积分的过程局部化，定义窗口化的散状变换：

$$S[p]x(u) = U[p]x * \phi_{2^J}(u) = \int U[p]x(v)\phi_{2^J}(u-v)\mathrm{d}v \tag{4.5.10}$$

因而可以得到：

$$S[p]x(u) = \left\| \left\| x * \psi_{\lambda_1} \right\| * \lambda_2 \right| \cdots * \phi_{2^J}(u) \right| \tag{4.5.11}$$

式中，$S[\theta]x = x * \phi_{2^J}$。卷积 $\phi_{2^J}(u)$ 的过程实质上是一个以尺度 2^J 的间隔平均下采样的过程。该窗口化的散状算子具有局部平移不变性，并且对于形变具有稳定性。

转换为角度表示后，小波散状的过程可以表示为

$$Wx(u) = \left\{ x * \phi_{2^J}(u), x * \phi_{j,\theta}(u) \right\}_{j \leqslant J} \tag{4.5.12}$$

如果 $p = (\lambda_1, \lambda_2, \cdots, \lambda_m)$ 是长度 m 的路径，那么 $S[p]x(u)$ 就是 m 阶窗口化散状系数，在卷积网络的第 m 层计算。散状算子的关键属性来源于散状传播子 $U[p]x$，其可以构建一个多层的卷积网络。但是小波散状卷积网络和常规的卷积网络具有明显的不同之处：常规的卷积网络仅在最后一层输出结果，且滤波器组的参数需要通过大量的数据样本学习得到，而小波散状卷积网络的散状系数分布于每一层，并且滤波器组的参数是预先定义的（Sifre and Mallat, 2012; Bruna, 2013），仅仅需要学习最后的监督分类器的参数。除此之外，相关文献已经证明，散状卷积网络的能量集中在较少的路径中，散状能量随着路径的增加逐渐趋近于 0。同时，散状卷积网络的前三层集中了图像的大部分能量（Sifre and Mallat, 2013）。

当 $m = 3$ 时，散状卷积网络的结构如图 4.25 所示。向下的箭头是散状传播子传播的过程，向上的箭头所输出的是提取的特征。小波散状卷积网络最终输出 $S_J x$ 可以表示为

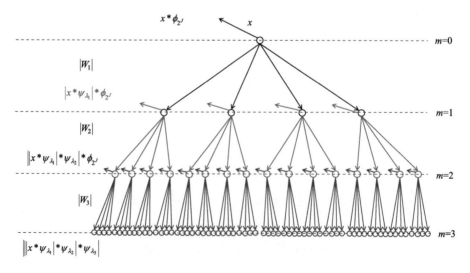

图 4.25　散状卷积网络结构示意图

$$S_J x = \begin{pmatrix} x * \phi_{2^J} \\ \left| x * \psi_{\lambda_1} \right| * \phi_{2^J} \\ \left\| x * \psi_{\lambda_1}(u) \right| * \psi_{\lambda_2} \right| * \phi_{2^J} \end{pmatrix}_{\lambda_1, \lambda_2} \qquad (4.5.13)$$

上述小波散状系数 $S_J x$ 仅仅满足在尺度小于预定义的尺度 2^J 时具有局部平移不变性，其对于旋转变化依旧十分敏感。小波散状卷积网络可以通过调整小波基函数，使得小波散状系数对于平移和旋转都具有不变性，其主要思想为：第一层小波散状卷积网络沿着空间变量 $u = (x, y)$ 计算一个二维的小波变换，保持局部平移不变性：

$$x(u) \to \left| W_1 \right| \to \left| x * \psi_{j,\theta}(u) \right| = x^1_{j,\theta}(u) \to \left| W_2 \right| \to \left| x^1_{j,\theta} * \psi_{j,\theta}(u) \right| \qquad (4.5.14)$$

第二层则同时沿着空间变量 $u = (x, y)$ 和角度 θ 计算一个三维的小波变换，从而实现旋转不变性：

$$x(u) \to \left| W_1 \right| \to \left| x * \psi_{j,\theta}(u) \right| = x^1_j(u,\theta) \to \left| W_2 \right| \to \left| x^1_{j_1} * \psi_{j,\beta,k}(u,\theta) \right| \qquad (4.5.15)$$

具体算法过程如下：

对于第一层小波散状卷积网络，小波基函数为

$$\psi_{j,\theta}(u) = 2^{-2j} \psi\left(2^{-j} r_\theta u\right) \qquad (4.5.16)$$

图像 x 经过小波变换和模算子之后得到网络第一层的中间变量为

$$x^1_{j_1,\theta}(u) = \left| x * \psi_{j_1,\theta}\left(2^{j_1 - 1} u\right) \right| \qquad (4.5.17)$$

对于第二层小波散状卷积网络，小波基函数为

$$\psi_{j,\beta,k}(u,\theta) = \psi_{j,\beta}(u) \overline{\psi_k}(\theta) \qquad (4.5.18)$$

式中，$\psi_{j,\beta}(u) = 2^{-2j} \psi\left(2^{-2j} r_\beta u\right)$；$\beta$ 为旋转角度参数；$\overline{\psi_k}(\theta) = 2^{-k} \overline{\psi}\left(2^{-k}\theta\right)$，为沿着角度 θ 的一维小波变换；尺度变换系数为 $2^k (1 \leqslant k \leqslant K < \log_2 L)$。对任意的 $0 \leqslant j_1 \leqslant j < J$，网络第二层的中间变量为

$$x^2_j(u) = \left| x^2_{j_1} * \psi_{j,\beta,k}\left(2^{-j_1 - 1} u, 2^{-k - 1}\theta\right) \right| \qquad (4.5.19)$$

最终输出的小波散状系数 $S_J x$ 可以表示为

$$S_J x = \left\{ x * \phi_{2^J}, x^1_j * \phi_{2^J}, x^2_j * \phi_{2^J} \right\}_{1 \leqslant j \leqslant J} \qquad (4.5.20)$$

一阶系数 $x^1_j * \phi_{2^J}$ 和 SIFT 特征矢量非常相似(Lowe, 2004)，提供了图像在 2^J 邻域内不同尺度和方向上的平均能量分布信息。二阶散状系数 $x^2_j * \phi_{2^J}$ 可以看作是一个增强的 SIFT 特征矢量表征，提供了多尺度邻域内尺度和角度的交互信息。

通过以上计算过程，此时的小波散状卷积网络具有局部平移和旋转不变性，且对微扰和微小形变均不敏感。小波散状系数几乎可以完整地描述图像的全部信息。小波系数之间是互相关联的，通过一个有监督的特征选择过程可以大大减少散状系数的数目。本

章采用的是正交最小二乘法回归算法挑选散状系数(Oyallon and Mallat, 2015)。以挑选出的小波散状系数为输入，训练一个线性分类器，如高斯核函数支持向量机，就可以实现图像的分类，具体的过程这里不做赘述。

2. MSTAR 数据集实验结果

采用 MSTAR 数据集中 10 类不同地面军事目标 SAR 图像数据对算法进行测试。其数据介绍见本书 4.3 节。为了全面地测试基于小波散状卷积网络 SAR-ATR 算法的性能，本章同时对标准操作条件(SOC)和扩展操作条件(EOC)下的数据进行测试。标准操作条件指的是用于测试与训练的 SAR 图像中，目标的外形配置与型号均相同，仅成像时目标的俯仰角和方位角不同。扩展操作条件指的是用于测试与训练的 SAR 图像中，目标的差异很大。这些差异主要来自目标成像角度有很大的改变，或者外形配置的变化，如有无炮筒、防护板、燃料桶等，或者训练集与测试集中同一类目标的型号有很多不同种类，如图 4.26 所示。

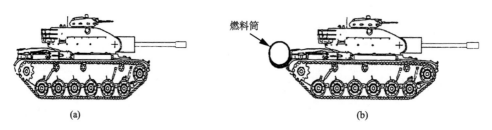

燃料筒

(a)　　　　　　　　　　　　　　　　　　(b)

图 4.26　MSTAR 外形配置变化示意图

标准型 T72(a)和带有备用油箱的变体(b)

在 SOC 条件下，测试算法对于 10 类目标分类的结果。训练和测试 SAR 图像数据集的目标型号、成像俯仰角和相应类别的样本数量都统计在表 4.13 中，表 4.13 中的数据没有经过任何的预处理。训练和测试 SAR 图像数据集中的同一类目标具有相同的型号，但是成像俯仰角与方位角不同。SOC 条件下小波散状神经网络训练使用的数据是在 17°俯仰角下采集的 SAR 图像，而测试数据使用的是在 15°俯仰角下采集的 SAR 图像。在 SOC 条件下的分类正确率及混淆矩阵见表 4.14，混淆矩阵的每一行代表实际的目标类型，每一列代表模型预测的类型。小波散状神经网络在不使用数据增强的条件下，仅依靠每一类目标不足 300 个样本达到了 96.7%的分类精度，可以认为基于小波散状卷积网络的 SAR-ATR 算法可以对 SOC 条件下 MSTAR 的 10 类目标分类取得非常好的效果。

SAR 图像对于俯仰角的改变相当敏感，甚至一个微小的俯仰角变化就会导致图像发生巨大的变化。在扩展操作条件下，首先测试小波散状卷积网络在 SAR 成像俯仰角度有相当大的改变时的结果，即使用 17° 俯仰角下获取的数据训练小波散状神经网络，使用 30° 俯仰角下获取的 SAR 图像进行测试。由表 4.15 所知，MSTAR 数据集中只有 4 类目

表 4.13　SOC 条件下训练和测试 SAR 图像统计表

类别	序列号	训练		测试	
		俯仰角/(°)	图片数目	俯仰角/(°)	图片数目
BMP-2	9563	17	233	15	195
BTR-70	c71	17	233	15	196
T-72	132	17	232	15	196
BTR-60	k10yt7532	17	256	15	195
2S1	b01	17	299	15	274
BRDM-2	E-71	17	298	15	274
D7	92v13015	17	299	15	274
T-62	A51	17	299	15	273
ZIL-131	E12	17	299	15	274
ZSU-234	d08	17	299	15	274

表 4.14　SOC 条件下的正确率及混淆矩阵

类别	BMP-2	BRDM-2	BTR-60	BTR-70	D7	2S1	T-62	T-72	ZIL-131	ZSU-234	P_{cc}/%
BMP-2	190	2	0	1	0	1	0	1	0	0	97.4
BRDM-2	0	272	0	0	0	0	0	0	2	0	99.3
BTR-60	0	0	189	3	0	0	0	0	2	1	96.9
BTR-70	0	0	0	196	0	0	0	0	0	0	100
D7	0	0	0	0	272	0	0	0	2	0	99.3
2S1	4	1	2	9	0	239	9	0	7	3	87.2
T-62	1	0	0	1	0	0	264	2	0	5	96.7
T-72	0	0	0	0	0	1	0	195	0	0	99.5
ZIL-131	0	0	0	0	0	0	0	0	274	0	100
ZSU-234	0	0	0	0	0	0	0	0	0	274	100
总计											97.63

表 4.15　EOC-1 条件下的训练和测试样本数量(大俯仰角度变化)

类别	序列号	训练		测试	
		俯仰角/(°)	图片数目	俯仰角/(°)	图片数目
2S1	b01	17	299	30	288
BRDM-2	E-71	17	298	30	287
T-72	A64	17	299	30	288
ZSU-234	d08	17	299	30	288

标(2S1、BRDM-2、T-72、ZSU-234)包含 30°俯仰角下的 SAR 图像。在大俯仰角变化条件下(记作 EOC-1)，使用两个测试方法对小波散状神经网络进行测试：一是使用 SOC 条件下的 10 类数据进行网络的训练，使用 4 类目标样本进行测试；二是仅使用 4 类目标

样本进行训练和测试。测试结果混淆矩阵分别在表 4.16 和表 4.17 中给出。可以看出，在大俯仰角变化的条件下，网络的识别准确率出现了显著的降低，在使用 10 类训练样本的条件下，准确率下降到 74.37%，在仅使用 4 类训练样本的条件下，准确率也只达到了 82.46%，远低于 SOC 条件下的 97.63%。这说明 SAR 图像对俯仰角变化的敏感性。

表 4.16　EOC-1 条件下的正确率及混淆矩阵（大俯仰角度变化）

类别	2S1	BRDM-2	T-72	ZSU-234	P_{cc} /%
2S1	205	50	33	0	71.18
BRDM-2	7	270	8	2	94.08
T-72	39	20	202	27	70.14
ZSU-234	3	4	9	272	94.44
总计					82.46

表 4.17　EOC-1 条件下的正确率及混淆矩阵

类别	BMP-2	BRDM-2	BTR-60	BTR-70	D7	2S1	T-62	ZIL-131	T-72	ZSU-234	P_{cc} /%
2S1	1	28	0	0	6	229	1	0	23	0	79.51
BRDM-2	0	271	0	0	1	11	0	0	4	0	94.42
T-72	1	27	0	0	18	41	9	0	192	0	66.67
ZSU-234	0	24	0	0	63	15	1	0	21	164	56.94
总计											74.37

表 4.18　EOC-2 条件下的测试样本数量（外观配置变化）

类别	序列号	俯仰角/(°)	图片数目
	S7	15,17	419
	A32	15,17	572
T-72	A62	15,17	573
	A63	15,17	573
	A64	15,17	573

表 4.19　EOC-3 条件下的测试样本数量（型号变种）

类别	序列号	俯仰角/(°)	图片数目
BMP-2	9566	15,17	428
	c21	15,17	429
	812	15,17	426
	A04	15,17	573
T-72	A05	15,17	573
	A07	15,17	573
	A10	15,17	567

测试小波散状卷积网络在这种 EOC 条件下的分类性能：将 17°仰角下的四类目标
（BMP-2、BRDM-2、BTR-70、T-72）的 SAR 图像（表 4.14）作为训练集，表 4.18（记为 EOC-2）
和表 4.19（记为 EOC-3）中分别列出了 17°和 15°俯仰角下采集的两种 BMP-2 变形目标和
10 种 T-72 变形目标共计两组测试集。训练集当中并不包括测试集中目标的型号。EOC-2
和 EOC-3 条件下的分类正确率及混淆矩阵见表 4.20。可以看出，基于小波散状卷积网络
的 SAR-ATR 算法对于变形目标的分类效果也能达到 90%以上。

表 4.20　小波散状卷积网络对变形目标的分类正确率及混淆矩阵

类别	序列号	BMP-2	BRDM-2	BTR-70	T-72	P_{cc}/%
BMP-2	9566	343	5	17	63	80.14
	c21	331	11	22	65	77.16
T-72	812	16	4	15	391	91.78
	A04	32	42	8	491	85.69
	A05	2	8	0	563	98.25
	A07	4	18	1	550	95.99
	A10	0	3	1	563	99.29
	S7	8	0	8	403	96.18
	A32	24	7	0	541	94.58
	A62	10	14	1	548	95.63
	A63	5	17	9	542	94.59
	A64	5	48	6	514	89.70
总计						91.58

附录　实例代码——AConvNets 目标分类

AConvNets 算法原基于 Caffe 实现，代码可以在 GitHub（https://github.com/fudanxu/
MSTAR-AConvNet）上下载。本书中的代码是基于 TensorFlow 框架实现的版本。

首先，用户需要将数据组织成以下格式：按类别读入图像，并将其裁切为 88×88
大小，将每类目标的图像存为大小为 88×88×N 的矩阵，并将这个矩阵命名为目标类别
的名称。这样会得到 10 个矩阵，对应 10 类目标。使用 load_data() 函数可以读入这个数
据集，将其组织成 TensorFlow 需要的格式，并自动划分为训练集和测试集。调用方式：
data_train, label_train, data_test, label_test = load_data()。代码实现如下。

```
def load_data():
    matfn = './train88.mat'
    data1 = sio.loadmat(matfn)
    data = data1[label_name[9]]
    label = np.eye(types)[np.ones(data.shape[-1], dtype=np.int) * 9]
```

```
for i in range(types-1):
    data_temp = data1[label_name[i]]
    data = np.concatenate((data, data_temp), 2)
    label = np.concatenate((label, np.eye(types)[np.ones(data_temp.shape[-1],
dtype=np.int) * i]), 0)
data = np.transpose(data, [2, 0, 1])
data.shape = -1, data.shape[1], data.shape[2], 1

idx_ = np.random.permutation(len(data))
data_train = data[idx_[0:int(len(data) * 0.8)], :, :, :]
l_train = label[idx_[0:int(len(data) * 0.8)], :]

data_test = data[idx_[int(len(data) * 0.8):], :, :, :]
l_test = label[idx_[int(len(data) * 0.8):], :]

return data_train, l_train, data_test, l_test
```

其次，使用 conv2d 等函数构建网络模型。AConvNets 由 5 层卷积层、4 个 ReLU 层和一个 softmax 层交叉组合而成。网络构建代码如下。

```
X = tf.placeholder(tf.float32, [None, img_size, img_size, 1])
c = tf.placeholder(tf.float32, [None, types])
keep_prob = tf.placeholder(tf.float32)
wuconv1_1 = weights([5, 5, 1, 16], name1='wuconv1_1')
buconv1_1 = bias([16], name2='b_uconv1_1')
u_conv1_1 = tf.nn.max_pool(value=tf.nn.relu(conv2d(X, wuconv1_1, buconv1_1)),
ksize=[1, 2, 2, 1], strides=[1, 2, 2, 1], padding='VALID')

wuconv2_1 = weights([5, 5, 16, 32], name1='wuconv2_1')
buconv2_1 = bias([32], name2='b_uconv2_1')
u_conv2_1 = tf.nn.max_pool(value=tf.nn.relu(conv2d(u_conv1_1, wuconv2_1,
buconv2_1)), ksize=[1, 2, 2, 1], strides=[1, 2, 2, 1], padding='VALID')

wuconv3_1 = weights([6, 6, 32, 64], name1='wuconv3_1')
buconv3_1 = bias([64], name2='b_uconv3_1')
u_conv3_1 = tf.nn.max_pool(value=tf.nn.relu(conv2d(u_conv2_1, wuconv3_1,
buconv3_1)), ksize=[1, 2, 2, 1], strides=[1, 2, 2, 1], padding='VALID')

wuconv4_1 = weights([5, 5, 64, 128], name1='wuconv4_1')
buconv4_1 = bias([128], name2='b_uconv4_1')
u_conv4_1 = tf.nn.dropout(tf.nn.relu(conv2d(u_conv3_1, wuconv4_1,
buconv4_1)), keep_prob)
```

```
wuconv5_1 = weights([3, 3, 128, types], name1='wuconv5_1')
buconv5_1 = bias([types], name2='b_uconv5_1')
u_conv5_1 = tf.squeeze(tf.nn.softmax(conv2d(u_conv4_1, wuconv5_1, buconv
5_1)))
```

其中，网络输出为 u_conv5_1，大小为 $N \times 10$。损失函数定义为交叉熵。实验证明，使用 Adam 训练该网络，分类效果比较稳定，使用 TensorFlow 中的 train.AdamOptimizer 方法可以调用该优化器。代码如下。

```
d_loss = -tf.reduce_mean(c * tf.log(u_conv5_1 + 0.00001))
acc = tf.reduce_mean(tf.cast(tf.equal(tf.argmax(u_conv5_1, 1), tf.argmax(c,
1)), "float"))
optim = tf.train.AdamOptimizer(learning_rate=learning_rate, name='optim').
minimize(d_loss)
```

最后，部分为训练和测试模型。由于该算法实现比较简单，这里将训练和测试放在了同一个模块。每训练完一个周期数据后，测试训练精度，如果训练精度大于 99.99%，则停止训练。具体代码如下。

```
init = tf.initialize_all_variables()
sess = tf.Session()
sess.run(init)
start_time = time.time()
saver = tf.train.Saver()
data_train, label_train, data_test, label_test = load_data()
counter = 1
loss = np.zeros([epochs])
for epoch in range(epochs):
    batch_idxs = len(data_train) // batch_size
    idx_ = np.random.permutation(len(data_train))
    for idx in range(batch_idxs):
    batch_images = data_train[idx_[idx * batch_size:(idx + 1) * batch_size]]
    batch_images.shape = batch_size, img_size, img_size, 1

    batch_c = label_train[idx_[idx * batch_size:(idx + 1) * batch_size]]
    loss, train_step = sess.run([d_loss, optim], feed_dict={X: batch_
images, c: batch_c, keep_prob: 0.5})

    counter += 1
    print("Epoch: [%2d] [%4d/%4d] time: %4.4f, d_loss: %.8f" \
```

```
              % (epoch, idx, batch_idxs, time.time() - start_time, loss))

    ##train error
    data_train.shape = -1, img_size, img_size, 1
    acc_ = sess.run(acc, feed_dict={X: data_train, c: label_train, keep_prob:
1})
    print("training accuracy:%f" % acc_)

    if acc_ >= 0.9999:
        data_test.shape = -1, img_size, img_size, 1
        acc_, predicted = sess.run([acc, u_conv5_1], feed_dict={X:
data_test, c: label_test, keep_prob: 1})
        print("test accuracy:%f" % acc_)
        break

    data_test.shape = -1, img_size, img_size, 1
    acc_, predicted = sess.run([acc, u_conv5_1], feed_dict={X: data_test, c:
label_test, keep_prob: 1})
    print("test accuracy:%f" % acc_)

    saver.save(sess, './model/test')
    print('[*]Saving Model...')
```

模型使用到的超参数设置在代码的开头，具体如下。

```
    learning_rate = 0.0001
    beta1 = 0.9
    beta2 = 0.999
    batch_size = 100
    img_size = 88
    checkpoint_dir = './checkpoint'
    types = 10
    sample_rate = 0.1
    epochs = 200
    label_name = ['BMP2_9563', 'BRDM2', 'BTR60', 'BTR70', 'D7', 'S1', 'T62',
'T72_132', 'ZIL131', 'ZSU234']
```

参 考 文 献

郭雷, 姚西文, 韩军伟, 等. 2014. 结合视觉显著性和空间金字塔的遥感图像机场检测. 西北工业大学学报, 32(1): 98-101.

郭倩, 王海鹏, 徐丰. 2018. 星载 SAR 图像的飞机目标检测. 上海航天, (6): 57-64.

Abdel-Hamid O, et al. 2014. Convolutional neural networks for speech recognition. IEEE-ACM Transactions on Audio Speech and Language Processing, 22: 1533-1545.

Bengio Y. 2012. Practical recommendations for gradient-based training of deep architectures. //Neural Networks: Tricks of the Trade. Springer: 437-478.

Bishop C M. 2006. Pattern Recognition and Machine Learning. Springer.

Bruna J. 2013. Scattering representations for recognition. Ecole Polytechnique X.

Bruna J, Mallat S. 2013. Invariant scattering convolution networks. IEEE Transactions on Pattern Analysis and Machine Intelligence, 35(8): 1872-1886.

Canny J. 1986. A computational approach to edge detection. IEEE Transactions on Pattern Analysis and Machine Intelligence, (6): 679-698.

Chen S, Wang H, Xu F, et al. 2016. Target classification using the deep convolutional networks for SAR images. IEEE Transactions on Geoscience and Remote Sensing, 54(8): 4806-4817.

Dong G, Kuang G. 2015. Classification on the monogenic scale space: Application to target recognition in SAR image. IEEE Transactions on Image Processing, 24(8): 2527-2539.

Dong G, Wang N, Kuang G. 2014. Sparse representation of monogenic signal: With application to target recognition in SAR images. IEEE Signal Processing Letters, 21(8): 952-956.

Fukushima K. 1980. Neocognitron: A self organizing neural network model for a mechanism of pattern recognition unaffected by shift in position. Biological Cybernetics, 36(4): 193-202.

He K, Zhang X, Ren S, et al. 2016. Deep Residual Learning for Image Recognition. Proceedings of the IEEE Conference on Computer Vision and Pattern Recognition.

Jia Y, Shelhamer E, Donahue J, et al. 2014. Caffe: Convolutional Architecture for Fast Feature Embedding. Proc. ACM Int. Conf. Multimedia.

Keydel E R, Lee S W, Moore J T. 1996. MSTAR extended operating conditions: a tutorial. // Proceedings of the SPIE Conference. Algorithms SAR Imagery III, 2757: 228-242.

LeCun Y, et al. 2012. Efficient backprop// Neural networks: Tricks of the trade. Springer: 9-48.

Liu W, Tian J W, Cheng X W. 2008. RDA for Automatic Airport Recognition on FLIR Image. The 7th World Congress on Intelligent Control and Automation.

Lowe D G. 2004. Distinctive image features from scale-invariant keypoints. International Journal of Computer Vision, 60(2): 91-110.

Mallat S. 1989. A theory for multiresolution signal decomposition: The wavelet representation. IEEE Transactions on Pattern Analysis and Machine Intelligence, 11: 674-693.

O'Sullivan J A, deVore M D, Kedia V, et al. 2001. SAR ATR performance using a conditionally Gaussian model. IEEE Transactions on Aerospace Electronic Systems, 37: 91-108.

Otsu N. 1979. A threshold selection method from gray-level histograms. IEEE Transactions on Systems, Man, and Cybernetics, 9(1): 62-66.

Oyallon E, Mallat S. 2015. Deep Roto-Translation Scattering for Object Classification. Proceedings of the IEEE Conference on Computer Vision and Pattern Recognition.

Park J I, Kim K T. 2014. Modified polar mapping classifier for SAR automatic target recognition. IEEE Transactions on Aerospace Electronic Systems, 50(2): 1092-1107.

Sifre L, Mallat S. 2012. Combined scattering for rotation invariant texture analysis. ESANN, 44: 68-81.

Sifre L, Mallat S. 2013. Rotation, Scaling and Deformation Invariant Scattering for Texture Discrimination. Proceedings of the IEEE Conference on Computer Vision and Pattern Recognition.

Singh R, Kumar B V. 2002. Performance of the extended maximum average correlation height (EMACH) filter and the polynomial distance classifier correlation filter (PDCCF) for multi-class SAR detection and classification. Proceedings of SPIE Conference. Algorithms SAR Imagery IX, 4727: 265-276.

Srinivas U, Monga V, Raj R G. 2014. SAR automatic target recognition using discriminative graphical models. IEEE Transactions on Aerospace Electronic Systems, 50: 591-606.

Sun Y J, Liu Z P, Todorovic S, et al. 2007. Adaptive boosting for SAR automatic target recognition. IEEE Transactions on Aerospace Electronic Systems, 43(1): 112-125.

Waldspurger I, d'Aspremont A, Mallat S. 2015. Phase recovery, maxcut and complex semidefinite programming. Mathematical Programming, 149(1-2): 47-81.

Wang H, Li S, Zhou Y, et al. 2018. SAR automatic target recognition using a roto-translational invariant wavelet-scattering convolution network. Remote Sensing, 10(4): 501.

Zeiler M D, Fergus R. 2014. Visualizing and Understanding Convolutional Networks. Computer Vision-ECCV 2014. Springer International Publishing.

Zhang S M, Ling Y, Zhang X H. 2010. Airport automatic detection in large space-borne SAR imagery. Journal of Systems Engineering and Electronics, 21(3): 390-396.

Zhao Q, Principe J C. 2000. Synthetic aperture radar automatic target recognition with three strategies of learning and representation. Optical Engineering, 39(5): 1230-1244.

Zhao Q, Principe J C. 2001. Support vector machines for SAR automatic target recognition. IEEE Transactions on Aerospace Electronic Systems, 37(2): 643-654.

第5章 SAR 海面目标智能识别

星载合成孔径雷达(synthetic aperture radar, SAR)是目前最重要的海洋监测手段之一，船舶目标识别是海洋监测的重要课题之一，其在民用和军事领域都有广阔的应用前景。本章的主要内容是 SAR 图像中船舶目标自动识别(Xu et al., 2018; Hou et al., 2019)，主要包括复杂海陆环境中船舶目标检测(Ao et al., 2018; Ao and Xu, 2018)、船舶目标真值标注和数据库的建设(Ao et al., 2018; Hou et al., 2019b)以及基于深度学习的船舶目标分类研究(Xu et al., 2018; Ao et al., 2018)。

复杂海陆环境中船舶目标检测系统(Ao et al., 2018; Ao and Xu, 2018)包括数据库辅助的海陆分割，基于多尺度恒虚警率(constant false alarm rate, CFAR)方法的船舶目标检测算法以及基于椭圆近似形态和灰度分布极大似然的虚警目标鉴别算法。随着 SAR 图像分辨率的不断提高，船舶目标分类识别的需求越来越迫切。基于深度学习的目标分类算法需要大量标注真值的数据，本章介绍了一种基于船舶自动识别系统(automatic identification system, AIS)的 SAR 船舶目标真值标注算法(Ao et al., 2018)，并建立了一个 ALOS-2 SAR 船舶目标数据库和一个 GF-3 数据库。基于该数据库，我们开展了基于迁移学习的船舶目标分类实验(Xu et al., 2018)。为了解决船舶目标和虚警目标二分类问题中船舶目标和虚警目标各自的"种类多样性"问题，本章介绍一种基于神经网络自动提取特征和子类聚类的船舶目标与虚警目标鉴别算法(Ao et al., 2018)。

5.1 SAR 海面目标识别现状

星载 SAR 在军事领域有重要的应用价值，如侦察敌方军事目标、发现异常侵入目标。星载 SAR 在民用领域同样具有广阔的应用空间，如陆海环境保护、国土资源调查、海上灾难救援、地震灾区调查、失事飞机目标搜寻等。

目前发射的星载 SAR 载荷具有成像模式越来越多、分辨率越来越高和重返时间越来越短等突出特点。2014 年 5 月 24 日，日本成功发射了 L 波段先进对地观测卫星 2 号(advanced land observing satellite-2, ALOS-2)对地观测卫星，ALOS-2 性能比第一代 ALOS 卫星有了很大的提高，有条带式、扫描式和聚束式等多种观测模式，最高分辨率可以达到3m×1m。2016 年 8 月 10 号，中国成功发射了高分 3 号 C 波段 SAR 遥感卫星，高分 3 号共有 12 种观测模式，也是目前世界上观测模式最多的遥感卫星，而且它的聚束式观测模式的分辨率可以达到 1 m。

随着 SAR 技术的快速发展和成像分辨率的不断提高，迫切需要新理论和新算法来解译高分辨 SAR 数据。因为同样目标在不同分辨率 SAR 图像中往往表现出不同的特性，过去在低分辨率 SAR 图像上的研究结果不能直接套用到高分辨率 SAR 图像。例如，海洋杂波在低分辨率 SAR 图像中可能满足瑞利分布，但在高分辨率 SAR 图像中和广义 Gamma 分布、K 分布的模式更加接近。另外，在低分辨率 SAR 图像中，船舶目标往往只有几个明亮的像素点，但是在高分辨率 SAR 图像中船舶目标的复杂结构清晰可见，这使得船舶目标的检测甚至分类变成可能。因此，高分辨率 SAR 图像中目标的检测、识别是目前高分辨率 SAR 应用的重要研究课题之一。

SAR 是目前监测海洋的重要工具之一，船舶监测是海洋监测的重要课题之一，它们在国防和民用领域都具有重大意义。一个实用的 SAR 图像自动目标识别(automatic target recognition, ATR)系统一般由三个连续操作的部分组成：检测、鉴别和分类。首先，检测是从整个大尺度的 SAR 图像中迅速找到所有可能的目标。因此，检测算法应该具有较低的复杂度、较快的速度和较高的鲁棒性。然后，在鉴别阶段，将无关的其他目标剔除，尽可能只保留感兴趣的目标。最后，将鉴别阶段保留下来的目标进行分类，也即识别。目前，分类算法主要借助于机器学习算法实现。

CFAR（王兆成等，2017）是应用最广、鲁棒性最高的均匀海杂波中船舶目标的传统检测算法之一。CFAR 船舶检测技术一般只适用于纯海面背景，部分学者对海港内的船舶检测做了一些有益的探索(Kan et al.，2016)，但对于复杂海陆背景环境下的船舶目标检测技术的研究一直进展缓慢。因为沿海陆地目标往往具有较高的后向散射系数，且具有复杂的几何形态，特别是港口码头、海岸堤坝、近岸岩礁等，它们不仅散射强度与船舶目标接近而且形状也非常相似，很难与近岸的船舶区分。一个典型的船舶目标检测框架包括 4 个部分：海陆分割、预处理、预筛选和虚警鉴别。欧盟发起的天基海洋船舶检测和分类项目（Detection and Classification of Marine Traffic from Space，DECLIMS)指出，一个船舶检测系统的性能可以通过加入先验知识来改善(Vachon，2006；Greidanus and Kourti，2006)。近年来，学者提出了一些新颖的船舶检测算法，如基于层次的检测算法(Wang and Liu，2012)、基于相干斑信息的微弱目标检测算法(Migliaccio et al.，2012)、基于 Faster R-CNN 的检测算法(Kang et al.，2017)。各种复杂环境下的船舶目标检测算法也取得了一定的进展。Meyer 等(2013)研究了复杂电磁环境下无线电频率干扰(radio frequency interference, RFI)的矫正，Velotto 等(2014)研究了近岸区域、港口区域方位向模糊的去除。RFI 和方位向模糊都是复杂环境下船舶检测中不可忽视的影响因素，但是本书的研究采用的 ALOS-2 卫星数据图像提供给研究者前已经进行了相应的预处理。所以，本书的研究主要关注复杂的自然和人工环境。在海陆分割方面，轮廓线(snake)模型（王超，2013）、活动轮廓模型和大津阈值分割(Otsu，1979；Liao et al.，2001)是广泛采用的传统算法。

相比于船舶目标检测，SAR 船舶目标分类的研究一直进展缓慢。传统的 SAR 船舶分类算法往往基于对不同类型船舶目标成像特点的研究，包括船舶的长度、宽度、周长、面积和散射分布、船舱、桅杆位置等。然后选择合适的特征进行加权组合，再利用传统的支持向量机(support vector machine, SVM)分类器对这些特征向量进行分类，从而将 SAR 图像上的船舶目标分类成货船、渔船、油轮等。受近年来深度学习在光学图像领域进展的启发，部分学者研究了用卷积神经网络(convolutional neural network，CNN)对几种船舶目标进行分类(Bentes et al.，2018)。深度学习在 SAR 船舶识别分类应用中最大的瓶颈在于缺乏可靠的标注大规模 SAR 船舶目标数据库,目前国内有多家单位借助于 AIS 数据开展了 SAR 船舶真值标注和数据库建设工作并取得了一定的成绩。OpenSARShip 数据库(Huang et al.,2018)是国内较早的大规模较高分辨率数据库之一,我们也开发了高分辨率 ALOS-2 和 GF-3 船舶目标数据库 (Xu et al., 2018; Hou et al., 2019b)。基于这些数据库的数据,在船舶目标分类(Xu et al.,2018)、虚警鉴别(Ao et al.,2018)和船舶尺寸反演(Li et al.,2018)方面取得了一定的研究进展。

5.2　全球海陆数据库辅助的精细海陆分割

1. SAR 杂波建模与参数估计

基于统计模型的 CFAR 检测算法的首要任务是建立一个统计模型来精确地描述 SAR 杂波的分布的概率密度函数(probability density function, PDF)。这里没有特别强调时均指 SAR 杂波的幅度分布。SAR 杂波的统计特性主要受两个因素的影响:雷达成像参数和环境状况。雷达成像参数包括分辨率、成像模式、入射角和极化方式等。环境状况包括风速、雨区、高散射系数散射体的旁瓣泄露等。广义伽马分布(generalized Gamma distribution, GΓD)目前在信号处理领域得到了广泛的应用,并被相关实验证明是一种能够很好地拟和 SAR 杂波统计行为的概率分布(Lampropoulos et al.,1999;Li et al.,2010, 2011;Gao et al., 2017)。GΓD 是伽马分布的拓展形式共有三个参数。GΓD 的 PDF 可以写为

$$p_G\left(x;\beta,\lambda,\nu\right) = \frac{|\nu|}{\beta\Gamma(\lambda)}\left(\frac{x}{\beta}\right)^{\lambda\nu-1}\exp\left[-\left(\frac{x}{\beta}\right)^{\nu}\right], \; x \geqslant 0 \tag{5.2.1}$$

式中,β、λ、ν 分别为尺度参数、形状参数和能量参数;$\Gamma(\cdot)$ 表示伽马函数。根据 GΓD 的定义,$\nu \neq 0, \beta, \lambda > 0$。GΓD 的累计密度函数(cumulative density function, CDF)是

$$c_G\left(x;\beta,\lambda,\nu\right) = \int_0^x p_G\left(r;\beta,\lambda,\nu\right)\mathrm{d}r, \; x > 0 \tag{5.2.2}$$

很多著名和常用的 SAR 杂波概率分布模型实际上是 GΓD 的参数取某些特定值的特例,包括指数分布、伽马分布(Gamma distribution)、对数正态分布(log-normal distribution)、威布尔分布(Weibull distribution)、瑞利分布(Rayleigh distribution)和 Nakagami 分布,具体参数取值见表 5.1。

表 5.1　GΓD 与其他常用杂波分布的关系

杂波分布	λ	ν
指数分布	1	1
伽马分布		1
对数正态分布	∞	
威布尔分布	1	
瑞利分布	1	2
Nakagami 分布		2

基于 SAR 杂波的乘积模型，Oliver(1993)证明了 SAR 杂波符合著名的 K 分布，所以 SAR 杂波幅度符合 K 平方分布(K-Root distribution)。K 分布是一个基于一系列物理假设的生成模型，GΓD 则是根据实际数据拟合出来的实验模型。随后的拟合实验会比较 GΓD 和 K 分布以及其他分布对 SAR 杂波的拟合效果。

选定好拟合 SAR 杂波分布的 GΓD 后，下一个重要的步骤就是精确地估计 GΓD 的 3 个参数。传统的概率分布参数估计方法包括矩估计(method of moments, MoM)、极大似然估计(maximum likelihood estimation, MLE)(Stuart and Keith，2008)和最大期望(expectation maximization，EM)(Dempster et al.，1977)。估计 GΓD 的参数时需要用到高阶统计量，这时 MoM 对噪声非常敏感。SAR 图像具有很强的噪声，会大大影响 MoM 的估计精度(Krylov et al.，2013)。MLE 的基本思想是：分布参数的估计值应使观测样本出现的概率最大。假设有 N 个服从 GΓD 的观测样本 $\{X_i \mid i = 1, 2, \cdots, N\}$，一般可以认为，样本的分布互相独立，所以似然函数可以写为

$$L(X_1, X_2, \cdots, X_N; \beta, \lambda, \nu) = \prod_{i=1}^{N} p_G(X_i; \beta, \lambda, \nu) \tag{5.2.3}$$

式(5.2.3)可以化简为

$$L(X_1, X_2, \cdots, X_N; \beta, \lambda, \nu) = \left[\frac{\nu}{\beta^{\lambda\nu}\Gamma(\lambda)}\right]^N \prod_{i=1}^{N} X_i^{\lambda\nu-1}\exp\left\{-\left(\frac{X_i}{\beta}\right)^{\nu}\right\} \tag{5.2.4}$$

对式(5.2.5)取对数，得到对数似然函数为

$$\ln\{L(X_1, X_2, \cdots, X_N; \beta, \lambda, \nu)\} = N\ln\left[\frac{\nu}{\beta^{\lambda\nu}\Gamma(\lambda)}\right] + \sum_{i=1}^{N}\left[(\lambda\nu-1)\ln(X_i) - \left(\frac{X_i}{\beta}\right)^{\nu}\right] \tag{5.2.5}$$

对上述对数似然函数的三个参数 β、λ 和 ν 分别求偏导，可以得到

$$\frac{\partial l}{\partial \beta} = -\frac{\lambda\nu N}{\beta} + \frac{\nu}{\beta^{\nu+1}}\sum_{i=1}^{N}X_i^{\nu} \tag{5.2.6}$$

$$\frac{\partial l}{\partial \nu} = \frac{N}{\nu} - \lambda N\ln(\beta) + \lambda\sum_{i=1}^{N}\ln(X_i) - \sum_{i=1}^{N}\left(\frac{X_i}{\beta}\right)^{\nu}\ln\left(\frac{X_i}{\beta}\right) \tag{5.2.7}$$

$$\frac{\partial l}{\partial \lambda} = -\nu N\ln(\beta) - N\psi(\lambda) + \nu\sum_{i=1}^{N}\ln(X_i) \tag{5.2.8}$$

式中，$\psi(\cdot)$ 为 DiGamma 函数，表示 Gamma 函数的导数，也就是：

$$\psi(\lambda) = \frac{d\Gamma(\lambda)}{d\lambda} \tag{5.2.9}$$

MLE 估计 GΓD 的参数时，让对数似然函数对 β、λ、ν 三个参数的偏导数都为 0，然后联立 3 个等式就能得到 β、λ、ν 三个参数的估计值。从上面推导出的式(5.2.6)～式(5.2.8)可以看出，这 3 个方程都是非线性方程而且相互耦合。这些非线性方程的求解

必需借助于数值拟合和迭代优化的方法。由于方程组的非线性度高，在优化求解的过程中很容易陷入局部最优值，从而得到跟全局最优解相差很大的不合理的结果。另外，MLE 数值求解的过程对初始值非常敏感(Gao et al.，2017；Krylov et al.，2013)。EM 是一种基于迭代和极大似然的参数估计算法，类似地，它也容易陷入局部最优并且对初值敏感。Noicolas 等提出的对数累积量估计方法(method of logarithmic cumulants, MoLC)被很多研究证明是目前性能最优的 GΓD 参数估计方法(Li et al.，2011；Gao et al.，2017；Krylov et al.，2013)。MoLC 基于梅林变换(Mellin transform)，其定义为(Lindelöf and Mellin，1993)

$$\{\mathcal{M}f\}(s) = \varphi(s) = \int_0^\infty x^{s-1} f(x)\mathrm{d}x \tag{5.2.10}$$

式中，$f(x)$ 表示一个非负方程，所以 $f(x)$ 可以被 GΓD 的 PDF 替换，从而得到：

$$\varphi(s) = \int_0^\infty x^{s-1} p_G(x;\beta,\lambda,\nu)\mathrm{d}x \tag{5.2.11}$$

对式(5.2.11)求 n 次$(n \in \mathbb{N})$导数，然后取 $s = 1$，得到 $\varphi(s)$ 的 n 阶对数矩为

$$\log M_n = \left.\frac{\mathrm{d}^n \varphi(s)}{\mathrm{d}s^n}\right|_{s=1} = \int_0^\infty (\ln x)^n p_G(x;\beta,\lambda,\nu)\mathrm{d}x \tag{5.2.12}$$

式中，下标为 n 的变量 $\log M_n$ 表示 n 阶对数矩。对式(5.2.11)取自然对数可以得到第二类特征函数：

$$\phi(s) = \ln \varphi(s) \tag{5.2.13}$$

类似地，对 $\phi(s)$ 求 n 次导数，取 $s = 1$，可以得到 n 阶对数累积量为

$$\log C_n = \left.\frac{\mathrm{d}^n \phi(s)}{\mathrm{d}s^n}\right|_{s=1} = \left.\frac{\mathrm{d}^n \ln \varphi(s)}{\mathrm{d}s^n}\right|_{s=1} \tag{5.2.14}$$

式中，下标为 n 的变量 $\log C_n$ 表示 n 阶对数累积量。根据式(5.2.12)和式(5.2.14)，可以得到前 3 阶 $\log C_n$ 和 $\log M_n$ 的关系：

$$\begin{aligned} \log C_1 &= \log M_1 \\ \log C_2 &= \log M_2 - \log M_1^2 \\ \log C_3 &= \log M_3 - 3\log M_1 \log M_2 + 3\log M_1^3 \end{aligned} \tag{5.2.15}$$

Krylov 等(2013)推导了对数累积量和样本对数矩之间的关系，假设观测到 N 个样本 $\{x_i | i = 1, 2, \cdots, N\}$，这个近似关系可以写为

$$\log C_1 \approx \log \hat{C}_1 = \frac{1}{N}\sum_{i=1}^{N} x_i$$

$$\log C_2 \approx \log \hat{C}_2 = \frac{1}{N}\sum_{i=1}^{N}\left(\ln x_i - \frac{1}{N}\sum_{i=1}^{N} x_i\right)^2 \qquad (5.2.16)$$

$$\log C_3 \approx \log \hat{C}_3 = \frac{1}{N}\sum_{i=1}^{N}\left(\ln x_i - \frac{1}{N}\sum_{i=1}^{N} x_i\right)^3$$

式中，$\log\hat{C}_n$ 表示通过观测到的样本得到的对数累积量的估计值。根据式(5.2.1)、式(5.2.12)和式(5.2.15)，得到 GΓD 的前 3 阶 $\log C_n$ 为

$$\log C_1 = \frac{\Psi(0,\lambda)}{\nu} + \ln \beta$$

$$\log C_2 = \frac{\Psi(1,\lambda)}{\nu^2} \qquad (5.2.17)$$

$$\log C_3 = \frac{\Psi(2,\lambda)}{\nu^3}$$

式中，$\Psi(k,\lambda)$ 表示 k 阶 PolyGamma 函数，将式(5.2.17)代入式(5.2.16)得到：

$$\frac{\Psi^3(1,\hat{\lambda})}{\Psi^2(2,\hat{\lambda})} = \frac{\log\hat{C}_2^3}{\log\hat{C}_3^2} \qquad (a)$$

$$\hat{\nu} = \frac{\log\hat{C}_2}{\log\hat{C}_3}\cdot\frac{\Psi(2,\hat{\lambda})}{\Psi(1,\hat{\lambda})} \qquad (b) \qquad (5.2.18)$$

$$\hat{\beta} = \exp\left\{\log\hat{C}_1 - \frac{\Psi(0,\hat{\lambda})}{\hat{\nu}}\right\} \qquad (c)$$

式中，$\hat{\beta}$、$\hat{\lambda}$ 和 $\hat{\nu}$ 分别表示 GΓD 参数 β、λ、ν 的估计值。这样可以成功地实现参数之间的解耦，从而不需要同时求解 3 个参数。求解式(5.2.18)时，先用数值方法求解式(a)，然后将 $\hat{\lambda}$ 代入式(b)和式(c)就能求解出 $\hat{\nu}$ 和 $\hat{\beta}$。因此，只需要求解一个非线性方程式(a)，而且式(a)的非线性度较低，这样大大提高了数值求解的可靠性。在本书的研究中，最小均方估计方法(Marquardt，1963)可以用来求解式(a)。总之，基于 MoLC 的 GΓD 参数估计方法包括两个步骤：①利用观测样本和式(5.2.16)求得对数累积量；②通过式(5.2.18)推导 GΓD 参数的估计值。

2. SAR 杂波拟合实验

在本章中，L 波段 HH 极化的 ALOS-2 SAR 图像被用来进行 SAR 杂波拟合实验并验证复杂海陆环境中船舶目标检测框架。实验采用的 ALOS-2 数据都来自于环境复杂的沿海、近岸区域。雷达成像参数和图像的地理位置等信息见表 5.2。中国浙江省舟山群岛地

区 ALOS-2 SAR 图像如图 5.1 (a)所示，图 5.1 (b)是这幅 SAR 图像对应的光学影像。光学影像是根据 SAR 图像的经纬度从 Google 地球软件上面下载的，光学影像可以帮助我们直观地理解该地区复杂的海陆环境。该地区属于近岸、沿海岛礁区域，不仅有许多复杂的自然散射体，如石山、海岸、海岛、小岛，还有许多人造散射体，包括渔业养殖的箱笼、堤坝等。请注意，在图 5.1 (a)上标注了一些陆地区域和海洋区域。因为图 5.1 (a)用来验证提出的复杂海陆环境中船舶目标检测框架的合理性，包括海陆分割、船舶检测和虚警鉴别等步骤，这些区域将用来辅助说明 SAR 杂波建模和海陆分割等步骤。另外两幅用来验证算法的 ALOS-2 图像如图 5.2 所示，图 5.2 (a)和图 5.2 (c)分别位于日本贺茂和松阪附近的海域。图 5.2 (b)是图 5.2 (a)区域对应的光学影像。这两幅图像将会用来验证检测算法的鲁棒性。

表 5.2　图像参数与地理位置信息

地点	高 × 宽/像素	极化	分辨率/m	图像顶点经纬度			
				左上	右上	左下	右下
中国舟山	4844×4180	HH	5.722 × 5.562	29.634°N 121.816°E	29.722°N 122.338°E	29.862°N 121.764°E	29.949°N 122.287°E
日本贺茂	7059×7407	HH	5.82 × 4.29	34.496°N 138.846°E	34.565°N 139.345°E	34.843°N 138.774°E	34.912°N 139.275°E
日本松阪	9651×6120	HH	4.642 × 4.29	34.502°N 136.412°E	34.566°N 136.858°E	34.879°N 136.329°E	34.944°N 136.778°E

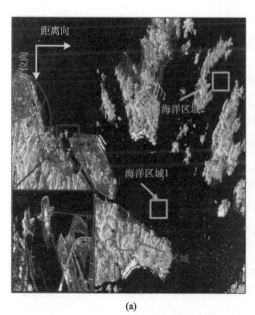

(a)　　　　　　　　　　　　　　　　　(b)

图 5.1　一幅 ALOS-2 SAR 图像与对应的光学影像(中国浙江省舟山群岛地区)

(a) SAR 图像；(b) 光学影像，从 Google 地球获得

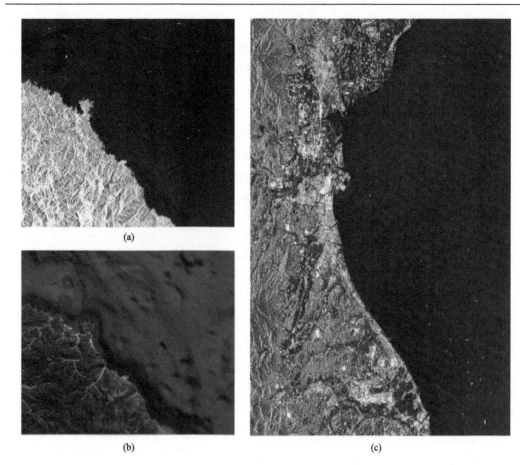

图 5.2　另外两幅 ALOS-2 SAR 图像与光学影像（日本贺茂与松阪地区）

(a) SAR 图像（日本贺茂）；　(b) 光学影像（日本贺茂）；　(c) SAR 图像（日本松阪）

　　我们从图 5.1（a）中随机选择了两块纯海洋区域（大小：200×200 像素）进行 SAR 海洋杂波的拟合实验，两块海洋的位置如图 5.1（a）中蓝色矩形框所示。从图 5.3 可以看出，同一海域不同区域的海杂波的亮度（幅度值）明显不同，这给 SAR 海杂波的估计带来了挑战。海洋环境的多样性和复杂性要求 SAR 杂波模型必须能够拟合不同的分布。图 5.3（a）显示这个区域存在一些亮斑，这些亮斑可能是风浪使这个海域的粗糙度变大，散射增强。图 5.3（b）的海域中存在规则的、起伏明显的波浪，这个海域的 SAR 杂波显然更有规律性和对称性。因此，图 5.3（a）的海域比图 5.3（b）的海域的异质性更高，图 5.3（a）中不规则的亮斑会造成该区域的 SAR 杂波分布有更长的"拖尾"。

　　图 5.4 显示了海洋杂波的幅度分布直方图和拟合的概率分布，包括 GΓD、K-Root 分布、伽马分布、对数正态分布和 Weibull 分布。直观上来说，GΓD 的拟合效果比其他分布要好很多。从图 5.4 可以看出，海域 1 的杂波概率分布有较长的"拖尾"，海域 2 的杂波概率分布比较对称。所以，该实验表明，GΓD 不仅能拟合重拖尾分布，也能很好地适应对称的杂波分布。也就是说，GΓD 可以很好地适应不同的海况，这为精确估计 CFAR 的阈值提供了保障。

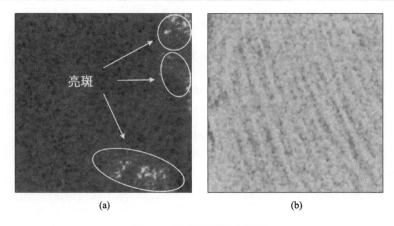

图 5.3　海洋区域幅度图像

(a) 海洋区域 1；(b) 海洋区域 2，它们的位置如图 5.1 (a) 所示。为了更好地体现海况，图像转换成了伪彩色图像。海洋区域 1 中有一些随机出现的不规则的亮斑，如图中黄色椭圆标记的区域。海洋区域 2 中有纹理清晰、起伏规则的波浪。这表明图 5.1 各个部分的海况不同，自然环境复杂

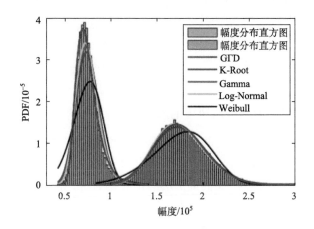

图 5.4　海洋杂波幅度分布直方图和拟合的概率分布

海洋区域位置如图 5.1 (a) 所示，左侧是海洋区域 1 的幅度分布，右侧是海洋区域 2 的幅度分布，海洋区域幅度图像如图 5.3 所示

为了定量评价 SAR 杂波拟合效果，我们引入了 Kullback-Leibler 散度（KL divergence）和 Kolmogorov-Smirnov 检验（KS test）来评价不同概率分布对真实 SAR 杂波的拟合效果。KL 的定义为（Bishop，2006）

$$D_{\mathrm{KL}}(P\|Q)=\int_{-\infty}^{\infty}p_P(x)\log\frac{p_P(x)}{p_Q(x)}\mathrm{d}x \tag{5.2.19}$$

式中，P 和 Q 表示两个需要评价相似性的概率分布；$p_P(x)$ 和 $p_Q(x)$ 分别为 P 和 Q 的 PDF。因为 KL 不具备对称性，在实际使用中一般采用两个 KL 的和作为两个概率分布相似性的评价指标，也就是 $D_{\mathrm{KL}}(P\|Q)+D_{\mathrm{KL}}(Q\|P)$。另外，KS 的定义为（Press et al.，1982）

$$D_{KS}(P \parallel Q) = \sup_{x} |c_P(x) - c_Q(x)| \tag{5.2.20}$$

式中，$\sup_{x}(\cdot)$ 表示相对于变量 x 的最大值函数。从 KL 和 KS 的定义中可以看出，KL 从整体差异评价两个概率分布的相似性，KS 从最大差异评价两个概率分布的相似性。KL 和 KS 的值越小，两个概率分布越相似，也就是拟合效果越好。表 5.3 列举了这 5 种分布拟合的 KL 和 KS。整体而言，GΓD 有最好的拟合效果，尽管 GΓD 的 KS 指标在拟合海洋区域 2 的 SAR 杂波分布时。K-Root 分布、Gamma 分布和对数正态分布的性能比较接近，Weibull 分布对于实验采用的 SAR 杂波数据不能很好地拟合。另外，这些概率分布对海洋区域 2 的拟合效果比海洋区域 1 更好，因为海洋区域 2 的同质性比海洋区域 1 的同质性更好。

表 5.3　不同概率分布拟合效果的 KS 和 KL

海洋区域		GΓD	K-Root	Gamma	Log-Normal	Weibull
1	KL	0.0201	0.1189	0.0902	0.0575	0.4144
	KS	0.0054	0.0127	0.0109	0.0089	0.0223
2	KL	0.0030	0.0105	0.0033	0.0051	0.1271
	KS	0.0025	0.0042	0.0028	0.0023	0.0094

3. 基于海陆数据库和海陆杂波建模的海陆分割

复杂环境中船舶目标检测框架的第一步是高精度的海陆分割，剔除陆地部分，保留海洋区域(包括其他水体，如河流、湖泊)。海陆分割剔除了大面积复杂的陆地区域，可大大加快后续船舶检测的操作。我们提出的海陆分割流程如图 5.5 所示，首先借助于全球 250m 分辨率海陆分布数据库对 SAR 图像进行"粗"分割；然后，通过对海洋和陆地杂波进行建模，实现海陆边界处的高精度分割。

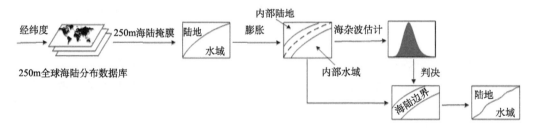

图 5.5　全球 250m 分辨率海陆分布数据库辅助的海陆分割流程图

利用 SAR 图像的经纬度信息可以配准相应的 250m 分辨率海陆掩模，因为 SAR 图像分辨率远远高于 250m 分辨率海陆掩模，使用最近邻插值将海陆掩模放大到与 SAR 图像相同的尺寸。我们采用 MODIS 全球 250m 分辨率海陆分布数据库(The Global 250m MODIS Water Mask, 网站: http://glcf.umd.edu/data/watermask/)。MODIS 数据库提供了全球 250m 分辨率的海陆分布地理信息，所以该数据库在海陆边界处存在不确定区域。其他区域的海陆数据是准确的，也就是除了海陆边界以外的陆地和海洋，它们在本书中分别称为内部陆地和内部海洋。原始海陆掩模中的内部陆地和内部海洋分别向远离海陆边界的方向进行形态学腐蚀操作，得到确定的内部陆地和内部海洋区域，这两个部分准确反映了实际的海陆分布状况，而剩下的海陆边界区域需要进一步判断。用 GΓD 分别对内部陆地和内部海洋杂波进行建模，这两个杂波模型作为陆地杂波和海洋杂波分布的真实模型。此时，海洋区域会存在一些局外点(如船舶散射体)，由于海洋杂波的数量远远大于这些局外点的数量，这些局外点的存在不会对海洋杂波 GΓD 参数的估计产生影响。

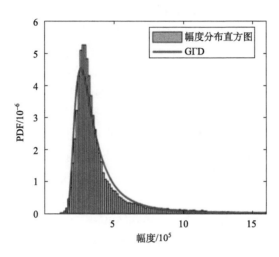

图 5.6　陆地杂波幅度分布直方图与拟合的 GΓD

该陆地区域的位置如图 5.1 (a) 所示

　　图 5.6 说明了陆地杂波幅度分布和 GΓD 对陆地杂波幅度分布拟合的效果，这个陆地区域的位置标注在图 5.1(a) 中。通常来说，陆地杂波成分远远比海洋杂波复杂，陆地杂波包含了各种各样高散射系数的散射体，这些散射体造成陆地杂波有很长的"拖尾"，如图 5.6 所示。在这个陆地杂波 GΓD 的拟合实验中，KL 散度为 0.056。定量和定性分析都表明，GΓD 可以很好地拟合陆地杂波的概率分布。从图 5.4 和图 5.6，尤其是陆地杂波和海洋杂波幅度值的分布位置可以看出，陆地杂波分布和海洋杂波分布的重叠很小，这为基于 GΓD 杂波建模的海陆分割提供了保证。拟合内部海洋杂波的 GΓD，求出海洋和陆地区域分割的幅度阈值为

$$T_W = c_G^{-1}\left(1 - P_W; \hat{\beta}_W, \hat{\lambda}_W, \hat{v}_W\right) \tag{5.2.21}$$

式中，P_W 为海洋杂波被错误分类为陆地杂波的概率；$1 - P_W$ 为海洋杂波被正确分类为海洋杂波的概率；$\left(\hat{\beta}_W, \hat{\lambda}_W, \hat{v}_W\right)$ 为拟合全部内部海洋杂波分布的 GΓD 的参数估计值。

　　在一些实际情况中，由于陆地强散射体的泄漏、近岸是裸地或者植被，陆地和海洋的对比度并不大。这意味着，陆地和海洋杂波幅度分布的重叠并不多，因此在这种情况

下海陆分割的性能会下降。但是，海陆分割是为了后续的船舶检测，如果陆地海洋的对比度下降，那么这些陆地像素被误分为船舶的可能性也大大降低，所以陆海对比度的降低不会影响最终船舶检测的性能。

4. 海陆分割的形态学优化

位于海陆边界的像素与海陆分割阈值 T_W 进行比较，海陆边界重新分割的结果与内部陆地、内部海洋结合，可以得到像素级精度的海陆分割掩模。海陆分割掩模是一个二值图像，其中 1 表示陆地区域，0 表示海洋区域。但是，海陆分割的结果容易受到相干斑噪声的影响。图 5.7(a) 表示一个海陆分割的结果，因此采用形态学后处理剔除噪声的影响得到光滑的海陆边界。本书中采用了下面的海陆分割操作：

步骤 1　形态学开运算：开运算可以去除在内部海洋区域错误存在的孤立的陆地像素，开运算采用圆形滤波器，滤波器的半径小于一般船只的尺寸。

步骤 2　形态学闭运算：闭运算可以去除存在陆地区域附近的小的海洋像素，其细节损失较小，同样采用圆形滤波器，滤波器的半径设置为 3 个像素宽度。

步骤 3　孔洞填充：实验表明，陆地区域存在的孔洞一般都非常小，这些孔洞主要来源于陆地中的相干斑噪声和一些散射系数比较小的散射体，所以应该填充这些孔洞，以保证陆地区域的完整性。但是，陆地区域存在的面积较大的空洞不能以同样的方式盲目填充，它们可能是一些内陆水域，如河流与湖泊，这也是船舶可能存在的区域应该保留。保留孔洞的最小的面积阈值按经验选择 0.5km^2。

图 5.7(b) 是形态学后处理效果的说明图，孤立的像素点可以通过形态学操作去除。需要注意的是，靠近陆地的明亮像素可能是潜在的船舶目标，因此只要当这些明亮像素与原先的内部陆地连通时才包括在海陆分割掩膜中。

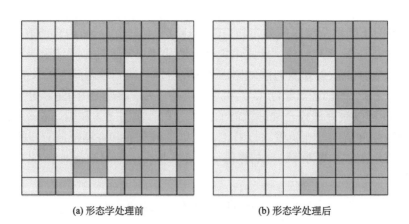

(a) 形态学处理前　　　　　　　　　　　(b) 形态学处理后

图 5.7　形态学处理效果图(黄色像素为陆地；蓝色像素为海洋)

用本书提出的方法得到的海陆分割结果如图 5.8 所示，图 5.8(a) 是根据 SAR 图像的经纬度信息在 MODIS 全球海陆数据库中查找出的 250m 分辨率的海陆掩膜，图 5.8(b) 是根据提出的方法得到的精确的海陆掩膜。比较图 5.8 中的海陆分割结果以及图 5.1 中的

SAR 图像与光学影像可以看出，原始海陆掩膜对 SAR 图像的大概位置有很好的区分，尤其是内陆区域和内海区域。但由于海陆掩膜的分辨率太低，海陆边界的区域不够准确。通过本章提出的对准确海陆区域的 SAR 杂波进行建模，再用这个模型对不准确的海陆边界进行判断，最后进行形态学优化后处理，从而能够得到非常精确的海陆分割结果，如图 5.8(b)所示。结合图 5.1 中的 SAR 图像与光学影像，直观上本章提出的算法对这个海陆环境非常复杂的区域实现了精确的海陆分割。

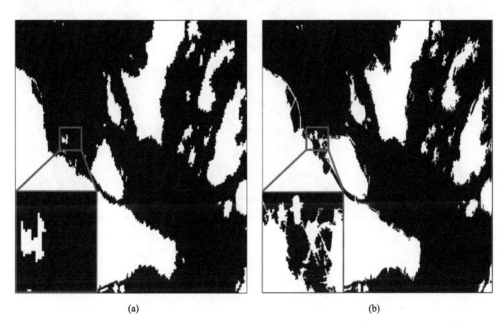

图 5.8　ALOS-2 SAR 图像海陆分割结果(舟山群岛地区)

红框放大显示海陆分割结果的细节。(a) 250m 分辨率数据库海陆掩膜；(b) 海陆分割结果

　　因为没有更高精度的海陆数据库，所以很难对海陆分割结果进行定量评价。我们将本章提出的算法与传统的图像分割算法进行对比，以此证明本章算法的有效性。在计算机视觉领域和图像处理领域，最常用的传统前景图像分割算法是大津阈值分割(Otsu，1979)。大津法(OTSU)通过最大化类间方差求出最优化的分割阈值，其比较适合对 SAR 这种散射强度差别很大、动态范围很宽的图像进行分割。SAR 图像中海洋和陆地部分亮度差异较大，OTSU 可以对海洋和陆地进行分割。一幅 SAR 图像的幅度分布直方图可以简单地看作海洋杂波、陆地杂波和船舶杂波的和。一般来说，海洋杂波主要对较暗的像素点有贡献，陆地杂波和船舶杂波对较亮的像素点有贡献。陆地杂波的成分比较复杂，其中人造结构散射一般比自然结构散射强。因为这些更强的散射体的存在，本书的研究中采用多阈值的 OTSU(Liao et al.，2001)将 SAR 杂波幅度直方图分割成 3 个部分。陆地里面存在的明亮的散射体通过连通性与其他的陆地部分进行合并。为了保证比较实验的公平性，对 OTSU 得到的海陆分割结果进行了同样的形态学后处理，如图 5.9(a)所示。

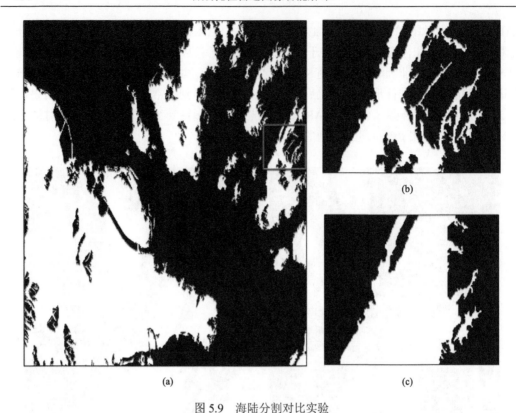

图 5.9　海陆分割对比实验

(a) 基于多阈值 OTSU 的海陆分割结果；(b) OTSU 海陆分割结果局部区域放大图；
(c) 在同样区域用本书的研究提出的方法得到的结果

从图 5.9(a)可以看出，OTSU 分割结果在陆地区域有很大的孔洞，这些孔洞是被错误分类的陆地内部水域，这些错误分类的区域会造成虚警并且增加后续舰船检测不必要的处理时间。图 5.9(b)是图 5.9(a)中红色框区域的放大示意图，为了比较海陆分割的细节，本章提出的方法如图 5.9(c)所示。比较该区域的光学影像可以发现本章提出的方法得到了更加精确的分割结果，OTSU 只是保留了该区域部分陆地，这会给后续的船舶识别带来虚警和不必要的运算。另外，OTSU 需要对整幅图所有的像素进行处理，本章提出的方法只需要对海陆边界区域进行二次判断：这一方面降低了运算量；另一方面保证了海陆分割的鲁棒性，即使在某些特别糟糕的情况下，本章提出的海陆分割方法依然能够工作。

如图 5.10 所示，本章提出的海陆分割算法在多幅 SAR 图像上进行了测试；定性来说，该算法在这些 SAR 图像上都取得了很好的海陆分割效果。

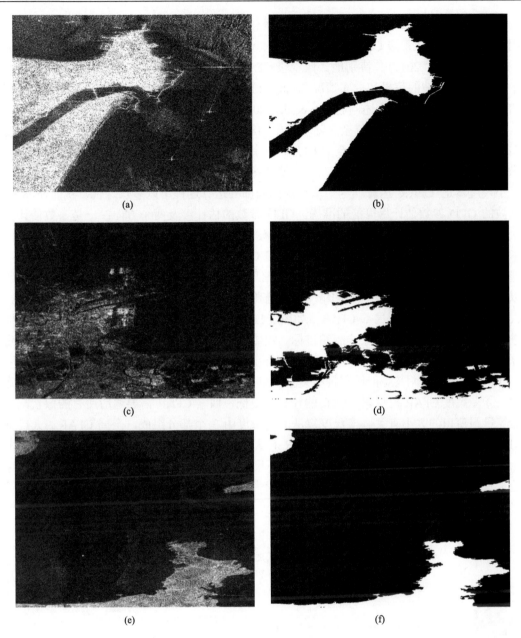

图 5.10　海陆分割算法在其他 SAR 图像上的测试结果

(a)(c)(e) SAR 图像；(b)(d)(f)海陆分割结果

5.3　复杂海陆环境中的船舶目标检测

1. 基于多尺度 CFAR 的复杂海陆环境中船舶目标检测框架

尽管一般认为 CFAR 是船舶检测第一步中最有效的算法之一，但是传统的逐像素遍历的滑窗 CFAR 有很大的运算量，而且背景建模的精度容易受到局外点的干扰。另外，固定窗口大小的像素级 CFAR 很难适应船只尺寸的变化和复杂的环境(Dai et al.，2016；Wang and Chen，2017)。特别地，像素级 CFAR 只考虑到局部和本地的信息，完全忽略了整体 SAR 杂波的信息和分布情况(Wang et al.，2017)。因此，本章提出了一种多尺度 CFAR 检测算法来解决上述问题(Ao et al.，2018)。

基于多尺度 CFAR 的复杂海陆环境中的船舶目标检测框架如图 5.11 所示。多尺度 CFAR 的核心思想是首先利用全局 CFAR 剔除海洋杂波中存在的局外点，包括船舶像素、未能正确分类的小的岛屿的像素、其他噪声像素，然后进行大尺度 CFAR 运算，最后进行小尺度本地 CFAR 运算。这个从全局到局部的运算过程可以多次迭代，从而使 SAR 杂波的 GΓD 参数估计尽可能的准确。GΓD 参数的估计涉及两个方面：一是参数估计算法；二是估计参数的样本选择。用来估计海洋杂波分布的样本不可避免地有一些噪声样本，相比于传统的像素 CFAR 算法，多尺度 CFAR 算法可以有效地剔除噪声样本，尽可能地抵消局部异常点的影响，尤其是大大降低船舶目标本身对 SAR 海洋杂波的影响。所以，迭代的次数越多，船舶检测的精度也就越高，本书的研究采用了 3 次迭代：全局 CFAR、大尺度 CFAR 和小尺度局部 CFAR。如图 5.11 所示，船舶检测后，对检测到的船舶目标进行虚警鉴别，进一步淘汰非船舶目标。跟传统的像素 CFAR 相比，多尺度 CFAR 检测算法有两个优势：①多尺度 CFAR 可以结合全局和局部的信息，这样可以平滑和抵消局部异常点的影响，尤其是能够保证在复杂海陆环境中海洋 SAR 杂波模型参数估计的准确性；②多尺度 CFAR 比像素 CFAR 的计算量更低，像素 CFAR 需要遍历所有的像素，其运算量跟窗口的大小有关。多尺度算法的复杂度由 3 个部分组成，全局 CFAR、大尺度 CFAR 和小尺度本地 CFAR。全局 CFAR 和大尺度 CFAR 的运算量对于所有的图像基本相同，而且运算量远远低于像素 CFAR。小尺度本地 CFAR 的运算量与潜在的船舶目标数量有关，而且每一个潜在目标往往包含了多个像素，所以小尺度本地 CFAR 的运行量也远远低于像素 CFAR。

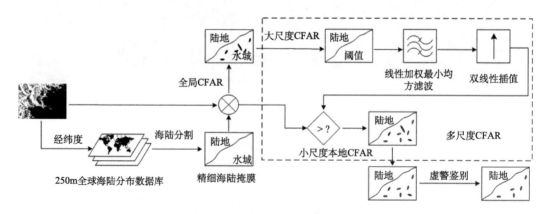

图 5.11　基于多尺度 CFAR 的复杂海陆环境中的船舶目标检测框架

2. 全局 CFAR 与大尺度 CFAR

如图 5.11 所示,海陆分割算法提供了精确的海陆分割掩模。SAR 海洋杂波模型的估计可以在对应的海洋区域中进行。如图 5.1(a)所示,海洋区域包括大量像素点,具有很高的异质性。所以,在海洋区域进行一个大尺度的栅格化操作。自适应的 CFAR 阈值可以在每个栅格区域中独立运算,这在本书的研究中称为大尺度 CFAR。某些栅格中可能存在较多的船舶目标或者其他噪声像素,这会降低这个栅格内 GΓD 参数估计的准确性。所以,在进行大尺度 CFAR 操作前,首先要进行一个全局 CFAR 操作来剔除这些船舶目标或者噪声像素,这样可以提高大尺度 CFAR 模型参数估计的准确性。假设全局 CFAR 的虚警率为 P_G,可以得到全局阈值 T_G 为

$$T_G = c_G^{-1}\left(1 - P_G; \hat{\beta}_G, \hat{\lambda}_G, \hat{v}_G\right) \tag{5.3.1}$$

式中,$\left(\hat{\beta}_G, \hat{\lambda}_G, \hat{v}_G\right)$ 为拟合全局海洋 SAR 杂波分布的 GΓD 的参数的估计值。如果一个像素的幅度值小于 T_G,那么这个像素在全局 CFAR 阶段被分类为海洋背景。

然后,对海洋区域沿着方位向和距离向进行二维栅格化,GΓD 拟合每一个栅格内海洋像素的概率分布。栅格尺寸的选择需要权衡运算量和海洋杂波的同质性。本书的研究的经验宽度是 0.5～1 km。然后用 GΓD 估计每一个栅格内海洋杂波的分布,求出每个栅格对应的阈值为

$$T_L = c_G^{-1}\left(1 - P_L; \hat{\beta}_L, \hat{\lambda}_L, \hat{v}_L\right) \tag{5.3.2}$$

式中,$\left(\hat{\beta}_L, \hat{\lambda}_L, \hat{v}_L\right)$ 为每个栅格中 GΓD 参数的估计值;P_L 为大尺度 CFAR 的虚警率;T_L 为大尺度 CFAR 的阈值,这样可以得到一个二维阈值曲面。为了平滑局部异常点的影响,对这个二维阈值曲面沿着方位向和距离向进行平滑滤波,本书的研究中采用加权线性最小均方滤波器(Cleveland,1979)。然后,用双线性插值将这个二维阈值曲面扩大到与原来的 SAR 图像同样的大小,比较 SAR 图像与阈值曲面,得到潜在的船舶目标。

3. 小尺度本地 CFAR

大尺度 CFAR 得到一些待检测像素,将连通的像素作为一个超像素单元,也就是一个潜在的船舶目标。小尺度 CFAR 与传统的像素 CFAR 的思想类似,但是需要将一个超像素单元作为进一步判断的可能的船舶目标。这样不仅可以降低计算量,而且可以减少船舶目标本身对 SAR 海洋杂波 GΓD 参数估计的影响。图 5.12 说明了小尺度本地 CFAR 的概念。图 5.12 中,黄色像素表示当前需要判断的潜在的船舶目标;红点表示这个潜在船舶目标的中心位置;红色矩形框表示需要比较的海洋背景杂波范围;天蓝色像素表示海洋杂波;白色像素表示其他可能的船舶目标;灰蓝色像素表示用来估计窗口内海洋杂波分布的像素。显然,根据小尺度本地 CFAR 的原理,不同背景窗口内用来估计海洋杂波分布的海洋杂波像素的数目是不同的。一般来说,有效的海洋杂波样本越多,参数估计的精度也就越高。因此,背景窗口的尺寸可以设计为可伸缩的。例如,如果用来估计

海洋杂波分布的样本像素的数目太少，那么就可以扩大窗口的尺寸来保证参数估计的精度。

类似地，小尺度本地 CFAR 得到的阈值为 T_S：

$$T_S = c_G^{-1}\left(1 - P_S; \hat{\beta}_S, \hat{\lambda}_S, \hat{v}_S\right) \tag{5.3.3}$$

式中，$\left(\hat{\beta}_S, \hat{\lambda}_S, \hat{v}_S\right)$ 为拟合背景窗口中海洋杂波分布的 GΓD 参数的估计值；P_S 为小尺度本地 CFAR 的虚警率。潜在的船舶目标跟周围的背景比较可以更加准确地判断是否是船舶目标，进一步剔除虚警或者其他非船舶目标。

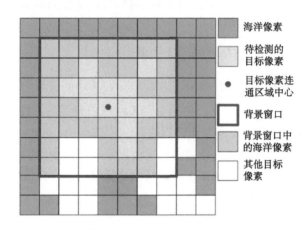

图 5.12　小尺度本地 CFAR

4. 基于本征椭圆的形态学鉴别算法

多尺度 CFAR 实质上也是一个在同质的杂波中寻找局外点(船舶目标)的过程，相比于传统的像素 CFAR，多尺度 CFAR 提高了海杂波分布估计的精度，同时降低了运算量。多尺度 CFAR 充分考虑了海洋 SAR 杂波的灰度分布特点，但是忽略了船舶目标本身的形态信息，如形状、尺寸等。所以，多尺度 CFAR 的检测结果会保留一些非船舶目标，如小的岛屿、人造堤坝、渔业养殖的箱笼等。船舶目标的几何形状具有明显规律，可以借助于船舶目标规则的几何形态剔除其他目标。Leng 等 (2015) 也指出，空间分布信息可以改善船舶检测的精度。长宽比和几何形状是常用的用来表示船舶目标形状的形态学特征，但是如何描述船舶的几何形状特征一直是一个难点。

Haralick 和 Shapiro(1992) 提出了用椭圆拟合任意二维连通区域的形状。另外，考虑到船舶目标的形状一般是两头尖、中间宽，因此椭圆可以很好地拟合一个船舶目标的二维形状。所以，在本书的研究中，我们引入具有跟潜在船舶目标一样的归一化二阶中心距的椭圆 (Haralick and Shapiro, 1992) 来近似这个目标的几何形状。这个椭圆在本书的研究中称为本征椭圆。如图 5.13 所示，本征椭圆的长轴长度被当成目标长度，椭圆的短轴长度被当成目标宽度，所以潜在船舶目标的长宽比就等于本征椭圆的长短轴比。船舶的长宽比是船舶目标的重要参数之一，甚至可以对船舶目标进行分类。例如，军舰的长宽比一般大于一般民用船只。本书的研究，统计了一个很大范围海洋内所有船只的长宽比，根据这些实际船舶参数确定一般船舶长宽比的范围。研究中采用 2017 年 1 月 23 号的数据，AIS 信息覆盖的海洋范围是 31°～34°N，121°～124°E，其是位于中国东海的一个大面海域，如图 5.14(a) 所示。AIS 覆盖的范围大概为 334 km×283 km，AIS 观测到一天内这个区域共有船只 5 580 艘。真实的船舶长宽比统计结果如图 5.14(b) 所示，长宽比分布范围为 1～12。

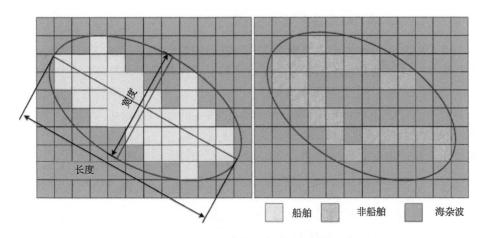

图 5.13 基于本征椭圆的形态学鉴别算法示意图

黄色像素表示船舶目标；桔黄色像素表示非船舶目标；蓝色像素表示海杂波；红色椭圆表示这个目标的本征椭圆；椭圆长轴长度被认为是船舶目标长度，椭圆短轴长度被认为是船舶目标宽度

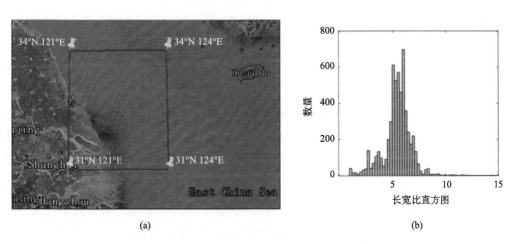

(a)   (b)

图 5.14 AIS 观测海域位置与船舶长宽比范围统计

(a) AIS 覆盖海域范围；(b) 船舶长宽比分布直方图

除了长宽比，本书的研究中采用的另外一个描述目标形状的参数是占空比，其定义为

$$D_r = \frac{\text{AoT}}{\text{AoE}} \tag{5.3.4}$$

式中，D_r 为面积占空比；AoT 为目标面积（像素单位）；AoE 为本征椭圆的面积（像素单位）。显然，D_r 的值越大，该目标的形状就越接近椭圆，也就跟一般船舶的形状越接近。所以，该参数可以描述一个目标与船舶形状的相似性，D_r 的阈值在本书的研究中依照经验设定为 0.7。

5. 针对近岸非船舶目标的极大似然鉴别算法

多尺度 CFAR 的检测结果中依然存在一些非船舶目标虚警，尤其是在一些近岸海域，如堤坝、码头、陆地边缘、小岛和近海浮力网箱子。这些近岸虚警目标主要是一些人造结构，它们的平均散射强度高于海洋杂波，但是依然远远低于船舶散射强度。我们设计了最大似然鉴别方法（method of maximum likelihood discrimination, MMLD）来进一步去除这些近岸虚警目标，MMLD 的处理流程如下：

步骤 1　估计沿海陆地杂波的 GΓD 分布为 $p_{CL}\left(x \middle| \hat{\beta}_{CL}, \hat{\lambda}_{CL}, \hat{v}_{CL}\right)$；

步骤 2　估计离岸船舶目标的 GΓD 分布为 $p_{OS}\left(x \middle| \hat{\beta}_{OS}, \hat{\lambda}_{OS}, \hat{v}_{OS}\right)$；

步骤 3　假设一个近岸目标由 N 个独立分布的像素点组成，也就是 $\{X_i \mid i = 1, 2, \cdots, N\}$，那么这个近岸目标属于沿海陆地杂波的似然概率为

$$l_{CL}\left(\hat{\beta}_{CL}, \hat{\lambda}_{CL}, \hat{v}_{CL}\right) = \ln\left\{\prod_{i=1}^{N} p_L\left(X_i \mid \hat{\beta}_{CL}, \hat{\lambda}_{CL}, \hat{v}_{CL}\right)\right\} \tag{5.3.5}$$

这个似然概率可以简化为

$$l_{CL}\left(\hat{\beta}_{CL}, \hat{\lambda}_{CL}, \hat{v}_{CL}\right) = N\ln\left(\frac{\hat{v}_{CL}}{\hat{\beta}_{CL}^{\hat{\lambda}_{CL}\hat{v}_{CL}} \Gamma\left(\hat{\lambda}_{CL}\right)}\right) + \sum_{i=1}^{N}\left[\left(\hat{\lambda}_{CL}\hat{v}_{CL} - 1\right)\ln X_i - \left(\frac{X_i}{\hat{\beta}_{CL}}\right)^{\hat{v}_{CL}}\right] \tag{5.3.6}$$

类似地，这个近岸目标属于船舶目标的似然概率为

$$l_{OS}\left(\hat{\beta}_{OS}, \hat{\lambda}_{OS}, \hat{v}_{OS}\right) = N\ln\left(\frac{\hat{v}_{OS}}{\hat{\beta}_{OS}^{\hat{\lambda}_{OS}\hat{v}_{OS}} \Gamma\left(\hat{\lambda}_{OS}\right)}\right) + \sum_{i=1}^{N}\left[\left(\hat{\lambda}_{OS}\hat{v}_{OS} - 1\right)\ln X_i - \left(\frac{X_i}{\hat{\beta}_{OS}}\right)^{\hat{v}_{OS}}\right] \tag{5.3.7}$$

如果 $l_{CL} < l_{OS}$，那么这个目标被认为是船舶目标，否则是沿海陆地虚警。

舟山群岛地区 ALOS-2 SAR 图像船舶目标检测结果如图 5.15 所示，这个海域的海陆环境非常复杂，海域状态复杂，一些区域船舶分布非常密集。图 5.15 的结果表明，几乎检测到了所有的船舶目标，同时虚警目标非常少，具体的检测结果和定量评价指标见表 5.4 第 1 行中国舟山 SAR 图像船舶检测结果指标。

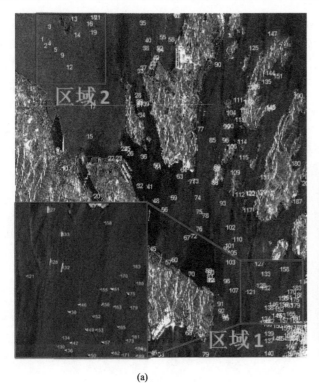
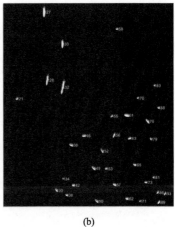

图 5.15　虚警鉴别后船舶目标检测结果

(a) 船舶目标检测结果；(b) 图 (a) 中红色框区域放大的检测结果的二值图像，白色像素表示分割出来的船舶目标

表 5.4　复杂海陆环境中船舶目标检测性能定量评价

地点	检测	真值	虚警	漏检	FA/%	MS/%	FoM/%
中国舟山	205	188	30	13	14.63	6.91	0.80
日本贺茂	44	40	4	0	9.09	0	0.91
日本松阪	51	47	5	0	9.80	0	0.90

6. 检测性能对比实验

在实验中，本章提出的算法的所有参数设置见表 5.5。

表 5.5　实验中虚警率参数设置

P_W	P_G	P_L	P_S
1×10^{-2}	1×10^{-6}	1×10^{-9}	1×10^{-9}

在本书的研究中，其他常用的基于 CFAR 的船舶目标检测算法作为比较算法来进一步评价本章提出的船舶检测算法的性能，如图 5.16 所示。比较算法 1 是常用的基于 β' 分

布的平均 CFAR(cell averaging CFAR, CA-CFAR)(Gao et al., 2009)。因为传统的 CFAR 算法在复杂海陆环境中的 SAR 图像使用会产生大量虚警，为了公平起见，比较实验在离岸海洋环境中进行，选取的两个海洋环境的位置如图 5.15 所示。从图 5.16 可以看出，选取的两个海洋区域具有一定的挑战性：区域 1 中船舶目标分布不均匀，有的位置船舶目标密度很高；区域 2 中海洋环境比较复杂，有小的岛屿。另外，为了评价本章提出的多尺度算法的性能，还采用了另外一个基于同样的 GΓD 像素 CFAR 检测器的比较算法 2。可以进一步验证，在使用同样的 SAR 杂波模型的情况下，当检测器对 SAR 杂波的拟合效果相同时，多尺度算法具有的优势。

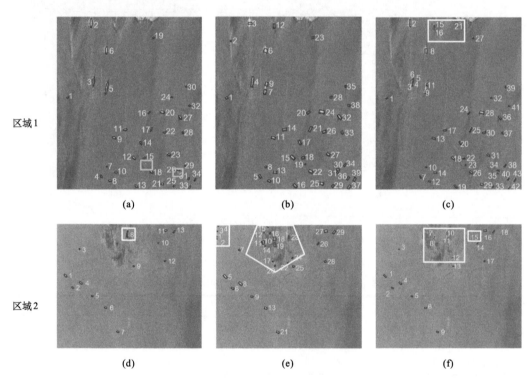

图 5.16　本章提出的船舶目标检测算法与基于 β' 分布的 CA-CFAR、基于 GΓD 像素 CFAR 比较实验

(a)(d)本章提出的算法检测结果；(b)(e)基于 β' 分布的 CA-CFAR 的检测结果；(c)(f)基于 GΓD 像素 CFAR 的检测结果。区域 1 和区域 2 的位置如图 5.15(a)所示。红色椭圆标记了本章算法的检测结果；红色矩形框标记了比较算法的检测结果；虚警目标用白色多边形框标记；漏检目标用绿色矩形框标记

　　检测算法性能比较实验结果如图 5.16 所示，实验结果表明，本书的研究提出的算法有很好的性能，仅仅只有两个虚警和一个漏检。但是在图 5.16(e)中，CA-CFAR 检测器产生了大量的虚警。CA-CFAR 在海洋杂波均匀的区域具有跟本章提出的算法相当的性能，但是在环境复杂的区域其性能迅速下降，虚警很多，说明传统的 CA-CFAR 算法不具备适应复杂环境的能力。当检测器采用相同的 SAR 杂波模型时，基于 GΓD 像素 CFAR 检测器在同样的区域依然产生了许多数量的虚警。这进一步说明，像素 CFAR 仅仅考虑了局部和本地的信息，当局部环境复杂、海况复杂时，SAR 杂波参数估计会产生较大的

误差，从而使检测器的性能下降。多尺度 CFAR 算法则可以很好地解决这个问题，通过融合 3 个尺度的信息，平滑掉局部异常值，从而更好地保证 CFAR 阈值的可靠性。

像素级 CFAR 的另外一个缺点是容易将同一艘船舶检测为多艘船舶，如图 5.16(a) 中序号为 3、5 的两艘长度较长的船舶，在图 5.16(b) 和图 5.16(c) 中则对应两艘甚至多艘船舶。这是因为传统的像素级 CFAR 具有一个固定的检测窗口，这样无法完全排除船舶目标本身的泄漏对背景杂波估计的影响，也无法排除其他船舶的影响。多尺度 CFAR 算法在小尺度本地 CFAR 检测阶段，把每一个潜在的船舶目标连通的所有像素都作为一个超像素单元处理，最大限度地排除其他潜在船舶目标对背景杂波建模的影响，从而更好地检测船舶目标，最大限度地保证检测到的每一个船舶目标具有一个完整的轮廓。在图 5.16(b) 中，序号为 3 和 6 的船舶目标只检测到了船舶目标的部分像素而不是完整的轮廓，这也是像素级 CFAR 固有的缺陷。

为了定量评价检测算法的性能，我们采用虚警率、漏检率和品质因数评价指标。虚警率(false alarm ratio, FA)的定义为

$$FA = \frac{N_{fa}}{N_{tt} + N_{fa}} \tag{5.3.8}$$

式中，N_{fa} 为检测到的目标中不是船舶目标的个数；N_{tt} 为检测到的目标中是船舶目标的个数，虚警率越低说明检测到的虚警目标越少。

漏检率(missing ship ratio, MS)的定义为

$$MS = \frac{N_{gt} - N_{tt}}{N_{gt}} \tag{5.3.9}$$

式中，N_{gt} 为真实船舶目标的个数，也就是船舶目标的真值，漏检率越低说明检测器检测目标的能力越强。虚警率和漏检率从两个不同的方面评价船舶目标检测器的性能，固然一个性能出众的检测器应该是漏检率低、虚警率也低。但是，在设置检测器的参数时，较高的 P_{fa} 会使 FA 变高，MS 降低，说明 FA 和 MS 是相互矛盾的参数。在军事领域，为了国家领海的安全，及时发现异常入侵的船只，必须要求漏检率为 0。这个时候，往往能够容忍较高的虚警率，因为虚警目标可以借助于其他手段进一步排除。所以，对虚警率和漏检率的要求必须结合实际的应用场景考虑。本书的研究中引入品质因数参数综合考虑虚警率和漏检率，从而便于对船舶目标检测器的性能有一个综合的评分。品质因数(figure of merit, FoM)的定义为 (Robertson et al.，2000)

$$FoM = \frac{N_{tt}}{N_{fa} + N_{gt}} \tag{5.3.10}$$

FoM 的取值范围为 0~1，值越大说明检测器的性能越好。本章提出的算法与比较算法的定量评价指标见表 5.6。请注意，CA-CFAR 和像素 CFAR 重复检测的目标都合并处理。从表 5.6 可以看出，考虑 FA 和 FoM 参数，多尺度 CFAR 检测性能优于 CA-CFAR 和像素 CFAR，尤其是海况复杂的区域 2。在海况相对平静的区域 1，多尺度 CFAR 的 MS 指标略低于比较算法。实验表明，无论海况平静还是复杂，本章提出的基于 GΓD 的多尺

度 CFAR 检测算法总是能保存优异的性能。这说明该算法可以适应复杂海陆环境中的船舶目标检测，具有很高的实用性。

表 5.6　本章提出的算法与比较算法性能定量评价

海域	算法	检测	真值	虚警	漏检	FA/%	MS/%	FoM
	本章算法	34	36	0	2	0	5.56	0.94
区域 1	CA-CFAR	38	36	2	0	5.26	0	0.95
	像素 CFAR	39	36	3	0	7.69	0	0.93
	本章算法	13	12	1	0	7.69	0	0.92
区域 2	CA-CFAR	29	12	17	0	58.62	0	0.41
	像素 CFAR	18	12	6	0	33.33	0	0.67

7. 算法鲁棒性分析

为了验证本章提出的算法的鲁棒性，对另外两幅 ALOS-2 SAR 图像进行了船舶目标检测实验。鲁棒性实验中同样采用表 5.5 中的参数设置，日本贺茂海域和松阪海域 SAR 船舶目标检测结果分别如图 5.17 和图 5.18 所示。表 5.4 给出了检测结果的定量评价指标。实验表明，本书的研究提出的船舶目标检测和虚警鉴别算法可以适应复杂的海陆环境。该算法可以很好地抑制虚警目标和其他非船舶目标带来的干扰。

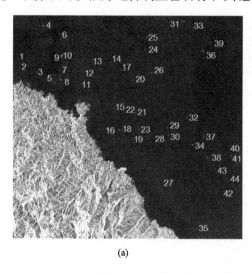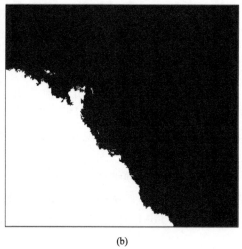

(a)　　　　　　　　　　　　　　　　　　(b)

图 5.17　船舶目标检测结果与海陆分割效果(日本贺茂海域)

(a) 船舶目标检测结果，图中红色椭圆和数字标记了检测到的船舶目标；(b) 海陆分割结果

为了进一步验证本章提出的复杂海陆环境中船舶目标检测算法的泛化能力，我们在高分 3 号 SAR 图像上对该算法也进行了实验，如图 5.19 所示。从图 5.19 可以看出，在这个港口场景中，本章提出的算法不仅能精确检测出海洋中船舶目标的轮廓，对于停靠在岸边的船舶目标也有一定的检测能力。

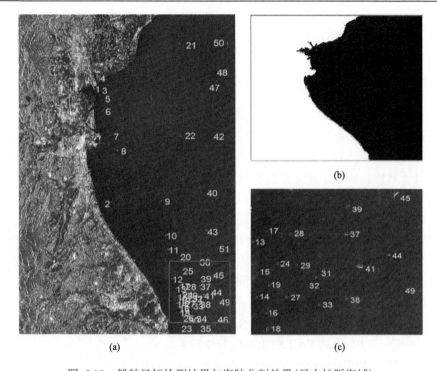

图 5.18　船舶目标检测结果与海陆分割效果(日本松阪海域)

(a)船舶目标检测结果，图中红色椭圆和数字标记了检测到的船舶；(b)红色矩形框区域放大图；(c)海陆分割结果

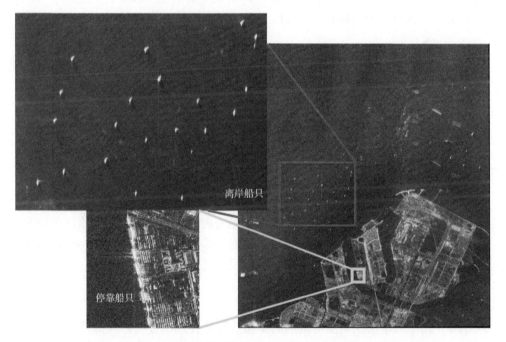

图 5.19　本章提出的船舶检测算法在高分 3 号 SAR 卫星上的实验结果

绿色轮廓是检测到的船舶目标的轮廓

5.4　SAR-AIS 船舶目标数据库

1. 船舶自动识别系统（AIS）

CFAR 通过对 SAR 海洋杂波进行统计建模，从而将船舶目标的检测等效为在同质的杂波中寻找局外点的过程，所以 CFAR 检测器能够有效地检测海洋中的强散射体。有些时候，这些强散射体来自于船舶上的二面角、三面角、腔体等；有些时候这些强散射体也可能来自于其他目标，如海洋养殖的箱笼、石油平台、岛礁等。5.3 节介绍了一些手工设计的特征来区分船舶目标和虚警目标，但是手工设计的特征具有泛化能力差、适用范围小的缺点。

近年来，以深度卷积神经网络（deep convolutional networks, DCNNs）为代表的深度学习技术在光学图像的识别领域取得了巨大突破，这给 SAR 图像中目标的检测识别提供了新的思路。深度学习在 SAR 船舶目标识别中应用的瓶颈在于缺乏具有可靠标签的大规模数据库，为了解决这个问题，本节介绍了基于 AIS 的船舶目标真值标注方法，介绍了船舶类型分类和 AIS 的相关知识，阐述了 SAR 图像和 AIS 两种不同类型数据匹配的方法，最终给出了一个可以实用的 SAR 船舶真值标注流程。

AIS 是一种全球船舶实时跟踪系统。AIS 根据接收站的位置分为两种：岸基 AIS 和卫星 AIS。岸基 AIS 的时间分辨率高，但是只能掌握近岸几十千米内船舶的信息；卫星 AIS 可以覆盖全球水域，但是时间分辨率低，单次传递的信息较少。一般船舶每隔几秒到几分钟报告一次自己的 AIS 信息，AIS 信息一般包括四大类参数，见表 5.7。

表 5.7　AIS 信息一般包括的内容

信息类别	包含内容
标示信息	MMSI、船舶名称、呼号、IMO 等
类型信息	船舶类型、长度、宽度、吃水深度等
位置信息	Unix 时间、经纬度等
状态信息	速度、船首向、目的地等

常见的可以查询 AIS 信息的网站有：船讯网、MarineTraffic。这些网站一直实时发布全球船舶动态，图 5.20 是从船讯网上获得的某一时刻上海长兴岛附近水域船舶分布情况。表 5.7 中的 MMSI 是一艘船舶的编号，根据该编号可以在船讯网和 MarineTraffic 等 AIS 信息发布网站上查询该船舶的历史航迹和船舶类型。

2. 常见船舶分类

MarineTraffic 网站根据功能对常用的船舶进行了详细的分类，包括货船（cargo）、油船（tanker）、客船（passenger）、拖船（tug）和渔船（fisher）等几个大类，每个大类又可以按照船舶功能的不同、运输货物的不同细分为多个小类。例如，货船就可以细分为一般货船、散货船、集装箱船等数十个小类。

图 5.20　从船讯网上获取的 2017 年 11 月 20 日 18:57 长江的船舶分布情况

　　MarineTraffic 网站列举的船舶类型就有上百种之多，这种船舶分类法对于 SAR 图像中船舶目标分类法有指导意义但是不能完全套用，因为这种船舶分类法是根据船舶功能定义船舶类型，船舶功能只是在一定程度上决定船舶构造。换而言之，SAR 图像识别中的船舶分类法应该是"视觉上"的而不是"功能上"的。

　　图 5.21 列举了三种常见的船舶，即油轮、散货船和普通货船的 SAR 图像和相关的光学图像。从图 5.21 可以看出，油轮有一条贯穿整个夹板的圆管，这个圆管与甲板会在 SAR 图像上形成很强的散射。散货船可以用来运送一些散装的货物，如大豆、小麦等，所以可以看到散货船夹板上有一格一格的船舱。在 SAR 图像中，这些突起的船舱和夹板

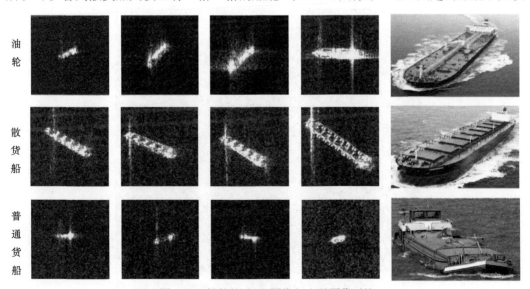

图 5.21　船舶的 SAR 图像与光学图像对比

形成很强的二面角反射。但是，突起的方向船舱平滑顶部的后向散射很弱，所有在 SAR 图像中是一个一个灰暗的方块。普通货船的构造比较随意，在 SAR 图像上也没有什么明显的特征。

3. SAR 图像与 AIS 配准

根据前面的分析，小部分船舶，如散货船、油轮等可以在 SAR 图像中人工识别出来，但是绝大部分船舶类型只能通过 AIS 信息中的类型来确定。因此，只要能匹配 SAR 图像和 AIS 信息，就能标注 SAR 图像中船舶目标的真值。SAR 图像和 AIS 信息配准过程如下：

步骤 1　对 SAR 图像进行地理信息编码，根据地理信息编码后的 SAR 图像的经纬度和图像采集时间查找对应海域 24 h 内的 AIS 信息。因为船舶目标静止停泊在该海域后可能不再发送 AIS 信息，也有可能图像采集时刻的 AIS 信息岸基接收器或者卫星接收器没能成功采集到，所以需要查找图像采集时刻 24h 内的 AIS 信息。

步骤 2　根据 24h 内的 AIS 信息通过经纬度在时间上插值，求出 SAR 图像采集时刻该海域所有船舶对应的位置。这里会涉及 3 种情况，如果 AIS 信息覆盖图像采集时间，那么可以插值求出该时刻船舶位置；如果 AIS 信息覆盖的范围早于图像采集时间，那么以最后一条 AIS 信息指示的船舶位置作为该时刻船舶位置；如果 AIS 信息覆盖的范围晚于图像采集时间，那么以最早一条 AIS 信息指示的船舶位置作为该时刻船舶位置。

步骤 3　将步骤(2)中求出的船舶位置(经纬度)转换到 SAR 图像坐标系中，从而实现对 SAR 图像和 AIS 信息的配准。

一幅 ALOS-2 SAR 图像与 AIS 中船舶轨迹配准结果如图 5.22 所示，直观上来看，匹配的 AIS 轨迹与水路分布状况基本吻合。一幅高分 3 号 SAR 图像中船舶目标与 AIS 指示的船舶位置的配准结果如图 5.23 所示，可以看出，AIS 指示的船舶位置与 SAR 图像中的船舶位置非常吻合。这两个配准实验验证了配准方法的有效性。

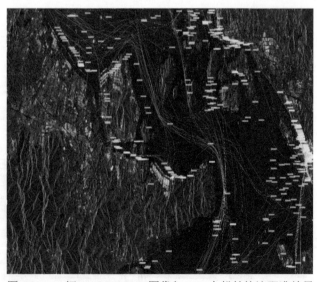

图 5.22　一幅 ALOS-2 SAR 图像与 AIS 中船舶轨迹配准结果

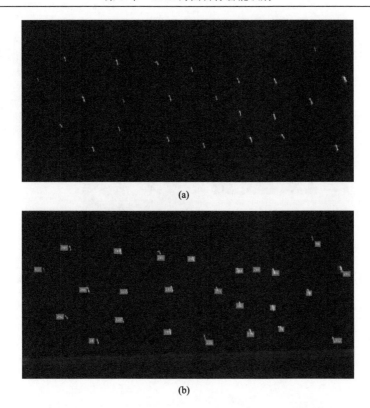

图 5.23　一幅高分 3 号 SAR 图像中船舶目标与 AIS 指示的船舶位置的配准结果

(a) 高分 3 号 SAR 图像；(b) 与 AIS 位置配准后的结果，注意图中的数字不是 MMSI 号码，
而是该图中一个与 MMSI 对应的编号

4. 半自动船舶目标真值标注流程

本章提出 SAR 图像中船舶目标半自动标注流程，如图 5.24 所示（Ao et al.，2018），简单来说，首先利用第三节中提出的复杂海陆环境中的 SAR 船舶目标检测算法检测出船舶目标，然后利用 AIS 与 SAR 图像配准方法，将 AIS 指示的船舶位置配准到 SAR 图像上。之后，可以利用匈牙利算法（Miller et al.，1997）对所有的检测到船舶目标和 AIS 指示的船舶位置进行全局配准。

该方法之所以称为半自动标注是因为最后有一个人工检测和修改错误标注的过程，目前还无法保证检测到的结果完全准确，也无法保证 AIS 和 SAR 图像的配准完全准确。因此，为了保证船舶真值的可靠性和准确性，必须进行人工校对。尽管如此，该方法还是大大降低了人工标注的工作量，提供了肉眼无法识别的 SAR 船舶目标的真值。

目前，最新版本的 MATLAB 中已经集成了图像真值标注软件 Image Labeler，其可以将自动标注的结果导入该软件，如图 5.24 所示，在该软件中可以删除不合理的自动标注结果，并进行重新标注。最后，可以将原始 SAR 图像和真值图像切割成 256×256 或者其他大小的样本，从而建立起一个船舶目标数据库，如图 5.25 中的最后步骤。

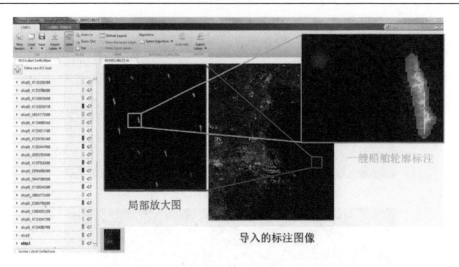

图 5.24 MATLAB 中 Image Labeler 软件对 SAR 船舶真值的标注过程

彩色透明轮廓是船舶目标像素级标注结果；红点表示 AIS 指示的船舶位置

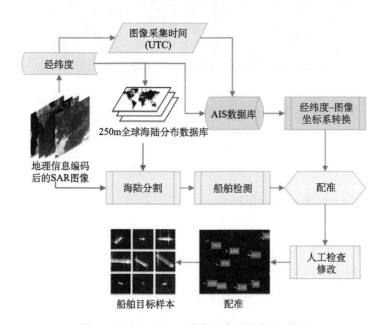

图 5.25 半自动 SAR 船舶目标真值标注流程

5. 高分辨率 ALOS-2 船舶目标数据库

基于本章提出的船舶目标真值标注方法，我们标注了 15 幅 ALOS-2 图像，其中部分类型的船舶数目统计见表 5.8，共计 1308 个船舶样本，部分样本图像如图 5.26～图 5.29 所示。

表 5.8　ALOS-2 船舶目标数据库部分类型船舶统计

船舶类型(中/英)	数量	船舶类型(中/英)	数量
散货船　bulk carrier	47	货船　cargo	279
集装箱船　container	30	杂货船　general cargo	65
车辆运输船　vehicle carrier	17	渔船　fishing	68
大型捕鱼船　fishing vessel	31	客船　passenger	11
液化石油气船　LPG tanker	15	化学品运输车　chemical tanker	19
原油船　crude oil tanker	26	油轮　oil tanker	34
石油/化学品船　oil/chemical tanker	26	轮船　tanker	83
挖泥船　dredger	5	拖船　tug	51

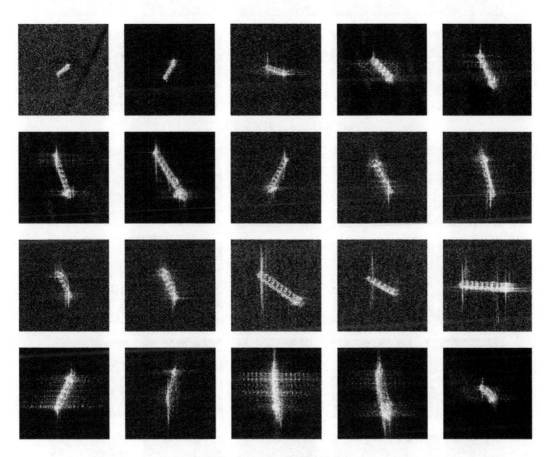

图 5.26　部分散货船样本

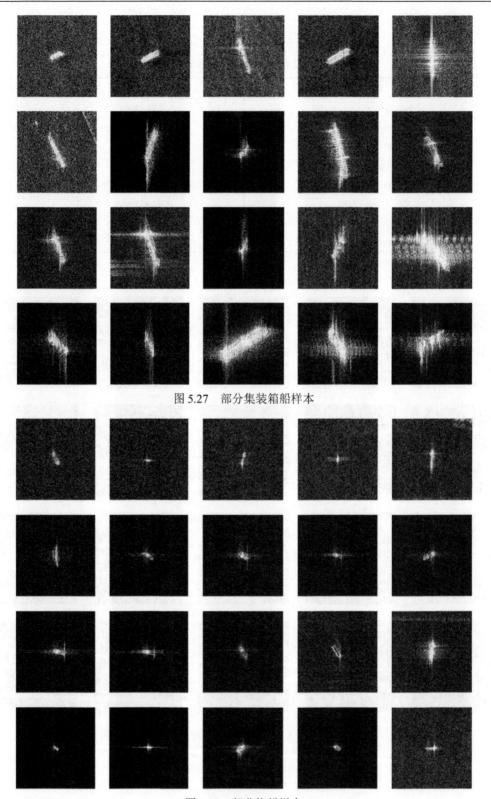

图 5.27　部分集装箱船样本

图 5.28　部分拖船样本

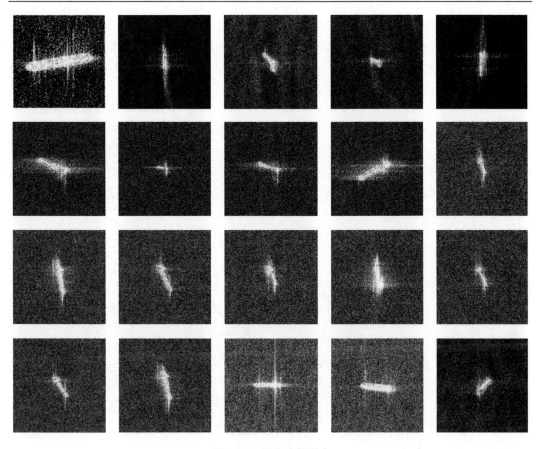

图 5.29　部分油船样本

　　图 5.26～图 5.29 分别展示了我们建立的 ALOS-2 ASR 船舶目标数据库中的部分散货船、集装箱船、拖船和油船样本。从这些船舶目标的切片中可以看出，同样类型的船舶在 SAR 图像中的差异明显，一方面这些船舶的实际结构有所不同，散射特性不同；另一方面，SAR 的入射角也对成像结果有很大影响。

　　用同样的方法我们还建立了高分 3 号 SAR-AIS 的数据库，具体参考文献（Hou et al.，2019b），这里不再展开介绍。

5.5　SAR 船舶目标鉴别与识别

1. 基于 VGG-16 的船舶目标分类

　　因为目前 ALOS-2 SAR 船舶目标数据库的样本太少，为了利用深度卷积网络进行船舶目标分类实验，我们采用迁移学习技术（transfer learning, TL）（Xu et al.，2018）。迁移学习是指将在 A 数据源上训练的神经网络用到 B 数据源上，本章中采用的预训练网络是目前广泛采用的 DCNN 网络 VGG-16（Simonyan and Zisserman，2014）。VGG-16 是一个在 100 万张光学图像上训练对 1000 类目标进行分类的 DCNN（Russakovsky et al.，2015），大规模数据的训练使得 VGG-16 具备了对一般图片提取高维特征的能力。因此，可以采用 VGG-16 作为一个目标特征提取器，修改 VGG-16 的全连接层和分类输出层使之满足实验的需求。采用 TL 中常用的微调(fine-tuning)训练策略，使 VGG-16 获得对 SAR 船舶目标的分类能力。

　　考虑到 5.4 节中所述的 SAR 船舶目标的视觉特征，从 ALOS-2 船舶目标中选取成像质量较好的 679 个样本，根据 AIS 中的船舶类别重新划分为 7 种不重叠的船舶类别：散货船、集装箱船、一般货船、其他货船、油船、拖船、其他船只。其中，其他货船是指除了前 3 种货船外所有的货船，其他船只是指除了前 6 种船舶外其他类型的船舶。训练数据集和测试数据集如图 5.30 所示，一共 475 个训练样本，204 个测试样本。本书的研究采用 MATLAB 自带的深度学习工具箱，训练过程如图 5.31 所示。

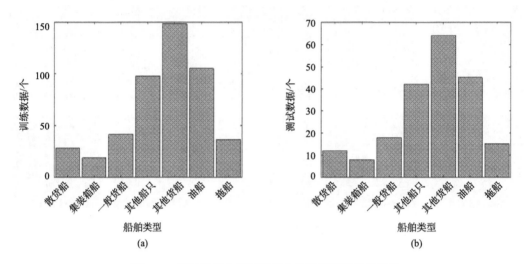

图 5.30　训练数据和测试数据中各种类型船舶的数量

(a)训练数据共计 475 个船舶样本；(b)测试数据共计 204 个船舶样本

　　如图 5.31 所示，在分类实验中我们研究了分辨率信息对分类结果的影响。因为在光学图像中，目标的像素大小与实际大小不构成直接关系；但是在 SAR 图像中目标尺寸与实际尺寸有关，所以分辨率信息对分类结果会有改善作用，实验验证了这一想法。

　　从图 5.31(a)的训练过程可以看出，使用原始图像微调神经网络分类精度为 74.5%。图 5.31(b)显示将样本插值到同样像素分辨率时，也就是相当于加入了 SAR 成像分辨率信息，分类精度为 83.3%，提高了 8.8%。该实验证明迁移学习可以应用到小样本的 SAR 船舶目标分类中，加入 SAR 成像的物理信息对分类结果有明显的改善。图 5.31(b)分类实验的混淆矩阵如图 5.32 所示。

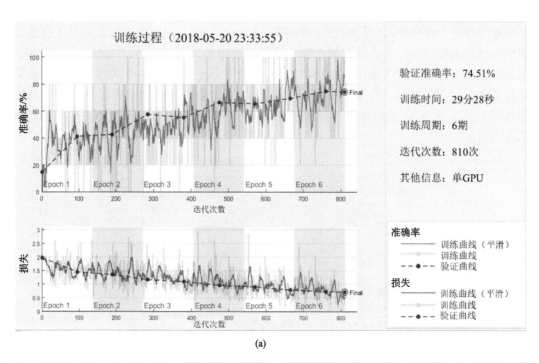

(a)

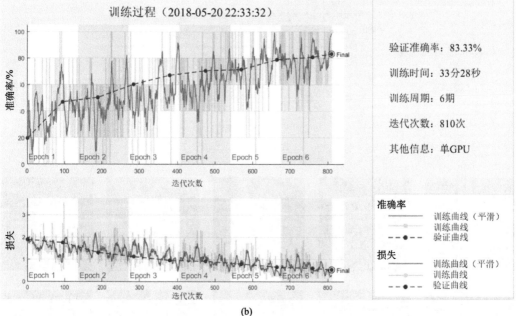

(b)

图 5.31　微调法训练 7 种 SAR 船舶目标分类 VGG-16 神经网络的过程

(a)原始图像的测试准确率为 74.5%；(b)插值到同样分辨率的图像的测试准确率为 83.3%

2. 基于 *K*-Means 子类聚类和 VGG-16 的虚警鉴别

本节对基于深度学习的船舶目标和虚警目标鉴别算法，也就是二分类进行了探索。船舶目标和虚警目标二分类的挑战性在于"种内多样性"，如前所述，SAR 船舶目标包括各种各样差别很大的船舶。船舶检测中的虚警目标更是多种多样，海洋背景中的明亮目标都可能被 CFAR 检测器挑选出来作为潜在的船舶目标，一些常见虚警目标如图 5.33 所示。图 5.33 中的虚警目标包括堤坝、大桥、波浪、水产养殖物、小岛及其他明亮散射体。

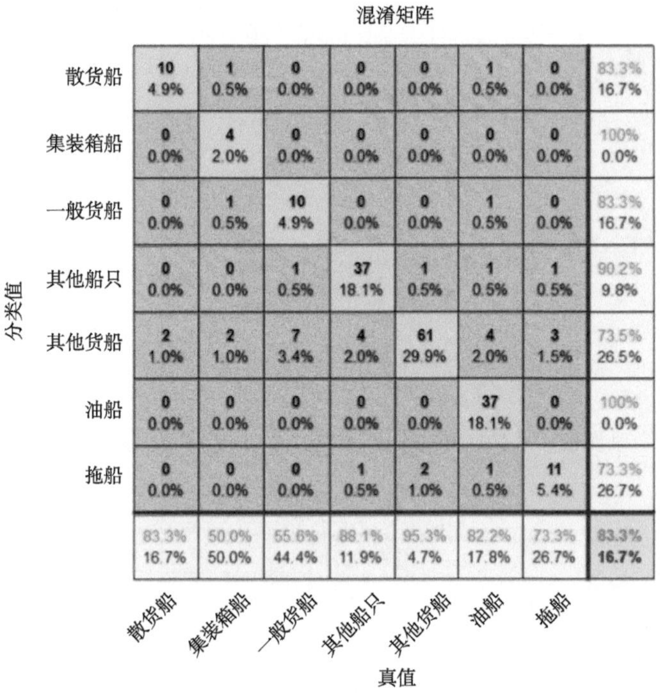

混淆矩阵

分类值	散货船	集装箱船	一般货船	其他船只	其他货船	油船	拖船	
散货船	10 / 4.9%	1 / 0.5%	0 / 0.0%	0 / 0.0%	0 / 0.0%	1 / 0.5%	0 / 0.0%	83.3% / 16.7%
集装箱船	0 / 0.0%	4 / 2.0%	0 / 0.0%	0 / 0.0%	0 / 0.0%	0 / 0.0%	0 / 0.0%	100% / 0.0%
一般货船	0 / 0.0%	1 / 0.5%	10 / 4.9%	0 / 0.0%	0 / 0.0%	1 / 0.5%	0 / 0.0%	83.3% / 16.7%
其他船只	0 / 0.0%	0 / 0.0%	1 / 0.5%	37 / 18.1%	1 / 0.5%	1 / 0.5%	1 / 0.5%	90.2% / 9.8%
其他货船	2 / 1.0%	2 / 1.0%	7 / 3.4%	4 / 2.0%	61 / 29.9%	4 / 2.0%	3 / 1.5%	73.5% / 26.5%
油船	0 / 0.0%	0 / 0.0%	0 / 0.0%	0 / 0.0%	0 / 0.0%	37 / 18.1%	0 / 0.0%	100% / 0.0%
拖船	0 / 0.0%	0 / 0.0%	0 / 0.0%	1 / 0.5%	2 / 1.0%	1 / 0.5%	11 / 5.4%	73.3% / 26.7%
	83.3% / 16.7%	50.0% / 50.0%	55.6% / 44.4%	88.1% / 11.9%	95.3% / 4.7%	82.2% / 17.8%	73.3% / 26.7%	83.3% / 16.7%

真值

图 5.32　七类船舶目标分类混淆矩阵

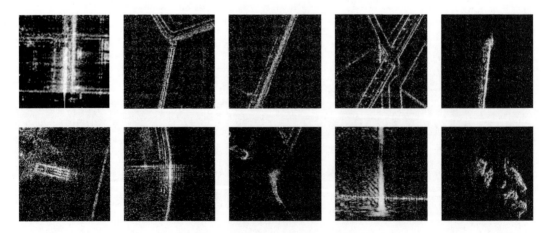

图 5.33　虚警数据库中的部分样本

为了解决种内差异性大的问题，Chen 等(2018)提出了 S-CNN 算法。受到 S-CNN
(Chen et al.，2018)算法框架的启发，本章设计了基于子类聚类的虚警鉴别算法，如
图 5.34 所示。该算法框架的操作流程与 S-CNN 类似，但是关键的操作步骤包括特征提
取、子类聚类和分类与 S-CNN 的结构不同。虚警鉴别实验共采用 3 005 个船舶和虚警样
本，其中 2 545 个样本用来训练，460 个样本用来测试。训练样本中船舶占比为 33%，
测试样本中船舶占比为 39%。

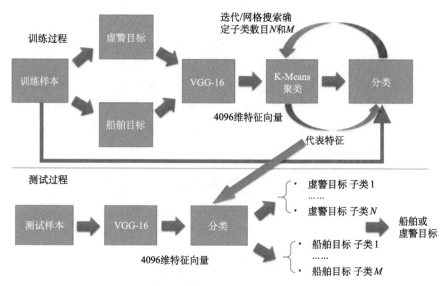

图 5.34　基于 K-Means 子类聚类和 VGG-16 提取特征的虚警目标鉴别算法

上面部分是训练过程；下面部分是测试过程

如图 5.34 所示，在训练阶段，使用 VGG-16 提取样本的 4096 维特征向量，然后使
用 K 均值(K-Means)(Arthur and Vassilvitskii，2007)无监督聚类算法分别对虚警目标和
船舶目标进行子类聚类，其中虚警目标子类最优个数为 N，船舶目标子类最优个数为 M。
K-Means 聚类产生的每一个子类的中心向量作为该子类的代表特征，用这些代表特征对
训练样本进行分类，训练样本的特征向量与某一代表特征的欧式距离最小时，这个训练
样本就分为该子类，也分类为该子类对应的船舶或虚警大类。因为 K-Means 聚类算法需
要输入聚类个数，超参数 N 和 M 对二分类的精度有很大的影响。本书的研究采用迭代和
网格搜索(grid searching)策略，在 1~12 的网格上搜索超参数 N 和 M 的最优组合。通过
迭代对训练样本进行分类，找到训练精度最高时对应的 N 和 M 的值。在实验中，训练过
程分类精度最高为 97.05%，此时对应的 N 和 M 的值分别为 8 和 11。

在测试阶段，使用同样的方法和参数对 460 个测试样本进行分类，分类精度为
92.53%。实验表明，该算法可以使用 VGG-16 提取样本的高维特征，利用 K-Means 聚类
算法解决了种内差异大的问题，对多种虚警目标有很好的鉴别效果。

本章提出了一个 SAR 图像中复杂海陆环境下的船舶目标检测系统。该算法包括海陆
分割、船舶检测和虚警鉴别三个步骤。这个检测系统基于本章对高分辨率 SAR 杂波建模

和参数估计方法的研究,采用 GΓD 拟合 SAR 杂波分布,并采用 MoLC 方法估计模型参数。本章提出了基于开源的全球 250m 分辨率的海陆分布数据库的分割算法。本章提出了多尺度 CFAR 船舶目标检测算法,该方法综合考虑全局尺度、大尺度和小尺度信息来平滑局部异常值的影响。而且,多尺度 CFAR 降低了运算量。另外,本章设计了基于本征椭圆的形态学鉴别算法与基于幅度分布和极大似然原理的近岸目标虚警去除算法。实验表明,本章提出的船舶目标检测算法具有虚警率低、漏检率低和品质因数高的特点。

基于这个多尺度的船舶目标检测算法,本章开发了利用 AIS 提供真值的 SAR 船舶目标标注流程,并建立了一个 ALOS-2 SAR 船舶目标和虚警目标数据库。本章进行了 7 种船舶目标的分类实验,分类精度为 83.3%。本章设计了基于 K-Means 子类聚类和 VGG-16 提取高维特征的船舶和虚警目标鉴别算法,该方法可以解决船舶和虚警目标各自种内多样性的问题,在测试数据集上分类精度达到了 92.53%。但是,目前开发的数据库的样本有限,因此训练的分类网络的泛化能力有待提高。事实上,深度学习在 SAR 图像中的实际应用还需要进行大量的研究,特别是针对样本少、SAR 图像噪声强的问题还需要进一步研究。

参 考 文 献

王超. 2013. 高分辨率 SAR 图像船舶目标检测与分类. 北京: 科学出版社.

王兆成, 李璐, 杜兰, 等. 2017. 基于单极化 SAR 图像的舰船目标检测与分类方法. 科技导报, 35(20): 86-93.

Ao W, Xu F, Li Y, et al. 2018. Detection and discrimination of ship targets in complex background from spaceborne ALOS-2 SAR images. IEEE Journal of Selected Topics in Applied Earth Observations and Remote Sensing, 11(2): 536-550.

Ao W, Xu F. 2018. Robust Ship Detection in SAR Images from Complex Background. IEEE International Conference on Computational Electromagnetics (ICCEM).

Ao W, Xu F, Qian Y, et al. 2019. Feature Clustering Based Discrimination of Ship Targets for SAR Images. IET International Radar Conference.

Arthur D, Vassilvitskii S. 2007. K-means++: The advantages of careful seeding// Proceedings of the Eighteenth Annual ACM-SIAM Symposium on Discrete Algorithms. Society for Industrial and Applied Mathematics: 1027-1035.

Bentes C, Velotto D, Tings B. 2018. Ship classification in terrasar-x images with convolutional neural networks. IEEE Journal of Oceanic Engineering, 43(1): 258-266.

Bishop C M. 2006. Pattern Recognition and Machine Learning. Springer.

Chen T, Lu S, Fan J. 2018. S-CNN: Subcategory-aware convolutional networks for object detection. IEEE transactions on pattern analysis and machine intelligence, 40(10): 2522-2528.

Cleveland W S. 1979. Robust locally weighted regression and smoothing scatterplots. Journal of the American statistical association, 74(368): 829-836.

Dai H, Du L, Wang Y, et al. 2016. A modified CFAR algorithm based on object proposals for ship target detection in SAR images. IEEE Geoscience and Remote Sensing Letters, 13(12): 1925-1929.

Dempster A P, Laird N M, Rubin D B. 1977. Maximum likelihood from incomplete data via the EM algorithm. Journal of the Royal Statistical Society: Series B (Methodological), 39(1): 1-22.

Gao G, Liu L, Zhao L, et al. 2009. An adaptive and fast CFAR algorithm based on automatic censoring for target detection in high-resolution SAR images. IEEE Transactions on Geoscience and Remote Sensing, 47(6): 1685-1697.

Gao G, Ouyang K, Luo Y, et al. 2017. Scheme of parameter estimation for generalized gamma distribution and its application to ship detection in SAR images. IEEE Transactions on Geoscience and Remote Sensing, 55(3): 1812-1832.

Greidanus H, Kourti N. 2006. Findings of the DECLIMS project-Detection and classification of marine traffic from space. Proceedings of the SEASAR.

Haralick R M, Shapiro L G. 1992. Computer and Robot Vision. New Jersey: Addison-Wesley.

Hou X, Ao W, Xu F. 2019a. End-to-end Automatic Ship Detection and Recognition in High-Resolution Gaofen-3 Spaceborne SAR Images. IGARSS 2019-2019 IEEE International Geoscience and Remote Sensing Symposium.

Hou X, et al. 2019b. FUSAR-ship: Building a high-resolution SAR-AIS matchup dataset of Gaofen-3 for ship detection and recognition. Science of China: Information Series, submitted

Huang L, Liu B, Li B, et al. 2018. OpenSARShip: A dataset dedicated to Sentinel-1 ship interpretation. IEEE Journal of Selected Topics in Applied Earth Observations and Remote Sensing, 11(1): 195-208.

Kan Y, Zhu Y, Fu Q, 2016. Ship Target Detection for Complicated Inner Harbor SAR images. IET International Radar Conference.

Kang M, Leng X, Lin Z, et al. 2017. A modified faster R-CNN based on CFAR algorithm for SAR ship detection. 2017 International Workshop on Remote Sensing with Intelligent Processing (RSIP), 1-4.

Krylov V A, Moser G, Serpico S B, et al. 2013. On the method of logarithmic cumulants for parametric probability density function estimation. IEEE Transactions on Image Processing, 22(10): 3791-3806.

Lampropoulos G A, Drosopoulos A, Rey N. 1999. High resolution radar clutter statistics. IEEE Transactions on Aerospace and Electronic Systems, 35(1): 43-60.

Leng X, Ji K, Yang K, et al. 2015. A bilateral CFAR algorithm for ship detection in SAR images. IEEE Geoscience and Remote Sensing Letters, 12(7): 1536-1540.

Li B, Liu B, Guo W, et al. 2018. Ship size extraction for Sentinel-1 images based on dual-polarization fusion and nonlinear regression: Push error under one pixel. IEEE Transactions on Geoscience and Remote Sensing, 56(8): 4887-4905.

Li H C, Hong W, Wu Y R, et al. 2010. An efficient and flexible statistical model based on generalized gamma distribution for amplitude SAR images. IEEE Transactions on Geoscience and Remote Sensing, 48(6): 2711-2722.

Li H C, Hong W, Wu Y R, et al. 2011. On the empirical-statistical modeling of SAR images with generalized gamma distribution. IEEE Journal of Selected Topics in Signal Processing, 5(3): 386-397.

Liao P S, Chen T S, Chung P C. 2001. A fast algorithm for multilevel thresholding. J. Inf. Sci. Eng. , 17(5): 713-727.

Lindelöf E, Mellin R H. 1993. Advance in mathematics. vol. 61.

Marquardt D W. 1963. An algorithm for least-squares estimation of nonlinear parameters. Journal of the society for Industrial and Applied Mathematics, 11(2): 431-441.

Meyer F J, Nicoll J B, Doulgeris A P. 2013. Correction and characterization of radio frequency interference signatures in L-band synthetic aperture radar data. IEEE Transactions on Geoscience and Remote Sensing, 51(10): 4961-4972.

Migliaccio M, Nunziata F, Montuori A, et al. 2012. Single-look complex COSMO-SkyMed SAR data to observe metallic targets at sea. IEEE Journal of Selected Topics in Applied Earth Observations and Remote Sensing, 5(3): 893-901.

Miller M L, Stone H S, Cox I J. 1997. Optimizing Murty's ranked assignment method. IEEE Transactions on Aerospace and Electronic Systems, 33(3): 851-862.

Oliver C J. 1993. Optimum texture estimators for SAR clutter. Journal of Physics D: Applied Physics, 26(11): 1824.

Otsu N. 1979. A threshold selection method from gray-level histograms. IEEE Transactions on Systems, Man, and Cybernetics, 9(1): 62-66.

Press W H, Teukolsky S A, Vetterling W T, et al. 1982. Numerical Recipes in C. Cambridge: Cambridge University Press.

Robertson N, Bird P, Brownsword C. 2000. Ship Surveillance Using Radarsat ScanSAR Images. Ship Detection in Coastal Water Workshop Agenda, Canada.

Russakovsky O, Deng J, Su H, et al. 2015. Imagenet large scale visual recognition challenge. International Journal of Computer Vision, 115(3): 211-252.

Simonyan K, Zisserman A. 2014. Very deep convolutional networks for large-scale image recognition. arXiv preprint arXiv: 1409-1556.

Stuart A, Keith J. 2008. Kendall's Advanced Theory of Statistics, New York: Wiley, 6th edition.

Vachon P W. 2006. Ship detection in synthetic aperture radar imagery. Proc. OceanSAR: 1-5.

Velotto D, Soccorsi M, Lehner S. 2014. Azimuth ambiguities removal for ship detection using full polarimetric X-band SAR data. IEEE Transactions on Geoscience and Remote Sensing, 52(1): 76-88.

Wang X, Chen C. 2017. Ship detection for complex background SAR images based on a multiscale variance weighted image entropy method. IEEE Geoscience and Remote Sensing Letters, 14(2): 184-187.

Wang Y, Liu H. 2012. A hierarchical ship detection scheme for high-resolution SAR images. IEEE Transactions on Geoscience and Remote Sensing, 50(10): 4173-4184.

Wang Z, Du L, Su H. 2017. Target detection via Bayesian-morphological saliency in high-resolution SAR images. IEEE Transactions on Geoscience and Remote Sensing, 55(10): 5455-5466.

Xu F, Wang H, Song Q, et al. 2018. Intelligent Ship Recongnition from Synthetic Aperture Radar Images. 2018 IEEE International Geoscience and Remote Sensing Symposium.

第6章　少样本 SAR 目标识别

在实际 SAR 图像目标识别应用中很难获得充足的样本。一方面，同一目标在不同观测条件下的 SAR 图像差异显著，而获得不同观测条件下的 SAR 样本耗时耗力；另一方面，一些特殊目标，如非合作方军事目标本身就可能缺乏 SAR 样本。这使得研究如何在少样本甚至是零样本的情况下进行目标识别十分必要，这也是机器学习或深度学习中一个重要的研究课题，即少样本学习(few-shot learning, FSL)或零样本学习(zero-shot learning, ZSL)。在训练过程中，ZSL 不需要目标集样本，而 FSL 仅需要少量目标集样本。ZSL 的核心就是通过语义表征构建一个高泛化能力的特征空间，然后在这个特征空间中来解译新目标。FSL 则试图在具有物理意义的特征维度上实现外插或内插的泛化能力。ZSL 是 FSL 的一种特例。

本章首先介绍了基于深度生成网络的 SAR 图像目标特征空间构建方法。基于构成的特征空间，可以合理解译零样本目标的特征(Song and Xu, 2017)。其次，介绍了使用仿真数据辅助作为真实数据训练分类器，用于真实数据测试的零样本学习方法，对零样本目标的测试准确率可达 82%(Song et al., 2019a)。最后，针对少样本的情况还介绍了利用生成对抗网络提高分类器对于方位角泛化性能的少样本学习方法，相较于传统方法，其准确率得到了一定提升(Song et al., 2019b)。

6.1　SAR 目标表征空间与少样本学习

1. 生成网络与特征表征

机器学习有不同的分类方法。按训练数据是否有标签，机器学习可分为有监督学习、半监督学习和无监督学习。目前比较成功、运行结果比较好的算法几乎都是有监督的方法。但是面对日益增长的数据量，数据打标签的成本也越来越高。在此大数据的挑战下，半监督学习和无监督学习已成为重要的机器学习的研究方向。按机器学习模型是自顶向下还是自底向上，机器学习算法还可以分为生成式学习(generative learning)和判别式学习(discriminative learning)，在两种模型下构建的网络分别称为生成网络(generative network)和判决网络(discriminative network)。生成网络可以很容易地实现半监督学习、无监督学习。例如，生成对抗网络(generative adversarial networks，GAN)是近年来新发展出来的一种比较流行的弱监督机器学习算法。

判决网络根据样本数据推测该样本的类别或统计信息等，而生成网络与之相反，生成网络的输入一般为与样本有关的统计特征(如均值、方差)、类别等，或这些特征的概率分布，输出为样本数据，通过比较真实数据与网络生成的数据，来对网络进行调整、优化等。判决网络是从数据中提取高层特征，而生成网络是通过高层特征生成低层特征并最终生成样本,如图 6.1 所示。典型的生成网络有 Sigmoid 信念网络(Sigmoid belief network,SBN)、受限玻尔兹曼机(restricted boltzmann machine,RBM)、自动编码器(autoencoder)、隐含狄利克雷分布(latent dirichlet allocation,LDA)、生成对抗网络和变分自编码器(variational auto-encoder, VAE)等。

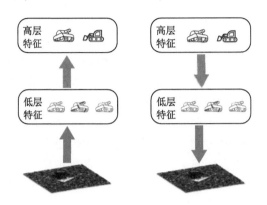

图 6.1　判决网络(左)与生成网络(右)

　　生成网络有许多优点,如可以实现图片到文字、文字到图片的学习;可以学习样本数据的分布;可以进行无监督学习或半监督学习,当然也可以进行有监督学习等。生成网络被广泛应用于图片生成、机器翻译、文本分类、表征学习等。例如,使用生成对抗网络可以生成与训练样本风格相似但内容不同的图片。

　　生成网络按其原理和网络结构可以分为 Bayes 网络(Fahlman et al., 1983)和非 Bayes 网络(Goodfellow et al., 2014)。传统生成网络大多为 Bayes 网络,需要用 Bayes 方法对模型参数进行求解。非 Bayes 生成网络利用神经网络生成所需要的数据。例如,自动编码器采用神经网络对输入进行编码,然后利用该编码生成对应的数据。生成网络部分同样为一层或多层的神经网络。生成对抗网络的生成部分一般为多层全连接网络加多层转置卷积网络 (Dumoulin and Visin,2016)。

　　其中,Goodfellow 等提出的生成对抗网络受到了广泛关注。如图 6.2 所示,整个网络需要同时训练两个子网络——生成网络 G 和判决网络 D。生成网络用于生成数据,其目标是生成非常类似于真实数据的样本,使生成数据的分布不断逼近真实数据。判决网络用来区别输入数据属于生成数据还是样本数据,其目标是得到高的判断准确率。Goodfellow 将其比喻成警察与罪犯之间的博弈。G 就如同一个假币制造商,它的目的是制造出更像真币的钱,以蒙混"警察"。D 如同一个警察,它要判断某一张钱是真币还是假币。"警察"要不断"学习",以提升区分真币和假币的能力;同时假币制造商也在"学习",以提高假币的质量。其目标函数为

$$\min\max E_{x\sim p_{\text{data}}}\left[\log D(x)\right]+E_{z\sim p_z}\left(\log\left\{1-D\left[G(z)\right]\right\}\right) \tag{6.1.1}$$

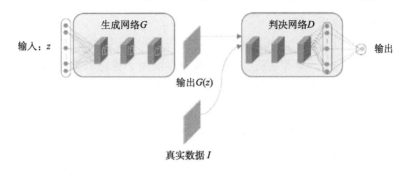

图 6.2 生成对抗网络结构图

式中，p_{data} 与 p_z 分别指样本数据和生成网络输入的概率分布。生成网络输入 z 为服从高维高斯分布的随机向量。网络 D 的输出只有 1 和 0 两个值，这两个值分别表示判决器网络判断输入图像为真实数据和样本数据。因此，D 的优化目标是最大化式(6.1.1)；而生成网络 G 的优化目标是最小化式(6.1.1)。整个网络可以通过随机梯度下降法等优化方法进行训练。当整个网络训练好以后，通过输入不同的 z，可以得到不同的类似于真实样本的模拟数据 $G(z)$。图 6.3 分别为针对不同训练数据，通过 GAN 训练后生成的图像。

图 6.3 中最右列黄色方框标出的为真实图像。对于简单的数据集，如 MNIST、TFD，生成样本与真实样本很相似，人一下子很难区分到底哪些是真实图像哪些是生成图像。

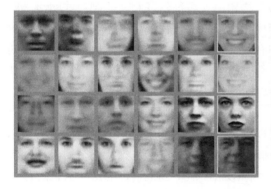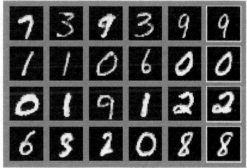

图 6.3 使用不同数据集训练 GAN 网络后，GAN 生成的样本(Goodfellow et al., 2014)

生成样本(左边 5 列)；真实样本(最右列)

2. 特征空间构建

一般的 SAR 图像目标识别方法可以分为特征提取和识别两个步骤。特征提取就是从包含目标的 SAR 图像中提取出最能区别不同类别目标的特征，构成特征空间。在这个特征空间中，距离越近的目标越相似；反之，在特征空间中距离越远，则差异越大。因此，如果能构建可解释的目标特征空间，这对于目标识别具有重要意义，即可以在该特征空间中根据新目标与已知目标的相对位置关系解释其特性。这种情况下要求该特征空间具有很好的泛化能力，且维度不宜过高，而且最好不同目标的分布具有一定的连续性，最好其维度具有明确的物理意义。

特征空间的构建方法大体上可以分为两类：基于目标属性的特征提取和语义表征（semantic representation）。前者是从 SAR 图像中提取关于目标的某些属性的特征，如船的长、宽、面积、有无油管等，构成特征向量。根据属性值，又可将特征空间分为二进制特征空间和连续值特征空间。由于其具有可解释性，基于目标属性的特征提取是传统的 SAR 图像自动目标识别算法最常用的方法。对于不同目标，可以针对性地提取不同特征。例如，对于坦克目标，提取其长度、宽度、方位角、是否具有某一配置等，因为不同型号的坦克配置不同；对于舰船目标，尺寸和长宽比是反映其用途的重要指标，可以提取其长度、周长、面积、长宽比等；可以提取植被的高度来区分不同种类的植被。另外，针对不同格式的 SAR 图像，可以提取不同特征：对于单极化 SAR 图像，通过计算全局或局部数据的统计特征，并将其作为目标的特征向量，如 CFAR 就是利用统计特征来确定阈值；而对于全极化数据，可以利用散射矩阵、相干矩阵、协方差矩阵的各个元素作为特征向量，或利用相干或非相干目标分解得到特征向量。

语义表征是指将 SAR 图像这种低层次特征映射到中高层次特征空间中。不同目标在此空间中的距离可以反映其语义距离。该特征空间的每个维度不一定对应于目标的具体属性，因此可解释性较差。例如，传统的卷积神经网络用作分类时，一般由卷积层和全连接层组成。一般将卷积层视为特征提取层，则卷积操作得到的特征图就是输入图像的语义表征。

除了判决式网络外，还可使用生成网络来构建语义表征特征空间。判决式网络一般将语义表征和判决任务看作一个整体来进行优化，最终的判决任务表现直接反映网络的训练优劣。并且由于输入样本的非连续性和有限性，其一般仅呈散点式地分布在空间的小部分位置，无法对构建的特征空间进行完整分析。而通过对使用生成网络构建的特征空间进行连续采样，对比网络的输出，则可以对特征空间进行深入分析。

理想的语义表征特征空间如图 6.4 所示，目标在任意维度上应连续变化，且每个维度代表目标的某一具体属性。这样，我们可以推测该特征空间中任意一点所代表的目标的属性及其与其他目标之间的关系。例如，图 6.4 所示的是一个二维特征空间，横轴代表了目标相对于观测点的方位角，纵轴表示目标形状，从下到上目标的形状从长方体过

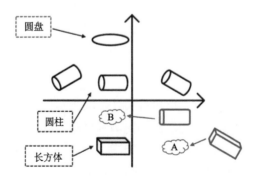

图 6.4　理想的语义表征特征空间示意图

渡到柱体再到圆盘。根据任意点的横坐标值可以推测目标的方位角，根据纵坐标可以推测其形状。例如，可以推测 A、B 分别为经过旋转后的长方体和一种介于圆柱、长方体的水平放置的目标。下面将介绍一种基于生成网络的语义表征方法，并验证其特征连续性。

图 6.5 展示了一个用于语义表征的生成网络的网络结构。网络的输入有两个：一个是目标的离散标签 c；另一个是目标的方位角 v；网络输出的是与真实 SAR 图像等大的二维矩阵 X。离散标签首先输入一个构造器深度神经网络(deep neural network, DNN)中，然后用其来构建一个由取向不变特征张成的连续目标空间 F。该取向不变特征与取向角信息级联，构成一个完整的特征向量。随后，该向量被输入一个深度解卷积神经网络中，即生成器 DNN，然后用其来生成对应目标在特定取向角下的 SAR 图像。该生成网络，包括构造器 DNN 和生成器 DNN，使用已知目标的 SAR 图像及其标签来进行端对端的训练。它可以从数据中建立一个连续特征空间，其中所有已知目标可以找到其对应位置。

此网络应用在 SAR 自动目标识别 (automatic target recognition, ATR)基准数据集 MSTAR (moving and stationary target acquisition and recognition)上进行测试。使用到的数据共由 7 类目标构成，由 X 波段 SAR 传感器采集，方位向和距离向分辨率都是 0.3 m，被全方位角覆盖。每类目标约有 300 幅图像。此处 c 为单活跃(one-hot)编码，因此有 7 个神经元。取向角信息用二维向量 $v=[\cos\phi,\sin\phi]^{\mathrm{T}}$ 表示，其中 $\phi\in[0°,360°]$ 代表了取向角。此处的 sin/cos 是为了消除角度周期性的影响。构造器 C(蓝色部分所示)为两层全连接网络，神经元个数分别为 20 和 2。构造器 DNN 的输出即取向不变特征空间 F。因为这里的目标类型数量有限，取向不变特征空间只有两维，所以有利于可视化。视实际应用复杂程度而定，取向不变特征空间也可设置为更高维。取向不变特征 F 与取向角信息 v 级联在一起，构成了目标的完整特征，然后将此特征输入由三层全连接层和四层解卷积层构成的生成器 G(绿色部分)中。其中，解卷积神经网络的每一层，卷积操作步长设置为 2。

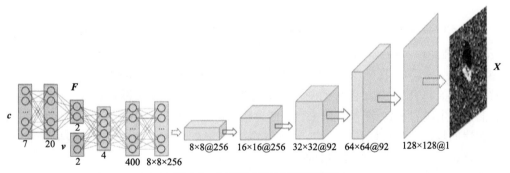

图 6.5　生成器 DNN 网络结构图

整个网络的目标是自动地建立可理解的特征空间 F。在前人的工作中，F 多是手动或半手动定义的，或是从其他类型数据集中自动学习得到，如从光学图像中学习。此处它是自动地从 SAR 图像中学习得到。生成网络的目标是，通过调整参数来最小化损失函数：生成的图像与真实的 SAR 图像之间的差 L_2 范数如下：

$$\min_{\theta_c,\theta_g} L\left\{ G\left[C\left(\boldsymbol{c};\theta_c\right), \boldsymbol{v};\theta_g \right] \| X \right\} \tag{6.1.2}$$

式中，θ_c、θ_g 分别为构造器和生成器的网络参数。这里为了确保特征空间的物理合理性，我们预训练了构造器 DNN：人为定义了每一类目标的特征原型 $\boldsymbol{F}_c^0$。因此，θ_c 被初始化为

$$\min_{\theta_c^0} L\left[C\left(\boldsymbol{c};\theta_c\right) \| \boldsymbol{F}_c^0 \right] \tag{6.1.3}$$

这里的参数 θ_g 被随机初始化。整个网络使用常规的随机梯度下降算法进行端对端训练：使用 Adam 优化器，学习率设置为 0.0005，参数 $\beta_1 = 0.9$，$\beta_2 = 0.999$，一共训练了 200 个周期。图 6.6 画出了随着训练的进行，损失函数的变化情况。总体上，损失函数值一直不断下降，在前 5 个周期左右下降最快，其后下降速度越来越慢，最后趋于平稳。

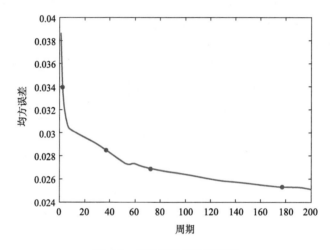

图 6.6　损失函数的收敛情况

　　图 6.7 展示了不同训练阶段生成的图像。可以发现，该网络首先学习了目标的位置（如第 2 个周期），然后学习目标的大致特征（如在第 72 个周期时，目标形状和阴影部分模糊可辨），最后学习目标图像的纹理（如第 177 个周期时），整个网络在 200 个周期左右收敛。图 6.8 将真实 SAR 图像的 9 个样本与相应的生成的 SAR 图像进行了比较。值得注意的是，生成的 SAR 图像看起来更平滑，相干斑效应明显减弱。然而，它保留了目标本身的鲜明特征，如目标几何轮廓、阴影和亮度。显然，生成器可以捕获数据集的固有特性。这种特性可以用于相干斑抑制。

　　图 6.9 给出了 7 种类型的目标在特征空间上的映射位置及其光学图像。所构造的特征空间的每一维并不与任意物理参数直接相关。然而，它可靠地反映了不同目标之间的距离或相似度。例如，BRDM-2、BTR-60 和 2S1 距离较近，因为它们都是装甲车。D7

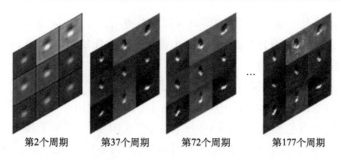

第2个周期　　　第37个周期　　　第72个周期　　　第177个周期

图 6.7　不同训练阶段生成的图像

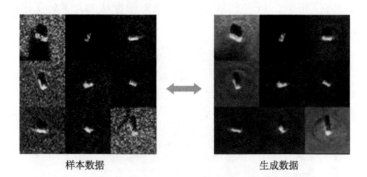

样本数据　　　　　　　　　　　　　　生成数据

图 6.8　真实 SAR 图像 X 与生成的 SAR 图像 X' 比较

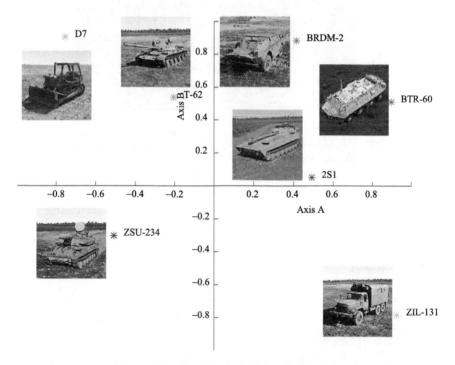

图 6.9　由 7 类训练目标自动张成的特征空间

是挖掘机，ZIL-131 是卡车，两者与其余目标距离都很远，这是因为它们在形状上与其余目标差异很大。学习到的分布结果可能对网络的初始化敏感，但反映不同目标间相互距离的基本拓扑应该是稳定的。

为验证构建的特征空间的特征连续性，可以在特征空间中任意采样，然后检查生成的伪 SAR 图像。例如，可以在 **F** 中取任意两个已知目标中间点的特征值。根据这些特征值，就可以生成全方位角覆盖的 SAR 图像。图 6.10 分别展示了真实目标 D7、T-62、2S1、ZIL-123 和位于这四个目标之间的虚拟目标 D7-T-62、T-62-2S1、2S1-ZIL-123，方位角在 0°～360°变化的 SAR 图像。无论是真实目标还是虚拟目标，生成的图像的目标方位角均合理。同一方位角下，可看到从左到右 SAR 图像从 D7 逐渐变化到 ZIL-123。

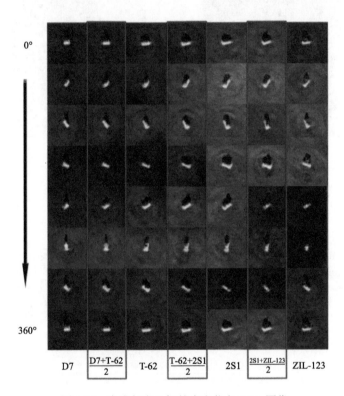

图 6.10　生成任意目标的全方位角 SAR 图像

3. 目标零样本学习

图 6.11 是专门针对零样本 SAR ATR 提出的深度神经网络的整体框架。此网络结构受生成对抗网络启发。然而，与 GAN 不同，该神经网络需双向训练：前向——从标签到 SAR 图像；逆向——从真实 SAR 图像到连续目标特征。

在前向的生成过程中，输入是目标的离散标签。该标签首先输入一个构造器 DNN 中，来构建一个由取向不变特征张成的连续目标空间。该取向不变特征与取向角信息级联，构成一个完整的特征向量。随后，该向量被输入一个深度解卷积神经网络中，即生成器 DNN,来生成对应目标在特定取向角下的 SAR 图像。该生成网络,包括构造器 DNN 和生成器 DNN,使用已知目标的 SAR 图像及其标签来进行端对端的训练。它可以从数据中建立一个连续特征空间,其中所有已知目标可以找到其对应位置。

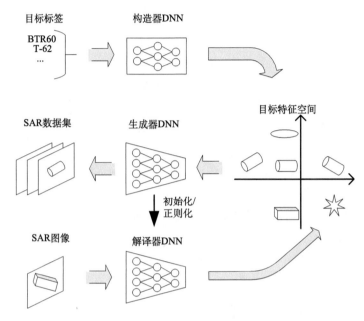

图 6.11　一种基于生成式 DNN 的 SAR 目标特征空间构建和解译的结构图

一旦这个取向不变特征空间向量建立了,它又被用作逆向训练的训练目标。逆向网络是一个简单的 CNN,将 SAR 图像映射到取向不变特征空间同时提取其取向信息。任何一幅 SAR 图像可以通过此网络进行解译。这样的 CNN 也称为解译器 DNN。整个网络可以视为对偶学习 (He et al., 2016) 的一个实例。

特征空间 F 的构建方法已经在前面描述过了。建立好目标特征空间后,可以很容易地构造和训练解译器。例如,图 6.12 所示的解译器与生成器对称,但方向相反。与解卷积神经网络相对,这是一个卷积神经网络。其结构与生成器相同,区别在于每一层的输入/输出都相互交换了。此外,解译器的权值由生成器的权值初始化。它作为一个弱正则化,将解释器网络与生成器约束在一起。解译器与传统的有监督分类器之间的主要区别是,其目标输出是一个连续的目标特征值而不是离散的标签。解译器的另一个关键因素是,它必须建立在一个已训练好的生成器的基础上。它保证了解译器可以正确地将输入的 SAR 图像映射到连续特征空间。生成器 DNN 在构建和训练解译器 DNN 中也起着至关重要的作用。

训练解译器 DNN 时同样适用前面介绍的有 7 类装甲车目标的 MSTAR 数据集。损失函数仍然为网络输出与真实值的差的 L_2 范数的均值,使用的优化器及其参数与前面介绍的一致。80%的训练样本用来训练解译器 DNN,剩下的 20%用来验证网络的健壮性。图 6.13 展示了 20%的测试样本经过解译后在取向不变特征空间 F 中的分布。可以看出,已知的 7 类目标相互分离、各自聚集在其中心点附近。图 6.14 是估计的目标方位角与真实方位角之间的误差，图 6.14(a) 与图 6.14(b) 分别为估计与真实的方位角分布散点图和误差的分布直方图。测试目标方位角的误差的标准差为 16°。

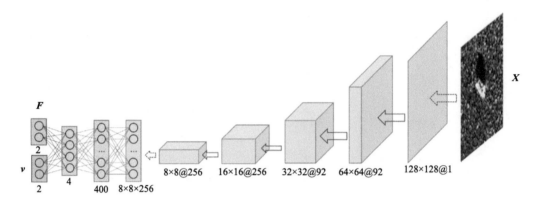

图 6.12　逆向解译器 DNN 网络结构示意图

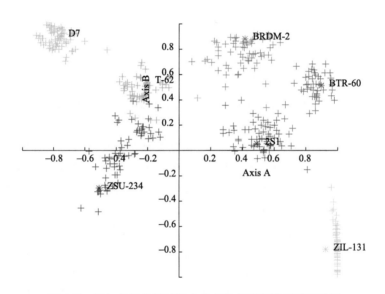

图 6.13　已知目标的测试样本的方位角不变特征解译结果

将目标映射到方位角不变特征空间 F 中后，可以根据其在 F 中的位置对原始 SAR 图像进行分类。从图 6.13 可以看出，不同目标在 F 中各自汇聚成团，比在图像域分类容易得多。例如，使用简单的最近邻聚类算法，测试样本的总体分类正确率大于 96%。图 6.15 是测试样本分类结果的混淆矩阵(confusion matrix)，其中数字 1～7 分别代表类 BRDM-2、BTR-60、D7、2S1、T-62、ZIL-131 和 ZSU-234。

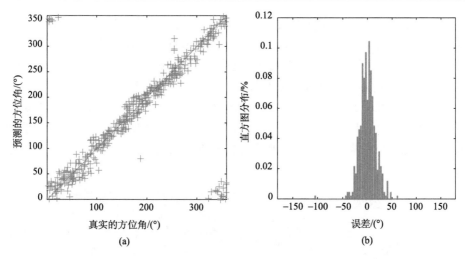

图 6.14　已知目标的测试样本的方位角估计

(a) 散点图；(b) 误差直方图

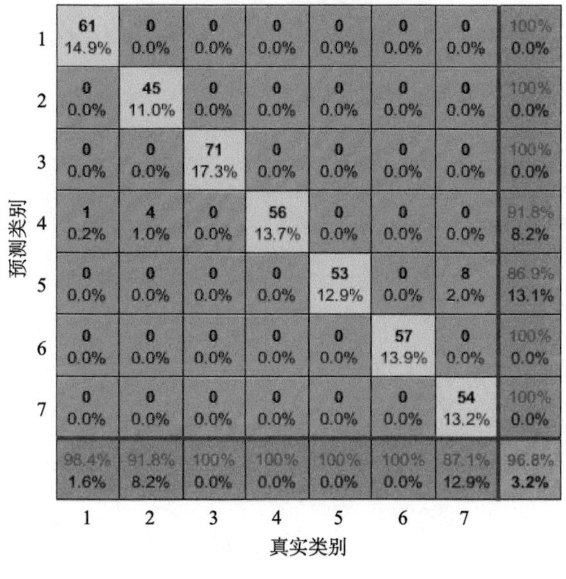

	1	2	3	4	5	6	7	
1	**61** 14.9%	0 0.0%	0 0.0%	0 0.0%	0 0.0%	0 0.0%	0 0.0%	100% 0.0%
2	0 0.0%	**45** 11.0%	0 0.0%	0 0.0%	0 0.0%	0 0.0%	0 0.0%	100% 0.0%
3	0 0.0%	0 0.0%	**71** 17.3%	0 0.0%	0 0.0%	0 0.0%	0 0.0%	100% 0.0%
4	1 0.2%	4 1.0%	0 0.0%	**56** 13.7%	0 0.0%	0 0.0%	0 0.0%	91.8% 8.2%
5	0 0.0%	0 0.0%	0 0.0%	0 0.0%	**53** 12.9%	0 0.0%	8 2.0%	86.9% 13.1%
6	0 0.0%	0 0.0%	0 0.0%	0 0.0%	0 0.0%	**57** 13.9%	0 0.0%	100% 0.0%
7	0 0.0%	0 0.0%	0 0.0%	0 0.0%	0 0.0%	0 0.0%	**54** 13.2%	100% 0.0%
	98.4% 1.6%	91.8% 8.2%	100% 0.0%	100% 0.0%	100% 0.0%	100% 0.0%	87.1% 12.9%	96.8% 3.2%

预测类别（纵轴）　真实类别（横轴 1 2 3 4 5 6 7）

图 6.15　测试样本分类结果的混淆矩阵

　　解译器 DNN 同样可以进行零样本学习。训练样本中不包含两类 T-72 目标 A04 和 A05，这意味着解译器从未见过 T-72（亚型 A04 和 A05）的 SAR 图像。在理想情况下，解译器网络能够根据已知的 7 类目标的 SAR 图像来解译 T-72。将 T-72（亚型 A04 和 A05）0°～360°SAR 图像输入解释器，它就可以在特征空间 F 中生成相应的分布散点图，并获得相应的方位角信息。图 6.16(a) 展示了 T-72-A04 和 T-72-A05 在目标特征空间的分布，可以发现两类 T-72 目标分布在 T-62、2S1、BTR-60 和 BRDM-2 之间。这说明 T-72 与装甲车相似。T-72-A05 轻微偏向 T-62，而 T-72-A04 更接近 2S1。图 6.16(b) 比较了这四个目标的光学和 SAR 图像,可以认为解译器 DNN 能够准确反映 T-72 与已知目标的相似性或相异性。T-72 分布较分散,这表明解译器对未见目标的解译结果不确定。

　　另外,解译器也可以提取未见目标的方位角。图 6.16(c)画出了 T-72 A04、A05 方位角估计误差直方图。方位角估计结果总体上可以接受,误差比测试样本大,A04、A05 的方位角误差的标准差分别为 80°、101°。从图 6.16(c)中可以发现,误差在–180°和 180°附近也有较多分布,这是因为很难区分目标的头尾,这种现象称为目标方位角的 180°模糊。如果不考虑方位角模糊,则方位角误差的标准差约为 35°。

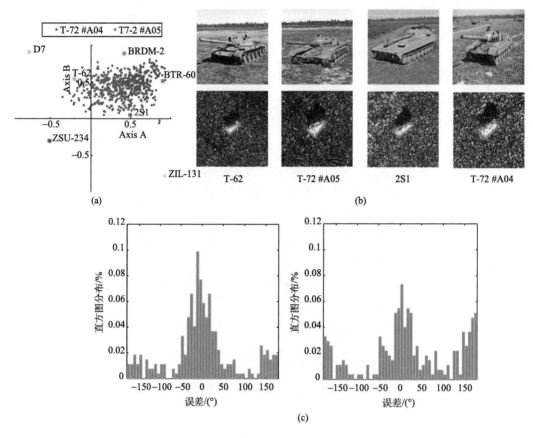

图 6.16　T-72 图像及其解译结果

(a) "新目标" T-72 在特征空间中的分布；(b) T-72 子类 A04 和 A05 与 T-62、2S1 的相似性；
(c) T-72 A05、A04 方位角估计误差

6.2　电磁仿真数据辅助的少样本学习

　　少样本学习或零样本学习的目标识别还可以依赖于其他辅助信息。例如,在 SAR 目标识别中,对于一个新的目标,没有任何包含它的 SAR 图像样本,但是其他信息已知,如它的几何模型,那么可以基于这些辅助数据来进行零样本学习。本节介绍的就是基于

几何模型和电磁仿真来构建仿真 SAR 图像的样本，将仿真样本添加进网络训练集，最终实现零样本目标识别的方法。仿真样本含有与真实样本一致的特有特征，通过提取这些特征可以对零样本目标进行分类。因此，使用仿真数据辅助零样本目标识别，首先要确保仿真数据能反映目标的特有散射机理和成像机制。

另外，电磁仿真样本仍与真实样本存在不可避免的系统性差异。这时，被训练的神经网络会根据仿真数据的这一系统性差异来区分该类零样本目标，而不会去提取本质特征，导致神经网络对于这类目标产生了过拟合。过拟合问题可以通过限制特征提取过程来完成。首先，我们对每幅输入图像进行了适当的预处理操作，尽量人为地去掉与目标识别无关的背景信息；其次，引入已训练好的特征提取网络，减少可训练参数，防止网络过拟合；最后，运用了早停(early stopping)方法防止过拟合。

零样本自动 SAR 目标识别框架如图 6.17 所示。首先将输入图像进行预处理，然后输入 VGG19 网络中提取特征。使用提取出的特征训练分类网络。VGG19 是一个成熟的分类网络，已被广泛用于进行特征提取。

图 6.17　零样本自动 SAR 目标识别框架

此处同样使用 MSTAR 作为数据集，从中选取了俯仰角为 15° 的 10 类目标作为训练和测试集。这 10 类目标分别为：BRDM-2、BTR-60、D7、2S1、T-62、ZIL-131、ZSU-234、BMP-2、BTR-70、T-72。它们的样本数量都列在表 6.1 中，假设 T-72 为零样本目标，没有真实样本作为训练数据。通过仿真方法产生了 359 个不同方位角下的 T-72 仿真样本进行训练。整个网络的目的是通过机器学习的方法，对零样本目标 T-72 进行正确识别，同时保证其他 9 类目标正确率受其影响不大。

表 6.1　使用到的 10 类 MSTAR 目标

类别	样本数量	训练样本	测试样本
BRDM-2	274	随机选取 80%	剩下 20%
BTR-60	195	随机选取 80%	剩下 20%
D7	274	随机选取 80%	剩下 20%
2S1	274	随机选取 80%	剩下 20%
T-62	273	随机选取 80%	剩下 20%
ZIL-131	274	随机选取 80%	剩下 20%
ZSU-234	274	随机选取 80%	剩下 20%
BMP-2	196	随机选取 80%	剩下 20%
BTR-70	196	随机选取 80%	剩下 20%
仿真 T-72	359	359	0
真实 T-72	196	0	196

1. 算法流程与网络结构

如图 6.18 所示，仿真 T-72 与真实 T-72 或其他 9 类目标依然有明显的风格差异。例如，它们背景杂波的分布是明显不同的。但是，仿真目标的目标区域和阴影区域与真实目标很接近。这样的仿真样本输入网络中训练后，很容易与其他目标区分开来。例如，背景的分布就可以将仿真 T-72 分类正确，但显然这不是我们希望这个网络提取出的特征。由于真实 T-72 的背景杂波与其他 9 类目标更为相似，因此测试样本容易被错分。这就是所谓的过拟合问题。

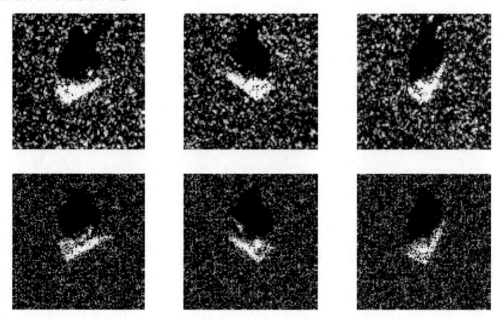

图 6.18　真实 T-72 vs. 仿真 T-72

因此，需要对输入样本进行预处理，排除不相干因素对分类的影响。图 6.19 展示了使用到的预处理流程。首先，对输入图像进行相干斑滤波和图像分割；然后，对相干斑滤波后的图像进行亮度调整，使得所有训练样本大致处于相同的亮度范围；最后，对亮度调整后的图像进行分割，截取目标区域和阴影区域，而舍弃背景区域，避免背景区域对训练造成的影响。

由于目标区域的像素亮度值比背景区域的大，而阴影区域的比背景区域的小。因此，可以通过判断亮度值，将阈值小于某个数值的像素判为阴影区域，而将阈值大于某个数值(另一个阈值)的像素判为目标区域，如图 6.20 所示。借鉴 CFAR 的思想，根据背景像素拟合 Gamma 分布，将虚警率分别设置为 0.005 和 0.75 时得到的检测阈值设置为目标区域阈值和阴影区域阈值。

为了防止过拟合，我们使用已训练好的 VGG19 网络作为特征提取器。使用已经训练好的网络可以减少网络可训练参数数量，是常用的防止过拟合的方法。VGG19 网络原本用于 ImageNet 数据集分类，现被广泛用作图像特征提取器。

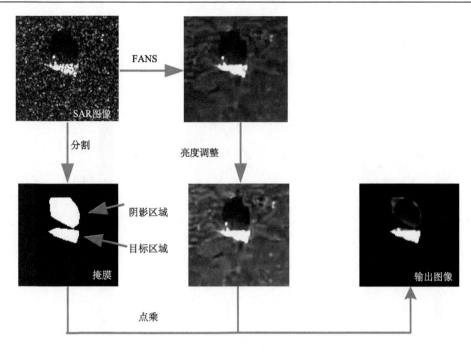

图 6.19　输入图像预处理流程

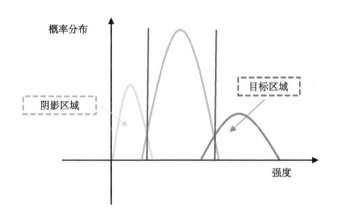

图 6.20　利用阈值对输入图像进行分割

　　图 6.21 比较了原始图像特征与通过 VGG19 网络提取到的特征。由于这些都是高维特征，无法直接可视化，这里使用了无监督降维工具 t 分布随机邻域嵌入(t-distributed stochastic neighbor embedding, t-SNE)来对特征进行二维可视化(Maaten and Hinton, 2008)。可以看到，从原始数据提取到的特征中，仿真 T-72(蓝色)独立地分布在二维平面下部的一块区域，很容易与其他目标区分开来。但此时仿真 T-72 与真实 T-72 目标(红色)的分布差异较远，很可能无法对真实 T-72 进行正确分类。然后，通过对图像进行预处理及使用 VGG19 网络提取到的特征，仿真 T-72 与真实 T-72 有较大耦合，能提高真实 T-72 的分类准确率。

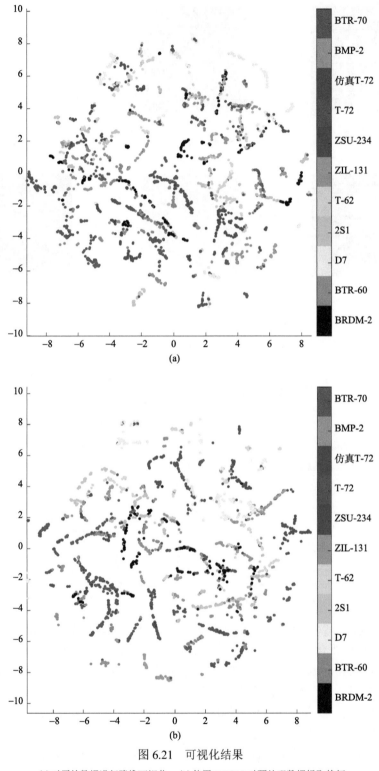

图 6.21　可视化结果

(a) 对原始数据进行降维可视化；(b) 使用 VGG19 对预处理数据提取特征

图 6.22 是使用到的分类网络的整体结构图。其中，特征提取网络使用到了 VGG19 网络的前四个卷积组，即 8 个卷积层（紫色部分）加三个池化层（蓝色部分）。四个卷积组的特征图尺寸分别为 112×112@64、56×56@128、28×28@256、14×14@512，仅将最后一层特征图送入分类网络中。分类网络由 7 层全连接网络构成，输出维度分别为 2048、1024、512、256、128、64 和 10。训练网络使用 Adam 优化器，学习率为 10^{-5}，其他参数为优化器默认参数。使用小批量数据训练，Batch 大小为 50。为防止网络过拟合，使用了早停技术，仅训练了 6 个周期。

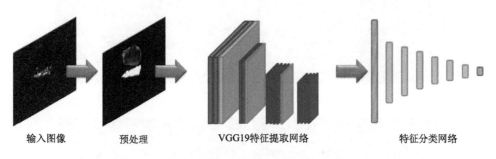

输入图像　　　　预处理　　　　VGG19特征提取网络　　　　特征分类网络

图 6.22　分类网络结构图

2. 实验结果

表 6.2 比较了使用不同预处理方法对分类准确率的影响。这里分别对已知目标和零样本目标 T-72 进行分析。使用本节提出的方法，已知目标和 T-72 的分类准确率分别为 90.58% 和 81.63%。"–"代表不使用某种预处理方法，如"–FANS"指不使用 FANS 滤波方法。从表 6.2 中数据可以发现，不同预处理方法对零样本目标的识别至关重要，至少使 T-72 准确率提高 12.24%。表 6.2 中最后两列不使用风格变换或不使用分割的方法对真实 T-72 的识别率几乎为 0，这表明如果不对输入图像进行分割或进行风格变换，则 T-72 根本无法被正确分类。

表 6.2　使用不同预处理方法对分类准确率的影响

分类准确率	ZSL	–FANS	–STYLE	–SEGMENTATION
9 类已知目标	0.9058	0.9013	0.6457	0.9686
真实 T-72	0.8163	0.6939	0.0000	0.000

我们选用了两幅场景数据用来端对端地测试坦克目标识别效果。每幅场景数据设置了 20 个 MSTAR 切片数据。这些切片从所有 MSTAR 切片数据中随机选取，且保证每幅图覆盖了所有 10 类目标。背景场景同样由 MIT 林肯实验室获取得到，成像条件与 MSTAR 数据一致。

图 6.23 是两幅图的识别结果。图 6.23（b）为目标检测结果，可以看出两幅图中所有目标都被检测出来了，并且没有虚警。图 6.23（c）中，绿色方框代表识别正确的目标，

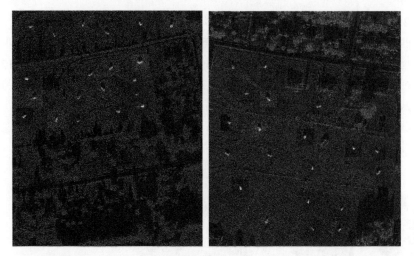

(a) 原图

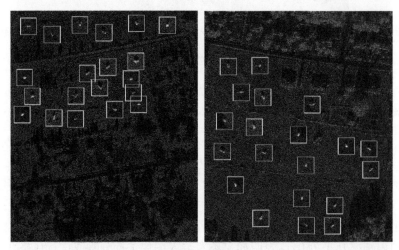

(b) 目标检测结果

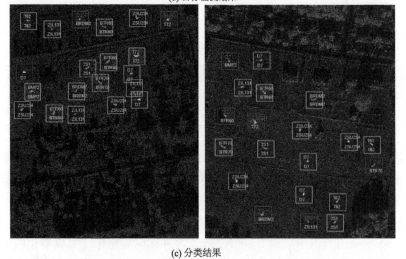

(c) 分类结果

图 6.23　图端对端目标识别结果

红色方框代表识别错误的目标；蓝色字体代表该切片的真实类别，而绿色字体和红色字体代表预测类别，分别为预测正确、预测错误的情况。两幅图的识别率分别为 85% 和 70%。

6.3 自动对抗编码器与少样本学习

用深度神经网络进行 SAR 目标识别的主要瓶颈在于训练需要大量样本的支撑，因此存在三方面的困难。

(1) SAR 图像不同于光学图像，雷达图像具有微波频段的散射特性，而非光学特性、图像形态等都有很大差异，这导致在光学图像上经过验证的神经网络模型未必直接能应用于 SAR 图像，包括一些利用光学图片预训练的网络模型也未必能直接使用。

(2) SAR 图像样本获取困难，雷达图像获取成本比光学图像高很多，因此 SAR 图像样本远少于一般的光学图像，一般差 1~2 个量级。

(3) SAR 图像对观测条件敏感，雷达图像是基于相干电磁散射场，因此会受到雷达散射截面闪烁现象的影响，即 SAR 图像随着观测角度变换会快速波动，如亮点会随着视角闪烁，这一点与光学图像差异很大，光学图像随着视角的变化，变化得比较缓慢。这给本身样本缺乏的问题带来更大挑战。

前面两节主要介绍了零样本识别的方法，本节将进一步介绍一般性的少样本学习方法，主要考虑的就是在某些维度上如果样本较少，如何实现泛化和少样本学习。还以 MSTAR 数据为例，其最常见的应用场景就是方位角缺失，如图 6.24 所示，这与传统的应用场景差别非常大，传统 ATR 的例子是每个目标都有所有方位角的样本，然后去识别入射角有略微差别的新样本，如用 17°训练去识别 15°，但每个目标的方位角都覆盖 0°~360°。但这种场景在实际应用中不现实，因此我们必须考虑在方位角维度上进行泛化测试，即每个目标只有少数几个方位角有样本，然后在其他方位角上测试其识别能力。本节将介绍一种自动对抗编码器网络，用于增强目标识别网络在方位角这一属性上的泛化性能。更具体地说，我们假设每类目标仅部分方位角的样本是可用的，且训练集中同一类目标的任意两个样本的方位角差异大于 25°。在我们的数据集上，这相当于每类目标仅有约 14 个样本，因此其也称为少样本目标识别。本节采用自动对抗编码器网络来进行对 SAR 样本在方位角维度上的插值扩充。

方位角	0°	5°	10°	15°	20°	25°	30°	35°	40°	45°	...
BMP-2	×	√	×	×	×	×	√	×	×	×	
BTR-60	√	×	×	×	×	√	×	×	×	×	
T-72	×	×	√	×	×	×	×	√	×	×	
ZSU-234	×	×	×	√	×	×	×	×	√	×	

图 6.24 方位角缺失情况下的少样本学习 SAR 目标识别

1. 自动对抗编码器网络

如前面介绍的，生成对抗网络可以从随机输入中生成与训练样本逼真的图像，即典型的一对多网络。除此之外，GAN 中生成器与判决器相互制约，可视为一种正则化方法。在此基础之上，生成器输入端添加了类别与方位角以限制生成图像的内容，判决器输出端同时需要预测输入图像的方位角和类别。从生成器到判决器相当于对类别和方位角信息先解码再编码，因此该网络也被我们称为自动对抗编码器网络。

如图 6.25 所示。整个网络主要由两个子网络组成，即生成器和判决器。生成器 G 需要三个输入——随机向量 z 以避免网络一对一输出，方位角 v 和单活跃(one-hot)标签 c；输出一幅方位角为 v、类别为 c 的生成图像 I。注意，这里为反映角度的周期性，方位角实际上是由向量 $v = [\cos\phi, \sin\phi]^T$ 代替的。从图 6.26 中可以看出，为保证方位角和标签信息在生成过程中起作用，将两者级联到多个卷积层产生的特征图后。其中，深绿色立方体代表上一层卷积层输出的特征图，浅绿色和白色立方体分别代表方位角和类别标签。此处借鉴了 Karras 等(2017)"逐步提高生成图像分辨率"的思想，采取了逐渐增长(progressive growing)式的训练策略。"progressive growing"指的是，在训练过程中，逐

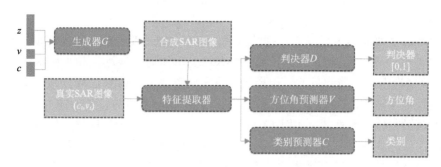

图 6.25　自动对抗编码器网络结构示意图

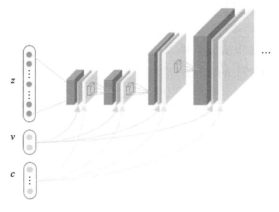

图 6.26　将方位角和标签信息级联到特征图后的示例

渐改变网络结构，使得网络生成的大小为 4×4，8×8，…的图像与 PGGAN 类似，首先构造生成大小为 4×4 的图像的浅层神经网络(图 6.27)，然后通过不断地给 D 和 G 添加卷积层和非线性变换层增加网络的深度(图 6.28)，最终输出大小为 128×128 的图像。

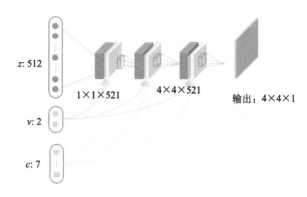

图 6.27　生成器网络结构图：生成大小为 4×4 的图像

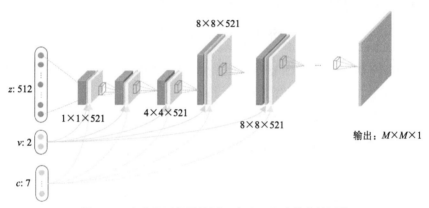

图 6.28　生成器网络结构图：生成更高分辨率的图像

与传统的生成对抗网络不同，本节中的判决器分为四个部分：特征提取器用于提取输入图像特征，将输入图像映射到低维特征域；判决模块 D 判断输入图像为真实图像还是由生成器 G 生成的假图像；V 用于预测输入图像的方位角；分类器 C 预测输入图像属于某一类别的概率。图 6.29 展示了判决器的网络结构。随着训练阶段的增加，网络层数加深，输入图像的尺寸增大。

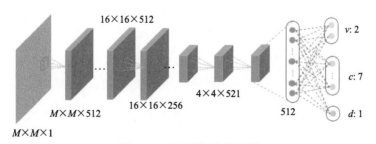

图 6.29　判决器网络结构图

如何训练这个网络至关重要。原始 GAN 通过最小最大化式(6.1.6)来进行无监督训练，在此定义如下：

$$\mathcal{L}_{\text{GAN}} = \min_G \max_D \mathbb{E}_X \left[D(X) \right] - \mathbb{E}_{z \sim p(\text{data})} \left\{ D \left[G(z, v, c) \right] \right\} \tag{6.3.1}$$

除此之外，还增加了另外三项损失函数，

$$\mathcal{L}_v \left(v' | v \right) = \mathbb{E}_v \left[\left\| v - v' \right\|_2^2 \right] \tag{6.3.2}$$

$$\mathcal{L}_c \left(c' | c \right) = D_{\text{entropy}} \left(c' | c \right) = \mathbb{E}_c \left[c \log c' \right] \tag{6.3.3}$$

$$\mathcal{L}_g \left(I | X \right) = \mathbb{E}_X \left[\left\| G(z, v, c) - X \right\|_1 \right] \tag{6.3.4}$$

式(6.3.2)～式(6.3.4)分别定义了方位角误差最小化、交叉熵、生成图像误差的 L_1 范数，用于确保判决器中方位角预测器 V 、分类器 C 和生成器 G 工作。基于此，此处的判决器的完整目标函数为

$$\arg\min \lambda_v \mathcal{L}_v \left[V(X | v_t) | v_t \right] + \lambda_c \mathcal{L}_c \left[C(X | c_t) | c_t \right] + \mathbb{E}_{z \sim p(\text{data})} \left\{ D \left[G(z, v, c) \right] \right\}$$
$$- \mathbb{E}_X \left[D(X) \right] + \lambda \left[\left\| \nabla_{\hat{X}} D_w \left(\hat{X} \right) \right\|_2 - 1 \right]^2 \tag{6.3.5}$$

其中，最后一项为 WGAN-GP (Gulrajani et al., 2017) 中提出的梯度惩罚项，以确保网络稳定训练。生成器的目标函数定义如下：

$$\arg\min \lambda_v \mathcal{L}_v \left\{ V \left[G(v | z, c) \right] | v \right\} + \lambda_c \mathcal{L}_c \left\{ C \left[G(c | z, v) \right] | c \right\}$$
$$+ \lambda_g \mathcal{L}_g \left[G(z, v_t, c_t) | X \right] - \mathbb{E}_{z \sim p(\text{data})} \left\{ D \left[G(z, v, c) \right] \right\} \tag{6.3.6}$$

与一般 GAN 的损失函数不同的是，本节提出的自动对抗编码器网络加入了两个周期一致性项(即前两项)。周期一致性指的是，生成器生成图像的方位角(类别)需和判决器预测的方位角(类别)一致。这里，为防止方位角预测器 V 和分类器 C 对生成图像过拟合，优化这两者的损失函数仅考虑了真实图像 X 的贡献，如式 6.3.5。

训练整个网络分为多个阶段，由低分辨率到高分辨率进行。训练 4×4 图像时，网络的所有参数被随机初始化；训练更高分辨率图像时，网络的前 N 层参数直接由前一训练阶段参数初始化。除了 4×4 分辨率图像，每个分辨率层次分为两个训练阶段。训练相同分辨率时，第一阶段的浅层网络参数由上一训练阶段(更低分辨率)的训练参数初始化；第二阶段网络的所有参数由前一阶段(相同分辨率)训练参数初始化。在第一阶段，网络生成器的最终输出为

$$G_{\text{out}} = (1 - \alpha) d_l + \alpha d \tag{6.3.7}$$

式中，α 为 0～1 的常数，α 随着迭代次数从 0 线性增加到 1；d_l 为生成器生成的上一级分辨率图像上采样后的图像；d 为目前阶段生成器生成的图像。此时，对应的给判决器输入的真实图像为

$$D_{\text{in}} = (1 - \alpha) X_l + \alpha X \tag{6.3.8}$$

式中，X_l 为上一级分辨率图像上采样后的图像。训练整个网络使用了 Adam 优化器，两

个优化参数分别设置为 $\beta_1 = 0$，$\beta_2 = 0.99$，$l_r = 0.001$。我们使用英伟达 TITAN Xp GPU 分 11 个阶段训练了整个网络，共耗时约 5 h。

2. 自动对抗编码器网络实验结果

图 6.30 对比了由生成器产生的假图像与真实 SAR 图像。图 6.30(a)和图 6.30(b)中的图像一一对应，生成器输入的标签和方位角与右边 SAR 图像参数一致。其中，用红色方框标出来的是被判决器错分的生成图像。可以看出，不管是从图像风格还是从目标形状特征方面看，生成的图像和真实图像都非常相似。而且，使用 GAN 生成的图像比使用传统的判决式网络生成的图像更锐利(Song et al.，2018)。一对一比较生成图像与真实图像可以发现，虽然两者的目标区域和阴影区域很相似，但是背景却不一定一致。这说明生成器"学习"到的是目标本身的特征，而不是无意义的"逐个像素的亮度值"。

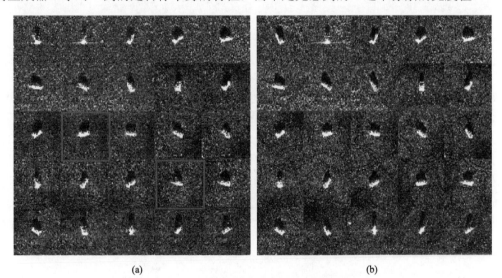

(a)　　　　　　　　　　　　　　　　(b)

图 6.30　图生成图像(a)与对应真实图像(b)对比

其中红色方框框出来的图像是错分的生成图像

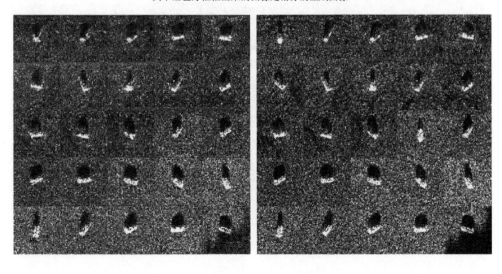

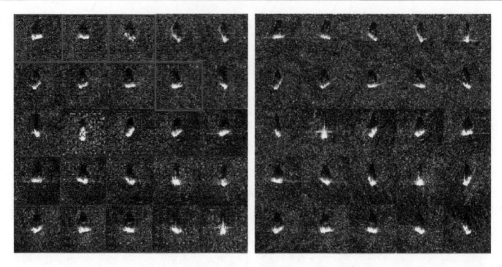

图 6.31　更多生成图像(a)与真实图像(b)比较的例子

　　由图 6.31 可见，生成器生成的训练样本已经可以与真实图像相媲美了，那测试图像呢？理想情况下，如果给生成器输入测试图像的参数，其生成的图像与真实图像也相近，那么整个网络相当于一个"样本补足器"。这样的网络毫无疑问可以取得很好的泛化效果。

　　图 6.32 展示了两组测试效果。从左至右目标的方位角依次变化，图 6.32(a)和图 6.32(b)分别为生成器生成的和真实的 SAR 图像。红色方框框出的图像代表训练数据，且左右两幅训练数据的方位角邻近(方位角间隔约 25°)。从这两个例子可以看出，尽管生成的测试图像随着方位角变化也有一些小的变化，但实际上与生成的训练样本无大的不同。也就是说，目前的网络并不能补充训练集缺失的图像。图 6.33 比较了 7 类目标相

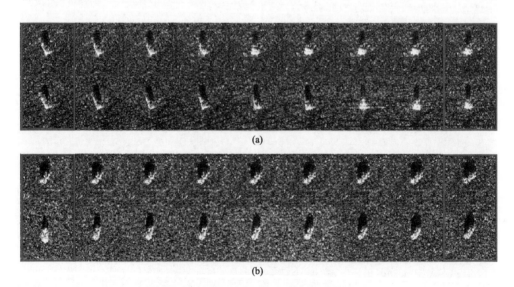

图 6.32　对相邻方位角训练样本插值

生成图像(a)和其对应的真实 SAR 图像(b)。红色方框框出的图像为训练样本

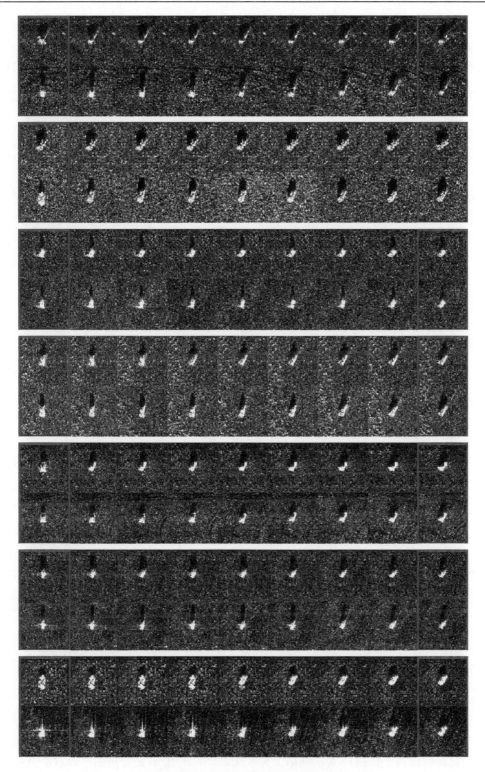

图 6.33　对相邻方位角训练样本插值

每幅图展示生成图像（上）和其对应的真实 SAR 图像（下）

同方位角下的生成图像和真实图像。可以看出，生成图像虽然缺少测试样本的诸多特征，但是其与真实样本的相似性大于与其他目标图像的相似性。经计算，生成的训练、测试集图像与其对应真实图像的相关系数分别为 0.6944、0.4650；基于目标的图像相似性（Song et al.，2019a，2019b）分别为 0.6159、0.5082。这些数值均大于或接近 0.5。

　　如前所述，训练集中同一目标的两个样本的方位角间隔至少大于 25°，相当于仅用了所有 1838 幅数据中约 5%的样本（95 幅）作为训练集。结果发现，在相同的少样本条件下，自动对抗编码器对测试数据的分类准确率为 88.53%，比 A-ConvNets（Chen et al.，2016）高 6%。下面我们将对自动对抗编码器的方位角泛化能力进行分析。

　　图 6.34 反映了方位角预测器 V 对测试图像的估计误差和测试图像与训练图像方位角间隔之间的关系。随着方位角的增大，误差增大。当测试与训练样本方位角间隔在 0°～2.5°时，方位角估计误差约为 16°；当间隔增加至 10°～12.5°，误差增加了 10°。所有测试样本的方位角估计误差的标准差约为 22°。

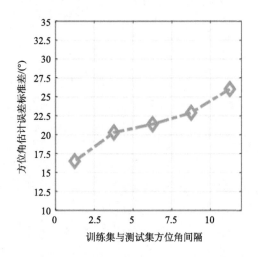

图 6.34　方位角估计误差标准差 vs.训练集与测试集方位角间隔

　　图 6.35 分别为方位角估计误差的分布直方图和散点图。图 6.36 对比了自动对抗编码器和 A-ConvNets 的分类精度，以及其随着方位角间隔的增大的变化趋势。可以看到，两种方法的分类精度都会随方位角间隔的增大而降低。但自动对抗编码器的降低速度更小，且分类精度始终高于 A-ConvNets 的分类精度。

3. 增加语义分割图

　　虽然自动对抗编码器的分类精度比较高，但我们发现其方位角估计误差较大、生成器产生的图像多样性不够。训练集和测试集的平均方位角估计误差分别为 5.8213°、22.1665°。本小节和下一小节将分别针对这两个问题，提出对网络的改进思路。在本小节中，我们假设对于任意样本，其语义分割图已知，利用语义分割图可以解决方位角估计误差的问题。

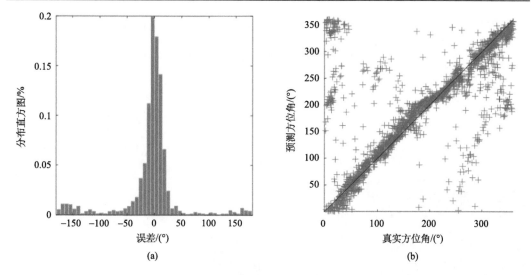

图 6.35　测试数据方位角估计误差

(a) 误差分布直方图；(b) 预测方位角、真实方位角分布散点图

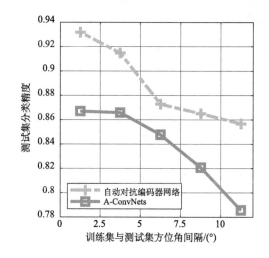

图 6.36　分类精度 vs. 训练集与测试集方位角间隔

　　此处的语义分割图指的是目标、阴影和背景的分布图，如图 6.37 所示。假设图像大小为 $M \times M$，对应分割图大小为 $M \times M \times 3$，3 个通道分别为目标、阴影和背景，且每个像素只有一个通道值为 1，其余通道值为 0。语义分割图被加入生成器中，如图 6.38 和图 6.39 所示。语义分割图首先被下采样到与特征图一样的大小，然后与同方位角、类别标签一起级联到特征图。除最后一层输出层外，其余层都耦合了这些辅助信息。

　　与之前的网络相比，目标函数并没有发生太多变化。只是这里的生成器输入多了语义分割图 s 一项，如式 (6.3.9) 和式 (6.3.10) 所示：

$$\mathrm{argmin}\lambda_v\mathcal{L}_v\left\{V\big[G(v|z,c,s)\big]|v'\right\}+\lambda_c\mathcal{L}_c\left\{C\big[G(c|z,v,s)\big]|c'\right\}$$
$$+\lambda_g\mathcal{L}_g\big[G(z,v_t,c_t,s_t)|X'\big]-\mathbb{E}_{z\sim p(\mathrm{data})}\left\{D\big[G(z,v,c,s)\big]\right\} \tag{6.3.9}$$

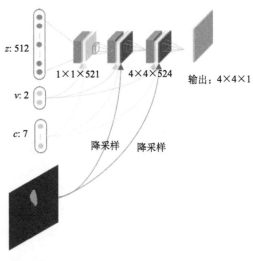

图 6.37　语义分割图示例　　　　　图 6.38　添加语义分割图的生成器结构(生成低分辨率图像)

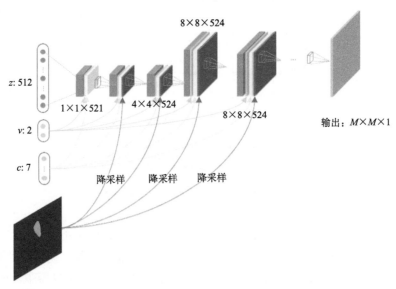

图 6.39　添加语义分割图的生成器结构

$$\mathrm{argmin}\lambda_v\mathcal{L}_v\big[V(X|v_t)|v_t\big]+\mathbb{E}_{z\sim p(\mathrm{data})}\left\{D\big[G(z,v,c,s)\big]\right\}$$
$$+\lambda_c\mathcal{L}_c\big[C(X|c_t)|c_t\big]-\mathbb{E}_X\big[D(X)\big]+\lambda\left[\left\|\nabla_{\hat{X}}D_w\big(\hat{X}\big)\right\|_2-1\right]^2 \tag{6.3.10}$$

超参数调整为：$\lambda_g = \lambda_v = \lambda_c = 20$。训练方法与前文所述一致。

对比图 6.40 和图 6.34 可以看出，添加语义分割网络后，方位角估计误差降低了。我们将 A-ConvNets 的输出层改为方位角预测层，用作方位角估计的基准模型。结果表明，使用这种全卷积网络的最低预测误差都超过了 22.5°，无法用于方位角预测。使用上一小节中介绍的基本自动对抗编码器中的预测器，训练集和测试集的方位角估计误差分别为 5.8213°、22.1665°。从表 6.3 中可以看到，真实训练数据和真实测试数据的估计误差分别降低了 4.14° 和 4.13°。

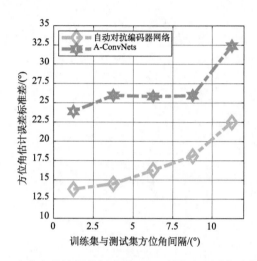

图 6.40　方位角估计误差标准差 vs. 训练集与测试集方位角间隔

表 **6.3**　方位角预测器估计误差

项目	训练数据/(°)	测试数据/(°)
真实	1.6860	18.0378
生成	5.0631	5.6777

图 6.41 展示了一些由生成器生成的样本。对比图 6.33 可以看出，加入语义分割图后，生成器生成的测试图像会随着输入参数方位角的变化而变化，且这种变化是合理的。例如，在第二组图中，在四、五列两幅图中的目标出现了训练集中没有的特征，且目标角度依次变化，说明生成器学习到了目标的语义表征。然而，测试目标的分类准确率只有86.67%，比之前的结果约低 2%。

4. 增加生成图像随机性

自动对抗编码器的另外一个问题是生成样本多样性不够，这体现在生成器生成的测试样本与训练样本相似性很高。例如，在图 6.33 中，虽然对于训练数据（红色方框标记），生成图像（上）与真实样本（下）的背景差异显著。然而，生成的测试图像与生成器生成的训练数据的背景很像，如背景中亮点的位置、大小等。为提高生成图像的多样性，本小节提出为特征图添加随机噪声。在浅层网络(第二、第三层)中，为卷积层输出的特征图添加与其大小相同、服从标准正态分布的噪声，迫使生成器输出的图像更具多样性。修改后的生成器网络结构图如图 6.42 所示。其中，随机产生的两个 $4 \times 4 \times 524$ 随机矩阵被加到等大特征图上，使得产生的特征图是带噪声的。

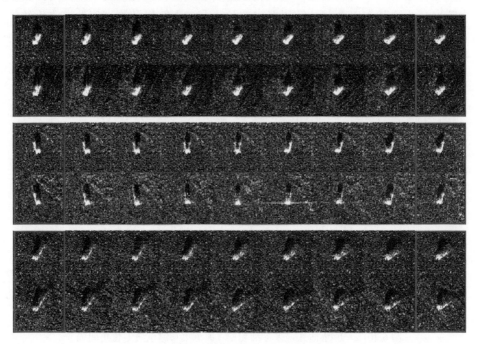

图 6.41　添加语义分割图后训练生成器生成的图像

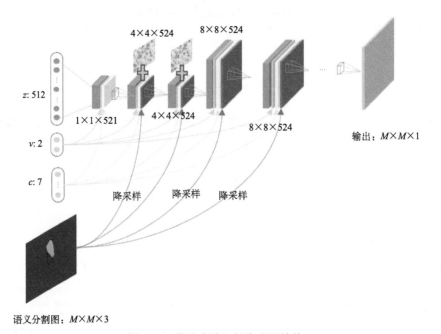

图 6.42　带噪声输入的生成器结构

从图 6.43 中可以看出，生成器生成的图像背景具有多样性，如第一组图中用红色正方形标出来的三块切片，第一块切片中有一个亮点，而第二块、第三块中没有。这说明生成器认为这样的亮点是背景噪声，由网络的随机输入决定。而目标的特征、阴影等则由生成器的方位角、类别、分割图输入等决定。但在该例中，真实数据测试集的分类准确率只有 81.35%。为什么生成器生成的图像更为合理了，而分类正确率却在下降呢？目前这个问题我们还无法解释，有待进一步研究。

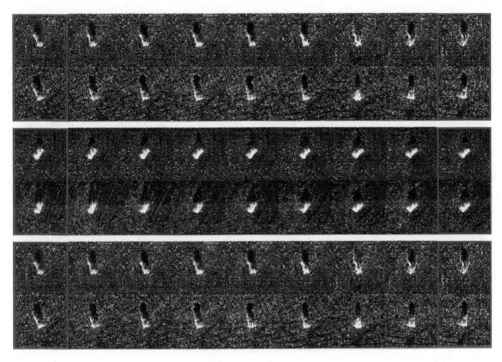

图 6.43　训练带噪声输入的生成器生成的图像

针对仅有少量样本或没有样本的 SAR 图像自动目标识别问题，本章提出了适用于 SAR 图像的零样本学习、少样本学习方法。生成网络由于可以进行无监督、自监督训练，因此可以有效防止网络过拟合，适用于 ZSL、OSL。本章首先介绍了多种生成网络模型，如近年来热门的生成对抗网络。其次，介绍了使用深度生成网络自动地为目标构建特征空间的方法。任一样本的分类可以通过判断这个样本映射到特征空间分布的位置与典型样本的分布位置的关系来预测。

还可以通过它源数据辅助 SAR 图像目标识别。6.2 节介绍了一种使用仿真 SAR 数据辅助 ATR 的例子。正如 6.2 节所述，特征提取在这种情况下显得尤为重要。为保证从仿真数据提取到的特征与真实样本的一致，我们首先对输入图像进行了一系列预处理操作，并使用预训练好的 VGG19 网络进行特征提取。通过这种方法，训练的网络对零样本目标的识别率可以超过 80%。

本章还介绍了一种自动对抗编码机，用于提高网络对 SAR 图像目标方位角的泛化性能。网络采用了逐渐增长式训练方式，有效提高了生成样样本的逼真度；采用了自编码模式，使得生成样本的方位角、类别可控，增加了对模型的监督。从结果看来，所提出的网络比传统的判决式网络泛化性能更强。

那少样本问题是否已经得到了有效解决呢？在作者看来，SAR 图像少样本目标识别才刚刚开始。由于样本数量少，网络的性能并不稳定，通常只在某些情况下适用。如何设计出更鲁棒的模型，仍是未来的研究热点。

附录　实例代码——零样本目标识别

本节将介绍如何实现基于仿真数据的零样本学习算法。该算法的输入由两部分组成，即 10 类目标的真实数据和仿真的 T-72 目标数据。第一步是对输入的原始数据进行如图 6.19 所示的预处理。首先，使用 mstar_segment 函数计算所有样本的分割图。该函数的输入为一个图像样本 img，输出为该图像的阴影 shadow、目标区域 target 掩膜，主要代码如下。

```
bg_mask = true(128, 128);
bg_mask(64 - 30 : 64 + 30, 64 - 30 : 64 + 30) = 0;
bg_data = img(bg_mask);
bg_data = bg_data(bg_data > 0);
pfa_upper = 5e-3; %0.5e-1; %
pfa_lower = 1.5e-1; %
ratio = 0.1;
phat = gamfit(double(bg_data));
a = phat(1);
b = phat(2);
th_lower = gaminv(pfa_lower, a, b);
th_upper = gaminv(1 - pfa_upper, a, b);
fg = img > th_upper;
sh = img < th_lower;
fg = imclose(fg, strel('disk', 1));
fg = bwpropfilt(fg,'Area',1);
sh = bwpropfilt(sh, 'Area', 1);
B = sort(img(:), 'ascend');
if sum(fg(:)) > ratio * 128 * 128
    th_upper = B(128 * 128 - round(ratio * 128 * 128));
    fg = img > th_upper;
end
if sum(sh(:)) > ratio * 128 * 128
    th_lower = B(round(ratio * 128 * 128));
    sh = img < th_lower;
end
```

```
fg = bwpropfilt(fg,'Area',1);
fg = imfill(fg, 'holes');
target = fg;
shadow = sh & ~fg;
```

其次，对图像进行滤波和风格调整，主要代码如下。

```
for i = 1:size(data,1)
    temp = squeeze(data(i,:,:));
    data(i,:,:) = imadjust(FANS(temp,L),[0 3*mean(temp(:))]);
end
```

该算法的第二步是利用第一步得到的数据训练和测试神经网络。这部分代码在 Python 中实现，其包含两个文件。其中，utils.py 用于读取数据、构建网络模型；main.py 为主文件，用于与用户交互、设置模型参数及实现训练和测试过程。在命令行中输入 python main.py 可以直接训练该模型。注意：运行该程序可能占用很大内存。main.py 有多个参数：其中 is_test 用于设置当前工作模式是测试(true)还是训练(false)；如果 is_test 为 true，则数据来源于 data 参数设置的文件；参数 dir 和 result_dir 分别指定模型和运行结果的存储位置；mode 参数指定训练数据来源，必须为'ZSL'、'-FANS'、'-Style'和 '-Segmentation' 中的一个。模型构建的主要代码如下。

```
def build_model(self):
    with tf.variable_scope(tf.get_variable_scope()):
    self.label = tf.placeholder(tf.float32, [None, self.types])
    self.input_image = tf.placeholder(tf.float32, [None, self.img_size,
self.img_size, 1])
    self.vgg_output = build_vgg19(self.input_image)
    self.predict = fn(self.vgg_output)
    self.G_loss = -tf.reduce_mean(self.label * tf.log(self.predict +
0.00001))
    self.acc = tf.reduce_mean(tf.cast(tf.equal(tf.argmax(self.predict,
1), tf.argmax(self.label, 1)), "float"))
    self.G_opt = tf.train.AdamOptimizer(learning_rate=self.learning_
rate).minimize(self.G_loss, var_list=
                                    [var for var in tf.trainable_variables()
if var.name.startswith('fc_')])
    self.saver = tf.train.Saver(max_to_keep=1000)
```

模型测试的主要代码如下。

```python
def test(self):
    print("[*]Loading Model...")
    self.saver.restore(sess, "./checkpoint/ZSL/model10.ckpt")
    print("[*]Load successfully!")
    data_test = load_data(FLAGS)
    data_test.shape = -1, self.img_size, self.img_size, 1
    label_pred = self.sess.run(self.predict, feed_dict={self.input_
image: data_test})
    scipy.io.savemat('./result/pred.mat', {'label_pred': label_pred})
```

使用 t-SNE 工具和 vis_tsne 函数可以对从网络中提取到的参数进行可视化，其中输入参数 fileDir 为特征的存储路径，主要代码如下。

```matlab
feature_vgg = reshape(feature_vgg,[size(feature_vgg,1),numel(feature_
vgg)/size(feature_vgg,1)]);
[~,tag] = max(label,[],2);
tag(tag==10) = 11;
tag(tag==9) = 10;
tag(1784+(1:359)) = 9;

rng(1)
rand_order = randperm(length(tag),length(tag));
feature_vgg = feature_vgg(rand_order,:);
tag = tag(rand_order);

% Set parameters
no_dims = 2;
size_ind = size(feature_vgg,2);
initial_dims = min(size_ind*size_ind,1024);
perplexity = 5;
% Run t-SNE
rng(100)
mappedX = tsne(feature_vgg, tag, no_dims, initial_dims, perplexity);

%% display result
if contains(fileDir, '14')
    load('./result/02/pred.mat')
    test_size = 446;
    [~, label_p] = max(label_pred, [], 2);
    label_p = label_p((test_size+1):end);
    label_p(label_p>8) = label_p(label_p>8) + 1;
    tag2 = tag;
```

```
        tag(tag==8) = label_p;
        tag2(tag2==8 & tag~=8) = -1;
    end


    fg = figure();
    pos = get(fg, 'position');
    set(fg, 'position', [pos(1) pos(2) 580 530]);
    set(gca, 'units', 'pixel');
    set(gca, 'position', [40 30 480 490]);
    scatter(mappedX(:,1), mappedX(:,2), 9, tag, 'filled');
    clear cmap
    cmap(1,:) = [0 0 0];           %
    cmap(2,:) = [1,0.5,0];         %
    cmap(3,:) = [1 1 0];           %
    cmap(4,:) = [0 1 0];           %
    cmap(5,:) = [0 1 1];           %
    cmap(6,:) = [0.1,0.6,1];       %
    cmap(7,:) = [0.5 0.2 0.9];     %
    cmap(8,:) = [1,0,0];           %
    cmap(9,:) = [0 0 1];           %
    cmap(10,:) = [0.9 0.5 0.9];    %
    cmap(11,:) = [0.7 0.3 0.7];    %


    colormap(gca,cmap)
    h = colorbar;
    YTick = linspace(1,12,13);
    set(h,'YTick',YTick(1:11)+0.4,'TickLabels',{'BRDM2','BTR60','D7','2S1'
,'T62','ZIL131','ZSU234','T72','Simulated T72','BMP2','BTR70'})
    axis equal
```

参 考 文 献

Chen S, Wang H, Xu F, et al. 2016. Target classification using the deep convolutional networks for SAR images. IEEE Transactions on Geoscience and Remote Sensing, 54(8): 4806-4817.

Cozzolino D, Parrilli S, Scarpa G, et al. 2014. Fast adaptive nonlocal SAR despeckling. IEEE Geoscience and Remote Sensing Letters, 11(2): 524-528.

Dosovitskiy A, Springenberg J T, Tatarchenko M, et al. 2017. Learning to generate chairs, tables and cars with convolutional networks. IEEE Transactions on Pattern Analysis and Machine Intelligence, 39(4): 692-705.

Dumoulin V, Visin F. 2016. A guide to convolution arithmetic for deep learning. arXiv: 1603. 07285.

Fahlman S E, Hinton G E, Sejnowski T J. 1983. Massively Parallel Architectures for AI: NETL, Thistle, and Boltzmann machines. National Conference on Artificial Intelligence, AAAI.

Frome A, Corrado G S, Shlens J, et al. 2013. Devise: A deep visual-semantic embedding model. Advances in Neural Information Processing Systems, 2121-2129.

Goodfellow I, Pouget-Abadie J, Mirza M, et al. 2014. Generative adversarial nets. Advances in Neural Information Processing Systems, 2672-2680.

Gulrajani I, Ahmed F, Arjovsky M, et al. 2017. Improved training of wasserstein GANs. Advances in Neural Information Processing Systems, 5767-5777.

He D, Xia Y, Qin T, et al. 2016. Dual learning for machine translation. Advances in Neural Information Processing Systems, 820-828.

Huo W, Huang Y, Pei J, et al. 2016. Virtual SAR Target Image Generation and Similarity. 2016 IEEE International Geoscience and Remote Sensing Symposium.

Karras T, Aila T, Laine S, et al. 2017. Progressive growing of gans for improved quality, stability, and variation. arXiv:1710. 10196.

Maaten L, Hinton G. 2008. Visualizing data using t-SNE. Journal of Machine Learning Research, 9(Nov): 2579-2605.

Oller G, Rognant L, Marthon P. 2004. Correlation and similarity measures for SAR image matching. International Society for Optics and Photonics, 5236: 182-190.

Ren M, Pan Z, Wang Z, et al. 2018. SAR Image Simulation and Similarity Evaluation based on Basic Structure of Buildings. IEEE International Geoscience and Remote Sensing Symposium.

Simonyan K, Zisserman A. 2014. Very deep convolutional networks for large-scale image recognition. arXiv:1409. 1556.

Socher R, Ganjoo M, Manning C D, et al. 2013. Zero-shot learning through cross-modal transfer. Advances in Neural Information Processing Systems, 935-943.

Song Q, Chen H, Xu F, et al. 2019a. EM simulation-aided zero-shot learning for SAR automatic target recognition. IEEE Geoscience and Remote Sensing Letters, 1-5.

Song Q, Xu F. 2017. Zero-shot learning of SAR target feature space with deep generative neural networks. IEEE Geoscience and Remote Sensing Letters, 14(12): 2245-2249.

Song Q, Xu F, Jin Y Q. 2019b. SAR Image Representation Learning with Adversarial Autoencoder Networks. IGARSS 2019-2019 IEEE International Geoscience and Remote Sensing Symposium.

The Air Force Moving and Stationary Target Recognition Database. https://www. sdms. afrl. af. mil/-datasets/mstar/.

Wang L, Scott K A, Xu L, et al. 2016. Sea ice concentration estimation during melt from dual-pol SAR scenes using deep convolutional neural networks: A case study. IEEE Transactions on Geoscience and Remote Sensing, 54(8): 4524-4533.

Xu F, Jin Y Q, Moreira A. 2016. A preliminary study on SAR advanced information retrieval and scene reconstruction. IEEE Geoscience and Remote Sensing Letters, 13(10): 1443-1447.

Xu F, Wang H, Song Q, et al. 2018. Intelligent Ship Recongnition from Synthetic Aperture Radar Images. IEEE International Geoscience and Remote Sensing Symposium.

Zhou Y, Wang H, Xu F, et al. 2016. Polarimetric SAR image classification using deep convolutional neural networks. IEEE Geoscience and Remote Sensing Letters, 13(12): 1935-1939.

第 7 章　极化 SAR 地表分类

传统的极化图像分类方法通常由特征提取和分类器设计两部分组成，其中极化特征提取的优劣对分类效果起了决定性的作用。通常特征提取阶段需要大量的人工设计特征工作，这部分工作不仅费时耗力，且往往需要专业人员对 SAR 系统有深刻的认识，才能设计恰当的特征。在这类浅层网络中，分类器的泛化能力并不是很强。设计分类器也需要其他的技巧。在极化 SAR 的地表分类中，分类的准确性不仅和极化特征信息有关，还和空间特征具有紧密联系。因此，深度卷积神经网络分类器独有的特性在地表分类中具有重要的应用潜力。极化特征信息通常可以从后向散射的电磁波中提取而来，空间信息则通常不仅和目标本身有关，还和目标邻域信息有关。然而，深度卷积神经网络能够自动地进行特征提取与特征分类，是极化图像分类的一个非常好的选择。

本章介绍深度卷积神经网络在极化 SAR 地表分类中的应用。首先介绍极化 SAR 基本知识及其表征方法，接着介绍深度卷积神经网络在极化 SAR 地表分类领域中的应用，并用机载、星载数据进行算法验证，提出基于深度卷积神经网络的极化 SAR 地表分类方法，并用旧金山湾区和荷兰 Flevoland 地区极化数据进行测试(Zhou et al., 2016)。我们还提出了普适性极化 SAR 地表分类方法，该方法在机载和星载数据上都取得了良好的分类效果(李索等, 2018)。为了更好地利用极化 SAR 数据中的相位信息，我们进一步提出了复数卷积神经网络，推导了复数域的后向传播算法，实验结果表明，相比于实数网络，该算法有更高的分类精度(Zhang et al., 2017)。

7.1　基于实数卷积网络的地表分类

1. 极化 SAR 数据表征

根据互易原理，单站全极化 SAR 数据可以用 3×3 相干矩阵 T 表示，该矩阵除对角线元素外，其他元素均为复数。但深度卷积网络的输入都为实数，在考虑相干矩阵各元素的基础上，我们将复数矩阵 T 转化为一个 6 维的实向量：

$$A = 10\lg(\mathrm{SPAN}) \tag{7.1.1}$$

$$B = T_{22} / \mathrm{SPAN} \tag{7.1.2}$$

$$C = T_{33} / \mathrm{SPAN} \tag{7.1.3}$$

$$D = |T_{12}| / \sqrt{T_{11} \cdot T_{22}} \tag{7.1.4}$$

$$E = |T_{13}| / \sqrt{T_{11} \cdot T_{33}} \tag{7.1.5}$$

$$F = |T_{23}| / \sqrt{T_{33} \cdot T_{22}} \tag{7.1.6}$$

式中，A 为所有极化通道的散射总功率取 dB，其中 SPAN = $T_{11}+T_{22}+T_{33}$；B 和 C 分别为归一化的 T_{22} 和 T_{33} 相对于总功率的比值；D、E、F 分别为相对相关系数。除 A 之外，其他 5 个参数的取值范围都在[0, 1]。

2. 网络结构

本节提出一种基于深度卷积神经网络的极化 SAR 数据地表分类方法，其使用的卷积神经网络的结构如图 7.1 所示。该网络包含两个卷积-池化层，两个全连接层，最终经过归一化指数函数(softmax)输出。每一个卷积层之后都紧邻着一个池化层，仅在第一个卷积层处进行补零，所有卷积层的步长固定为 1。池化层的池化大小为 2×2，步长为 2。神经元采用不饱和非线性激活函数 ReLU 进行激励，最后一个全连接层不经过 ReLU 激励。众所周知，LeNet 网络对于手写数字的分类效果很好。该网络配置和著名的 LeNet 网络结构类似，但是有很大区别。这里将 LeNet 网络神经元的 Sigmoid 激活函数替换为 ReLU 函数，因为 ReLU 激活函数的偏导数计算更加简单，可以加速随机梯度下降法(Krizhevsky et al., 2012)的收敛。

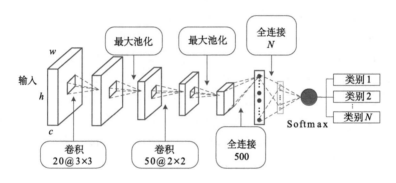

图 7.1　实验采用的卷积神经网络结构

接下来将介绍图 7.1 中每一层的参数。作为输入的训练和测试样本的大小为 $h×w×c$，其中 h 和 w 对应于图像的长和宽，c 指的是通道的个数。输入图像在第一层卷积计算之前会进行补零，补零大小为 $P=2$，输入大小就变成$(h+4)×(w+4)×c$。第一个卷积层采用了 20 个大小为 3×3 的卷积核，输出为 20 个大小为$(h+2)×(w+2)$的特征图。池化层的池化大小为 2×2，步长为 2，因此第一个池化层输出为$(h/2+1)×(w/2+1)×20$。将第一个池化层的输出作为第二个卷积层的输入，该卷积层包含 50 个大小为 2×2 的卷积核，输出 50 个大小为$(h/2)×(w/2)$的特征图。经过第二个池化层后输出 50 个大小为$(h/4)×(w/4)$的特征图。该结果被送入第一个全连接层，该层具有 500 个节点。经过 ReLU 非线性激活函数后，在第二个全连接层被转换成 N 个节点，N 对应于类别数。最后输出值经过 softmax 归一后得到对应于每一类别的概率。

3. 旧金山湾区数据及实验结果

本节采用美国国家航空航天局/喷气推进实验室(National Aeronautics and Space

Administration/Jet Propulsion Laboratory，NASA/JPL）的 ARISAR 在美国旧金山海湾地区的极化 SAR 数据对基于深度卷积神经网络的极化 SAR 地表分类算法的效果进行一个定性的评估。这幅极化 SAR 图像的大小为 900×1024 像素，空间分辨率大约为 10m×10m。该场景的地物类型包含城区、植被和海洋。

　　由于旧金山湾区数据没有对应的地面真值数据，本节采用手动选择的方法来选择训练样本和验证样本。图 7.2 是旧金山湾区的 Pauli 伪彩色图像及我们选择的样本，其中矩形标示区域为训练样本，圆形标示区域为验证样本。我们将该区域分为五类，分别为图像右侧的高密度城区，图像左侧的低密度城区，图像右侧中间区域的斜向城区、植被和海洋。对每一类地物选择一块大致为同一类的均匀区域作为训练区域，将另一块该类的均匀区域作为验证区域。在每一块均匀的区域内，用大小为 $n×n$ 的滑动窗口采样。对于这一实例，取 $h=w=n=8, c=6$ 对应前面所述实数向量的 6 维。运动目标引起的 Doppler 频率偏移会导致目标沿路径方向偏移（Lee et al., 2004）。在图 7.2 的左下角，由于近海部分有很多平行于海岸的公路，公路上不同速度运行的交通工具对于该区域的散射产生影响，产生二次散射。海洋区域的后向散射比较弱，使得这种二次散射占据主导，进而使得近海区域的海洋像素很容易被误分为城区类型，因此本节在该处增加采样数量。在内陆的底部低密度城区处也有相似的情况，本节也增加采样数量。训练样本和验证样本的数量见表 7.1。训练样本有 28 404 个，验证样本有 8 000 个，比例约为 3.55∶1。

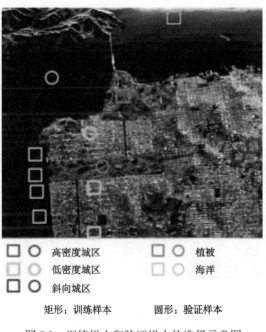

□ ○	高密度城区	□ ○	植被
□ ○	低密度城区	□ ○	海洋
□ ○	斜向城区		

矩形：训练样本　　　　圆形：验证样本

图 7.2　训练样本和验证样本的选择示意图

矩形标示区域为训练样本，圆形标示区域为验证样本

表 7.1　旧金山湾区地物类型及其样本数量统计表

地物类型	训练样本/个	验证样本/个
高密度城区	2 916	1 600
低密度城区	5 076	1 600
斜向城区	2 916	1 600
植被	2 916	1 600
海洋	14 580	1 600

　　采用图 7.1 配置的网络结构,将训练样本和验证样本送入网络进行训练,迭代 10 000 次后终止迭代,此时训练和验证的正确率分别为 99.43%和 90.23%。利用训练好的 CNN 对整幅数据进行分类,得到如图 7.3 所示的分类结果图。由于没有对应的地面实况数据,这里不做进一步的定量分析。通过将分类结果与 Google Earth 光学图像对应区域进行定性对比可以看出,分类结果与实际结果较为匹配。值得注意的是,这种方法成功地将斜向城区同植被分离开来。另外,从图 7.3 中的光学图像可以看出,图中黑色圆圈标示出来的区域,其地物类型是多种类型的混合,因此分类结果也较为混杂。除此之外,图 7.3 右下角黄色区域部分有一定比例的红色区域,这是因为此处的建筑密度不够高,不足以被分类为黄色标示的高密度城区。

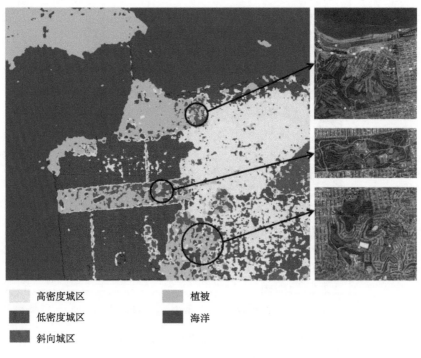

　　　高密度城区　　　　　　　　植被

　　　低密度城区　　　　　　　　海洋

　　　斜向城区

图 7.3　旧金山湾区分类结果图

4. 荷兰 Flevoland 地区数据及实验结果

本节采用 NASA/JPL 的 ARISAR 在荷兰 Flevoland 地区的极化 SAR 数据对基于深度卷积神经网络的极化 SAR 地表分类算法的效果进行一个定量的评估。这幅极化 SAR 图像的大小为 750×1024 像素，距离向分辨率为 6.6m，方位向分辨率为 12.1m。图 7.4(a) 展示了该数据的 RGB 图像，其中 R、G、B 分别对应相关矩阵中的 T_{22}、T_{33} 和 T_{11}。该地区是一片农业区域，由一系列均匀的地物组成，包括农作物、水域和均匀的土壤区域等，总计 15 种地物类型。其对应的地面实况数据示意图如图 7.4(b) 所示，图 7.4(c) 是地面真值，不同颜色对应的地物类型的图例(Yu et al., 2011；Amelard et al., 2013)。

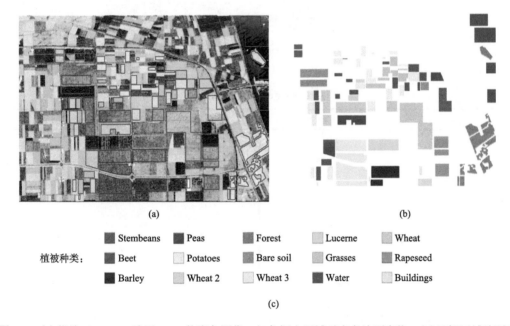

图 7.4　(a) 荷兰 Flevoland 地区 RGB 伪彩色图像，红色框出区域对应有地面真值；(b) 目标区域地面真值区域示意图；(c) 地面真值对应的地物类型图例

对于具有地面真值的数据，考虑样本多样性的影响，我们采用一种随机采样的方法：首先，从原始数据中选出 $m×m$ 邻域内均为同一地面实况数据值的中心像素。实验发现，这些中心像素的数目巨大，所以仅使用其中 p% 的中心像素。然后，以这些中心像素为中心，组织 $n×n$ 大小的邻域样本。这些 $n×n×6$ 的样本就是本节选择出来用于训练和验证所用的样本。随机采样的示意图如图 7.5 所示。经过多次实验，最终选定 $m=3$、$n=8$。值得一提的是，n 越大，分类的结果越粗糙；但 n 也不能过小，因为当 n 太小时，卷积网络的层数会太少，分类结果也较差。为了确保计算时间较短，同时保证分类效果，将 p 设定为 10。最终 15 类采样的数目见表 7.2。

图 7.5　随机采样示意图

表 7.2　荷兰 Flevoland 地区数据采样数目统计

类别	数量/个	类别	数量/个
Stembeans	938	Grasses	945
Peas	1 000	Rapeseed	959
Forest	931	Barley	914
Lucerne	976	Wheat 2	911
Wheat	957	Wheat 3	970
Beet	904	Water	960
Potatoes	927	Buildings	342
Bare soil	964	Total	13 598

　　将总计 13 598 个样本按照 4∶1 的比例分成训练样本和验证样本，也就是 10 817 个训练样本，2 781 个验证样本。为保持测试独立，训练样本与验证样本最好不要存在窗口重叠情况。经过 9 500 次迭代，当验证正确率开始下降时提前终止训练，此时训练和验证正确率分别为 99.20% 和 97.66%。利用训练好的卷积网络对整幅图像进行分类，分类结果如图 7.6 所示。由于该数据只有部分数据具有地面真值，因此本节的正确率计算仅仅针对有地面真值的区域。定量的分类结果见表 7.3 和表 7.4。为了简化表示，在表 7.4 中，对应于表 7.3 的地物类型由 0～14 表示。混淆矩阵的行对应地面真值的类别，混淆矩阵的列对应于网络预测的类别。

表 7.3　整幅图像有真值区域的分类正确率

类别	正确率/%	类别	正确率/%
0. Stembeans	92.58	8. Grasses	79.20
1. Peas	88.89	9. Rapeseed	93.10
2. Forest	93.95	10. Barley	96.90

续表

类别	正确率/%	类别	正确率/%
3. Lucerne	92.21	11. Wheat 2	91.82
4. Wheat	93.62	12. Wheat 3	94.46
5. Beet	89.74	13. Water	98.88
6. Potatoes	87.24	14. Buildings	87.18
7. Bare soil	99.94	Overall	92.46

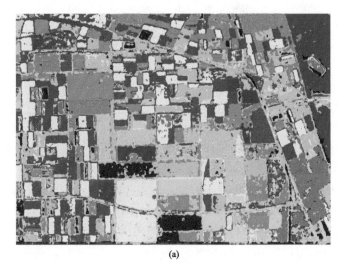

(a)

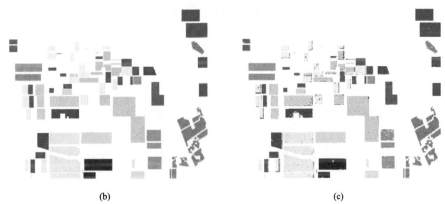

(b)　　　　　　　　　　　　　　　　　(c)

图 7.6　荷兰 Flevoland 地区分类结果

(a) 整幅图像分类结果；(b) 地面真值图；(c) 对应到具有地面真值区域的分类结果

表 7.4　混淆矩阵

项目	0	1	2	3	4	5	6	7	8	9	10	11	12	13	14
0	5 650	0	77	25	162	8	21	0	53	1	0	22	84	0	0
1	5	8 099	0	0	448	109	23	0	45	356	0	26	0	0	0
2	142	0	14 040	247	32	35	398	0	31	0	17	0	0	2	0

续表

项目	0	1	2	3	4	5	6	7	8	9	10	11	12	13	14
3	2	0	2	8 739	2	78	2	0	314	9	5	34	290	0	0
4	12	65	0	0	16 181	52	0	0	31	235	0	554	153	0	0
5	69	121	2	54	116	9 019	156	4	247	203	34	8	15	0	2
6	87	51	354	30	230	955	13 340	0	165	20	56	0	4	0	0
7	0	0	0	0	0	0	0	3 076	0	0	0	0	0	2	0
8	64	18	0	158	85	269	1	0	4 965	62	129	91	427	0	0
9	8	21	0	2	339	4	0	0	81	11 814	0	332	88	0	1
10	0	0	0	0	0	0	0	0	214	6	6 934	0	2	0	0
11	0	0	0	0	271	0	0	0	15	477	0	9 725	103	0	0
12	2	1	0	110	104	3	0	0	840	50	52	18	20 120	0	0
13	0	0	0	14	0	0	0	64	2	0	59	12	0	13 325	0
14	20	0	0	27	11	0	0	0	3	0	0	0	0	0	415

由表 7.3 可以看出，15 类的总体正确率为 92.46%，除了 Grasses 这类外，其他类的分类正确率均达到 87%以上。本节还通过实验研究了训练样本对于分类结果的影响。表 7.3 显示，Grasses 类的分类正确率最低，仅为 79.20%。在深度学习中，通常通过样本增强训练样本的方式来改进正确率。为了便于比较，仅仅增加 Grasses 类的样本，即 Grasses 样本数目增加为 945+941，约为原来的两倍。重复上述训练、验证及分类过程，Grasses 类的正确率可以提高到 81.54%。

本节采用的数据是常用的极化 SAR 数据，将分类结果与已发表文献中的同一数据的分类结果进行比较，结果见表 7.5。Yu 等(2011)和 Amelard 等(2013)采用的是非监督的方法，而 Lee 等(2001)和 Wang 等(2016)的方法是有监督的。可以明显看出，有监督的分类比无监督的分类正确率要高。同样是有监督的分类方法，本章使用的算法比 Lee 等(2001)的分类正确率要高很多。当和 Wang 等(2016)的方法比较时，我们同时计算了 11 类和 15 类地物的分类正确率，结果见表 7.5。对于相同的 11 类地物，当样本数目相当时，本章的算法比 Wang 等(2016)的方法的分类正确率要稍微高一些，可以达到 93.38%。实验结果也表明，当类别数提高时，错分的概率也会增加，因此 15 类的分类正确率会

表 7.5　与其他分类方法的结果比较

分类方法	参数文献	类别数量	分类正确率/%
无监督分类	Yu et al., 2011	17	69.80
	Amelard et al., 2013	15	71.80
有监督分类	Lee et al., 2001	11	81.63
	Wang et al., 2016	11	93.24
	本文方法	11	93.38
		15	92.46

比 11 类的稍微低一些。因此可以看出，卷积网络对极化 SAR 地表分类具有十分出色的效果。

5. 特征图和卷积核的可视化

卷积神经网络的每个隐层节点都能够被当作一个特征检测器，当其输入中出现它所检测的某种特征时，该节点便有一个较大的响应值。同一个特征图上的所有节点被限定为共享相同的连接权值，所以每个特征图在图像的不同位置检测同一种特征。本节对卷积神经网络前馈过程的响应和权值进行了可视化，从而可以更加直观地理解特征检测的概念。

为了可视化每一层的响应，具有地面真值数据标签为 9（Rapeseed）的测试样本会在荷兰 Flevoland 地区训练好的卷积神经网络中进行前向传输分类。最终预测得到的类别也是 9，也就意味着卷积网络分类正确。图 7.7 展示了卷积神经网络输入层、卷积层和 softmax 输出的可视化图。

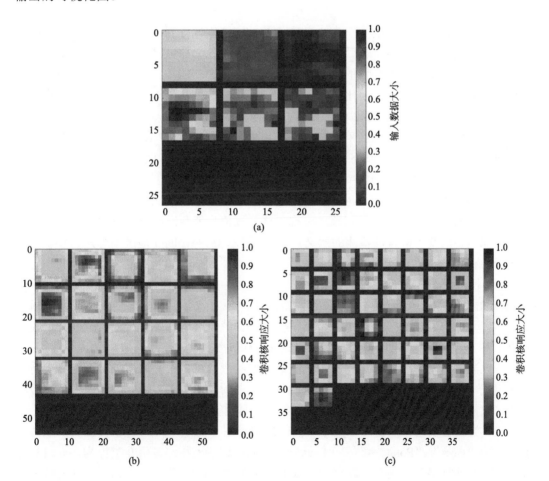

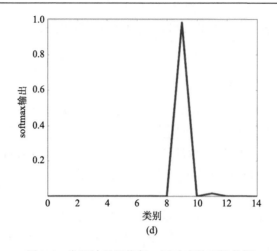

图 7.7　卷积神经网络每一层响应的可视化图

(a) 输入数据；(b) 第一个卷积层的响应；(c) 第二个卷积层的响应；(d) softmax 输出

　　如前所述，输入数据的大小为 8×8×6，图 7.7 (a) 按行排列，对应于 6 维的特征向量参数 *A-F*。经过 *P*=2 的补零之后，输入数据变为 12×12×6，然后被送入具有 20 个 3×3 卷积核的卷积层。第一层卷积层的响应如图 7.7 (b) 所示，该层输出 20 个大小为 10×10 的特征图。经过 2×2 的最大值池化层之后，输出变为 5×5×20。该输出被传输到第二个卷积层，该层具有 50 个大小为 2×2 的卷积核，该层的响应如图 7.7 (c) 所示。这里卷积层的响应与自然图像分类时的响应不同。然而，从图 7.7 (b) 和图 7.7 (c) 可以看出，卷积层并没有全零的响应，说明卷积网络训练较优，并没有失效的滤波器。图 7.7(d)展示了 softmax 输出的样本对应于每一类的概率。标签 9 处具有最大响应，并且接近于 1。因此，网络才会判定该样本属于第 9 类，也就是 Rapeseed，这和 ground truth 是相符的。

　　卷积层的权值也被称作卷积核，可视化这些权值也能帮助我们更好地理解卷积网络的工作原理，以及了解特征检测的意义。图 7.8 展示了 Flevoland 地区训练好的卷积网络第一个卷积层 20 个大小为 3×3 的卷积核的可视化图。值得说明的是，第一个卷积层的 3×3 的卷积核原本具有 6 个通道，这里已经将其转换成 3 通道的 RGB 图像，分别对应于 Pauli 分解的 T_{11}、T_{22} 和 T_{33}。因此，图中的红色对应于二次散射，绿色对应于体散射，蓝色对应于面散射。为了研究每一个卷积核对哪种地物类型特征响应的贡献最大，我们列出了对于每一类地物响应最大的前 5 个卷积核的序号，见表 7.6。

　　研究表明，对应于某种地物类型响应最大的卷积核可以很好地表征某类地物的特定散射模式。例如，6 号卷积核响应"Forest"类的散射，该类由占主导的体散射(绿色)和少数二次散射(红色)组成。3 号卷积核主要响应面散射(蓝色)，其对应于"Bare soil"和"Water"类。这些卷积核也可以区分不同的植被类型。例如，14 号卷积核主要响应体散射，对应"Beet"，"Potatoes"和"Peas"类，因为这些植物都是阔叶类植物，而 13 号卷积核既响应体散射也响应二次散射，如其响应的"Lucerne"类，因为其直立的长茎与地面还形成了二次散射。

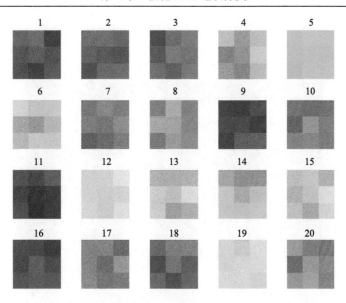

图 7.8　荷兰 Flevoland 地区数据实验中第一个卷积层 3×3 卷积核可视化图

表 7.6　对每种地物类型响应最大的卷积核统计

类别	响应最大的卷积核编号	类别	响应最大的卷积核编号
Stembeans	13,11,13,11,13	Grasses	1,13,1,1,3
Peas	14,2,14,2,2	Rapeseed	3,2,3,14,3
Forest	6,6,6,6,6	Barley	1,6,13,3,13
Lucerne	13,13,13,13,13	Wheat 2	2,3,16,2,2
Wheat	7,7,2,7,11	Wheat 3	16.16,1,16,16
Beet	14,14,14,14,14	Water	3,3,3,3,3
Potatoes	14,14,6,10,14	Buildings	18,18,18,18,18
Bare soil	3,3,3,3,3		

7.2　地表分类网络的普适性

为了说明基于深度卷积神经网络的极化 SAR 地表分类方法的实用性,我们进一步验证了利用已知数据训练的分类器对于其他类似数据的普适性。训练数据和测试数据来自不同时间不同区域获得的极化 SAR 图像,它们通过预训练好的网络用于不同场景图像的分类。观察分类结果,以此评价学习方法的泛化能力。

1. 星载极化 SAR 数据普适性实验

第一组训练数据来自南京某地区的 ALOS2 极化 SAR 数据,获取时间为 2016 年 4 月 14 日,入射角为 30.9°,如图 7.9 所示,图中框出区域为用于训练的 4 类地物:建筑、植被、水域和裸地。训练好分类器后对南京某地区另外一区域和上海某地区的

ALOS 2 图像进行分类。分类结果中红色对应建筑、绿色对应植被、蓝色对应水域、黄色对应裸地。

图 7.9　南京某地区 ALOS 2 图像

　　图 7.10 显示的是南京另外一区域的 ALOS 2 极化 SAR 伪彩色图像、分类结果和光学影像。对比光学影像，建筑、植被与水域等分类都基本正确。由于测试区域裸露地表类别不是很明显，因此分类结果中黄色类别分布较分散零星。

　　图 7.11 显示的是上海某区域的 ALOS 2 极化 SAR 伪彩色图像、分类结果和光学影像。获取时间为 2015 年 3 月 9 日，入射角为 25.4°。虽然来自同一传感器，但其获取时间、地点、入射角均有很大差异。从分类结果上看，对于各种地物类型，分类效果理想，说明极化 SAR 地表分类器对于同一卫星雷达的数据具有普适性。

2. 机载极化 SAR 数据普适性实验

　　第二组普适性实验数据来自西安地区，比较同一架次在同一区域不同场景切片的分类性能。首先，随机采样某一场景，产生训练数据进行模型的训练。然后，将训练好的模型用于未参与训练数据采样的场景进行测试，即训练数据和测试数据来自不同的场景。输入 SAR 数据使用 T 矩阵，窗口大小选择为 16×16。西安场景中主要存在建筑物、道路、水域、两种植被、裸地 6 种地形。图 7.12 是分类结果中对应的颜色显示。图 7.13 是参与训练数据采样的场景的分类结果。图 7.14 是未参与训练数据采样的场景的分类结果。

(a) ALOS 2 全极化伪彩色图像

(b) 分类结果

(c) 光学影像

图 7.10　用于测试的南京另外一区域的 ALOS 2 图像及其分类结果和光学影像

　　使用 CNN 对训练样本对应区域进行分类，分类结果在图 7.13 中给出。通过对比分类结果、Pauli 图像和卫星图像可以看出，该实验训练得到的 CNN 网络可以很好地对建筑物、水域、裸地和两种植被进行区分。然而，场景中的道路大多被分类成建筑物区域，不同地形的分界线处也大多被分类成建筑物。可能原因是建筑物区域环境复杂，主要有建筑物、道路和一些小块的植被等地形，变化较多，而相比较而言，水域、裸地、植被等区域则是单一的均匀区域，所以在各类地块边界极易被神经网络识别成复杂的建筑物区域。另外，道路目标由于其样本较少，且与建筑物区域有部分重叠，因此难以区分。

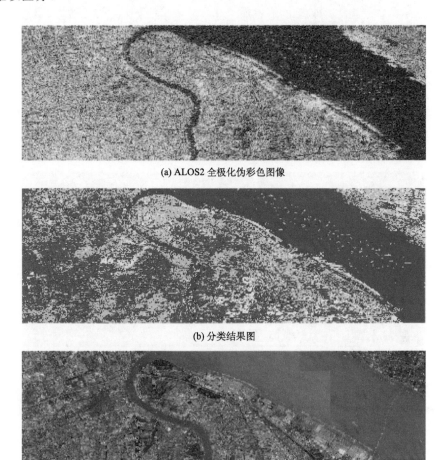

(a) ALOS2 全极化伪彩色图像

(b) 分类结果图

(c) 光学影像

图 7.11　用于测试的上海某区域的 ALOS2 图像及其分类结果和光学影像

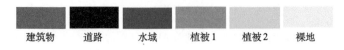

建筑物　　道路　　　水域　　　植被 1　　植被 2　　裸地

图 7.12　西安地区类别颜色索引

观察训练场景的测试结果不难发现，测试场景的分类结果与训练场景的分类结果均能够很好地对均匀的区域进行良好的分类，但是对于样本较少的建筑物区域和较为混乱的边界区域则难以准确分类。作为一种监督式训练算法，CNN 的分类效果也依赖于训练样本的选择。通过以上实验可以发现，CNN 对于未知区域的分类性能良好，具有较优的泛化性和普适性。

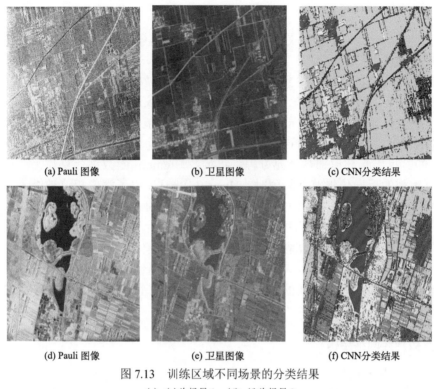

(a) Pauli 图像　　　　　(b) 卫星图像　　　　　(c) CNN分类结果

(d) Pauli 图像　　　　　(e) 卫星图像　　　　　(f) CNN分类结果

图 7.13　训练区域不同场景的分类结果

(a)~(c) 为场景 1；(d)~(f) 为场景 2

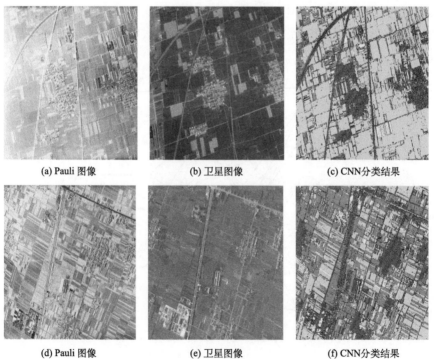

(a) Pauli 图像　　　　　(b) 卫星图像　　　　　(c) CNN分类结果

(d) Pauli 图像　　　　　(e) 卫星图像　　　　　(f) CNN分类结果

图 7.14　测试区域不同场景的分类结果

(a)~(c) 为场景 3；(d)~(f) 为场景 4

7.3　复数卷积网络(CV-CNN)

复数神经网络(CV-NN)用复数参数和变量进行复数输入数据的特征提取,并进行特征分类。关于 CV-NN 的研究最早可以追溯到 20 世纪 70 年代。Aizenberg(1971)首次分析了复数在信息处理的可能性,将神经元的输出值推广到复数域的单位圆上,使得 CV-NN 得以构建。此后,CV-NN 的研究深入各个领域。1992 年 Benvenuto 和 Piazza(1992)提出实部虚部神经元方程,将实数 Sigmoid 函数进行复数化,从而方便地进行复数域的反向传播算法。同时,Hirose(1992)提出了幅值相位神经元方程,推导了该情况下的 BP 算法,并通过实验证明了该算法的有效性。可见,CV-NN 的研究逐渐趋于成熟。目前,CV-NN 的研究方向主要有两个:其一是对 CV-NN 理论的研究,实数域的神经网络现在大放异彩,大批的新型算法和模型被提出,根据复数的特性进行算法的理论创新是研究热点。其二是 CV-NN 在应用领域的广泛探索,CV-NN 的出现使得许多领域的问题得到新的解决方案,广泛探索新的应用场景并进行适应性创新也是研究热点。

1. 复数神经网络结构

CV-NN 的基本结构如图 7.15 所示,其包括输入层、隐含层和输出层。层与层之间全连接,层内无连接。但是 CV-NN 的输入数据为复数,网络权值和偏置初始化为复数形式。在前向传播的过程中,分别对输入和权值加权和的实部和虚部进行非线性激励。因此,每一层神经元的输出也是复数。网络的后向训练过程采用复数域的梯度下降算法。

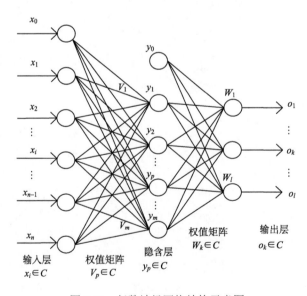

图 7.15　复数神经网络结构示意图

在图示网络结构中，输入的复数向量为 $\boldsymbol{X} = (x_1, x_2, \cdots, x_i, \cdots, x_n)^{\mathrm{T}}$，其中 $x_0 = -1 - j$ 是为了引入隐含层偏置项 θ。隐含层输出向量为 $\boldsymbol{Y} = (y_1, y_2, \cdots, y_p, \cdots, y_m)^{\mathrm{T}}$，其中 $y_0 = -1 - j$ 是为了引入输出层偏置项 λ。输出层的输出向量为 $\boldsymbol{O} = (o_1, o_2, \cdots, o_k, \cdots, o_l)^{\mathrm{T}}$，标签向量为 $\boldsymbol{D} = (d_1, d_2, \cdots, d_k, \cdots, d_l)^{\mathrm{T}}$，其中 $\{x_i, y_p, o_k, d_k \in C\}$，$C$ 指复数域。输入层到隐含层的权值矩阵用 $\boldsymbol{V}$ 表示，$\boldsymbol{V} = (V_1, V_2, \cdots, V_p, \cdots, V_m)$，其中列向量 V_p 为隐含层第 p 个神经元对应的权值向量，向量长度为 n，即隐含层的一个神经元通过权值矩阵和输入层的所有神经元相连。隐含层到输出层的权值矩阵用 $\boldsymbol{W}$ 表示，$\boldsymbol{W} = (W_1, W_2, \cdots, W_k, \cdots, W_l)$，其中列向量 $\boldsymbol{W}_k$ 为输出层第 k 个神经元对应的权值向量，向量长度为 m，即输出层的一个神经元通过权值矩阵和隐含层的所有神经元相连。

在前向传播的过程中，隐含层的计算公式为

$$
\begin{aligned}
y_p = f_C(s_p) &= f_C\left(\sum_{i=1}^{n} V_{ip} x_i - \theta_p\right) = f_C\left(\sum_{i=0}^{n} V_{ip} x_i\right) \\
&= f_C\left\{\sum_{i=0}^{n}\left[\left(\Re(V_{ip})\Re(x_i) - \Im(V_{ip})\Im(x_i)\right) + j\left(\Re(V_{ip})\Im(x_i) + \Im(V_{ip})\Re(x_i)\right)\right]\right\}
\end{aligned}
\tag{7.3.1}
$$

式中，$p = 1, 2, \cdots, m$；$\Re$ 代表取复数的实部；$\Im$ 代表取复数的虚部。$f_C(Z)$ 为非线性激励函数，下标 C 代表自变量在复数域，下标 R 代表自变量在实数域，j 为虚数单位。采用 Sigmoid 激励函数，其运算过程如下：

$$
f_C(Z) = f_R(x) + j f_R(y), \ Z = x + jy
\tag{7.3.2}
$$

$$
f_R(x) = \frac{1}{1 + \mathrm{e}^{-x}}, \ x \in R
\tag{7.3.3}
$$

由式 (7.3.1)~式 (7.3.3) 可知，Sigmoid 函数具有连续可导的特点，且其导数可以用自身表示。

对于输出层，其输出表示为

$$
\begin{aligned}
o_k = f_C(u_k) &= f_C\left(\sum_{p=1}^{m} W_{pk} y_p - \lambda_k\right) = f_C\left(\sum_{p=0}^{m} W_{pk} y_p\right) \\
&= f_C\left\{\sum_{p=0}^{m}\left[\begin{array}{l}\left(\Re(W_{pk})\Re(y_p) - \Im(W_{pk})\Im(y_p)\right) \\ + j\left(\Re(W_{pk})\Im(y_p) + \Im(W_{pk})\Re(y_p)\right)\end{array}\right]\right\}
\end{aligned}
\tag{7.3.4}
$$

式中，$k = 1, 2, \cdots, l$。CV-NN 的前向过程由式 (7.3.1)~式 (7.3.4) 共同构成。

2. 复数神经网络的训练方式

CV-NN 是一种监督式机器学习方法，在前向过程中进行信号的预测，在反向过程中基于标签进行权值的调整，使得下一次预测与标签更接近。反向传播的优化算法称为 BP 算法。网络预测值和标签值之间的误差称为代价函数或者损失函数。BP 算法的目的是最小化损失函数，采用的优化策略是将权值按损失函数的负梯度方向调整，称为梯度下降算法。在 CV-NN 中，损失函数 E 采用复数域均方误差分别计算网络输出值与标签值的实部差平方和虚部差平方，然后求和后取平均。

在 CV-NN 中，式(7.3.5)是损失函数的表达式。当网络预测值和标签值不相符时，损失函数较大。BP 算法的目的就是通过后向的权值调整来最小化损失函数。

$$E = \frac{1}{2}\sum_{k=1}^{l}|D_k - O_k|^2 = \frac{1}{2}\sum_{k=1}^{l}\left\{\left[\mathfrak{R}(D_k) - \mathfrak{R}(O_k)\right]^2 + \left[\mathfrak{I}(D_k) - \mathfrak{I}(O_k)\right]^2\right\} \quad (7.3.5)$$

权值调整的方式是将其沿损失函数的负梯度方向进行更新。对于输出层的权值更新的公式为

$$\begin{aligned}
\Delta W_{pk} &= -\eta\frac{\partial E}{\partial\mathfrak{R}(\Delta W_{pk})} - j\eta\frac{\partial E}{\partial\mathfrak{I}(\Delta W_{pk})}\\
&= -\eta\left[\frac{\partial E}{\partial\mathfrak{R}(u_k)}\frac{\partial\mathfrak{R}(u_k)}{\partial\mathfrak{R}(W_{pk})} + \frac{\partial E}{\partial\mathfrak{I}(u_k)}\frac{\partial\mathfrak{I}(u_k)}{\partial\mathfrak{R}(W_{pk})}\right]\\
&\quad - j\eta\left[\frac{\partial E}{\partial\mathfrak{R}(u_k)}\frac{\partial\mathfrak{R}(u_k)}{\partial\mathfrak{I}(W_{pk})} + \frac{\partial E}{\partial\mathfrak{I}(u_k)}\frac{\partial\mathfrak{I}(u_k)}{\partial\mathfrak{I}(W_{pk})}\right]
\end{aligned} \quad (7.3.6)$$

式中，$\eta\in(0,1)$，为学习速率，其控制权值调整的更新步长；负号代表梯度下降。对于隐含层的权值更新的公式为

$$\begin{aligned}
\Delta V_{ip} &= -\eta\frac{\partial E}{\partial\mathfrak{R}(\Delta V_{ip})} - j\eta\frac{\partial E}{\partial\mathfrak{I}(\Delta V_{ip})}\\
&= -\eta\left[\frac{\partial E}{\partial\mathfrak{R}(s_p)}\frac{\partial\mathfrak{R}(s_p)}{\partial\mathfrak{R}(V_{ip})} + \frac{\partial E}{\partial\mathfrak{I}(s_p)}\frac{\partial\mathfrak{I}(s_p)}{\partial\mathfrak{R}(V_{ip})}\right]\\
&\quad - j\eta\left[\frac{\partial E}{\partial\mathfrak{R}(s_p)}\frac{\partial\mathfrak{R}(s_p)}{\partial\mathfrak{I}(V_{ip})} + \frac{\partial E}{\partial\mathfrak{I}(s_p)}\frac{\partial\mathfrak{I}(s_p)}{\partial\mathfrak{I}(V_{ip})}\right]
\end{aligned} \quad (7.3.7)$$

观察式(7.3.6)和式(7.3.7)，进一步定义输出层和隐含层的残差信号，分别为 δ_k^o、δ_p^y。残差信号表示为

$$\delta_k^o = -\frac{\partial E}{\partial\mathfrak{R}(u_k)} - j\frac{\partial E}{\partial\mathfrak{I}(u_k)} \quad (7.3.8)$$

$$\delta_p^y = -\frac{\partial E}{\partial\mathfrak{R}(s_p)} - \frac{\partial E}{\partial\mathfrak{I}(s_p)} \quad (7.3.9)$$

将残差表示和式(7.3.6)及式(7.3.7)结合，可将式(7.3.6)和式(7.3.7)化简为式(7.3.10)和式(7.3.11)：

$$\Delta W_{pk} = \eta\delta_k^o\overline{y_p} \quad (7.3.10)$$

$$\Delta V_{ip} = \eta\delta_p^y\overline{x_l} \quad (7.3.11)$$

式中，$\overline{x_l}$ 表示取 x_i 的共轭。

按照链式法则，对于输出层，δ_k^o 可展开为

$$
\begin{aligned}
\delta_k^o &= -\frac{\partial E}{\partial \mathcal{R}(o_k)}\frac{\partial \mathcal{R}(o_k)}{\partial \mathcal{R}(u_k)} - j\frac{\partial E}{\partial \mathfrak{I}(o_k)}\frac{\partial \mathfrak{I}(o_k)}{\partial \mathfrak{I}(u_k)} \\
&= -\frac{\partial E}{\partial \mathcal{R}(o_k)}f_R'\big[\mathcal{R}(o_k)\big] - j\frac{\partial E}{\partial \mathfrak{I}(o_k)}f_R'\big[\mathfrak{I}(o_k)\big] \\
&= \big[\mathcal{R}(d_k)-\mathcal{R}(o_k)\big]\mathcal{R}(o_k)\big[1-\mathcal{R}(o_k)\big] \\
&\quad + j\big[\mathfrak{I}(d_k)-\mathfrak{I}(o_k)\big]\mathfrak{I}(o_k)\big[1-\mathfrak{I}(o_k)\big]
\end{aligned}
\tag{7.3.12}
$$

同理，对于隐含层，δ_p^y 可展开为

$$
\begin{aligned}
\delta_p^y &= -\frac{\partial E}{\partial \mathcal{R}(y_p)}\frac{\partial \mathcal{R}(y_p)}{\partial \mathcal{R}(s_p)} - j\frac{\partial E}{\partial \mathfrak{I}(y_p)}\frac{\partial \mathfrak{I}(y_p)}{\partial \mathfrak{I}(s_p)} \\
&= -\frac{\partial E}{\partial \mathcal{R}(y_p)}f_R'\big[\mathcal{R}(s_p)\big] - j\frac{\partial E}{\partial \mathfrak{I}(y_p)}f_R'\big[\mathfrak{I}(y_p)\big] \\
&= \mathcal{R}(y_p)\big[1-\mathcal{R}(y_p)\big]\sum_{k=1}^{l}\big[\mathcal{R}(\delta_k^o)\mathcal{R}(W_{pk})+\mathfrak{I}(\delta_k^o)\mathfrak{I}(W_{pk})\big] \\
&\quad + j\mathfrak{I}(y_p)\big[1-\mathfrak{I}(y_p)\big]\sum_{k=1}^{l}\big[\mathfrak{I}(\delta_k^o)\mathcal{R}(W_{pk})-\mathcal{R}(\delta_k^o)\mathfrak{I}(W_{pk})\big]
\end{aligned}
\tag{7.3.13}
$$

综合以上各式，复数 BP 算法在各层的权值调整的公式为

$$
\begin{aligned}
\Delta W_{pk} = \eta\Big\{&\big[\mathcal{R}(d_k)-\mathcal{R}(o_k)\big]\mathcal{R}(o_k)\big[1-\mathcal{R}(o_k)\big] \\
&+ j\big[\mathfrak{I}(d_k)-\mathfrak{I}(o_k)\big]\mathfrak{I}(o_k)\big[1-\mathfrak{I}(o_k)\big]\Big\}\overline{y_p}
\end{aligned}
\tag{7.3.14}
$$

$$
\begin{aligned}
\Delta V_{ip} = \eta\Big\{&\mathcal{R}(y_p)\big[1-\mathcal{R}(y_p)\big]\sum_{k=1}^{l}\big[\mathcal{R}(\delta_k^o)\mathcal{R}(W_{pk})+\mathfrak{I}(\delta_k^o)\mathfrak{I}(W_{pk})\big] \\
&+ j\mathfrak{I}(y_p)\big[1-\mathfrak{I}(y_p)\big]\sum_{k=1}^{l}\big[\mathfrak{I}(\delta_k^o)\mathcal{R}(W_{pk})-\mathcal{R}(\delta_k^o)\mathfrak{I}(W_{pk})\big]\Big\}\overline{x_l}
\end{aligned}
\tag{7.3.15}
$$

观察最后的权值调整公式可以发现，权值调整和学习速率、上一层的残差以及本层输出对输入的导数相关。

3. 复数卷积神经网络结构

如图 7.16 所示，CV-CNN 的结构可以认为是深度神经网络的一种变形，能够充分利用输入图像的二维结构信息。在图像分类中，输入图像表现为一个或者多个通道或 2 维矩阵。卷积与池化层的隐含神经元同样排列为一组 2 维矩阵，又称为特征图。和实数卷积网络(RV-CNN)相似，CV-CNN 由输入层、卷积层、池化层、全连接层以及输出层构成，其中卷积层与池化层可以周期性增加。在多层结构中，低层和高层分别用于学习目标的低维和高维特征(John et al., 2015)。输入层通常由宽度、高度和深度表征，深度表

示输入图像的通道数。在 SAR 图像分类问题中，多通道的复数图像可以直接作为网络的
输入。

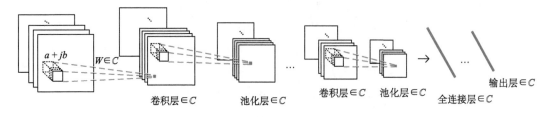

$$\text{卷积层} \in \mathbb{C} \qquad \text{池化层} \in \mathbb{C} \qquad \text{卷积层} \in \mathbb{C} \quad \text{池化层} \in \mathbb{C} \qquad \text{全连接层} \in \mathbb{C} \qquad \text{输出层} \in \mathbb{C}$$

图 7.16　复数卷积神经网络结构示意图

卷积神经网络中特征提取的典型过程包括卷积、非线性激励和池化三个步骤。卷
积层将输入数据与可学习的滤波器进行卷积，输入输出均可为 2 维矩阵。卷积结果经
过非线性激励函数生成特征图。非线性激励函数常用的有 Sigmoid、ReLU（Glorot et al.,
2011）等。卷积层的下一层通常为池化层，用于下采样特征图，从而减少网络参数。
卷积神经网络的特性包括局部连接、权值共享、池化以及串联多层（LeCun et al.,
2015）。对于 CV-CNN，网络的所有结构包括卷积层、池化层特征图以及滤波器的参
数均为复数。

1）卷积层

卷积层特征图的神经元通过一组滤波器或权值矩阵与前一层特征图上的部分神经元
相连，局部连接的区域又称为接受域。接受域上的神经元与权值矩阵卷积之后，经过非
线性激励生成本层的特征图，并作为下一层的输入。卷积时，同一个特征图上的所有接
受域共享一组权值矩阵，称为权值共享。同一层网络的不同特征图使用不同的权值矩阵，
特征图的个数也可理解为通道数。每一组权值矩阵检测输入数据特定的特征，因此每一
个特征图表达了前一层不同位置的特定特征。局部连接与权值共享的优点之一是大大减
少了网络的自由参数，一定程度上避免网络过拟合，同时减小存储容量。这种卷积结构
的依据是图像数据的空间相关性及其目标特征的移位不变性（Hinton et al., 2012）。换句话
说，如果一个特征出现在图像的某一部分，那它同样可以出现在其他任意位置。这也就
解释了为什么不同位置的神经元共享权值矩阵去检测图像的特征。

在卷积层中，第 $l+1$ 层特征图 $O_i^{(l+1)} \in \mathbb{C}^{W_2 \times H_2 \times I}$ 由卷积核 $w_{ik}^{(l+1)} \in \mathbb{C}^{F \times F \times K \times I}$ 与前一层特
征图 $O_k^{(l)} \in \mathbb{C}^{W_1 \times H_1 \times K}$ 卷积后加上偏置 $b_i^{(l+1)} \in \mathbb{C}^I$，而后经过非线性激励得到。其中，符号 $\mathbb{C}$
表示复数域，其计算公式如下：

$$O_i^{(l+1)} = f\left\{\Re\left[V_i^{(l+1)}\right]\right\} + jf\left\{\Im\left[V_i^{(l+1)}\right]\right\} = \frac{1}{1+e^{-\Re\left[V_i^{(l+1)}\right]}} + j\frac{1}{1+e^{-\Im\left[V_i^{(l+1)}\right]}} \qquad (7.3.16)$$

$$
\begin{aligned}
V_i^{(l+1)} &= \sum_{k=1}^{k} w_{ik}^{(l+1)} * O_k^{(l)} + b_i^{(l+1)} \\
&= \sum_{k=1}^{k} \left\{ \left[\Re\left(w_{ik}^{(l+1)}\right) \cdot \Re\left(O_k^{(l)}\right) - \Im\left(w_{ik}^{(l+1)}\right) \cdot \Im\left(O_k^{(l)}\right) \right] \right. \\
&\quad \left. + j\left[\Re\left(w_{ik}^{(l+1)}\right) \cdot \Im\left(O_k^{(l)}\right) + \Im\left(w_{ik}^{(l+1)}\right) \cdot \Re\left(O_k^{(l)}\right) \right] \right\} + b_i^{(l+1)}
\end{aligned}
\tag{7.3.17}
$$

式中，符号 $*$ 表示卷积运算；$O_k^{(l)}$ 表示 l 层第 k 个特征图；$V_i^{(l+1)}$ 表示 $l+1$ 层第 i 个特征图的权值加权和；$f(\cdot)$ 表示非线性函数，CV-CNN 采用 Sigmoid 函数。

卷积层的超参数包括特征图的数量 I，滤波器的大小 $F \times F \times K$，步长 S，以及补零参数 P。步长是指滤波器与输入特征图作用时每次移动的间隔。因为卷积操作本身的降维作用，为了维持特征图的空间大小，常用的方法是在输入数据的各边进行补零操作，补零行/列数为 P。如果输入数据由 K 个大小为 $W_1 \times H_1$ 的特征图组成，输出由 I 个大小为 $W_2 \times H_2$ 组成，则有 $W_2 = (W_1 - F + 2P)/S + 1$，$H_2 = (H_1 - F + 2P)/S + 1$。近期研究表明，采用步长为 1 的小尺寸滤波器（如 3×3 或 5×5）会取得较好的效果，本节滤波器的参数设步长为 1，大小为 3×3。卷积层的权值参数个数为 $F \times F \times K \times I$，偏置个数为 I，这些均为需要学习的参数。学习的目标是寻找能提取最优分类特征的滤波器 w (Li et al., 2014)。

2) 池化层

池化层的作用是对卷积层检测的相同特征进行融合。将卷积层每一个特征图划分为若干局部切片，池化函数计算每个切片的统计特性。池化层特征图的数量和卷积层相同。常用的两种池化方式是最大值池化和平均值池化，即取切片内的最大值或平均值作为池化层特征图的输入。因此，池化层又称为下采样层 (Lau et al., 2015)。除了降低特征图的维度，池化对特征小范围的移位以及畸变具有不变性。当焦点是特征本身而非其所在位置时，移位不变性是很好的特性。

因为复数数据无法比较大小，本节采用平均值池化，即取接受域内平均值作为输出。其公式为：

$$
O_i^{(l+1)}(x,y) = \operatorname*{ave}_{u,v=0,\cdots,g-1} O_i^{(l)}(x \cdot s + u, y \cdot s + v)
\tag{7.3.18}
$$

式中，g 为池化大小；s 为步长；$O_i^{(l+1)}(x,y)$ 表示第 i 个特征图上 (x,y) 坐标处的神经元。池化大小通常取 2×2 或 3×3，步长设为 1。随着池化步长以及尺寸的增大，丢失的信息逐渐增多，从而将会导致较低的性能。

3) 全连接层

卷积神经网络的顶端通常包含一层或多层全连接层。与卷积层不同，全连接层的神经元排成一列，这些神经元与前一层神经元通过权值互连，呈全连接结构。全连接层的层数以及每层神经元数并不固定。通常层数越高，神经元数目越少。每一层神经元的计算公式如下：

$$O_i^{(l+1)} = f\left\{\Re\left[V_i^{(l+1)}\right]\right\} + jf\left\{\Im\left[V_i^{(l+1)}\right]\right\} \tag{7.3.19}$$

$$V_i^{(l+1)} = \sum_{k=1}^{K} w_{ik}^{(l+1)} \cdot O_k^{(l)} + b_i^{(l+1)} \tag{7.3.20}$$

式中，K 为第 l 层全连接层的神经元数目。

4) 输出层

经过多层特征提取后，最后一层输出层可视为分类器，预测输入样本的类别。在 CV-CNN 中，标签编码表示为 $(1+j)-of-c$ 形式的数组，c 表示类别的数目。数组中元素 $1+j$ 的下标为样本对应的类别，其他元素均为 0。标签为复数，所以网络的输出也为复数。给定训练样本的数据及其类别，CV-CNN 以有监督端对端的方式最小化训练数据的损失函数。

在 RV-CNN 中，输出层通常为 softmax 分类器，预测样本属于不同类别的概率分布。通过反向传播调整权值，最小化交叉熵损失函数（Chen et al., 2016）。鉴于 CV-CNN 输出为复数，softmax 输出不再表示概率意义。因此，CV-CNN 采用最小二乘损失函数，并将最后一层输出层作为分类器。

4. 复数域后向传播算法

卷积神经网络采用有监督训练的方式最小化分类预测值与标签值的误差，从而得到最优的权值矩阵及偏置参数。通常，经过多层特征提取后，网络的输出值和期望值存在差异。通过基于随机梯度下降法的后向调整过程来调整网络参数（Rumelhart et al., 1986），使得差异趋于零。误差通过损失函数 E 表示，CV-CNN 采用经典的最小二乘误差作为损失函数。在大多数的机器学习算法中，所有的权值以及偏置通过最小化代价函数得到。通常，全局最小值很难求得解析解，但是代价函数关于参数的梯度 $\partial L / \partial w$ 可以求得解析解。因此，代价函数可以通过迭代数值优化方法达到最小化。最简单的优化方法是梯度下降法。参数的迭代更新规则为：$w \leftarrow w - \eta(\partial L / \partial w)$，$\eta$ 叫作学习速率，为一个标量常数。在复数卷积神经网络中，代价函数关于每一层可学习参数的推导可以通过误差反向传播算法求得。但是复数和实数卷积网络的后向调整公式大有不同，下面将具体讨论。

训练数据集记为 $\left\{X[n], T[n]\right\}_{n=1,}^{N}$，$N$ 为总的训练样本数，$X[n]$ 和 $T[n]$ 表示第 n 个样本的输入数据以及标签数据，输入与标签均为复数。因此，总误差为

$$E_{\mathrm{T}} = \frac{1}{2}\frac{1}{N}\sum_{n=1}^{N}\sum_{k=1}^{K}\left\{\left[\Re\left(T_k[n]\right) - \Re\left(O_k[n]\right)\right]^2 + \left[\Im\left(T_k[n]\right) - \Im\left(O_k[n]\right)\right]^2\right\} \tag{7.3.21}$$

通过迭代调整权值以及偏置最小化上述代价函数：

$$w_{ik}^{(l+1)}[t+1] = w_{ik}^{(l+1)}[t] + \Delta w_{ik}^{(l+1)}[t] = w_{ik}^{(l+1)}[t] - \eta \frac{\partial E[t]}{\partial w_{ik}^{(l+1)}[t]} \qquad (7.3.22)$$

$$b_i^{(l+1)}[t+1] = b_i^{(l+1)}[t] + \Delta b_i^{(l+1)}[t] = b_i^{(l+1)}[t] - \eta \frac{\partial E[t]}{\partial b_i^{(l+1)}[t]} \qquad (7.3.23)$$

复数域的反向传播算法同样采取链式法则 (Hänsch and Hellwich, 2009) 的方式进行推导，关键是计算误差函数对权值的梯度：

$$
\begin{aligned}
\frac{\partial E}{\partial w_{ik}^{(l+1)}} &= \frac{\partial E}{\partial \Re\left[w_{ik}^{(l+1)}\right]} + \frac{\partial E}{\partial \Im\left[w_{ik}^{(l+1)}\right]} \\
&= \left\{ \frac{\partial E}{\partial \Re\left[V_i^{(l+1)}\right]} \frac{\partial \Re\left[V_i^{(l+1)}\right]}{\partial \Re\left[w_{ik}^{(l+1)}\right]} + \frac{\partial E}{\partial \Im\left[V_i^{(l+1)}\right]} \frac{\partial \Im\left[V_i^{(l+1)}\right]}{\partial \Re\left[w_{ik}^{(l+1)}\right]} \right\} \\
&\quad + j\left\{ \frac{\partial E}{\partial \Re\left[V_i^{(l+1)}\right]} \frac{\partial \Re\left[V_i^{(l+1)}\right]}{\partial \Im\left[w_{ik}^{(l+1)}\right]} + \frac{\partial E}{\partial \Im\left[V_i^{(l+1)}\right]} \frac{\partial \Im\left[V_i^{(l+1)}\right]}{\partial \Im\left[w_{ik}^{(l+1)}\right]} \right\}
\end{aligned} \qquad (7.3.24)
$$

为了使推导过程更加简明，定义残差函数如下：

$$\delta_i^{(l+1)} = -\frac{\partial E}{\partial \Re\left[V_i^{(l+1)}\right]} - j\frac{\partial E}{\partial \Im\left[V_i^{(l+1)}\right]}, \quad \delta_i^{(l+1)} \in \mathbb{C} \qquad (7.3.25)$$

通过式(7.3.16)、式(7.3.17)、式(7.3.21)，以及式(7.3.25)，式(7.3.24)可简化为

$$\frac{\partial E}{\partial w_{ik}^{(l+1)}} = -\delta_i^{(l+1)} \overline{O_i^{(l)}} \qquad (7.3.26)$$

式中，$\overline{(\cdot)}$表示取复数共轭。

通过迭代减小误差函数，更新参数直至误差取得最小值。下面将详细推导每一层的残差计算公式。

1) 全连接层的残差

记 $l+1$ 为全连接层，前一层 l 层为隐含层，残差 $\delta_i^{(l+1)}$ 表示为

$$
\begin{aligned}
\delta_i^{(l+1)} &= -\frac{\partial E}{\partial \Re\left[V_i^{(l+1)}\right]} - j\frac{\partial E}{\partial \Im\left[V_i^{(l+1)}\right]} \\
&= -\left\{ \frac{\partial E}{\partial \Re\left[O_i^{(l+1)}\right]} \frac{\partial \Re\left[O_i^{(l+1)}\right]}{\partial \Re\left[V_i^{(l+1)}\right]} + \frac{\partial E}{\partial \Im\left[O_i^{(l+1)}\right]} \frac{\partial \Im\left[O_i^{(l+1)}\right]}{\partial \Re\left[V_i^{(l+1)}\right]} \right\} \\
&\quad - j\left\{ \frac{\partial E}{\partial \Re\left[O_i^{(l+1)}\right]} \frac{\partial \Re\left[O_i^{(l+1)}\right]}{\partial \Im\left[V_i^{(l+1)}\right]} + \frac{\partial E}{\partial \Im\left[O_i^{(l+1)}\right]} \frac{\partial \Im\left[O_i^{(l+1)}\right]}{\partial \Im\left[V_i^{(l+1)}\right]} \right\}
\end{aligned} \qquad (7.3.27)
$$

根据式(7.3.19)和式(7.3.20)，式(7.3.27)中的第二项和第三项为 0。考虑式(7.3.21)，其余的两项可计算出，从而有

$$
\begin{aligned}
\delta_i^{(l+1)} &= \Re\left[T_i^{(l+1)} - O_i^{(l+1)}\right]\Re\left[O_i^{(l+1)}\right]\left\{1 - \Re\left[O_i^{(l+1)}\right]\right\} \\
&+ j\left\{\Im\left[T_i^{(l+1)} - O_i^{(l+1)}\right]\Im\left[O_i^{(l+1)}\right]\left(1 - \Im\left[O_i^{(l+1)}\right]\right)\right\}
\end{aligned}
\tag{7.3.28}
$$

对于隐含层的残差 $\delta_k^{(l)}$ 可按照同样的方式计算得出。全连接表明隐含层的神经元 $O_k^{(l)}$ 与输出层的所有神经元 $O_i^{(l+1)}$ 相连，因此 $O_k^{(l)}$ 受输出层每一个神经元的误差影响。同样根据链式法则，残差的实部与虚部计算如下：

$$
\frac{\partial E}{\partial \Re\left[O_k^{(l)}\right]} = -\sum_{i=1}^{l}\left\{\Re\left[\delta_i^{(l+1)}\right]\Re\left[w_{ik}^{(l+1)}\right] + \Im\left[\delta_i^{(l+1)}\right]\Im\left[w_{ik}^{(l+1)}\right]\right\}
\tag{7.3.29}
$$

$$
\frac{\partial E}{\partial \Im\left[O_k^{(l)}\right]} = -\sum_{i=1}^{l}\left\{\Im\left[\delta_i^{(l+1)}\right]\Re\left[w_{ik}^{(l+1)}\right] - \Re\left[\delta_i^{(l+1)}\right]\Im\left[w_{ik}^{(l+1)}\right]\right\}
\tag{7.3.30}
$$

根据式(7.3.27)，$\delta_k^{(l)}$ 表示为

$$
\begin{aligned}
\delta_k^{(l)} &= \left\{1 - \Re\left[O_k^{(l)}\right]\right\}\Re\left[O_k^{(l)}\right]\sum_{i=1}^{l}\left\{\Re\left[\delta_i^{(l+1)}\right]\Re\left[w_{ik}^{(l+1)}\right] + \Im\left[\delta_i^{(l+1)}\right]\Im\left[w_{ik}^{(l+1)}\right]\right\} \\
&+ j\left\{1 - \Im\left[O_k^{(l)}\right]\right\}\Im\left[O_k^{(l)}\right]\sum_{i=1}^{l}\left\{\Im\left[\delta_i^{(l+1)}\right]\Re\left[w_{ik}^{(l+1)}\right] - \Re\left[\delta_i^{(l+1)}\right]\Im\left[w_{ik}^{(l+1)}\right]\right\}
\end{aligned}
\tag{7.3.31}
$$

隐含层的残差与上一层的残差相关联。概括来说，底层的残差是高层残差、连接权值和非线性函数对输入的导数，三者的乘积组成(Bouvrie, 2006)。对于实数网络，可简单表示为 $\delta_k^{(l)} = \left[w^{(l+1)}\right]^{\mathrm{T}} \delta_i^{(l+1)} f'\left[V^{(l)}\right]$。

2) 卷积层的残差

如果 l 为卷积层，其残差 $\delta_k^{(l)}$ 与前一层的池化层残差 $\delta_i^{(l+1)}$ 以及池化参数 β 有关。对于平均值池化，权值为一个常数 β，$\beta = 1/(g \times g)$。字母 k 和 i 分别表示 l 层、$l+1$ 层的特征图。因为池化的作用，$l+1$ 层特征图尺寸小于 l 层。为了统一尺寸，需要对 $\delta_i^{(l+1)}$ 进行上采样，即在每个维度复制 g 次，记为 $\mathrm{up}\left[\delta_i^{(l+1)}\right]$。与式(7.3.31)相似，残差表示为

$$
\Re\left[\delta_k^{(l)}\right] = \beta_i^{l+1} \cdot \left(\Re\left\{\mathrm{up}\left[\delta_i^{(l+1)}\right]\right\} + \Im\left\{\mathrm{up}\left[\delta_i^{(l+1)}\right]\right\}\right)\left(\Re\left[O_k^{(l)}\right]\left\{1 - \Re\left[O_k^{(l)}\right]\right\}\right)
\tag{7.3.32}
$$

$$
\Im\left[\delta_k^{(l)}\right] = \beta_i^{l+1} \cdot \left(\Im\left\{\mathrm{up}\left[\delta_i^{(l+1)}\right]\right\} - \Re\left\{\mathrm{up}\left[\delta_i^{(l+1)}\right]\right\}\right)\left(\Im\left[O_k^{(l)}\right]\left\{1 - \Im\left[O_k^{(l)}\right]\right\}\right)
\tag{7.3.33}
$$

$$
\delta_k^{(l)} = \Re\left[\delta_k^{(l)}\right] + j\Im\left[\delta_k^{(l)}\right]
\tag{7.3.34}
$$

3）池化层的残差

池化层没有需要学习的参数，但是为了在反向传播过程中计算低层的残差，仍需要计算池化层的残差。池化层特征图的尺寸小于上一层的卷积层，为了统一大小，需要对 $\delta_i^{(l+1)}$ 边界进行 $F-1$ 次补零。根据式（7.3.31），池化层残差可表示为

$$\Re\left[\delta_k^{(l)}\right] = \sum_i \left\{ \Re\left[w_{ik}^{(l+1)}\right] * \Re\left(\delta_i^{l+1}\right) + \Im\left[w_{ik}^{(l+1)}\right] * \Im\left(\delta_i^{l+1}\right) \right\} \tag{7.3.35}$$

$$\Im\left[\delta_k^{(l)}\right] = \sum_i \left\{ \Re\left[w_{ik}^{(l+1)}\right] * \Im\left(\delta_i^{l+1}\right) - \Im\left[w_{ik}^{(l+1)}\right] * \Re\left(\delta_i^{l+1}\right) \right\} \tag{7.3.36}$$

如式（7.3.34），$\delta_k^{(l)}$ 为实部加上虚部乘虚数单位。

4）权值更新

计算出每一层的残差之后，误差函数对权值以及偏置的梯度计算按照式（7.3.22）、式（7.3.23）以及式（7.3.26）。全连接层的神经元为一维排列，参数更新公式为

$$w_{ik}^{(l+1)}[t+1] = w_{ik}^{(l+1)}[t] + \eta \delta_i^{(l+1)} \overline{O_i^{(l)}} \tag{7.3.37}$$

$$b_i^{(l+1)}[t+1] = b_i^{(l+1)}[t] + \eta \delta_i^{(l+1)} \tag{7.3.38}$$

其他层，神经元排列为两维，参数更新公式为

$$\begin{aligned} w_{ik}^{(l+1)}[t+1] &= w_{ik}^{(l+1)}[t] + \eta \delta_k^{(l+1)} * \overline{O_k^{(l-1)}} \\ &= w_{ik}^{(l+1)}[t] + \eta \sum_{x,y} \delta_k^{(l)}(x,y) \cdot \overline{O_k^{(l-1)}}(x-u, y-v) \end{aligned} \tag{7.3.39}$$

$$b_i^{(l+1)}[t+1] = b_i^{(l+1)}[t] + \eta \delta_i^{(l+1)} = b_i^{(l+1)}[t] + \eta \sum_{x,y} \delta_k^{(l+1)}(x,y) \tag{7.3.40}$$

迭代地更新参数直至网络预测值与标签值的误差小于设定阈值。

7.4　基于复数卷积网络的地表分类

本节主要介绍了 CV-CNN 应用于 POLSAR 图像地表分类实验的具体实现方法。首先，介绍了 SAR 数据的准备，采用相干矩阵作为输入特征，并对其进行标准化处理。然后，介绍了 CV-CNN 网络的具体配置，并给出了相同计算自由度的 RV-CNN 结构，进行了两者的性能对比。

1. POLSAR 数据准备

POLSAR 图像每个像素是一个相干矩阵 $\boldsymbol{T}$，即其对角元素是实数，非对角元素是复数。选择 $\boldsymbol{T}$ 上三角元素 $\{T_{11}, T_{12}, T_{13}, T_{22}, T_{23}, T_{33}\}$ 作为输入数据。

对于逐像素分类，每一个像素用一个窗口大小为 $m_1 \times m_2$ 的邻域数据表达。这不仅包

含了极化特征,同时包含了中心点周围的空间图像模式。对于一个较大的 POLSAR 数据,训练与测试数据通过一个大小为 $m_1 \times m_2$ 的滑动窗口采样得到。CV-CNN 的输入层是一个 $m_1 \times m_2 \times 6$ 大小的张量,6 是从 $\boldsymbol{T}$ 矩阵提取的通道数。

为了获得更高的分类正确率,需要对数据进行预处理。首先计算训练数据的均值 T_{ave} 和方差 T_{std},然后对所有通道的数据进行标准化。以 T_{11} 为例:

$$T_{11\_\text{ave}} = \frac{\sum_{i=1}^{n} T_{11}(i)}{n} \tag{7.4.1}$$

$$T_{11\_\text{std}} = \sqrt{\frac{\sum_{i=1}^{n} \left| T_{11}(i) - T_{11\_\text{ave}} \right|^2}{n}} \tag{7.4.2}$$

得到的标准化值为

$$T'_{11} = \frac{T_{11} - T_{11\_\text{ave}}}{T_{11\_\text{std}}} \tag{7.4.3}$$

以复数通道 T_{12} 为例:

$$T_{12\_\text{ave}} = \frac{\sum_{i=1}^{n} T_{12}(i)}{n} \tag{7.4.4}$$

$$T_{12\_\text{std}} = \sqrt{\frac{\sum_{i=1}^{n} \left[T_{12}(i) - T_{12\_\text{ave}} \right]\left[T_{12}(i) - T_{12\_\text{ave}} \right]}{n}} \tag{7.4.5}$$

得到的标准化值为

$$T'_{12} = \frac{T_{12} - T_{12\_\text{ave}}}{T_{12\_\text{std}}} \tag{7.4.6}$$

2. 实验具体的网络配置

图 7.17(a) 为 CV-CNN 具体的网络结构示意图。整体网络由输入层—卷积层—池化层—卷积层—全连接层—输出层组成。在输入层,输入样本的尺寸为 $12 \times 12 \times 6$。在前向传播过程中,因为卷积和池化的降维作用,网络中特征图的尺寸会随着深度的加深而变小。如果输入样本的尺寸小于 12×12,通常采取补零的措施去保证网络的特定深度。在图 7.17 (a) 中,第一层卷积核的维度为 $3 \times 3 \times 6 \times 6$,其中前两个维度代表作用域,第三个维度与输入层的第三维相等,第四个维度代表输出特征图的深度。首先,该卷积核以步长 1 与输入层进行卷积和非线性激励,输出特征图为 $10 \times 10 \times 6$,得到第一层卷积层。然后,进行步长为 2、大小为 2×2 的平均值池化操作,输出特征图为 $5 \times 5 \times 6$,得到池化层。下一层卷积核为 $3 \times 3 \times 6 \times 12$,输出特征图为 $3 \times 3 \times 12$,得到第三层卷积层。再次,将卷积层的神经元排列为一维,得到共 108 个神经元的全连接层。最后,输出层

由 c 个神经元组成，输出复数域的预测值，与复数域的标签计算误差，进行最小化误差
函数的反向训练，其中 c 是分类任务中的类别数量。

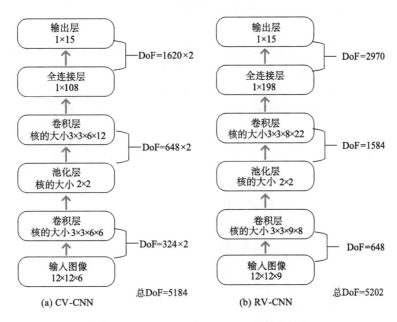

图 7.17　CV-CNN 和 RV-CNN 的整体结构

将 CV-CNN 与 RV-CNN 比较会发现，在相同的网络结构下，CV-CNN 的计算自由度
（degree of freedom, DoF）是 RV-CNN 的两倍。为了更客观地比较两者的分类性能，实验
采用的 RV-CNN 的网络结构在图 7.17（b）给出。通过如图 7.17 所示的网络结构和参数设
计，两者计算自由度相同。RV-CNN 中的 9 个通道由极化 T 矩阵对角线上 3 个实数通
道及上三角 3 个复数通道的实部和虚部构成，因此其输入数据和 CV-CNN 包含相同的
内容。

在这部分中，CV-CNN 算法用于两组 POLSAR 数据的地表分类实验。第一组数据是
Airborne SAR（AIRSAR）在荷兰 Flevoland 农业地区 1989 年的数据。第二组数据是
Electronically Steered Array Radar（ESAR）在德国 Oberpfaffenhofen 地区的数据。采用整体
准确率（OA）以及混淆矩阵作为衡量分类性能的标准。同时，相同超参数以及网络参数配
置的 RV-CNN 作为比较的对象，验证 CV-CNN 在分类问题中的性能和优越性。最后基于
实验结果对相位有效性、采样率和分类准确率关系以及网络结构展开讨论，进一步分析
CV-CNN 的性能。

3. 荷兰 Flevoland 地区数据及实验结果

第一组实验采用 Flevoland 地区 1989 年的 POLSAR 数据。Flevoland 是位于荷兰的
一块农业地区，数据集的大小为 1024×750，是全极化 L 波段，获取于美国 NASA/JPL
成功发射的 AIRSAR 平台，是被广泛用于 POLSAR 图像分类的一组数据。

图 7.18 (a) 是 Pauli 分解图，数据的大小为 1024×750。图 7.18 (b) 为地面实况数据 (Yu et al., 2011)。总共有 15 种类别，包括 stembeans、peas、forest、lucerne、三种类型的 wheat、beet、potatoes、bare soil、grass、rapeseed、barley、water 以及一小块 buildings。图 7.18 (c) 是地面真值对应的图例。

对于逐像素分类的任务，训练数据的产生通过滑动窗口采样得到。观察 ground-truth，实验采用的采样滑动窗口大小为 12×12。对于区域较小的 buildings 类别，采用 8×8 的采样窗口。然后对采样数据进行补零，使 buildings 类别的输入数据变成 12×12。在 ground-truth 区域进行采样，采样率为 10%，其中 9% 的采样数据用于训练，剩下的 1% 作为验证集，整个地面真值区域作为测试集，具体的采样数据详见表 7.7。为了比较 CV-CNN 和 RV-CNN 的分类性能，实验设置了在相同的计算自由度下，比较两者的分类准确率。

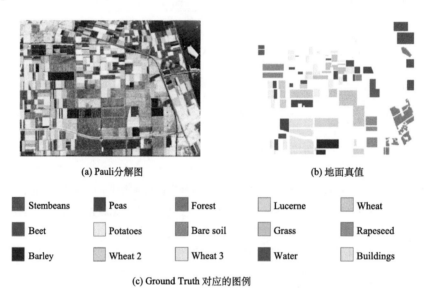

(a) Pauli分解图　　　　　　　　　　　　　　　(b) 地面真值

■ Stembeans	■ Peas	■ Forest	■ Lucerne	■ Wheat
■ Beet	■ Potatoes	■ Bare soil	■ Grass	■ Rapeseed
■ Barley	■ Wheat 2	■ Wheat 3	■ Water	■ Buildings

(c) Ground Truth 对应的图例

图 7.18　荷兰 Flevoland 地区 1989 年数据集

表 7.7　Flevoland 地区采样数据集

类别	地面真值区域数据量	采样数据量	训练集数据量	验证集数据量
Stembeans	6 103	1 106	1 018	88
Peas	9 111	1 135	1 023	112
Forest	14 677	1 121	1 024	97
Lucerne	9 477	1 079	968	111
Wheat	17 283	1 129	1 024	105
Beet	10 050	1 140	1 033	107
Potatoes	15 292	1 118	1 000	118
Bare soil	3 078	1 105	1 002	103
Grass	6 269	1 079	967	112
Rapeseed	12 690	1 142	1 030	112

续表

类别	地面真值区域数据量	采样数据量	训练集数据量	验证集数据量
Barley	7 156	1 099	984	115
Wheat 2	10 591	1 088	990	98
Wheat 3	21 300	1 099	995	104
Water	12 027	1 094	992	102
Buildings	476	252	150	102
总计	155 580	15 786	14 200	1 586

　　实验所采取的网络结构如图 7.17 所示,图 7.17(a)是 CV-CNN 的网络结构,图 7.17(b)是在相同自由度下的实数网络的结构,以此来对比复数网络的性能和优势。其中,$c=15$,对应 15 种类别。网络训练过程中的超参数设置如下:学习速率为 0.5,批处理数量为 100,总共训练了 50 个周期。图 7.19 (a) 是 CV-CNN 最终的整张图分类结果,图 7.19 (b) 是相应的有地面真值覆盖区域的分类结果。图 7.19 (c) 和图 7.19(d) 是 RV-CNN 对应的分类结果。

(a) CV-CNN整张图分类结果

(b) CV-CNN ground truth区域分类结果

(c) RV-CNN整张图分类结果

(d) RV-CNN ground truth区域分类结果

图 7.19　Flevoland 数据集分类结果

　　如图 7.19 (a) 和图 7.19(b)所示,可以定性地观察到 CV-CNN 的分类效果较好,各类别分类效果与地面实况数据基本一致。为了进一步比较,将图 7.19 (b) 中真值区域的分类效果和图 7.18 (b) 中的标签相比。结果表明,绝大多数的像素点均正确分类,尤其是lucerne、water 和 bare soil 三类几乎完全匹配。实验结果表明,CV-CNN 在 POLSAR 地表分类任务中的有效性和准确性。

为了定量地评估 CV-CNN 算法的性能，表 7.8 列出了 CV-CNN 和 RV-CNN 两种算法在真值区域的分类准确率。同时表 7.9 列出了相应的混淆矩阵，给出了每一类分为各个类别的概率。

CV-CNN 和 RV-CNN 整体的准确率分别是 96.2%和 95.3%。通过比较可见，RV-CNN 的分类错误率是 CV-CNN 的 1.2 倍。因此，将实数网络延伸至复数网络，可以有效利用 POLSAR 数据的幅值和相位信息，提高地表分类的准确率。

表 7.8　地面真值区域分类准确率　　　　　　　　（单位：%）

类别	CV-CNN	RV-CNN
Stembeans	98.8	97.5
Peas	98.7	97.4
Forest	96.8	96.0
Lucerne	98.1	94.5
Wheat	95.0	93.5
Beet	97.6	97.8
Potatoes	96.7	95.6
Bare soil	98.8	99.9
Grass	90.0	94.3
Rapeseed	92.0	92.1
Barley	94.5	86.2
Wheat 2	94.2	97.2
Wheat 3	96.6	95.6
Water	99.4	98.5
Buildings	83.2	80.0
整体分类正确率	96.2	95.3
整体分类错误率	3.8	4.7
平滑后的整体分类正确率	97.7	97.2

从表 7.8 可见，大多数类别的准确率均高于 95%。同时，除了 buildings 类，所有的类别均高于 90%。分类准确率较低的类别包含了 rapeseed、grass 和 buildings。从混淆矩阵(表 7.9)可以看出，6.6%的 rapeseed 类被误分为 wheat 和 wheat 2。从 POLSAR Pauli 图像可见，rapeseed 与 wheat 和 wheat 2 的像素表现很相近。两种相似的类别之间发生误分的可能性较大。从 Pauli 图上可见，buildings 所属区域极小，采样样本也较少。在训练过程中只有 150 个样本参与训练，因此造成了分类准确率不理想。综上所述，与 RV-CNN 相比，我们提出的 CV-CNN 具有更高的准确率，CV-CNN 对 POLSAR 分类是有效的。

近期发表的文献中通常会对分类结果进行后处理，如聚类、滤波等。通过去除分类结果图中的噪声点来提高分类性能。在 CV-CNN 的实验中，采用大多数投票滤波器(the majority vote filter)这种后处理方式来对实验结果进行平滑滤波，取得了 97.7%的整体分类准确率。

表 7.9　CV-CNN 真值区域分类混淆矩阵　　　　　　　(单位：%)

项目	1	2	3	4	5	6	7	8	9	10	11	12	13	14	15
1	98.8	0	0.3	0.1	0	0.4	0.2	0	0.2	0	0	0	0	0	0
2	0	98.7	0	0	0.7	0.4	0.1	0	0	0	0	0	0	0	0
3	0.2	0	96.8	0	0	0.2	2.8	0	0	0	0	0	0	0	0
4	0.1	0	0	98.1	0	0.3	0	0	1.2	0	0.3	0	0	0	0
5	0	0.2	0	0	95.0	0	0	0	0	1.8	0	2.7	0.3	0	0
6	0	0.6	0	0	0	97.6	1.6	0	0.2	0	0	0	0	0	0
7	0	0	1.6	0	0	1.7	96.7	0	0	0	0	0	0	0	0
8	0	0	0	0	0	0	0	98.8	0	0.3	0	0	0	0.9	0
9	0	0	0	7.4	0	0.6	0	0	90.0	2.0	0	0	0	0	0
10	0	0.2	0	0	3.6	0.2	0	0	0.3	92.0	0	3.0	0.7	0	0
11	0.1	0	0	0.5	0	0.9	0	0.1	3.9	0	94.5	0	0	0	0
12	0	0	0	0	1.8	0	0	0	0.2	3.3	0	94.2	0.5	0	0
13	0	0	0	0.4	0.9	0	0	0	0.8	1.0	0	0.3	96.6	0	0
14	0	0	0	0	0	0	0	0.2	0	0	0.4	0	0	99.4	0
15	16.4	0	0	0	0	0.4	0	0	0	0	0	0	0	0	83.2

注：行代表特定的类别，列代表网络分类的效果。1~15 分别表示图 4.2(c)上的类别：1 Stem beans; 2 Peas; 3 Forest; 4 Lucerne; 5 Wheat; 6 Beet; 7 Potatoes; 8 Bare soil; 9 Grass; 10 Rapeseed; 11 Barley; 12 Wheat 2; 13 Wheat 3; 14 Water; 15 Buildings。

4. 德国 Oberpfaffenhofen 数据及实验结果

第二组实验采用德国 Oberpfaffenhofen 地区 L-波段 ESAR 多视数据。图 7.20（a）为该地区 Pauli 分解图，数据大小为 1300×1200。图 7.20（b）为 Pauli 分解图与 Google Earth 上光学图像配准得到的真值(Liu et al., 2012)。该地区大体上分为 3 类，分别是 built-up areas、wood land 和 open areas。图 7.20(b)右侧为相应的图例。因为空白区域为未知区域或者边界线，在采样过程中并不对其进行采样。随机采样的滑动窗口设为 12×12。在该实验中，因为真值区域较大同时类别数目较少，采样率为 1%。其中，训练数据和验证数据的比例为 9∶1。表 7.10 列出了各个类别的样本数量。

表 7.10　各个类别样本数量

类别	地面真值区域数据量	采样数据量	训练集数据量	验证集数据量
Built-up areas	323 156	4 190	3 798	392
Wood land	246 188	4 177	3 763	414
Open areas	734 570	4 163	3 739	424
总计	1 303 914	12 530	11 300	1 230

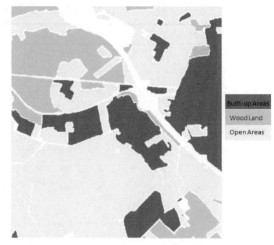

(a) Pauli分解图　　　　　　　　　　　　(b) 地面真值区域及其对应的地物类型图例

图 7.20　德国 Oberpfaffenhofen 地区数据集

　　网络结构如图 7.17 所示。训练过程的超参数设置如下：学习速率为 0.8，批处理大小为 100，迭代周期为 60。采用复数域随机梯度下降算法进行模型训练，最终的训练与验证错误率为 5.40% 和 6.89%。图 7.21 (a) 是 CV-CNN 在真值区域的分类结果，图 7.21 (b) 是 RV-CNN 相应的实验结果。

(a) CV-CNN在地面真值区域的分类结果　　　　　　　(b) RV-CNN在地面真值区域的分类结果

图 7.21　德国 Oberpfaffenhofen 地区实验结果

　　通过 Pauli 分解图可以发现，该地区的类别分布较复杂，类内之间的分布并不均匀。Built-up Areas 类和 wood land 类之间在一定程度上还存在相似性。将图 7.21 中的分类结果与真值区域比较，可见 CV-CNN 在大多数区域分类结果较好。同时，通过定性地比较可以得出，CV-CNN 较 RV-CNN 分类结果准确，噪声点更少，即使有噪声点，也是较小的斑点，可以通过后处理滤波掉。

表 7.11 和表 7.12 给出了定量的准确率结果。表 7.11 是两种算法在每一类上的分类准确率，表 7.12 是 CV-CNN 的分类混淆矩阵。CV-CNN 的整体分类准确率是 93.4%，RV-CNN 的整体准确率是 89.9%，而 RV-CNN 的错误率是 CV-CNN 的 1.5 倍。由此可见，CV-CNN 的分类性能比 RV-CNN 更好。

表 7.11　Oberpfaffenhofen 地区分类准确率　　　（单位：%）

类别	CV-CNN	RV-CNN
Built-up areas	91.3	85.7
Wood land	92.2	85.2
Open areas	94.6	93.4
整体分类准确率	93.4	89.9
整体分类错误率	6.6	10.1

表 7.12　Oberpfaffenhofen 地区 CV-CNN 分类混淆矩阵　　　（单位：%）

类别	Built-up areas	Wood land	Open areas
Built-up areas	91.3	3.2	5.5
Wood land	7.2	92.2	0.6
Open areas	5.2	0.2	94.6

注：行代表特定的类别，列代表网络分类的结果。

5. 相位有效性实验

相位信息是 POLSAR 数据十分重要的一个特性。CV-CNN 算法能够充分利用散射数据中的幅值和相位信息。相反，RV-CNN 算法仅利用幅值信息，忽略了相位信息。CV-CNN 和 RV-CNN 相比，在相同的网络结构和计算自由度条件下，能取得较好性能的原因是因为前者能有效地利用 POLSAR 数据的相位信息。以 Flevoland-1989 数据集为例进行实验论证这一观点。首先，计算三个复数通道 T_{12}、T_{13}、T_{23} 的相位信息，然后从左到右分别显示每一类在三个通道上的相位直方图，结果如图 7.22 所示。Flevoland-1989 数据集总共包含 15 种类别，此处挑选其中的 5 类进行展示。

纵向比较图 7.22 各类在相同通道上的相位直方图，可见不同种类的相位直方图分布不同。另外，图 7.23 显示同一类别在不同区域的相位直方图，以类别 Wheat 为例。

观察图 7.23 可见，同一类别在不同区域上的相位直方图存在相似性。据此，相位信息可以被当作 POLSAR 图像分类的一个典型的差异性特征，这也是 CV-CNN 利用相位信息后能取得较优性能的主要原因。

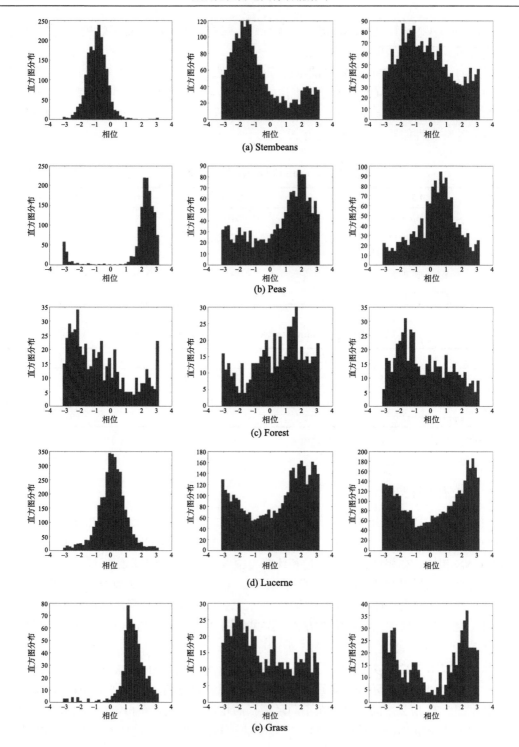

图 7.22　荷兰 Flevoland 地区不同类别相位直方图

(a)~(e) 分别是各类别在 T_{12}、T_{13}、T_{23} 通道上的相位直方图

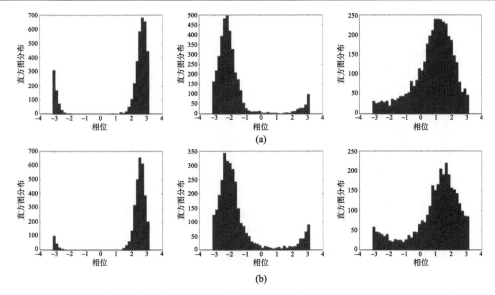

图 7.23　荷兰 Flevoland 地区类别 Wheat 在不同区域的相位直方图

(a) 和 (b) 分别是 Wheat 在 T_{12}、T_{13}、T_{23} 通道上的相位直方图

6. 采样率对实验结果的影响

通常，在有监督式深度学习分类方法，分类准确率会随采样数据的增加而增加，进而达到饱和值。通常分类准确率会和数据、迭代次数、类别的精细度以及网络的结构相关。当数据的类内分布较为均匀一致且类间差异性较大时，即使较小的采样率也可以获得较优的分类性能。对于较少类别的分类任务，采样率较低也是可以尝试的。当模型欠拟合时，随着迭代次数的增加，准确率也会增加。但是网络结构越复杂，要学习的参数就越多，则需要较多的训练数据，采样率也随之上升。

采样率实验是为了验证采样率和分类准确率之间的关系，以在提升网络高效性的前提下选择最优的采样率。以荷兰 Flevoland-1989 数据集为例，图 7.24 显示了在不同采样率下的分类准确率。

由图 7.24 可见，分类准确率随着采样率的增加而提升，最后趋于饱和。采样率选为 1% 时，整体的分类准确率是 62%。当采样率增长至 4% 时，分类准确率快速上涨至 93% 左右。由此可见 CV-CNN 在分类问题中的有效性和高效性。当采样率大于 10% 时，分类准确率开始稳定在 96% 左右。因此，对于 Flevoland-1989 数据集，10% 的采样率是较优的选择。在 CV-CNN 实验过程中，通常采样数据的 90% 用于训练，剩下的 10% 采样数据用于验证，所有的有标签数据用于测试。

7. 网络结构对实验结果的影响

在深度学习算法中，加深网络是研究方向之一。因为网络越深，可学习的参数越多，特征表达能力越强。但是网络结构的选取也要综合考虑输入样本、卷积核、特征图、计算资源等因素。通常，网络的训练样本数量会随着网络的加深而增多。例如，训练几十

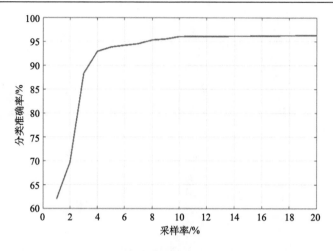

图 7.24　分类准确率随采样率变化曲线

层上百层网络所需的样本达到了百万量级。同时在不加其他处理的条件下，卷积是一个维度不断变小的过程。在本章 POLSAR 地表分类任务中，采样数据的大小是 12×12，其限制了网络的深度。本章采用的网络结构是多次实验的最佳结果。为了验证不同网络对实验结果的影响，设计了一个新的网络结构。图 7.25 的网络为由两个卷积层和两个池化层组成的新的 CV-CNN 结构，用其来研究增加深度对 POLSAR 地表分类任务的影响。

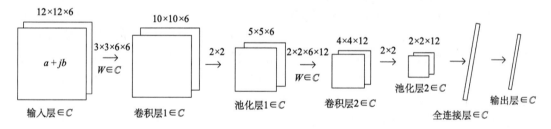

图 7.25　CV-CNN 网络结构 B

　　记图 7.25 的网络结构为 Network B，图 7.17 (a) 的结构为 Network A。两种网络结构之间的区别在于将 Network A 第二卷积层的卷积核大小从 3×3 改变为 2×2，从而增加了另一个池化层。训练过程中的超参数 batchsize 大小仍为 100，学习率为 0.5。以 Flevoland-1989 数据集为例，Network B 的结果如图 7.26 所示。两个网络的分类准确率如表 7.13 所示。

　　易见，Network A 比 NetworkB 的分类效果更好。因为卷积和池化均会减小特征图的维度。因此，Network B 增加了一个池化层，属于第二卷积层的特征图的维度变得非常小。随着池化层的增加，更多的信息被放弃，从而导致性能较差。因此，网络的结构是通过多次实验来选择的，并非是越深的结构越会取得更好的性能。

(a) Network A　　　　　　　　　　　　(b) Network B

图 7.26　Network A 和 Network B 的分类结果

表 7.13　Flevoland-1989 数据集两种网络结构下的分类准确率　（单位：%）

类别	Network A	Network B
Stembeans	93.99	95.79
Peas	94.98	90.59
Forest	96.93	95.48
Lucerne	94.01	94.18
Wheat	92.19	83.48
Beet	95.88	95.05
Potatoes	89.15	87.67
Bare soil	96.62	100
Grass	84.13	71.45
Rapeseed	90.83	88.62
Barley	97.54	98.46
Wheat 2	91.88	89.55
Wheat 3	95.19	98.96
Water	98.84	57.70
Buildings	71.43	42.86
整体分类准确率	93.66	88.52
整体分类错误率	6.34	11.48

附录　实例代码——复数卷积网络(CV-CNN)

　　与一般卷积神经网络不同，复数卷积网络(CV-CNN)在复数域实现，包括输入、前向传播、后向传播等。该算法基于 MATLAB 语言实现，代码可以在 GitHub (https://github.com/fudanxu/CV-CNN)上下载。为了便于理解，每个功能模块都按函数的方式实现。

　　首先，用户需要将极化 SAR 数据转换成 T 矩阵，其中 T_{11}、T_{12}、T_{13}、T_{22}、T_{23}、T_{33}

作为输入，这里实数与复数做同样处理。前向传播部分详细代码实现如下。

```
function net = cnnff(net, x)
    n = numel(net.layers); % 层数
    inputmaps = 6; % 输入层只有一个特征map，也就是原始的输入图像
    for i=1:inputmaps
        net.layers{1}.a{i}                                        =
reshape(x(:,:,i,:),size(x,1),size(x,2),size(x,4)); % 网络的第一层就是输入
    end
    for l = 2 : n  % for each layer
        if strcmp(net.layers{l}.type, 'c') % 卷积层
            for j = 1 : net.layers{l}.outputmaps
                % create temp output map
                % 对上一层的每一张特征map，卷积后的特征map的大小就是
                % (输入map宽 - 卷积核的宽 + 1)* (输入map高 - 卷积核高 + 1)
                z = zeros(size(net.layers{l - 1}.a{1}) - [net.layers{l}.
kernelsize - 1 net.layers{l}.kernelsize - 1 0]);
                for i = 1 : inputmaps
                z = z + convn(net.layers{l - 1}.a{i}, net.layers{l}.k{i}{j},
'valid');
                end
                % 加上对应位置的基b，然后再用Sigmoid函数算出特征map中每个位置的激
活值，作为该层输出特征map
                net.layers{l}.a{j} = complex(sigm(real(z + net.layers{l}.
b{j})),sigm(imag(z + net.layers{l}.b{j})));
            end
            inputmaps = net.layers{l}.outputmaps;
        elseif strcmp(net.layers{l}.type, 's') % 下采样层
            for j = 1 : inputmaps      % 例如我们要在scale=2的域上面执行mean
pooling，那么可以卷积大小为2*2，每个元素都是1/4的卷积核
                z = convn(net.layers{l - 1}.a{j}, ones(net.layers{l}.scale)
/ (net.layers{l}.scale ^ 2), 'valid');
                % 因为convn函数的默认卷积步长为1，而pooling操作的域是没有重叠的，所
以对于上面的卷积结果
                % 最终pooling的结果需要从上面得到的卷积结果中以scale=2为步长，跳着
把mean pooling的值读出来
                net.layers{l}.a{j} = z(1 : net.layers{l}.scale : end, 1 :
net.layers{l}.scale : end, :);
            end
        end
    end
```

```
    % 把最后一层得到的特征map拉成一条向量，作为最终提取到的特征向量
    net.fv = [];
    for j = 1 : numel(net.layers{n}.a) % 最后一层的特征map的个数
        sa = size(net.layers{n}.a{j}); % 第j个特征map的大小
        net.fv = [net.fv; reshape(net.layers{n}.a{j}, sa(1) * sa(2),
sa(3))];
    end
    % 计算网络的最终输出值。Sigmoid(W*X + b)，注意是同时计算了batchsize个样本的输
出值
    net.o = complex(sigm(real(net.ffW * net.fv + repmat(net.ffb, 1,
size(net.fv, 2)))),sigm(imag(net.ffW * net.fv + repmat(net.ffb, 1, size(net.fv,
2)))));

end
```

求梯度与权值更新比较简单，其代码如下。

```
function net = cnnapplygrads(net, opts)
    for l = 2 : numel(net.layers)
        if strcmp(net.layers{l}.type, 'c')
            for j = 1 : numel(net.layers{l}.a)
                for ii = 1 : numel(net.layers{l - 1}.a)
                    net.layers{l}.k{ii}{j} = net.layers{l}.k{ii}{j} + opts.
alpha * net.layers{l}.dk{ii}{j};
                end
            end
            net.layers{l}.b{j} = net.layers{l}.b{j} + opts.alpha *
net.layers{l}.db{j};
        end
    end

    net.ffW = net.ffW + opts.alpha * net.dffW;
    net.ffb = net.ffb + opts.alpha * net.dffb;
```

后向传播也是在复数域上计算，其代码如下。

```
function net = cnnbp(net, y)
    n = numel(net.layers); % 网络层数
    net.e = (real(net.o) - real(y)).^2 + (imag(net.o) - imag(y)).^2 ;
    % 代价函数是 均方误差
    net.L = 1/2* sum(net.e(:)) / size(net.e, 2);
```

```
%% backprop deltas
    % 输出层的 灵敏度 或者 残差
    net.od = complex(real( y - net.o) .* (real(net.o) .* (1 - real(net.o))),
imag(y - net.o) .* (imag(net.o) .* (1 - imag(net.o)))); % output delta
    % 残差 反向传播回 前一层
    tem1 = (real(net.ffW.')*real(net.od)+imag(net.ffW.')*imag(net.od));
    tem2 = (imag(net.ffW.')*real(net.od)-real(net.ffW.')*imag(net.od));
    net.fvd                                                              =
complex((tem1.*real(net.fv ).*(1-real(net.fv ))),-(tem2.*imag(net.fv ).*(1-i
mag(net.fv )))); % feature vector delta

    if strcmp(net.layers{n}.type, 'c')
        net.fvd = net.fvd .* (net.fv .* (1 - net.fv));
    end

    sa = size(net.layers{n}.a{1}); % 最后一层特征map的大小。这里的最后一层都是
指输出层的前一层
    fvnum = sa(1) * sa(2); % 因为是将最后一层特征map拉成一条向量，所以对于一个样
本来说，特征维数是这样
    for j = 1 : numel(net.layers{n}.a) % 最后一层的特征map的个数
        % 在fvd里面保存的是所有样本的特征向量(在cnnff.m函数中用特征map拉成的)，所
以这里需要重新
        % 变换回来特征map的形式。d 保存的是 delta，也就是 灵敏度 或者 残差
        net.layers{n}.d{j} = reshape(net.fvd(((j - 1) * fvnum + 1) : j *
fvnum, :), sa(1), sa(2), sa(3));
    end

    % 对于 输出层前面的层(与输出层计算残差的方式不同)
    for l = (n - 1) : -1 : 1
        if strcmp(net.layers{l}.type, 'c')
            for j = 1 : numel(net.layers{l}.a) % 该层特征map的个数
                % net.layers{l}.d{j} 保存的是 第l层 的 第j个 map 的 灵敏度map。
也就是每个神经元节点的delta的值
                % expand的操作相当于对l+1层的灵敏度map进行上采样。然后前面的操作相
当于对该层的输入a进行Sigmoid求导
                tem3 = real(expand(net.layers{l + 1}.d{j}, [net.layers{l +
1}.scale net.layers{l + 1}.scale 1]) / net.layers{l + 1}.scale ^ 2);
                tem4 = imag(expand(net.layers{l + 1}.d{j}, [net.layers{l +
1}.scale net.layers{l + 1}.scale 1]) / net.layers{l + 1}.scale ^ 2);
                net.layers{l}.d{j} = complex((real(net.layers{l}.a{j}) .* (1
- real(net.layers{l}.a{j})) .*(tem3+tem4)),(imag(net.layers{l}.a{j}) .* (1 -
imag(net.layers{l}.a{j})) .* (tem4-tem3)));
```

```
            end
        elseif strcmp(net.layers{l}.type, 's')
            for i = 1 : numel(net.layers{l}.a) % 第1层特征map的个数
                z = zeros(size(net.layers{l}.a{1}));
                for j = 1 : numel(net.layers{l + 1}.a) % 第1+1层特征map的个数
                    tem3 = convn(real(net.layers{l + 1}.d{j}), rot180(real
(net.layers{l + 1}.k{i}{j})), 'full')+convn(imag(net.layers{l + 1}.d{j}),
rot180(imag(net.layers{l + 1}.k{i}{j})), 'full');
                    tem4 = convn(real(net.layers{l + 1}.d{j}), rot180(imag
(net.layers{l + 1}.k{i}{j})), 'full')-convn(imag(net.layers{l + 1}.d{j}),
rot180(real(net.layers{l + 1}.k{i}{j})), 'full');
                    z = z + complex(tem3,-tem4);
                end
                net.layers{l}.d{i} = z;
            end
        end
    end

    % 这里与 Notes on Convolutional Neural Networks 中不同，这里的 子采样 层
没有参数，也没有
    % 激活函数，所以在子采样层是没有需要求解的参数的
    for l = 2 : n
        if strcmp(net.layers{l}.type, 'c')
            for j = 1 : numel(net.layers{l}.a)
                for i = 1 : numel(net.layers{l - 1}.a)
                    % dk 保存的是 误差对卷积核 的导数
                    net.layers{l}.dk{i}{j}                            =
convn(flipall(conj(net.layers{l - 1}.a{i})), net.layers{l}.d{j}, 'valid') /
size(net.layers{l}.d{j}, 3);
                end
                % db 保存的是 误差对于bias基 的导数
                net.layers{l}.db{j} = sum(net.layers{l}.d{j}(:)) / size(net.
layers{l}.d{j}, 3);
            end
        end
    end
    % 最后一层perceptron的gradient的计算
    net.dffW = net.od * (conj(net.fv)).' / size(net.od, 2);
    net.dffb = mean(net.od, 2);

function X = rot180(X)
    X = flipdim(flipdim(X, 1), 2);
```

```
        end
    end
```

参 考 文 献

李索, 张支勉, 王海鹏. 2018. 基于深度学习算法的极化合成孔径雷达通用分类器设计. 上海航天, (3):1-7.

Aizenberg N N. 1971. About one generalization of the threshold function. Doklady Akademii Nauk SSSR (The Reports of the Academy of Sciences of the USSR), 196 (6): 1287-1290.

Amelard R, Wong A, Clausi D A. 2013. Unsupervised Classification of Agricultural Land Cover Using Polarimetric Synthetic Aperture Radar Via A Sparse Texture Dictionary Model. 2013 IEEE International Geoscience and Remote Sensing Symposium-IGARSS.

Benvenuto N, Piazza F. 1992. On the complex backpropagation algorithm. IEEE Transactions on Signal Processing, 40 (4): 967-969.

Bouvrie J. 2006. Notes on Convolutional Neural Networks. Massachusetts: Center for Biological and Computational Learning.

Chen S, Wang H, Xu F, et al. 2016. Target classification using the deep convolutional networks for SAR images. IEEE Transactions on Geoscience and Remote Sensing, 54 (8): 4806-4817.

Glorot X, Bordes A, Bengio Y. 2011. Deep Sparse Rectifier Neural Networks. Proceedings of the Fourteenth International Conference on Artificial Intelligence and Statistics.

Cloude S R, Pottier E. 1996. A review of target decomposition theorems in radar polarimetry. IEEE transactions on Geoscience and Remote Sensing, 34 (2): 498-518.

Goodfellow I, Bengio Y, Courville A. 2016. Deep learning. Massachusetts: MIT Press.

Hänsch R, Hellwich O. 2009. Classification of polarimetric SAR data by complex valued neural networks. ISPRS Hannover Workshop, High-Resolution Earth Image. Geospatial Inf. 37.

Hinton G, Deng L, Yu D, et al. 2012. Deep neural networks for acoustic modeling in speech recognition: The shared views of four research groups. IEEE Signal Processing Magazine, 29 (6): 82-97.

Hirose A. 1992. Continuous complex-valued back-propagation learning. Electronics Letters, 28 (20): 1854-1855.

Hirose A. 2013. Complex-Valued Neural Networks: Advances and Applications. New York: John Wiley & Sons.

Hirose A, Asano Y, Hamano T. 2006. Developmental learning with behavioral mode tuning by carrier-frequency modulation in coherent neural networks. IEEE transactions on neural networks, 17 (6): 1532-1543.

John V, Yoneda K, Liu Z, et al. 2015. Saliency map generation by the convolutional neural network for real-time traffic light detection using template matching. IEEE transactions on computational imaging, 1 (3): 159-173.

Krizhevsky A, Sutskever I, Hinton G E. 2012. Imagenet classification with deep convolutional neural networks. Advances in Neural Information Processing Systems, 1097-1105.

Lau M M, Lim K H, Gopalai A A. 2015. Malaysia Traffic Sign Recognition with Convolutional Neural Network. 2015 IEEE International Conference on Digital Signal Processing (DSP).

LeCun Y, Bengio Y, Hinton G. 2015. Deep learning. Nature, 521 (7553): 436-444.

Lee J S, Grunes M R, Pottier E, et al. 2004. Unsupervised terrain classification preserving polarimetric scattering characteristics. IEEE Transactions on Geoscience and Remote Sensing, 42(4): 722-731.

Lee J S, Grunes M R, Pottier E. 2001. Quantitative comparison of classification capability: Fully polarimetric versus dual and single-polarization SAR. IEEE Transactions on Geoscience and Remote Sensing, 39(11): 2343-2351.

Li Q, Cai W, Wang X, et al. 2014. Medical Image Classification with Convolutional Neural Network. 2014 13th International Conference on Control Automation Robotics & Vision (ICARCV).

Liu B, Hu H, Wang H, et al. 2012. Superpixel-based classification with an adaptive number of classes for polarimetric SAR images. IEEE Transactions on Geoscience and Remote Sensing, 51(2): 907-924.

Rumelhart D E, Hinton G E, Williams R J. 1986. Learning representations by back-propagating errors. Nature, 323(6088): 533-536.

Wang H, Zhou Z, Turnbull J, et al. 2016. Pol-SAR classification based on generalized polar decomposition of Mueller matrix. IEEE Geoscience and Remote Sensing Letters, 13(4): 565-569.

Yu P, Qin A K, Clausi D A. 2011. Unsupervised polarimetric SAR image segmentation and classification using region growing with edge penalty. IEEE Transactions on Geoscience and Remote Sensing, 50(4): 1302-1317.

Zhang Z, Wang H, Xu F, et al. 2017. Complex-valued convolutional neural network and its application in polarimetric SAR image classification. IEEE Transactions on Geoscience and Remote Sensing, 55(12): 7177-7188.

Zhou Y, Wang H, Xu F, et al. 2016. Polarimetric SAR image classification using deep convolutional neural networks. IEEE Geoscience and Remote Sensing Letters, 13(12): 1935-1939.

第8章 多极化 SAR 图像重构

近年来，极化合成孔径雷达(POLSAR)在地物分类、环境监测、目标探测等领域得到了广泛应用(Pottier and Ferro-Famil，2008)。极化 SAR 通过发射和接收不同极化方向的电磁波来获得目标的极化散射矩阵，进而研究不同地物目标的极化散射特性。目前，极化合成孔径雷达根据发射与接收的极化通道的不同可以分为单极化(single-pol)、双极化(dual-pol)、简极化(compact-pol)、全极化(full-pol)等极化系统(Charbonneau et al.，2010)。从信息量的角度来说，单极化、双极化、简极化与全极化四种模式所获得的极化信息越来越丰富，然而系统却是越来越复杂。全极化系统受到设计和维护复杂度、功率消耗、覆盖范围及数据下传等因素的影响，它们制约了全极化 SAR 的应用。本章先介绍并对比了四种 SAR 极化模式，然后从本书智能解译的目的出发，分别介绍了基于简极化稀疏重构伪全极化数据的方法，以及基于深度学习从单极化数据重构伪全极化数据的方法。稀疏重构方法通过 Wishart-Bayesian 正则化模型(Yue et al.，2017)引入全极化数据的先验分布假设。相比于极化插值模型，该方法在保证重构精度的条件下适用范围更广、重构信息更丰富。基于深度学习的从单极化重构全极化的方法则利用 VGG16 网络从单极化 SAR 图像中提取目标空间特征并根据经验映射到极化特征以重构全极化数据(Song et al.，2017)。基于 UAVSAR 数据集的实验显示，重构的伪全极化数据可以反映相似灰度值的不同目标的不同物理散射机制。

8.1 多极化 SAR

1. 单极化、双极化与全极化

单极化 SAR 系统具有单一发射通道和单一接收通道，其获得的极化信息为 HH 或 VV，早期的星载合成孔径雷达都是单极化模式的，如美国海洋卫星系列 SEASAT、欧洲遥感卫星 ERS-1(European remote-sensing satellite，ERS)、日本地球资源卫星 JERS-1(Japanese earth resources satellite，JERS)、加拿大卫星 Radarsat-1 等。双极化系统具有单一发射通道和双接收通道，有三种不同的模式，获得的极化信息分别为 HH/VV 或 HH/HV 或 VV/VH。加拿大的 Radarsat-2 和德国的 TerraSAR-X 都设有双极化模式。全极化系统具有双发射通道和双接收通道，获得的极化信息为全极化信息：HH/HV/VH/VV。特别地，若考虑互易性假设，则接收信息为 HH/HV/VV，称为四极化模式。1985 年，NASA/JPL 研制成功了第一台机载全极化 SAR 系统，1994 年美国航天飞机 SIR-C 实现全极化星载 SAR，后来日本的先进陆地观测卫星 ALOS-PALSAR 和加拿大的 Radarsat-2 都是全极化合成孔径雷达(Yang et al.，2016)。

任一极化的电磁波都可以表示为两个正交线极化电磁波之和，通常将极化电磁波散射过程表示为线极化基坐标系形式 (Jin and Xu, 2013; Lee and Pottier, 2009)：

$$\begin{bmatrix} E_{sh} \\ E_{sv} \end{bmatrix} = \begin{bmatrix} S_{hh} & S_{hv} \\ S_{vh} & S_{vv} \end{bmatrix} \begin{bmatrix} E_{ih} \\ E_{iv} \end{bmatrix} \tag{8.1.1}$$

式中，E_{sh} 和 E_{sv} 分别表示水平极化 h 和垂直极化 v 通道的散射场；E_{ih} 和 E_{iv} 分别表示 h 和 v 通道的发射场。S_{pq}（q 为发射极化，p 为接收极化）表示散射矩阵元。

若只有 h 发射通道，即令 $E_{ih} = 1$，$E_{iv} = 0$，h 和 v 双接收通道，则有

$$\begin{bmatrix} E_{sh} \\ E_{sv} \end{bmatrix} = \begin{bmatrix} S_{hh} & S_{hv} \\ S_{vh} & S_{vv} \end{bmatrix} \begin{bmatrix} 1 \\ 0 \end{bmatrix} = \begin{bmatrix} S_{hh} \\ S_{vh} \end{bmatrix} \tag{8.1.2}$$

若只有 v 发射通道，即 $E_{ih} = 0$，$E_{iv} = 1$，h 和 v 双接收通道，则有

$$\begin{bmatrix} E_{sh} \\ E_{sv} \end{bmatrix} = \begin{bmatrix} S_{hh} & S_{hv} \\ S_{vh} & S_{vv} \end{bmatrix} \begin{bmatrix} 0 \\ 1 \end{bmatrix} = \begin{bmatrix} S_{hv} \\ S_{vv} \end{bmatrix} \tag{8.1.3}$$

在互易性假设下 ($S_{hv} = S_{vh}$)，全极化模式的散射矢量表示为

$$\boldsymbol{k}_{qp} = \begin{bmatrix} S_{hh} & \sqrt{2}S_{hv} & S_{vv} \end{bmatrix}^{T} \tag{8.1.4}$$

全极化模式下接收到的协方差矩阵为

$$\boldsymbol{C}_{qp} = \left\langle \boldsymbol{k}_{qp} \cdot \boldsymbol{k}_{qp}^{H} \right\rangle = \begin{bmatrix} \left\langle |S_{hh}|^2 \right\rangle & \sqrt{2}\left\langle S_{hh}S_{hv}^* \right\rangle & \left\langle S_{hh}S_{vv}^* \right\rangle \\ \sqrt{2}\left\langle S_{hv}S_{hh}^* \right\rangle & 2\left\langle |S_{hv}|^2 \right\rangle & \sqrt{2}\left\langle S_{hv}S_{vv}^* \right\rangle \\ \left\langle S_{vv}S_{hh}^* \right\rangle & \sqrt{2}\left\langle S_{vv}S_{hv}^* \right\rangle & \left\langle |S_{vv}|^2 \right\rangle \end{bmatrix} \tag{8.1.5}$$

2. 简极化

简极化 (compact-pol) 是最近发展起来的极化模式，其发射一个极化方向的电磁波，接收两个极化方向的电磁波。根据发射和接收极化波的极化类型，简极化有三种模式：$\pi/4$ 模式 (Souyris et al., 2005)、双圆极化 (dual circular polarimetry, DCP) 模式 (Stacy and Preiss, 2006) 和混合极化 (circular transmit and linear receive, CTLR) 模式 (Raney, 2007)。印度的 Mini-SAR、美国的 Mini-RF (miniature radio-frequency) 探月卫星都采用了双圆极化模式，加拿大的雷达卫星星座 (radarsat constellation mission) 计划 (Charbonneau et al., 2010) 也将双圆极化模式列为一种极化选择方式。

1) $\pi/4$ 模式

$\pi/4$ 模式是由 Souyris 等 (2005) 在 2002 年首次提出的，该模式发射 45° 方向的线极化波，接收水平 h 和垂直 v 方向的回波信号。此时 $E_{ih} = 1/\sqrt{2}$，$E_{iv} = 1/\sqrt{2}$，则有

$$\begin{bmatrix} E_{sh} \\ E_{sv} \end{bmatrix} = \frac{1}{\sqrt{2}} \begin{bmatrix} S_{hh} & S_{hv} \\ S_{vh} & S_{vv} \end{bmatrix} \begin{bmatrix} 1 \\ 1 \end{bmatrix} = \frac{1}{\sqrt{2}} \begin{bmatrix} S_{hh} + S_{hv} \\ S_{vh} + S_{vv} \end{bmatrix} \tag{8.1.6}$$

π / 4 模式下的散射矢量可以表示为

$$\boldsymbol{k}_{\pi/4} = \begin{bmatrix} S_{hh} - jS_{hv} & S_{hv} - jS_{vv} \end{bmatrix}^T / \sqrt{2} \tag{8.1.7}$$

对应地，该模式下的协方差矩阵为

$$\boldsymbol{C}_{\pi/4} = \left\langle \boldsymbol{k}_{\pi/4} \boldsymbol{k}_{\pi/4}^H \right\rangle = \begin{bmatrix} C_{\pi/4}^{11} & C_{\pi/4}^{12} \\ C_{\pi/4}^{21} & C_{\pi/4}^{22} \end{bmatrix} \tag{8.1.8}$$

其中：

$$\left. \begin{aligned} C_{\pi/4}^{11} &= \frac{1}{2}\left\langle |S_{hh}|^2 \right\rangle + \frac{1}{2}\left\langle |S_{hv}|^2 \right\rangle + \mathrm{Re}\left\langle S_{hh}S_{hv}^* \right\rangle \\ C_{\pi/4}^{12} &= \frac{1}{2}\left\langle S_{hh}S_{vv}^* \right\rangle + \frac{1}{2}\left\langle |S_{hv}|^2 \right\rangle + \frac{1}{2}\left\langle S_{hh}S_{hv}^* \right\rangle + \frac{1}{2}\left\langle S_{hv}S_{vv}^* \right\rangle \\ C_{\pi/4}^{21} &= \frac{1}{2}\left\langle S_{vv}S_{hh}^* \right\rangle + \frac{1}{2}\left\langle |S_{hv}|^2 \right\rangle + \frac{1}{2}\left\langle S_{hv}S_{hh}^* \right\rangle + \frac{1}{2}\left\langle S_{vv}S_{hv}^* \right\rangle \\ C_{\pi/4}^{22} &= \frac{1}{2}\left\langle |S_{vv}|^2 \right\rangle + \frac{1}{2}\left\langle |S_{hv}|^2 \right\rangle + \mathrm{Re}\left\langle S_{vv}S_{hv}^* \right\rangle \end{aligned} \right\} \tag{8.1.9}$$

2) 双圆极化模式（DCP）

DCP 模式是由 Stacy 和 Preiss 等（2006）提出的，该模式的雷达系统发射右圆或左圆极化波，同时接收左圆和右圆极化波。在圆极化基的表示下则有

$$\begin{bmatrix} E_{sR} \\ E_{sL} \end{bmatrix} = \begin{bmatrix} S_{RR} & S_{RL} \\ S_{LR} & S_{LL} \end{bmatrix} \begin{bmatrix} E_{iR} \\ E_{iL} \end{bmatrix} = \begin{bmatrix} S_{RR} & S_{RL} \\ S_{LR} & S_{LL} \end{bmatrix} \begin{bmatrix} 1 \\ 0 \end{bmatrix} = \begin{bmatrix} S_{RR} \\ S_{LR} \end{bmatrix} \tag{8.1.10}$$

或

$$\begin{bmatrix} E_{sR} \\ E_{sL} \end{bmatrix} = \begin{bmatrix} S_{RR} & S_{RL} \\ S_{LR} & S_{LL} \end{bmatrix} \begin{bmatrix} E_{iR} \\ E_{iL} \end{bmatrix} = \begin{bmatrix} S_{RR} & S_{RL} \\ S_{LR} & S_{LL} \end{bmatrix} \begin{bmatrix} 0 \\ 1 \end{bmatrix} = \begin{bmatrix} S_{RL} \\ S_{LL} \end{bmatrix} \tag{8.1.11}$$

根据圆极化基与线极化基的变换公式可以得到：

$$\begin{bmatrix} S_{RR} & S_{RL} \\ S_{LR} & S_{LL} \end{bmatrix} = \begin{bmatrix} 1 & j \\ j & 1 \end{bmatrix} \begin{bmatrix} S_{hh} & S_{hv} \\ S_{vh} & S_{vv} \end{bmatrix} \begin{bmatrix} 1 & -j \\ -j & 1 \end{bmatrix}^{-1} \tag{8.1.12}$$

即

$$\left. \begin{aligned} S_{RR} &= \frac{1}{2}\left(S_{hh} - S_{vv} + j2S_{hv} \right) \\ S_{LL} &= \frac{1}{2}\left(S_{vv} - S_{hh} + j2S_{hv} \right) \\ S_{LR} = S_{RL} &= \frac{1}{2}j\left(S_{hh} + S_{vv} \right) \end{aligned} \right\} \tag{8.1.13}$$

发射左圆极化波时，DCP 模式的散射矢量可以表示为

$$\boldsymbol{k}_{\mathrm{DCP}} = \left[S_{\mathrm{hh}} - S_{\mathrm{vv}} + j2S_{\mathrm{hv}} \quad j\left(S_{\mathrm{hh}} + S_{\mathrm{vv}} \right) \right]^{\mathrm{T}} / 2 \tag{8.1.14}$$

对应地，DCP 模式下的协方差矩阵为

$$\boldsymbol{C}_{\mathrm{DCP}} = \left\langle \boldsymbol{k}_{\mathrm{DCP}} \boldsymbol{k}_{\mathrm{DCP}}^{\mathrm{H}} \right\rangle = \begin{bmatrix} C_{\mathrm{DCP}}^{11} & C_{\mathrm{DCP}}^{12} \\ C_{\mathrm{DCP}}^{21} & C_{\mathrm{DCP}}^{22} \end{bmatrix} \tag{8.1.15}$$

其中：

$$
\left.
\begin{aligned}
C_{\mathrm{DCP}}^{11} &= \left\langle \left| S_{\mathrm{hh}} - S_{\mathrm{vv}} \right|^2 \right\rangle + 4\left\langle \left| S_{\mathrm{hv}} \right|^2 \right\rangle + 4\mathrm{Im}\left\langle \left(S_{\mathrm{hh}} - S_{\mathrm{vv}} \right) S_{\mathrm{hv}}^* \right\rangle \\
C_{\mathrm{DCP}}^{12} &= -j\left\langle S_{\mathrm{hh}} - S_{\mathrm{vv}} \right\rangle + \left\langle S_{\mathrm{hh}} + S_{\mathrm{vv}} \right\rangle^* + 2\left\langle \left(S_{\mathrm{hh}} + S_{\mathrm{vv}} \right) S_{\mathrm{hv}} \right\rangle \\
C_{\mathrm{DCP}}^{21} &= j\left\langle S_{\mathrm{hh}} + S_{\mathrm{vv}} \right\rangle\left\langle S_{\mathrm{hh}} - S_{\mathrm{vv}} \right\rangle^* + 2\left\langle \left(S_{\mathrm{hh}} + S_{\mathrm{vv}} \right)^* S_{\mathrm{hv}}^* \right\rangle \\
C_{\mathrm{DCP}}^{22} &= \left\langle \left| S_{\mathrm{hh}} + S_{\mathrm{vv}} \right|^2 \right\rangle
\end{aligned}
\right\} \tag{8.1.16}
$$

3) 混合极化模式（CTLR）

CTLR 模式是由 Rancy（2007）提出的，该模式发射右旋圆极化波，接收一组水平和垂直极化波。此时 $E_{\mathrm{ih}} = 1/\sqrt{2}$，$E_{\mathrm{iv}} = -j/\sqrt{2}$，则有

$$\begin{bmatrix} E_{\mathrm{sh}} \\ E_{\mathrm{sv}} \end{bmatrix} = \frac{1}{\sqrt{2}} \begin{bmatrix} S_{\mathrm{hh}} & S_{\mathrm{hv}} \\ S_{\mathrm{vh}} & S_{\mathrm{vv}} \end{bmatrix} \begin{bmatrix} 1 \\ -j \end{bmatrix} = \frac{1}{\sqrt{2}} \begin{bmatrix} S_{\mathrm{hh}} - jS_{\mathrm{hv}} \\ S_{\mathrm{vh}} - jS_{\mathrm{vv}} \end{bmatrix} \tag{8.1.17}$$

CTLR 模式下的散射矢量可以表示为

$$\boldsymbol{k}_{\mathrm{CTLR}} = \left[S_{\mathrm{hh}} - jS_{\mathrm{hv}} \quad -jS_{\mathrm{vv}} + S_{\mathrm{hv}} \right]^{\mathrm{T}} / 2 \tag{8.1.18}$$

该模式下的协方差矩阵为

$$\boldsymbol{C}_{\mathrm{CTLR}} = \left\langle \boldsymbol{k}_{\mathrm{CTLR}} \boldsymbol{k}_{\mathrm{CTLR}}^{\mathrm{H}} \right\rangle = \begin{bmatrix} C_{\mathrm{CTLR}}^{11} & C_{\mathrm{CTLR}}^{12} \\ C_{\mathrm{CTLR}}^{21} & C_{\mathrm{CTLR}}^{22} \end{bmatrix} \tag{8.1.19}$$

其中：

$$
\left.
\begin{aligned}
C_{\mathrm{CTLR}}^{11} &= \frac{1}{2}\left\langle \left| S_{\mathrm{hh}} \right|^2 \right\rangle + \frac{1}{2}\left\langle \left| S_{\mathrm{hv}} \right|^2 \right\rangle - \mathrm{Im}\left\langle S_{\mathrm{hh}} S_{\mathrm{hv}}^* \right\rangle \\
C_{\mathrm{CTLR}}^{12} &= \frac{1}{2}\left\langle S_{\mathrm{hh}} S_{\mathrm{vv}}^* \right\rangle - \frac{j}{2}\left\langle \left| S_{\mathrm{hv}} \right|^2 \right\rangle + \frac{1}{2}\left\langle S_{\mathrm{hh}} S_{\mathrm{hv}}^* \right\rangle + \frac{j}{2}\left\langle S_{\mathrm{hv}} S_{\mathrm{vv}}^* \right\rangle \\
C_{\mathrm{CTLR}}^{21} &= -\frac{j}{2}\left\langle S_{\mathrm{vv}} S_{\mathrm{hh}}^* \right\rangle + \frac{j}{2}\left\langle \left| S_{\mathrm{hv}} \right|^2 \right\rangle + \frac{1}{2}\left\langle S_{\mathrm{hv}} S_{\mathrm{hh}}^* \right\rangle + \frac{1}{2}\left\langle S_{\mathrm{vv}} S_{\mathrm{hv}}^* \right\rangle \\
C_{\mathrm{CTLR}}^{22} &= \frac{1}{2}\left\langle \left| S_{\mathrm{vv}} \right|^2 \right\rangle + \frac{1}{2}\left\langle \left| S_{\mathrm{hv}} \right|^2 \right\rangle - \mathrm{Im}\left\langle S_{\mathrm{vv}} S_{\mathrm{hv}}^* \right\rangle
\end{aligned}
\right\} \tag{8.1.20}
$$

8.2 稀疏重构全极化 SAR 图像

相比于全极化模式，简极化模式在系统设计上更简单，其脉冲重复速率为全极化模

式下的一半，覆盖范围为全极化模式下的 2 倍。简极化模式对系统功率要求比较低，然而简极化模式下的信息量相比于全极化模式要少(Souyris et al.，2005)，因此找到一种从简极化重构出全极化信息的方法是很有必要的。

研究简极化模式下的极化信息主要有两种方法(Charbonneau et al.，2010)：第一种方法是直接对简极化的信息进行处理和应用；第二种方法是通过加入一定的先验知识，根据简极化协方差矩阵信息重构全极化协方差矩阵信息，本节主要讨论第二种方法，也就是根据简极化模式下协方差矩阵的测量值来重构全极化协方差矩阵。本节的重构算法均以 CTLR 模式为例，所有的重构算法都可以很容易地推广到 DCP 和 $\pi/4$ 模式。

全极化模式下协方差矩阵的主要信息包含 3 个实数和 3 个复数，即 9 个实重建量：

$$\boldsymbol{j}_q = \left[\left\langle |S_{hv}|^2 \right\rangle, \quad \left\langle |S_{hh}|^2 \right\rangle, \quad \left\langle |S_{vv}|^2 \right\rangle, \quad \mathrm{Re}\left\langle S_{hh}S_{vv}^* \right\rangle, \quad \mathrm{Im}\left\langle S_{hh}S_{vv}^* \right\rangle, \right.$$
$$\left. \mathrm{Re}\left\langle S_{hh}S_{hv}^* \right\rangle, \quad \mathrm{Im}\left\langle S_{hh}S_{hv}^* \right\rangle, \quad \mathrm{Re}\left\langle S_{vv}S_{hv}^* \right\rangle, \quad \mathrm{Im}\left\langle S_{vv}S_{hv}^* \right\rangle \right] \tag{8.2.1}$$

简极化模式下协方差矩阵的测量值为 2 个实数和 1 个复数，即 4 个实测量为

$$\boldsymbol{j}_c = \left[\mathrm{Re}(C_{11}), \mathrm{Re}(C_{22}), \mathrm{Re}(C_{12}), \mathrm{Im}(C_{12}) \right] \tag{8.2.2}$$

因此，多极化 SAR 重构问题即根据简极化模式下的 4 个测量值重构 9 个未知量的过程，这是一个欠定的逆问题，需要加入特定的先验信息。

1. 极化插值模型

最早的重建算法是由 Souyris 等(2005)提出的基于反射对称性假设和极化插值模型的重建算法。

反射对称性假设是指同极化与交叉极化的相关系数近似为 0，即

$$\left\langle S_{hh}S_{hv}^* \right\rangle = \left\langle S_{vv}S_{hv}^* \right\rangle = 0 \tag{8.2.3}$$

通过式(8.2.3)假设可以将 9 个重建量减少为 5 个。反射对称性假设一般适用于水面、森林、雪、海面、冰等自然散射体以及随机球状粒子层的体散射机制中，而不适用于方位性较强的斜坡以及建筑物方位角不统一的城区。从散射数据的大小来说，反射对称性假设满足的 3 个条件为

$$\left. \begin{array}{l} -2\mathrm{Im}\left(\left\langle S_{hh}S_{hv}^* \right\rangle\right) \ll \left\langle |S_{hh}|^2 \right\rangle + \left\langle |S_{hv}|^2 \right\rangle \\[2mm] 2\mathrm{Im}\left(\left\langle S_{vv}S_{hv}^* \right\rangle\right) \ll \left\langle |S_{vv}|^2 \right\rangle + \left\langle |S_{hv}|^2 \right\rangle \\[2mm] \left| \left\langle S_{hh}S_{hv}^* \right\rangle + \left\langle S_{hv}S_{vv}^* \right\rangle \right| \ll \left| \left\langle S_{hh}S_{vv}^* \right\rangle - \left\langle |S_{hv}|^2 \right\rangle \right| \end{array} \right\} \tag{8.2.4}$$

极化插值模型则给出了一个交叉极化和同极化通道的极化比 R 与同极化相关系数 ρ 之间的近似等式关系。在反射对称性的假设下，采用迭代算法便可以根据 4 个测量值和一个等式关系来重构出全极化的 5 个重建量。极化插值模型是在全极化和完全去极化散射状态之间进行插值近似得到的，具体表达式为

$$R = \frac{(1 - |\rho|)}{N}, \ N = 4 \tag{8.2.5}$$

其中：

$$R = \frac{\left\langle |S_{hv}|^2 \right\rangle}{\left\langle |S_{hh}|^2 \right\rangle + \left\langle |S_{vv}|^2 \right\rangle}, \quad \rho = \frac{\left\langle S_{hh} S_{vv}^* \right\rangle}{\sqrt{\left\langle |S_{hh}|^2 \right\rangle \cdot \left\langle |S_{vv}|^2 \right\rangle}} \tag{8.2.6}$$

对于 Souyris 等(2005)提出的极化插值模型，Nord 等(2009)、Collins 等(2015)以及 Li 等(2014)都先后对模型参数 N 进行了改进。

Nord 等(2009)证明了极化插值模型的参数 $N = 4$ 是基于 3 分量分解中体散射模型，并对恒不等式推导得到的不等式关系进行等式近似，修正了参数 N 为

$$N = \frac{\left| \left\langle |S_{hh}| \right\rangle - \left\langle |S_{vv}| \right\rangle \right|^2}{\left\langle |S_{hv}|^2 \right\rangle} \tag{8.2.7}$$

修正的 N 的取值为二次散射项与交叉项(表征体散射机制)的比值。然而，其分子与分母在重构之前均是未知的，在 CTLR 模式下有

$$\left| \left\langle |S_{hh}| \right\rangle - \left\langle |S_{vv}| \right\rangle \right|^2 = C_{11} + C_{22} - 2\mathrm{Im}(C_{12}) \tag{8.2.8}$$

由于 $\left\langle |S_{hv}|^2 \right\rangle$ 的值是未知的，因此需要根据最初的重建算法先设定 N 的初始值为 4，然后再根据式(8.2.7)更新 N 的值，进一步通过迭代重构伪全极化数据。

由于 Souyris 等的重构模型中参数 N 是基于体散射模型提出来的，这种情况下植被区域的重构效果比较好，然而在其他区域，尤其是海面区域，由于 Bragg 散射是主要的散射机制，Souyris 模型便不再适用。参数 N 是与入射角和目标特性相关的重要参数，Collins 等(2015)与 Li 等(2014)针对海面区域的全极化数据的参数 N 进行了进一步改进。

Collins 等(2015)证明了参数 N 的选择与入射角和风速有关，并写出了关于 N 与入射角的统计模型：

$$N = b_1 + b_2 \exp\left(-\theta^{b_3}\right) \tag{8.2.9}$$

式中，θ 为入射角；b_1、b_2 和 b_3 为通过非线性回归拟合的系数。同时 Collins 等指出，对于大的入射角度，Nord 的模型(Nord et al.，2009)假设将不再成立，重构效果恶化。

Li 等(2014)提出了参数 N 与 R 的经验指数关系式：

$$N = a \times R^b \tag{8.2.10}$$

式中，a 和 b 为可以通过数据的拟合来确定的参数。

本节的重构算法均是基于反射对称性假设和极化插值模型提出的，然而反射对称性假设并不是一直都成立的，同时极化插值模型也存在近似的等式关系。

2. Wishart-Bayesian 正则化伪全极化重构

比较全极化模式与简极化模式下的协方差矩阵，可以写出二者的线性关系为

$$C_{\mathrm{cp}} = \frac{1}{4} A_{\mathrm{cp}} C_{\mathrm{qp}} A_{\mathrm{cp}}^{\mathrm{H}}\qquad(8.2.11)$$

式中，下标"cp"表示三种简极化模式，即 $\pi/4$、DCP 和 CTLR；C_{qp} 为式(8.1.5)中的全极化协方差矩阵；A_{cp} 为三种简极化模式下的 2×3 维的转换矩阵：

$$A_{\pi/4} = \begin{bmatrix} \sqrt{2} & 1 & 0 \\ 0 & 1 & \sqrt{2} \end{bmatrix}\qquad(8.2.12)$$

$$A_{\mathrm{DCP}} = \begin{bmatrix} 1 & \sqrt{2}j & -1 \\ j & 0 & j \end{bmatrix}\qquad(8.2.13)$$

$$A_{\mathrm{CTLR}} = \begin{bmatrix} \sqrt{2} & -j & 0 \\ 0 & 1 & -\sqrt{2}j \end{bmatrix}\qquad(8.2.14)$$

因此，伪全极化信息的重建问题即给定 2×2 维的简极化协方差矩阵 C_{cp}，来重构 3×3 维的全极化协方差矩阵 C_{qp}。这是一个欠定复域方程求解问题，由于矩阵 $A_{\mathrm{cp}}^{\mathrm{H}} A_{\mathrm{cp}}$ 为奇异矩阵，因此不能用传统的最小二乘法求解，在这里利用贝叶斯最大后验概率的模型对该欠定方程进行求解。由于根据简极化重构全极化信息是一个信息量增加的过程，因此需要加入一定的先验信息来弥补简极化的不足。

为了简化表示，后面用 X 和 Y 分别代表式(8.2.11)中的 C_{qp} 和 C_{cp}，以简极化的 CTLR 模式为例，令 $A = A_{\mathrm{CTLR}}$，则线性关系表示为

$$Y = \frac{1}{2} A X A^{\mathrm{H}}\qquad(8.2.15)$$

式中，若已知全极化的协方差矩阵 X，可以直接得到简极化模式下的协方差矩阵 Y 的精确解，但是在实际的系统实现中，观测到的简极化矩阵 Y 不可避免地会受到噪声的影响。同时，根据 Y 估计 X 时，需要通过引入误差 E 来松弛该等式，该误差可以认为是由估计或者观测的不准确性造成的，将式(8.2.15)的线性模型加入数据误差后修正为

$$Y = \frac{1}{2} A X A^{\mathrm{H}} + E\qquad(8.2.16)$$

式中，所有的矩阵 Y、X 和 E 都看作是随机变量。

可以利用结合先验信息和观测信息的贝叶斯定理来求解上述线性逆问题(Papoulis and Saunders，1989)：

$$p(X|Y) = \frac{p_{\mathrm{prior}}(X)\, p(Y|X)}{p(Y)}\qquad(8.2.17)$$

式中，$p_{\mathrm{prior}}(X)$ 和 $p(Y)$ 分别为随机矩阵 X 和 Y 的概率分布；$p(Y|X)$ 为给定 X 时 Y 的

条件概率分布，也就是似然概率；$p(X|Y)$ 为给定 Y 时 X 的后验概率。

主要需要三步来确定最终的后验概率 $p(X|Y)$。

第一步 确定似然概率 $p(Y|X)$

根据式 (8.2.16)，似然概率 $p(Y|X)$ 是由引入的误差 E 决定的，即

$$p(Y|X) = p(E) \tag{8.2.18}$$

误差 E 是包含 4 个独立变量的矩阵：

$$E = \begin{bmatrix} e_1 & e_3 \\ e_2 & e_4 \end{bmatrix} \tag{8.2.19}$$

根据中心极限定理，通常假设 E 中的 4 个变量服从独立的复高斯分布：$e_i \sim N(0, \sigma)$，则列矢量 $\mathrm{vec}(E)$ 服从多变量复高斯分布，且对应的概率分布函数表示为

$$
\begin{aligned}
p(E_{\mathrm{vec}}) &= p(e_1) p(e_2) p(e_3) p(e_4) \\
&= \frac{1}{\pi^4 |\Sigma|} \exp\left[-E_{\mathrm{vec}}^{\mathrm{H}} \Sigma^{-1} E_{\mathrm{vec}} \right] \\
&= \frac{1}{\pi^4 \sigma^8} \exp\left[-\frac{1}{\sigma^2} E_{\mathrm{vec}}^{\mathrm{H}} E_{\mathrm{vec}} \right]
\end{aligned}
\tag{8.2.20}
$$

其中：

$$E_{\mathrm{vec}} = \mathrm{vec}(E) = \begin{bmatrix} e_1 & e_2 & e_3 & e_4 \end{bmatrix}^{\mathrm{T}}, \quad \Sigma = \sigma^2 I \tag{8.2.21}$$

很容易可以推导得到：

$$p(E) = \frac{1}{\pi^4 \sigma^8} \exp\left[-\frac{1}{\sigma^2} \| E \|_2^2 \right] \tag{8.2.22}$$

将式 (8.2.16) 和式 (8.2.18) 代入式 (8.2.22) 可以得到似然概率：

$$
\begin{aligned}
p(Y|X) = p(E) &= p\left(Y - \frac{1}{2} AXA^{\mathrm{H}} \right) \\
&= \frac{1}{\pi^4 \sigma^8} \exp\left[-\frac{1}{\sigma^2} \left\| Y - \frac{1}{2} AXA^{\mathrm{H}} \right\|_F^2 \right]
\end{aligned}
\tag{8.2.23}
$$

式中，σ 为标准偏差；$\|\cdot\|_F$ 表示 Frobenius 范数。

第二步 确定先验概率 $p_{\mathrm{prior}}(X)$

通常利用共轭先验方法来决定先验概率。共轭先验方法的基本思想是选择一个合适的先验来使得后验分布 $p(Y|X)$ 和先验分布 $p_{\mathrm{prior}}(X)$ 是同分布的。根据贝叶斯理论，多变量复高斯分布的共轭先验是复 Wishart 分布 (Murphy, 2007)，这与多视的全极化协方差矩阵的理论分布是一致的 (Lee and Pottier, 2009)。因此，先验概率分布函数可以写为

$$p_{\text{prior}}(\boldsymbol{X}) = p_X^{(n)}(\boldsymbol{X}) = \frac{n^{qn}|\boldsymbol{X}|^{n-q}\exp\left[-n\text{Tr}(\boldsymbol{C}^{-1}\boldsymbol{X})\right]}{K(n,q)|\boldsymbol{C}|^n} \tag{8.2.24}$$

式中，n 为视数；q 为维度，满足互易性假设的全极化系统中 $q=3$；$K(n,q) = \pi^{q(q-1)/2}$ $\Gamma(n)\cdots\Gamma(n-q+1)$，其中 $\Gamma(\cdot)$ 是 Gamma 函数；$\boldsymbol{C}$ 为先验的全极化协方差矩阵，且 $\boldsymbol{C} = E\left[\boldsymbol{u}\boldsymbol{u}^{\text{H}}\right]$，$\boldsymbol{u}$ 为单视散射矢量，$\boldsymbol{u} = \begin{bmatrix} S_{\text{hh}} & \sqrt{2}S_{\text{hv}} & S_{\text{vv}} \end{bmatrix}^{\text{T}}$，"T" 表示转置；$|\boldsymbol{C}|$ 为 $\boldsymbol{C}$ 的行列式。

第三步　后验概率

将式 (8.2.23) 和式 (8.2.24) 代入式 (8.2.17)，并省略常数因子可以得到：

$$\begin{aligned}
p(\boldsymbol{X}|\boldsymbol{Y}) &\propto p_{\text{prior}}(\boldsymbol{X})p(\boldsymbol{Y}|\boldsymbol{X}) \\
&= \frac{n^{qn}}{K(n,q)|\boldsymbol{C}|^n\pi^4\sigma^8}|\boldsymbol{X}|^{n-q}\exp\left[-n\text{Tr}(\boldsymbol{C}^{-1}\boldsymbol{X}) - \frac{1}{\sigma^2}\left\|\boldsymbol{Y} - \frac{1}{2}\boldsymbol{A}\boldsymbol{X}\boldsymbol{A}^{\text{H}}\right\|_F^2\right] \\
&\propto |\boldsymbol{X}|^{n-q}\exp\left[-n\text{Tr}(\boldsymbol{C}^{-1}\boldsymbol{X}) - \frac{1}{\sigma^2}\left\|\boldsymbol{Y} - \frac{1}{2}\boldsymbol{A}\boldsymbol{X}\boldsymbol{A}^{\text{H}}\right\|_F^2\right]
\end{aligned} \tag{8.2.25}$$

可以通过最大化式 (8.2.25) 中的后验概率 $p(\boldsymbol{X}|\boldsymbol{Y})$ 来找到给定 $\boldsymbol{Y}$ 时 $\boldsymbol{X}$ 的最优解。为了简化，对式 (8.2.25) 两边取自然对数：

$$-\ln p(\boldsymbol{X}|\boldsymbol{Y}) \propto n\text{Tr}(\boldsymbol{C}^{-1}\boldsymbol{X}) + \frac{1}{\sigma^2}\left\|\boldsymbol{Y} - \frac{1}{2}\boldsymbol{A}\boldsymbol{X}\boldsymbol{A}^{\text{H}}\right\|_F^2 - (n-q)\ln|\boldsymbol{X}| \tag{8.2.26}$$

目标函数就转化为最小化 $-\ln p(\boldsymbol{X}|\boldsymbol{Y})$：

$$\min_{\boldsymbol{X}}\{-\ln p(\boldsymbol{X}|\boldsymbol{Y})\} = \min_{\boldsymbol{X}} n\text{Tr}(\boldsymbol{C}^{-1}\boldsymbol{X}) + \frac{1}{\sigma^2}\left\|\boldsymbol{Y} - \frac{1}{2}\boldsymbol{A}\boldsymbol{X}\boldsymbol{A}^{\text{H}}\right\|_F^2 - (n-q)\ln|\boldsymbol{X}| \tag{8.2.27}$$

式中，$\text{Tr}(\cdot)$ 表示矩阵的迹。当 $n \geqslant q$ 时，式 (8.2.27) 为凸问题，最终需要解决的就是求得式 (8.2.27) 中的最优解。寻找解析最优解最直接的方法就是令式 (8.2.27) 的梯度为零，这种方法最终会转变成一个二次矩阵方程求解的问题，但是二次矩阵方程的解析解是很难求得的。因此，可以选用迭代优化的交替方向乘子法 (alternating direction method of multipliers，ADMM) 来进行求解。ADMM 算法 (Boyd et al.，2011) 将原始的优化问题简化成了两个容易求解的子优化问题，然后再结合起来求得原始问题的最优解，则式 (8.2.27) 的优化问题利用 ADMM 算法可以简化为

$$\min_{\boldsymbol{X}} f(\boldsymbol{X}) + g(\boldsymbol{Z}), \quad \text{subject to } \boldsymbol{X} - \boldsymbol{Z} = 0 \tag{8.2.28}$$

式中，$f(\boldsymbol{X})$ 和 $g(\boldsymbol{Z})$ 为对应的两个子问题；$\boldsymbol{X} - \boldsymbol{Z} = 0$ 为约束条件。

$$\left.\begin{aligned}
f(\boldsymbol{X}) &= n\text{Tr}(\boldsymbol{C}^{-1}\boldsymbol{X}) - (n-q)\ln|\boldsymbol{X}| \\
g(\boldsymbol{Z}) &= \frac{1}{\sigma^2}\left\|\boldsymbol{Y} - \frac{1}{2}\boldsymbol{A}\boldsymbol{Z}\boldsymbol{A}^{\text{H}}\right\|_F^2 = \lambda\left\|\boldsymbol{Y} - \frac{1}{2}\boldsymbol{A}\boldsymbol{Z}\boldsymbol{A}^{\text{H}}\right\|_F^2
\end{aligned}\right\} \tag{8.2.29}$$

式中，$\lambda = 1/\left(\sigma^2\right)$；$\boldsymbol{X} \in R^3$ 和 $\boldsymbol{Z} \in R^3$ 为优化变量；$\boldsymbol{Y} \in R^2$ 和 $\boldsymbol{A} \in R^{2 \times 3}$ 为已知量。

式(8.2.28)的迭代过程为

$$\boldsymbol{X}^{k+1} = \underset{\boldsymbol{X}}{\arg\min} \left[f(\boldsymbol{X}) + (\rho/2)\left\|\boldsymbol{X} - \boldsymbol{Z}^k + \boldsymbol{U}^k\right\|_F^2 \right] \tag{8.2.30}$$

$$\boldsymbol{Z}^{k+1} = \underset{\boldsymbol{Z}}{\arg\min} \left[g(\boldsymbol{Z}) + (\rho/2)\left\|\boldsymbol{X}^{k+1} - \boldsymbol{Z} + \boldsymbol{U}^k\right\|_F^2 \right] \tag{8.2.31}$$

$$\boldsymbol{U}^{k+1} = \boldsymbol{U}^k + \boldsymbol{X}^{k+1} - \boldsymbol{Z}^{k+1} \tag{8.2.32}$$

式中，k 为迭代次数；$\rho > 0$ 为惩罚因子；$\boldsymbol{U}^k$ 为第 k 次迭代过程中的对偶变量；$\boldsymbol{X}$、$\boldsymbol{Z}$ 和 $\boldsymbol{U}$ 的初始值都设置为 0。式(8.2.30)和式(8.2.31)为初始目标函数的两个子优化问题，且可以推导得到解析解。超参数 λ 和 ρ 是根据经验选择的，且在 $\lambda \in 10^4 \sim 10^8$，$\rho \in 10^2 \sim 10^5$ 的范围内，优化结果并不敏感，本章中的实验设定 $\lambda = 10^7$、$\rho = 10^3$。

1) 对式(8.2.30)的求解(Boyd et al.，2011)

将式(8.2.29)代入式(8.2.30)，得到第一个子优化问题为

$$\boldsymbol{X}^{k+1} = \underset{\boldsymbol{X}}{\arg\min} \left[n\mathrm{Tr}\left(\boldsymbol{C}^{-1}\boldsymbol{X}\right) - (n-q)\ln|\boldsymbol{X}| + (\rho/2)\left\|\boldsymbol{X} - \boldsymbol{Z}^k + \boldsymbol{U}^k\right\|_F^2 \right] \tag{8.2.33}$$

为了寻求式(8.2.33)的最优解，令该式的共轭梯度为 0。因为协方差矩阵 $\boldsymbol{X}$ 为厄米矩阵，也即 $\boldsymbol{X} = \boldsymbol{X}^{\mathrm{H}}$，则可以推导得到：

$$\nabla_{\boldsymbol{X}^*}\left[n\mathrm{Tr}\left(\boldsymbol{C}^{-1}\boldsymbol{X}\right) - (n-q)\ln|\boldsymbol{X}| + (\rho/2)\left\|\boldsymbol{X} - \boldsymbol{Z}^k + \boldsymbol{U}^k\right\|_F^2 \right] = 0 \tag{8.2.34}$$

经过微分运算，式(8.2.34)也就是

$$n\left(\boldsymbol{C}^{-1}\right)^* - (n-q)\left(\boldsymbol{X}^{-1}\right)^* + (\rho/2)\left[\left(\boldsymbol{U}^k - \boldsymbol{Z}^k\right)^* + \boldsymbol{X}^*\right] = 0 \tag{8.2.35}$$

式(8.2.35)两边同时取共轭，并令 $\boldsymbol{S} = n\boldsymbol{C}^{-1}$，式(8.2.35)可简化为

$$\frac{\rho}{2}\boldsymbol{X} - (n-q)\boldsymbol{X}^{-1} = \frac{\rho}{2}\left(\boldsymbol{Z}^k - \boldsymbol{U}^k\right) - \boldsymbol{S} \tag{8.2.36}$$

对式(8.2.36)等号右边进行正交特征值分解可以得到：

$$\frac{\rho}{2}\left(\boldsymbol{Z}^k - \boldsymbol{U}^k\right) - \boldsymbol{S} = \boldsymbol{Q}\boldsymbol{\Lambda}\boldsymbol{Q}^{\mathrm{H}} \tag{8.2.37}$$

式中，$\boldsymbol{\Lambda} = \mathrm{diag}(\lambda_1, \lambda_2, \lambda_3)$；$\boldsymbol{Q}^{\mathrm{H}}\boldsymbol{Q} = \boldsymbol{Q}\boldsymbol{Q}^{\mathrm{H}} = \boldsymbol{I}$。因为 $\boldsymbol{Z}$、$\boldsymbol{U}$ 和 $\boldsymbol{S}$ 都是厄米矩阵，则 $\rho\left(\boldsymbol{Z}^k - \boldsymbol{U}^k\right)/2 - \boldsymbol{S}$ 也是厄米矩阵，且其特征值均为实数。

将式(8.2.37)代入式(8.2.36)可得

$$\frac{\rho}{2}\boldsymbol{X} - (n-q)\boldsymbol{X}^{-1} = \boldsymbol{Q}\boldsymbol{\Lambda}\boldsymbol{Q}^{\mathrm{H}} \tag{8.2.38}$$

将式(8.2.38)等号两边分别左乘 $\boldsymbol{Q}^{\mathrm{H}}$、右乘 $\boldsymbol{Q}$ 可以得到：

$$\frac{\rho}{2}\tilde{X} - (n-q)\tilde{X}^{-1} = \varLambda, \quad \tilde{X} = Q^{\mathrm{H}}XQ \tag{8.2.39}$$

对式(8.2.39)构建一个对角解，也就是寻找正值 $\tilde{X}_{ii}$ 来满足式(8.2.40)：

$$\frac{\rho}{2}\tilde{X}_{ii} - (n-q)\frac{1}{\tilde{X}_{ii}} = \lambda_i, \quad i = 1,2,3 \tag{8.2.40}$$

对式(8.2.40)求解可得

$$\tilde{X}_{ii} = \frac{\lambda_i + \sqrt{\lambda_i^2 + 2\rho(n-q)}}{\rho} \tag{8.2.41}$$

其中，$\tilde{X} = \mathrm{diag}\left(\tilde{X}_{11},\cdots,\tilde{X}_{33}\right)$。因此，式(8.2.30)的解析解为

$$X^{k+1} = Q\tilde{X}Q^{\mathrm{H}} \tag{8.2.42}$$

2) 对式(8.2.31)求解

将式(8.2.29)代入式(8.2.31)，得到第二个子优化问题为

$$Z^{k+1} = \underset{z}{\mathrm{argmin}}\left[\lambda\left\|Y - \frac{1}{2}AXA^{\mathrm{H}}\right\|_F^2 + (\rho/2)\left\|X^{k+1} - Z + U^k\right\|_F^2\right] \tag{8.2.43}$$

令式(8.2.43)的共轭梯度为0，可得

$$-\frac{\lambda}{2}A^{\mathrm{H}}YA + \frac{\lambda}{4}A^{\mathrm{H}}AZA^{\mathrm{H}}A + (\rho/2)\left[-\left(X^{k+1} + U^k\right) + Z\right] = 0 \tag{8.2.44}$$

对式(8.2.44)等号两边进行列矢量化可得

$$-\frac{\lambda}{2}\left(A^{\mathrm{T}} \otimes A^{\mathrm{H}}\right)\mathrm{vec}(Y) + \frac{\lambda}{4}\left(A^{\mathrm{T}}A^* \otimes A^{\mathrm{H}}A\right)\mathrm{vec}(Z)$$
$$-\frac{\rho}{2}\mathrm{vec}\left(X^{k+1} + U^k\right) + \frac{\rho}{2}\mathrm{vec}(Z) = 0 \tag{8.2.45}$$

式中，$\mathrm{vec}(\cdot)$ 表示列矢量化算子，进一步可推导得到：

$$\mathrm{vec}(Z) = \left(M^{\mathrm{H}}M + \frac{\rho}{2\lambda}I\right)^{-1}\left[M^{\mathrm{H}}\mathrm{vec}(Y) + \frac{\rho}{2\lambda}\mathrm{vec}\left(X^{k+1} + U^k\right)\right] \tag{8.2.46}$$

式中，$M = \left(A^* \otimes A\right)/2$。因此，式(8.2.31)的解析解，$Z^{k+1} = Z$，即可得到。

3. 稀疏重构普适性实验

选用 NASA/JPL AIRSAR 的三个数据集来验证 8.2 节第 2 部分提出的 Wishart-Bayesian 重构算法，图 8.1(a)为 L 波段旧金山地区的 SAR 图像，红色框内的城区为需要重构的目标区域，图 8.1(b)和图 8.1(c)分别为需要重构的 L 波段和 C 波段荷兰地区的 SAR 图像。若已知全极化的协方差矩阵 X，简极化的协方差矩阵 Y 可以由式(8.2.15)得到，那么简极化模式下的协方差矩阵则可以用来重构伪全极化协方差矩阵 CX。通过比较伪全极化协方差矩阵 CX 与真实的全极化协方差矩阵 X 的一致程度，可以验证重构算法的有效性。

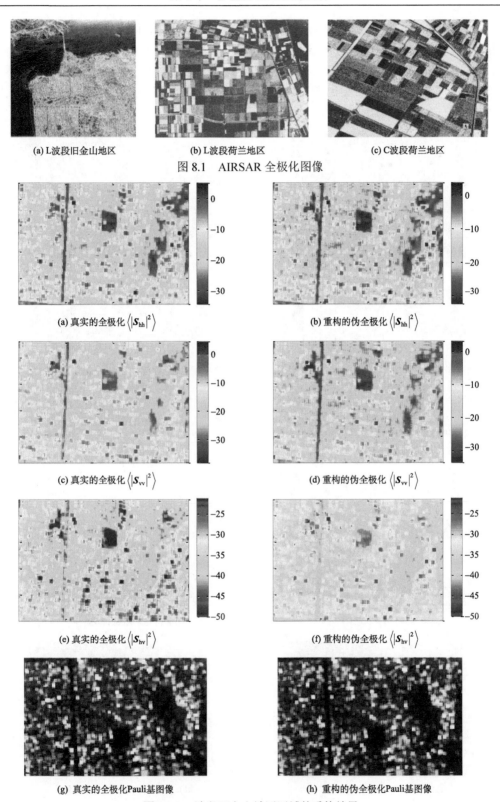

(a) L波段旧金山地区　　　　　(b) L波段荷兰地区　　　　　　　(c) C波段荷兰地区

图 8.1　AIRSAR 全极化图像

(a) 真实的全极化 $\left\langle\left|S_{hh}\right|^2\right\rangle$　　　　　　(b) 重构的伪全极化 $\left\langle\left|S_{hh}\right|^2\right\rangle$

(c) 真实的全极化 $\left\langle\left|S_{vv}\right|^2\right\rangle$　　　　　　(d) 重构的伪全极化 $\left\langle\left|S_{vv}\right|^2\right\rangle$

(e) 真实的全极化 $\left\langle\left|S_{hv}\right|^2\right\rangle$　　　　　　(f) 重构的伪全极化 $\left\langle\left|S_{hv}\right|^2\right\rangle$

(g) 真实的全极化Pauli基图像　　　　　(h) 重构的伪全极化Pauli基图像

图 8.2　L 波段旧金山城区区域的重构结果

在利用 Wishart-Bayesian 重构方法重构全极化信息时,首先假设先验协方差矩阵 C 可以精确得到。在实验中,旧金山城区区域的先验协方差矩阵是对整个城区统计平均得到的,荷兰地区的先验协方差矩阵是对真实的全极化协方差矩阵在大窗口(50×50)下滑动平均得到的。图 8.2~图 8.4 给出了三个数据集的 Pauli 基下的伪全极化重构结果。重构的伪全极化图像与真实的全极化图像在视觉效果上相差不大。

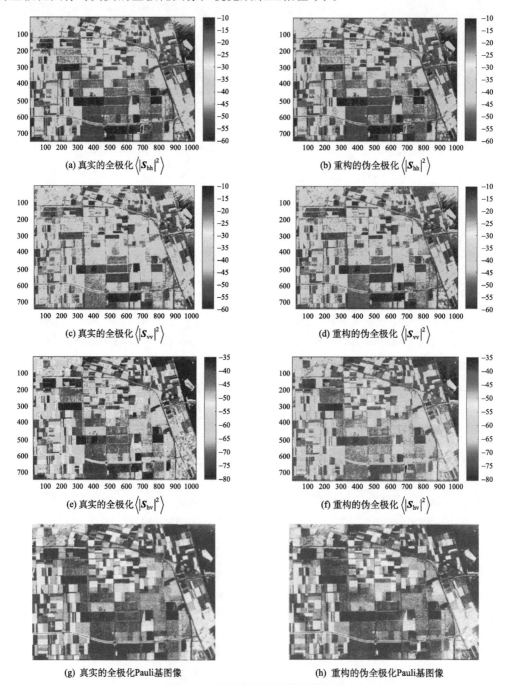

(a) 真实的全极化 $\langle |S_{hh}|^2 \rangle$ (b) 重构的伪全极化 $\langle |S_{hh}|^2 \rangle$

(c) 真实的全极化 $\langle |S_{vv}|^2 \rangle$ (d) 重构的伪全极化 $\langle |S_{vv}|^2 \rangle$

(e) 真实的全极化 $\langle |S_{hv}|^2 \rangle$ (f) 重构的伪全极化 $\langle |S_{hv}|^2 \rangle$

(g) 真实的全极化Pauli基图像   (h) 重构的伪全极化Pauli基图像

图 8.3 L 波段荷兰区域的重构结果

(a) 真实的全极化Pauli基图像　　　　　　　　(b) 重构的伪全极化Pauli基图像

图 8.4　C 波段荷兰区域的重构结果

　　为了进一步验证重构的伪全极化数据对后续工作的有效性，分别对旧金山与荷兰这三块区域的真实全极化数据及其对应的重构的伪全极化数据做了 H-α 分解，图 8.5~图 8.7 分别比较了三块区域中真实全极化与伪全极化数据的熵 H 以及参数 α 的直方图分布，得到了视觉可接受的结果。

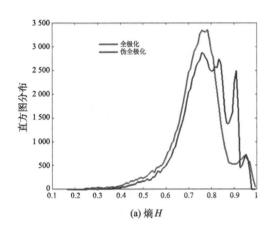 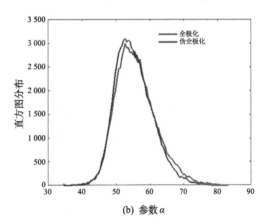

(a) 熵 H　　　　　　　　　　　　　　(b) 参数 α

图 8.5　L 波段旧金山区域的重构结果

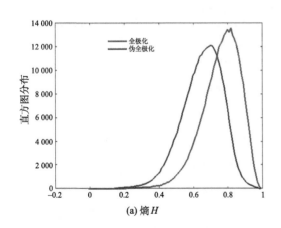 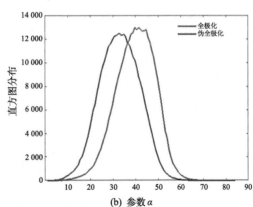

(a) 熵 H　　　　　　　　　　　　　　(b) 参数 α

图 8.6　L 波段荷兰区域的重构结果

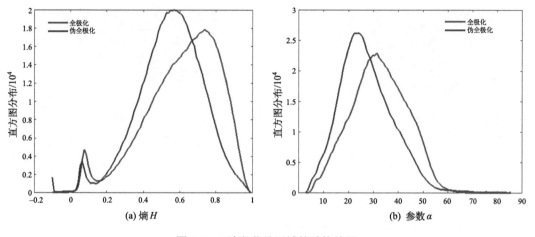

图 8.7　C 波段荷兰区域的重构结果

为了定量地比较重构的效果，可以应用相干性指标(coherence index，COI)描述真实全极化数据与伪全极化数据的一致性。COI 的定义为

$$\mathrm{COI}(\boldsymbol{A},\boldsymbol{B}) = \frac{\sum_{i=1}^{m}\left(a_i b_i^*\right)}{\sqrt{\sum_{i=1}^{m}(a_i a_i^*) \cdot \sum_{i=1}^{m}(b_i b_i^*)}}, \quad i = 1, 2, \cdots, m \tag{8.2.47}$$

式中，$\boldsymbol{A}$、$\boldsymbol{B}$ 为两个数据集，$\boldsymbol{A} = \begin{bmatrix} a_1 & a_2 & \cdots & a_m \end{bmatrix}$，$\boldsymbol{B} = \begin{bmatrix} b_1 & b_2 & \cdots & b_m \end{bmatrix}$(在这里分别表示真实全极化与伪全极化数据)；$m$ 为样本的数目。COI 越接近于 1，表示两个数据集越相似。

表 8.1 分别给出了三块实验区域的重构值与其真实值的 COI 指标，可以看出 $|S_{\mathrm{hh}}|^2$、$|S_{\mathrm{vv}}|^2$、H 以及 α 的重构效果最优，$|S_{\mathrm{hv}}|^2$、$S_{\mathrm{hh}}S_{\mathrm{vv}}^*$ 次之，$S_{\mathrm{hh}}S_{\mathrm{hv}}^*$、$S_{\mathrm{vv}}S_{\mathrm{hv}}^*$ 效果较差但可以接受。

表 8.1　重构的全极化数据与真实值的 COI 指标

重构量	L 波段旧金山城区区域	L 波段荷兰区域	C 波段荷兰区域
$\left\langle \lvert S_{\mathrm{hv}} \rvert^2 \right\rangle$	0.9399	0.8091	0.9562
$\left\langle \lvert S_{\mathrm{hh}} \rvert^2 \right\rangle$	0.9928	0.9621	0.9981
$\left\langle \lvert S_{\mathrm{vv}} \rvert^2 \right\rangle$	0.9937	0.9859	0.9977
$\left\langle S_{\mathrm{hh}}S_{\mathrm{vv}}^* \right\rangle$	0.9725–0.0203i	0.9026+0.0049i	0.9969+0.0049i
$\left\langle S_{\mathrm{hh}}S_{\mathrm{hv}}^* \right\rangle$	0.8944+0.2117i	0.0417+0.0703i	0.6071+0.1039
$\left\langle S_{\mathrm{vv}}S_{\mathrm{hv}}^* \right\rangle$	0.8372+0.3024i	0.3208+0.0062i	0.6697+0.3950i
熵(H)	0.9975	0.9781	0.9953
α	0.9993	0.9769	0.9945

从用户的角度来评估 Wishart-Bayesian 重构算法，将地物分类作为应用来检测重构的伪全极化数据的质量。通过训练有监督的卷积神经网络来对 L 波段荷兰地区的数据进行分类。图 8.8(a)~(d)分别给出了荷兰区域的实况标签(总共分为 15 类)、真实全极化数据、简极化数据以及根据简极化数据重构的伪全极化数据的分类图。真实全极化数据和简极化数据的分类精度分别为 91%和 84%，利用 Wishart-Bayesian 方法重构后的伪全极化数据的分类精度为 89%，其相比于简极化数据提高了 5%的准确度，这很好地验证了伪全极化数据的价值。

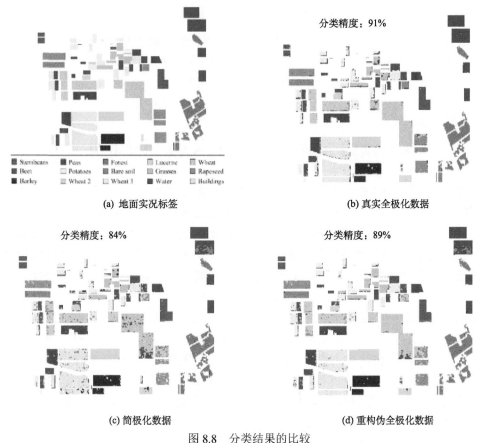

图 8.8   分类结果的比较

为了定量比较 Wishart-Bayesian 方法与极化插值模型的重构质量，图 8.9 给出了旧金山 SAR 图像的 4 种不同的重构方法重构的 9 个极化量与真实值的 COI 指标。其中"souy$N$"表征式(8.2.5)，"Nord$N$"表征式(8.2.7)，"LiN"表征式(8.2.9)，三种方法中 N 的初始值均是通过统计平均得到的近似值。"Wis-Bayes"表征本节介绍的 Wishart-Bayesian 重构方法。前 3 种方法均采用了反射对称性假设，因此 $\left\langle S_{hh}S_{hv}^{*}\right\rangle$ 和 $\left\langle S_{vv}S_{hv}^{*}\right\rangle$ 的实部和虚部被忽略为零而不能进行重构。根据图 8.9 的比较结果可以看出，Wishart-Bayesian 方法相较其他重构方法具有一定的优势，尤其体现在对 $\left\langle\left|S_{hv}\right|^{2}\right\rangle$ 分量的重构上。

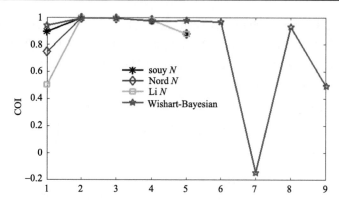

图 8.9　利用 4 种不同重构方法重构的 9 个极化量与真实值的 COI 指标

1. $\left\langle |S_{\mathrm{hv}}|^2 \right\rangle$, 2. $\left\langle |S_{\mathrm{hh}}|^2 \right\rangle$, 3. $\left\langle |S_{\mathrm{vv}}|^2 \right\rangle$, 4. $\mathrm{Re}\left\langle S_{\mathrm{hh}}S_{\mathrm{vv}}^* \right\rangle$, 5. $\mathrm{Im}\left\langle S_{\mathrm{hh}}S_{\mathrm{vv}}^* \right\rangle$, 6. $\mathrm{Re}\left\langle S_{\mathrm{hh}}S_{\mathrm{hv}}^* \right\rangle$, 7. $\mathrm{Im}\left\langle S_{\mathrm{hh}}S_{\mathrm{hv}}^* \right\rangle$,

8. $\mathrm{Re}\left\langle S_{\mathrm{vv}}S_{\mathrm{hv}}^* \right\rangle$, 9. $\mathrm{Im}\left\langle S_{\mathrm{vv}}S_{\mathrm{hv}}^* \right\rangle$

8.3　基于深度学习的极化 SAR 图像重构

显然，与单极化 SAR 数据相比，全极化数据包含更多的信息。全极化数据包含了关于目标的物理散射信息。例如，图 8.10 是一个单极化数据与全极化数据对比的例子。图 8.10(a) 是 VV 极化 SAR 数据的强度图像，图 8.10(b) 为对应的全极化数据进行 Pauli 分解后得到的图像(单极化数据应包含幅度和相位信息，但在本节中，若无其他特别说明，单极化数据仅含有幅度信息，而无相位信息)。若无其他辅助信息，经典的无监督分类方法可能会将 A、C 两块区域分为一类(黄色标注)，将 B 分为另一类(红色标注)。但从 Puali 分解图上可以看出，实际情况为：A、B 为同一类，C 为另一类。其次，虽然单极化数据也可以进行无监督分类，但无法得到关于目标物理散射机制方面的信息。因此，对于 A、B、C 三块地域无法给出大致的预测。而对于全极化数据，目标分解理论已建立得比较成熟，可以利用经典的分解理论获得目标的物理信息。例如，黄色区域内的目标偏"蓝"色，意味着单次散射分量比较大，因此可以认为是海面或相对平滑的路面。而"绿色部分"是植被区域或者带取向的城区。"红色区域"则为建筑区。

另外，全极化系统牺牲了分辨率和观测宽幅，并增加了系统复杂度。表 8.2 列出了日本宇宙航空研究开发机构(Japan Aerospace Exploration Agency，JAXA)发射的一颗在轨运行的 L 波段全极化合成孔径雷达卫星——ALOS-2 卫星，ALOS-2 卫星上搭载着 SAR 的技术参数。从表 8.2 可以看出，单极化方式下，距离向分辨率最高达到 3m，方位向分辨率可达到 1 m(聚束模式下)；但高视角全极化模式下，分辨率仅为 5.1m(距离向)和 4.3m(方位向)。对比超精细模式和高视角全极化模式参数可以发现，此时单极化数据不仅分辨率更高，而且幅宽也比全极化数据宽 25km(距离向)。

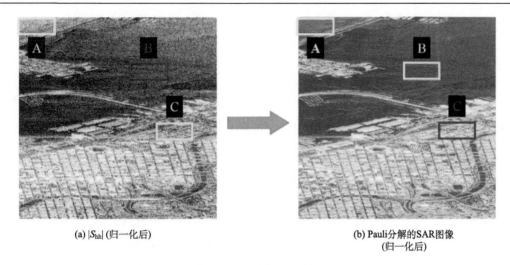

(a) $|S_{hh}|$ (归一化后)　　　　　　　　　(b) Pauli 分解的 SAR 图像
　　　　　　　　　　　　　　　　　　　　　　　　(归一化后)

图 8.10　VV-极化 SAR 图像 vs. 全极化 SAR 图像

为平衡系统复杂度与雷达数据信息量之间的矛盾，Souyris 等于 2002 年提出了简极化：在每次沿轨采样中，SAR 系统只发射一个方向的入射波，同时接收两个方向的回波信号，因此能将重复频率和数据率减半，或将幅宽增大一倍。简极化不仅能降低 SAR 系统设计和维护的难度，提高影像的覆盖范围，同时还能保持一定的全极化信息。基于此，前人提出了许多从简极化数据重构全极化数据的方法。这些方法一般对散射体的散射属性做了假设，以弥补简极化数据缺失的信息。例如，Souyris 等提出了反射对称性假设，该对称性条件与森林地区散射机制吻合，但不符合各向异性介质。因此，这样的先验条件不具有通用性。比较理想的解决方案是使得限制条件对每个像素都具有适应性。但到目前为止，还未有这方面的理论。除此之外，可以依赖于附加信息，诸如地表图、从图像自身提取到的纹理信息等(Song et al.，2017)。

表 8.2　ALOS-2 卫星波束及极化方式

波束模式	距离向分辨率/m	方位向分辨率/m	幅宽/km	极化
聚束模式	3.0	1.0	25.0×25.0	单极化
超精细模式	3.0	3.0	55.0×70.0	单极化或双极化
高视角模式	6.0	4.3	55.0×70.0	单极化或双极化
精细模式	9.1	5.3	70.0×70.0	单极化或双极化
高视角全级化	5.1	4.3	30.0×70.0	全极化
精细全级化	8.7	5.3	30.0×70.0	全极化
窄幅扫描模式	47.5(5 视)	77.7(3 视)	350.5×355.0	单极化或双极化
标准扫描模式	95.1(5 视)	77.7(3 视)	350.5×355.0	单极化或双极化
宽幅扫描模式	44.2(2 视)	56.7(1.51 视)	489.5×355.0	单极化或双极化

注：以上数值入射角等于 37°。单极化：HH 或者 HV 或者 VH 或者 VV；双极化：HH+HV 或者 VV+VH；四极化：HH+HV+VH+VV。

1. 多极化数据重构模型

对于全极化 SAR 数据来说，假设满足互易性定理 $S_{\mathrm{hv}} = S_{\mathrm{vh}}$，则散射向量可写成：

$$\vec{k}_L = \begin{bmatrix} S_{\mathrm{hh}} & \sqrt{2}S_{\mathrm{hv}} & S_{\mathrm{vv}} \end{bmatrix}^{\mathrm{T}} \tag{8.3.1}$$

式中，$S_{ij}\,(i, j = \mathrm{h}, \mathrm{v})$ 指的是发射电磁波为 j 极化、接收电磁波为 i 极化的散射幅度函数。上标 T 代表转置。对于多视 SAR 图像，我们可以用协方差矩阵进行唯一表示：

$$C = \vec{k}_L \cdot \vec{k}_L^{\mathrm{H}} = \begin{bmatrix} \left\langle |S_{\mathrm{hh}}|^2 \right\rangle & \sqrt{2}\left\langle S_{\mathrm{hh}}S_{\mathrm{hv}}^* \right\rangle & \left\langle S_{\mathrm{hh}}S_{\mathrm{vv}}^* \right\rangle \\ \sqrt{2}\left\langle S_{\mathrm{hv}}S_{\mathrm{hh}}^* \right\rangle & 2\left\langle |S_{\mathrm{hv}}|^2 \right\rangle & \sqrt{2}\left\langle S_{\mathrm{hv}}S_{\mathrm{vv}}^* \right\rangle \\ \left\langle S_{\mathrm{vv}}S_{\mathrm{hh}}^* \right\rangle & \sqrt{2}\left\langle S_{\mathrm{vv}}S_{\mathrm{hv}}^* \right\rangle & \left\langle |S_{\mathrm{vv}}|^2 \right\rangle \end{bmatrix} \tag{8.3.2}$$

式中，$\langle \cdot \rangle$ 代表求系统综均；上标 H 代表共轭转置。一般对不同子孔径和/或子带进行多视操作。协方差矩阵是 Hermitian 矩阵，也即 $C^{\mathrm{H}} = C$，同时它也是半正定矩阵。因为协方差矩阵 C 的每个元素的幅度的取值范围都是 $[0, +\infty]$，直接预测 C 容易产生较大误差，因此定义一个归一化的极化特征空间，可以将极化参数限定在 $[0, 1]$ 或者 $[-1, 1]$。

协方差矩阵的迹（trace）等于散射矩阵的 Frobenius 范数，其代表总功率 P：

$$P = \mathrm{Span}(S) = \mathrm{Tr}(C) \tag{8.3.3}$$

定义协方差矩阵的主对角元素与总功率之比为

$$\delta_1 = \frac{\left\langle |S_{\mathrm{hh}}|^2 \right\rangle}{P}, \delta_2 = \frac{2\left\langle |S_{\mathrm{hv}}|^2 \right\rangle}{P}, \delta_3 = \frac{\left\langle |S_{\mathrm{vv}}|^2 \right\rangle}{P} \tag{8.3.4}$$

显然，这三个参数都是实数，变化范围为 $[0, 1]$，且其和为 1，即 $\delta_1 + \delta_2 + \delta_3 = 1$。极化相关系数定义为

$$\rho_{13} = \frac{\left\langle S_{\mathrm{hh}}S_{\mathrm{vv}}^* \right\rangle}{\sqrt{\left\langle |S_{\mathrm{hh}}|^2 \right\rangle \left\langle |S_{\mathrm{vv}}|^2 \right\rangle}} \tag{8.3.5}$$

$$\rho_{23} = \frac{\left\langle S_{\mathrm{hv}}S_{\mathrm{vv}}^* \right\rangle}{\sqrt{\left\langle |S_{\mathrm{hv}}|^2 \right\rangle \left\langle |S_{\mathrm{vv}}|^2 \right\rangle}} \tag{8.3.6}$$

$$\rho_{12} = \frac{\left\langle S_{\mathrm{hh}}S_{\mathrm{hv}}^* \right\rangle}{\sqrt{\left\langle |S_{\mathrm{hh}}|^2 \right\rangle \left\langle |S_{\mathrm{hv}}|^2 \right\rangle}} \tag{8.3.7}$$

这 3 个极化相关系数为复数，实部和虚部分别位于 $[-1, 1]$，幅度值属于 $[0, 1]$。归一化协方差矩阵可以用这 6 个参数进行唯一的表示，其中只有 5 个独立参数：

$$\frac{C}{P} = \begin{bmatrix} \delta_1 & \rho_{12}\sqrt{\delta_1\delta_2} & \rho_{13}\sqrt{\delta_1\delta_3} \\ \rho_{12}^*\sqrt{\delta_1\delta_2} & \delta_2 & \rho_{23}\sqrt{\delta_2\delta_3} \\ \rho_{13}^*\sqrt{\delta_1\delta_3} & \rho_{23}^*\sqrt{\delta_2\delta_3} & \delta_3 \end{bmatrix} \tag{8.3.8}$$

由此可以定义一个由 3 个实参数和 3 个复参数张成的高维极化特征空间，任意的归一化协方差矩阵与该空间中的点一一对应：

$$C = \begin{bmatrix} \delta_1 & \delta_2 & \delta_3 & \rho_{13} & \rho_{23} & \rho_{12} \end{bmatrix}^{\mathrm{T}} \tag{8.3.9}$$

多极化数据的重构问题可以转换为归一化的全极化特征的重构。例如，已知 VV 极化 SAR 数据，如果通过某种方法可以重构出全极化特征 C，则归一化的协方差矩阵可以通过式(8.3.8)得到。总功率 P 可以通过式(8.3.10)得到：

$$P = \frac{\left\langle \left| S_{\mathrm{vv}} \right|^2 \right\rangle}{\delta_3} \tag{8.3.10}$$

给归一化的协方差矩阵的每个元素都乘以该功率值，得到协方差矩阵 C。

2. 使用 DNN 从单极化数据重构全极化数据

对于单极化 SAR 数据，由于缺失信息较多，若想通过解析方法推导出全极化特征需要的先验知识太多，显得不现实。下面将介绍一种利用单极化 SAR 图像中目标的空间几何特征，预测对应像素的全极化特征的深度神经网络(deep neural network, DNN)。该网络由两部分组成。第一个网络用于提取目标的空间特征，称为"特征提取网络"，也即

$$\vec{F}_{i,j} = \mathcal{H}\left(\begin{bmatrix} I_{i-\frac{n}{2}, j-\frac{n}{2}} & \cdots & I_{i-\frac{n}{2}, j+\frac{n}{2}} \\ \vdots & \ddots & \vdots \\ I_{i+\frac{n}{2}, j-\frac{n}{2}} & \cdots & I_{i+\frac{n}{2}, j+\frac{n}{2}} \end{bmatrix} \right) \tag{8.3.11}$$

式中，$I_{i,j}$ 为单极化 SAR 图像中第 $[i,j]$ 个像素的强度值；$\vec{F}_{i,j}$ 为提取到的对应于该像素的空间特征(包含 $I_{i,j}$)；$\mathcal{H}(\cdot)$ 为特征提取网络，其输入时第 $[i,j]$ 个像素周围 $n \times n$ 窗口大小范围内的一块图像。窗口大小 n 随着网络 $\mathcal{H}(\cdot)$ 的深度增加而逐渐增大，因此该网络能提取到多尺度的空间特征。第二个网络用于将提取到的多层次多尺度特征映射到全极化特征空间中，称为"特征匹配网络"，即

$$\vec{C}_{i,j} = \mathcal{M}\left(\vec{F}_{i,j} \right) \tag{8.3.12}$$

式中，$\vec{C}_{i,j}$ 为第 $[i,j]$ 个像素的全极化特征向量。

网络的整体框架如图 8.11 所示。特征提取网络 $\mathcal{H}(\cdot)$ 由七层卷积层级联而成，其用于提取多尺度的空间特征。更深的卷积层提取更高层次/更大尺度的特征。其实际使用了在标准数据集 ImageNet(Deng et al., 2009)上预训练过的 VGG16 网络(Simonyan and Zisserman, 2014)的前 7 个卷积层来代替特征提取网络，以减少网络待训练参数数量，避

免过拟合。首层卷积层对权重的三个通道进行了平均，以适应单色图像输入。具体的参数设置见表 8.3，其主要由交替的 3×3 窗口的卷积层、非线性函数 ReLU 和池化层构成。为适应 VGG16 网络，输入图像的幅值被归一化到[0,1]。由于极化重构是一个像素一个像素进行的，必须利用从多个卷积特征图中提取到的多尺度多层次特征。因此，首先利用双线性插值将第 2 层至第 3 层特征图放大到与输入图像一样的大小。其次，输入图像与这些特征图对应像素点的值被抽取出来，级联在一起，形成一个 1153 维的"特征柱"，即此像素点的多层次多尺度几何结构特征。不同特征的尺度可能差异很大，需要对每一类特征进行归一化，使其均值为 0，方差为 1：

$$\vec{F}_{i,j}(k) \Leftarrow \frac{\vec{F}_{i,j}(k) - \mu_k}{\sigma_k} \tag{8.3.13}$$

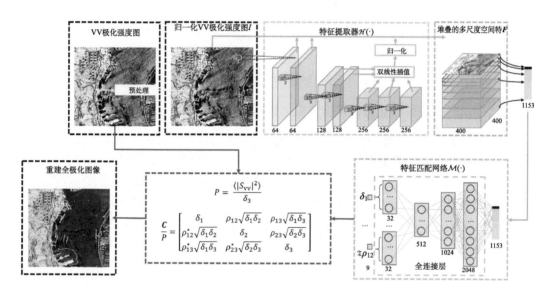

图 8.11　全极化数据重构网络结构图

表 8.3　特征提取网络参数设置

单元名称	核大小	步长	特征图尺寸
Conv1-1	64@3×3	1	400×400⇨400×400
ReLU1-1	—	—	400×400⇨400×400
Conv1-2	64@3×3	1	400×400⇨400×400
ReLU1-2	—	—	400×400⇨400×400
Pool1	2×2	2	400×400⇨200×200
Conv2-1	128@3×3	1	200×200⇨200×200
ReLU2-1	—	—	200×200⇨200×200
Conv2-2	128@3×3	1	200×200⇨200×200
ReLU2-2	—	—	200×200⇨200×200
Pool2	2×2	2	200×200⇨100×100

续表

单元名称	核大小	步长	特征图尺寸
Conv3-1	256@3×3	1	100×100⇨100×100
ReLU3-1	—	—	100×100⇨100×100
Conv3-2	256@3×3	1	100×100⇨100×100
ReLU3-2	—	—	100×100⇨100×100
Conv3-3	256@3×3	1	100×100⇨100×100
ReLU3-3	—	—	100×100⇨100×100
空间特征数目			1153

特征匹配网络 $\mathcal{M}(\cdot)$ 是一个 5 层的全连接网络,每层的大小分别为 1153、2048、1024、512、32。每层之后都使用 ReLU 进行非线性处理。式(8.3.9)中的三个复数参数的实部和虚部被分开,分别进行预测。预测连续的全极化特征值为典型的回归问题。为使网络容易收敛,该回归问题被简化为分类问题,因此最后一层使用了 softmax 层(参阅第 3 章)。对于每个特征参数,将其值非均匀地量化到 32 个量化等级上。特征匹配网络的具体设置见表 8.4。

表 8.4　特征匹配网络参数设置

	FC1: 1153⇒2048		
	ReLU1		
	FC2: 2048⇒1024		
	ReLU2		
FC3-1-1: 1024⇒512	FC3-2-1: 1024⇒512	⋯	FC3-9-1: 1024⇒512
ReLU3-1	ReLU3-2	⋯	ReLU3-9
FC3-1-2: 512⇒32	FC3-2-2: 512⇒32	⋯	FC3-9-2: 512⇒32
softmax1	softmax2	⋯	softmax9

特征转换网络的软最大(softmax)输出层定义为

$$p_i^{(j)}(k) = \frac{\exp\left[\mathcal{M}_i^{(j)}(k)\right]}{\sum\limits_{k=1}^{32}\exp\left[\mathcal{M}_i^{(j)}(k)\right]} \tag{8.3.14}$$

式中, $p_i^{(j)}(k)$ 为第 i 个像素点的第 j 个参数为第 k 个值(即第 k 个量化区间中心值)的概率。在此基础上,使用了交叉熵作为损失函数。整体的损失函数为

$$L(y;\boldsymbol{\theta}) = -\frac{1}{9BK}\sum_{i=1}^{B}\sum_{j=1}^{9}\sum_{k=1}^{K}\delta\left[y_i^{(j)}=k\right]\ln p_i^{(j)}(k) \tag{8.3.15}$$

式中, $\boldsymbol{\theta}$ 为网络参数; B 为一个批处理的大小,取值 2000; $y_i^{(j)}$ 为第 i 个像素点的第 j 个参数的真值; $\delta(\cdot)$ 为指示函数,当括号里的条件成立时为 1,反之等于 0。所有的梯

度等价地通过 DNN 往回传：

$$\frac{\partial L(\boldsymbol{\theta})}{\partial \boldsymbol{\theta}} = -\frac{1}{9BK}\sum_{i=1}^{B}\sum_{j=1}^{9}\sum_{k=1}^{K}\left[1-\delta\left(y_i^{(j)}=k\right)p_i^{(j)}(k)\right]\frac{\partial \mathcal{M}_i^{(j)}(k)}{\partial \boldsymbol{\theta}} \quad (8.3.16)$$

这里使用了随机梯度下降法（Adam 优化器）来进行训练网络，其参数设置如下：$\beta_1 = 0.9$，$\beta_2 = 0.999$，$\varepsilon = 10^{-6}$，学习率为 0.0001。由于直接对整幅图处理内存消耗过大，因此将原图切分成若干份有重叠的小块图，大小为 400×400。在训练的每个周期，先随机选取一块，然后从中随机选取 2000 个像素作为一次批处理，直到遍历整个小块；再选取下一块，直至遍历所有的块。图 8.12 中用黄色标出来的区域是选择的训练数据。

图 8.12　Pauli 分解图（黄色标出的区域为训练集）

3. 网络可视化及实验结果分析

学习到的网络可以有效地分层提取输入数据的空间和结构信息。为此，分别对非线性函数激活得到的特征图及由特征提取网络提取到的高维特征柱进行了可视化分析。为此，选取了三块不同地物类型的 SAR 图像切片，即城市住宅区、植被和海面。

图 8.13 展示了三类不同地物的 4 幅特征图。这 4 幅特征图来自不同的卷积层，其接受域（receptive field）也不一样。可以看出，特征图提取到了丰富的纹理信息：第 2 个特征图展示了建筑物和道路的边缘，海面区域由于没有道路或建筑物而大部分比较均匀，特征值偏小；第 80 个特征图主要反映了较为平坦的面散射，在原始图像上表现为较"暗"的区域，如道路、山的阴影、风不大的海面的暗色区域等；第 394 个特征图反映了目标的随机散射机制，如植被和海面，以二次散射为主的建筑物区域则特征值偏小；第 395 个特征图体现了建筑物分割信息，如城市地区的建筑物以及植被区域中的建筑物被分割出来，而其他区域的特征值都很小。

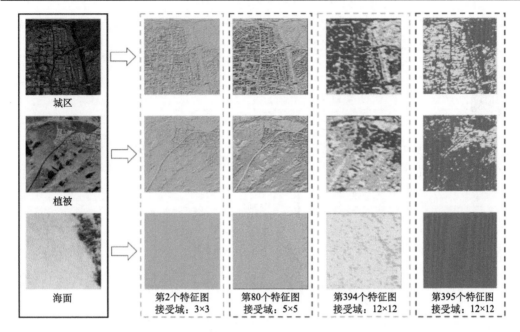

图 8.13　特征提取网络提取到的三类地物的特征图

图 8.14 展示了空间和极化特征的可视化结果。t 分布的随机领域嵌入法（t-distributed stochastic neighbor embedding，t-SNE）是一个无监督的降维方法（Maaten and Hinton, 2008），标签仅用于用不同颜色展示低维特征。从图 8.14 可以看出，在由 t-SNE 映射到的二维空间中，3 类地物的空间特征分隔得很开。这表明特征提取网络使得不同地物的空间特征差异显著，能反映目标的语义特征，通过这种差异可以为单极化值相同的像素点重构出不同的全极化信息，结果如图 8.15 所示。

为了进一步展示特征转换网络的作用，此处使用了 H / α 分解（Cloude and Pottier, 1997），对这 3 块区域重构出的全极化数据进行分析。参数熵 $H \in [0,1]$ 反映了散射体的随机程度；$\bar{\alpha} \in [0,90]$ 代表不同的散射机制。从结果可以看出，不同地物分布在 H / α 空间中的不同位置，它们反映的散射类型与实际吻合；与用真实 SAR 图像进行分解后的结果相比，不同地物在 $H / \bar{\alpha}$ 空间中的分布大体相似。这证明特征转换网络能成功地将空间信息映射到正确的极化特征空间中。

测试样本选用了 NASA/JPL 开发的无人机 SAR（uninhabited aerial vehicle SAR, UAVSAR），2012 年 11 月 9 日在美国圣地亚哥地区获取的 L 波段高分辨率极化数据如图 8.15 所示，训练数据共有 19 个小块，测试数据为 2800×6000 个像素大小。

图 8.15(a) 和图 8.15(b) 分别为 VV 极化强度图像和重构的全极化数据的 Pauli 分解图。由于我们选取的训练样本中，海面部分为类似于左下角那样的区域，因此图像左上角区域海面重构误差较明显。这样的误差是合理的，因为原图受旁瓣或无线频率干扰污染严重，其他部分误差较小。由于单极化数据包含的信息太少，因此传统的像素级重构方法是不适用的。例如，图 8.15(a) 中用红色方框标出的两块区域，其强度值类似，则按传统方法重构出来的全极化数据应类似。但从图 8.15(b) 中可以看出，实际情况下 A、

B 两个区域的差别非常明显。这是因为特征提取网络可以提取该像素点周围一定领域内的纹理特征信息。因此，在重建的极化特种空间中，A、B 可以很好地区分开。

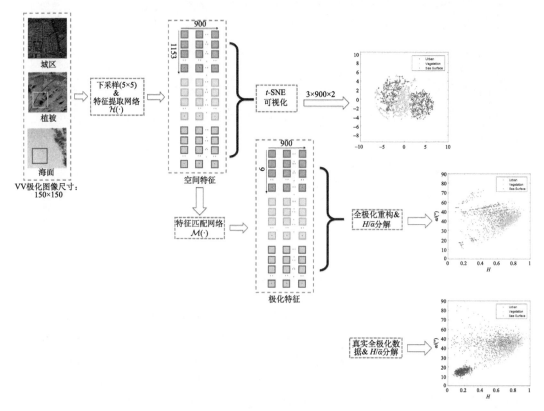

图 8.14 空间与极化特征的可视化

(a)

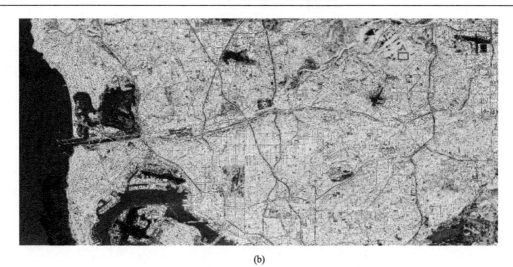

(b)

图 8.15 圣地亚哥地区数据重构结果

(a) 原图 VV 极化强度图像 $\left\langle \left| S_{vv} \right|^2 \right\rangle$；(b) 重构的全极化数据的 Pauli 分解图。

红: $\frac{1}{2}\left\langle \left| S_{hh} - S_{vv} \right|^2 \right\rangle$；绿: $2\left\langle \left| S_{hv} \right|^2 \right\rangle$；蓝: $\frac{1}{2}\left\langle \left| S_{hh} + S_{vv} \right|^2 \right\rangle$

4. 重构的普适性实验

为验证 8.3.2 节所提出的网络的时间和空间鲁棒性，本节选取了两幅 SAR 图像，定性定量地对重构结果进行了分析。表 8.5 列出了这两幅 SAR 图像的详细信息。两幅图像使用了与图 8.12 相同的传感器，但在成像区域、获取时间、数据格式上与训练数据不同。测试数据 1 与训练数据是在同一时间采集的，但成像区域不同，地表类型差异显著；测试数据 2 与训练数据的成像区域等都不同。本节首先定性地分析了这两幅数据的重建结果，并与真实 SAR 图像进行了对比；其次，引入三个衡量 SAR 图像相似性的指标用于定量地分析重构误差；最后，对重构数据进行极化目标分解和无监督分类，证明了重构数据的有效性。

表 8.5 测试数据信息

项目	区域	频段	图像大小	获取日期	数据格式
测试数据 1	圣地亚哥	L	2800×4600	2012 年 11 月 9 日	GRD
测试数据 2	新奥尔良	L	700×700	2012 年 7 月 2 日	MLC

第一幅测试数据包含了城区、森林、湖和公园等多种地物类型，尤其以山区地貌居多。图 8.16 (a) 和图 8.16 (b) 分别为真实全极化数据和使用 VV 通道重构的全极化数据图像。可以看出，重构的全极化图像与真实数据大体相符。

为了进一步展示图像细节部分的重构结果，选取了 4 块小的区域来进行分析，如图 8.16 (b) 所示。这 4 块区域包含丰富的地表类型，如建筑物、草地、道路等。

图 8.16(c) 将这 4 块区域的真实的和重构的极化数据 Pauli 分解图进行了放大和对比。除了区域 C 有少部分出入外，大部分地表目标包括如窄路等小目标都重构得很好。目标的细节得到了保留，分辨率没有明显损失，从而证明了多尺度特征提取网络的能力。这也表明此重构方法可以有效地提取潜在的物理散射机制，有望用于目标分类或图像分割。

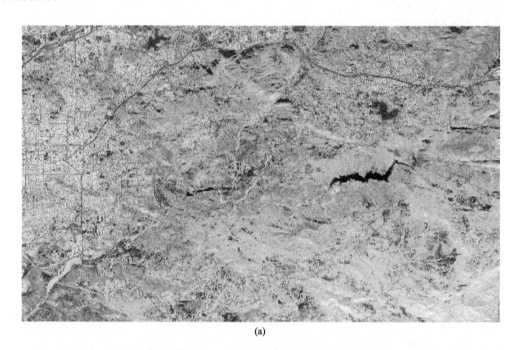

(a)

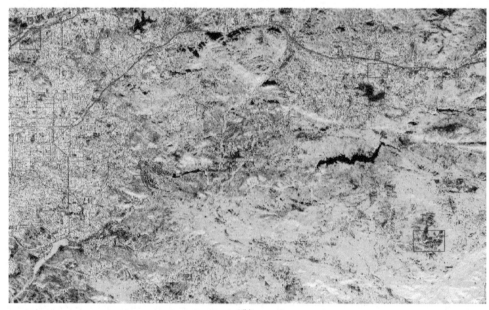

(b)

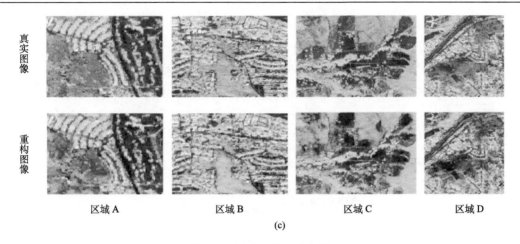

真实图像

重构图像

区域 A　　　　　区域 B　　　　　区域 C　　　　　区域 D

(c)

图 8.16　测试数据 1 重构结果

(a) 测试数据 1 的真实全极化 SAR 图像；(b) 重构的全极化图像；(c) 真实的和重构的全极化图像对比

为进一步测试 8.3.2 节介绍的网络的鲁棒性，这里选用了 2012 年 7 月 2 日在美国新奥尔良地区使用 UAVSAR 获取的全极化数据进行测试。这个地区包含了河流、公园和建筑物。图 8.17(a) 和图 8.17(b) 两幅图分别为原始的和重构的全极化数据的 Pauli 分解图。对比这两幅图可以发现，它们主要的差异存在于低亮度区域，特别是河面。正如前文提到的，这样的低信噪比区域，SAR 回波信号容易被污染。如图 8.17(a) 所示，原始全极化图像的水面地区，很明显受近岸植被和建筑物散射体的旁瓣的严重污染，因此显得"偏绿"或"偏红"。而在重建图像，图 8.17(b) 中的对应区域，水面呈比较合理的蓝色。从某种程度上来说，重建的全极化图像甚至比原始图像质量更高。另外，海面上的"红色"的二次散射船舶没有被正确重建，这可能是缺乏足够的此类样本所致。

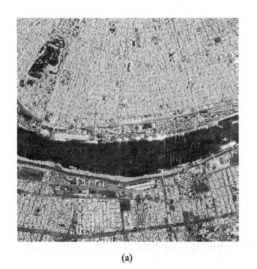
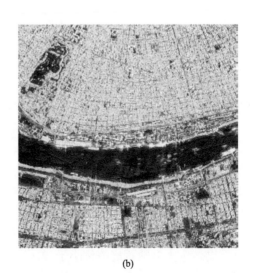

(a)　　　　　　　　　　　　　　　　　　(b)

图 8.17　新奥尔良地区数据重构结果

(a) 测试数据 2 真实数据；(b) 重构的全极化数据

该模型的误差主要有两个来源：一个是量化误差。如 8.3.2 节所述，该模型将估计极化参数值这样一个回归问题转变为了分类问题，将真实的极化参数值非均匀地量化到了32 个区间上。然而，理论上此误差不会超过 1.56%，可以忽略不计。第二个是重建误差，即 DNN 估计极化参数值造成的误差，其是误差的主要来源。本节将对重构误差进行定量分析。

为此，定义了三个指标用于评价真实数据与重构数据的相似性。

1）平均绝对误差（mean absolute error，MAE）

$$\text{MAE}(\boldsymbol{A}, \boldsymbol{B}) = \frac{1}{MN} \sum_{i=1}^{M} \sum_{j=1}^{N} \left| A_{ij} - B_{ij} \right| \tag{8.3.17}$$

式中，M 和 N 分别为矩阵 $\boldsymbol{A}$ 和 $\boldsymbol{B}$ 的行数和列数。

2）数据线一致性指标（coherency index，，COI）

$$\text{COI}(\boldsymbol{A}, \boldsymbol{B}) = \frac{\sum_{i=1}^{M} \sum_{j=1}^{N} A_{ij} B_{ij}^{*}}{\sqrt{\sum_{i=1}^{M} \sum_{j=1}^{N} A_{ij} A_{ij}^{*} \times \sum_{i=1}^{M} \sum_{j=1}^{N} B_{ij} B_{ij}^{*}}} \tag{8.3.18}$$

式中，上标"*"代表求共轭；COI 指标取值范围为[0,1]，且值越大代表两幅复数图像的一致性越好。

3）Bartlett 距离

$$d_b(\boldsymbol{A}, \boldsymbol{B}) = 2 \ln \frac{\det\left(\dfrac{\boldsymbol{A} + \boldsymbol{B}}{2}\right)}{\sqrt{\det(\boldsymbol{A}) \det(\boldsymbol{B})}} \tag{8.3.19}$$

Bartlett 距离可以用来衡量 SAR 数据的协方差矩阵的相似性。协方差矩阵具有正定性质，属于一类特别的对称矩阵，可以构成一个黎曼流形。而通常定义的距离忽略了这种流形结构，因此这里采用 Bartlett 距离（Kerston et al., 2005）。这里"det"代表求矩阵的行列式的值。当且仅当 $A = B$ 时，取值为 0，否则大于 0。

表 8.6 展示了图 8.12 所示数据的 MAE 和 COI 指标结果。极化参数中的 3 个参数的平均绝对误差都在 0.1 左右，而复数参数的误差都相对比较大。就 COI 指标而言，同极化通道，即 C_{11} 和 C_{13} 相对比较准确，而交叉极化通道如 C_{22} 和 C_{12} 则差一些。然而，从 8.3.3 节可以看出，交叉极化通道对目标分解、地物分类等极化 SAR 图像应用的影响不大。图 8.18 是真实的和重构的全极化数据协方差矩阵的像素对像素的 Bartlett 距离直方图。可以看出，绝大多数距离值都小于 2。误差较大的区域主要是受体散射体和二次散射体影响的近岸河面。

表 8.6　定量误差分析

	MAE		COI
δ_1	0.1345	C_{11}	0.7424
δ_2	0.0414	C_{22}	0.3091
δ_3	0.1194	C_{33}	1.0
$\mathrm{Re}(\rho_{13})$	0.3256	C_{13}	0.5500
$\mathrm{Im}(\rho_{13})$	0.2867		
$\mathrm{Re}(\rho_{23})$	0.3180	C_{23}	0.4919
$\mathrm{Im}(\rho_{23})$	0.2906		
$\mathrm{Re}(\rho_{12})$	0.3124	C_{12}	0.2927
$\mathrm{Im}(\rho_{12})$	0.3085		

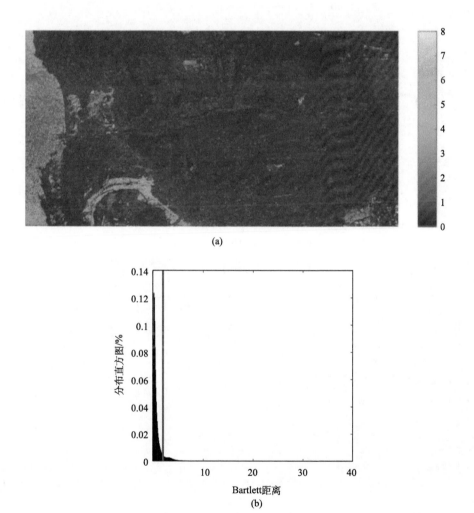

图 8.18　(a) 训练真实的和重建的全极化 SAR 图像的 Bartlett 距离图；(b) 对应的分布直方图

5. 数据应用

极化目标分解可以说是极化 SAR 最重要的应用之一。这一小节主要对以上重构的极化 SAR 图像进行 Freeman 分解和 $H/\bar{\alpha}$ 分解，以测试重构的全极化数据是否可以被直接应用。

图 8.19 里的两幅图分别是真实和重构的全极化 SAR 图像的 Freeman 分解结果。其中，红、绿、蓝三个通道分别代表分解结果的二次散射、体散射、单次散射的三个分量。从图 8.19 中可以看出，体散射和二次散射体匹配得很好。一般认为，若未对 SAR 数据进行去取向处理，则带取向的建筑区体散射分类容易过估计。这种现象在图 8.19(a) 中更为严重，某些带取向的城区甚至体散射成了主要分量。有趣的是，在图 8.19(b) 中这种现象有所缓解，这可能是由于重建的全极化特征部分来自于空间几何结构模型，其主要受物理散射特征影响，而受方位角影响相对较弱。重构数据的 Freeman 分解面散射分量比图 8.19(a) 中分布得相对更为均匀，这表明重构出的数据可能更有利于无监督分类。

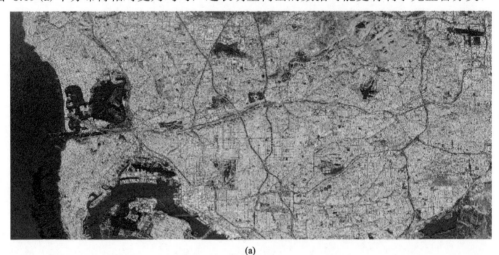

(a)

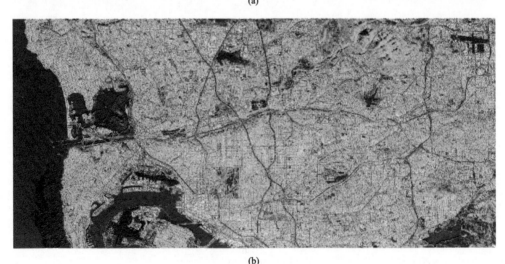

(b)

图 8.19　Freeman 分解结果(红：二次散射；绿：体散射；蓝：单次散射)

(a) 原始全极化数据 Freeman 分解结果；(b) 重构全极化数据 Freeman 分解结果

目前，Cloude 和 Pottier（1997）提出的基于特征值分析的目标分解方法，广泛应用在极化 SAR 图像处理中。这种分解方法本身可以用于粗糙的无监督分类，同时也是很多其他极化 SAR 图像特征提取和分类算法的基础。图 8.20 比较了两幅图的 Cloude-Pottier 分解参数，即 H 和 $\bar{\alpha}$，以及无监督分类结果。真实数据的结果在左边；从单极化数据重构的全极化数据的分解结果在右边。可以看到，除了一些数据受污染的区域，从两幅图中提取到的参数大部分都比较相近，分类结果在大部分区域也比较吻合。事实上，重构数据的分类结果更为合理，因为其协方差矩阵的交叉极化通道没有受旁瓣污染。目前，还没有被广泛使用的针对单极化 SAR 数据的无监督分类方法。通过使用此网络，从单极化数据中重构出全极化信息。因此，可以使用 $H/\bar{\alpha}$ 分解这一类无监督分类方法来处理单极化数据。

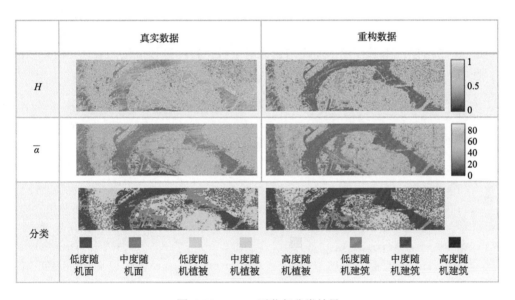

图 8.20　$H/\bar{\alpha}$ 无监督分类结果

附录　实例代码——SAR 图像上色网络（colorization-nets）

整个模型的输入为全极化数据（用于训练）或单极化数据（用于测试），输出为重构的全极化模型。在这里，全极化数据由协方差矩阵 C 表征，矩阵的形状为 $3\times3\times M\times N$，其中 M 和 N 分别为图像高度和宽度。该代码共由三部分组成：数据预处理、模型训练和测试、全极化数据重构，其中前两个部分在 MATLAB 中完成，而使用 Python 训练和测试神经网络。

数据预处理包括提取全极化数据特征、将原图裁切为多个 400×400 大小的切片，由函数 pre_data_tf 或 pre_test_data_tf 完成，分别用于准备训练和测试数据。以 pre_data_tf 为例，函数的调用方式为：[data,data_H,const_array, num_row, num_col, num_total] = pre_data_tf(C)。其中，输入 C 为协方差矩阵，输出分别为全极化特征 data（标签）、单极化数据 data_*H*、极化特征量化值 const_array（每一类特征有 32 级）、图像纵向和横向切分的切片数目和总数。由于原始全极化数据动态范围过大，需要对其提取全极化特征并将其作为神经网络输入，其代码如下。

```
HHHH = squeeze(C(1,1,:,:));
span = HHHH + squeeze(C(2,2,:,:)) + squeeze(C(3,3,:,:));
delta1 = HHHH./span;
delta2 = squeeze(C(2,2,:,:))./span;
delta3 = squeeze(C(3,3,:,:))./span;
rho12 = squeeze(C(1,2,:,:))./sqrt(HHHH.*squeeze(C(2,2,:,:))+1e-10);
rho13 = squeeze(C(1,3,:,:))./sqrt(HHHH.*squeeze(C(3,3,:,:))+1e-10);
rho23 = squeeze(C(2,3,:,:))./sqrt(squeeze(C(2,2,:,:).*C(3,3,:,:))+1e-10);
```

如 8.3 节所述，本书使用了非均匀量化对全极化数据进行量化。量化等级由以下代码得到：

```
const_array = zeros(9,32);
[~,T] = histeq(delta1,32); const_array(1,:) = unique(T);
[~,T] = histeq(delta2,39); const_array(2,:) = unique(T);
[~,T] = histeq(delta3,32); const_array(3,:) = unique(T);
[~,T] = histeq((real(rho12)+1.0)./2,32); const_array(4,:) = unique(T)*2-1;
[~,T] = histeq((imag(rho12)+1.0)./2,32); const_array(5,:) = unique(T)*2-1;
[~,T] = histeq((real(rho13)+1.0)./2,32); const_array(6,:) = unique(T)*2-1;
[~,T] = histeq((imag(rho13)+1.0)./2,32); const_array(7,:) = unique(T)*2-1;
[~,T] = histeq((real(rho23)+1.0)./2,32); const_array(8,:) = unique(T)*2-1;
[~,T] = histeq((imag(rho23)+1.0)./2,32); const_array(9,:) = unique(T)*2-1;
```

模型训练和测试主要由三部分组成：模型构建、模型训练和测试。在命令行中输入 python main.py --data=data_dir，其中，data_dir 为训练数据路径；输入 python main.py --is_train=False --data= test_data_dir，其中 test_data_dir 为测试数据路径。需要注意：main.py 会调用 utils.py 中函数。模型主要分为特征提取、特征转换，模型构建代码如下。

```
import utils
import numpy as np
import tensorflow as tf
def model_build(self):
    ##Build Model
    self.HHHH = tf.placeholder(tf.float32, [None, self.output_size, self.output_size, 1])
    self.H = tf.placeholder(tf.float32, [None, self.feature_size])
    self.X_true = tf.placeholder(tf.float32, [None, 32*9])
```

```
self.hypercolumn = utils.VGG16(self.HHHH)
self.X,self.X_ = utils.T_prediction(self.H)


self.d_loss = - tf.reduce_mean(self.X_true*tf.log(self.X_+1e-7))
self.optim = tf.train.AdamOptimizer(learning_rate=self.learning_
rate, epsilon=1e-6).minimize(self.d_loss)
self.saver = tf.train.Saver()
```

主要的模型训练代码如下。

```
counter = 0
temp_list1  =  np.linspace(0,  self.output_size*self.output_size-1,
self.output_size*self.output_size, dtype = 'int')
temp_list2 = np.linspace(0, self.training_size-1, self.training_size,
dtype = 'int')
for epoch in range(100):
    batch_idxs = len(data_X)
    random.shuffle(temp_list2)
    random.shuffle(temp_list1)

    for idx in temp_list2:
        batch_V = np.reshape(data_V[idx, :, :], [1, self.output_size,
self.output_size, 1])
        temp_H  =  self.sess.run(self.hypercolumn,  feed_dict={self.HHHH:
batch_V})
        temp_H = (temp_H-temp_mean)/temp_var
        temp_X = utils.get_vectorised_T(data_X[idx, :, :, :])

        for index in range(80):
            batch_H = temp_H[temp_list1[index*2000:(index+1)*2000], :]
            batch_X = temp_X[temp_list1[index*2000:(index+1)*2000], :]
            loss1, train_step, X = self.sess.run([self.d_loss, self.optim,
self.X_], feed_dict={self.H: batch_H,
    self.X_true: batch_X})

            counter += 1
            if np.mod(counter, 10) == 9:
                print("Epoch: [%2d] [%4d/%4d] time: %4.4f, d_loss: %.8f" %
(epoch, idx+1, batch_idxs, time.time()

    start_time, loss1))
```

```
self.saver.save(self.sess, FLAGS.dir + "/Generate model")
```

模型测试代码如下。

```
def test(self):

    print("[*]Loading Model...")
    self.saver.restore(self.sess, FLAGS.dir + "/Generate model")
    print("[*]Load successfully!")

    matfn = './data/mean_and_var.mat'
    data1 = sio.loadmat(matfn)
    temp_mean = data1['mean']
    temp_var = data1['var']

    test_V = self.load_data()

    Re_data = np.zeros([len(test_V), self.output_size, self.output_size, 9])
    for i in range(len(test_V)):
        batch_V = np.reshape(test_V[i, :, :], [1, self.output_size, self.
output_size, 1])
        batch_H = self.sess.run(self.hypercolumn, feed_dict={self.HHHH:
batch_V})
        batch_H = (batch_H-temp_mean)/temp_var
        val_X = self.sess.run(self.X_, feed_dict={self.H: batch_H})
        Re_data[i, :, :, :] = utils.inv_vetorization_T(val_X)

    f = h5py.File("./data/test_nj.mat", 'w')
    f.create_dataset('Re_data', data=Re_data)
    f.close()
```

从代码中可以看出，网络会将预测的全极化特征存储在 Re_data 中。

Recons_from_feature 函数会根据预测的全极化特征和已知的单极化数据重构全极化数据，且重构的矩阵形状为 $3 \times 3 \times M \times N$，主要代码如下。

```
SPAN_ = data_H(k,:,:)./Re_data(k,:,:,1);
SPAN_(SPAN_<0) = 0;

IM_test(1,1,(i-1)*im_size+51:i*im_size+50,(j-1)*im_size+51:j*im_size+5
0) = data_H(k,51:350,51:350);
temp2 = SPAN_(1,51:350,51:350).*Re_data(k,51:350,51:350,2);
```

```
   IM_test(2,2,(i-1)*im_size+51:i*im_size+50,(j-1)*im_size+51:j*im_size+5
0) = temp2;
   temp3 = SPAN_(1,51:350,51:350).*Re_data(k,51:350,51:350,3);
   IM_test(3,3,(i-1)*im_size+51:i*im_size+50,(j-1)*im_size+51:j*im_size+5
0) = temp3;
   IM_test(1,2,(i-1)*im_size+51:i*im_size+50,(j-1)*im_size+51:j*im_size+50) =
sqrt(temp2.*data_H(k,51:350,51:350)).*Re_data(k,51:350,51:350,4)+1i*sqrt(te
mp2.*data_H(k,51:350,51:350)).*Re_data(k,51:350,51:350,5);

   IM_test(1,3,(i-1)*im_size+51:i*im_size+50,(j-1)*im_size+51:j*im_size+50) =
sqrt(temp3.*data_H(k,51:350,51:350)).*Re_data(k,51:350,51:350,6)+1i*sqrt(te
mp3.*data_H(k,51:350,51:350)).*Re_data(k,51:350,51:350,7);

   IM_test(2,3,(i-1)*im_size+51:i*im_size+50,(j-1)*im_size+51:j*im_size+50) =
sqrt(temp2.*temp3).*Re_data(k,51:350,51:350,8)+1i*sqrt(temp2.*temp3).*Re_da
ta(k,51:350,51:350,9);
```

参 考 文 献

Boyd S, Parikh N, Chu E, et al. 2011. Distributed optimization and statistical learning via the alternating direction method of multipliers. Foundations and Trends® in Machine learning, 3(1): 1-122.

Charbonneau F J, Brisco B, Raney R K, et al. 2010. Compact polarimetry overview and applications assessment. Canadian Journal of Remote Sensing, 36(sup2): S298-S315.

Chen S, Wang H, Xu F, et al. 2016. Target classification using the deep convolutional networks for SAR images. IEEE Transactions on Geoscience and Remote Sensing, 54(8): 4806-4817.

Cloude S R, Pottier E. 1997. An entropy based classification scheme for land applications of polarimetric SAR. IEEE Transactions on Geoscience and Remote Sensing, 35(1): 68-78.

Collins M J, Denbina M, Minchew B, et al. 2015. On the use of simulated airborne compact polarimetric SAR for characterizing oil-water mixing of the deepwater horizon oil spill. IEEE Journal of Selected Topics in Applied Earth Observations and Remote Sensing, 8(3): 1062-1077.

Dataset: UAVSAR, NASA 2012. Retrieved from ASF DAAC Jan 2014.

Deng J, Dong W, Socher R, et al. 2009. ImageNet: A large-scale hierarchical image database. Computer Vision and Pattern Recognition (CVPR), 248-255.

Freeman A, Durden S L. 1998. A three-component scattering model for polarimetric SAR data. IEEE Transactions on Geoscience and Remote Sensing, 36(3): 963-973.

Jiao L, Liu F. 2016. Wishart deep stacking network for fast POLSAR image classification. IEEE Transactions on Image Processing, 25(7): 3273-3286.

Kersten P R, Lee J S, Ainsworth T L. 2005. Unsupervised classification of polarimetric synthetic aperture radar images using fuzzy clustering and EM clustering. IEEE Transactions on Geoscience and Remote Sensing, 43(3): 519-527.

Larsson G, Maire M, Shakhnarovich G. 2016. Learning Representations for Automatic Colorization. European Conference on Computer Vision.

Le T H, McLoughlin I, Lee K Y, et al. 2010. Neural Network-Assisted Reconstruction of Full Polarimetric

SAR Information. 2010 4th International Symposium on Communications, Control and Signal Processing (ISCCSP), 1-5.

Lee J S, Pottier E. 2009. Polarimetric Radar Imaging: From Basics to Applications. Boca Raton: CRC press.

Levin A, Lischinski D, Weiss Y. 2004. Colorization using optimization. ACM Transactions on Graphics (TOG), 23(3): 689-694.

Li Y, Zhang Y, Chen J, et al. 2014. Improved compact polarimetric SAR quad-pol reconstruction algorithm for oil spill detection. IEEE Geoscience and Remote Sensing Letters, 11(6): 1139-1142.

Liu W, Rabinovich A, Berg A C. 2015. Parsenet: Looking wider to see better. arXiv preprint arXiv:1506. 04579.

Maaten L, Hinton G. 2008. Visualizing data using t-SNE. Journal of machine learning research, 9(Nov): 2579-2605.

Meyer C D. 2000. Matrix analysis and applied linear algebra. SIAM, ISBN 0-89871-454-0.

Murphy K P. 2007. Conjugate Bayesian analysis of the Gaussian distribution. The University of British Columbia, Tech. Rep.

Nord M E, Ainsworth T L, Lee J S, et al. 2009. Comparison of compact polarimetric synthetic aperture radar modes. IEEE Transactions on Geoscience and Remote Sensing, 47(1): 174-188.

Papoulis A, Pillai S U. 2002. Probability, Random Variables, and Stochastic Processes. Noida: Tata McGraw-Hill Education.

Pottier E, Ferro-Famil L. 2008. Advances in SAR Polarimetry Applications Exploiting Polarimetric Spaceborne Sensors. 2008 IEEE Radar Conference.

Raney R K. 2007. Hybrid-polarity SAR architecture. IEEE Transactions on Geoscience and Remote Sensing, 45(11): 3397-3404.

Ruliang Y, Bowei D, Haiying L. 2016. Polarization hierarchy and system operating architecture for polarimetric synthetic aperture radar. Journal of Radars, 5(2): 132-142.

Russakovsky O, Deng J, Su H, et al. 2015. Imagenet large scale visual recognition challenge. International Journal of Computer Vision, 115(3): 211-252.

Simonyan K, Zisserman A. 2014. Very deep convolutional networks for large-scale image recognition. arXiv preprint arXiv:1409. 1556.

Song Q, Xu F, Jin Y Q. 2017. Radar image colorization: Converting single-polarization to fully polarimetric using deep neural networks. IEEE Access, 6: 1647-1661.

Souyris J C, Imbo P, Fjortoft R, et al. 2005. Compact polarimetry based on symmetry properties of geophysical media: the pi/4 mode. IEEE Transactions on Geoscience and Remote Sensing, 43(3): 634-646.

Souyris J C, Mingot S. 2002. Polarimetry Based on One Transmitting and Two Receiving Polarizations: The Pi/4 Mode. IEEE International Geoscience and Remote Sensing Symposium.

Stacy N, Preiss M. 2006. Compact Polarimetric Analysis of X-Band SAR Data. VDE Publishing House.

Wagner S A. 2016. SAR ATR by a combination of convolutional neural network and support vector machines. IEEE Transactions on Aerospace and Electronic Systems, 52(6): 2861-2872.

Xu F, Jin Y Q. 2005. Deorientation theory of polarimetric scattering targets and application to terrain surface classification. IEEE Transactions on Geoscience and Remote Sensing, 43(10): 2351-2364.

Yue D X, Xu F, Jin Y Q. 2017. Wishart–Bayesian reconstruction of quad-Pol from compact-Pol SAR image. IEEE Geoscience and Remote Sensing Letters, 14(9): 1623-1627.

Zhang R, Isola P, Efros A A. 2016. Colorful Image Colorization. European Conference on Computer Vision.

Zhang Z, Wang H, Xu F, et al. 2017. Complex-valued convolutional neural network and its application in polarimetric SAR image classification. IEEE Transactions on Geoscience and Remote Sensing, 55(12): 7177-7188.

Zhou Y, Wang H, Xu F, et al. 2016. Polarimetric SAR image classification using deep convolutional neural networks. IEEE Geoscience and Remote Sensing Letters, 13(12): 1935-1939.

第9章 极化 SAR 因子分解

目标分解是极化 SAR 图像处理的一种主要方式,其本质上是将像素表示为若干已知散射机制的加权和的形式。相干目标分解是直接对 2×2 的复散射矩阵进行分解,其由于受到相干斑噪声的影响而结果不稳定。非相干目标分解则处理极化散射的二阶统计量,即协方差矩阵或相干矩阵,因此结果更稳定。非相干目标分解一般分为基于模型分解和基于特征分解两种。

本章介绍一种极化 SAR 图像处理的新框架:极化 SAR 图像因子分解(Xu et al., 2016)。首先回顾极化非相干目标分解问题及其背后的物理假设,并将它重新定义为一个更广义的逆问题,其称为图像因子分解。这个逆问题将输入的图像分解为原子散射体及其对应的分布图。基于模型和基于特征分析的现有非相干目标分解可以看作是特定约束下图像分解的特殊情况之一。实验证明,这种图像分解算法可以用于进一步研究极化 SAR 图像解译。

9.1 极化 SAR 因子分解理论

1. 散射子与随机相位调制

首先重新审视非相干分解的物理模型。SAR 图像中的目标或场景可以看作是众多不可分解和不可分离的"原子散射体"的组合。这里提出了"原子散射体"的概念,其定义如下。

(1)原子散射体是点散射体,它不能通过提高成像分辨率或扩展成像尺寸而进一步分离;因此,原子散射体必须是相干散射体。实际经验支持这一假设,同一目标看起来更像是一些亮点。

(2)每个原子散射体具有其独特的极化特性,即可由 2×2 相干散射矩阵 $\boldsymbol{S}$ 唯一定义,并可进一步写成 Pauli 基下的矢量形式,即散射矢量:

$$\boldsymbol{S} = \frac{1}{\sqrt{2}}\begin{bmatrix} S_{\mathrm{hh}}+S_{\mathrm{vv}} & S_{\mathrm{hh}}-S_{\mathrm{vv}} & 2S_{\mathrm{hv}} \end{bmatrix}^{\mathrm{T}} \tag{9.1.1}$$

式中,上标 T 表示转置;下标 h、v 分别表示水平极化和垂直极化,假设满足后向散射互易性 $S_{\mathrm{hv}} = S_{\mathrm{vh}}$。注意,另一种常用的矢量化方式为字典式(lexicographic)散射矢量(Cloude and Zebker, 2010)。按照常规表达式,原子散射体的散射矢量可以写成:表示其极化特性的归一化散射矢量及表示其绝对散射幅度 σ 和相位 ϕ 的复数系数的乘积,即

$$\boldsymbol{S}' = \sigma\exp(j\phi)\boldsymbol{S}, \quad \|\boldsymbol{S}\|_2 = 1, \; \arg(S_1) = 0 \tag{9.1.2}$$

式中,$\|\cdot\|_2$ 表示 L-2 范数;j 表示虚数单位,即 $j = \sqrt{-1}$。不妨规定 $\boldsymbol{S}$ 的第一个元素的相

位为 0。现在考虑一个理想的 SAR 系统,假定它可以形成无限高分辨率的 3 维(3D)图像,任何静态目标或场景将表示为分布在 3D 图像空间上的原子散射体云,每个像素包含的原子散射体不超过一个。对于任何实际的 2 维 SAR 系统,每个分辨率单元(为简单起见,下文称为"像素";注意实际像素通常小于分辨率单元,因为雷达系统往往进行过采样)实际上是分布在这个像素空间内所有原子散射体的相干叠加,这些散射体与斜距向垂直,其投影区域就等于对应的分辨率单元(图 9.1)。因此,单视复数 SAR 图像中的任何像素都可以写成:

$$\boldsymbol{S}_{\text{pix}} = \sum_i \sigma_i \exp(j\phi_i)\boldsymbol{S}_i = \sum_i \sigma_i \exp(j2\boldsymbol{k}\cdot\boldsymbol{p}_i)\boldsymbol{S}_i \tag{9.1.3}$$

式中,$\boldsymbol{S}_i$ 为第 i 个原子散射体的归一化散射矢量,其绝对相位 ϕ_i 表示入射波数矢量 $\boldsymbol{k}$ 和其相位中心 $\boldsymbol{p}_i$ 的三维位置的点积。

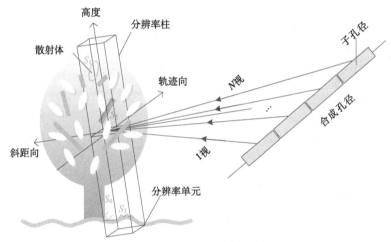

$$\boldsymbol{T} = \sigma_1^2\boldsymbol{S}_1\cdot\boldsymbol{S}_1^{\text{H}} + \sigma_2^2\boldsymbol{S}_2\cdot\boldsymbol{S}_2^{\text{H}} + \sigma_3^2\boldsymbol{S}_3\cdot\boldsymbol{S}_3^{\text{H}} + \sigma_4^2\boldsymbol{S}_4\cdot\boldsymbol{S}_4^{\text{H}} + \cdots$$

图 9.1 连续分布的原子散射体相干叠加

不同的原子散射体相干累加到 SAR 图像的一个聚焦像素上

假设与波长相比,原子散射体 $\boldsymbol{p}_i$ 的位置分布在更大尺度的空间中,其绝对相位 ϕ_i 比较随机,并且会导致随机相位调制效应,这就是单视 SAR 图像中会有相干斑噪声的根本原因。通过多视处理获得其二阶统计量,即相干矩阵可以写成:

$$\boldsymbol{T} = \left\langle \boldsymbol{S}_{\text{pix}}\cdot\boldsymbol{S}_{\text{pix}}^{\text{H}} \right\rangle = \left\langle \left[\sum_i \sigma_i \exp(j2\boldsymbol{k}\cdot\boldsymbol{p}_i)\boldsymbol{S}_i \right]\cdot\left[\sum_i \sigma_i \exp(-j2\boldsymbol{k}\cdot\boldsymbol{p}_i)\boldsymbol{S}_i^{\text{H}} \right] \right\rangle \tag{9.1.4}$$

式中,上标 H 表示厄米转置或共轭转置;$\langle\cdot\rangle$ 表示求系统平均,相当于对不同视图像求均值。对子带/子孔径进行多视处理,不同视具有不同的波数矢量 $\boldsymbol{k}$,其由中心载波波长(频率分集)和中心入射角(角度分集)确定。在某些情况下,作为多视图的近似形式,$\boldsymbol{T}$ 可以通过空间平均获得(Cameron et al., 2013)。它依赖于相同原子散射体在相邻像素上连续分布的假设,也即不同像素中相同原子散射体具有不同的位置 $\boldsymbol{p}_i$。在上述各种情况下,可以认为绝对相位项在独立视数或相邻像素上随机分布。

随着相互独立的视数变得足够大，系统平均将有效地抵消相同原子散射体的绝对相位，同时抑制不同原子散射体之间、由独立随机相位调制造成的互相关性，即

$$\left\langle \left[\sigma_i \exp(j2\boldsymbol{k} \cdot \boldsymbol{p}_i) \boldsymbol{S}_i \right] \cdot \left[\sigma_j \exp(-j2\boldsymbol{k} \cdot \boldsymbol{p}_j) \boldsymbol{S}_j^{\mathrm{H}} \right] \right\rangle \approx \begin{cases} \sigma_i^2 \boldsymbol{S}_i \cdot \boldsymbol{S}_i^{\mathrm{H}} & i = j \\ 0 & i \neq j \end{cases} \quad (9.1.5)$$

由此可得

$$\boldsymbol{T} \approx \sum_i \sigma_i^2 \boldsymbol{S}_i \cdot \boldsymbol{S}_i^{\mathrm{H}} = \sum_i \sigma_i^2 \boldsymbol{T}_i \quad (9.1.6)$$

式中，$\boldsymbol{T}_i$ 为单个原子散射体的秩为 1 的相干矩阵。式(9.1.6)是非相干分解的理论基础，其目的是从观测到的相干矩阵 $\boldsymbol{T}$ 中提取单个散射体 $\boldsymbol{T}_i$，并估计相应的散射系数 σ_i^2。

2. 正向问题

从物理模型上看,很明显式(9.1.3)和式(9.1.6)分别是相干和非相干分解的正向问题。对于相干分解，未知的复数权重经过了随机相位调制。现有的相干分解方法通常将整个像素视为一种散射机制，并在专门设计的特征空间中进行研究，而不是进行完全分解(Cameron et al., 2013)。从式(9.1.3)可以看出，相干分解更适合于高分辨率图像，其中每个像素仅包含一个主导原子散射体。

非相干分解通常适用于不同的情况。从式(9.1.6)可以看出，非相干分解的正问题可以扩展到更一般的图像域或样本空间，即

$$\boldsymbol{T}(n) = \sum_i \sigma_i^2(n) \boldsymbol{T}_i + \boldsymbol{\epsilon} \quad (9.1.7)$$

式中，n 表示第 n 个像素或样本。误差项 $\boldsymbol{\epsilon}$ 包括测量到的相干矩阵中的两个误差部分，即雷达测量噪声 $\boldsymbol{\epsilon}_{\mathrm{noise}}$ 如电子热噪声，以及模型误差 $\boldsymbol{\epsilon}_{\mathrm{model}}$，即正演模型和实际物理过程之间的差异，如在有限数量的独立视数/像素上求系统平均而导致的误差。

这里考虑非相干分解的问题，但将其扩展至一个更一般的框架下。以前的目标分解研究通常对每个像素/样本独立地求解式(9.1.7)。实际上，SAR 图像中的像素在空间上是相关的。因此，最好共同处理一组像素，可以是整个图像或感兴趣区域或像素/超像素簇。为方便起见，式(9.1.7)中的线性表达式可以通过矢量化相干矩阵，以矩阵形式重写。例如，复数 3×3 相干矩阵可以被矢量化为 9×1 实矢量（以下简称为"相干矢量"），即 $\boldsymbol{T}_{3 \times 3} \to \boldsymbol{T}_{9 \times 1}$。

$$\boldsymbol{T}_{9 \times 1} = \mathcal{V}(\boldsymbol{T}_{3 \times 3})$$

$$\triangleq \sqrt{2} \left[\frac{T_{11}}{\sqrt{2}}, \frac{T_{22}}{\sqrt{2}}, \frac{T_{33}}{\sqrt{2}}, \mathrm{Re}(T_{12}), \mathrm{Im}(T_{12}), \mathrm{Re}(T_{13}), \mathrm{Im}(T_{13}), \mathrm{Re}(T_{23}), \mathrm{Im}(T_{23}) \right]^{\mathrm{T}} \quad (9.1.8)$$

式中，Re 和 Im 分别表示取实部和虚部；运算符 $\mathcal{V}(\cdot)$ 表示对相干矩阵向量化。显然，式(9.1.8)中的相干矢量保留了相干矩阵的可加性，即

$$\boldsymbol{T}_{9\times1}^{\mathrm{T}} + \boldsymbol{T}_{9\times1}' = \mathcal{V}\left(\boldsymbol{T}_{3\times3}^{\mathrm{T}} + \boldsymbol{T}_{3\times3}'\right) \tag{9.1.9}$$

此外，它具有相干目标的距离保持特性，即给定两个相干散射矢量 $\boldsymbol{S}_{3\times1}$ 和 $\boldsymbol{S}_{3\times1}'$，以及它们对应的相干矩阵 $\boldsymbol{T}_{3\times3} = \boldsymbol{S}_{3\times1} \cdot \boldsymbol{S}_{3\times1}^{\mathrm{H}}$ 和 $\boldsymbol{T}_{3\times3}' = \boldsymbol{S}_{3\times1}' \cdot \boldsymbol{S}_{3\times1}'^{\mathrm{H}}$，有

$$\boldsymbol{T}_{9\times1}^{\mathrm{T}} \cdot \boldsymbol{T}_{9\times1}' = \left|\boldsymbol{S}_{3\times1}^{\mathrm{H}} \cdot \boldsymbol{S}_{3\times1}'\right|^2 \tag{9.1.10}$$

式中，等号左侧表示它们的相干矢量的内积，等号右侧是它们的散射矢量的内积。它意味着：

（1）如果我们限制散射矢量为单位范数，即 $\|\boldsymbol{S}\|_2 = 1$，则相应的相干矢量具有相同的约束；

（2）由散射矢量 $\boldsymbol{S}_{3\times1}$ 张成的相干目标空间中，一组相干散射体的相互关系在变换到由相干矢量 $\boldsymbol{T}_{9\times1}$ 张成的非相干目标空间之后保持不变。

因此，对于 N 个像素组，式 (9.1.7) 被写为

$$\boldsymbol{Y}_{q\times N} = \boldsymbol{D}_{q\times k} \cdot \boldsymbol{X}_{k\times N} + \epsilon \tag{9.1.11}$$

式中，测量矩阵 $\boldsymbol{Y}_{q\times N}$ 的列为相干矢量 $\boldsymbol{Y}(n) = \boldsymbol{T}_{q\times1}(n), n = 1, \cdots, N$，其中 $q = 9$ 表示相干矢量的维数；原子散射体字典 $\boldsymbol{D}_{q\times k}$ 由总共 k 个原子散射体的相干矢量组成，即 $\boldsymbol{D}(i) = \boldsymbol{T}_i, i = 1, \cdots, k$；散射系数矩阵 $\boldsymbol{X}_{k\times N}$ 由第 i 个原子散射体对第 n 个像素的贡献组成，即 $\boldsymbol{X}(i,n) = \sigma_i^2(n)$。显然，$\boldsymbol{X}$ 的每一行代表相应原子散射体的空间分布图，可称为"叠加分布图"。

式 (9.1.11) 将总的非相干分解问题重新描述为线性矩阵分解问题，其中不同的像素可以在字典中共享相同的原子散射体。然而，从典型的非相干散射目标中分解每个单个相干原子散射体是不必要，而且也不切实际的。例如，树冠的体散射可以看作是树枝和树叶云的整体平均散射。在这种情况下，我们对进一步提取随机分布的单个叶片散射体并不感兴趣，而是将它们的整体作为一个非相干散射体。

该规则可以概括为：如果原子散射体的子集具有相似的空间分布图，即共生 (cooccurence)，则它们可以组合成一个"非相干原子散射体"。注意，"非相干原子散射体"的概念对应于可由一组共生的相干原子散射体表示的实际地物目标。这实际上放宽原子散射体的相干矩阵的秩为 1 的约束。这样，我们可以显著减少字典中原子散射体的数量，而不会减少通过分解获得的有用信息。

因此，我们重新将该问题叙述为一个两阶段生成过程：组装和分布 (图 9.2)，可以用矩阵形式写为

$$\boldsymbol{Y}_{q\times N} = \boldsymbol{C}_{q\times M} \cdot \boldsymbol{A}_{M\times k} \cdot \boldsymbol{X}_{k\times N} + \epsilon \tag{9.1.12}$$

$$\text{s.t.} \ \ \mathrm{rank}\left[\mathcal{V}^{-1}\left(\boldsymbol{C}(i)_{q\times1}\right)\right] = 1, \left\|\boldsymbol{C}(i)_{q\times1}\right\|_2 = 1, \ \sum_m A_{m,i} = 1, \ i = 1, 2, \cdots$$

式中，$\boldsymbol{C}_{q\times M}$ 是所有相干原子散射体的完整集合（因此，$\boldsymbol{C}_{q\times\infty} = \mathbb{C}$ 表示连续相干目标空间）。它的每一列 $\boldsymbol{C}(i)$ 是矢量化的秩-1 相干矩阵，即第一个约束。对于由相干向量

$C_{q\times 1} \in \mathbb{C}$ 表示的任何相干散射体，我们总能找到唯一的散射矢量 $S \in \mathbb{S}$ 表示：

$$C_{q\times 1} = \mathcal{V}\left(S \cdot S^{\mathrm{H}}\right) \tag{9.1.13}$$

其中 $\mathbb{C}$ 和 $\mathbb{S}$ 分别表示两种形式的相干目标空间。注意，对于式 (9.1.13) 和本章的其余部分，我们默认使用 S 的归一化版本，参见式 (9.1.2)，即忽略其绝对幅度和相位。

式 (9.1.12) 的第二个约束要求所有相干原子散射体都是单位强度。$A_{M\times k}$ 是组装矩阵，指如何从基本相干散射体组装字典中的每个非相干目标。式 (9.1.12) 的第三个约束要求所有组装的非相干目标保持单位强度。$X_{k\times N}$ 是分布矩阵，指字典中的每个非相干目标在 SAR 图像中的空间分布。与式 (9.1.11) 相比，我们将非相干字典表达为纯相干散射体字典和组装矩阵的乘积，即 $D_{q\times k} = C_{q\times M} \cdot A_{M\times k}$。从式 (9.1.13) 可知，每个非相干目标实际上用离散化的相干目标空间近似表示为

$$D(i) = \sum_m A_{m,i}C(m) \approx \mathcal{V}\left[\int_{S\in\mathbb{S}} p(S)\left(S \cdot S^{\mathrm{H}}\right)\right] \tag{9.1.14}$$

这可被理解为，$A_{m,i}, m = 1, \cdots, M$ 是连续概率密度函数 (probability density function，PDF) $p(S)$ 的离散采样近似。

在目标分解中，用户感兴趣的是组装矩阵 $A_{M\times k}$ 和分布矩阵 $X_{k\times N}$。前者描述了 k 个原子散射体的极化散射特性，后者包含了 k 个原子散射体的空间分布图。处理连续相干目标空间 $C_{q\times\infty}$ 是不切实际的。因此，在不失一般性的情况下，我们可以选择固定的 $C_{q\times M}$ 来表示离散化后的整个目标空间的相干原子散射体，如在相干目标空间中均匀采样。式 (9.1.11) 定义了一个非相干目标分解的统一框架：

(1) 如果 $N = 1$，则退化为传统的单像素非相干目标分解，其中基于特征分析的分解求解的是 $A_{M\times k} \cdot X_{k\times N}$ 的乘积；基于模型的分解方法固定 $A_{M\times k}$ 而求解 $X_{k\times N}$。

(2) 如果 $N > 1$，则它会共同分解多个像素。在本书中，我们希望同时求解 $A_{M\times k}$ 和 $X_{k\times N}$。在某种程度上，它一方面解决目标分解问题；另一方面进行像素聚类。

最后，图 9.2 显示了极化 SAR 图像的两阶段生成模型：第一阶段，来自相干目标空间的样本被组装为非相干目标，其对应于场景中常见的特定散射地物目标；第二阶段，这些典型的地物分布在场景中，意味着 SAR 图像中的像素被分解为非相干目标的线性和。因此，组装矩阵 $A_{M\times k}$ 的列等于在相干目标空间中定义的特定非相干目标的 PDF，而分布矩阵 $X_{k\times N}$ 的列可以被理解为每个非相干原子目标的能量分布图。

3. 逆问题

给定式 (9.1.12) 中的正问题模型，我们的最终目标是求解其逆问题，即从给定的 PolSAR 图像 Y 和离散采样的相干目标空间 C 中，估计组装矩阵 A 和分布矩阵 X：

$$A, X = \arg\min \mathcal{D}\left(Y_{q\times N}; C_{q\times M} \cdot A_{M\times k} \cdot X_{k\times N}\right) \tag{9.1.15}$$

式中，$\mathcal{D}(;)$ 为重建的和实际的极化 SAR 图像之间的距离，可以是欧几里得距离或任何其他距离。考虑到它与矩阵因子分解的相似性，我们将此问题称为极化 SAR 图像因子分

解。这个问题与机器学习中研究的许多问题相似,如主题模型、文档聚类、模式识别(Lee and Seung, 1999; Brunet et al., 2004; Cai et al., 2010),因此可以借鉴机器学习中解决类似问题的方法。

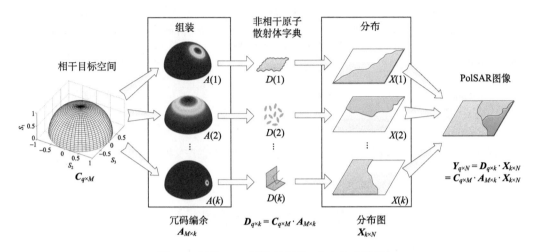

图 9.2　极化 SAR 图像的组装-分布生成模型

相干散射体被组装成不同的非相干原子散射体,进一步地在空间中连续分布以产生极化 SAR 图像

极化 SAR 图像因子分解可以看作是单像素极化目标分解和极化 SAR 图像聚类的推广问题。一方面,它与单像素目标分解的不同之处在于,图像像素被认为是空间相关的,因此用混合后的通用字典来为其建模。另一方面,它与图像聚类的不同之处在于允许像素部分属于一个聚类而部分属于其他聚类。极化 SAR 图像分解可以退化为传统的目标分解或图像聚类问题。

(1) 假设组装矩阵是单位矩阵,即 $\boldsymbol{A} = \boldsymbol{I}$,该问题退化为将相干矩阵分解为秩-1 相干目标。 这是一个欠定问题,只有在应用其他约束时才能唯一解决。例如,如果我们强制秩-1 相干目标正交,这就是众所周知的 Cloude-Pottier 特征分析分解。另一种独特的解决方案是假设多元 Gauss 分布,这将在 9.2 节 "冗余编码" 中介绍。

(2) 设分布矩阵为二进制矩阵(0 或 1),且每列只有一个元素为 1,即 $\boldsymbol{X} = \boldsymbol{B}$,此问题就是将像素聚类成 k 个簇,每个簇都由一个非相干散射体表示。

(3) 固定组装矩阵,即非相干字典 $\boldsymbol{D} = \boldsymbol{C} \cdot \boldsymbol{A}$ 是固定的,如使用手工设计的字典,则它就是基于模型的非相干目标分解,如 Freeman 分解、Yamaguchi 分解等。大多数现有的基于模型的分解都适合这个框架。虽然这些方法各有估计分布矩阵 $\boldsymbol{X}$ 的算法,但是这个问题总是可以通过诸如最小二乘的一般优化方法来解决。

图 9.3 总结了不同问题之间的关系以及相应的解决方案,其中一些将在 9.2 节中进一步讨论。

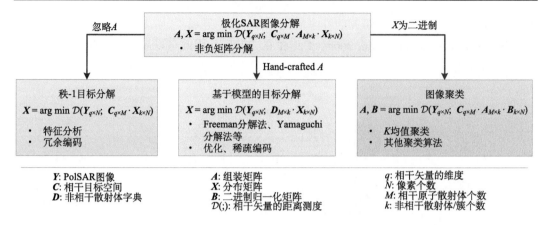

图 9.3　极化 SAR 图像因子分解——目标分解和图像聚类的广义框架及其相应的解决方案

9.2　极化 SAR 因子分解算法

1. 相干散射目标空间

在求解逆问题之前，我们首先设计一个离散的相干散射目标空间 $C_{q\times M}$。根据式 (9.1.2)，如果相干散射在归一化后具有相同的散射矢量，则认为它们具有相同的极化特征，即认为它们的绝对振幅和相位不含有极化特征信息。归一化散射矢量定义在复单位球面上(三轴均为复数)难以可视化，也难以均匀离散化。对于三维球体的离散化，存在十二面体和双螺旋采样等方法，但它们不能直接应用于复单位球体。为了对相干目标空间离散化，这里采用简单的随机抽样。首先，S_i 的实部和虚部从独立单位 Gauss 分布 $N(0,1)$ 生成；其次，生成的 S 被归一化。强制第一个分量相位为零，以消除绝对相位，即 $\arg(S_1) = 0$。使用 Pauli 基，众所周知，S_1 代表奇次对称散射，S_2 和 S_3 分别代表旋转后混合的二次对称散射和非对称散射(Xu and Jin, 2005)，即

$$S = \begin{bmatrix} S_1^d & S_2^d \cos 2\psi & S_3^d \sin 2\psi \end{bmatrix}^{\mathrm{T}} \tag{9.2.1}$$

式中，上标 d 表示去取向(deorientation)。第一个 Pauli 分量是旋转不变的，$S_1^d = S_1$。去取向的 S_2^d 表示最大对称二次散射分量，而 S_3^d 表示最小非对称散射。取向角 ψ 可以从 S 估计(Xu et al., 2005)，并且与目标的方位角直接相关。应该注意的是，一般来说，散射取向角 $\psi \in [0, \pi]$，但是对于纯二次散射，即 $S_1^d = 0$，取向角与绝对相位不可分离，因此简化为 $\psi \in [0, \pi/2]$ 的范围。

针对相干散射目标空间，已经有许多可视化方案。例如，Cameron 单元盘(Cameron and Leung, 1990)将其分为 6 种类型的对称散射体；Cloude-Pottier 的 alpha 和 beta 参数定义了 1/8 球面；Xu-Jin 的 u-v-w 参数定义了四分之一球。Cameron 和 Rais(2013)为相干散射引入了一个度量空间，这是一个不规则的 5-D 实空间。在这些目标空间中，取向角通常不被视为一个维度。但方位角应是目标的一个重要特征，如 Yamaguchi 的四分量分解

采用具有三种不同取向分布的体散射体(Yamaguchi et al., 2011)。

在这里，我们简单地使用由 3D 实矢量$\left[S_1^{\mathrm{d}},\ \left| S_2^{\mathrm{d}} \right| \cos 2\psi,\ \left| S_3^{\mathrm{d}} \right| \sin 2\psi \right]$张成的单位半球面来可视化相干目标空间(图 9.4)。这里，我们丢弃S_2^{d}和S_3^{d}的相位信息，而在丢弃绝对相位后，S_1^{d}被强制为正实数。从图 9.4 中可以看出，大多数对称目标位于单位半球上，可以映射到 Cameron 单位圆盘的实 z 轴。从图 9.4 右侧所示的俯视图中，它将散射机制包括球面、圆柱体、偶极子、窄二面体映射和二面角，将取向角度映射到角度维。

注意，当接近 $z = -1$ 环时，取向角变为 90°模糊，这意味着半球从一侧连接到另一侧。例如，$z = -1, \psi = \psi'$的目标相当于$z = -1, \psi = \psi' + \pi / 2$的目标。还要注意，非对称目标位于该半球之外，但可以通过省略 z 虚部将其投影到半球上，即

$$S = \frac{\left[1 + \mathrm{Re}(z)\quad \left(1 - \mathrm{Re}(z) \right) \cos 2\psi \quad \left(1 - \mathrm{Re}(z) \right) \sin 2\psi \right]^{\mathrm{T}}}{\sqrt{2 + 2\mathrm{Re}(z)^2}} \tag{9.2.2}$$

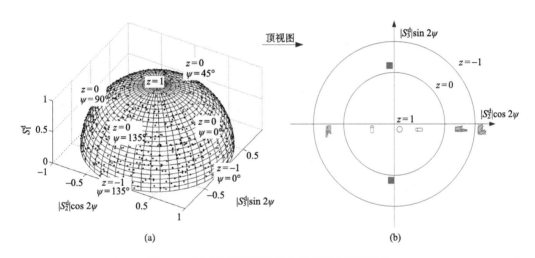

图 9.4　相干散射目标在单位半球面上的可视化

(a)显示了半球上 z、ψ 参数的分布以及随机抽样的例子；(b)显示 2D 顶视图和典型散射体的分布

2. 冗余编码

给定相干目标空间$C_{q \times M}$和测量的极化 SAR 数据$Y_{q \times N}$，式(9.1.15)中所述的逆问题是寻求最优的散射体字典$A_{M \times k}$和分布图$X_{k \times N}$。我们提出了一个两步法来求解式(9.1.15)。

步骤 1：找到分解$Y_{q \times N} = C_{q \times M} \cdot R_{M \times N}$的唯一解，即秩-1 分解；

步骤 2：通过矩阵因子分解求解$R_{M \times N} = A_{M \times k} \cdot X_{k \times N}$。

对于步骤 1，本节介绍一种新的秩 1 分解法，它与其他秩 1 分解(如特征分解或稀疏编码)完全不同。该方法强制解的冗余性，而不是通常用于这类欠定问题的稀疏性。因此，我们将其称为"冗余编码"，而不是"稀疏编码"。

冗余编码简单地将非相干散射分解为尽可能多的相干散射体的组合。冗余编码的一

种简单方法是假设 Gauss 分布,这意味着任何非相干矩阵都可以被唯一地映射到多变量复 Gauss 分布中(Lee and Pottier, 2009),即

$$T_{3\times3} = \int_{S'\in\mathcal{S}'} dS' \frac{1}{\pi^3 |T_{3\times3}|} \exp\left[-S'^{H} \cdot (T_{3\times3})^{-1} \cdot S'\right](S' \cdot S'^{H}) \tag{9.2.3}$$

多变量复 Gauss 分布定义在整个 3D 复空间 $S' \in \mathcal{S}'$,$\|S'\|_2 \in [0,\infty]$ 中。由于我们关注的极化特性,可以由归一化的 $S \in \mathcal{S}$,$\|S\|_2 = 1$ 完全表示,即复单位超球面,式(9.2.3)可以写成径向角度两步积分。设 $S' = xS, x \in [0,\infty]$,于是有

$$T_{3\times3} = \int_{S\in\mathcal{S}} dS \int_0^\infty x^5 dx \frac{1}{\pi^3 |T_{3\times3}|} \exp\left[-xS^{H} \cdot (T_{3\times3})^{-1} \cdot xS\right](xS \cdot xS^{H}) \tag{9.2.4}$$

其中,外部积分为沿角度的 5 重积分,因此在内部积分中产生径向因子 x^5。式(9.2.4)可简化为

$$T_{3\times3} = \int_{S\in\mathcal{S}} dS \frac{3}{\pi^3 |T_{3\times3}|}\left[S^{H} \cdot (T_{3\times3})^{-1} \cdot S\right]^{-4}(S \cdot S^{H}) \tag{9.2.5}$$

式中的 PDF 实际上是式(9.2.3)在归一化的相干目标空间的边缘分布 PDF。因此,分解的权重应该与每个原子散射体的似然概率成比例。给定随机采样的相干目标空间 $C_{9\times M}$,得到相应的散射矢量,记为 $S_i, i = 1, 2, \cdots, M$。相干矢量 $T_{9\times1} = \mathcal{V}(T_{3\times3})$ 的冗余编码矢量 $R_{M\times1}$ 可计算为

$$R_i \propto \left\{-S_i^{H} \cdot \left[\frac{T_{3\times3}}{\mathrm{Tr}(T_{3\times3})}\right]^{-1} \cdot S_i\right\}^{-4}, \quad \sum_i R_i = \mathrm{Tr}(T_{3\times3}) \tag{9.2.6}$$

式中,$\mathrm{Tr}(\cdot)$ 表示矩阵的迹。显然,$\mathrm{Tr}(T_{3\times3})$ 表示总散射功率。从式(9.2.6)可以看出,编码矢量 $R_{M\times1}$ 的模式完全由极化特征决定,其范数等于总功率。根据式(9.2.5),式(9.2.6)可以保证精确重建相干向量:

$$T_{9\times1} \overset{M\to\infty}{\Longrightarrow} C_{9\times M} \cdot R_{M\times1} \tag{9.2.7}$$

给定任意随机生成的归一化相干目标字典 $C_{9\times M}$,式(9.2.7)的期望重建误差可估计为

$$E\left(\|T_{9\times1} - C_{9\times M} \cdot R_{M\times1}\|_2\right) = \frac{\mathrm{Tr}(T_{3\times3})}{\sqrt{M}} \tag{9.2.8}$$

式中,$E(\cdot)$ 表示期望。

我们所提出的冗余编码分解有以下特点:

(1)保证任何非相干目标有唯一准确解。

(2)将非相干目标空间唯一地映射到非负高维欧氏空间中。

(3)分解得到的编码矢量具有概率和/或能量的物理意义。

(4)不保留相加性,即两个不同的相干矢量的冗余编码矢量的平均值不等于它们的平

均相干矢量的冗余编码矢量。这个差异与两个相干矢量之间的差异成比例，但它仍然是线性编码，因此它仍然可以用于线性分解。

注意，冗余编码与相干矩阵求逆有关。因此，如果相干矩阵不是满秩，则理论上编码矢量变为 Dirac-δ 函数，无法在离散化的目标空间上表示。为了避免这个问题，给相干矩阵的对角元素加了一个小的正则量 $\delta \ll 1$。它相当于用非常窄的 Gauss 函数逼近 δ 函数。

使用图 9.4 中所示的单位半球面，可以通过在单位半球上绘制其冗余编码图来可视化任何非相干目标。图 9.5 可视化了一些典型的散射机制，其中均匀、水平和垂直的体散射和螺旋分量在 Yamaguchi 分解已有使用。

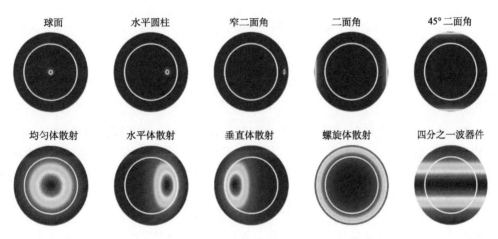

图 9.5　在单位半球面上可视化典型散射机制的冗余编码

蓝色到红色表示概率密度函数

3. 非负矩阵分解

冗余编码和两步法提供了一种将图像因子分解转化成非负矩阵分解(nonnegative matrix factorization，NMF)问题的方法。在步骤 1 中，同时计算极化 SAR 图像中所有像素的冗余编码分解，即

$$Y_{q \times N} = C_{q \times M} \cdot R_{M \times N} \tag{9.2.9}$$

式中，$R_{M \times N}$ 的每一列是式(9.2.4)中计算到的 $Y_{q \times N}$ 的相应列的冗余编码矢量。在第二步中，式(9.1.15)中的原始问题变为

$$A, X = \arg\min \mathcal{D}\left(R_{M \times N}; A_{M \times k} \cdot X_{k \times N}\right) \tag{9.2.10}$$

这是典型的 NMF 问题。注意，$R_{M \times N}$ 是非负的，且根据定义 $A_{M \times k}$、$X_{k \times N}$ 应该也是非负的。值得注意的是，NMF 问题解决了许多非相干目标分解方法中常遇到的负功率问题。它在概率或能量域中描述这个问题，其中所有变量定义为非负。

众所周知，NMF 擅长进行部分表征学习(Lee and Seung, 1999)，因为其非负可加性能使得不同分量不能相互抵消。这种能力显然也有利于极化目标分解。Kullack-Leibler(KL)散度被选作为距离测度 $\mathcal{D}(;)$ (Cai et al., 2010)。KL 散度可以测量两个概率分布之间的差异。它符合 $\boldsymbol{R}$ 的概率性质，即

$$\mathcal{D}(\boldsymbol{R};\boldsymbol{R}') = \sum_{m,n} R_{mn} \log \frac{R_{mn}}{R_{mn}'} - R_{mn} + R_{mn}', \quad \boldsymbol{R}' = \boldsymbol{AX} \tag{9.2.11}$$

带 KL 散度的 NMF 可以用著名的乘子更新算法来求解(Lee and Seung, 1999)。尽管最近提出了许多其他算法和变体(Cai et al., 2010)，但这里采用 Lee 和 Seung 提出的原始算法，它由两个简单的运算组成：

$$A_{mk} \leftarrow A_{mk} \frac{\sum_n \left(R_{mn} X_{kn} / \sum_k A_{mk} X_{kn} \right)}{\sum_n X_{kn}} \tag{9.2.12}$$

$$X_{kn} \leftarrow X_{kn} \frac{\sum_m \left(R_{mn} A_{mk} / \sum_k A_{mk} X_{kn} \right)}{\sum_m A_{mk}} \tag{9.2.13}$$

NMF 是非凸优化问题，因此易受局部最小值的影响。良好的初始化方式对于获得最优解至关重要。这里遵循 NMF 算法的常见做法，采用具有多个随机初始化的传统 k 均值聚类进行初始化。经验表明，具有至少 10 个随机初始化的 k 均值可产生稳健的最终解。有关 NMF 的技术细节和示例代码可以在 Cai 等(2010)及其相关网站等参考资料中找到。

根据定义，解得的 $\boldsymbol{A}$ 应进一步归一化，以使 $\boldsymbol{A}$ 的每一列范数为 1，且应该将归一化因子按行补偿给 $\boldsymbol{X}$，使得最终重建的 $\boldsymbol{R}' = \boldsymbol{A} \cdot \boldsymbol{X}$ 保持不变。

由于具有不同散射机制的像素在散射强度方面差别很大，因此在优化过程中强度值大的像素将迅速占主导地位。为了避免这个问题，我们对 $\boldsymbol{R}$ 的所有列进行归一化，以便所有像素对目标函数的贡献相等。然而，弱散射像素可能已经被系统噪声显著污染。因此，在处理真实的 SAR 图像时，我们会故意去除目标函数中的这些像素。

确定原子散射体数 k 是众所周知的难题。我们建议在大多数情况下使用大小为 $k=8$ 的原子字典。然而，可以根据分布图之间的重建误差或能量平衡来调整该参数。使用诸如 Akaike 信息准则(Akaike information criterion, AIC)(Akaike, 1974)或 Bayes 信息准则(Bayesian information criterion, BIC)的方法也可以自动选择最佳 k。

9.3 实验验证与结果分析

1. 基于仿真数据的验证

首先，可以使用仿真的极化 SAR 数据来验证所提出的基于 NMF 的极化 SAR 图像因子分解算法。按照图 9.2 所示的组装-分布生成模型，使用随机生成的极化散射体和相应的分布图来模拟合成的极化 SAR 图像。随机生成一组 8 个原子散射体(由其相干矩阵表示)。它们在单位半球面上的可视化结果如图 9.6 所示。它包括 2 个二面角散射体、2

个窄二面角散射体、1 个体散射体和 3 个表面散射体，它们都具有不同的取向。对于每个原子散射体，手动设置了其对应的分布图(具有随机性)，如图 9.7 所示。分布图大小为100×110 像素，用于模拟各种地形目标，前 3 个分布图组合覆盖整个区域，第 5 和第 8 个分布图是随机点。所有分布图都通过乘法噪声进一步调制。可以看出，每个像素包含至少 2 个、最多 4 个不同的散射体，可见分离这些重叠的散射体具有挑战性。最终合成的极化 SAR 图像如图 9.8 所示。

图 9.6　一组 8 个随机生成的极化原子散射体可视化于单位半球面上，
用于生成图 9.8 所示的仿真极化 SAR 图像

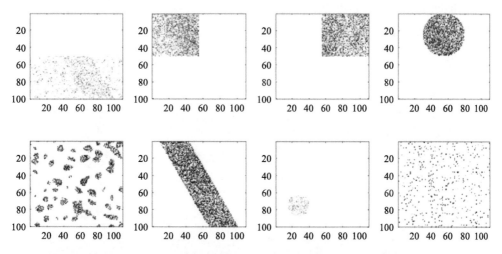

图 9.7　随机生成散射体分布图，与图 9.6 中所示的相应 8 个原子散射体一一对应，
用于生成图 9.8 中所示的仿真极化 SAR 图像

图 9.8　使用图 9.6 中所示的原子散射体和图 9.7 中所示的分布图仿真的极化 SAR 图像

Pauli 颜色编码：红：HH-VV，绿：HV + VH，蓝：HH + VV

　　将所提出的方法用于图 9.8 合成极化 SAR 图像，分解得到分离良好的原子散射体及其相应的分布图。如图 9.9 所示，恢复的原子散射体符合实际情况。同时，在图 9.10 中所示的恢复出的分布图中，尽管可以在不同的地图之间看到轻微的交叉混淆，但可以清楚地观察到其基本形状。图 9.11 中所示的重建的极化 SAR 图像也能与图 9.8 中的原始图像很好地匹配。然而，如果我们应用传统的非相干目标分解方法，则不能将这种复杂的极化 SAR 图像中的各种极化散射机制组合区分开。图 9.12 显示了由 Yamaguchi 四分量方法(Yamaguchi et al., 2011)分解的 4 个分量，其中每个分量包含多个散射体的混合。

图 9.9　通过对图 9.8 中的仿真极化 SAR 图像进行图像分解，
恢复出的 8 个原子散射体(与图 9.6 对比)

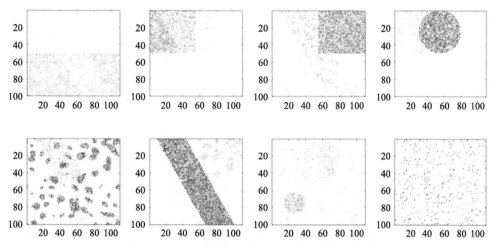

图 9.10　对图 9.8 中所示的极化 SAR 图像进行图像分解，恢复得到的分布图（与图 9.7 对比）

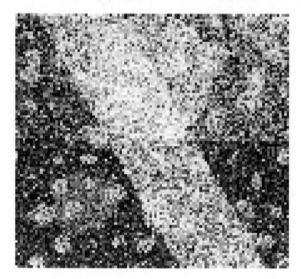

图 9.11　图像分解后重建的极化 SAR 图像（与图 9.8 中所示的原始极化 SAR 图像对比）

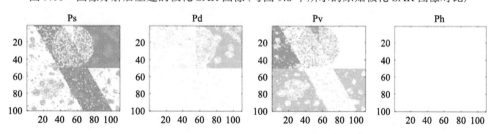

图 9.12　对图 9.8 中所示的仿真极化 SAR 图像进行 Yamaguchi 分解得到的 4 个分量

2. 基于实测数据的验证

本节将 2012 年 5 月由 NASA / JPL 的 UAVSAR 获得的美国加利福尼亚州圣地亚哥地区的机载 L 波段高分辨率极化 SAR 图像作为实验数据。MLC 图像在距离向和方位向上的分辨率分别为 5.6 m×7.2 m。它在距离向和方位向视数分别为 3 和 12。

如图 9.13 所示,研究的第一个感兴趣区域是一个住宅建筑区域,建筑物的朝向不同。图 9.13 (a)~(c) 分别显示了对应区域的 Google Map™ 航拍图片,Pauli 颜色编码的原始极化 SAR 图像,以及通过因子分解重建的极化 SAR 图像。重建后的图像与原始图像吻合良好,证明了因子分解的准确性。

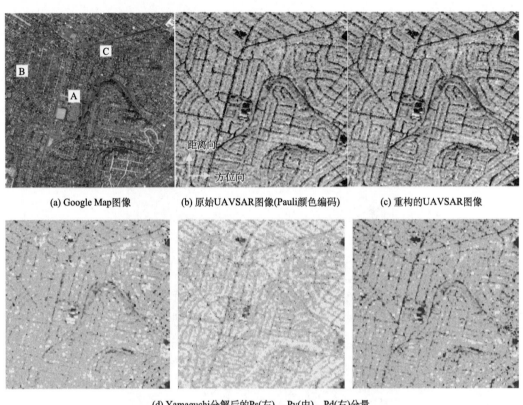

(a) Google Map图像　　　(b) 原始UAVSAR图像(Pauli颜色编码)　　　(c) 重构的UAVSAR图像

(d) Yamaguchi分解后的Ps(左)、Pv(中)、Pd(右)分量

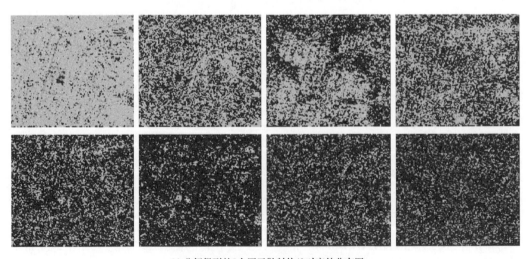

(e) 分解得到的8个原子散射体(f)对应的分布图

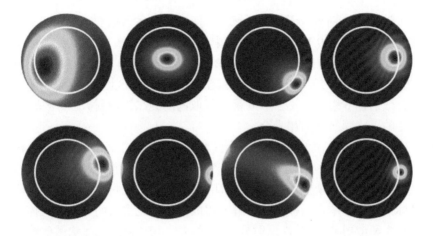

(f) 分解得到的8个原子散射体，可视化于单位半球面上：从左到右、从上到下，编号为1~8

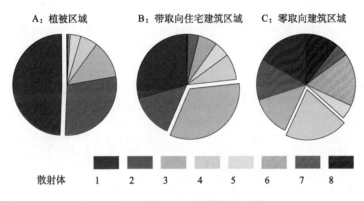

(g) 区域A、B、C的散射能量分布

图 9.13　住宅建筑区域样例研究

图 9.13（d）显示了通过 Yamaguchi 分解提取的三个主要分量，可以看到不同的散射体没有很好地被分离开。通过使用所提出的分解方法，原始极化 SAR 图像可以被分解成 8 个原子散射体，其分布图和特征图分别在图 9.13（e）和图 9.13（f）中给出。可以看到，散射体 1 是一个包含多个散射机制的集合散射体，它是该区域的主要散射体。散射体 2 明显对应于开放的表面区域，如公园，其能量集中在单位半球的表面散射区域。散射体 3 和散射体 4 对应于不同街区的建筑物，这些建筑物展示了分离具有不同方向的建筑物的能力。散射体 5 用于识别纯二面角散射体，其对应于面向雷达的建筑物。在其特征图上，散射体 5 位于零取向区域。相反，散射体 7 虽然也是二面角散射体，但位于–15°取向区域，其分布图也显示它对应于具有小倾斜角度的建筑物。该情况表明，所提出的分解方案能够自动地分离具有不同取向的不同散射机制。注意，实际上不同散射体的数量远远超过 8 个散射体。这些残余散射体的能量不显著。然而，这些残余能量将累加到第一个散射体中，使得它变得更随机。

在图 9.13（g）中，我们进一步检查了不同区域的 8 个散射体的组成。图 9.13（a）中标记的区域 A、B 和 C 分别对应于植被区域、带取向的住宅区域和零取向建筑区域。它们的分量组成饼状图，如图 9.13(g)所示，其中可以发现，区域 A 主要由散射体 1(集合散射)和散射体 2(开放表面散射)组成。区域 B 主要由散射体 1 和散射体 3 组成，也就是 -15° 取向的二次散射。这与区域 B 的住宅建筑略微倾斜相吻合。区域 C 明显由部分散射体 4 和部分散射体 6 组成。散射体 6 是有零取向的纯二次散射。这与区域 C 包括一些直接面向雷达的孤立建筑立面相吻合。

第二个研究区域如图 9.14 是一个混合区域，包含建筑物、水域、草地、桥梁和其他人造目标。各子图以与图 9.13 中相同的顺序排列。重建的极化 SAR 图像与原始图像很好地吻合。由于场景的复杂性，如 Yamaguchi 分解法的传统目标分解方法不能完全区分各种地形目标。另外，本章所提出的分解方案成功地将光滑表面分为散射体 2，人造目标分为散射体 3 和散射体 5，单次反射分为散射体 4，稍微倾斜的二次散射体分为散射体 7 等。各种地形物体及其不同散射成分区分良好。例如，水面和草原的散射能量集中在散射体 2 中，因为它们都属于粗糙面散射；桥梁的散射能量集中在散射体 3 中，即偶极子散射；河岸的散射能量集中在表面散射体 4 中；船只/飞机的散射能量集中在散射体 5 中，它是二面角散射；机场建筑物的散射主要存在于散射体 7 中，它是二次散射。

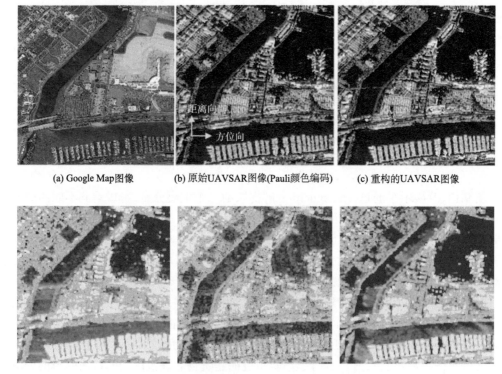

(a) Google Map图像　　　(b) 原始UAVSAR图像(Pauli颜色编码)　　　(c) 重构的UAVSAR图像

(d) Yamaguchi分解后的Ps(左)、Pv(中)、Pd(右)分量

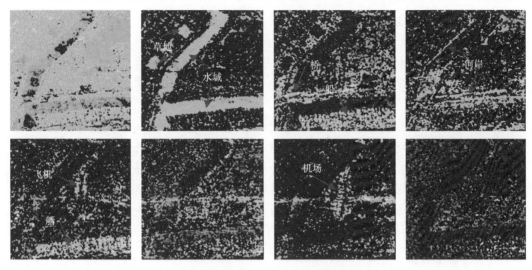

(e) 分解得到的8个原子散射体(f)对应的分布图

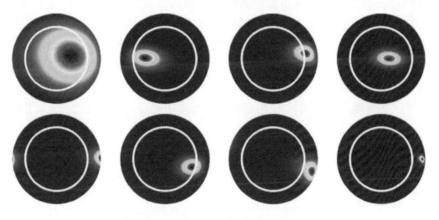

(f) 分解得到的8个原子散射体，可视化于单位半球面上

图 9.14 混合区域样例研究

3. 讨论与扩展

1)关于非相干目标分解的稀疏性

非相干目标分解问题是将相干矩阵分解为多个秩为 1 或预定义的相干矩阵的和。基于模型的分解通常通过传统的线性代数来解决。我们认为其主要限制在于过度简化，且预定义模型的数量有限。因此，只能获得关于散射机制的定性信息。这是由于相干矩阵固有的少量自由度(degrees of freedom，DoF)，使得它成为一个不确定的问题。对于这些问题，如压缩感知(compressive sensing，CS)和稀疏编码等基于稀疏性的方法已被广泛使用。在这种情况下，我们应该构造一个过完备的非相干字典 D ，并采用 CS 技术来估计散射机制及其权重。然而，根据 CS 理论的唯一表征性(unique representation property，

URP）条件（Babaie-Zadeh and Jutten, 2010），基于稀疏性的 L1 范数优化只有在实际稀疏度 $k < 1 + 0.5/\eta$ 时才能提供稳定的解，其中 k 表示实际散射体数目，η 是字典 $\boldsymbol{D}$ 中任何一对原子散射体的最大允许内积值。显然，如果我们想要恢复 $k = 3$ 个不同的散射机制，所有原子散射体必须至少相隔 $\eta < 0.25$。然而，这距离很大，将导致非常低的散射机制分辨率。

显然，通过 CS 方法求解秩 1 分解将受到相同的限制。在应用正交性约束之后，基于特征值分析的分解可以保证得到唯一、稳定且稀疏的解。我们相信，如果只关注主要散射机制，也就是主特征向量，它的确是一种很好的定量分解方法。

本章提出了冗余编码，假设非相干散射体服从 Gauss 分布。因此，它限制分解的散射体的数量冗余，而不是 CS 或特征值分析中的稀疏性。但是，在本章提出的方法的第二步中，NMF 本质上强制分解结果的稀疏性。

2）实际应用中的局限性

本章所提出的算法的运算资源要求很高。其计算复杂度与图像的像素数成正比。对于实际应用，在 NMF 过程中使用包括所有像素的原始图像是不切实际的。因此，一种简单的加速算法的方法是，使用下采样后的图像（更少像素）进行字典学习。一旦字典固定，就可以快速估计整个图像的分布图。图 9.13 和图 9.14，表明字典学习在下采样之后依然能产生稳定的结果。采样率可以低至原始图像的 5% 像素。实验表明，在使用带 Core-i7 CPU 的普通 PC 上运行的 MATLAB™代码实现，可以在不到 2min 的时间内处理完 100 万像素的图像。

将该方法用于真实图像时，读者应知道这个算法的另一个限制。由于极化特征空间的维度有限，从数据中学习的不同原子散射体的数量也是有限的。我们推荐的最大字典大小为 $k = 8$。增加字典大小会产生一些弱的原子散射体，这些弱的原子散射体很容易受到噪声的影响，从而变得不准确。这意味着如果所研究的区域里包含多于 8 种类型的不同散射体，则所提出的方法可能无法有效提取它们。在某种意义上，所提出的方法更适合于局部区域的精细分析，其中不同的散射机制可以被更好地分解并映射到空间中。

3）基于因子分解的扩展应用

基于图像分解的直接应用是 SAR 图像降噪。极化 SAR 图像现在由学习到的原子散射体字典表示，噪声被转换为特征空间，即分布图。由于实值分布图事实上是能量图像，在转换为 dB 尺度后等同于光学图像，因此许多现有的噪声滤波算法可以直接应用于分布图，可以使用滤波后的分布图，重建得到滤波后的极化 SAR 图像。图 9.15 给出了一个例子。由于其极低的散射强度，平坦的地面严重地受到干扰噪声污染。这种噪声不能通过传统的相干斑滤波方法去除，如预试法（pretest）（Chen et al., 2010）。如图 9.15（b）所示，它只能平滑干扰条纹。另外，如果我们在分布图上应用简单的噪声滤波，则来自经图像分解后重建的图像可以更好地抑制干扰噪声，如图 9.15（c）所示。

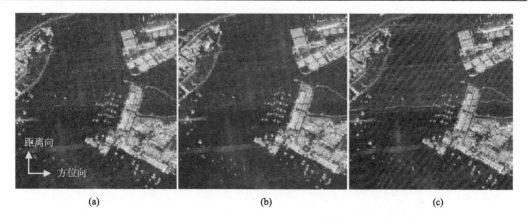

图 9.15　(a) 原始带噪声 UAVSAR 图像；(b) 在应用 pretest 相干斑滤波后；
(c) 使用图像分解、经滤波的分布图得到的重建图像

　　另一个例子是图像分类。图像因子分解提供了一种新的极化 SAR 图像表征方式。在由学习到的原子散射体字典张成的特征空间中，极化 SAR 图像中的每个像素现在可由实特征向量表示。因此，可以直接应用许多现有的机器学习算法。

　　例如，支持向量机(support vector machine，SVM)这样的监督分类算法可以用于极化 SAR 图像分类。无监督分类(聚类)也可以应用于特征空间。给定用字典表征的主要散射机制，我们可以根据最强的散射体选择种子像素作为初始聚类中心。本章旨在提供一种新的数据表征和信息提取方法，在此基础上可以开发更多实际应用。图 9.16 展示了一个简单的例子，即选取 UAVSAR 图像的一部分，经过因子分解后得到实特征向量，再采用分解出来的较强散射子作为种子进行 SVM 分类，最终分为三类，结果图如右图所示。

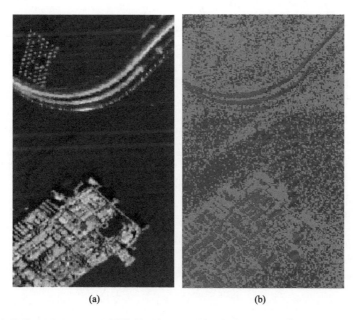

图 9.16　(a) 圣地亚哥 UAVSAR 图像的局部；(b) 基于极化 SAR 图像因子分解的无监督分类

附录　实例代码——极化 SAR 因子分解

　　所有代码在 MATLAB 中实现，PolSAR_Factorization.m 为一个 demo 程序。其中，NMF 部分基于 Cai 等的代码，可在 https://github.com/ZJULearning/MatlabFunc/tree/master/-MatrixFactorization 处下载。如 9.1 节所述，极化 SAR 因子分解算法主要针对相干矩阵 T，示例数据中的协方差矩阵 C（矩阵形状：$3 \times 3 \times M \times N$）可通过函数 C2T 转化为相干矩阵，代码如下。

```
function T = C2T(C)
[p,q] = size(C);
if p==3 && q ==3
    U3 = [1,0,1;
          1,0,-1;
          0,sqrt(2),0];
    T = U3*C*U3'/2;
elseif p==4 && q==4
    U4 = [1,0,0,1;
          1,0,0,-1;
          0,1,1,0;
          0,1j,-1j,0];
    T = U4*C*U4'/2;
end
```

将得到的相干矩阵向量化：

```
X = zeros(9,n*m);
X(1,:) = T(1,1,:);
X(2,:) = T(2,2,:);
X(3,:) = T(3,3,:);
X(4,:) = sqrt(2)*real(T(1,2,:));
X(5,:) = sqrt(2)*imag(T(1,2,:));
X(6,:) = sqrt(2)*real(T(1,3,:));
X(7,:) = sqrt(2)*imag(T(1,3,:));
X(8,:) = sqrt(2)*real(T(2,3,:));
X(9,:) = sqrt(2)*imag(T(2,3,:));
```

　　分解算法的第一步为冗余编码。首先根据函数 construct_randic 构建相干散射体字典集。

```
function [kp, Tdic, pars]= construct_randic(ndic)
kp = randsphere_complex(ndic,3)';
Tdic(1,:) = kp(1,:).*conj(kp(1,:));
Tdic(2,:) = kp(2,:).*conj(kp(2,:));
Tdic(3,:) = kp(3,:).*conj(kp(3,:));
Tdic(4,:) = sqrt(2)*real(kp(1,:).*conj(kp(2,:)));
Tdic(5,:) = sqrt(2)*imag(kp(1,:).*conj(kp(2,:)));
Tdic(6,:) = sqrt(2)*real(kp(1,:).*conj(kp(3,:)));
Tdic(7,:) = sqrt(2)*imag(kp(1,:).*conj(kp(3,:)));
Tdic(8,:) = sqrt(2)*real(kp(2,:).*conj(kp(3,:)));
Tdic(9,:) = sqrt(2)*imag(kp(2,:).*conj(kp(3,:)));
pars = zeros(6,size(kp,2));
for i=1:size(kp,2)
   pars(:,i) = kdeo(kp(:,i));
end
```

其次，求解编码矢量 R 。

```
RCM = zeros(ndic,npix);
for i=1:npix
   T = vectorizeT(Tdata(:,i));
   kpTinv = kp'/T;
   pdf = exp(-real(sum(kpTinv.*kp.',2)));
   RCM(:,i) = pdf/sum(pdf);
   disp(i);
end
```

分解算法的第二步为非负矩阵分解，即将矢量编码分解为 $R_{M\times N}=A_{M\times k}\cdot X_{k\times N}$，需要调用函数 GNMF_KL。调用方式为：[U_final, V_final, nIter_final, objhistory_final] = GNMF_KL(X, k, W, options, U, V)，其中输入分别为待分解数据 X、因子个数 k、权重矩阵 W、参数设置 options 以及分解初始值，输出分别为分解结果、迭代次数及最终目标函数值。在本示例代码中，使用如下参数设置和调用方式。

```
options = [];
options.alpha = 0;
options.nRepeat = 5;
K = 8;
rng(8900);
[U,V, nIter_final, objhistory_final] = GNMF_KL(RCM,K,[],options); %
%normalize U
Unorm = sum(U,1);
```

```
U = U./(ones(ndic,1)*Unorm);
V = V.*(ones(npix,1)*Unorm);

snr = -10*log10(mean(mean((RCM-U*V').^2))/mean(mean(RCM.^2)));

%assemble T matrix for each cluster
Tclur = Tdic*U;
Trecover = Tdic*U*V';
```

代码中，U 和 V 即分解得到的特征矩阵 A 和特征系数矩阵 X。Tclur 为不同散射机制的分布矩阵，Trecover 为利用分解矩阵恢复的相干矩阵。

参 考 文 献

Akaike H. 1974. A new look at the statistical model identification. IEEE Transactions on Automatic Control, 19 (6): 716-723.

An W, Cui Y, Yang J. 2010. Three-component model-based decomposition for polarimetric SAR data. IEEE Transactions on Geoscience and Remote Sensing, 48 (6): 2732-2739.

An W, Xie C, Yuan X, et al. 2011. Four-component decomposition of polarimetric SAR images with deorientation. IEEE Geoscience and Remote Sensing Letters, 8 (6): 1090-1094.

Antropov O, Rauste Y, Hame T. 2011. Volume scattering modeling in PolSAR decompositions: Study of ALOS PALSAR data over boreal forest. IEEE Transactions on Geoscience and Remote Sensing, 49 (10): 3838-3848.

Arii M, van Zyl J J, Kim Y. 2010. Adaptive model-based decomposition of polarimetric SAR covariance matrices. IEEE transactions on Geoscience and Remote Sensing, 49 (3): 1104-1113.

Babaie-Zadeh M, Jutten C. 2010. On the stable recovery of the sparsest overcomplete representations in presence of noise. IEEE Transactions on Signal Processing, 58 (10): 5396-5400.

Brunet J P, Tamayo P, Golub T R, et al. 2004. Metagenes and molecular pattern discovery using matrix factorization. Proceedings of the national academy of sciences, 101 (12): 4164-4169.

Cai D, He X, Han J, et al. 2010. Graph regularized nonnegative matrix factorization for data representation. IEEE Transactions on Pattern Analysis and Machine Intelligence, 33 (8): 1548-1560.

Cameron W L, Leung L K. 1990. Feature Motivated Polarization Scattering Matrix Decomposition. IEEE International Conference on Radar.

Cameron W L, Rais H. 2012. Polarization scatterer feature metric space. IEEE Transactions on Geoscience and Remote Sensing, 51 (6): 3638-3647.

Chen J, Chen Y, An W, et al. 2010. Nonlocal filtering for polarimetric SAR data: A pretest approach. IEEE Transactions on Geoscience and Remote Sensing, 49 (5): 1744-1754.

Chen S W, Ohki M, Shimada M, et al. 2012. Deorientation effect investigation for model-based decomposition over oriented built-up areas. IEEE Geoscience and Remote Sensing Letters, 10 (2): 273-277.

Chen S W, Wang X S, Xiao S P, et al. 2013. General polarimetric model-based decomposition for coherency matrix. IEEE Transactions on Geoscience and Remote Sensing, 52 (3): 1843-1855.

Cloude S, Pottier E. 1997. An entropy based classification scheme for land applications of polarimetric SAR. IEEE Transactions on Geoscience and Remote Sensing, 35 (1): 68-78.

Cloude S R, Zebker H. 2010. Polarisation: Applications in remote sensing. Physics Today, 63(10):53-54.

Cui Y, Yamaguchi Y, Yang J, et al. 2013. On complete model-based decomposition of polarimetric SAR coherency matrix data. IEEE Transactions on Geoscience and Remote Sensing, 52(4): 1991-2001.

Freeman A. 2007. Fitting a two-component scattering model to polarimetric SAR data from forests. IEEE Transactions on Geoscience and Remote Sensing, 45(8): 2583-2592.

Freeman A, Durden S L. 1998. A three-component scattering model for polarimetric SAR data. IEEE Transactions on Geoscience and Remote Sensing, 36(3): 963-973.

Geaga J V. 2016. Segmenting and Extracting Terrain Surface Signatures from Fully Polarimetric Multilook SIR-C Data. Proceedings of SPIE Radar Sensor Technology XX Conference.

Huynen J R. 1970. Phenomenological Theory of Radar Targets.

Jin Y Q, Xu F. 2013. Polarimetric Scattering and SAR Information Retrieval. Singapore : John Wiley & Sons.

Lee D D, Seung H S. 1999. Learning the parts of objects by non-negative matrix factorization. Nature, 401(6755): 788.

Lee J S, Ainsworth T L, Wang Y. 2013. Generalized polarimetric model-based decompositions using incoherent scattering models. IEEE Transactions on Geoscience and Remote Sensing, 52(5): 2474-2491.

Lee J S, Pottier E. 2009. Polarimetric Radar Imaging: From Basics to Applications. Boca Raton: CRC press.

Neumann M, Ferro-Famil L, Reigber A. 2009. Estimation of forest structure, ground, and canopy layer characteristics from multibaseline polarimetric interferometric SAR data. IEEE Transactions on Geoscience and Remote Sensing, 48(3): 1086-1104.

Schuler D L, Ainsworth T L, Lee J S, et al. 1998. Topographic mapping using polarimetric SAR data. International Journal of Remote Sensing, 19(1): 141-160.

Schuler D L, Lee J S, Ainsworth T L. 1999. Compensation of terrain azimuthal slope effects in geophysical parameter studies using polarimetric SAR data. Remote Sensing of Environment, 69(2): 139-155.

Song Q, Xu F. 2016. Polarimetric SAR Target Decomposition based on sparse NMF. Progress in Electromagnetic Research Symposium.

van Zyl J J, Arii M, Kim Y. 2008. Requirements for Model-Based Polarimetric Decompositions. 7th European Conference on Synthetic Aperture Radar.

van Zyl J J, Arii M, Kim Y. 2011. Model-based decomposition of polarimetric SAR covariance matrices constrained for nonnegative eigenvalues. IEEE Transactions on Geoscience and Remote Sensing, 49(9): 3452-3459.

Xu F, Jin Y Q. 2005. Deorientation theory of polarimetric scattering targets and application to terrain surface classification. IEEE Transactions on Geoscience and Remote Sensing, 43(10): 2351-2364.

Xu F, Song Q. 2016. A New Formulation For POLSAR Incoherent Target Decomposition. IEEE International Geoscience and Remote Sensing Symposium.

Xu F, Song Q, Jin Y Q. 2017. Polarimetric SAR image factorization. IEEE Transactions on Geoscience and Remote Sensing, 55(9): 5026-5041.

Yamaguchi Y, Sato A, Boerner W M, et al. 2011. Four-component scattering power decomposition with rotation of coherency matrix. IEEE Transactions on Geoscience and Remote Sensing, 49(6): 2251-2258.

Zeng J, Cheung W K, Liu J. 2012. Learning topic models by belief propagation. IEEE Transactions on Pattern Analysis and Machine Intelligence, 35(5): 1121-1134.

第 10 章　极化干涉 SAR 植被参数反演

随着技术的发展，SAR 遥感已经不再满足于获得高分辨率的图像，而是要从 SAR 数据中获取物理参数。干涉 SAR 利用两幅图像的相位差来检测散射体的高度，极化 SAR 能够利用不同的极化特征来识别不同的散射机理，因此极化被引入干涉处理中用于分离不同散射机理的有效相位中心，该技术被称为极化干涉 SAR（polarimetric interferometric SAR, PolInSAR）。PolInSAR 组合了两种技术来获得对不同散射机理垂直分布的敏感性。由于植被后向散射在树冠层和地面层有不同的散射机理，PolInSAR 技术是监测植被这样的体散射目标的重要方法。本章主要介绍了采用 PolInSAR 技术进行森林高度反演的方法、森林的物理散射模型、PolInSAR 系统参数，以及森林高度反演误差和 PolInSAR 系统参数之间的理论模型（Wang and Wang, 2019）。此外，本章还介绍了使用卷积神经网络进行森林高度反演，该方法减少了森林散射模型误差带来的高度反演误差，提高了反演精度（Wang and Xu，2019）。

10.1　极化干涉 SAR 树高反演

1. 极化干涉复相干性

如图 10.1 所示，全极化干涉 SAR（Cloude and Papathanassiou,1998; Papathanassiou and Cloude, 2001）系统在单航过或者多航过的干涉配置下，从两个不同的角度分别对每个分辨率单元进行成像。场景由一个工作在波长 λ、入射角 θ、斜距 R 以及物理基线 B 的干涉系统所测量。这些几何参数共同决定了垂直波数 k_z，它代表了电磁波的干涉特性：

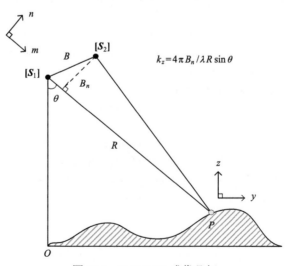

图 10.1　PolInSAR 成像几何

$$k_z = \frac{n \cdot 2\pi B_n}{\lambda R \sin\theta} \tag{10.1.1}$$

式中，B_n 为垂直基线，对于重复轨道任务，$n=2$，对于双站获取，$n=1$。

测量得到的两个后向散射矩阵 S_1 和 S_2 表示为

$$S_1 = \begin{bmatrix} S_{1hh} & S_{1hv} \\ S_{1vh} & S_{1vv} \end{bmatrix}, S_2 = \begin{bmatrix} S_{2hh} & S_{2hv} \\ S_{2vh} & S_{2vv} \end{bmatrix} \tag{10.1.2}$$

假设互易性散射，两次获取对应的三维 Pauli 散射矢量 $\vec{k}_1$ 和 $\vec{k}_2$ 表示为

$$\vec{k}_1 = \frac{1}{\sqrt{2}} \begin{bmatrix} S_{1hh} + S_{1vv} \\ S_{1vv} - S_{1hh} \\ 2S_{1hv} \end{bmatrix}, \vec{k}_2 = \frac{1}{\sqrt{2}} \begin{bmatrix} S_{2hh} + S_{2vv} \\ S_{2vv} - S_{2hh} \\ 2S_{2hv} \end{bmatrix} \tag{10.1.3}$$

PolInSAR 数据可以用 6×6 维 Pauli 相干矩阵 T_6 表示，它可以从对应的散射矢量 $\vec{k}_1$ 和 $\vec{k}_2$ 的外积中生成：

$$T_6 = \begin{bmatrix} \langle \vec{k}_1 \cdot \vec{k}_1^H \rangle & \langle \vec{k}_1 \cdot \vec{k}_2^H \rangle \\ \langle \vec{k}_2 \cdot \vec{k}_1^H \rangle & \langle \vec{k}_2 \cdot \vec{k}_2^H \rangle \end{bmatrix} = \begin{bmatrix} T_{11} & \Omega_{12} \\ \Omega_{12}^H & T_{22} \end{bmatrix} \tag{10.1.4}$$

式中，上标 H 表示共轭转置；括号 $\langle \cdot \rangle$ 表示空间类平均。矩阵 T_{11} 和 T_{22} 是 3×3 极化相干矩阵。而矩阵 Ω_{12} 是非厄米特的 3×3 复矩阵，描述了两个矢量 $\vec{k}_1$ 和 $\vec{k}_2$ 之间的极化和干涉相关性信息。

对于 PolInSAR 应用，复相干性是关键参数，它能在不同的极化通道或它们的组合下求得。定义归一化的复矢量 $\vec{w}_1$ 和 $\vec{w}_2$ 表示两幅图像的极化信息，这样任意极化通道下复干涉相干性的广义表达式可以表示如下（Cloude and Papathanassiou，1998；Papathanassiou and Cloude，2001）：

$$\tilde{\gamma}(\vec{w}) = \frac{\vec{w}_1^H \Omega_{12} \vec{w}_2}{\sqrt{(\vec{w}_1^H T_{11} \vec{w}_1)(\vec{w}_2^H T_{22} \vec{w}_2)}} \tag{10.1.5}$$

式中，$\tilde{\gamma}$ 的幅度表示相干性系数；它的幅角表示干涉相位。如式(10.1.5)所示，不同极化下测量的复相干性值是不同的。干涉相干性随极化的变化可以用来提取森林的物理参数。

2. 森林 RVoG 散射模型

为了提取森林的物理参数，我们需要一个描述观测量和物理参数之间关系的散射模型。对于体散射体而言，其相干性值 $\tilde{\gamma}_{Vol}$ 和散射体的垂直分布紧密相关。如果知道散射体的垂直分布，就可以对 $\tilde{\gamma}_{Vol}$ 进行量化评估。一个最简单的森林模型是 Treuhaft 提出的地面上的随机体模型(random volume over ground, RVoG)，这是一个包含体散射层和地面层的两层模型(Treuhaft et al.，1996；Treuhaft and Siqueira，2000)。这个两层模型的示意图如图 10.2 所示，地面层位于 $z = z_0$ 处，植被层位于地面层之上，它被建模为由随机取向粒子构成的厚度为 h_V 的层。定义介质中的平均波衰减为 σ、中心入射角为 θ_0，根据该

RVoG 散射模型，相干矩阵 $\boldsymbol{T}_{11}$ 可以表示为体散射分量 I_1^V 和地散射分量 I_1^G 的和：

$$T_{11} = I_1^V + e^{(-2\sigma h_V)/\cos\theta_0} I_1^G \tag{10.1.6}$$

同理，相干矩阵 $\boldsymbol{T}_{22}$ 表示如下：

$$T_{22} = I_2^V + e^{(-2\sigma h_V)/\cos\theta_0} I_2^G \tag{10.1.7}$$

其中，地散射分量经历了植被层的衰减。极化干涉矩阵 $\boldsymbol{\Omega}_{12}$ 与 $\boldsymbol{T}_{22}$ 相比，相差一个干涉相位。假设植被层和地面层的相位中心分别为 ϕ_1 和 ϕ_0，那么矩阵 $\boldsymbol{\Omega}_{12}$ 可以表示为

$$\boldsymbol{\Omega}_{12} = e^{i\phi_1} I_2^V + e^{i\phi_0} e^{(-2\sigma h_V)/\cos\theta_0} I_2^G \tag{10.1.8}$$

将上述三个散射相干矩阵代入复相干性表达式，就可以推导出植被 RVoG 散射模型的复相干性的表达式，具体如下（Cloude and Papathanassiou，2003）：

$$\tilde{\gamma}_{\text{Vol}}(\vec{w}) = \exp(i\phi_0)\frac{\tilde{\gamma}_V + m(\vec{w})}{1 + m(\vec{w})} \tag{10.1.9}$$

式中，$\vec{w}$ 为极化矢量；相位 ϕ_0 和地面地形有关；$\tilde{\gamma}_V$ 为仅由植被层产生的体散射去相关，是与极化无关的体积分方程，它仅取决于随机体的衰减系数 σ 和体厚度 h_V：

$$\tilde{\gamma}_V = \frac{\displaystyle\int_0^{h_V} e^{(2\sigma z')/\cos\theta_0} e^{ik_z z'}\,\mathrm{d}z'}{\displaystyle\int_0^{h_V} e^{(2\sigma z')/\cos\theta_0}\,\mathrm{d}z'} = \frac{p}{p_1} \cdot \frac{e^{p_1 h_V} - 1}{e^{p h_V} - 1} \tag{10.1.10}$$

式中，参数 p 和 p_1 分别为：$p = 2\sigma / \cos\theta_0$，$p_1 = p + ik_z$。

此外，方程中的 $m(\vec{w})$ 为考虑体衰减的有效地体幅度比分量，其表达式如下：

$$m(\vec{w}) = \frac{p}{e^{p h_V} - 1} \cdot \frac{\vec{w}^{\mathrm{H}} \cdot \boldsymbol{T}_G \cdot \vec{w}}{\vec{w}^{\mathrm{H}} \cdot \boldsymbol{T}_V \cdot \vec{w}} \tag{10.1.11}$$

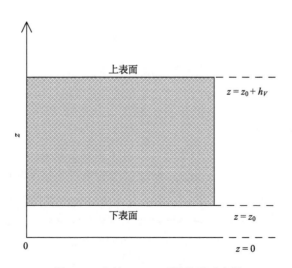

图 10.2　森林 RVoG 两层模型示意图

式中，T_G 为反射对称的地散射相干矩阵；T_V 为方位对称的体散射相干矩阵。极化的变化是通过地体幅度比 $m(\vec{w})$ 的变化来影响干涉相干性的，地体幅度比 $m(\vec{w})$ 是唯一和入射波极化 $\vec{w}$ 有关的模型参数。

3. RVoG 模型反演

式 (10.1.9) 所示的森林 RVoG 散射模型可以用于植被参数反演。该模型表明，不同极化下观测的复干涉相干性值 $\tilde{\gamma}_{\mathrm{Vol}}(\vec{w})$ 是复平面上单位圆内的一条直线方程。该相干性直线模型的几何解释如图 10.3 所示。直线与单位圆有两个交点，其中一个交点 G 为地相位点 $\exp(i\phi_0)$ [当地体散射比 $m(\vec{w}) = \infty$ 时]。直线的另一个端点 V 表示体相干性值 $\tilde{\gamma}_V \exp(i\phi_0)$ [当地体散射比 $m(\vec{w}) = 0$ 时]。体散射点 V 对植被高度和衰减系数的反演很重要，需要从数据中进行检测。体散射点 V 通常不能直接观测到，数据中可视线的长度只是直线 VG 的一部分，可以通过相干优化法求得最优的体散射点。

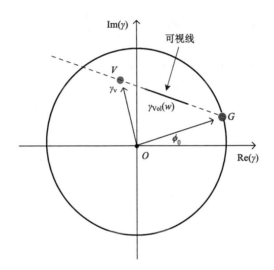

图 10.3　RVoG 相干性直线模型

植被高度反演有两个主要步骤，首先是地相位点 ϕ_0 的确定，然后是植被厚度 h_V 的检测 (Cloude and Papathanassiou，2003)。两个相干性点可以确定一条直线，直线与单位圆的一个交点就是地相位点 $\hat{\phi}$。在求得地相位点后，可以利用植被散射模型[式 (10.1.9)]去匹配体散射通道 $\vec{w}_V$ [即 $m(\vec{w}_V) = 0$]的干涉相干性值 $\tilde{\gamma}_{\mathrm{Vol}}(\vec{w}_V)$，从而求得植被高度和衰减系数，具体的求逆过程如下：

$$\min_{h_V,\sigma} \left\| \tilde{\gamma}_{\mathrm{Vol}}(\vec{w}_V) - \tilde{\gamma}_V \cdot \exp(i\hat{\phi}) \right\| \tag{10.1.12}$$

该求逆算法考虑了波的衰减和冠层垂直结构的变化，具有很高的求解精度。上述求逆过程可以使用查找表法求得植被高度和衰减系数。使用查找表法时，衰减值的范围应该设置较大，以适应结构和衰减率的变化。式 (10.1.12) 的求逆过程表示在最小二乘意义上最小化模型预测值和观测值之间的差异。如果考虑在精度和计算量上取得平衡，可以使用更容易实现的近似方法，它同样对衰减和垂直结构的变化很健壮，具体如下（Cloude，2007）：

$$h_V = \frac{\arg\left[\tilde{\gamma}_{\text{Vol}}(\vec{w}_V)\right] - \hat{\phi}}{k_z} + \varepsilon \cdot \frac{2\text{sinc}^{-1}\left(\left|\tilde{\gamma}_{\text{Vol}}(\vec{w}_V)\right|\right)}{k_z} \tag{10.1.13}$$

式中，k_z 表示干涉仪的垂直波数；$\vec{w}_V$ 表示只有体散射响应的极化通道。除了在极化通道 $\vec{w}_V$ 下观测的相干性值之外，我们还需要选择地散射极化通道 $\vec{w}_S$ 下观测的相干性值来检测地相位 $\hat{\phi}$。上述算法的第一项是差分相位项，第二项是相干性幅度项，其用于补偿相位中心的位置。权重因子 ε 的选择要适应衰减的变化。由于 L 波段的实际衰减级别小于 1dB/m，通常可以选择 $\varepsilon = 0.4$。该方法在精度和计算量上有一个较好的平衡。

4. 相干优化

如式（10.1.5）所示，复干涉相干性随极化变化。相干优化就是选择想要的极化通道组合，使得相干性值最大。换句话说，该问题是优化式（10.1.5）中干涉相干性的极化矢量。为了解决极化干涉优化问题，Cloude 和 Papathanassiou 提出了相干优化法来最大化复拉格朗日函数 L（Cloude and Papathanassiou，1998；Lee and Pottier，2009）：

$$L = \vec{w}_{12}^H \boldsymbol{\Omega}_2 \vec{w}_2 + \lambda_1\left(\vec{w}_1^H \boldsymbol{T}_{11}\vec{w}_1 - C_1\right) + \lambda_2\left(\vec{w}_2^H \boldsymbol{T}_{22}\vec{w}_2 - C_2\right) \tag{10.1.14}$$

式中，λ_1 和 λ_2 为为了最大化式（10.1.5）分子的模，并使得分母为常数而引入的拉格朗日乘子；C_1 和 C_2 为常数。该最大化问题可以通过设置 L 对极化矢量 $\vec{w}$ 的偏导数为 0 求得

$$\frac{\partial L}{\partial \vec{w}_1^H} = \boldsymbol{\Omega}_{12}\vec{w}_2 + \lambda_1 \boldsymbol{T}_{11}\vec{w}_1 = 0$$

$$\frac{\partial L^*}{\partial \vec{w}_2^H} = \boldsymbol{\Omega}_2^H \vec{w}_1 + \lambda_2^* \boldsymbol{T}_{22}\vec{w}_2 = 0 \tag{10.1.15}$$

式中，上标 * 表示共轭操作。经过简单推导，式（10.1.15）可以转换成两个复特征值问题，它们具有相同的特征值 $v = \lambda_1\lambda_2^*$：

$$\boldsymbol{K}_1 \vec{w}_1 = v \vec{w}_1, \quad \boldsymbol{K}_1 = \boldsymbol{T}_{11}^{-1}\boldsymbol{\Omega}_{12}\boldsymbol{T}_{22}^{-1}\boldsymbol{\Omega}_{12}^H$$

$$\boldsymbol{K}_2 \vec{w}_2 = v \vec{w}_2, \quad \boldsymbol{K}_2 = \boldsymbol{T}_{22}^{-1}\boldsymbol{\Omega}_{12}^H \boldsymbol{T}_{11}^{-1}\boldsymbol{\Omega}_{12} \tag{10.1.16}$$

式（10.1.16）将产生三个实非负特征值，记作 $v_{\text{opt}i}$ $(i=1,2,3)$，其中 $1 \geqslant v_{\text{opt1}} \geqslant v_{\text{opt2}} \geqslant v_{\text{opt3}} \geqslant 0$。最优相干性的幅度由对应特征值的平方根给出：

$$\left|\tilde{\gamma}_{\text{opt1}}\right| = \sqrt{v_{\text{opt1}}}, \quad \left|\tilde{\gamma}_{\text{opt2}}\right| = \sqrt{v_{\text{opt2}}}, \quad \left|\tilde{\gamma}_{\text{opt3}}\right| = \sqrt{v_{\text{opt3}}} \tag{10.1.17}$$

每一个特征值都对应一对特征矢量，记作 $\{\vec{w}_{1,\text{opt1}}, \vec{w}_{2,\text{opt1}}\}$、$\{\vec{w}_{1,\text{opt2}}, \vec{w}_{2,\text{opt2}}\}$ 和 $\{\vec{w}_{1,\text{opt3}}, \vec{w}_{2,\text{opt3}}\}$。这三个矢量对代表最优散射机理。通常，$\vec{w}_{\text{opt1}}$ 代表最优的地主导散射机理，$\vec{w}_{\text{opt3}}$ 代表最优的体主导散射机理。三个优化的复相干性值可以通过式（10.1.8）求

得：

$$\tilde{\gamma}_{\mathrm{opt}i}\left(\vec{w}_{\mathrm{opt}i}\right) = \frac{\vec{w}_{1,\mathrm{opt}i}^{\mathrm{H}}\boldsymbol{\Omega}_{12}\vec{w}_{2,\mathrm{opt}i}}{\sqrt{\left(\vec{w}_{1,\mathrm{opt}i}^{\mathrm{H}}\boldsymbol{T}_{11}\vec{w}_{1,\mathrm{opt}i}\right)\left(\vec{w}_{2,\mathrm{opt}i}^{\mathrm{H}}\boldsymbol{T}_{22}\vec{w}_{2,\mathrm{opt}i}\right)}} \tag{10.1.18}$$

最终，使用式(10.1.18)求得的最优复相干性可以得到最佳的高度检测。除了拉格朗日乘子法，还有很多其他方法可以找到最优的极化矢量。

10.2　极化干涉 SAR 系统参数

1. 极化扰动参数

全极化雷达系统能测量图像中每个分辨率单元的 2×2 复散射矩阵。信息量的增加也加大了系统设计的复杂度。雷达发射机在发射某种极化信号时，由于不同通道间有限的极化隔离度，其还会发射其他极化通道的串扰信号。此外，由于同极化通道的不平衡性，信号在传输过程中会受到衰减。相同地，雷达接收机在接收地物的散射信号时也会经历相同的过程。

正是由于雷达硬件系统的局限性，测量得到的散射矩阵并不是希望得到的地物的散射矩阵，它还包含了发射系统和接收系统的干扰。假设 $\boldsymbol{T}$ 代表发射系统，$\boldsymbol{R}$ 代表接收系统，$\boldsymbol{S}$ 为理想的散射矩阵，那么测量的散射矩阵 $\boldsymbol{Z}$ 可以表示如下(van Zyl, 1990; Freeman et al., 1992)：

$$\boldsymbol{Z} = \begin{bmatrix} Z_{\mathrm{hh}} & Z_{\mathrm{hv}} \\ Z_{\mathrm{vh}} & Z_{\mathrm{vv}} \end{bmatrix} = \begin{bmatrix} 1 & \delta_h \\ \delta_v & f \end{bmatrix}\begin{bmatrix} S_{\mathrm{hh}} & S_{\mathrm{hv}} \\ S_{\mathrm{vh}} & S_{\mathrm{vv}} \end{bmatrix}\begin{bmatrix} 1 & \delta_v \\ \delta_h & f \end{bmatrix} + \begin{bmatrix} n_{\mathrm{hh}} & n_{\mathrm{hv}} \\ n_{\mathrm{vh}} & n_{\mathrm{vv}} \end{bmatrix} = \boldsymbol{R}\cdot\boldsymbol{S}\cdot\boldsymbol{T} + \boldsymbol{N} \tag{10.2.1}$$

式中，δ_v 代表从垂直极化通道到水平极化通道的串扰；δ_h 代表从水平极化通道到垂直极化通道的串扰；f 代表 H 和 V 通道之间的通道幅相不平衡。物理上认为发射系统和接收系统满足互易性，即满足条件 $\boldsymbol{R}^{\mathrm{T}} = \boldsymbol{T}$。在理想的雷达极化情况下，$\boldsymbol{R}$ 和 $\boldsymbol{T}$ 退化为单位阵。

假设垂直极化和水平极化的串扰是相同的，即 $\delta_v = \delta_h = \delta$。此外，由于雷达后向散射满足互易性，即散射矩阵是对称的，可知 $S_{\mathrm{hv}} = S_{\mathrm{vh}}$，以及 $Z_{\mathrm{hv}} = Z_{\mathrm{vh}}$。对式(10.2.1)中测量的散射矩阵 $\boldsymbol{Z}$ 矢量化，可获得 Pauli 基下受扰动的三维散射矢量 $\vec{k}_z$，具体如下：

$$\vec{k}_z = \frac{1}{\sqrt{2}}\begin{bmatrix} Z_{\mathrm{hh}} + Z_{\mathrm{vv}} \\ Z_{\mathrm{vv}} - Z_{\mathrm{hh}} \\ 2Z_{\mathrm{hv}} \end{bmatrix} = \frac{1}{\sqrt{2}}\begin{bmatrix} \dfrac{1+2\delta^2+f^2}{2} & \dfrac{f^2-1}{2} & \delta+\delta f \\[2mm] \dfrac{f^2-1}{2} & \dfrac{1-2\delta^2+f^2}{2} & \delta f-\delta \\[2mm] \delta+\delta f & \delta f-\delta & f+\delta^2 \end{bmatrix}\begin{bmatrix} S_{\mathrm{hh}} + S_{\mathrm{vv}} \\ S_{\mathrm{vv}} - S_{\mathrm{hh}} \\ 2S_{\mathrm{hv}} \end{bmatrix}$$

$$+ \frac{1}{\sqrt{2}}\begin{bmatrix} n_{\mathrm{hh}} + n_{\mathrm{vv}} \\ n_{\mathrm{vv}} - n_{\mathrm{hh}} \\ 2n_{\mathrm{hv}} \end{bmatrix} = \boldsymbol{Q}(\delta, f)\cdot\vec{k}_s + \vec{n} \tag{10.2.2}$$

式(10.2.2)揭示了测量的散射矢量 $\vec{k}_z$ 是通过扰动矩阵 $\boldsymbol{Q}(\delta,f)$ 和真实的散射矢量 $\vec{k}_s$ 建立联系的。矩阵 $\boldsymbol{Q}(\delta,f)$ 是串扰 δ 和通道不平衡 f 的函数，它反映了发射系统和接收系统对真实散射信号的扰动程度。在理想的雷达极化情况下，串扰 $\delta=0$，通道不平衡 $f=1$，此时的扰动矩阵 $\boldsymbol{Q}(0,1)$ 为三阶单位阵。

定义 PolInSAR 观测中两次获取的观测矢量 $\vec{k}_{z,1}$ 和 $\vec{k}_{z,2}$ 如下：

$$\vec{k}_{z,1}=\boldsymbol{Q}_1(\delta_1,f_1)\cdot\vec{k}_{s,1}+\vec{n}_1$$

$$\vec{k}_{z,2}=\boldsymbol{Q}_2(\delta_2,f_2)\cdot\vec{k}_{s,2}+\vec{n}_2 \tag{10.2.3}$$

式(10.2.3)中，我们定义了两个扰动矩阵 $\boldsymbol{Q}_1$ 和 $\boldsymbol{Q}_2$ 来表明基线两端的雷达系统可以有不同的极化系统误差。相似地，我们也定义了两个噪声矢量 $\vec{n}_1$ 和 $\vec{n}_2$。将式(10.2.3)中散射矢量 $\vec{k}_z$ 的表达式代入式(10.1.4)中，得到受扰动矩阵影响的相干矩阵 $\boldsymbol{T}_{11}(\boldsymbol{Q}_1,\vec{n}_1)$、$\boldsymbol{T}_{22}(\boldsymbol{Q}_2,\vec{n}_2)$ 以及极化干涉矩阵 $\boldsymbol{\Omega}_{12}(\boldsymbol{Q}_1,\boldsymbol{Q}_2)$ 的表达式如下：

$$\boldsymbol{T}_{11}(\boldsymbol{Q}_1,\vec{n}_1)=\left\langle\vec{k}_{z,1}\cdot\vec{k}_{z,1}^{\mathrm{H}}\right\rangle=\left\langle\boldsymbol{Q}_1\cdot\boldsymbol{T}_{11}\cdot\boldsymbol{Q}_1^{\mathrm{H}}+\vec{n}_1\cdot\vec{n}_1^{\mathrm{H}}\right\rangle$$

$$\boldsymbol{T}_{22}(\boldsymbol{Q}_2,\vec{n}_2)=\left\langle\vec{k}_{z,2}\cdot\vec{k}_{z,2}^{\mathrm{H}}\right\rangle=\left\langle\boldsymbol{Q}_2\cdot\boldsymbol{T}_{22}\cdot\boldsymbol{Q}_2^{\mathrm{H}}+\vec{n}_2\cdot\vec{n}_2^{\mathrm{H}}\right\rangle$$

$$\boldsymbol{\Omega}_{12}(\boldsymbol{Q}_1,\boldsymbol{Q}_2)=\left\langle\vec{k}_{z,1}\cdot\vec{k}_{z,2}^{\mathrm{H}}\right\rangle=\left\langle\boldsymbol{Q}_1\cdot\boldsymbol{\Omega}_{12}\cdot\boldsymbol{Q}_2^{\mathrm{H}}\right\rangle \tag{10.2.4}$$

将式(10.2.4)代入式(10.1.4)中，可以得到观测的相干性值如下：

$$\tilde{\gamma}=\frac{\left\langle\vec{w}_1^{\mathrm{H}}\cdot\boldsymbol{Q}_1\cdot\boldsymbol{\Omega}_{12}\cdot\boldsymbol{Q}_2^{\mathrm{H}}\cdot\vec{w}_2\right\rangle}{\sqrt{\left\langle\vec{w}_1^{\mathrm{H}}\cdot\left(\boldsymbol{Q}_1\cdot\boldsymbol{T}_{11}\cdot\boldsymbol{Q}_1^{\mathrm{H}}+\vec{n}_1\cdot\vec{n}_1^{\mathrm{H}}\right)\cdot\vec{w}_1\right\rangle\left\langle\vec{w}_2^{\mathrm{H}}\cdot\left(\boldsymbol{Q}_2\cdot\boldsymbol{T}_{22}\cdot\boldsymbol{Q}_2^{\mathrm{H}}+\vec{n}_2\cdot\vec{n}_2^{\mathrm{H}}\right)\cdot\vec{w}_2\right\rangle}} \tag{10.2.5}$$

从式(10.2.5)可以看出，相干性值会受到极化系统参数的影响。如果选择固定的极化基到式 (10.1.13)中进行参数求逆，如选择 HV 通道代表体散射，那么系统参数就会改变观测到的相干性值，最终引起严重的高度反演误差。显然，使用最优相干性可以减轻这种误差。为了分析最佳方案，假设相干优化法是检测植被高度的默认方法。

2. 干涉雷达回波中的去相干源

考虑干涉测量中的系统误差，对于加性和统计独立的误差源，它们对总的相干性 $\tilde{\gamma}_{\mathrm{tot}}$ 的影响可以表示为如下乘积的形式(Zebker and Villasenor，1992；Krieger et al.，2005)：

$$\tilde{\gamma}_{\mathrm{tot}}=\gamma_{\mathrm{Noise}}\cdot\gamma_{\mathrm{Quant}}\cdot\gamma_{\mathrm{Amb}}\cdot\gamma_{\mathrm{Coreg}}\cdot\gamma_{\mathrm{Geo}}\cdot\gamma_{\mathrm{Az}}\cdot\tilde{\gamma}_{\mathrm{Vol}}\cdot\tilde{\gamma}_{\mathrm{Temp}} \tag{10.2.6}$$

复相干性 $\tilde{\gamma}_{\mathrm{tot}}$ 包含干涉相关系数和干涉相位。式中前六项去相关源贡献是由系统、处理和获取几何的影响产生的，它们只对总的干涉相关系数产生影响，是标量贡献。这里，我们定义相干性损耗 γ_{SNR}，它包含了热噪声、量化误差、模糊、配准误差等广义噪声对相关系数的影响，也就是使用一个系数表示所有的标量去相关因素，即 $\gamma_{\mathrm{SNR}}\Leftarrow\gamma_{\mathrm{Noise}}\cdot\gamma_{\mathrm{Quant}}\cdot\gamma_{\mathrm{Amb}}\cdot\gamma_{\mathrm{Coreg}}\cdots$。对于加性噪声源，相干性损耗可以表示为

$$\gamma_{\mathrm{SNR}} = \frac{1}{1+\mathrm{SNR}^{-1}} \tag{10.2.7}$$

式(10.2.6)中最后两项去相关源是由散射体产生的，其反映了散射体的结构和时间稳定性，它们是复数贡献，会影响到测量的干涉相位。$\tilde{\gamma}_{\mathrm{Vol}}$ 表示体散射去相干，描述了自然体散射煤质(如森林、沙漠、冰层等)的垂直结构信息。对于植被的 RVoG 散射模型，式(10.1.9)给出了 $\tilde{\gamma}_{\mathrm{Vol}}$ 的定量评估。$\tilde{\gamma}_{\mathrm{Temp}}$ 表示时间去相干，造成植被时间去相干的成因有很多，如风造成的植被运动、植被生长、降水引起的介电常数改变，人为破坏，自然灾害等，所以对时间去相干进行精确建模是十分困难的。但对于双星编队飞行的干涉系统而言，两轨干涉数据能够同时获取，因而可以忽略时间去相干的影响，即 $\tilde{\gamma}_{\mathrm{Temp}}=1$。此时，干涉雷达回波中的去相干源对观测相干性值的影响可以简记为

$$\tilde{\gamma}_{\mathrm{tot}} = \tilde{\gamma}_{\mathrm{Vol}} \cdot \gamma_{\mathrm{SNR}} \tag{10.2.8}$$

10.3　极化干涉 SAR 误差模型

本节分析极化干涉 SAR 系统参数给植被高度反演带来的误差。极化扰动和去相干源会给固定极化基下测量的相干性值带来很大影响。显然，使用最优相干性可以减轻这种误差。为了分析最佳方案，假设相干优化法是检测植被高度的默认方法。下面详细讨论相干优化法植被高度反演误差(Wang and Xu，2019)。

1. 反演误差与极化扰动的关系

首先分析极化扰动参数对相干优化法检测植被高度的影响。最优相干性可以通过式(9.1.16)中的两个复特征值问题求解，因此我们需要考虑极化系统参数对特征矩阵 $\boldsymbol{K}_1$ 和 $\boldsymbol{K}_2$ 的影响。在极化扰动矩阵 $\boldsymbol{Q}_1$、$\boldsymbol{Q}_2$ 和系统噪声 $\vec{\boldsymbol{n}}_1$、$\vec{\boldsymbol{n}}_2$ 的共同作用下，相干优化中受扰动的特征矩阵 $\boldsymbol{K}_1\left(\boldsymbol{Q}_1, \boldsymbol{Q}_2, \vec{\boldsymbol{n}}_1, \vec{\boldsymbol{n}}_2\right)$ 表示如下：

$$
\begin{aligned}
&\boldsymbol{K}_1\left(\boldsymbol{Q}_1, \boldsymbol{Q}_2, \vec{\boldsymbol{n}}_1, \vec{\boldsymbol{n}}_2\right) = \\
&\left(\boldsymbol{Q}_1 \cdot \langle \boldsymbol{T}_{11} \rangle \cdot \boldsymbol{Q}_1^{\mathrm{H}} + \langle \vec{\boldsymbol{n}}_1 \cdot \vec{\boldsymbol{n}}_1^{\mathrm{H}} \rangle\right)^{-1} \cdot \boldsymbol{Q}_1 \cdot \langle \boldsymbol{\varOmega}_{12} \rangle \cdot \boldsymbol{Q}_2^{\mathrm{H}} \cdot \\
&\left(\boldsymbol{Q}_2 \cdot \langle \boldsymbol{T}_{22} \rangle \cdot \boldsymbol{Q}_2^{\mathrm{H}} + \langle \vec{\boldsymbol{n}}_2 \cdot \vec{\boldsymbol{n}}_2^{\mathrm{H}} \rangle\right)^{-1} \cdot \left(\boldsymbol{Q}_1 \cdot \langle \boldsymbol{\varOmega}_{12} \rangle \cdot \boldsymbol{Q}_2^{\mathrm{H}}\right)^{\mathrm{H}}
\end{aligned}
\tag{10.3.1}
$$

可以看到，式(10.3.1)中的特征矩阵除了受到扰动矩阵的影响，还受到加性噪声的影响。如果雷达系统有完美的极化，也就是，$\delta=0$，$f=1$，此时扰动矩阵 $\boldsymbol{Q}_1$ 和 $\boldsymbol{Q}_2$ 退化为单位阵。如果只考虑系统噪声 $\vec{\boldsymbol{n}}$ 的贡献，式(10.3.1)中的扰动矩阵将变为

$$\boldsymbol{K}_1\left(\vec{\boldsymbol{n}}_1, \vec{\boldsymbol{n}}_2\right) = \left(\langle \boldsymbol{T}_{11} \rangle + \langle \vec{\boldsymbol{n}}_1 \cdot \vec{\boldsymbol{n}}_1^{\mathrm{H}} \rangle\right)^{-1} \cdot \langle \boldsymbol{\varOmega}_{12} \rangle \cdot \left(\langle \boldsymbol{T}_{22} \rangle + \langle \vec{\boldsymbol{n}}_2 \cdot \vec{\boldsymbol{n}}_2^{\mathrm{H}} \rangle\right)^{-1} \cdot \langle \boldsymbol{\varOmega}_{12} \rangle^{\mathrm{H}} \tag{10.3.2}$$

式(10.3.2)显然会改变最优相干性值并引起高度检测误差。我们将由系统噪声引起的高度检测误差记作 $\Delta h_V(\vec{\boldsymbol{n}})$，并将在下一节中详细分析。这里，我们主要关注极化扰动矩阵 $\boldsymbol{Q}$ 是如何影响高度检测误差 $\Delta h_V(\vec{\boldsymbol{n}})$ 的。换句话说，我们想分析式(10.3.1)中的特征矩阵

$K_1\left(\boldsymbol{Q}_1,\boldsymbol{Q}_2,\vec{n}_1,\vec{n}_2\right)$ 和式 (10.3.2) 中的特征矩阵 $K_1\left(\vec{n}_1,\vec{n}_2\right)$ 之间的差异。为此，将式 (10.3.1) 改写如下：

$$K_1\left(\boldsymbol{Q}_1,\boldsymbol{Q}_2,\vec{n}_1,\vec{n}_2\right)$$

$$=\left(\boldsymbol{Q}_1\cdot\left(\langle\boldsymbol{T}_{11}\rangle+\boldsymbol{Q}_1^{-1}\cdot\langle\vec{n}_1\cdot\vec{n}_1^{\mathrm{H}}\rangle\cdot\left(\boldsymbol{Q}_1^{\mathrm{H}}\right)^{-1}\right)\cdot\boldsymbol{Q}_1^{\mathrm{H}}\right)^{-1}$$

$$\cdot\boldsymbol{Q}_1\cdot\langle\boldsymbol{\Omega}_{12}\rangle\cdot\boldsymbol{Q}_2^{\mathrm{H}} \tag{10.3.3}$$

$$\cdot\left(\boldsymbol{Q}_2\cdot\left(\langle\boldsymbol{T}_{22}\rangle+\boldsymbol{Q}_2^{-1}\cdot\langle\vec{n}_2\cdot\vec{n}_2^{\mathrm{H}}\rangle\cdot\left(\boldsymbol{Q}_2^{\mathrm{H}}\right)^{-1}\right)\cdot\boldsymbol{Q}_2^{\mathrm{H}}\right)^{-1}$$

$$\cdot\boldsymbol{Q}_2\cdot\langle\boldsymbol{\Omega}_{12}\rangle^{\mathrm{H}}\cdot\boldsymbol{Q}_1^{\mathrm{H}}$$

根据矩阵乘法的求逆操作，式 (10.3.3) 可以进一步简化为

$$K_1\left(\boldsymbol{Q}_1,\boldsymbol{Q}_2,\vec{n}_1,\vec{n}_2\right)=$$

$$\left(\boldsymbol{Q}_1^{\mathrm{H}}\right)^{-1}\cdot\left(\langle\boldsymbol{T}_{11}\rangle+\boldsymbol{Q}_1^{-1}\cdot\langle\vec{n}_1\cdot\vec{n}_1^{\mathrm{H}}\rangle\cdot\left(\boldsymbol{Q}_1^{\mathrm{H}}\right)^{-1}\right)^{-1}\cdot\langle\boldsymbol{\Omega}_{12}\rangle \tag{10.3.4}$$

$$\cdot\left(\langle\boldsymbol{T}_{22}\rangle+\boldsymbol{Q}_2^{-1}\cdot\langle\vec{n}_2\cdot\vec{n}_2^{\mathrm{H}}\rangle\cdot\left(\boldsymbol{Q}_2^{\mathrm{H}}\right)^{-1}\right)^{-1}\cdot\langle\boldsymbol{\Omega}_{12}\rangle^{\mathrm{H}}\cdot\boldsymbol{Q}_1^{\mathrm{H}}$$

根据相似变换的定义，式 (10.3.4) 中的特征矩阵 $K_1\left(\boldsymbol{Q}_1,\boldsymbol{Q}_2,\vec{n}_1,\vec{n}_2\right)$ 可以用下面的相似矩阵近似表示：

$$K_1\left(\boldsymbol{Q}_1,\boldsymbol{Q}_2,\vec{n}_1,\vec{n}_2\right)\cong$$

$$\left(\langle\boldsymbol{T}_{11}\rangle+\boldsymbol{Q}_1^{-1}\cdot\langle\vec{n}_1\cdot\vec{n}_1^{\mathrm{H}}\rangle\cdot\left(\boldsymbol{Q}_1^{\mathrm{H}}\right)^{-1}\right)^{-1}\cdot\langle\boldsymbol{\Omega}_{12}\rangle\cdot \tag{10.3.5}$$

$$\left(\langle\boldsymbol{T}_{22}\rangle+\boldsymbol{Q}_2^{-1}\cdot\langle\vec{n}_2\cdot\vec{n}_2^{\mathrm{H}}\rangle\cdot\left(\boldsymbol{Q}_2^{\mathrm{H}}\right)^{-1}\right)^{-1}\cdot\langle\boldsymbol{\Omega}_{12}\rangle^{\mathrm{H}}$$

式 (10.3.5) 和式 (10.3.4) 具有相同的特征值或最优相干性。对比式 (10.3.5) 和式 (10.3.2) 中的特征矩阵 $K_1\left(\vec{n}_1,\vec{n}_2\right)$，可以看出唯一的区别是噪声矩阵乘上了扰动矩阵 $\boldsymbol{Q}$ 的逆矩阵。

接下来，将分析扰动矩阵 $\boldsymbol{Q}$ 如何影响噪声矩阵。简单起见，假设基线两端的系统具有相同的极化扰动，也就是 $\boldsymbol{Q}_1=\boldsymbol{Q}_2=\boldsymbol{Q}$。对实对称矩阵 $\boldsymbol{Q}$，我们知道 $\boldsymbol{Q}=\boldsymbol{Q}^{\mathrm{H}}$。对称矩阵 $\boldsymbol{Q}$，通过酉相似变换可以对角化为如下形式：

$$\boldsymbol{Q}=\boldsymbol{E}\cdot\boldsymbol{\varLambda}\cdot\boldsymbol{E}^{\mathrm{H}},\boldsymbol{\varLambda}=\begin{bmatrix}\lambda_1&&\\&\lambda_2&\\&&\lambda_3\end{bmatrix}\boldsymbol{E}=\left[\vec{e}_1,\vec{e}_2,\vec{e}_3\right] \tag{10.3.6}$$

式中，$\boldsymbol{\varLambda}$ 为对角矩阵；对角元素为矩阵 $\boldsymbol{Q}$ 的实非负特征值，$\lambda_1\geqslant\lambda_2\geqslant\lambda_3$；矩阵 $\boldsymbol{E}$ 为酉特征矢量矩阵；列向量对应矩阵 $\boldsymbol{Q}$ 的正交特征矢量 $\vec{e}_1,\vec{e}_2,\vec{e}_3$。根据式 (10.3.6)，可以写出矩阵 $\boldsymbol{Q}$ 的逆矩阵如下：

$$\boldsymbol{Q}^{-1}=\boldsymbol{E}\cdot\boldsymbol{\varLambda}^{-1}\cdot\boldsymbol{E}^{\mathrm{H}} \tag{10.3.7}$$

对于式(10.3.2)中的特征矩阵 $\boldsymbol{K}_1(\vec{n}_1,\vec{n}_2)$，原始噪声矩阵如下：

$$\left\langle \vec{n}_1 \cdot \vec{n}_1^{\mathrm{H}} \right\rangle = n^2 \cdot \boldsymbol{I} \tag{10.3.8}$$

式中，$\boldsymbol{I}$ 为单位阵。当存在扰动矩阵 $\boldsymbol{Q}$ 时，如式(10.3.5)所示，新的噪声矩阵变为

$$\boldsymbol{Q}^{-1} \cdot \left\langle \vec{n}_1 \cdot \vec{n}_1^{\mathrm{H}} \right\rangle \cdot \boldsymbol{Q}^{-1} = n^2 \cdot \left(\boldsymbol{Q}^{-1}\right)^2 = \boldsymbol{E} \cdot \begin{bmatrix} n^2/\lambda_1^2 & & \\ & n^2/\lambda_2^2 & \\ & & n^2/\lambda_3^2 \end{bmatrix} \cdot \boldsymbol{E}^{\mathrm{H}} \tag{10.3.9}$$

特征矢量方法的思想是利用对角化将式(10.3.9)中的噪声矩阵分解为三个独立的噪声分量：

$$n^2 \cdot \left(\boldsymbol{Q}^{-1}\right)^2 = \sum_{i=1}^{3} \frac{n^2}{\lambda_i^2} \cdot \left(\vec{e}_i \cdot \vec{e}_i^{\mathrm{H}}\right) \tag{10.3.10}$$

三个分量的和，也就是噪声矩阵的迹，表示受矩阵 $\boldsymbol{Q}$ 扰动的噪声总功率 P_n'：

$$P_n' = \frac{n^2}{\lambda_1^2} + \frac{n^2}{\lambda_2^2} + \frac{n^2}{\lambda_3^2} = \frac{1}{3} \cdot \left(\frac{1}{\lambda_1^2} + \frac{1}{\lambda_2^2} + \frac{1}{\lambda_3^2}\right) \cdot P_n = \lambda_{\mathrm{a}} \cdot P_n \tag{10.3.11}$$

式中，$P_n = 3n^2$，代表式(10.3.8)中原始噪声矩阵的功率；$\lambda_{\mathrm{a}} = \left(1/\lambda_1^2 + 1/\lambda_2^2 + 1/\lambda_3^2\right)/3$，表示平均的特征值。式(10.3.11)表明扰动矩阵 $\boldsymbol{Q}$ 的特征值会改变噪声功率。

接下来，将分情况具体讨论扰动矩阵 $\boldsymbol{Q}$ 的特征值。

首先考虑通道不平衡 f 对噪声功率的影响，并假设不存在极化串扰，即 $\delta = 0$，此时式(10.2.2)中的扰动矩阵 $\boldsymbol{Q}(\delta,f)$ 可以写为

$$\boldsymbol{Q}(0,f) = \frac{1}{2} \cdot \begin{bmatrix} 1+f^2 & f^2-1 & 0 \\ f^2-1 & 1+f^2 & 0 \\ 0 & 0 & 2f \end{bmatrix} \tag{10.3.12}$$

通道不平衡 f 是一个复数贡献，包含幅度不平衡 $|f|$ 和相位不平衡 $\arg(f)$。然而，由于扰动矩阵 $\boldsymbol{Q}$ 和它的共轭转置 $\boldsymbol{Q}^{\mathrm{H}}$ 在式(10.3.5)的特征矩阵 $\boldsymbol{K}_1(\boldsymbol{Q}_1,\boldsymbol{Q}_2,\vec{n}_1,\vec{n}_2)$ 中同时出现，相位不平衡 $\arg(f)$ 的影响可以通过矩阵相乘而抵消。也就是说，乘积 $\boldsymbol{Q}(0,f)\cdot\boldsymbol{Q}^{\mathrm{H}}(0,f)$ 和 $\boldsymbol{Q}(0,|f|)\cdot\boldsymbol{Q}^{\mathrm{H}}(0,|f|)$ 是相等的，这从理论上说明反演误差对相位不平衡并不敏感。所以，无论相位不平衡 $\arg(f)$ 多大，它都可以通过共轭相乘抵消，并给最终的反演误差带来最小的影响。这一结论在实验部分也会得到证明。对于幅度不平衡 $|f|$，实对称矩阵 $\boldsymbol{Q}(0,|f|)$ 可以对角化为式(10.3.6)的形式。三个对应的特征值可以展开写为

$$\lambda_1 = 1, \quad \lambda_2 = |f|, \quad \lambda_3 = |f|^2 \tag{10.3.13}$$

特征值 λ_1 保持为常数 1。随着幅度不平衡 $|f|$ 从 1 减小为 0，特征值 λ_2 和 λ_3 将小于 1，这表明 $1/\lambda_2^2$ 和 $1/\lambda_3^2$ 将放大噪声功率。如果幅度不平衡变得极其严重，并接近于

$0(\infty\,dB)$，λ_3 将在三个特征值中以最快的速度接近于 0。在这一极端情况下，$1/\lambda_3^2$ 将接近无穷大，并在放大噪声功率中起主要作用。而其他两项 $1/\lambda_1^2$ 和 $1/\lambda_2^2$ 则可以忽略。然而，对于常用的幅度不平衡区间，三个特征值项的贡献都需要考虑。图 10.4(a) 中画出了平均特征值项 $\lambda_a(|f|)$ 随幅度不平衡 $|f|$ 的变化来观察它对噪声功率的影响。可以看出，该平均特征值和 $1/|f|^2$ 非常接近[图 10.4(a) 中实线和虚线]。简单起见，使用 $1/|f|^2$ 作为近似的平均贡献，也就是式 (10.3.11) 可以近似为

$$P_n' = \lambda_a\left(|f|\right)\cdot P_n = \left(1+\frac{1}{|f|^2}+\frac{1}{|f|^4}\right)\cdot\frac{P_n}{3} \approx \frac{1}{|f|^2}\cdot P_n \tag{10.3.14}$$

式 (10.3.14) 表明噪声功率被放大的倍数和 $|f|$ 的平方近似成反比。

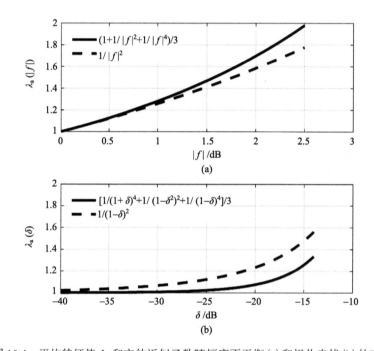

图 10.4　平均特征值 λ_a 和它的近似函数随幅度不平衡 (a) 和极化串扰 (b) 的变化

现在，考虑极化串扰 δ 的影响，并假设不存在通道不平衡，即 $f=1$，此时式 (10.2.2) 中的扰动矩阵 $\boldsymbol{Q}(\delta,f)$ 可以写为

$$\boldsymbol{Q}(\delta,1) = \begin{bmatrix} 1+\delta^2 & 0 & 2\delta \\ 0 & 1-\delta^2 & 0 \\ 2\delta & 0 & 1+\delta^2 \end{bmatrix} \tag{10.3.15}$$

通常，串扰可以看作是实数，对称矩阵 $\boldsymbol{Q}(\delta,1)$ 可以对角化为式 (10.3.6) 的形式。三个对应的特征值可以展开写为

$$\lambda_1 = (1+\delta)^2, \quad \lambda_2 = 1-\delta^2, \quad \lambda_3 = (1-\delta)^2 \tag{10.3.16}$$

如果串扰 δ 变得极其严重并接近于 $1(0\,\mathrm{dB})$，λ_3 将在三个特征值中以最快的速度接近于 0。在这一极端情况下，$1/\lambda_3^2$ 将接近无穷大，并在放大噪声功率中起主要作用。然而，我们更关心常用的极化串扰区间，那么三个特征值的贡献必须同时考虑。在图 10.4(b) 中，我们画出了平均特征值 $\lambda_\mathrm{a}(\delta)$ 随串扰 δ 的变化来观察它对噪声功率的影响。此时，在区间 $\delta \in [-40,-15]\,\mathrm{dB}$ 内，我们使用 $1/(1-\delta)^2$ 来近似 $\lambda_\mathrm{a}(\delta)$ [图 10.4(b) 中的实线和虚线]。这样，有一个简化的表达式如下所示：

$$P_n' = \lambda_\mathrm{a}(\delta) \cdot P_n = \left[\frac{1}{(1+\delta)^4} + \frac{1}{(1-\delta^2)^2} + \frac{1}{(1-\delta)^4} \right] \cdot \frac{P_n}{3} \approx \frac{1}{(1-\delta)^2} \cdot P_n \tag{10.3.17}$$

式 (10.3.17) 表明噪声功率被放大的倍数和 $1-\delta$ 的平方近似成反比。

在下一节中，我们将知道由系统噪声引起的高度检测误差 $\Delta h_V(\vec{n})$ 和信噪比 SNR 有关 [式 (9.3.31)]：

$$\Delta h_V(\vec{n}) \propto \frac{1}{1+\mathrm{SNR}} = \frac{P_n}{P_s + P_n} \approx \frac{P_n}{P_s} \tag{10.3.18}$$

式中，P_s 为信号功率。通常，噪声功率 P_n 远小于信号功率 P_s。通过先前的推导可知，扰动矩阵 $\boldsymbol{Q}$ 的存在会将噪声功率从 P_n 放大到 P_n'，见式 (10.3.14) 和式 (10.3.17)。那么，极化扰动存在时的高度检测误差满足下列关系式：

$$\Delta h_V(\boldsymbol{Q},\vec{n}) \propto \frac{P_n'}{P_s} \tag{10.3.19}$$

因此，将式 (10.3.14) 和式 (10.3.17) 分别代入式 (10.3.19) 中，可以给出极化串扰和幅度不平衡对高度检测误差的影响如下：

$$\Delta h_V(\delta,\vec{n}) = \frac{1}{3} \cdot \left[\frac{1}{(1+\delta)^4} + \frac{1}{(1-\delta^2)^2} + \frac{1}{(1-\delta)^4} \right] \cdot \Delta h_V(\vec{n}) \approx \frac{1}{(1-\delta)^2} \cdot \Delta h_V(\vec{n}) \tag{10.3.20}$$

$$\Delta h_V(|f|,\vec{n}) = \frac{1}{3} \cdot \left(1 + \frac{1}{|f|^2} + \frac{1}{|f|^4} \right) \cdot \Delta h_V(\vec{n}) \approx \frac{1}{|f|^2} \cdot \Delta h_V(\vec{n}) \tag{10.3.21}$$

式中，$\Delta h_V(\vec{n})$ 代表仅由系统噪声引起的高度检测误差。

通过分析扰动矩阵 $\boldsymbol{Q}$ 对噪声功率的影响，我们建立了高度检测误差和极化扰动之间的关系，如式 (10.3.20) 和式 (10.3.21) 所示。一般而言，极化扰动越严重，高度检测误差越大。只有当系统噪声不存在，即 $\Delta h_V(\vec{n}) = 0$ 时，高度检测误差为 0，此时极化扰动对它没有影响。在下一小节，将讨论系统噪声给植被高度反演带来的误差。

2. 反演误差与系统噪声的关系

本小节分析仅由系统噪声引起的高度检测误差 $\Delta h_V(\vec{n})$。根据式(10.2.8)所述，用 γ_{SNR} 表示由各种去相干源引起的相干性损耗，它表示一种广义的噪声，会影响总的干涉相关系数。

下面分析干涉相干系数的变化会给植被高度反演带来多大误差。由于相干性系数的改变，求解的地相位点 $\hat{\phi}$ 也会改变。根据式(10.1.13)中的高度反演算法，为了研究森林高度对微小的相干性系数的敏感性，取反演高度对相干性系数的一阶导数，如下所示：

$$\frac{\partial h_V}{\partial |\tilde{\gamma}_{\mathrm{Vol}}|} = \frac{1}{k_z}\left(\frac{\partial \hat{\phi}}{\partial |\tilde{\gamma}_{\mathrm{Vol}}|} + 2\varepsilon \cdot \frac{\partial \mathcal{F}}{\partial |\tilde{\gamma}_{\mathrm{Vol}}|} \right) \tag{10.3.22}$$

式中，函数 $\mathcal{F}$ 表示 $\mathcal{F} = \mathrm{sinc}^{-1}\left(|\tilde{\gamma}_{\mathrm{Vol}}|\right)$。

分别考虑式(10.3.22)中的两项。首先分析地相位 $\hat{\phi}$ 的敏感性。如图 10.5 所示，蓝色实线代表相干性随极化变化的直线，其与单位圆的交点为地相位点 B。由于噪声去相干的影响，直线将向原点平行移动 $\Delta |\tilde{\gamma}_{\mathrm{Vol}}|$ 至红色实线处，红线与单位圆的交点 C 成为新的地相位点。地相位角变化了 $\Delta \phi$，也等于弧长 S。这里，$\Delta |\tilde{\gamma}_{\mathrm{Vol}}|$ 可以表示如下：

$$\Delta |\tilde{\gamma}_{\mathrm{Vol}}| = |\tilde{\gamma}_{\mathrm{Vol},2}| - |\tilde{\gamma}_{\mathrm{Vol},1}| = |\tilde{\gamma}_{\mathrm{Vol},1}| \cdot (\gamma_{\mathrm{SNR}} - 1) \tag{10.3.23}$$

由于 $\Delta |\tilde{\gamma}_{\mathrm{Vol}}|$ 和 S 是很小的量，图 10.5 中的黄色三角形可以近似看作直角三角形，通过几何推导，可以得到地相位的敏感性，如下所示：

$$\frac{\partial \hat{\phi}}{\partial |\tilde{\gamma}_{\mathrm{Vol}}|} = \frac{S}{\Delta |\tilde{\gamma}_{\mathrm{Vol}}|} = -\tan\theta \tag{10.3.24}$$

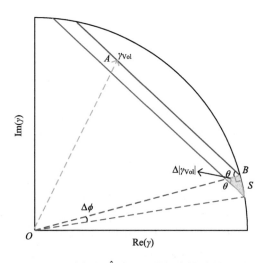

图 10.5　地相位 $\hat{\phi}$ 对相干性幅度敏感性分析

在图 10.5 中，假设点 A 代表体散射相干性点 $\tilde{\gamma}_{\text{Vol}}$，那么可以知道线段 OA 的长度为 $|\tilde{\gamma}_{\text{Vol}}|$，线段 OB 的长度为 1，线段 AB 的长度为 $|1-\tilde{\gamma}_{\text{Vol}}|$，根据三角形 OAB 的余弦定理，可以求得 $\cos\theta$ 的表达式，进而可以得到：

$$\tan\theta = \frac{\sqrt{2\left(|\tilde{\gamma}_{\text{Vol}}|^2 + |1-\tilde{\gamma}_{\text{Vol}}|^2\right) - \left(|1-\tilde{\gamma}_{\text{Vol}}|^2 - |\tilde{\gamma}_{\text{Vol}}|^2\right)^2 - 1}}{|1-\tilde{\gamma}_{\text{Vol}}|^2 - |\tilde{\gamma}_{\text{Vol}}|^2 + 1} \tag{10.3.25}$$

在式 (10.3.25) 中，$\tan\theta$ 是变量 $|\tilde{\gamma}_{\text{Vol}}|$ 和变量 $|1-\tilde{\gamma}_{\text{Vol}}|$ 的函数。显然，我们知道 $1-|\tilde{\gamma}_{\text{Vol}}| \leqslant |1-\tilde{\gamma}_{\text{Vol}}| \leqslant 1+|\tilde{\gamma}_{\text{Vol}}|$。因此，对于给定的 $|\tilde{\gamma}_{\text{Vol}}|$ 值，$\tan\theta$ 的取值范围从 0 变到某一个最大值，记作 $\max(\tan\theta)$。通过数值分析，我们发现 $\max(\tan\theta)$ 与变量 $|\tilde{\gamma}_{\text{Vol}}|$ 之间的关系可以用三阶多项式近似表示如下：

$$\max(\tan\theta) \approx 4.4 \cdot |\tilde{\gamma}_{\text{Vol}}|^3 - 3.8 \cdot |\tilde{\gamma}_{\text{Vol}}|^2 + 2 \cdot |\tilde{\gamma}_{\text{Vol}}| - 0.05 \tag{10.3.26}$$

因此，地相位 $\hat{\phi}$ 对相干性幅度的敏感性表示为

$$-\max(\tan\theta) \leqslant \frac{\partial\hat{\phi}}{\partial|\tilde{\gamma}_{\text{Vol}}|} \leqslant 0 \tag{10.3.27}$$

接下来，分析函数 $\mathcal{F}$ 对相干性幅度的敏感性。根据表达式 $\mathcal{F} = \text{sinc}^{-1}(|\tilde{\gamma}_{\text{Vol}}|)$，使用三阶多项式对其进行拟合如下：

$$\mathcal{F}(|\tilde{\gamma}_{\text{Vol}}|) \approx -3.4|\tilde{\gamma}_{\text{Vol}}|^3 + 4.3|\tilde{\gamma}_{\text{Vol}}|^2 - 3.8|\tilde{\gamma}_{\text{Vol}}| + 3.2 \tag{10.3.28}$$

进而导函数 $\mathcal{F}'(|\tilde{\gamma}_{\text{Vol}}|)$ 可以近似表示为

$$\frac{\partial\mathcal{F}}{\partial|\tilde{\gamma}_{\text{Vol}}|} = \mathcal{F}'(|\tilde{\gamma}_{\text{Vol}}|) \approx -10.2|\tilde{\gamma}_{\text{Vol}}|^2 + 8.6|\tilde{\gamma}_{\text{Vol}}| - 3.8 \tag{10.3.29}$$

现在，我们已经分别推导了式 (10.3.22) 中两个敏感性函数的表达式。图 10.6 中画出了导数项 $\partial\mathcal{F}/\partial|\tilde{\gamma}_{\text{Vol}}|$ 以及 $-\max(\tan\theta)$ 随相干性幅度的变化函数来对比两者的重要性。导数项 $\partial\hat{\phi}/\partial|\tilde{\gamma}_{\text{Vol}}|$ 的值在 0 和蓝线之间变化，蓝线表示 $\partial\hat{\phi}/\partial|\tilde{\gamma}_{\text{Vol}}|$ 的最大幅度。当相干性值 $|\tilde{\gamma}_{\text{Vol}}| < 0.4$ 时，$-\max(\tan\theta)$ 的幅值比 $\partial\mathcal{F}/\partial|\tilde{\gamma}_{\text{Vol}}|$ 小一个数量级，其影响可以忽略；当相干性值 $|\tilde{\gamma}_{\text{Vol}}| > 0.4$ 时，虽然 $-\max(\tan\theta)$ 的影响开始增大，但其变化趋势与 $\partial\mathcal{F}/\partial|\tilde{\gamma}_{\text{Vol}}|$ 基本一致，因此其影响可以由 $\partial\mathcal{F}/\partial|\tilde{\gamma}_{\text{Vol}}|$ 表示。因此，我们有理由忽略导数项 $\partial\hat{\phi}/\partial|\tilde{\gamma}_{\text{Vol}}|$，而只考虑导数项 $\partial\mathcal{F}/\partial|\tilde{\gamma}_{\text{Vol}}|$ 的影响。

综上，由系统噪声引起的高度反演误差 $h_V(\vec{n})$ 可以写为

$$\Delta h_V(\vec{n}) = \frac{\partial h_V}{\partial|\tilde{\gamma}_{\text{Vol}}|} \cdot \Delta|\tilde{\gamma}_{\text{Vol}}| \approx \frac{1}{k_z}\left(2\varepsilon \cdot \frac{\partial\mathcal{F}}{\partial|\tilde{\gamma}_{\text{Vol}}|}\right) \cdot |\tilde{\gamma}_{\text{Vol}}| \cdot (\gamma_{\text{SNR}} - 1) \tag{10.3.30}$$

对于 L 波段雷达系统，ε 通常取值为 $\varepsilon = 0.4$。将相关的式 (10.2.7) 和式 (10.3.29) 代入式 (10.3.30) 中，高度反演误差 $\Delta h_V(\vec{n})$ 可以最终写为

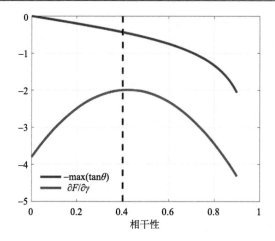

图 10.6　地相位 $\hat{\phi}$ 和函数 $\mathcal{F}$ 对相干性幅度敏感性对比

$$\Delta h_V(\vec{n}) = g(k_z, |\tilde{\gamma}_{\mathrm{Vol}}|, \mathrm{SNR})$$
$$\approx A \cdot \frac{1}{k_z} \cdot \left(8.2 \cdot |\tilde{\gamma}_{\mathrm{Vol}}|^3 - 6.9 \cdot |\tilde{\gamma}_{\mathrm{Vol}}|^2 + 3 \cdot |\tilde{\gamma}_{\mathrm{Vol}}|\right) \cdot \left(\frac{1}{1+\mathrm{SNR}}\right) \tag{10.3.31}$$

式中，A 为未知的常数。从式 (10.3.31) 可以看出，由系统噪声引起的高度检测误差不仅和信噪比 SNR 有关，还和体散射通道的相干性系数值 $|\tilde{\gamma}_{\mathrm{Vol}}|$ 以及垂直波数 k_z 有关。

最后，同时考虑极化扰动和系统噪声的影响，可以给出植被高度反演误差与极化系统参数之间的理论关系式，具体如下：

$$\Delta h_V\left(k_z, |\tilde{\gamma}_{\mathrm{Vol}}|, \mathrm{SNR}, \delta, |f|\right) = A \cdot \frac{1}{k_z} \cdot \left(8.2 \cdot |\tilde{\gamma}_{\mathrm{Vol}}|^3 - 6.9 \cdot |\tilde{\gamma}_{\mathrm{Vol}}|^2 + 3 \cdot |\tilde{\gamma}_{\mathrm{Vol}}|\right)$$
$$\cdot \left(\frac{1}{1+\mathrm{SNR}}\right) \cdot \frac{1}{9}\left[\frac{1}{(1+\delta)^4} + \frac{1}{(1-\delta^2)^2} + \frac{1}{(1-\delta)^4}\right] \cdot \left(1 + \frac{1}{|f|^2} + \frac{1}{|f|^4}\right) \tag{10.3.32}$$

以及它的近似形式：

$$\Delta h_V\left(k_z, |\tilde{\gamma}_{\mathrm{Vol}}|, \mathrm{SNR}, \delta, |f|\right)$$
$$\approx A \cdot \frac{1}{k_z} \cdot \left(8.2 \cdot |\tilde{\gamma}_{\mathrm{Vol}}|^3 - 6.9 \cdot |\tilde{\gamma}_{\mathrm{Vol}}|^2 + 3 \cdot |\tilde{\gamma}_{\mathrm{Vol}}|\right) \cdot \left(\frac{1}{1+\mathrm{SNR}}\right) \cdot \frac{1}{(1-\delta)^2} \cdot \frac{1}{|f|^2} \tag{10.3.33}$$

式 (10.3.32) 和式 (10.3.33) 是我们的主要发现。它预测了极化系统不完美性给植被高度反演带来的平均误差 Δh_V 和极化串扰 δ、极化通道不平衡 f、系统噪声 SNR、体散射相干性值 $|\tilde{\gamma}_{\mathrm{Vol}}|$，以及垂直波数 k_z 有关。通过后续的实验验证，可以确定未知常数 A 取值为 3.67。

3. 反演误差模型验证

在这一节中，我们将使用实测 SAR 数据验证式 (10.3.32) 和式 (10.3.33) 中提出的理论关系式。实验 SAR 数据为德国宇航局机载实验系统 E-SAR 获取的 Traunstein 地区森林数据（Mette，2007；Neumann et al.，2009；Fu et al.，2016）。该温带森林场景位于德国南部，区域地形相对平缓，变化范围在 600~650m。主要的地物类型有森林、农田、城区、道路、河流。森林区域的树种包含云杉、苏格兰松、欧洲山毛榉等，树高从 10m 变化至 40m。

　　该全极化干涉数据集是 2003 年以重复轨道方式在 L 波段获取的，空间基线为 5m，时间基线为 10min。数据斜距分辨率为 1.5m，方位向分辨率为 0.95m。雷达飞行高度约 3km，入射角范围从近距 25° 到远距 60°。图 10.7 给出了该研究区域的光学图像和 Pauli 基下的 SAR 图像。图中 SAR 数据经过方位向四视处理。

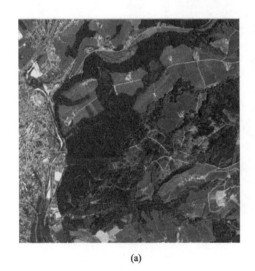
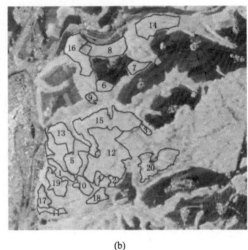

(a)　　　　　　　　　　　　　　　　　(b)

图 10.7　Traunstein 研究区域 Google Earth 光学图像（a）和 Pauli 基下 L 波段伪彩色 SAR 图像（b）

　　该测试数据植被的定量信息由森林调查提供，该调查是 1998 年在 100 m×100 m 的网格上进行的（Mette，2007）。就树种、树高、生物量、生长阶段而言，选择了 20 个均匀的用于验证的森林划分，它们的高度都在现场测量过。这 20 个测量过的森林划分的边界在图 10.7(b)中由红色曲线界定，20 个林分对应的实测高度值见表 10.1。

表 10.1　森林实测高度值

森林区域	1	2	3	4	5	6	7	8	9	10
高度/m	12.46	13.00	13.05	18.66	19.68	26.30	26.93	27.20	27.32	27.43
森林区域	11	12	13	14	15	16	17	18	19	20
高度/m	27.62	28.43	30.13	32.49	33.14	33.34	34.59	34.66	35.23	36.10

　　使用相干优化法对 20 个森林区域进行高度反演。20 个森林区域的植被高度反演结果如图 10.8 所示。为了量化评估森林高度检测精度，我们比较了每一块林地的反演结果均值与地面实测真值。两者之间的比较结果和相关性如图 10.9 所示。从图 10.9(a)可以

看出，除了部分森林区域外，红线和黑线非常接近，这说明反演结果是可靠的。此外，从图 10.9(b)可以更清晰地看出，离散点集中在对角线附近，这说明检测结果与真值之间有很好的相关性，计算两者之间的相关系数为 $r=0.81$，反演结果的均方根误差为 RMSE=4.47m。尽管平均误差很小，但一些像素的反演高度可能和地面真值相差很大。这主要是由反演模型引起的误差，PolInSAR 参数反演方法是基于散射模型的，而真实的森林结构则比简化的 RVoG 模型更复杂。如果希望改进反演结果，可以采用多基线极化干涉方法。

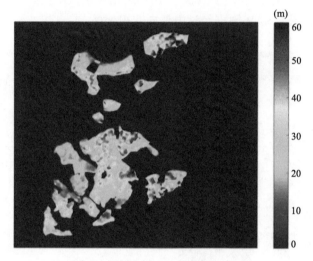

图 10.8　真值区域森林高度反演结果

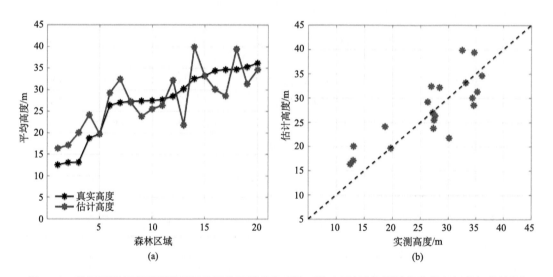

图 10.9　真值区域高度反演结果均值评估检测值和真值对比(a)以及检测值和真值之间的相关性(b)

　　下面验证提出的森林高度检测误差和极化系统参数之间的理论关系式，首先假设系统不存在极化扰动，即 $\delta=0,|f|=1$，只分析系统噪声带来的高度检测误差，以验证式

(10.3.31)中 $\Delta h_V(\vec{n})$ 的正确性。根据 $\Delta h_V(\vec{n})$ 的表达式，系统噪声给植被高度反演带来的误差不仅和信噪比 SNR 有关，还和体散射通道的相干性系数 $|\tilde{\gamma}_{Vol}|$ 以及垂直波数 k_z 有关。在整个场景下，垂直波数 k_z 值的分布相对集中，差异并不大。为了简单起见，假设所有像素点的 k_z 值相同，以其均值代替，即 $k_z=0.0864$。体散射去相干值 $|\tilde{\gamma}_{Vol}|$ 主要由场景本身决定，如植被高度、衰减系数等。在图 10.10 中画出了复相干性值 $\tilde{\gamma}_{Vol}(\vec{w}_{opt3})$ 在单位圆上的分布，并给出了相干性系数的分布直方图。为了进行统计分析，我们将相干性系数分成不同的区间。如图 10.10(b)所示，我们简单划分了七个相干性系数区间，它们分别是 $[0,0.3]$、$[0.3,0.4]$、$[0.4,0.5]$、$[0.5,0.6]$、$[0.6,0.7]$、$[0.7,0.8]$、$[0.8,1.0]$。对于每个区间，以区间的中点值近似表示该区间的相干性系数，其值分别为 0.15、0.35、0.45、0.55、0.65、0.75、0.9。

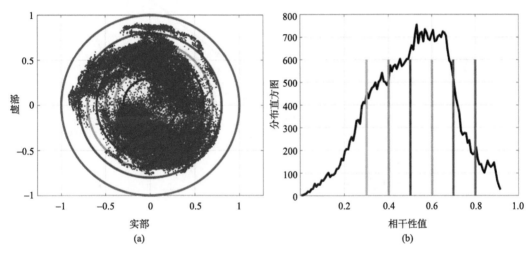

图 10.10 体散射相干性值 $\tilde{\gamma}_{Vol}(\vec{w}_{opt3})$ 在单位圆上的分布(a)及相干性系数分布直方图(b)

下面使用式(10.2.1)中的极化系统参数模型仿真受污染的 PolInSAR 数据。这里假设 $\delta=0,|f|=1$，只给数据添加不同 SNR 级别的复高斯噪声。从受污染的数据中检测森林高度并与地面实测值比较，然后获得每个像素的检测误差。由于噪声是随机的，检测误差本身也是随机的。因此，将使用平均检测误差进行统计分析。我们分别统计了上述 7 个相干性系数区间内不同信噪比下的反演误差均值。这里，将不同条件下观测的反演误差记作 y_i，式(10.3.31)中对应的理论高度反演误差 $\Delta h_V(\vec{n})$ 记作 $\mathrm{A}x_i$，其中，x_i 可以计算求得，A 是唯一的待确定的未知系数。系数 A 建立了检测误差和信噪比之间的关系。它可以通过拟合理论模型和观测的数据点来确定。在图 10.11 中画出了所有观测的数据点 y_i 随计算的理论值 x_i 的变化情况，这些数据点将用于拟合直线 $y=Ax$。这是一个线性拟合问题，误差的余量范数可以由 l_2 范数给出：

$$l_2=\|\mathrm{A}x-y\|_2=\sum_i(Ax_i-y_i)^2 \qquad (10.3.34)$$

最优的系数 A 可以通过最小化式(10.3.34)中的余量范数求得，也就是

$$\frac{\partial l_2}{\partial A} = \sum_i 2 \cdot (Ax_i - y_i) \cdot x_i = 0 \qquad (10.3.35)$$

这样进一步得到：

$$A = \frac{\sum_i x_i y_i}{\sum_i x_i^2} \qquad (10.3.36)$$

因此，最优的系数 A 可以通过将所有离散点 (x_i, y_i) 代入式(10.3.36)中求得，最终得到 $A = 3.67$。

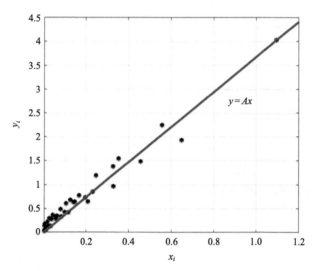

图 10.11　未知系数 A 的线性拟合

最终，我们在图 10.12 中以数据点画出了观测的检测误差随相干性系数和信噪比 SNR 的变化情况。另外，根据已经确定的常数 A 值，在图中用虚线画出了式(10.3.31) 中的理论高度检测误差值 $\Delta h_V(\vec{n})$。从图 10.12 中可以看出，理论曲线很好地拟合了数据点，合理地反映了高度反演误差随相干性系数和信噪比的变化趋势。该结果验证了理论公式 $\Delta h_V(\vec{n})$ 的正确性。

分析完系统噪声后，下面在仿真研究中加入极化扰动的影响。首先，假设不存在通道不平衡，即 $|f| = 1$，只考虑极化串扰的影响。对原始散射数据添加不同的极化串扰和噪声组合，统计各相干性区间内植被高度反演误差的均值。在图 10.13 中画出了各相干性系数区间内，真实反演误差随极化串扰和信噪比的变化，同时画出了理论误差曲线 $\Delta h_V(k_z, |\tilde{\gamma}_{\mathrm{Vol},1}|, \mathrm{SNR}, \delta, 1)$，以观察理论模型的拟合效果。从图 10.13 中可以看出，对于不同的相干性系数区间，理论曲线和数据点基本吻合，都较好地反映了真实误差值的变化情况。其中，当 $|\tilde{\gamma}_{\mathrm{Vol},1}| = 0.75$ 时，理论曲线的拟合效果稍差。这是由于图 10.10(b) 所示的相干性区间 $[0.7, 0.8]$ 内，相干性值不是均匀分布的，直方图中存在一个迅速下降的趋势。

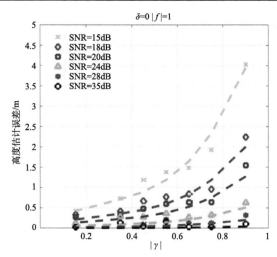

图 10.12 植被高度反演误差均值随相干性系数及信噪比的变化

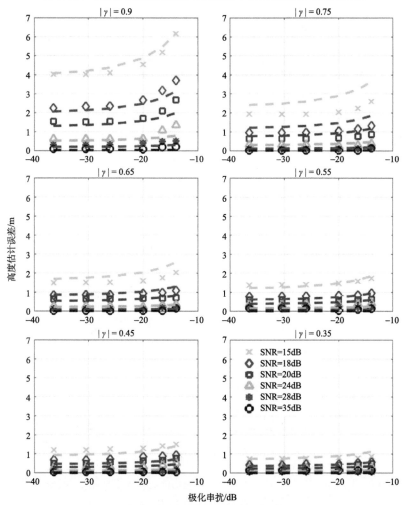

图 10.13 不同相干性系数区间内，反演误差均值随极化串扰和信噪比的变化：
观测值（数据点）vs. 理论值（虚线）

同样地，下面假设不存在极化串扰，即 $\delta = 0$，对原始散射数据添加不同的幅度不平衡和系统噪声，统计各相干性区间内植被高度反演误差的均值。在图 10.14 中画出了不同相干性系数区间内植被高度反演误差的观测值随幅度不平衡以及信噪比的变化。同时在图 10.14 中画出了理论误差曲线 $\Delta h_V\left(k_z, |\tilde{\gamma}_{\mathrm{Vol},1}|, \mathrm{SNR}, 0, |f|\right)$，以验证理论模型的正确性。从图 10.14 中可以看出，对于不同的相干性系数区间，理论曲线很好地拟合了数据点，准确地反映了真实误差值的变化情况。该结果验证了我们所提出的高度检测误差理论模型的正确性。

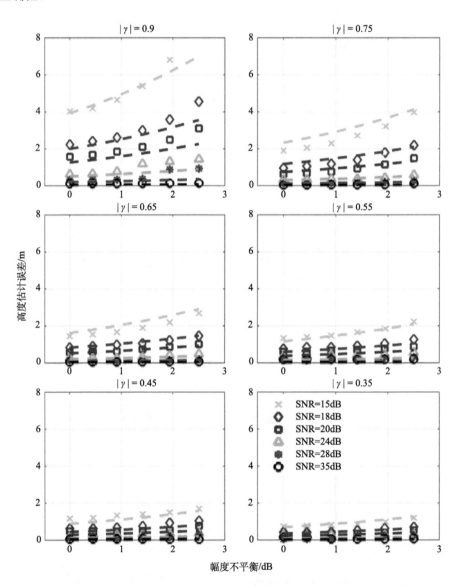

图 10.14 不同相干性系数区间内，反演误差均值随幅度不平衡和信噪比的变化：
观测值（数据点）vs. 理论值（虚线）

　　下面，我们定量评估理论误差和观测误差之间的吻合程度。对于不同的极化串扰和信噪比，我们在图 10.15 中分别比较了用式(10.3.32)计算的原始理论误差以及用式(10.3.33)计算的近似理论误差和观测误差之间的相关性。同样地，对于不同的幅度不平衡和信噪比，我们在图 10.16 中比较了理论误差和观测误差之间的相关性。如图 10.15 和图 10.16 所示，多数数据点沿对角线 $y=x$ 分布，说明理论误差和观测误差之间有很高的线性相关性。很高的相关性系数(r)和较小的均方根误差(RMSE)表明，理论误差和观测误差非常吻合。式(10.3.33)的近似形式足够精确。这一简化的模型足以描述反演误差和极化系统参数之间的关系。

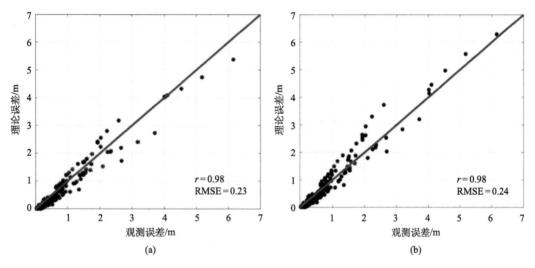

图 10.15　不同极化串扰和信噪比下，理论误差和观测误差之间的相关性

(a) 原始理论式(10.3.32)；(b) 近似理论式(10.3.33)

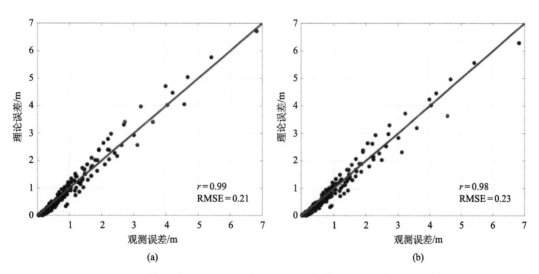

图 10.16　不同幅度不平衡和信噪比下，理论误差和观测误差之间的相关性

(a) 原始理论式(10.3.32)；(b) 近似理论式(10.3.33)

此外，我们在理论部分阐释过由于相位不平衡在相干优化法中通过矩阵 $\boldsymbol{Q}$ 和 $\boldsymbol{Q}^{\mathrm{H}}$ 的共轭相乘被抵消，因而高度检测误差和相位不平衡无关。也就是说，相位不平衡不会像极化串扰和幅度不平衡那样放大由噪声引起的高度检测误差。这里，我们通过仿真再一次解释相位不平衡的影响。假设不存在极化串扰和幅度不平衡，即 $\delta=0$，$|f|=1$，我们通过添加不同的相位不平衡和系统噪声来仿真受污染的 SAR 数据。在不同的信噪比和相位不平衡组合下，我们分别求解平均的高度检测误差。作为例子，在图 10.17 中画出了相干性系数 $|\tilde{\gamma}_{\mathrm{Vol}}|=0.65$ 时观测到的误差值和理论预测误差值 $\Delta h_V\left(k_z,0.65,\mathrm{SNR},0,1\right)$。我们看到，数据点和理论曲线非常吻合，两者的值在不同的相位不平衡条件下都保持不变。该结果验证了高度检测误差与相位不平衡无关，说明我们提出的理论模型仍然有效。

综上，仿真研究表明，我们在森林高度检测误差和极化系统参数之间建立了可靠的关系式。因此根据得到的理论关系式，可以提出 PolInSAR 森林高度反演的极化系统需求。

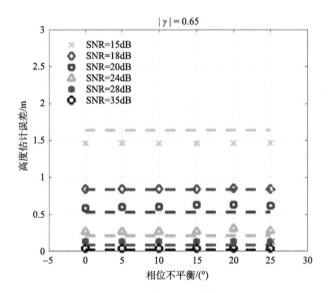

图 10.17 相干性系数 $|\tilde{\gamma}_{\mathrm{Vol}}|=0.65$ 时，反演误差均值随相位不平衡和信噪比的变化：观测值（数据点）vs.理论值（虚线）

4. 误差公式的应用

1）指导极化系统参数设计

我们在式（10.3.33）中建立了植被高度反演误差模型，现在将讨论如何使用该模型指导系统参数设计。首先，根据理论关系式，我们可以给系统设计者提供有用的误差图来确定 PolInSAR 植被高度反演的极化系统需求。通常，SAR 系统的噪声等效散射系数（NESZ）在 $-30\sim-25$ dB 的量级，信噪比取决于场景的后向散射强度。对于具有较低后向散射的面散射而言，信噪比值很低。然而，对于植被散射体而言，信噪比通常可以达到15 dB 以上。此外，我们知道体散射相干性系数 $|\tilde{\gamma}_{\mathrm{Vol}}|$ 和森林结构紧密相关，它的数值分布在整个取值范围内。在图 10.18 和图 10.19 中，对于典型的信噪比和相干性系数值，

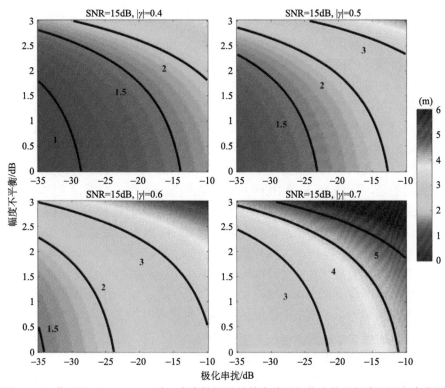

图 10.18　信噪比 SNR=15 dB 时，高度检测误差等高线随极化串扰和幅度不平衡变化图

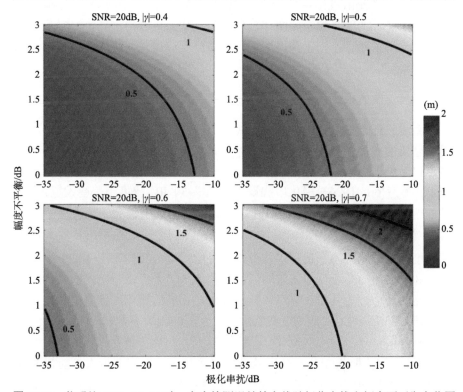

图 10.19　信噪比 SNR=20 dB 时，高度检测误差等高线随极化串扰和幅度不平衡变化图

我们分别画出了高度检测误差随极化串扰 δ 和幅度不平衡 $|f|$ 变化的等高线图。等高线图说明了高度检测误差均值是如何随极化系统参数变化的。PolInSAR 系统设计者可以直观地查找森林高度反演的极化系统需求。

从图 10.18 和图 10.19 中可以看出，体散射相干性值越大，引起的高度检测误差越大，其对应于较低的树高和较大的衰减系数。比较不同信噪比下的误差图，可以看出，增大信噪比将大大提高森林高度反演精度，但是信噪比通常受到植被冠层本身散射功率的限制。对于特定的 SNR 值，减小极化串扰和通道不平衡也能减小植被高度检测误差。如果信噪比足够大，高度检测误差将接近于 0，此时极化扰动对反演误差没有影响。

需要指出的是，图 10.18 和图 10.19 中的误差预算只是最终检测误差的一部分。对于 PolInSAR 森林高度制图，反演误差主要来自于两部分：一个是 RVoG 模型误差；另一个是雷达测量误差。由于真实的森林结构比简化的 RVoG 散射模型更复杂，模型误差占主要因素，除非采用其他不基于模型的反演方法，如层析。对于系统设计者，他们更关心测量误差，希望设计的系统参数对终端应用产生尽可能小的影响。式 (10.3.33) 中的误差模型表明，森林高度检测误差 Δh_V 取决于五个系统参数。在这五个系统参数中，垂直波数 k_z 和系统几何参数有关。体相干性值 $|\tilde{\gamma}_{\mathrm{Vol}}|$ 和不同的森林场景有关。对于给定的垂直波数和森林场景，如果想要确定其他三个极化系统参数，可以首先画出高度检测误差随极化串扰 δ、幅度不平衡 $|f|$ 和信噪比 SNR 变化的等高线图，如图 10.18 和图 10.19 中的示例所示。然后，我们可以轻松查找等高线图来选择合理的极化系统参数。例如，对于常见的森林场景，为了使由极化系统参数引起的检测误差小于 1m，我们必须找到在对应相干性值下小于 1m 的等高线。如图 10.19 所示，从而可以得出结论，对于体相干性值小于 0.7 的森林场景而言，为了获得小于 1m 高度反演误差，极化系统参数需要满足信噪比大于 20 dB、极化串扰小于 −25 dB、幅度不平衡小于 1.5 dB。

2) 森林高度反演的系统偏差校正

除了给系统设计者提供设计工具外，式 (10.3.33) 中的误差决定性模型也可以直接用来校正反演结果的高估偏差。传统方法只能校正由去相干因素引起的系统偏差。我们提出的模型不仅考虑了去相干源，还考虑了极化扰动的影响。根据 E-SAR 的 L 波段传感器系统的技术参数 (Horn, 1996)，极化串扰设置为 $\delta = -30$ dB，幅度不平衡设置为 $|f| = 1$ dB，森林区域的信号热噪声比值设置为 20 dB。同时，还必须考虑其他的去相干源的贡献，因此将总的等效信噪比设置为 SNR $= 16$ dB。现在我们使用这些系统参数来补偿每个像素的反演高度值的偏差。为了观察误差公式的补偿效果，我们在图 10.20 中对比了每块林地补偿前和补偿后的高度反演误差均值。从图 10.20 中可以看出，误差公式很好地补偿了森林高度的高估，尤其是对树高较矮的林地，它们的检测高度值大大减小，更接近于真实高度值。在补偿前，检测高度和真实高度之间的相关系数 $r = 0.81$，检测高度的均方根误差 RMSE $= 4.47$ m。而在补偿后，这两个评价指标分别变为 $r = 0.87$ 和 RMSE $= 3.90$m，这说明误差公式是有效的。总而言之，数据分析人员能根据我们提出的误差模型，从植被高度反演结果中部分校正系统偏差。这些系统偏差主要是由残余的

极化校正误差和系统噪声引起的。

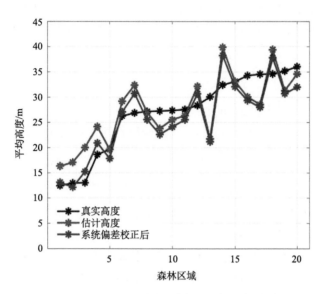

图 10.20　系统偏差校正前后森林高度检测结果对比

10.4　CV-CNN 树高反演

近年来，深度学习理论越来越引起人们的关注，它能从数据集中自动学习分层特征（Hinton and Salakhutdinov，2006；LeCun et al.，2010）。卷积神经网络是一种典型的深度学习算法，它在 SAR 图像解译中获得了优越的性能（Chen et al.，2016; Zhou et al.，2016; Zhang et al.，2017）。CNN 在地表分类中的成功应用鼓励我们探索其从 PolInSAR 数据中进行森林高度分类和反演的潜力。

本节使用卷积神经网络进行 PolInSAR 森林高度制图。一个监督的 CNN 模型将从森林区域的标记训练数据集中学习得到，它联系了 PolInSAR 观测量和森林高度。该方法避免了建模复杂的森林散射过程和各种去相干源，它们都将被包含在可训练的网络参数中。使用训练好的网络就可以从单基线 PolInSAR 测量中绘制其他森林区域的高度。我们在机载数据集上验证了该方法，它能大大提高森林高度反演精度。

1. 森林反演模型

对于 PolInSAR 应用，复相干性是关键参数，它能在不同的极化通道或它们的组合下求得。相干性 $\tilde{\gamma}$ 的幅度表示两幅图像之间的相关程度，而它的幅角对应干涉相位差或干涉图。一般说来，相干性受雷达系统噪声、雷达成像几何（基线、斜视角等）、介质非均匀性、时间变化等因素的影响。它们对总的相干性的影响是乘性的，可以表示为

$$\tilde{\gamma}\left(\vec{w}\right)=\tilde{\gamma}_{\mathrm{d}}\cdot\tilde{\gamma}_{\mathrm{Vol}}\left(\vec{w}\right) \tag{10.4.1}$$

由于植被覆盖地表的复相干性与多个重要的植被和地表参数有关，式(10.1.9)中的 RVoG 模型可以用于从单基线 PolInSAR 数据中生成植被高度产品。具体说来，从散射模型 $\boldsymbol{M}$ 和参数 $\vec{\boldsymbol{p}}$ 中观测到一组不同极化通道下的相干性 $\vec{\boldsymbol{\gamma}}$，如下所示(Cloude, 2007)：

$$\vec{\boldsymbol{\gamma}} = \begin{bmatrix} \tilde{\gamma}_{\mathrm{d}} \cdot \tilde{\gamma}_{\mathrm{Vol}}(\vec{\boldsymbol{w}}_1) \\ \tilde{\gamma}_{\mathrm{d}} \cdot \tilde{\gamma}_{\mathrm{Vol}}(\vec{\boldsymbol{w}}_2) \\ \tilde{\gamma}_{\mathrm{d}} \cdot \tilde{\gamma}_{\mathrm{Vol}}(\vec{\boldsymbol{w}}_3) \end{bmatrix}, \quad \vec{\boldsymbol{\gamma}} = \tilde{\gamma}_{\mathrm{d}} \cdot \boldsymbol{M} \cdot \vec{\boldsymbol{p}}, \quad \vec{\boldsymbol{p}} = \begin{bmatrix} \phi_0 \\ h_V \\ \sigma \\ m(\vec{\boldsymbol{w}}_1) \\ m(\vec{\boldsymbol{w}}_2) \\ m(\vec{\boldsymbol{w}}_3) \end{bmatrix} \qquad (10.4.2)$$

式中，$\vec{\boldsymbol{w}}_1$、$\vec{\boldsymbol{w}}_2$、$\vec{\boldsymbol{w}}_3$ 代表全极化干涉数据的三个独立的极化通道。对于我们的应用，$\boldsymbol{M}$ 代表 RVoG 散射模型，通过反演散射模型，我们可以检测参数，也就是 $\vec{\boldsymbol{p}} = \boldsymbol{M}^{-1} \cdot \tilde{\gamma}_{\mathrm{d}}^{-1} \cdot \vec{\boldsymbol{\gamma}}$。如果主要考虑植被高度 h_V 这一重要参数，多种策略可以用来简化反演过程，如 Cloude 提出的三步反演法。然而，由于过度简化的散射模型 $\boldsymbol{M}$ 和去相干源 $\tilde{\gamma}_{\mathrm{d}}$ 引起了扰动，因此基于 RVoG 模型的反演方法反演精度很低。下面，将建立一个监督模型 $\boldsymbol{M}_{\mathrm{s}}$ 来联系观测量 $\vec{\boldsymbol{\gamma}}$ 和参数 $\vec{\boldsymbol{p}}$，也就是使 $\vec{\boldsymbol{\gamma}} = \boldsymbol{M}_{\mathrm{s}} \cdot \vec{\boldsymbol{p}}$，这样能更精确地从观测量中预测未知参数。

2. CNN 网络设置

现在介绍用于监督学习的卷积神经网络的一般结构。如图 10.21 所示，CNN 有一个输入层，多个交替的卷积层和池化层，全连接层和一个分类层作为输出。通常，网络输入是一个多通道的二维矩阵，它的尺寸记作宽度乘以高度乘以深度。深度即通道数目。卷积层和池化层的隐藏单元也按一组二维矩阵组织，它们被称为特征图。每一个隐藏单元只接收先前层的本地单元块作为输入。本地块中的输入单元和多个可学习的滤波器卷积。卷积结果乘以非线性激活函数就生成了卷积层的特征图。特征图中的所有单元共享相同的滤波器权重，所以每一个特征图探测先前层不同位置的同一种特征。每一个池化单元对卷积层的一个本地单元块进行降采样，它减少了特征图的空间尺寸。但是池化层

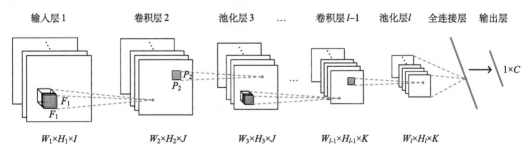

图 10.21　CNN 网络结构

的特征图数目和先前的卷积层是一致的。全连接层中的每一个隐藏单元都取前一层的所有单元作为输入。由于卷积层的本地连接和权重共享，CNN 和传统的神经网络相比，大大减少了需要学习的参数数目。输出层作为一个分类器预测输入样本的种类，它是一个 C 维矢量，C 代表类别数。输出矢量最大元素的位置代表网络所预测的目标类别。

如图 10.22 所示，我们设计了一个六层的 CNN 结构用于 PolInSAR 植被高度制图。除了输入层和输出层，网络包含两个卷积层、一个池化层和一个全连接层。对于逐像素的森林高度反演，在中心像素周围取一个大小为 12×12 的数据块进行检测。输入数据由 6 个通道组成，是三个不同极化通道下的相干性幅度和相位。因此，输入样本尺寸为 12×12×6。卷积滤波器尺寸设为 3×3，步幅为 1 个像素。池化尺寸设为 2×2，步幅为 2 个像素。由于卷积和池化操作，特征图的二维尺寸将减小。12×12 的输入图像在第一个卷积层经过一族 6 个卷积滤波器，将生成 12 个大小为 10×10 的输出特征图。经过池化层，12 个特征图的尺寸将变为 5×5。池化层的输出被送入第二个卷积层，生成 18 个尺寸为 3×3 的特征图。然后，在全连接层中，这 18 个二维特征图将简单变形为具有 162 个神经元的一维矢量。最终的输出是一个 C 维矢量，每一个元素都对应一个类别的概率。对于 E-SAR Traunstein 数据集，森林根据其高度差异分为 8 个类别。

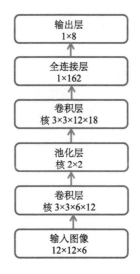

图 10.22　用于 PolInSAR 森林高度制图的 CNN 网络配置

3. 实验结果

本节使用的实验 SAR 数据是由德国宇航局机载实验系统 E-SAR 获取的德国 Traunstein 地区的森林数据，该数据集已经在 10.3 节中详细介绍过。由于森林在 Pauli SAR 图像上表现为绿色，因此极化信息本身不能区分森林高度。式 (10.1.9) 表明，观测的复相干性值和森林参数密切相关，它们可以作为卷积神经网络的输入。首先，使用式 (10.1.5) 计算三个独立的极化通道下观测的复相干性值。这里的三个极化通道，我们选择优化的

散射机理 $\{\vec{w}_{opt1}, \vec{w}_{opt2}, \vec{w}_{opt3}\}$ 而非线性极化通道，这是因为优化的极化通道通常带来最佳的高度检测，它们可以通过相干优化法求得。通常，$\vec{w}_{opt1}$ 代表最优的地主导的散射机理，$\vec{w}_{opt3}$ 代表最优的体主导的散射机理。三个优化的相干性幅度和对应的干涉图如图 10.23 所示。从图 10.23 中可以看出，在森林区域，由于森林区域在体主导的极化通道 $\vec{w}_{opt3}$ 下具有较强的冠层后向散射，因此复相干性 $\tilde{\gamma}_{opt3}$ 具有较小的相干性幅度和较高的干涉相位。相干性随极化的变化可以用来检测森林高度。图 10.23 中的 6 幅图像可以看作是输入数据的 6 个通道。

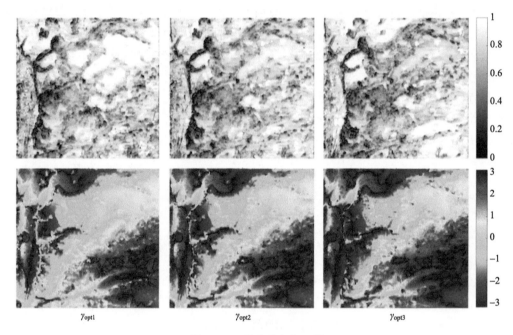

图 10.23　优化的复相干性

第一行为相干性幅度；第二行为干涉相位

对于生态和商业应用来说，森林高度是最重要的森林参数，因此在研究中，我们只关心森林高度制图。对于使用 CNN 的监督学习，我们必须将森林分为不同的高度类别，并给每个类别分配标签。尽管我们可以将具有不同真值高度的 20 个林分看作 20 个不同的类别，但是我们没有必要获得分米甚至是厘米量级的反演精度。因此，具有相似高度的森林植株可以看作是同一类，新生成的 8 个高度类别见表 10.2。合并的林分单元的平均高度作为每一类的高度。

表 10.2　8 个森林类别的高度

类别	1	2	3	4	5	6	7	8
林分	1~3	4~5	6~9	10~12	13~14	15~16	17~18	19~20
高度/m	12.84	19.17	26.94	27.82	31.31	33.74	34.62	35.67

位于每一个类别中的输入数据都将贴上 1×8 的标签矢量,元素 1 的位置对应类别编号,其他的元素则置为 0。将森林分为表 10.2 中的 8 个高度类别,我们可以获得约 1m 的高度反演精度,该精度足够用于森林高度制图。此外,CNN 的成功训练需要大量的数据,但是在研究中,我们只有有限的训练数据。减少类别意味着减少了可训练参数的自由度,并且增加了每个类别的数据量,这将有利于网络的训练并且避免过拟合问题。因此,在不影响反演精度的情况下,我们最好设置较少的高度类别。

卷积神经网络不仅利用像素值,也利用空间模式来提取特征,因此每个像素都用尺寸为 12×12 的数据块表示。实验 SAR 数据尺寸为 1300×1414,使用 12×12 的滑动窗将生成大量的数据块。为了说明网络的推广能力,我们将不重叠地选取验证样本和训练样本。因此,首先使用步幅为 12 个像素的滑动窗生成一组不重叠的数据块,并且随机选择 30% 的样本用于验证。图 10.24 分别展示了选取的 457 个验证样本和训练样本。从图 10.24 中可以看出,具有真值的森林区域被分为两个互补的部分。验证样本是随机分布的,训练数据则可以在剩余区域密集采样。使用一个步幅为 4 个像素的 12×12 的滑动窗对图 10.24(b) 的红色区域进行密集采样。为了从每个类别中获得等量的样本,对像第一类、第二类这样具有较少训练样本的类别,可以通过添加噪声的方式进行数据增广。最终,每个类别随机选取了约 850 个训练样本。

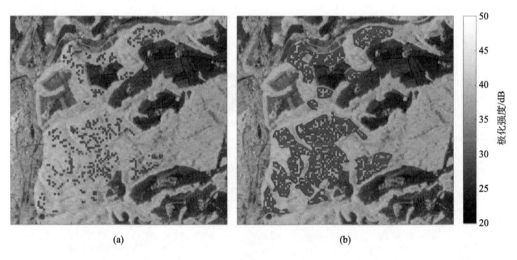

图 10.24 叠加在 HV 极化强度图上的验证样本和训练样本分布

(a) 验证样本; (b) 训练样本

研究中所使用的卷积神经网络配置在图 10.22 中已经给出。一旦网络参数从标记的训练数据中学习到,我们就可以使用训练的网络逐像素绘制森林高度。图 10.25(a) 展示了使用 CNN 反演的 20 个林分的高度,图 10.25(b) 展示了对应的真值高度。从图 10.25 可以看出,反演高度和地面真值吻合度较高。此外,图 10.26(a) 中展示了整个森林区域的反演高度,图 10.26(b) 中给出了基于 RVoG 模型的反演结果。这里,我们使用的基于 RVoG 模型的反演方法是三步反演法。由于森林具有很强的 HV 通道后向散射功率,因此可以从 HV 通道强度图中粗糙地提取森林区域。在图 10.26 中，将 HV 后向散射功率小于 32 dB 的区域的反演高度设置为 0，此时大部分农田区域都被滤除。可以看到，在使用基于 RVoG 模型反演方法时，许多异常高的反演值出现在图 10.26(b) 中，这对均匀的人工林来说是不合理的。

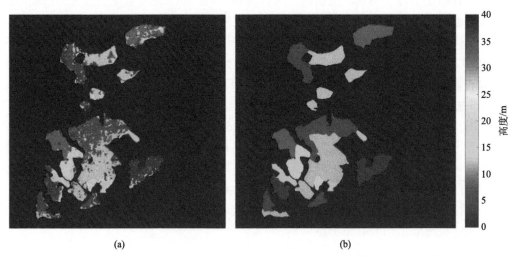

图 10.25　20 个林分的反演高度和真值高度对比

(a) 基于 CNN 模型的反演高度；(b) 地面实测高度

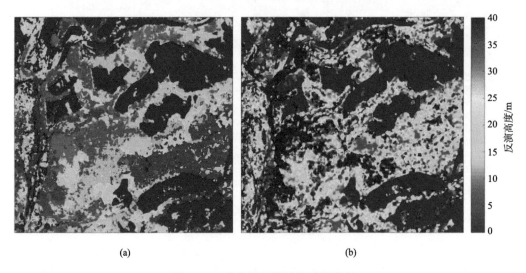

图 10.26　整个森林区域的反演高度

(a) 基于 CNN 模型的反演结果；(b) 基于 RVoG 模型的反演结果

　　为了评估 CNN 模型反演方法的性能，我们对具有地面实测值的 20 个林分进行了统计分析，统计结果展示在图 10.27 中。RVoG 模型反演方法的评估结果也展示在图 10.27 中进行对比。为了展示训练的神经网络的推广能力，图 10.27 中左侧只展示了验证样本，右侧则统计了地面真值区域的所有像素。我们首先在图 10.27(a) 中比较了每个林分的平均反演高度和实测高度，发现 CNN 反演结果更接近真实高度。反演高度和真实高度之间的相关性在图 10.27(b) 中给出，从中可以清晰地看到红色点沿对角线分布更紧密。CNN 反演结果和真实高度相关性很强，因此具有更高的反演精度。

我们在表 10.3 中计算了两个定量评估指标，一个是反演高度和真实高度之间的确定性系数 (coefficient of determination, r^2)，另一个是均方根误差 (root-mean-square error, RMSE)。从表 10.3 可以看出，无论是验证样本还是真值区域的所有像素，CNN 反演结果和 RVoG 反演结果相比具有更高的确定性系数和更小的均方根误差。这说明 CNN 结果具有更高的反演精度，而且训练的网络也可以用于精确绘制未知森林区域的高度。到目前为止，文献中报道的 RVoG 反演方法的反演精度约为 $r^2 = 0.8$, RMSE $= 4$ m。因此，CNN 反演方法能将确定性系数提高约 0.1，将均方根误差减小约 1.5 m。

表 10.3　反演结果定量评估

参数	方法	验证样本	所有像素
确定性系数（r^2）	RVoG	0.83	0.83
	CNN	0.90	0.92
均方根误差（RMSE）/m	RVoG	4.14	3.74
	CNN	2.59	2.58

此外，我们计算了每个林分的反演高度标准差并展示在图 10.27(c) 中。可以看到，RVoG 反演结果的标准差远大于 CNN 反演结果的标准差，这也可以从图 10.26(b) 的反演高度的大幅波动中观察到。图 10.26(b) 中异常高的反演值和真实人工林的均匀性不符合，这说明 RVoG 反演方法在这些区域是失效的。而 CNN 反演方法总能获得合理的结果，它使我们更容易区分具有不同高度的森林。简单总结来说，相比于 RVoG 模型反演方法，CNN 模型反演方法能获得合理的反演结果和提高的反演精度。

4. 可视化卷积核和特征图

为了更好地理解为什么训练的网络能有效地进行森林高度制图，我们直接对卷积核和特征图进行可视化来展示网络在前向传播中是如何激活的。图 10.28 展示了第一个卷积层 12 个学习到的尺寸为 3×3 的卷积核。注意到卷积核原本有 6 个通道，其中的三个相干性幅度通道用于形成 RGB 彩编码的卷积核。红色和蓝色代表较强的地散射，绿色代表较强的体散射。从图 10.28 中可以看出，卷积核 1、2、5、7、9 主要体现为体散射，卷积核 3、6、8、11、12 主要体现为地散射。显然，不同的卷积核组合将对不同的森林类别做出响应。

作为例子，将第一类 (12.84 m) 和第八类 (35.67 m) 森林样本分别前向传输到训练的网络中来观察哪些卷积核被激活。图 10.29 展示了第一个卷积层 12 个生成的特征图，从中我们可以清晰地看到不同卷积核的贡献。卷积核 2、3、4、5、8、11、12 主要对 12.84 m 森

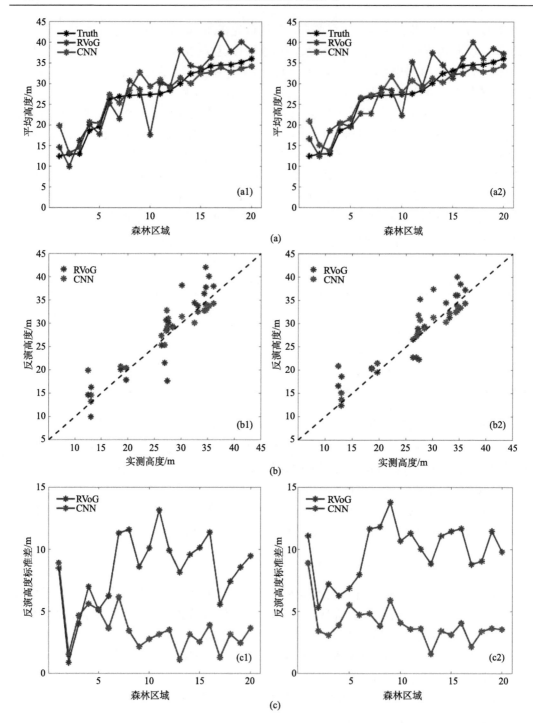

图 10.27 CNN 模型和 RVoG 模型反演结果的性能评估

左侧只统计了验证样本；右侧统计了真值区域的所有像素。(a) 每个林分的平均反演高度；(b) 反演高度和真实高度之间的相关性；(c) 每个林分的反演高度标准差

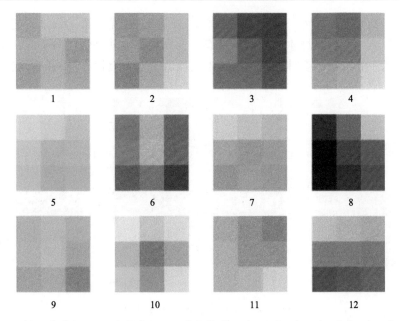

图 10.28　第一个卷积层 12 个彩编码 3×3 卷积核（$|\tilde{\gamma}_{opt1}|$：红色，$|\tilde{\gamma}_{opt2}|$：蓝色，$|\tilde{\gamma}_{opt3}|$：绿色）

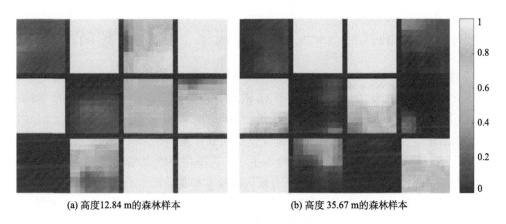

(a) 高度12.84 m的森林样本　　　　　(b) 高度 35.67 m的森林样本

图 10.29　第一个卷积层激活可视化

林样本做出响应，而卷积核 2、3、5、7、9、12 主要对 35.67 m 森林样本做出响应。
该激活可视化结果表明，对于低矮的森林，更多的地散射卷积核被激活，而对于较高的
森林，则有更多的体散射卷积核被激活。不同激活卷积核的组合体现了不同森林的地体
散射比差异，这使得网络能正确识别不同的森林高度。

　　此外，我们尝试分析了主要树种对卷积核激活的影响。该试验区的森林是混合森林，
20 个林分中，17 个林分以针叶树为主，只有 3 个林分（3、8、9）以阔叶树为主。因此，
我们随机选取了高度相同、树种类型不同的两个森林样本进行对比分析。一个样本位于
1 号林分单元（针叶林），另一个样本位于 3 号林分单元（阔叶林）。图 10.30（a）和图 10.30
（b）分别展示了两个样本作为输入时，第一个卷积层的激活情况。从图 10.30 可以看出，

除了一些激活核强度不同外，两个森林样本的主要响应核是一致的。这说明主要树种类型对具有相似高度的森林样本的激活特征有次要影响。也就是说，对于混合森林，哪些卷积核被激活主要取决于森林高度，我们不需要太关心主要树种类型的影响。

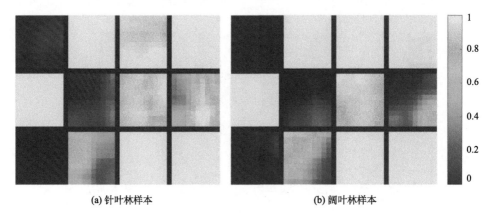

(a) 针叶林样本　　　　　　　　　　　　(b) 阔叶林样本

图 10.30　第一个卷积层激活可视化

注：两个样本具有相同的高度类别(12.84m)

附录　实例代码——CV-CNN 极化干涉 SAR 树高反演

　　整个模型的输入为三个最优极化通道的复相干性值，分别记作 coh_opt1、coh_opt2 和 coh_opt3，矩阵的形状为 $M \times N$，其中 M 和 N 分别为图像高度和宽度。模型的输出为各像素的分类类别 $C = 1, 2, \cdots, 8$，不同类别代表不同的森林高度。该代码共由三部分组成，均在 MATLAB 中完成，分别是样本生成、模型训练和验证、森林高度反演。

　　样本生成包括训练样本生成和验证样本生成，需要将原始训练数据分割为 12×12 的样本切片。为了说明神经网络的泛化能力，要求训练样本和验证样本不重叠。首先在真值区域使用不重叠的滑动窗口采集样本，得到多个切片，代码如下所示。其中，slices 为得到的样本切片，大小为 $3 \times 12 \times 12 \times K$，$K$ 为样本总数；slices_cls 为每个样本对应的类别编号。

```matlab
% 样本切片，滑动窗口不重叠，在整幅图采集样本
k=1; nwin = 12; ds = 12;
for i=1:ds:N-nwin
    for j=1:ds:M-nwin
        slices(1,:,:,k) = coh_opt1(i:i+nwin-1,j:j+nwin-1);
        slices(2,:,:,k) = coh_opt2(i:i+nwin-1,j:j+nwin-1);
        slices(3,:,:,k) = coh_opt3(i:i+nwin-1,j:j+nwin-1);
slices_cls(1,k) = ground_truth(i,j);
        k=k+1;
    end
end
```

采集到 K 个样本后，随机选取其中的 30%作为验证样本，其余 70%的样本作为训练样本。代码如下所示。其中，N_val 为验证样本数，N_train 为训练样本数。val_data 为生成的验证样本，大小为 $3\times12\times12\times N\_val$，train_data 为生成的训练样本，大小为 $3\times12\times12\times N\_train$。val_label 为验证样本对应的标签，大小为 $C\times N\_val$，train_label 为训练样本对应的标签，大小为 $C\times N\_train$。

```
sam_rate = 0.3;
K = length(slices_label);
Seq = randperm(K);
N_val = fix(K* sam_rate); N_train = K- N_val;

val_data(:,:,:,1: N_val) = slices (:,:,:,Seq(1: N_val));
train_data(:,:,:,1: N_train) = slices (:,:,:,Seq(N_val+1:end));

C = 8; val_label = zeros(C, N_val);
for k = 1: N_val
 for c = 1:C
   if (slices_cls(Seq(k)) = = c)
     train_label(c,k) = 1+1j;
   end
 end
end

train_label = zeros(C, N_train);
for k = N_val+1:end
 for c = 1:C
   if (slices_cls(Seq(k)) = = c)
     train_label(c,k) = 1+1j;
   end
 end
end
```

模型训练和验证采用复数 CNN 网络，输入数据为先前生成的训练样本和验证样本，即 train_data、train_label、val_data、val_label。模型训练和验证主要由三部分组成：网络设置、参数初始化和网络训练，代码如下所示。我们设置的网络包含两个卷积层和一个池化层，卷积核尺寸为 3×3，两个卷积层的输出特征图数目分别为 12 和 18。参数初始化主要包括设置网络的学习率、训练次数等。函数 cnntrain 用于对网络进行训练，输出为具有最小验证误差的网络模型 cnn_st 和每次训练的验证误差 er。cnn_st 包含了神经网络中权重等训练参数，存储该训练好的模型可用于后续的测试和森林高度反演。

```
% CV-CNN architecture
```

```matlab
cnn.layers = {
    struct('type', 'i')                                      % input layer
    struct('type', 'c', 'outputmaps', 12, 'kernelsize', 3)       %
convolution layer
    struct('type', 's', 'scale', 2)                          % sub sampling layer
    struct('type', 'c', 'outputmaps', 18, 'kernelsize', 3)        %
convolution layer
};

% Initialize parameters
cnn = cnnsetup(cnn,train_data, train_label);
opts.alpha = 0.8;                       % learning rate
opts.batchsize = 100;                   % batch size
opts.numepochs = 200;                   % epochs

% Train
[cnn_st, er]  =  cnntrain(cnn,train_data,  train_label,  opts,
val_data,val_label);
save cnn_st.mat  cnn_st;

% Show validation error
figure, plot(er*100);
```

函数 cnntrain 的主要代码如下。

```matlab
function [net_st, er] = cnntrain(net, x, y, opts,val_data,val_label)
    m = size(x, 4);                         % number of training samples
    numbatches = m / opts.batchsize;
    if rem(numbatches, 1) ~= 0
        error('numbatches not integer');
    end
    er = zeros(1,opts.numepochs);
    net.rL = [];
    for i = 1 : opts.numepochs
        disp(['epoch ' num2str(i) '/' num2str(opts.numepochs)]);
        tic;
        kk = randperm(m);
        for l = 1 : numbatches
            batch_x = x(:, :, :, kk((l - 1) * opts.batchsize + 1 : l * opts.
batchsize));
            batch_y = y(:,  kk((l - 1) * opts.batchsize + 1 : l * opts.
batchsize));
```

```
            net = cnnff(net, batch_x);
            net = cnnbp(net, batch_y);
            net = cnnapplygrads(net, opts);
        end
        [er(i), ~] = cnntest(net,val_data,val_label);
        [~,ind] = min(er(1:i));
        if ( i>1) && ( ind == i )
          net_st = net;
          disp([num2str(er(i)*100) '% error, epoch= ' num2str(i) ', higher
validation accuracy' ]);
        end
        toc;
    end
  end
end
```

森林高度反演就是使用预定义的模型对测试数据进行高度分类，模型测试代码如下所示。首先，以采样间隔 3 密集采样，得到大小为 $3\times12\times12\times K$ 的测试数据 test_data。然后，使用函数 cnnff 对森林高度类别进行预测，预测结果存储在矢量 test_img_oo 中。最后，使用函数 test_imaging 将类别矢量 test_img_oo 转换为森林高度分布图。

```
% generate test data
k=1; nwin = 12;
for i=1:3:N-nwin
  for j=1:3:M-nwin
      test_data(1,:,:,k) = coh_opt1 (i:i+nwin-1,j:j+nwin-1);
      test_data (2,:,:,k) = coh_opt2 (i:i+nwin-1,j:j+nwin-1);
      test_data (3,:,:,k) = coh_opt3 (i:i+nwin-1,j:j+nwin-1);
      k=k+1;
  end
end


% test based on the pretrained model
net = cnnff(cnn_st, test_data);
test_img_oo = net.o;


% imshow the classification image
[Height, class_img] = test_imaging(test_img_oo, VeHeight, TrueH);
```

函数 test_imaging 的代码如下所示。它将预测的概率矢量 test_img_oo 转换为分类类别图 class_img，然后将分类结果转换为对应的高度分布图 Height。

```
function [Height, class_img] = test_imaging(test_img_oo, VeHeight, TrueH)
test = test_img_oo;
[~,col] = size(test);
class = zeros(1,col);
for i = 1:col
    [~, pos] = max(test(:,i));
    if pos == 1                         class(1,i) = 1;
     elseif    pos == 2                  class(1,i) = 2;
     elseif    pos == 3                  class(1,i) = 3;
     elseif    pos == 4                  class(1,i) = 4;
     elseif    pos == 5                  class(1,i) = 5;
elseif    pos == 6                  class(1,i) = 6;
elseif    pos == 7                  class(1,i) = 7;
elseif    pos == 8                  class(1,i) = 8;
    end
end

row1 = ceil((size(VeHeight,1)-12)/3); col1 = ceil((size(VeHeight,2)-12)/3);
class = reshape(class,col1,row1);
m=1;n=1;
for i=1: col1
    for j=1: col1
class_img(m:m+2,n:n+2) = repmat(class(i,j),3,3);
        n = n+3;
    end
    n=1; m = m+3;
end
class_img = class_img';

% classification result to forest height
[row2,col2,~] = size(class_img);
Height = zeros(row2,col2);
for i = 1: length(TrueH)
    index =  find( class_img == i );
    Height(index) = TrueH(i);
end
figure, imagesc(Height); colormap jet; caxis([0,40]);
end
```

参 考 文 献

Chen S, Wang H, Xu F, et al. 2016. Target classification using the deep convolutional networks for SAR images. IEEE Transactions on Geoscience and Remote Sensing, 54(8): 4806-4817.

Cloude S R. 2008. PoL-InSAR Training Course. Tutorial of the ESA Polarimetric SAR Processing (PolSARPro) Toolbox.

Cloude S R, Papathanassiou K P. 1998. Polarimetric SAR interferometry. IEEE Transactions on Geoscience and Remote Sensing, 36(5): 1551-1565.

Cloude S R, Papathanassiou K P. 2003. Three-stage inversion process for polarimetric SAR interferometry. IEEE Proceedings-Radar, Sonar and Navigation, 150(3): 125-134.

Freeman A, Van Zyl J J, Klein J D, et al. 1992. Calibration of Stokes and scattering matrix format polarimetric SAR data. IEEE Transactions on Geoscience and Remote Sensing, 30(3): 531-539.

Fu W X, Guo H D, Li X W, et al. 2015. Extended three-stage polarimetric SAR interferometry algorithm by dual-polarization data. IEEE Transactions on Geoscience and Remote Sensing, 54(5): 2792-2802.

Hinton G E, Salakhutdinov R R. 2006. Reducing the dimensionality of data with neural networks. Science, 313(5786): 504-507.

Horn R. 1996. The dlr airborne sar project e-sar. 1996 International Geoscience and Remote Sensing Symposium, 3: 1624-1628.

Krieger G, Papathanassiou K P, Cloude S R. 2005. Spaceborne polarimetric SAR interferometry: Performance analysis and mission concepts. EURASIP Journal on Advances in Signal Processing, (1): 3272-3292.

LeCun Y, Kavukcuoglu K, Farabet C. 2010. Convolutional Networks and Applications in Vision. Proceedings of 2010 IEEE International Symposium on Circuits and Systems.

Lee J S, Pottier E. 2009. Polarimetric Radar Imaging: From Basics to Applications. Boca Raton: CRC press.

Mette T. 2007. Forest biomass estimation from polarimetric SAR interferometry. Technische Universität München.

Neumann M, Ferro-Famil L, Reigber A. 2009. Estimation of forest structure, ground, and canopy layer characteristics from multibaseline polarimetric interferometric SAR data. IEEE Transactions on Geoscience and Remote Sensing, 48(3): 1086-1104.

Papathanassiou K P, Cloude S R. 2001. Single-baseline polarimetric SAR interferometry. IEEE Transactions on Geoscience and Remote Sensing, 39(11): 2352-2363.

Treuhaft R N, Moghaddam M, van Zyl J J. 1996. Vegetation characteristics and underlying topography from interferometric radar. Radio Science, 31(6): 1449-1485.

Treuhaft R N, Siqueira P R. 2000. Vertical structure of vegetated land surfaces from interferometric and polarimetric radar. Radio Science, 35(1): 141-177.

van Zyl J J. 1990. Calibration of polarimetric radar images using only image parameters and trihedral corner reflector responses. IEEE Transactions on Geoscience and Remote Sensing, 28(3): 337-348.

Wang X, Wang H. 2019. Forest height mapping using complex-valued convolutional neural network. IEEE Access, 7: 126334-126343.

Wang X, Xu F. 2019. A PolinSAR inversion error model on polarimetric system parameters for forest height mapping. IEEE Transactions on Geoscience and Remote Sensing, 57(8): 5669-5685.

Zebker H A, Villasenor J. 1992. Decorrelation in interferometric radar echoes. IEEE Transactions on Geoscience and Remote Sensing, 30(5): 950-959.

Zhang Z, Wang H, Xu F, et al. 2017. Complex-valued convolutional neural network and its application in polarimetric SAR image classification. IEEE Transactions on Geoscience and Remote Sensing, 55(12): 7177-7188.

Zhou Y, Wang H, Xu F, et al. 2016. Polarimetric SAR image classification using deep convolutional neural networks. IEEE Geoscience and Remote Sensing Letters, 13(12): 1935-1939.

第 11 章　SAR 相干斑仿真与滤波网络

作为 SAR 图像解译的重要基础理论研究之一，SAR 图像统计建模一直是近几十年来的研究热点。杂波仿真是对 SAR 成像过程建模的前向过程，是证明 SAR 图像的性质已被很好地理解的一个重要方法，其对 SAR 图像相关斑抑制、SAR 图像分布、目标检测与识别等方面具有十分重要的意义。本章介绍 SAR 统计建模的主要模型及杂波仿真方法。11.1 节在回顾主要相干斑统计模型的基础上介绍了一种基于逆变换方法（inverse transform method，ITM）的相关杂波仿真方法。对 SAR 图像的散射信息解译中，相干斑是随机相位干涉叠加的最直接体现（Goodman，1976），它模糊了 SAR 图像中的本质特征。11.2 节介绍了相干斑滤波网络模型，将相干斑的统计模型与神经网络的特征提取相融合，设计出适用于 SAR 图像的去相干斑神经网络算法（Yue et al., 2018）。11.3 节给出了该去相干斑网络的仿真实验与结果。

11.1　相干斑仿真

1. 相干斑统计模型

SAR 图像的统计分析可以追溯到 20 世纪 50 年代（Goldstein，1951；Ward et al.，2013），最早的统计分析是基于 SAR 海洋图像杂波建立起来的。由于早期的雷达图像分辨率较低，在中心极限定理的假设下，认为雷达回波信号的幅度服从瑞利分布，因此建立了瑞利相干斑模型（Goldstein，1951； Arsenault and April，1976；Ulaby et al. 1988）。然而，随着 SAR 图像分辨率的提高，瑞利相干斑不能再准确建模，于是一方面基于随机游走模型（Spitzer，1964）提出了非瑞利相干斑模型（Jakeman and Pusey，1976），发展了形式更为复杂的概率分布模型如 K 分布（Jakeman，1980），并应用在 SAR 图像杂波仿真中；另一方面，选用参数更多的经验概率分布模型，如对数正态分布、威布尔分布等，也对特定场景的非瑞利回波进行较准确的描述。Ward（1981）提出了乘积模型，该模型的提出是 SAR 统计建模研究的一个转折点，乘积模型可以看作是瑞利相干斑模型的推广，其推导形式相比于基于随机游走模型的非瑞利相干斑模型更为简单，因此获得了广泛的研究与应用，并进而引发很多经典 SAR 统计分布模型的提出，乘积模型至今仍是 SAR 图像统计建模最受欢迎的模型。然而，随着 SAR 图像分辨率的进一步提高，SAR 图像蕴含了越来越多的地物目标细节信息，相对简单的统计模型不能再充分描述，适用于更加复杂场景的非参数化方法模型（ Parzen，1962；Bruzzone et al.，2004；Mantero et al.，2005）以及广义中心极限定理模型（Kuruoglu and Zerubia，2004；Moser et al.，2006；Li et al.，2011）被相继提出。

SAR 图像统计模型可以分为参数化模型和非参数化模型两类（Gui，2010），如图 11.1

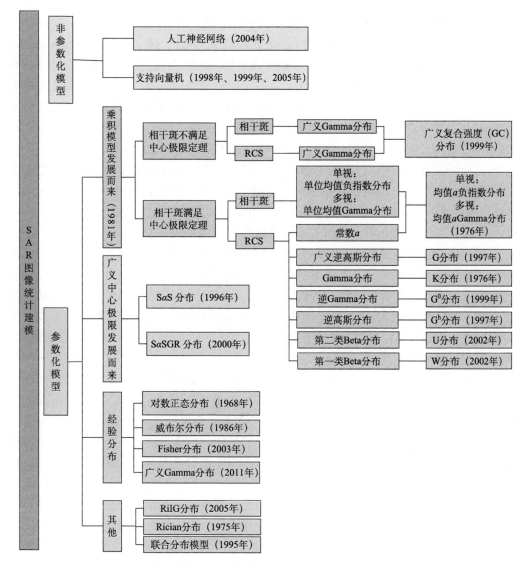

图 11.1　SAR 图像主要统计分布模型

所示。非参数化模型主要依赖于数据，没有解析的理论表达式，如人工神经网络（Bishop，
1995, Bruzzone et al., 2004）和支持向量机（Weston et al., 1999；Mantero et al., 2005）等。参
数化模型则可以写出具体的解析表达式。对均匀区域的低分辨率 SAR 图像可以用瑞利相
干斑模型进行描述，即单视 SAR 幅度图像服从瑞利分布，强度服从负指数分布（Oliver and
Quegan，2004）。而对非均匀区域的高分辨率 SAR 图像，瑞利相干斑模型将不再适用，
通过将 SAR 图像的相干斑建模为 Gamma 分布，将 RCS 建模为广义逆高斯分布、Gamma
分布、逆 Gamma 分布、逆高斯分布、第二类 Beta 分布或者第一类 Beta 分布，根据乘积
模型，可以分别得到服从 G 分布（Frery et al.，1997）、K 分布（Frery et al.，1997）、G^0 分
布（Frery et al.，1997）、U 分布（Delignon and Pieczynski，2002）和 W 分布（Delignon and

Pieczynski，2002)的 SAR 图像，将 SAR 图像的相干斑和 RCS 均建模为广义 Gamma 分布，根据乘积模型则可以得到广义复合(generalized compound，GC)分布(Anastassopoulos et al.，1999)的观测图像；基于广义中心极限定理的 SAR 图像统计分布有 SαS 分布和 SαSGR 分布(Kuruoglu and Zerubia，2004)；基于经验模型的主要分布有：对数正态分布(Oliver and Quegan，2004)、威布尔分布(Oliver and Quegan，2004)、Fisher 分布(Tison et al.，2004)以及广义伽马分布(Anastassopoulos et al.，1999; Li et al.，2010)；其他分布有 RiIG 分布(Eltoft，2005)、Rician 分布(Rice，1945；Goodman，2007)等。

前面介绍了 SAR 图像已有的单像素统计建模模型，然而单像素/单点统计模型不能表征图像的纹理特征，这对于挖掘 SAR 图像信息是远远不够的(Oliver and Quegan，2004)，两点或两像素统计模型如功率谱和自相关函数能够进一步刻画 SAR 图像空间变化的纹理特征。本节将介绍一种加入相关信息的 SAR 杂波仿真方法。

杂波/相干斑仿真是对 SAR 成像过程建模的前向过程，是证明 SAR 图像的性质已被很好地理解的一个重要方法，其在 SAR 图像相干斑抑制、SAR 图像分类、目标检测与识别等方面具有十分重要的意义。杂波仿真的一个重要方面是基于 SAR 图像的统计特征的，根据 SAR 图像单点的统计特征及其相关结构来描述 SAR 杂波是目前较为重要的方式。利用乘积模型，可以很容易地得到相互独立的采样样本值。然而，描述 SAR 图像杂波特征仅仅依赖于单点统计特征是远远不够的，空间相关性是 SAR 图像杂波纹理表征很重要的一个方面，如何采样得到带有空间相关性的分布随机场是我们比较关心的问题。G_A^0 分布是描述非均匀区域时广泛应用的分布之一，能够描述均匀区域、非均匀区域和极其不均匀区域的 SAR 图像统计特性，因此本节主要讨论相关 G_A^0 分布杂波的仿真方法。

加入相关性的最简单的方式就是直接将独立的随机样本点通过一个卷积操作来得到具有相关性的随机场。然而，由于 G_A^0 分布经过卷积操作后便不再保留原始的单点统计分布特征，因此不能应用此方式。在这种情况下，需要依赖一种间接的方式来引入相关性。控制相关结构最简单的方式就是利用高斯分布的随机变量。基本思想是，对零均值单位方差的独立同分布高斯随机变量，通过卷积操作引入一定的相关性得到特定相关性的高斯随机场采样点，然后再将具有相关性的高斯随机场转化为具有相关性的 G_A^0 分布随机场采样点。该方法的主要依据是 ITM 定理，下面将首先介绍 ITM 的理论模型然后给出具体的仿真方法与过程。

2. ITM 的理论模型

ITM 方法主要利用了概率统计的以下两个定理。该定理(Papoulis and Pillai，2002)给出了从任意随机变量得到均匀分布随机变量以及由均匀分布随机变量得到任意随机变量分布的方法。

定理 1 从任意随机变量到均匀分布。令变量 V 为任意一个连续随机变量，且其对应的累积分布函数为 $F_v(v) = P\{V \leqslant v\}$。令随机变量 $U = F_v(V)$，变量 U 对应的累积分布函数为 $F_u(u) = P\{U \leqslant u\}$，则变量 U 服从 $(0,1)$ 均匀分布，且 $F_u(u) = u$。

定理 2 从均匀分布到任意随机变量分布。令变量 A 表示一个随机变量，该变量的

累积分布函数为 $F_a(a) = P\{A \leqslant a\}$，概率密度函数为 $f_a(a)$。该累积分布函数的逆函数表示为 F_a^{-1}。令变量 U 为服从均匀分布的一个变量，即 $U \sim \mathcal{U}(0,1)$，令变量 $W = F_a^{-1}(U)$，则 W 服从 $f_a(a)$ 分布。

根据以上基本定理，我们得到了如图 11.2 (a) 所示关系示意图：令变量 V 为任意一个连续随机变量，则其累积分布函数 $F_v(v)$ 对应的随机变量 $U = F_v(V)$ 服从均匀分布，令变量 $W = F_a^{-1}(U)$，则 W 服从累积分布函数为 $F_a(a)$、概率密度函数为 $f_a(a)$ 的分布。因此，我们得到了根据任意变量 V 生成累积概率分布函数为 F_a 的随机变量 W 的间接方法。

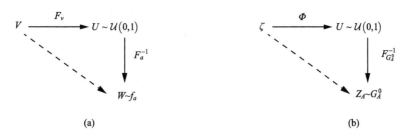

图 11.2　ITM 示意图

在 SAR 杂波仿真问题中，用随机过程 $G_A^0(\alpha,\gamma,n)$ 描述 SAR 图像的幅度场 Z_A，标记为 $Z_A \sim \left[G_A^0(\alpha,\gamma,n),\rho_{Z_A}\right]$，$\rho_{Z_A}$ 为 G_A^0 分布的相关函数，由于 G_A^0 分布非常复杂难以直接生成，可以利用上述的间接方法来生成，如图 11.2 (b) 所示。相关性的引入通常会改变原有的单点统计特性，而高斯分布作为一种简单分布具有加入相关性后仍然服从高斯分布的重要特征，因此可以将变量 V 设定为服从高斯分布的随机变量，用 ζ 表示，根据前面的结论，高斯分布的累积分布函数 Φ 对应的随机变量 $U = \Phi(V)$ 则服从均匀分布，再根据 G_A^0 分布的累积分布函数 $F_{G_A^0}$ 的反函数 $F_{G_A^0}^{-1}$ 可以生成得到服从 G_A^0 分布的随机变量 Z_A。根据以上描述，生成 $C \times C$ 大小的仿真图像，且保证图像每一个样本点 $Z_A(i,j)$ 均服从 G_A^0 分布的生成过程可以表达为（Bustos et al., 2009）：

$$Z_A(i,j) = F_{G_A^0}^{-1}\left\{\Phi\left[\zeta(i,j)\right]\right\} \tag{11.1.1}$$

式中，$\zeta = \left[\zeta(i,j)\right]_{0 \leqslant i < C-1, 0 \leqslant j < C-1}$ 为随机过程，变量 $\zeta(i,j)$ 为相关函数为 τ_ζ 的标准高斯随机变量。$G_A^0(\alpha,\gamma,n)$ 分布的概率密度表达式为

$$p_{Z_A}(z;\gamma,-\alpha,n) = \frac{2n^n \Gamma(n-\alpha)\gamma^{-\alpha}z^{2n-1}}{\Gamma(n)\Gamma(-\alpha)(\gamma + nz^2)^{n-\alpha}}, \quad \gamma, -\alpha, n, z > 0 \tag{11.1.2}$$

$G_A^0(\alpha,\gamma,n)$ 的累加分布函数 $F_{G_A^0}\left[t,(\alpha,\gamma,n)\right]$ 和其反函数 $F_{G_A^0}^{-1}$ 的表达式分别为（Bustos, Flesia et al., 2009）

$$F_{G_A^0}\left[x,(\alpha,\gamma,n)\right]=\Upsilon_{2n,-2\alpha}\left(-\frac{\alpha x^2}{\gamma}\right) \tag{11.1.3}$$

$$F_{G_A^0}^{-1}\left[t,(\alpha,\gamma,n)\right]=\sqrt{-\frac{\gamma}{\alpha}\Upsilon_{2n,-2\alpha}^{-1}(t)} \tag{11.1.4}$$

式中，Υ_{v_1,v_2} 为 Snedecor 分布 F_{v_1,v_2} 的累加分布函数，其中 v_1、v_2 为分布中的两个参数，t 是 $F_{G_A^0}$ 函数的自变量。

另一个比较重要的问题是高斯随机变量 ζ 与 G_A^0 分布随机变量 Z_A 的相关系数 ρ_{Z_A} 和 τ_ζ 之间的对应关系，文献(Bustos et al., 2009)给出了其关系表达式：

$$\rho_{Z_A}\left[(i,j),(k,l)\right]=\varrho_{(\alpha,n)}\left\{\tau_\zeta\left[(i,j),(k,l)\right]\right\} \tag{11.1.5}$$

$$\varrho_{(\alpha,n)}(\tau)=\frac{R_{(\alpha,n)}(\tau)-\left(\dfrac{1}{n}\right)\left[\dfrac{\Gamma\left(n+\dfrac{1}{2}\right)\Gamma\left(-\alpha-\dfrac{1}{2}\right)}{\Gamma(n)\Gamma(-\alpha)}\right]^2}{-\dfrac{1}{1+\alpha}-\left(\dfrac{1}{n}\right)\left[\dfrac{\Gamma\left(n+\dfrac{1}{2}\right)\Gamma\left(-\alpha-\dfrac{1}{2}\right)}{\Gamma(n)\Gamma(-\alpha)}\right]^2},\quad \tau\in(-1,1) \tag{11.1.6}$$

其中：

$$R_{(\alpha,n)}(\tau)=\iint F_{G_A^0}^{-1}\left[\Phi(u),(\alpha,1,n)\right]F_{G_A^0}^{-1}\left[\Phi(v),(\alpha,1,n)\right]\phi_2(u,v,\tau)\mathrm{d}u\mathrm{d}v \tag{11.1.7}$$

$$\phi_2(u,v,\tau)=\frac{1}{2\pi\sqrt{(1-\tau^2)}}\exp\left[-\frac{u^2-2\tau\cdot u\cdot v+v^2}{2(1-\tau^2)}\right] \tag{11.1.8}$$

3. 基于 ITM 生成具有相关 G_A^0 分布随机场的步骤

下面给出基于 ITM 方法生成相关 G_A^0 分布随机场的详细步骤，如图 11.3 所示，主要思想(Bustos et al., 2009)是先生成相关的高斯随机场，然后利用 ITM 方法转换为相关 G_A^0 分布随机场，其中相关的高斯随机场是利用傅里叶变换的方法生成的，其主要利用了相关函数的傅里叶变换是功率谱密度的平方的性质。

(1)提出 G_A^0 场的相关结构 ρ_{Z_A}：

令 $Z_A=\left[Z_A(k,l)\right]_{0\leqslant k\leqslant N-1,0\leqslant l\leqslant N-1}$ 表示相关函数为 ρ_{Z_A} 的随机过程 $\xi_A^0(\alpha,\gamma,n)$，且

$$\rho_{Z_A}\left[(k_1,l_1),(k_2,l_2)\right]=\rho(k_2-k_1,l_2-l_1) \tag{11.1.9}$$
$$-(N-1)\leqslant k_2-k_1,l_2-l_1\leqslant N-1$$

给定下面的集合：

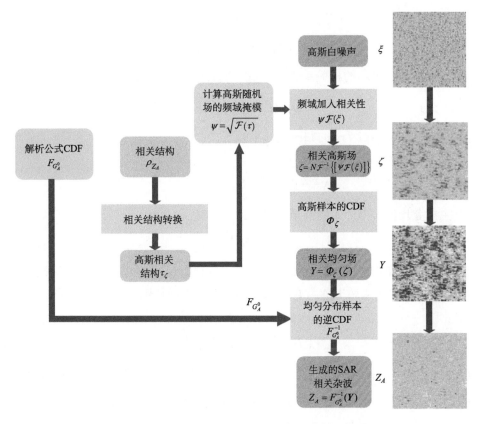

图 11.3　基于 ITM 方法生成相关 G_A^0 分布杂波流程图

CDF 表示 Cumulative distribution function；$\mathcal{F}$ 表示傅里叶变换；$\mathcal{F}^{-1}$ 表示逆傅里叶变换

$$
\left\{
\begin{aligned}
&R_1 = \left\{ (k,l) : 0 \leqslant k,l \leqslant N/2 \right\} \\
&R_2 = \left\{ (k,l) : N/2+1 \leqslant k \leqslant N-1, 0 \leqslant l \leqslant N/2 \right\} \\
&R_3 = \left\{ (k,l) : 0 \leqslant k \leqslant N/2, N/2+1 \leqslant l \leqslant N-1 \right\} \\
&R_4 = \left\{ (k,l) : N/2+1 \leqslant k \leqslant N-1, N/2+1 \leqslant l \leqslant N-1 \right\} \\
&R_N = R_1 \bigcup R_2 \bigcup R_3 \bigcup R_4 = \left\{ (k,l) : 0 \leqslant k,l \leqslant N-1 \right\} \\
&\overline{R_N} = \left\{ (k,l) : -(N-1) \leqslant k,l \leqslant N-1 \right\}
\end{aligned}
\right.
\tag{11.1.10}
$$

令 ρ：$R_1 \to (-1,1)$ 为定义域为 R_1，值域为 $(-1,1)$ 的函数，则可根据下列表达式将其扩展为 $\overline{R_N}$ 域上：

$$
\rho(k,l) =
\begin{cases}
\rho(N-k,l) & \text{if } (k,l) \in R_2 \\
\rho(k,N-l) & \text{if } (k,l) \in R_3 \\
\rho(N-k,N-l) & \text{if } (k,l) \in R_4 \\
\rho(N+k,l) & \text{if } -(N-1) \leqslant k < 0 \leqslant l \leqslant N-1 \\
\rho(k,N+l) & \text{if } -(N-1) \leqslant l < 0 \leqslant k \leqslant N-1 \\
\rho(N+k,N+l) & \text{if } -(N-1) \leqslant k,l < 0
\end{cases}
\tag{11.1.11}
$$

(2)反解式(11.1.5)，计算高斯随机场的相关系数 $\tau_\zeta(k,l)$:

$$\tau_\zeta(k,l) = \delta_{(\alpha,n)}\left[\rho_{Z_A}(k,l)\right] \tag{11.1.12}$$

(3)根据高斯随机场的相关系数计算用于生成相关高斯随机场的频域掩模 $\psi(k,l)$:

$$\psi(k,l) = \sqrt{\mathcal{F}(\tau)(k,l)} \tag{11.1.13}$$

其中 $\mathcal{F}(\tau): R_N \to \mathbb{C}$ 为 τ 的归一化傅里叶变换：

$$\mathcal{F}(\tau)(k,l) = \frac{1}{N^2}\sum_{k_1=0}^{N-1}\sum_{l_1=0}^{N-1}\tau(k_1,l_1)\exp\left[-2\pi i(k\cdot k_1 + l\cdot l_1)/N^2\right] \tag{11.1.14}$$

(4)生成零均值方差为 1 的高斯白噪声：

$$\xi = \left[\xi(k,l)\right]_{(k,l)\in R_N} \tag{11.1.15}$$

(5)对高斯白噪声 ξ 进行傅里叶变换，在频域利用(3)计算得到的频域掩模加入相关性，再通过逆傅里叶变换生成具有相关结构 $\tau(k,l)$ 的高斯随机场，即对每一点 (k,l)，计算：

$$\zeta(k,l) = N\mathcal{F}^{-1}\left\{\left[\psi\mathcal{F}(\xi)\right]\right\}(k,l) \tag{11.1.16}$$

(6)根据累积分布函数的反函数 $F_{G_A^0}^{-1}$ 和(5)中生成的相关高斯随机场，利用 ITM 方法得到相关性为 $\rho_{Z_A}(k,l)$，尺度 $\gamma=1$ 的 G_A^0 分布随机场 $Z_A^1(i,j)$，即对每一点 (k,l)，计算：

$$Z_A^1(i,j) = F_{G_A^0}^{-1}\left\{\Phi\left[\zeta(i,j)\right],(\alpha,1,n)\right\} \tag{11.1.17}$$

式中，Φ 为高斯分布的累积分布函数。

(7)对每一点 (k,l)，返回 $Z_A(k,l) = \sqrt{\gamma}Z_A^1(k,l)$ 得到尺度为 γ，相关性为 $\rho_{Z_A}(k,l)$ 的 G_A^0 分布随机场 $Z_A(k,l)$。

文献(Bustos et al., 2009)基于 ITM 方法生成相关 G_A^0 分布杂波的实现依赖于解析的理论推导结果，因此在实际应用中有两点缺陷：①对于新的地物类型需要重新推导相关公式；②每一次实现只能仿真某一种分布，不能同时适用于仿真多种概率分布。为了解决这个问题，文献(Yue et al., 2019)实现了基于经验的 ITM 杂波仿真方法，整个过程是通过数值仿真形式出现，不涉及任何公式推导，该方法的主要目标是：给定一个 SAR 图像样本，生成与该样本有相同边缘概率分布和相关结构的新的 SAR 图像。主要仿真流程如图 11.4 所示。

(1)首先根据输入样本 S 的直方图和功率谱密度估计其累积概率分布函数 F_Z 和相关结构 ρ，然后根据 ρ 决定需要加入高斯随机场的相关结构 τ，再根据相关结构 τ 确定卷积核 h。

$$\rho = \mathcal{F}^{-1}\left(\left|\mathcal{F}(S)\right|^2\right) \tag{11.1.18}$$

$$\tau(k,l) = h(k,l) \times h^*(-k,-l)$$

(2)生成高斯白噪声随机场 G 。

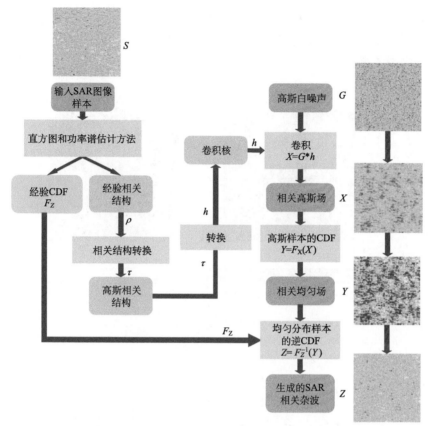

图 11.4 基于经验 ITM 方法生成相关 SAR 杂波流程图

CDF 表示 Cumulative distribution function

(3)高斯白噪声随机场与卷积核 h 卷积得到相关性高斯随机场 X：

$$X = G*h \tag{11.1.19}$$

(4)根据 ITM 定律，将相关高斯随机场转化为相关均匀分布随机场 Y：

$$Y = F_X(X) \tag{11.1.20}$$

式中，F_X 为 X 的累积分布函数。

(5)根据 ITM 定律，将相关均匀分布随机场转化为相关 F_Z 分布随机场，即生成最终的 SAR 图像：

$$Z = F_Z^{-1}(Y) \tag{11.1.21}$$

式中，F_Z^{-1} 为估计的逆累积分布函数。

图 11.5~图 11.7 分别给出了基于经验 ITM 方法对城区、森林以及小麦区域的仿真结果。图 11.5(a)、图 11.6(a)、11.7(a)右图是输入的 SAR 样本图像，左图是对应的生成样本，图 11.5(b)、图 11.6(b)、11.7(b)给出了生成样本和输入样本。图 11.5(c)、图 11.6(c)、11.7(c)给出了生成样本(左图)和输入样本(右图)的相关结构，图 11.5(d)、图 11.6(d)、

11.7(d)给出了相关结构的偏差,散点越接近 45°的红线,表示输入和生成样本的相关结构越一致,可以看到,森林和小麦区域的相关结构相对很小,城区相对稍大,这是由其场景的复杂度所影响的。

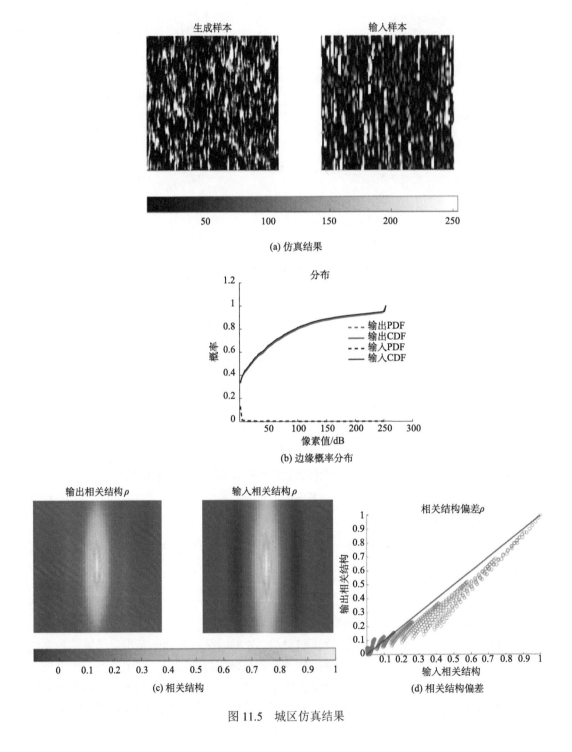

图 11.5　城区仿真结果

为了验证该仿真方法在多地物类型场景的应用，图 11.8 给出了对含 15 类不同地物的荷兰地区的仿真结果。图 11.8(a) 是原始的 SAR 图像，图 11.8(d) 给出了对应的 Ground Truth 及采样样本，黑框表示每类地物中选择的样本图像，图 11.8(b) 给出了基于 CNN 的分类精度为 91%的分类结果，利用该分类结果，基于选择的样本生成了如图 11.8(c) 所示的 SAR 图像样本。图 11.8(e) 是 15 类地物类别的图例。

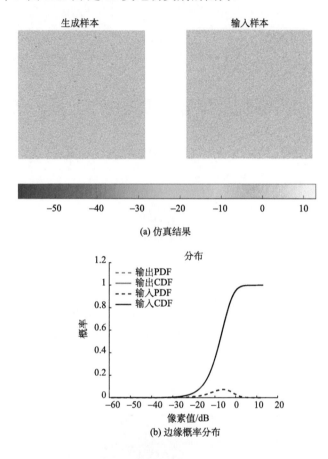

(a) 仿真结果

(b) 边缘概率分布

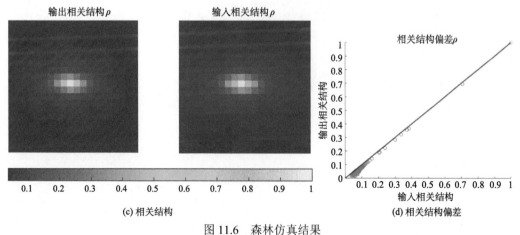

(c) 相关结构

(d) 相关结构偏差

图 11.6　森林仿真结果

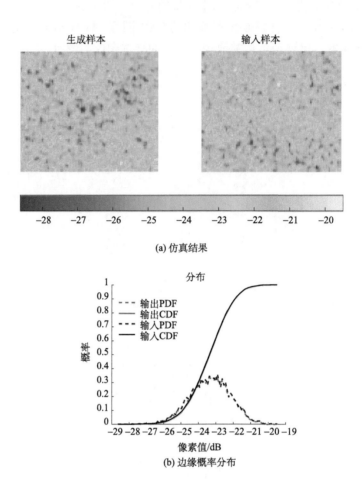

(a) 仿真结果

(b) 边缘概率分布

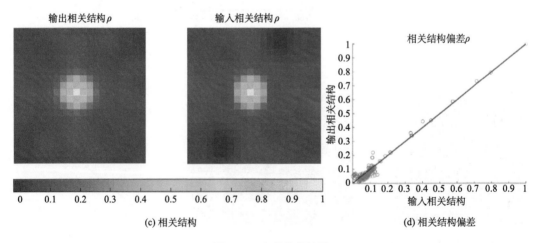

(c) 相关结构

(d) 相关结构偏差

图 11.7　小麦仿真结果

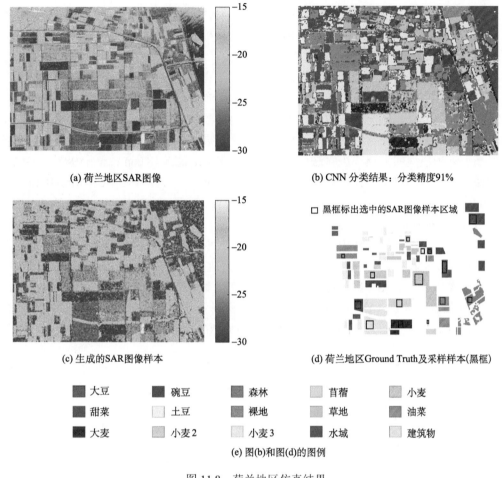

(a) 荷兰地区SAR图像　　　　　　　　　(b) CNN 分类结果：分类精度91%

(c) 生成的SAR图像样本　　　　　　　(d) 荷兰地区Ground Truth及采样样本(黑框)

□ 黑框标出选中的SAR图像样本区域

■ 大豆	■ 碗豆	■ 森林	苜蓿	小麦
■ 甜菜	土豆	裸地	草地	油菜
■ 大麦	小麦2	小麦3	■ 水域	建筑物

(e) 图(b)和图(d)的图例

图 11.8　荷兰地区仿真结果

11.2　相干斑滤波网络

从电磁理论的角度，SAR 图像可以看作是雷达发射波与目标相互作用产生的散射现象。散射信息传递了目标的信息。从图像本身来看，它包含了大尺度的结构信息，这种结构信息可以被人根据先验的信息和对场景的高层理解能力直接解译(Oliver and Quegan, 2004)。

为了更好地理解 SAR 图像，我们希望能够结合 SAR 图像的物理散射信息和图像本身的结构信息。一方面，对图像的结构信息的解译中，我们需要有效的图像特征提取方法(Xu et al., 2016; Xu et al., 2017)。目前，卷积神经网络(convolution neural network, CNN)在图像处理方面取得了很大突破(Krizhevsky et al., 2012; LeCun et al., 2015)，其主要优势在于，能够有效地对图像进行自动特征提取，这为提取 SAR 图像的结构信息提供了一个有效的工具(Chen et al., 2016)。另一方面，对 SAR 图像的散射信息的解译中，相干斑是由散射随机相位而干涉产生的最直接的体现(Goodman, 1976)。相干斑模糊了 SAR

图像中的本质特征。因此，在 SAR 图像解译中，往往非常重要的第一步就是 SAR 图像的去相干斑。本章结合 SAR 图像的结构特征和统计模型提出了基于卷积神经网络的去相干斑机制（Yue et al., 2018）。

去相干斑过程主要涉及两个方面：一个是相干斑模型；另一个是去相干斑算法。一方面，相干斑是由一个分辨率单元内多个散射单元产生的反射波相干作用的结果（Goodman，1976），是一个与散射体类型、散射体数目和图像分辨率相关的复杂的过程（Deng et al., 2016）。最常用的相干斑模型是完全发展相干斑的瑞利模型。另一方面，有很多基于乘积模型的去相干斑算法已经提出，如 Kuan 滤波（Kuan et al., 1987）、Γ-MAP 滤波（Lopes et al., 1993）、IDAN 滤波（Vasile et al., 2006）、SAWBMMAE 滤波（Bhuiyan et al., 2007）、Lee-sigma 滤波（Lee et al., 2008）、PPB 滤波（Deledalle et al., 2009）和 SAR-BM3D（Parrilli et al., 2012）滤波。

本节介绍了结合统计乘积模型和 CNN 特征提取方法的去相干斑神经网络机制，提出了对数卷积乘积模型，该模型建立了取对数的雷达散射截面（radar cross-section，RCS）、对数相干斑以及对数 SAR 图像强度的概率分布函数（probability distribution function，PDF）之间的卷积关系（Yue et al., 2018）。该卷积关系可以应用到 CNN 模型中重构 RCS 的 PDF，进而得到去相干斑的 SAR 图像，即得到 RCS 图像。

1. 对数卷积模型

对于 SAR 图像来说，为了增加图像的对比度，通常对其取对数来减小变化范围并更好地可视化。对乘积模型取对数可得

$$\ln I = \ln \sigma + \ln n \tag{11.2.1}$$

为了简化符号表示，我们用 $G = \ln I$、$R = \ln \sigma$ 以及 $S = \ln n$ 替换得到对数乘积模型：

$$G = R + S \tag{11.2.2}$$

将 G、R 和 S 看作随机变量，根据概率论知识可得对数乘积模型的卷积关系：

$$P_G(G) = P_R(R) \otimes P_S(S) \tag{11.2.3}$$

式中，$P_G(G)$、$P_R(R)$ 和 $P_S(S)$ 分别为 G、R 和 S 的概率密度函数 PDF。

对数卷积模型的数学依据（Papoulis and Pillai, 2002）：给定随机变量 x 和 y，概率密度函数分别为 $f_x(x)$ 和 $f_y(y)$，如果两个随机变量相互独立，则其联合概率密度函数为：$f_{xy}(x,y) = f_x(x)f_y(y)$。构造随机变量 $z = x + y$，推导随机变量 z 的概率密度函数：

$$f_z(z) = \int_{-\infty}^{\infty} f_x(z-y)f_y(y)\mathrm{d}y = \int_{-\infty}^{\infty} f_x(x)f_y(z-x)\mathrm{d}x = f - y(y) \tag{11.2.4}$$

也就是说，如果两个随机变量相互独立，则它们和的概率密度函数等于它们的概率密度函数的卷积。

2. 去相干斑算法

基于 SAR 图像的乘积模型，假设观测到的 SAR 图像强度由 RCS 与相干斑的不相干

乘积得到，乘积模型定义了从 RCS σ 得到观测值 I 的条件概率。我们关心的是 SAR 图像的 RCS，因此要解决的问题即从给定的图像观测强度反推 RCS，本节将回顾常用的去相干斑算法。

去相干斑算法主要可分为四大类：①基于空域的去相干斑算法；②基于小波变换的去相干斑算法；③非局域滤波算法；④基于神经网络去相干斑算法，本书 11.3 节给出了一种去相干斑神经网络的实验结果。

1) 基于空域的去相干斑算法

基于空域的去相干斑算法是通过对目标像素点所在的一个小窗口内的样本值取加权平均来估计该目标像素的 RCS 值。空域的多视处理是最简单的空域去相干斑算法，多视处理时在小窗口内的权重是相同的。空域多视处理相当于一个低通滤波器，可以滤掉高频分量，边缘、人造结构和自然纹理信息会被平滑掉。因此，多视处理在平滑均匀区域的同时也损失 SAR 图像的一些重要结构信息，如何保证平滑均匀区域的同时保留结构信息是去相干斑算法的主要目标。基于更加精确的统计特征，针对局部窗口的几何信息等，发展出了更加精确的基于空域的去相干斑算法，窗口内样本像素点的权重不再相同而是根据统计模型计算得到的值。因此，平滑算法只在均匀区域的窗口内进行，而对于包含丰富结构信息的窗口则不进行平滑。将 SAR 图像有效地区分为均匀区域、非均匀区域和极其不均匀区域是空域滤波器要解决的主要问题，也是一个难点问题。典型的空域去相干斑算法有：Lee 滤波 (Lee，1980)、Kuan 滤波 (Kuan et al., 1987)、Γ-MAP 滤波 (Lopes et al., 1993) 等。

Lee 滤波是一种经典的去相干斑算法，该算法是基于最小均方误差 (minimum mean square error，MMSE) (Johnson, 2004) 估计的，因此先介绍 MMSE 估计算法的数学理论，然后再介绍 Lee 滤波算法。

MMSE 估计量是一个最小化均方误差 (MSE) 的估计方法。令 x 是 $n \times 1$ 维的隐随机变量，y 是 $m \times 1$ 维的观测值随机变量。x 的估计量 $\hat{x}(y)$ 是测量量 y 的函数；估计的误差矢量表示为 $e = \hat{x} - x$，其均方误差 (MSE) 表示为

$$\text{MSE} = \text{tr}\left\{ E\left\{ (\hat{x} - x)(\hat{x} - x)^{\text{T}} \right\} \right\} = E\left\{ (\hat{x} - x)^{\text{T}} (\hat{x} - x) \right\} \tag{11.2.5}$$

MMSE 估计算子定义为使得 MSE 最小化的估计量：

$$\hat{x}_{\text{MMSE}}(y) = \underset{\hat{x}}{\text{argmin}} \, \text{MSE} \tag{11.2.6}$$

MMSE 无偏估计量为

$$\hat{x}_{\text{MMSE}}(y) = E\{x \mid y\} \tag{11.2.7}$$

若 x 和 y 是联合高斯分布的，MMSE 估计算子则是线性的，也就是形式为：$\hat{x} = Wy + b$，假设给定 y 下 x 的条件概率为关于 y 的一个简单的线性函数，即

$$E\{x \mid y\} = Wy + b \tag{11.2.8}$$

式中，测量量 y 为一个随机矢量；W 为一个矩阵；b 为一个矢量。

　　线性 MMSE 则是在形式为 $E\{x\,|\,y\} = Wy + b$ 的假设下实现最小化 MSE 估计算子，也即解决如下优化问题：

$$\min_{W,b} \text{MSE} \quad \text{s.t.} \quad \hat{x} = Wy + b \tag{11.2.9}$$

　　上述优化问题的最优解为

$$b = \bar{x} - W\bar{y}, \quad W = C_{xy}C_y^{-1} \tag{11.2.10}$$

式中，$\bar{x} = E\{x\}, \bar{y} = E\{y\}$；$C_{xy} = \text{cov}(x,y) = E\left[(x - \bar{x})(y - \bar{y})^{\mathrm{T}}\right]$，为 x 和 y 的互协方差矩阵；C_y 为 y 的自协方差矩阵，则线性 MMSE 估计量的表达式为

$$\hat{x}_{\text{LMMSE}} = C_{xy}C_y^{-1}(y - \bar{y}) + \bar{x} \tag{11.2.11}$$

　　假设观测过程是一个线性过程：

$$y = Ax + z \tag{11.2.12}$$

式中，A 为一个已知矩阵；z 为一个随机噪声矢量，且 $E\{z\} = 0, C_{xz} = 0$，则均值和协方差为

$$E\{y\} = A\bar{x}, \quad C_y = AC_xA^{\mathrm{T}} + C_z, \quad C_{xy} = C_xA^{\mathrm{T}} \tag{11.2.13}$$

　　代入线性 MMSE 的估计量表达式可以得到

$$\hat{x}_{\text{LMMSE}} = C_xA^{\mathrm{T}}\left(AC_xA^{\mathrm{T}} + C_z\right)^{-1}(y - A\bar{x}) + \bar{x} \tag{11.2.14}$$

　　Lee 等(2008)将 $I = \sigma n$ 在 $(\bar{\sigma}, \bar{n})$ 处进行一阶泰勒展开，可以得到

$$I = \sigma\bar{n} + \sigma(n - \bar{n}) \tag{11.2.15}$$

　　利用最小均方误差估计可以获得期望反射强度 $\hat{\sigma}$ 的估计值

$$\hat{\sigma} = \bar{I} + K(I - \bar{I}) \tag{11.2.16}$$

其中

$$K = \frac{s_I^2 - \bar{I}^2 s_n^2}{s_I^2\left(1 + s_n^2\right)} \tag{11.2.17}$$

式中，K 为加权系数；$\bar{I}$ 为所取窗口内的像素平均值；s_I^2 为方差；$s_n^2 = s_I^2 / \bar{I}^2$。

　　Kuan 滤波器 (Kuan et al., 1987) 的形式与 Lee 滤波器相同，其权重函数为

$$K = \frac{1 - \left(\bar{I}^2 s_n^2\right) / \left(L s_I^2\right)}{1 + 1/L^2} \tag{11.2.18}$$

式中，L 为等效视数。

　　基于 SAR 图像的统计特性，还可以根据贝叶斯准则估计 RCS σ 的后验条件概率 $p(\sigma\,|\,I)$ 来估计 σ，贝叶斯准则可以表达为

$$p(\sigma|I) = \frac{p(I|\sigma)p(\sigma)}{p(I)} \propto p(I|\sigma)p(\sigma) \tag{11.2.19}$$

式中，$p(I) = \int p(I|\sigma)p(\sigma)\mathrm{d}\sigma$，为归一化系数，$p(I|\sigma)$ 为似然函数，对于 L 视的 SAR 图像有

$$p(I|\sigma) = \left(\frac{L}{\sigma}\right)^{L} \frac{I^{L-1}}{\Gamma(L)} \exp\left[-\frac{LI}{\sigma}\right] \tag{11.2.20}$$

$p(\sigma)$ 是 RCS 的先验概率分布，自然场景中的 RCS 一般假设服从 Gamma 分布：

$$p(\sigma) = \left(\frac{\nu}{\mu}\right)^{\nu} \frac{\sigma^{\nu-1}}{\Gamma(\nu)} \exp\left[-\frac{\nu\sigma}{\mu}\right] \tag{11.2.21}$$

当已知观测值 I 时，σ 的最优估计可以通过最大化其对数后验概率得到：

$$\lambda \equiv \ln p(\sigma|I) \tag{11.2.22}$$

通过最大化对数最大后验概率便可得到 Gamma MAP 滤波器：

$$\hat{\sigma} = \frac{\mu(\nu - L - 1) + \sqrt{\mu^{2}(L+1-\nu)^{2} + 4\nu\mu LI}}{2\nu} \tag{11.2.23}$$

上述滤波算法仅仅考虑了单个像素点的统计特性，当进一步考虑局部区域内的邻域相关性时，将得到更为准确的结果。

2）基于小波变换的去相干斑算法（Donoho，1995）

基于小波变换的去相干斑算法是一种频率域滤波方法。由于小波变换具有良好的时域局部化特性、多分辨率特性、稀疏性和去相关性，基于小波的方法在 SAR 图像去噪方面已经得到了广泛的应用。基于小波变换的滤波方法的基本思想是：利用小波变换将 SAR 图像分解为代表不同尺度信息的分量，其中低频分量对应于均匀的 SAR 图像区域，因此可进行滤波处理，高频分量代表 SAR 图像的结构与纹理，因此对高频分量可进行适当的阈值处理，这样在平滑均匀区域的同时也保留了细节信息，最后再通过小波逆变换重构去相干斑之后的 SAR 图像。

对小波处理比较经典的是 Donoho 等（1995）提出的确定硬阈值和软阈值的方法。令 w 表示图像的小波变换系数，$\hat{w}$ 为对小波系数处理后的估计值，T 为设置的阈值，则硬阈值和软阈值分别为

$$\hat{w}_{\mathrm{hard}} = \begin{cases} 0, & |w| \leqslant T \\ w, & |w| > T \end{cases} \tag{11.2.24}$$

$$\hat{w}_{\mathrm{soft}} = \begin{cases} T - |w|, & w < -T \\ 0, & |w| \leqslant T \\ |w| - t, & w > T \end{cases} \tag{11.2.25}$$

基于小波的去相干斑算法的主要过程如下：

(1) 对图像 I 进行对数变换，得到 $\ln I$；

(2) 对对数图像 $\ln I$ 进行小波变换 $W(\ln I)$；

(3) 调整小波系数 w；

(4) 利用调整后的系数进行小波逆变换 $W^{-1}(\hat{w})$；

(5) 对第 (4) 步的结果实现指数变换，得到去斑的图像 $\hat{I}=\exp\left[W^{-1}(\hat{w})\right]$。

3) 非局域滤波算法

非局域滤波算法是近年来发展起来的去相干斑效果相对较好的算法。该算法是在空域对 SAR 图像进行去相干斑。其主要思路是根据挑选的像素点值来估计目标的像素值。挑选的像素点不再仅仅局限在离目标像素点相近的值，而是搜索具有与目标相似特性的像素点。非局域方法可以追溯到 20 世纪 80 年代的邻域滤波器，之后非局域均值 (NLM) 算法 (Buades et al., 2005) 的提出证明了非局域思想的效率 (Martino et al., 2013)。NLM 算法中的目标像素值是由其邻域像素的权重和得到的，权重取决于邻域像素点与目标像素点的相似性。该思路在 BM3D (block-matching 3-D) 算法 (Dabov et al. 2007) 中得到了进一步发展，此时目标像素值的贡献仅仅由最为相似的少量像素值决定，在此背景下，将 NLM 和 BM3D 算法的思想应用在 SAR 图像中取得了很好的去相干斑效果 (Deledalle et al., 2009; Parrilli et al., 2012)。

4) 去相干斑神经网络

图 11.9 给出了一种去相干斑卷积神经网络 (despeckling neural network, DNN) 的基本框架 (Yue et al., 2018)。对数 SAR 图像作为卷积神经网络的输入。通过对输入的对数图像以一定的窗口大小，如 12×12 进行滑动来得到 CNN 的输入图像集，如 $12\times12\times1\times n$ 图像集。在网络训练过程中需要准备两类标签：一类是相干斑的 PDF $P_S(S)$；另一类是 SAR 图像的 PDF $P_G(G)$。当用仿真数据进行训练时，这两类标签是已知量，然而当用真实的 SAR 数据进行训练时，这两类标签是未知的，因此需要一些估计方法来进行估计，其细节将在后文给出。CNN 的输出是估计的 RCS 的 PDF P_R'，真实的 RCS 的 PDF 用 P_R 来表示。输出的 P_R' 输入卷积乘积模型中与相干斑的 PDF P_S 进行卷积，得到 SAR 图像强度的 PDF 的估计值 P_G'，也就是

$$P_G' = P_R' \otimes P_S \tag{11.2.26}$$

然后，定义估计的 PDF P_G' 和真实的 PDF P_G 之间的损失函数为

$$E = L(P_G, P_G') \tag{11.2.27}$$

残余误差 E 将被用在后向传播过程中，利用随机梯度下降算法学习 CNN 的权重值 (LeCun et al., 1998)。

CNN 的详细结构如图 11.10 所示。输入大小为 12×12 的图像块，最后输出为 $1\times h$ 维的 softmax 层。输出的归一化概率值可以作为估计的目标 RCS 的 PDF。h 根据经验设为

124，P_G'、P_R'、P_S、P_G 均是 $1 \times h$ 维的离散矢量。

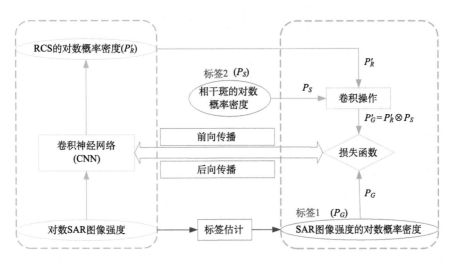

图 11.9　去相干斑卷积神经网络框架

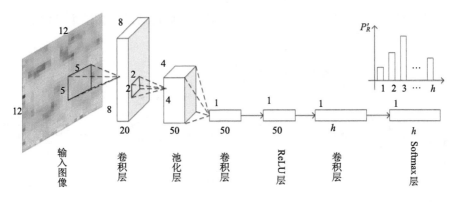

图 11.10　卷积神经网络结构

损失函数定义了 CNN 网络的训练目标。这里的损失函数是由残余误差和正则化项组成的：

$$E = E_{\text{KLD}} + \beta E_{\text{Reg}} \tag{11.2.28}$$

式中，β 为根据经验选择的正则化权重；E_{KLD} 为估计分布与期望概率分布的距离的有效测量；E_{Reg} 用来避免目标输出的剧烈抖动。下面将分别介绍提出的误差指标和梯度。

1）Kullback-Leibler divergence（KLD）

KLD 误差定义为

$$E_{\text{KLD}} = L_{\text{KLD}}\left(P_G, P_G^{'}\right) = \sum_{i=1}^{h} P_G(i) \log \frac{P_G(i)}{P_G^{'}(i)} \tag{11.2.29}$$

KLD 的梯度为

$$\frac{dE_{KLD}}{dP_R'} = \frac{dE_{KLD}}{dP_G'} \cdot \frac{dP_G'}{dP_R'} = -T \otimes P_S \tag{11.2.30}$$

其中,

$$T(i) = \frac{P_G(i)}{P_G'(i)}, \quad i = 1, 2, \cdots, h \tag{11.2.31}$$

2) 正则化约束(Reg)

正则化误差定义为

$$E_{Reg} = L_{Reg}(P_R') = \frac{1}{2}\|P_R'\|_2^2 \tag{11.2.32}$$

对应的梯度为

$$\frac{dE_{Reg}}{dP_R'} = P_R' \tag{11.2.33}$$

为了训练前面提出的网络,关于误差的前向和后向传播过程如图 11.11 所示。

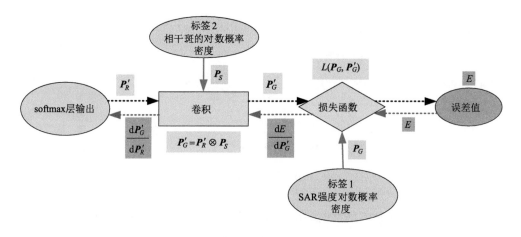

图 11.11　对目标函数的前向与后向传播过程

训练样本为大小为 $12 \times 12 \times 1 \times n$ 的对数强度 SAR 图像块, n 为样本数目。对应的两类标签 P_S 和 P_G 的维度为 $h \times n$。测试集由与训练集大小相同的图像块组成,是通过对测试的对数 SAR 图像进行滑动平均得到的。训练集和两类标签集输入 CNN 训练网络,使其输出为 RCS 的 PDF P_R'。然后,将测试集输入训练好的网络中,推断目标图像每个像素点处的 RCS 的 PDF。最后,对于每个像素点,计算该点的期望值作为其去相干斑后的 RCS 值,也就得到了最终的去相干斑图像。

11.3   仿真与实验

本节分别用仿真图像和真实 SAR 图像对所提出的去相干斑神经网络进行训练。最后均用真实 SAR 图像来检测去相干斑结果。下面将分别介绍仿真图像和真实 SAR 图像的训练方法与结果。

1. 用仿真 SAR 图像块进行训练

首先通过训练仿真的 SAR 图像块来验证提出的去相干斑网络框架。根据乘积模型仿真了 20000 个 SAR 图像块。仿真图像块生成框图如图 11.12 所示，主要生成了三类图像块。

(1)以概率 p_0 生成仅包含一种散射体的均匀图像块(homogeneous one-scatter)。

首先分别根据 Gamma 分布生成对数的 RCS 图像 R 和对数相干斑图像 S，然后根据对数乘积模型得到对应的 SAR 图像 G。Gamma 分布的均值和阶数均服从均匀分布，相干参数见表 11.1。

(2)以概率 p_1 生成带有一个边界的包含两种散射体的图像块(edge-divided two-scatter)。

首先根据均匀分布生成一个随机点，然后根据直线的点斜式方程生成一个随机边界，最后根据随机边界以及乘积模型生成包含两类 RCS 的 SAR 图像。

(3)以概率 p_2 生成包含一个点目标和均匀背景的两种散射体的图像块(bright spots embedded in homogenous background)。

首先随机生成大小为 $m \times n$ 像素的点目标，$m, n \in [3,7]$，该点目标的中心位置以均匀分布随机位于图像块的某一像素点，对应两种类型的散射体，将分别生成两类的 RCS 和相干斑图像，最后根据乘积模型生成对应两类的 SAR 图像块。

上述三类仿真图像块的示例如图 11.13 所示。对应于每一种随机生成的 RCS 图像都要随机生成对应的相干斑图像，然后根据乘积模型得到仿真的 SAR 图像。同时，需要指出的是，在利用仿真数据训练网络时，标签数据即每个图像块中心像素点的真实的 SAR 图像分布 P_G 与相干斑分布 P_S 是已知的。

在生成的 20 000 个图像块中，选取 15 000 个图像块作为训练集、5 000 个图像块作为验证集，训练 100 个 epoch，$\beta = 10, p_0 = 0.1, p_1 = 0.7, p_2 = 0.2$。 NASA/JPL AIRSAR 的两幅 SAR 图像(图 11.14)用来验证网络的去相干斑性能，横、纵坐标表示像素的坐标。图 11.15 给出了利用仿真数据训练好的 DNN 网络对旧金山和荷兰地区的去相干斑结果。去相干斑后的 SAR 图像在对均匀区域进行平滑的同时保留了主要的边缘和点目标信息。

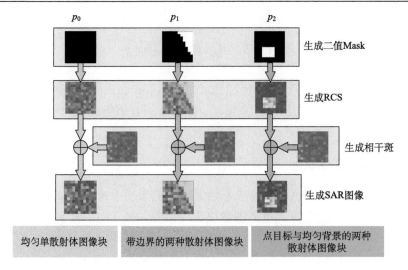

图 11.12　生成仿真图像块的示意图

表 11.1　Gamma 分布的对数 RCS 与相干斑的仿真参数

项目	Gamma 参数	最小值	最大值
RCS-分布式目标	均值/dB	−35	5
	阶数	5	15
RCS-点目标	均值/dB	−20	10
	阶数	2	10
相干斑	阶数	5	15

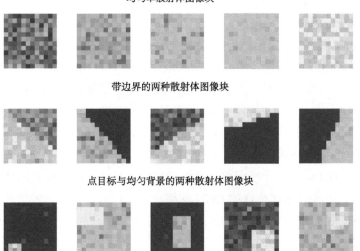

图 11.13　三类图像块的示例

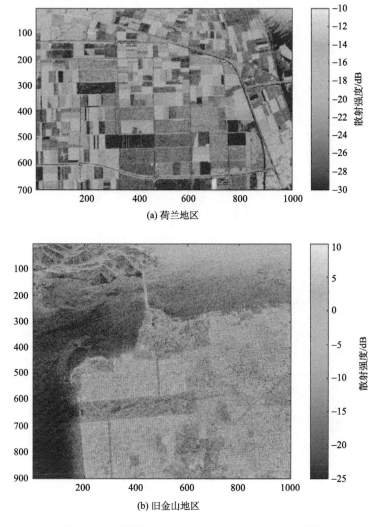

(a) 荷兰地区

(b) 旧金山地区

图 11.14　测试的 NASA/ JPL AIRSAR 的 SAR 图像

　　训练好的 DNN 网络能够自动学习 SAR 图像块的结构信息, 并进一步估计该图像块中心像素点的 RCS 的分布 PDF。为了说明 DNN 网络对结构信息的获取能力, 图 11.16给出了 4 种测试示例, 该示例包含了前述的三类图像块类型。以图 11.16(a) 为例进行说明, 该测试图像是带有一个边界的包含两种散射体的图像块, 黑色线表示该图像块的归一化直方图分布, 由于其包含两类散射体, 因此会有两个峰值; 红色线是大小为 12×12 的图像块在中心点 (6,6) 处的 RCS 的 PDF 的理论值, 也就是设定的标签值; 蓝色线, 也就是网络输出的 RCS 的 PDF 是网络在对输入图像判断其结构信息后的输出结果。红线与蓝线越接近, 说明训练的 DNN 网络效果就越好。同理, 图 11.16(b)~(d) 表现了网络对其他类型测试图像的结构学习能力。

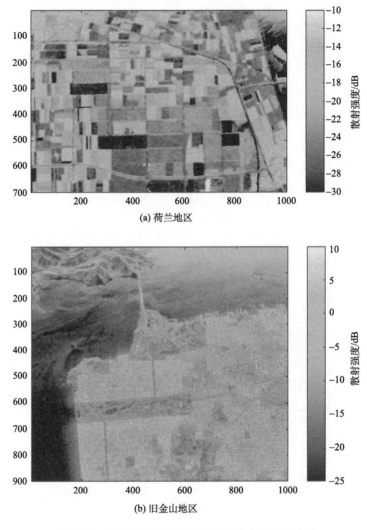

(a) 荷兰地区

(b) 旧金山地区

图 11.15 仿真数据训练好的 DNN 的去相干斑结果

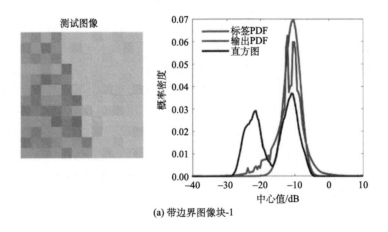

(a) 带边界图像块-1

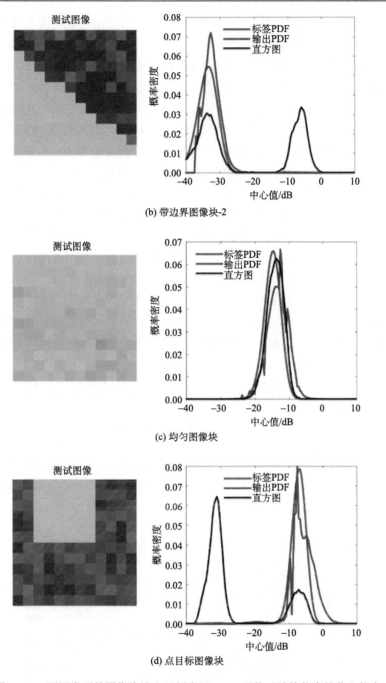

图 11.16　不同类型的图像块输出示例表征 DNN 网络对结构信息的获取能力

2. 用真实 SAR 图像块进行训练

现在讨论如何用真实 SAR 图像来训练所提出的网络架构。此时，训练的 12×12 图像块是从需要滤波的对数强度的 SAR 图像上随机采样得到的，不同于用仿真数据训练网络的方法，用真实 SAR 图像训练时，两个标签集 P_S 和 P_G 是未知的，因此关键问题是如何根据真实的 SAR 图像来估计两类标签。

为了估计标签集，可以借鉴上节仿真过程将真实的图像块近似看作只包含两类散射体。引入的两类散射体假设是与图像块的大小和 SAR 图像的分辨率有关的，图像块的大小可以根据图像的分辨率进行调整来尽可能地满足两类散射体假设。在这个假设下，可以将对数的 SAR 图像块利用阈值分割算法(Otsu，1979)分割为两类，得到一个表征两种类别散射体的二进制掩模(binary mask)，然后可以对同类的像素点拟合 Gamma 分布得到两类 PDF。标签集的 PDF 则可根据中心像素的类别选定。

正如上节所述，标签 P_S 可以近似为一个完全由视数决定的 Gamma 分布，该视数可以通过等效视数来估计，因此图像块中所有与中心像素点同一类别的像素值可以用于估计标签 P_S。类似地，标签 P_G 也可以通过两类散射体假设拟合 Gamma 分布得到。需要说明的是，在两类散射体假设下对标签的估计是不理想的，分割精度将会影响最后的去相干斑效果。例如，如果真实的图像块是一个均匀的图像块，将其误分为两类将会导致最后估计的 PDF 与真实值有轻微可忽略的偏差；如果真实的图像块有多于两种类型的散射体，两类散射体假设下得到的滤波后的图像将会模糊掉不明显的散射体。然而，实验证明，该估计方法对于滤波图像的大部分像素点都能够合理地估计对应的标签集，最终可以得到较合理的滤波效果。

图 11.17(a)给出了从荷兰地区的真实 SAR 图像上选取的 5 个典型示例，用于说明标签集 P_G 的估计效果。图 11.17(b)~(f)分别给出了前述三种类型图像块的标签 P_G 估计结果示例。每个 SAR 图像块在两类散射体假设下都可以得到对应的一个二进制掩模，黑线表示整个 SAR 图像的归一化直方图，它是两类散射体 PDF 的组合，蓝色虚线与绿色虚线表示估计的两类散射体的 PDF，图 11.17(c)~(f)说明了可以将边缘图像块与点目标图像块中两类散射体的 PDF 几乎完美地分离开来，最终确定的红色实线标签 P_G 是与中心像素点同类的散射体的 PDF。

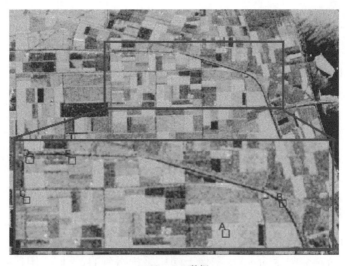

(a) Flevoland数据

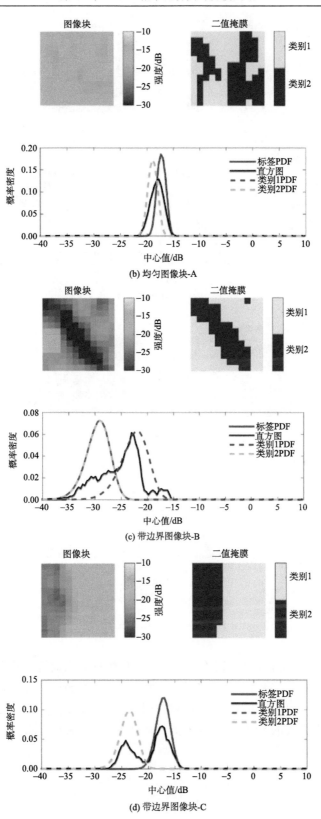

(b) 均匀图像块-A

(c) 带边界图像块-B

(d) 带边界图像块-C

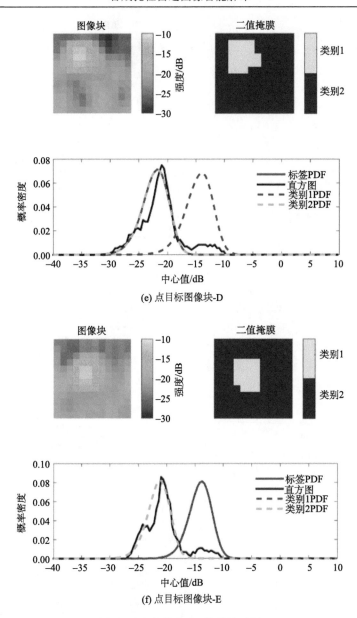

图 11.17　标签集 P_G 的估计示例

在实验中，20 个 epoch 进行训练，其余参数与仿真数据训练时的设定相同。利用真实 SAR 图像训练网络，并用真实 SAR 图像进行去相干斑测试，得到的去相干斑结果如图 11.18 所示。该结果与用仿真数据训练的去相干斑结果相比，显示出稍好的去相干斑效果，这是因为用真实的 SAR 图像训练更能体现 SAR 图像的特性。

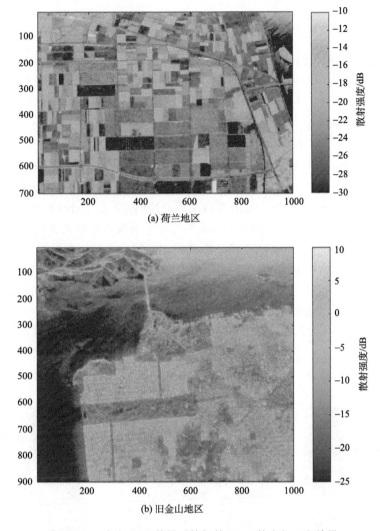

图 11.18　真实 SAR 数据训练好的 DNN 的去相干斑结果

3. 去相干斑效果比较

为了评估去相干斑神经网络(DNN)的性能,该滤波效果与三种经典的滤波器进行了比较,即 Lee-Sigma 滤波器(Lee et al. 2008)、IDAN 滤波器(Vasile et al., 2006)和 SAR-BM3D 滤波器(Parrilli et al., 2012)。Lee-Sigma 滤波器的窗口大小和目标窗口大小分别设定为 7 和 3,参数 $\sigma = 0.9$。IDAN 滤波器的自适应邻域大小为 12。SAR-BM3D 滤波器的参数与参考文章一致。滤波效果的比较也是在去相干斑领域较重要和具有挑战性的工作,下面将给出利用仿真 SAR 图像进行定量比较和利用真实 SAR 图像进行定性比较的结果。

1) 仿真图像的定量比较结果

为了定量比较 DNN 的滤波效果，可以利用 Martino 等(2013)提出的工具进行评估。该工具提供了基于物理散射的几种典型的单视仿真图像。为了对这些仿真图像进行滤波，利用表 11.2 中的仿真参数和从该仿真图像采样的图像对网络进行了训练。总共 80 000 个图像块，其中 70 000 个用于训练，10 000 个用于验证，图像块的大小设为 28×28，其他的参数设定为：$\beta = 1$，$p_0 = 0.7$，$p_1 = 0.18$，$p_2 = 0.12$。由于损失函数中的正则化约束，DNN 网络最后的滤波效果会出现常数的偏差，因此最后根据原始的噪声图像对滤波结果进行一个常数修正。图 11.19~图 11.22 给出了 DNN 和三种经典滤波网络的去相干斑对 BenchMarking 工具的四种典型场景的滤波结果，Noisy 表示 BenchMarking 工具提供的带有相干斑的仿真 SAR 图像，Clean 表示没有受相干斑噪声影响的 512 视 RCS 图像。从视觉效果来看，Lee-Sigma 和 IDAN 滤波器在均匀区域的去相干斑效果较差，DNN 网络在均匀区域具备最好的相干斑抑制能力，但边缘信息保留能力相比于 SAR-BM3D 滤波器效果较差。表 11.3 给出了基于 BenchMarking 工具的四种滤波器在四种典型场景中的滤波效果的定量比较(Martino et al., 2013)。ENL 反映了均匀区域的相干斑抑制效果，变异系数 C_x 表征纹理保留能力，品质因数(figure of merit, FOM)表征滤波后图像的边缘可检测性，所有指标越接近于对应的未受相干斑影响的 RCS 图像(Clean)的对应值表明滤波效果越好。定量结果表明，SAR-BM3D 和 DNN 在相干斑抑制和纹理保留方面都优于

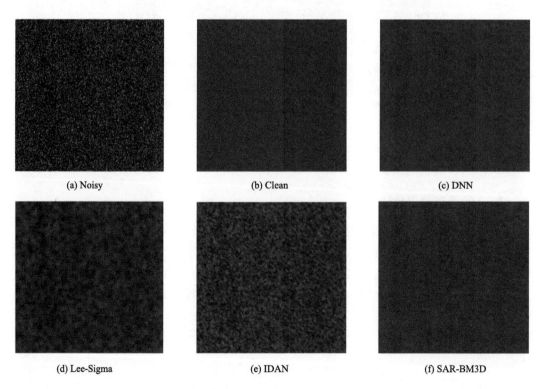

(a) Noisy   (b) Clean   (c) DNN

(d) Lee-Sigma   (e) IDAN   (f) SAR-BM3D

图 11.19　Homogeneous 区域滤波结果：Noisy、Clean、DNN、Lee-Sigma、IDAN、SAR-BM3D

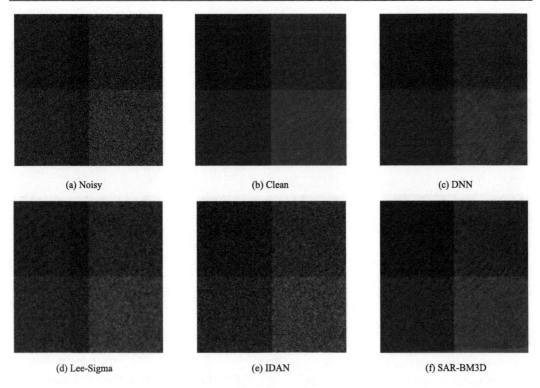

图 11.20　Squares 区域滤波结果：Noisy、Clean、DNN、Lee-Sigma、IDAN、SAR-BM3D

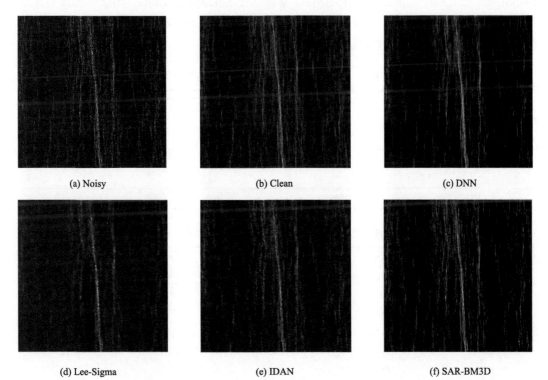

图 11.21　DEM 区域滤波结果：Noisy、Clean、DNN、Lee-Sigma、IDAN、SAR-BM3D

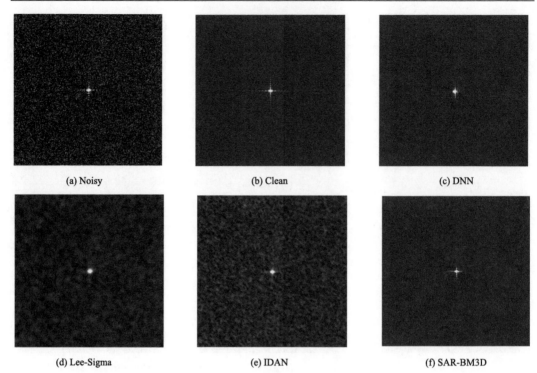

图 11.22　Corner 区域滤波结果：Noisy、Clean、DNN、Lee-Sigma、IDAN、SAR-BM3D

Lee-Sigma 和 IDAN 滤波器，SAR-BM3D 滤波器在 Squares 和 Corner 场景中滤波效果最好，DNN 在 Homogeneous 场景中效果最好。DNN 在 Squares 和 Corner 场景中不理想的效果主要是不完备的仿真样本导致的，该效果可以通过进一步丰富训练样本来改进。

表 11.2　BenchMarking 图像去噪的仿真参数

项目	伽马参数	最小值	最大值
RCS-分布式目标	均值/dB	−5	5
	阶数	450	512
RCS-点目标	均值/dB	1	40
	阶数	0.1	1
相干斑	阶数	0.9	1.1

表 11.3　多种滤波器对 BenchMarking 工具去相干斑的效果比较

项目	ENL Homogeneous	C_x DEM	FOM Squares	C_{BG} Corner
Clean	510.36	2.40	0.993	36.56
Noisy	1.02	3.54	0.792	36.50
Lee-sigma	25.004	4.17	0.725	38.95
IDAN	7.6348	1.93	0.66	21.12
SAR-BM3D	113.38	2.45	0.802	35.56
DNN	340.27	2.46	0.594	13.80

　　四种滤波器在滤波过程中的时间消耗在表 11.4 给出，该时间是在 2.30 GHz 64 bit 的计算机上 CPU 计算的时间。DNN 网络的训练大概耗时 40 min，表格中仅仅考虑了 DNN 的测试耗时。

表 11.4　多种滤波器的计算时间比较　　　　　　　　（单位：s）

图像大小	Lee-Sigma	IDAN	SAR-BM3D	DNN
256×256	<1	<1	38.1	23.7
512×512	<1	<1	160.9	92.2

2) 真实 SAR 图像的定性比较结果

　　图 11.23~图 11.25 分别给出了 Lee-Sigma 滤波器(Lee et al., 2008)、IDAN 滤波器(Vasile et al., 2006)和 SAR-BM3D 滤波器(Parrilli et al., 2012)对真实 SAR 图像区域的去相干斑结果。为了方便不同滤波器滤波效果的定性比较，从真实 SAR 图像中选取了一些比较典型的区域，图 11.26 展示了在旧金山区域选取的海-岛、海-桥、城区以及公园等典型的大小为 50×50 像素的区域。图 11.27 给出了旧金山区域经过四种滤波器的去相干斑后的效果，图 11.28 给出了图 11.27 中标记的荷兰地区典型区域的去相干斑效果。去相干斑结果表明，相比于仿真数据训练的 DNN，用真实数据训练的 DNN 在带有边界(patch-Q 和 patch-B)和点目标(patch-D 和 patch-E)的区域上效果更好，仿真数据训练的 DNN 在均匀区域(patch-Q 和 patch-A)更加光滑。Lee-Sigma 滤波器在点目标区域(patch-N)效果最好但在包含边缘的区域(patch-Z 和 patch-B)效果最差。IDAN 滤波器与用仿真数据训练的 DNN 效果类似。SAR-BM3D 滤波器具有相对较好的滤波效果，该滤波器在平滑均匀区域的同时也保留原始图像的结构信息(patch-M、patch-N、patch-D 和 patch-E)。总之，DNN 网络达到了尽管并非最好但与现有的滤波效果可比的相干斑抑制的目的。

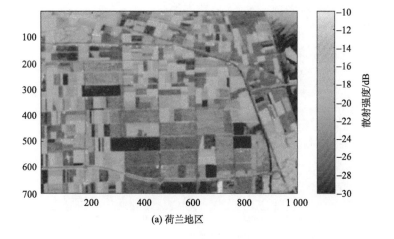

(a) 荷兰地区

(b) 旧金山地区

图 11.23　Lee-Sigma 滤波器的去相干斑结果

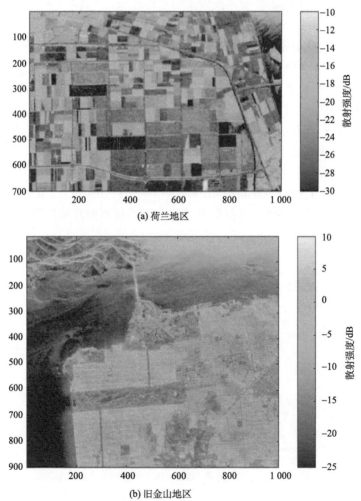

(a) 荷兰地区

(b) 旧金山地区

图 11.24　IDAN 滤波器的去相干斑结果

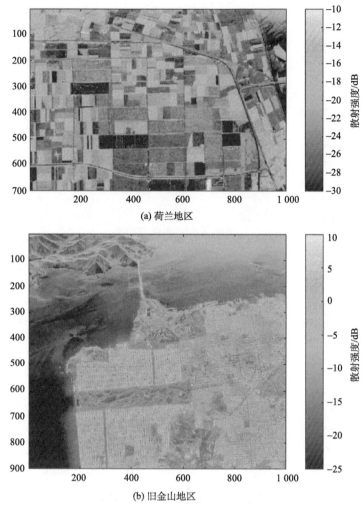

(a) 荷兰地区

(b) 旧金山地区

图 11.25　SAR-BM3D 滤波器的去相干斑结果

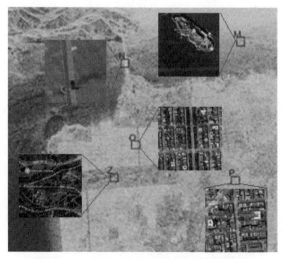

图 11.26　选取旧金山地区典型区域示意图

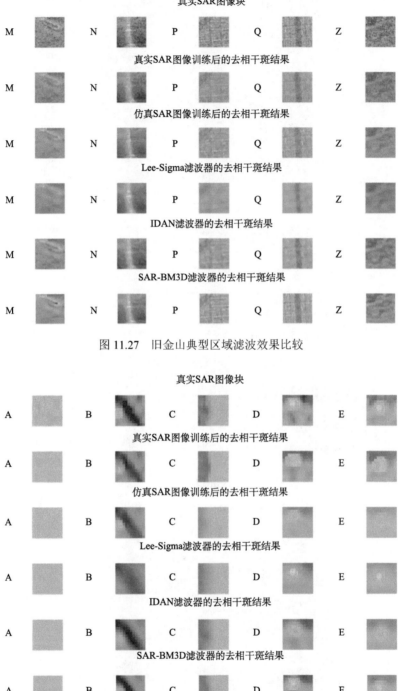

图 11.27　旧金山典型区域滤波效果比较

图 11.28　荷兰典型区域滤波效果比较

附录　实例代码——去相干斑网络（Despeckling-NN）

去相干斑神经网络的输入为 $row \times col \times 1 \times n$ 大小的数据集（图像的大小为 $row \times col$，图像数量为 n），标签有两类：相干斑的 PDF P_S 和 SAR 图像的 PDF P_G。输出为 RCS 的 PDF P_R。本节介绍该网络训练和测试过程中涉及的主要代码。

去相干斑神经网络的训练主代码示例如下。

```
[net_bn, info_bn, rest_bn,resv_bn,~] = cnn_mnist('expDir', 'data/SAR-
simulate-train', 'batchNormalization', true,'mode','train','h',500);
```

输入为训练的参数，'expDir' 和 'data/SAR-simulate-train' 指定工作路径，'batchNormalization' 和 true 表示是否加入 Normalization，true 表示加入，false 表示不加入，'mode' 和 'train'指定为训练的模式，'h'和 500 表示代码中直方图 bins 的个数设置为 500 个。输出为训练好的网络及训练中间结果。其中，net 表示训练好的网络，info 存储训练过程中的误差变化，rest_bn 和 resv_bn 分别为训练过程中每一层的中间结果。

去相干斑神经网络的测试主代码示例如下。

```
[net, ~,~,~, restest,imdb] = cnn_mnist('expDir', 'data/SAR-simulate-
test', 'batchNormalization', true,'network',net,'mode','test', 'centers_
uniform',images.centers_uniform,'r1',1,'r2',500,'c1',1,'c2',500);
```

输入参数中'network'和 net 指定要测试的网络，'centers_uniform' 和 images.centers_uniform 给出测试网络中对概率密度函数进行离散的中心点值，'r1',1,'r2',500,'c1',1,'c2',500 指定要测试的图像数据范围，测试的图像数据主要在函数 cnn_mnist——>getSARImdb_test 中获得，用其子函数 slide 对整幅测试图像滑动切块。输出参数中 imdb 存储了测试的数据，net 为测试网络，restest 包含了测试的结果信息，即训练得到的图像每一个像素点的 RCS 的概率分布，因此最后需要对测试结果进行成像操作，才能得到最终的滤波结果。成像结果可以通过两种方式得到：对每个像素点计算该点期望值（如 11.2 节所述）或者对每个像素点计算该点最大概率值，成像操作的主要函数为 image_rcs_test，其输出结果 Image_RCS1 表示对每个像素点计算该点最大概率值的滤波结果，Image_RCS2 则表示对每个像素点计算该点期望值的输出结果。其主要代码如下。

```
function [Image_RCS1,Image_RCS2]=image_rcs_test(restest,net,nrow,ncol)
nRcsr = nrow;
nRcsc = ncol;
Pdf_LRcs = restest(end-1).x;
Pdf_LRcs = squeeze(Pdf_LRcs);
```

```
centers_uniform = net.layers{end}.centers_uniform;
[~,SortNum] = sort(Pdf_LRcs,'descend');% SortNum是按每一列元素从大到小顺序
排列后数值对应的序号
P_value = zeros(size(Pdf_LRcs)); % P_value来存储每个样本按照概率大小排列可取
的样本值
for j = 1:size(Pdf_LRcs,2)
    P_value(:,j) = centers_uniform(SortNum(:,j));
end
%% 根据最大概率选择该点的样本值
Image_RCS1 = P_value(1,:);
Image_RCS1 = reshape(Image_RCS1,nRcsc,nRcsr);
%% 对每个点根据其概率密度函数求其期望值
Image_RCS2 = zeros(1,size(Pdf_LRcs,2));
for j = 1:size(Pdf_LRcs,2)
    Image_RCS2(j) = sum(Pdf_LRcs(:,j).*centers_uniform);
end
Image_RCS2 = reshape(Image_RCS2,nRcsc,nRcsr);
```

去相干斑神经网络的训练包括两种方式: 基于仿真数据和基于真实数据。

基于仿真数据的训练首先需要生成仿真数据, 图 11.12 的仿真数据生成的主函数为 cnn_mnist—> getSARImdb_simulation_train 函数: [imdb,k] = getSARImdb_ simulation_ train(), imdb 即生成的仿真图像集, 其主要包括: data(row×col×1×n 的四维图像数据, 图像的大小为 row×col, 图像数量为 n)、set(用于标注生成数据的类型: 用于训练和用于测试)、labels(P_G)、Ls_labels(P_S)、Lr_labels(P_R)、centers_uniform(1×h 维 PDF 矢量对应的直方图中心值)、Label_rcs_mean(仿真的 RCS 的均值)和 Label_rcs_order(仿真的 RCS 的阶数)。getSARImdb_simulation_train() 中涉及的主要生成函数 simulation_ patches_point 及其代码内容如下。

```
function[data,Label_Rcs,Label_Speckle,Label_General,Centers,Lclass,Lab
el_rcs_mean,Label_rcs_order] = simulation_patches_point(row,col,n)
rng('default');
rng(2);
data = zeros(row,col,1,n); %生成patch带有边界的概率
p1 = 0.3; % 生成patch带有边界的概率
p2 = 0.6; % 生成点目标的概率
point_value_min = 1;
point_value_max = 40;
point_order_min = 0.1;
point_order_max = 1;
rcs_value_min = -5; % 生成RCS的均值最小值
rcs_value_max = 5; % 生成RCS的均值最大值
```

```
rcs_order_min = 450; % 生成RCS的阶数最小值
rcs_order_max = 500; % 生成RCS的阶数最大值
speckle_order_min = 0.9; %生成Speckle的阶数最小值  注：Speckle的均值恒为1
speckle_order_max = 1.1; %生成Speckle的阶数最大值  注：Speckle的均值恒为1
Centers_max = 40;
Centers_min = -60;
h = 500;
Centers1 = linspace(Centers_min,0,h)';
Centers2 = (0:Centers1(2)-Centers1(1):Centers_max)';
Centers = [Centers1;Centers2(2:end)];
h = size(Centers,1);
Label_Rcs = zeros(h,n);
Label_Speckle = zeros(h,n);
Label_General = zeros(h,n);
Label_rcs_mean = zeros(n,1);
Label_rcs_order = zeros(n,1);
Lclass = zeros(row,col,n);
wait = waitbar(0,'Generating patches,Please wait...');
for k = 1:n
    waitbar(k/n);
    temp1 = rand; % 生成0-1值，大于0.2则生成一块均匀边界，若小于0.2则生成带有边
缘的patch
    if temp1>p1
        % 生成一块均匀的patch
        % 生成RCS
        rcs_value = rcs_value_min+(rcs_value_max-rcs_value_min)*rand;
        Label_rcs_mean(k) = rcs_value;
        rcs_value = 10^(rcs_value/10);

        rcs_order = randi([rcs_order_min,rcs_order_max],1);
        Label_rcs_order(k) = rcs_order;
        [LRcs,Pdf_LRcs]                                                    =
Log_im_gamma(rcs_order,rcs_value,Centers,row,col); %order 为 gamma 分布阶数，
value为gamma分布均值
        % 生成Speckle
        speckle_order                                                     =
speckle_order_min+(speckle_order_max-speckle_order_min)*rand;
        [LSpeckle,Pdf_LSpeckle]                                           =
Log_im_gamma(speckle_order,1,Centers,row,col);
        % 生成SAR
        LGeneral = LRcs+LSpeckle;
        Pdf_LGeneral = Pdf_conv(Pdf_LRcs,Pdf_LSpeckle,Centers);
```

```
        % 存储图像与PDF
        Label_Rcs(:,k) = Pdf_LRcs;
        Label_Speckle(:,k) = Pdf_LSpeckle;
        Label_General(:,k) = Pdf_LGeneral;
        data(:,:,1,k) = LGeneral;
        Lclass(:,:,k) = zeros(row,col);

        pdfLG                                                    =
Log_SAR_pdf(rcs_order,rcs_value/rcs_order,speckle_order,1/speckle_order,Ce
nters);
        figure;
        hold on;
        plot(Centers,Pdf_LGeneral,'r','LineWidth',2);
        hold on;
        plot(Centers,pdfLG,'g','LineWidth',2);
        legend('conv','real')
    else
        temp2 = rand;
        if temp2<p2
        % 生成有边界的patch
        L = edge(row,col);
        Lclass(:,:,k) = L;
        value_min = [rcs_value_min;rcs_value_min];
        value_max = [rcs_value_max;rcs_value_max];
        order_min = [rcs_order_min;rcs_order_min;speckle_order_min];
        order_max = [rcs_order_max;rcs_order_max;speckle_order_max];

[Label_rcs_mean(k),Label_rcs_order(k),Label_Rcs(:,k),Label_Speckle(:,k),Lab
el_General(:,k),data(:,:,1,k)]                                             =
two_class_patch(Centers,L,value_min,value_max,order_min,order_max);
        elseif temp2>=p2
        L = point(row,col);
        Lclass(:,:,k) = L;
        value_min = [rcs_value_min;point_value_min];
        value_max = [rcs_value_max;point_value_max];
        order_min = [rcs_order_min;point_order_min;speckle_order_min];
        order_max = [rcs_order_max;point_order_max;speckle_order_max];

[Label_rcs_mean(k),Label_rcs_order(k),Label_Rcs(:,k),Label_Speckle(:,k),Lab
el_General(:,k),data(:,:,1,k)]                                             =
two_class_patch(Centers,L,value_min,value_max,order_min,order_max);
        end
```

```
      end
   end
   close(wait);
```

基于真实数据的训练则要根据真实数据估计两类标签 P_S 和 P_G，其主要代码位于
cnn_mnist—>getSARImdb—>label_GS_pdf 函数中，Pdf_Lgeneral 和 Pdf_Lspeckle 分别
为估计得到的两类标签 P_G 和 P_S，centers_uniform 则表示概率分布对应的直方图中心值。
该函数的主要代码如下。

```
function
[Pdf_Lgeneral,Pdf_Lspeckle,centers_uniform]=label_GS_pdf(images,h)
   data = images.data;
   data_initial = images.data_initial;
   nbins = h;
   sz = size(data);
   data = reshape(data,sz(1)*sz(2),sz(4));
   LGeneral = data;
   data_initial = reshape(data_initial,sz(1)*sz(2),sz(4));
   %% 计算每个样本的视数
   m=mean(data_initial);
   v=var(data_initial);
   enl=m.^2./v;
   %% 根据视数生成服从伽马分布的Speckle样本
   n = 5000;
   Speckle = zeros(n,sz(4));
   for k = 1:sz(4)
      a = enl(k);
      b = 1/enl(k);
      rng('default');
      Speckle(:,k) = gamrnd(a,b,1,n);
   end
   % 相干斑取对数
   LSpeckle = 10*log10(Speckle);
   %% 分别对SAR数据和相干斑取直方图操作
   [counts_Lspeckle,centers_Lspeckle] = hist(LSpeckle,nbins);
   [counts_Lgeneral,centers_Lgeneral] = hist(LGeneral,nbins);
   %% 确定General和Speckle统一的center
   centers_min = min([min(centers_Lspeckle),min(centers_Lgeneral)]);
   centers_max = max([max(centers_Lspeckle),max(centers_Lgeneral)]);
   centers_gap = mean([centers_Lspeckle(2)-centers_Lspeckle(1),centers_Lgeneral
(2)-centers_Lgeneral(1)]);
   centers_uniform = linspace(centers_min,centers_max,h)';
```

```
%% 根据统计的centers_uniform重新计算counts
counts_Lspeckle_uniform = counts_centers(LSpeckle,centers_uniform);
counts_Lgeneral_uniform = counts_centers(LGeneral,centers_uniform);
%% 根据counts求概率
p = max(size(centers_uniform));
Pdf_Lspeckle = counts_Lspeckle_uniform./n;
Pdf_Lgeneral = counts_Lgeneral_uniform./(sz(1)*sz(2));
%% 将概率标准化
sum_Ls = sum(Pdf_Lspeckle);
sum_Lg = sum(Pdf_Lgeneral);
sum_Ls = repmat(sum_Ls,p,1);
sum_Lg = repmat(sum_Lg,p,1);
Pdf_Lspeckle = Pdf_Lspeckle./sum_Ls;
Pdf_Lgeneral = Pdf_Lgeneral./sum_Lg;
for k = 1:sz(4)
    Pdf_Lspeckle(:,k) = smooth(Pdf_Lspeckle(:,k));
    Pdf_Lgeneral(:,k) = smooth(Pdf_Lgeneral(:,k));
end
%% 作图
for k=1:20
  figure;
  plot(centers_uniform,Pdf_Lspeckle(:,k),'g','LineWidth',2);
  hold on; plot(centers_uniform,Pdf_Lgeneral(:,k),'r','LineWidth',2);
  legend('Pdf-LSpeckle','Pdf-LGeneral')
  title('P-10log10(*) PDF')
end
```

如 11.2 节所述，在网络的误差更新过程中涉及卷积计算，从而需要定义新的损失函数 vl_nnpdfloss，该损失函数的主要内容存在于 cnn_mnist→cnn_train→processEpoch→vl_simplenn→vl_nnpdfloss→forward 中，其中需要特别注意的是卷积操作过程中的坐标对准问题，函数 error_KL 和 error_NORM 则分别定义了 11.2 节第 4 部分所述的两类损失函数指标。在后向传播过程中，相应地也定义了与损失函数相对应的后向传播过程，主要内容体现在 cnn_mnist → cnn_train → processEpoch → vl_simplenn → vl_nnpdfloss → backward 中，其中 error_diff_KL 和 error_diff_NORM 则分别对应两个损失指标的后向传播代码。函数 error_KL 和 error_NORM 以及 error_diff_KL 和 error_diff_NORM 的代码内容如下。

```
function y = error_KL(Pdf_Lgeneral,Pdf_Lgeneral_conv_offset)
p = Pdf_Lgeneral;
q = Pdf_Lgeneral_conv_offset;
p(p==0) = eps;
```

```
    q(q==0) = eps;
    L = log2(p./q).*p;
    y = sum(sum(L));
```

```
    function y = error_NORM(Pdf_Lrcs)
    y = 1/2*sum(sum(Pdf_Lrcs.^2));
```

```
    function dydx = error_diff_KL(Pdf_Lgeneral_conv_offset,Pdf_Lgeneral,Pdf_
Lspeckle,centers_uniform)
    sz = size(Pdf_Lgeneral);
    m = min(centers_uniform);
    k_uniform = max(size(Pdf_Lgeneral));
    centers_gap = centers_uniform(2)-centers_uniform(1);
    if m<0
        offset = fix(abs(centers_uniform(1))./(centers_gap));
    else
        display('Wrong');
    end
    %% 进行卷积
    p = Pdf_Lgeneral;
    q = Pdf_Lgeneral_conv_offset;
    dydh = -1.*p./q./log(2);
    dydxconv = zeros(2*k_uniform-1,sz(2));
    for k =1:sz(2)
        dydxconv(:,k) = conv(dydh(:,k),Pdf_Lspeckle(:,k));
    end
    %% 通过偏置对准横坐标
    dydx = zeros(k_uniform,sz(2));
    if offset< k_uniform
        dydx = dydxconv(offset:offset+k_uniform-1,:);
    else
        dydx(1:2*k_uniform-offset,:) = dydxconv(offset:2*k_uniform-1,:);
        dydx(2*k_uniform-offset+1:k_uniform,:)                           =
dydxconv(1:offset-k_uniform,:);
    end
```

```
    function dydx = error_diff_NORM(Pdf_Lrcs)
    dydx = Pdf_Lrcs;
```

参 考 文 献

Anastassopoulos, Lampropoulos G A, Drosopoulos A, et al. 1999. High resolution radar clutter statistics. IEEE Transactions on Aerospace and Electronic Systems, 35(1): 43-60.

Arsenault H H, April G. 1976. Properties of speckle integrated with a finite aperture and logarithmically transformed. Journal of the Optical Society of America, 66(11): 1160-1163.

Bhuiyan M I H, Ahmad M O, Swamy M N S. 2007. Spatially adaptive wavelet-based method using the cauchy prior for denoising the SAR images. IEEE Transactions on Circuits and Systems for Video Technology, 17(4): 500-507.

Bishop C M. 1995. Neural Networks for Pattern Recognition. Oxford: Oxford University Press.

Bruzzone L, Marconcini M, Wegmuller U, et al. 2004. An advanced system for automatic classification of multitemporal SAR images. IEEE Transactions on Geoscience and Remote Sensing, 42(6): 1321-1334.

Buades A, Coll B, Morel J M. 2005. A review of image denoising algorithms, with a new one. Multiscale Modeling & Simulation, 4(2): 490-530.

Bustos O H, Flesia A G, Frery A C, et al. 2009. Simulation of spatially correlated clutter fields. Communications in Statistics - Simulation and Computation, 38(10): 2134-2151.

Chen S, Wang H, Xu F, et al. 2016. Target classification using the deep convolutional networks for SAR images. IEEE Transactions on Geoscience and Remote Sensing, 54(8): 4806-4817.

Dabov K, Foi A, Katkovnik V, et al. 2007. Image denoising by sparse 3-d transform-domain collaborative filtering. IEEE Transactions on Image Processing, 16(8): 2080-2095.

Deledalle C A, Denis L, Tupin F. 2009. Iterative weighted maximum likelihood denoising with probabilistic patch-based weights. IEEE Transactions on Image Processing, 18(12): 2661-2672.

Delignon Y, Pieczynski W. 2002. Modeling non-Rayleigh speckle distribution in SAR images. IEEE Transactions on Geoscience and Remote Sensing, 40(6): 1430-1435.

Deng X, López-Martínez C, Varona E M. 2016. A physical analysis of polarimetric SAR data statistical models. IEEE Transactions on Geoscience and Remote Sensing, 54(5): 3035-3048.

Donoho D L. 1995. Denoising via soft thresholding. IEEE Transactions on Information Theory, 41(3): 613-627.

Eltoft T. 2005. The Rician inverse Gaussian distribution: A new model for non-Rayleigh signal amplitude statistics. IEEE Transactions on Image Processing, 14(11): 1722-1735.

Frery A C, Muller H J, Yanasse C C F, et al. 1997. A model for extremely heterogeneous clutter. IEEE Transactions on Geoscience and Remote Sensing, 35(3): 648-659.

Gao G. 2010. Statistical modeling of SAR images: A survey. Sensors, 10(1): 775-795.

Goldstein H. 1951. Sea echo. Propagation of Short Radio Waves. McGraw-Hill.

Goodman J W. 1976. Some fundamental properties of speckle. Journal of the Optical Society of America, 66(11): 1145-1150.

Goodman J W. 2007. Speckle Phenomena in Optics: Theory and Applications. Roberts and Company Publishers.

Jakeman E. 1980. On the statistics of K-distributed noise. Journal of Physics A: Mathematical and General, 13(1): 31-48.

Jakeman E, Pusey P. 1976. A model for non-Rayleigh sea echo. IEEE Transactions on Antennas and Propagation, 24(6): 806-814.

Johnson D. 2004. Minimum mean squared error estimators. Connexions.

Krizhevsky A, Sutskever I, Hinton G E. 2012. Imagenet classification with deep convolutional neural networks. Advances in Neural Information Processing Systems, 1097:1105.

Kuan D, Sawchuk A, Strand T, et al. 1987. Adaptive restoration of images with speckle. IEEE Transactions on Acoustics Speech and Signal Processing, 35(3): 373-383.

Kuruoglu E E, Zerubia J. 2004. Modeling SAR images with a generalization of the Rayleigh distribution. IEEE Transactions on Image Processing, 13(4): 527-533.

LeCun Y, Bengio Y, Hinton G. 2015. Deep learning. Nature, 521(7553): 436-444.

LeCun Y, Bottou L, Bengio Y, et al. 1998. Gradient-based learning applied to document recognition. Proceedings of the IEEE, 86(11): 2278-2324.

Lee J S. 1980. Digital image enhancement and noise filtering by use of local statistics. IEEE Transactions on Pattern Analysis and Machine Intelligence, PAMI-2(2): 165-168.

Lee J S, Wen J H, Ainsworth T L, et al. 2008. Improved Sigma filter for speckle filtering of SAR imagery. IEEE Transactions on Geoscience and Remote Sensing, 47(1): 202-213.

Li H C, Hong W, Wu Y R, et al. 2010. An efficient and flexible statistical model based on generalized gamma distribution for amplitude SAR images. IEEE Transactions on Geoscience & Remote Sensing, 48(6): 2711-2722.

Li H C, Hong W, Wu Y R, et al. 2011. On the empirical-statistical modeling of SAR images with generalized Gamma distribution. IEEE Journal of Selected Topics in Signal Processing, 5(3): 386-397.

Lopes A, Nezry E, Touzi R, et al. 1993. Structure detection and statistical adaptive speckle filtering in SAR images. International Journal of Remote Sensing, 14(9): 1735-1758.

Mantero P, Moser G, Serpico S B. 2005. Partially supervised classification of remote sensing images using SVM-based probability density estimation. IEEE Transactions on Geoscience and Remote Sensing, 43(3): 559-570.

Martino G, Poderico M, Poggi G, et al. 2013. Benchmarking framework for SAR despeckling. IEEE Transactions on Geoscience and Remote Sensing, 52(3): 1596-1615.

Moser G, Zerubia J, Serpico S B. 2006. SAR amplitude probability density function estimation based on a generalized Gaussian model. IEEE Transactions on Image Processing, 15(6): 1429-1442.

Oliver C, Quegan S. 2004. Understanding Synthetic Aperture Radar Images. SciTech Publishing.

Otsu N. 1979. A threshold selection method from gray-level histograms. IEEE Transactions on Systems Man and Cybernetics, 9(1): 62-66.

Papoulis A, Pillai S U. 2002. Probability, Random Variables, and Stochastic Processes. Tata McGraw-Hill Education.

Parrilli S, Poderico M, Angelino C V, et al. 2012. A nonlocal sar image denoising algorithm based on LLMMSE wavelet shrinkage. IEEE Transactions on Geoscience and Remote Sensing, 50(2): 606-616.

Parzen E. 1962. On estimation of a probability density function and mode. The Annals of Mathematical Statistics, 33 (3): 1065-1076.

Rice S O. 1945. Mathematical analysis of random noise. Bell System Technical Journal, 24(1): 46-156.

Spitzer F. 1964. Principles of Random Walk. World Publishing Co.

Tison C, Nicolas J M, Tupin F, et al. 2004. A new statistical model for Markovian classification of Urban areas in high-Resolution SAR images. IEEE Transactions on Geoscience and Remote Sensing, 42(10): 2046-2057.

Ulaby F T, Haddock T F, Austin R T. 1988. Fluctuation statistics of millimeter-wave scattering from distributed targets. IEEE Transactions on Geoscience and Remote Sensing, 26(3): 268-281.

Vasile G, Trouvé E, Lee J S, et al. 2006. Intensity-driven adaptive-neighborhood technique for polarimetric and interferometric SAR parameters estimation. IEEE Transactions on Geoscience and Remote Sensing,

44(6): 1609-1621.

Ward K D. 1981. Compound representation of high resolution sea clutter. Electronics Letters, 17(16): 561-563.

Ward K D, Watts S, Tough R J A. 2013. 海杂波：散射、K 分布和雷达性能(第二版). 鉴福升等译. 北京: 电子工业出版社.

Weston J, Gammerman A, Stitson M, et al. 1999. Support vector density estimation. Advances in Kernel Methods-Support Vector Learning, 293-306.

Xu F, Jin Y Q, Moreira A. 2016. A preliminary study on SAR advanced information retrieval and scene reconstruction. IEEE Geoscience & Remote Sensing Letters, 13(10): 1443-1447.

Xu F, Song Q, Jin Y Q. 2017. Polarimetric SAR image factorization. IEEE Transactions on Geoscience and Remote Sensing, 55(9): 5026-5041.

Yue D X, Xu F, Frery A C, et al. 2019. SAR Image Generation with Semantic-Statistical Convolution. 2019 IEEE International Geoscience and Remote Sensing Symposium (IGARSS).

第 12 章　虚拟场景重建与 SAR 图像仿真

三维虚拟城市场景在城市规划、交通管理、警情处理等领域有着重要的应用价值 (Musialski et al., 2013)。遥感领域中包含多类自然场景和人造目标的电磁散射特性的三维虚拟城市场景，通过对目标进行参数化建模和散射计算，可以仿真 SAR 图像。与 SAR 实测实验相比较，仿真建模成本低、可重复性好、实验周期短，并且有散射理论数值作依靠。虚拟场景三维重建技术由于其巨大的应用价值，近些年被广泛地研究并应用。本章主要内容为基于卫星影像的城市场景三维重建和基于城市三维模型的 SAR 图像仿真。使用开源高分辨率卫星影像和地图数据，利用数据更新周期短的特点，快速重建能够反映地面真实情况的城市三维模型 (Li et al., 2019)。然后，基于映射投影算法计算场景散射，模拟城市场景散射回波信号，对 SAR 成像算法进行研究 (金亚秋和徐丰, 2015)。

12.1　场景重建

1. 地表覆盖

土地覆盖是全球地理信息科学研究的重要课题，表现了全球地表的分布和状态。为了合理地保护和开发利用土地资源，真实、准确、及时的地表覆盖数据变得极为重要，其检测技术也被广泛研究。基于遥感数据对土地资源利用进行监测是一种有效的方法，可以充分利用目前的立体化天地一体的遥感系统，并促进遥感技术的商业化和工业化。地表覆盖的变化监测，其本质是获得不同时间的地表覆盖数据，并比较其在时间尺度上的差异和变化 (黄福奎, 1998)。例如，联合国发布的全球植被覆盖面积变化中，中国绿色面积大幅增加，其从正面证明了中国多年来各项保护环境政策的成功实施。

通常情况下，用于全球变化研究的土地覆盖主要是采用大范围、长时间尺度的多种遥感数据，如中国于 2013 年发布的全球高精度地表覆盖数据 GLC30，使用的数据包含有 Landsat 的 TM 和 ETM+数据及中国的 HJ-1 影像数据等。9907 幅 Landsat 数据中有 80.8% 采集于 2009～2011 年，另有 19.2%的数据采集于更早的时间。1465 幅 HJ-1 数据采集时间为 2008～2011 年 (陈军等, 2014)。此外，植物物种、植被所处的生长阶段等存在差异，也会导致遥感图像不同，地表覆盖数据对时相极为敏感 (黄福奎, 1998)。

根据遥感数据生成地表覆盖类型，需要对遥感影像进行解译。地物分类对于具有先验知识的人类而言并不是很困难，但是对于计算机而言则有较大的挑战。存储于图像的大量信息具有复杂性和描述困难性，造成了其类别独立特征提取困难。

2. 遥感图像自动解译

遥感图像的解译方法主要有人工解译和自动算法解译两种方式。人工解译，是由受过专业培训有着专业技能的判读员进行操作，识别图像上的特征、地物或目标，并进行标记。这种方法对判读员的专业能力有着较高的要求，且费时费力，效率低下，难以满足海量数据的解译要求。人工解译主要依据人的经验和知识对影像进行对照分析和判定，从而识别图像上的目标，并定性定量地对目标的形态、构造、功能、特征性质等特性进行提取（Wu et al., 2011）。人工解译可以充分利用先验知识，有效地提取出目标的空间特性、语义信息等，其是当前阶段遥感图像解译的主要方法。而传统的自动解译算法通常是基于样本示例数据进行调试调整，在特定数据或相似数据上能够很好地工作，在面对复杂问题和拓展问题时，其准确性较差。为了结合两者的优势，目前比较常用的解译方法是人机交互的人工解译方法，即先通过计算机对遥感图像进行图像增强和变换，使其更加直观，然后再由判读人员进行解读。

遥感图像自动解译算法可以分为无监督算法和有监督算法。无监督算法是指在没有先验知识的前提下，仅根据图像本身的强度、纹理、统计信息等特征进行分类的算法。无监督算法可以更好地获取图像的内在规律，常见的有贝叶斯学习、最大似然分析和聚类等（李石华等，2005），还有依赖于图像本身特征的无监督算法，如主成分分析算法、独立分量分析算法等，在面对复杂的地区或地物时，无法实现有效分类。有监督算法是利用已有的先验知识，预先设定分类规则，从已知的数据中提取特征，完成对分类器的训练。基于先验知识的监督分类方法能够充分利用积累的知识和总结的经验，更有效地对数据中的信息进行提取与分析（郑南宁，1998）。一般情况下，有监督分类精度高于无监督分类。常用的有监督算法有决策树、随机森林和支持向量机等。20 世纪 70 年代，神经网络的概念开始出现，但是受限于计算机资源的不足，没有取得足够的成功。直到2006 年，随着深度学习被提出，人工神经网络在目标检测、图像分割等领域取得了极大的突破，为图像自动解译拓展了新的研究方向（Hinton et al., 1998）。

3. 城市场景重建

在城市研究中，城市建筑的三维信息和地表类型一样具有重大的研究价值。城市环境以由地面的人工建筑物为主，夹杂道路、绿地、水体等，建筑物三维重构也是城市虚拟场景中的重要内容。目前，主流的建筑物建模方式有以下几种：①结合建筑物图纸和城市地图人工判读对建筑物进行建模，这种方法需要采集大量的数据并进行记录，仅适用于少量建筑物的精确建模；②基于二维遥感数据，估计建筑物高度，使用平均层高计算建筑物层数，并嵌合虚拟纹理构建三维模型；③将数字高程模型（digital elevation model, DEM）数据与影像数据相叠加，可以方便地建立大规模高精度的城市模型；④基于航空摄影测量和地面近景摄影测量获取的立体影像，通过对比计算，进行城市模型重建，其精度较高但是计算量较大；⑤多种数据获取方式集成融合，建立三维模型（王继周等，2004）。

在三维重建中，高度信息至关重要。而激光探测与测量（light detection and ranging, LiDAR）是利用 GPS 和激光扫描设备，对目标表面进行测量，以获取目标的数字表面模型（digital surface model, DSM）。LiDAR 数据中包含空间三维信息和激光强度信息，利用分类技术对数据中的建筑物、植被等目标识别和提取，就可以获得数字高程模型和地物模型(Javanmardi et al., 2015；Zhou and Gong, 2018；He et al., 2017)。LiDAR 数据描述了地表和地物的高度信息，通过检测高度落差等边缘，可以对城市的建筑物等进行有效的检测(Javanmardi et al., 2015)。将 LiDAR 数据和其他类型的 GIS 数据进行融合，利用 GIS 数据对地物类型进行识别，使用 LiDAR 数据获取三维信息，对建筑物、植被等地物进行比较准确的定位和三维建模，从而得到三维城市模型(He et al., 2017)。近些年，倾斜摄影技术得到了高度重视，并逐步商业化。例如，2018 年九寨沟地震后，使用无人机倾斜摄影技术，快速地实现了对地震区域的三维场景重建(许建华等，2017)。倾斜摄影技术是使用一组由垂直和倾斜摄像头组成的特定结构，倾斜摄像头可以由一个、两个或者是四个组成(Sun et al., 2016)。将倾斜摄影技术和 GIS 数据融合，可以得到更加多元的城市模型(Habbecke and kobbelt, 2006)。倾斜摄影技术可以获取目标地区的高精度三维模型，但是由于其分辨率和幅宽限制，难以对大范围场景快速重建，仅能对小场景进行精细建模。基于卫星的视频数据建模则可以快速地处理大范围场景，如地震之后使用"吉林一号"卫星对九寨沟地区进行卫星影像采集，然后获取了图 12.1 中所示的三维场景，其在救灾抢险中起到了重要的作用。基于单幅影像的重建技术也有了一定的研究，Bertan 等(2016)使用单幅航拍影像，结合数字地籍图，对图像中的建筑物的屋顶轮廓进行提取，然后使用先验知识，如当地屋顶平均倾斜角，对屋顶高度进行估计，从而重构出三维屋顶。此外，使用 InSAR、TomoSAR 等技术进行三维重建均得到了广泛的关注和应用。

图 12.1　使用"吉林一号"卫星采集影像重建的九寨沟三维模型

4. 基于卫星影像的城市场景重建

卫星影像数据具有分辨率高、存量多、采集简单和时效性高等优点，一般情况下，全球范围的高分辨率卫星影像更新周期是 3~6 个月，如谷歌卫星影像。卫星影像有着良好的实效性，其在对数据实效性有着较高要求的地理信息研究领域具有极高的应用价值。例如，基于光学影像的地表植被覆盖面积检测、城市发展研究等。

高分辨率卫星影像中包含地表的颜色、纹理等，虽然其信息丰富，但是由于背景复杂，且受天气、季节等影响严重，难以对其中的有效信息进行提取。由于地表地物存在叠掩，卫星影像只能获取最上层目标的特性。此外，卫星影像拍摄于高俯仰角，缺少建筑物等目标的侧面数据，给高度信息的提取带了较大的难度。但是海量的数据为城市建筑物的重建提供了充分的数据基础，结合目前高速发展中的计算机技术和人工神经网络，需要构建基于数据的图像处理方法，从而能够快速有效地从高分辨率卫星影像中提取需要的信息。

数字城市的发展在方便城市生活和城市建设的同时，也为城市信息研究提供了新的研究基础。高精度的城市数字地图作为数字城市的基础，包含海量的城市二维地表数据，如道路、建筑物、绿地、水体等。结合精确标注的地图和高分辨率卫星影像，本章提出了一种新的城市场景重建方法，基于二维遥感数据快速地对城市虚拟场景重建，使用高分辨率城市卫星影像数据和地图，结合 CNN 对建筑物高度进行估计，然后估算建筑物层数并添加纹理，重构三维建筑物模型。再使用神经网络识别地表覆盖类型，然后将地表覆盖、三维建筑物模型和三维地表相结合，得到具有地表类型和三维信息的城市模型。具有地表信息的城市模型数据能够广泛应用于城市环境模拟、遥感信息仿真等研究，具有极大的应用价值。

12.2　光学遥感影像地表分类

1. 地表覆盖数据和图像分割

目前，已有多个全球地表覆盖数据发布，其中仅有中国在 2014 年发布的 GLC30 数据达到了 30m 的分辨率(Chen et al., 2014)。GLC30 数据将全球的地形分为了水体、湿地、人造地表、苔原、冰川和永久积雪、草地、裸地、耕地、灌木林及森林 10 类(陈军等，2017)。虽然 GLC30 是目前最新、分辨率最高的开源发布的全球地表覆盖数据，但是其对于地表仅划分为 10 个类别。而在城市环境中，基本上只有一个类型，即人造地表，其无法满足对城市地表精确重建的要求。由美国国土资源局在 2011 年发布的全美范围的 30m 分辨率的地表覆盖数据集 NLCD2011 将美国全境地表分类为 20 类，其相对于 GLC30更加精细(Homer et al., 2010)。其中，城市地表、农田、森林等根据其密度、类型等还进行了详细的划分，以满足场景重建研究中对于城市场景精细分类的要求。

基于二维遥感数据的地表覆盖类型检测由回归分类器处理，对遥感影像中的每一个分辨率单元的类型进行识别，即将图像分割成若干细小匀质的地块，地块内地表类型相同。这种图像处理方法叫作图像分割，是计算机视觉和深度学习领域的重要研究课题，已有大量的开源数据集，如 ImageNet、MS COCO、VOC PASCAL 和 CityScapes 等。近些年，由于深度学习的高速发展，各种新式的网络结构被提出，如 Pix2Pix、U-Net、YOLO 和 FRRN 等，并在多种分割数据集上取得了良好的成果。

NLCD2011 地表覆盖数据共定义了 20 类地表。其中，5 类在城市场景中没有涉及，如永久冰雪和苔原等类型，因此不予考虑。将所选的 16 类地表类型在表 12.1 中给出，其中类型编号服从如下规则：①十位数表示数据从属的大类类型，如 41、42、43 均属于树林；②个位数表示其进一步的细分，如 41 是落叶林、42 是长青林、43 是混合林，即完整编号是小类型，而十位数编号表示广义类型。本节涉及的地表覆盖重建中主要有 15 类具体地表类型，它们分属于 8 类广义地表类型，其中 3 类广义地表类型只有一个小类别。图 12.2 中给出了旧金山地区的卫星影像和地表覆盖数据，地表覆盖数据中包含水体、公园、建筑物等区域标记。

NLCD2011 数据虽然是高分辨率的地表覆盖数据，但是分辨率也只有 30m，与最高分辨率可以达到 0.25m 的卫星影像数据不匹配。若使用该地表覆盖数据作为标签对卫星影像数据的识别，需要对两种数据进行调整，从而使分辨率能够匹配。在本节实验中，使用分辨率为 1m 的卫星影像，然后对地表覆盖数据进行最近邻插值得到相同的分辨率。

 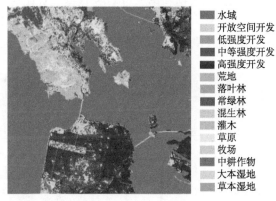

图 12.2　旧金山地区卫星影像和 NLCD2011 地表覆盖数据对比

表 12.1　NLCD2011 地表类型及编号

NLCD 类型编号	类型名	
	类型英文名	对照中文名
11	Open water	水域
12	Perennial Ice/Snow	永久冰雪
21	Developed Open Space	开放开发区
22	Developed Low Intensity	低度开发区
23	Developed Medium Intensity	中度开发区
24	Developed High Intensity	高度开发区
31	Barren Land	裸地

续表

NLCD 类型编号	类型名	
	类型英文名	对照中文名
41	Deciduous Forest	落叶林
42	Evergreen Forest	长青林
43	Mixed Forest	混合林
52	Shrub/Scrub	灌木丛
71	Grassland/Herbaceous	草地
81	Pasture/Hay	牧场
82	Cultivated Crops	农田
90	Woody Wetlands	木本湿地
95	Emergent Herbaceous Wetlands	草本湿地

对分辨率匹配后的地表覆盖数据和卫星影像使用经纬度配准，以 96×96 像素的大小进行采样，每一类型采样相同数量的样本，样本如图 12.3 中所示。图 12.3 中对于每类都随机选出了 6 个例子排成列，它们对应于其下方的类别编号，可以看到样本类别有较多的混杂，如森林、裸地、草地等，表明 NLCD2011 数据集的准确率较低。Wickham 等（2017）将 NLCD 数据和第三方 GIS 数据进行比对，如地图、土地利用等，得到的第三方测评精度为 82%。与计算机视觉领域的数据集，如 MNIST、ImageNet 等 97%以上的准确率相比，地表覆盖的数据准确率较低，限制了地表分类的性能。

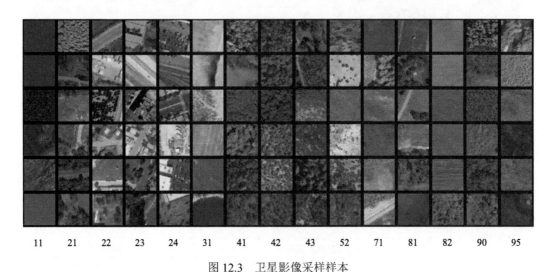

11　　21　　22　　23　　24　　31　　41　　42　　43　　52　　71　　81　　82　　90　　95

图 12.3　卫星影像采样样本

图中每一列属于同一类别，类别编号在下方给出，与表格 12.1 对应

2. 神经网络结构和条件随机场

使用神经网络实现卫星影像到地表覆盖类型的转化，其结构需要快速、简单，且能

够接受多尺度的输入。U-Net 由于其结构简单、容易实现而被选中作为本书研究中的网络结构基础。U-Net 神经网络结构在图 12.4 中给出，网络是完全由卷积结构堆叠而成的，使用卷积加降采样的结构提取图片的不同尺度的特征，然后再通过逐层的升采样，将特征融合得到最终的预测(Homer et al., 2011)。U-Net 通过特殊的数据传递结构实现了多尺度处理，且利用卷积操作的高度并行性获得极高的计算效率。图像特征的一个重要性质就是其空间关系，在卷积、降采样和升采样中，图像特征的空间关系得到了完好的保存。降采样、升采样结构是多尺度特征分割网络的重要基础，降采样结构变化较少，常见方法为是加入池化层或在卷积层之中采样。但是升采样方法多种多样，Wojna 等(2017)对近些年出现的多种升采样方法进行了研究，通过在相同的神经网络结构中使用不同升采样方法，在相同的数据上测试，得到各类方法仅有微小的差异的结论。考虑到在不同的结构中，神经网络的具体实现和网络中参数都会发生微小的变化，且神经网络原本就具有一定的随机性，因此不同升采样方法对分类精度的影响可以忽略。基于这一点，本书对神经网络的结构进行优化。

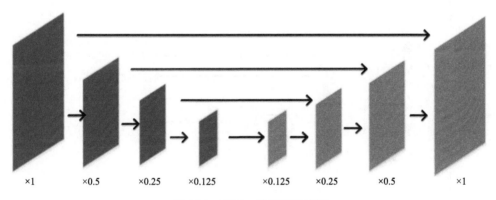

图 12.4　U-Net 神经网络结构

　　基于神经网络的地表类型分类需要对大型场景进行快速分类,因此其速度至关重要,于是采用双线性插值法对特征进行升采样，并对神经网络的结构进行优化，将多层升采样卷积结构简化为一层结构。地物分类实验中，神经网络的感受野至关重要，因此在设计神经网络结构的具体参数之前，先对最优感受野进行测试。测试方法遵守以下准则：①不改变神经网络的层数；②改变神经网络的卷积核大小和卷积核数量，保持每一层的参数数量不变；③在其后有降采样操作的卷积层中，卷积核数量增加。测试结果在表 12.2 中给出。在感受野大小从 42×42 逐步变化到 62×62 的过程中，神经网络对相同测试样本的预测精度先升高，并在 54×54 时达到了最大值，然后随着感受野大小的增加，准确率开始下降。因此，在本章地表覆盖检测的工作中，感受野大小设为 54×54。

　　根据最佳感受野对 U-Net 结构进行改造，神经网络结构和各层参数如图 12.5 所示。使用不同大小的框表示特征图在图像计算过程中的尺度变化，四边形框正下方的数字表示特征图的尺寸相对于输入图像的大小。将所有不同尺度的特征使用双线性插值法直接插值到输入图像的大小，对每一个输入的分辨率单元提取 240 个特征值。然后，使用两层卷积核大小为1×1的卷积层，得到最终的预测结果。图 12.5 中，橙色四边形表示网络的输入，绿色框表示神经网络的预测输出。卷积层参数表示特征图数量@卷积核大小。卷积层通过边缘补零保持图像大小卷积前后不变。降采样层均采用窗口大小为2×2的最大值池化。

表 12.2　神经网络感受野大小测试结果

感受野大小	预测精度/%
42×42	46.9
46×46	54.5
50×50	56.5
54×54	62.1
58×58	56.8
62×62	42.1

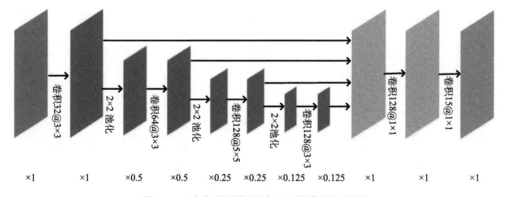

图 12.5　地物类型检测神经网络模型示意图

使用神经网络直接对图像进行分割可以得到图像的分割结果，但是结果中通常有较多的噪点。而地表覆盖类型是一种区域的特性，可以使用目标分辨率单元周边的类型对目标分辨率单元进行优化。条件随机场可以综合空间关系和预测概率做出二次决策，在本书中被采用。条件随机场是对两组对应的数据进行分类的方法，基于一组数据的分布规律，建立另一组数据的分布。在使用条件随机场对神经网络的输出预测进行二次分类时，使用神经网络的预测结果作为已知分布的数据，然后对卫星影像进行重新分类。其分类机制是通过映射关系对另一组数据进行打分，即

$$\text{score}(l|s) = \sum_{j}^{m}\sum_{i=1}^{n^2}\lambda_j f_j\left(s,i,l_i,l_{i-1}\right) \tag{12.2.1}$$

对图像中的每一个像素属于任何一类重新进行评分，将评分函数转换为对数形式，可以将新的类型写成概率的形式，依旧保持高分的类别拥有更高的概率。在该方法中，采用窗口大小为 10 个像素的高斯窗口，添加像素坐标作为分类依据，对数据进行后处理。

$$p(l|s) = \frac{\exp\left[\text{score}(l|s)\right]}{\sum_{l'} \exp\left[\text{score}(l'|s)\right]} \tag{12.2.2}$$

在对分类结果进行度量时，使用准确率、召回率、F1-Score 和 Kappa 系数等进行评价。其中，准确率、召回率和 F1-Score 衡量分类的总体精度，Kappa 系数则用于判断系统对各类别的分类是否具有一致性。其计算方式为式 (12.2.3)，其中，P_A 表示观测准确性的比例，即分类的正确率，P_e 表示一致的比例，其计算方法在式 (12.2.4) 中给出。其中，N 表示总样本数，N_{ri}、N_{pi} 分别表示真实类别和预测类别为第 i 类的数量。

$$\kappa = \frac{P_A - P_e}{1 - P_e} \tag{12.2.3}$$

$$P_e = \frac{\sum N_{ri} N_{pi}}{N^2} \tag{12.2.4}$$

3. 实验和结果分析

在实验中，选择 96×96 像素的图片进行网络的训练，每次输入多个切片图，以避免每次输入样本单一化导致神经网络陷入局部最小。神经网络训练方法使用带有动量项的随机梯度下降法，其中动量项参数设置为 0.9，参数衰减系数设置为 10^{-5}，学习率设置为 10^{-4}，共训练 50 个周期。

在地物分类的神经网络计算过程中，为了保持图像特征的空间关系不变，引入了补零操作，使图像在卷积前后大小不变。因此，神经网络对于边缘像素的预测准确率较低，在计算误差和准确率时仅考虑输入测试样本中的中心区域的 32×32 像素区域。训练后神经网络测试样本的预测精度在表 12.3 中给出，15 类样本的分类精度达到了 72%，其各类的召回率、准确率和 F1-Score 也在表格中详细给出。图 12.6 中使用 Hinton 图的形式，给出神经网络对 15 类样本预测混淆矩阵，其中天蓝色的框的面积表示该项的值，对角线表示正确预测。从图像中能够比较直观地看出，神经网络对各类样本都有较好的预测结果，但是在不同密度的开发区和不同类型的森林之间出现了一定程度的混淆。对于牧场的识别精度仅有 54%。计算神经网络对 15 类样本的预测的 Kappa 系数，其值为 0.70，仅具有较好的一致性。

表 12.3　地表覆盖分类预测召回率、准确率和 F1-Score（15 类）

类型	11	21	22	23	24	31	41	42	43	52	71	81	82	90	95	分类精度
召回率	0.92	0.63	0.79	0.81	0.91	0.77	0.76	0.78	0.70	0.64	0.60	0.52	0.68	0.62	0.63	0.72
准确率	0.89	0.59	0.81	0.84	0.92	0.77	0.76	0.80	0.62	0.76	0.55	0.57	0.61	0.69	0.63	
F1-Score	0.91	0.61	0.80	0.83	0.91	0.77	0.76	0.79	0.65	0.70	0.58	0.54	0.64	0.65	0.63	0.71

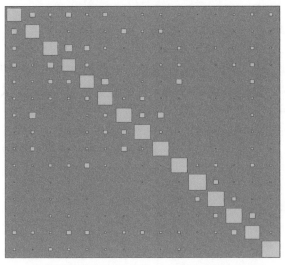

图 12.6　神经网络地表类型分类 15 类样本混淆网络 Hinton 图

　　此处使用广义类型，即将 15 类样本归为 8 类，重新进行统计，得到表 12.4 中的统计结果，其混淆矩阵依旧以 Hinton 图的方式给出，如图 12.7 所示，此时由于去除了大类内部的错误项，准确率和 Kappa 系数都得到了较好的提升。神经网络对广义类型的分类精度为 0.80，Kappa 系数达到了 0.77。此外，在补充实验中使用广义标签训练神经网络，最终测试的精度达到了 92%。

表 12.4　地表覆盖类型预测召回率、准确率和 F1-Score（8 类）

类型	1X	2X	3X	4X	5X	7X	8X	9X	分类精度
召回率	0.92	0.90	0.77	0.87	0.64	0.60	0.74	0.71	0.80
准确率	0.89	0.90	0.77	0.84	0.76	0.55	0.73	0.75	
F1-Score	0.91	0.90	0.77	0.86	0.70	0.58	0.73	0.73	0.77

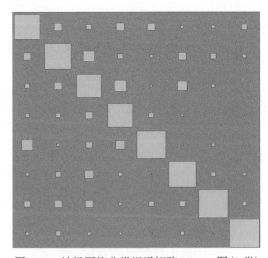

图 12.7　神经网络分类混淆矩阵 Hinton 图（8 类）

表 12.5　神经网络和条件随机场预测使用时间比较

项目	神经网络			条件随机场		
	OA-15	OA-8	用时 (s)	OA-15	OA-8	用时/s
A	61.21	89.11	12.79	67.26	90.65	285.6
B	66.82	77.73	13.96	77.04	84.94	283.6
C	65.91	71.33	16.31	79.27	84.76	283.8

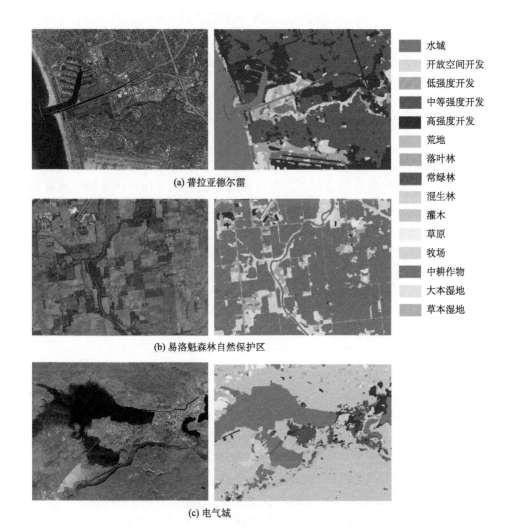

图 12.8　三个场景的卫星影像和地表覆盖分类预测结果

三个场景预测结果的小类别和广义类别的准确率分别为：

(a) 67.26%和 90.65%；　(b) 77.04%和 84.94%；　(c) 79.27%和 84.76%

　　使用神经网络对大型场景进行测试，输入每个场景的卫星影像图，场景尺寸大于 50km^2。由于内存和显卡的显存有限，在预测中，每次输入一张图像，大小为 1000×1000，对原图像进行重叠 54 个像素的采样。重叠采样是为了避免预测结果受到边缘补零的干扰。然后使用条件随机场进行优化，对图像的局部进行平滑和噪点消除。神经网络对三个场景的预测精度分别为 60.28%和 86.33%，65.86%和 73.90%，以及 71.63%和 76.61%。使用条件随机场进行后处理之后，对应的场景分类精度变成了 67.26%和 90.65%、77.04%和 84.94%，以及 79.27%和 84.76%。可以看出，使用条件随机场后，输出的预测精度得到显著提高。图12.8 给出了神经网络对三个场景的预测经过条件随机场处理之后的结果。条件随机场虽然显著地提高了系统的预测精度，但是也增加了预测使用的时间。在一块 NVidia Titan X GPU 上，对三个场景的预测时间和条件随机场处理时间进行了统计，结果在表 12.5 中给出，条件随机场使用了数十倍于神经网络的时间，但是依旧可以在 5 分钟之内完成一个场景的预测，来满足大型场景快速处理的需求。条件随机场虽然显著地提高了系统的预测精度，但是也增加了预测时间。

12.3　光学遥感影像对建筑物的重构

　　城市建筑物的三维重建是城市场景重建的重要组成部分。建筑物存在大量的二面角、三面角等异于自然场景的特征，具有较强的电磁散射特性，与背景环境有着极大的差异。因此，在搭建用于电磁仿真的城市虚拟场景时，城市建筑物必须要纳入考虑中。高分辨率光学影像包含有地表建筑物的空间、纹理等信息，此外由于其存在一定的倾角，图像中也会包含部分建筑物侧面影像。由于卫星影像采集原理是由多次拍摄的瓦片数据拼接而成的，不同区域卫星影像的采集角度不同，难以通过直接测量建筑物侧面值或建筑物阴影值对建筑物高度进行估计。本节使用神经网络，基于卫星影像和已知的建筑物高度数据对影像和高度之间的关系进行拟合，从而获取卫星影像到高度转换的模型。

1. 建筑物样本

　　纽约政府开放数据中有纽约地区的建筑物脚印数据集 Building Footprint，其中包含超过 100 万个建筑物的位置和高度，且高度误差低于 0.5 m。大部分建筑物为低矮住宅楼，其高度为 3～5 m 和 6～8 m，即建筑物仅有一层或者两层。数据中仅包含有少量的高度大于 30 m 的建筑物，而且高层建筑物大多为写字楼、商场等特殊结构的建筑，因此其在本书的研究中不予考虑。该方法仅涉及对居住区的房屋进行重建。

　　从 Building Footprint 数据集中选择数据应服从以下规则：①对于高度低于 20 m 的建筑物，在每一个高度区间内采样相同数量的建筑物；②对于高度在 20～30 m 的建筑物，选取数据中所有的样本记录。通过这种方法，从 Building Footprint 数据集中选取了 60 000 条建筑物记录。然后，使用记录中的建筑物经纬度信息，从卫星影像中裁选建筑物样本。数据集中建筑物位置信息能够很好地匹配卫星影像中建筑物的脚印。图 12.9 中给出了建筑物脚印和卫星图像匹配的结果示意图，以红色框显示 Building Footprint 的建筑物脚印，可以看出建筑物脚印吻合得很好。

　　卫星影像数据选择分辨率为 0.5m×0.5m，高分辨率数据能够提供更加精细的建筑物信息。神经网络训练样本选取有建筑物脚印区域，经过测试，截取图像大小为 60×60 像素的样本可以取得很好的效果。此外，对卫星影像进行处理，将像素值归一化到 0～1。最后，将建筑物脚印作为第 4 通道数据加入卫星影像之后，作为训练数据样本。

2. 神经网络结构设计和结果分析

建筑物高度预测时将基于 4 通道的大小为 60×60 像素的图片作为神经网络的输入，输出则是预测得到的目标建筑物高度值。由于输出结果为每个输入对应一个数字，因此可以搭建图 12.10 中的神经网络。网络中共有三层卷积层，卷积核大小均为 5×5 个像素大小，卷积中没有采用补零，且窗口移动步长都是 1×1。网络结构中，每层卷积层之后都有一个窗口大小和步长都是 2×2 的最大值池化层。经过卷积和降采样操作后，对每一个输入图像得到 64 个大小为 4×4 的特征图，然后将所有的特征值线性排列，使用两个全连接层进行变换，得到估计的建筑物高度。建筑物高度是大于 0 的自然数，因此在网络中使用线性修正单元作为激活函数，使网络的输出具有非负性。

图 12.9　建筑物脚印和卫星影像建筑物匹配示意图

将从 Building Footprint 数据集中选取的 60 000 个样本随机分成两份，即 50 000 个训练样本和 10 000 个测试样本。然后，使用随机梯度下降法训练神经网络。由于建筑物高度估计是一种回归拟合问题，可以允许有效误差，但是较大的误差将导致重建的模型具有很大的波动。因此，训练时采用平方差作为误差函数，既可以有效地对误差进行表示，还能让出现较大错误的样本更好地后向传播。训练时，仅加入动量项，系数设置为 0.9。

训练完成后，使用训练好的模型分别对训练样本和测试样本进行预测。神经网络对于训练数据的预测结果平均误差为 1.41 m，预测方差为 2.87，对测试样本的预测结果平均误差为 1.97 m，预测方差为 2.87 m^2。虽然本节中使用卫星影像分辨率为 0.5 m×0.5 m，但是由于卫星影像拍摄角度高，因此建筑物侧面像素较少，可以认为该方法预测的精度达到了一个像素的误差精度。在测试样本和训练样本中分别选择 2 000 个样本，以其真实值作为横坐标、预测值作为纵坐标，得到图 12.11 中的散点图。图 12.11 中的红线是真实值和预测值相等的边界线，在训练样本和测试样本中，样本都主要分布在红线两侧 3 m 误差范围内。神经网络预测结果明显分成三个簇，主要集中在 3～5 m 和 8～18 m 两个簇。对于高层建筑物，预测高度则普遍小于真实高度，这是由于缺少较高建筑物样本导致对高层建筑预测欠拟合。

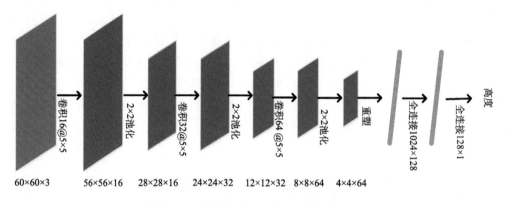

图 12.10 建筑物高度估计神经网络模型结构

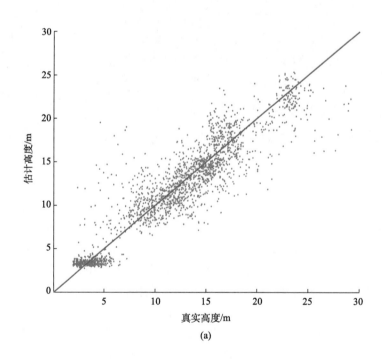

(a)

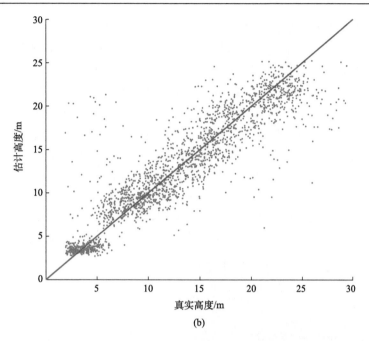

(b)

图 12.11　神经网络对训练样本(a)和测试样本(b)估计的高度值和真实高度的关系

12.4　虚拟城市三维场景重建

完成地表类型检测和建筑物高度检测后,相当于已经获取了城市场景中的主要元素。通过地面高程模型(digital terrain model, DTM)生成三维地表,将地表类型和建筑物样本加入其中就可以获取场景的模型。此外,城市地图中精细标记的道路等目标也可以提供更多的地理信息。本节以美国圣迭戈为例,详细介绍城市场景重建的过程。

如图 12.12 所示,本节场景重建的方法中,需要的数据有卫星影像、地图和 DTM。以前文中提到的地表类型识别和建筑物高度检测模块为核心,将整个流程分为预处理、神经网络处理和后处理三个部分。预处理模块包括从地图中提取建筑物、道路等标签和建筑物样本提取,后处理模块则是对所有数据进行统合并嵌入模型中。

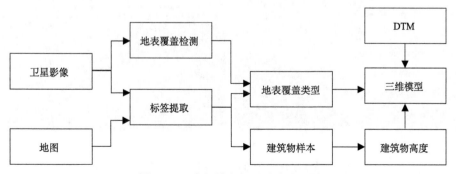

图 12.12　虚拟城市场景重建流程图

　　在获取圣迭戈地区的地图时，发现该地区的矢量标注地图内信息不完整，仅包含该地区少量的建筑物的信息，无法满足大范围的城市场景重建任务的需求。而栅格化后的图片格式的地图中几乎涵盖了该地区的全部建筑物，因此在本节实验中选择图片格式的地图。

　　卫星影像和地图在图 12.13 中给出。地图中使用不同的颜色对地表和地物进行了标注，因此可以按照像素颜色对地图聚类，提取地图中的地块标签。由于开放获取的地图是 JPEG 格式的图片，因此压缩导致聚类结果中存在噪声点，尤其是在不同颜色地块的边缘区域最为明显。所以本书中使用大多数滤波方法平滑地块边缘并消除噪声点。最后使用图形学处理方法，提取地块边缘，将边缘矢量化，从而得到矢量化地图。由此，从地图中提取建筑物脚印、水体、道路等地块。图 12.14 中给出圣迭戈地区的道路网络和建筑物脚印。在拥有建筑物脚印后，使用建筑物脚印从卫星影像中截取建筑物样本，然后将脚印转换为二值图像和建筑物影像组成 4 通道数据。至此，完成全部的数据预处理。

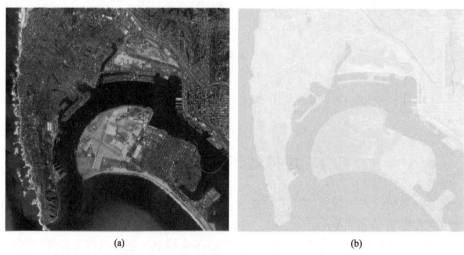

(a)　　　　　　　　　　　　　　　　　　(b)

图 12.13　圣迭戈地区卫星影像(a)和地图(b)

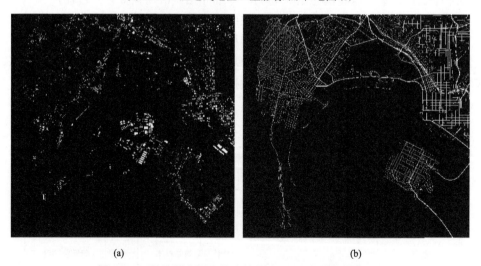

(a)　　　　　　　　　　　　　　　　　　(b)

图 12.14　从地图中提取的建筑物脚印(a)和道路网络(b)

在神经网络处理部分，将场景中的卫星影像输入 12.2 节的神经网络中，由神经网络处理得到场景内的地表覆盖类型。使用 12.3 节中的神经网络对建筑物样本的高度进行估计，获取每个样本对应的高度，并添加到之前提取到的建筑物脚印记录之中。

如图 12.15(a)中给出的神经网络直接预测得到的地表覆盖类型，图中颜色分布较为杂乱，且在水面上由于波浪和船只等的影响，也有一些分辨单元被识别为城市等非水面目标。此外，神经网络直接预测的地表覆盖类型中缺少道路。对神经网络的预测输出使用条件随机场进行优化，然后将从地图中提取得到的道路加入其中，从而得到图 12.15(b)中处理后的地表覆盖类型。经过处理后，地表覆盖更加平滑，符合地表覆盖是一种区域特征的本质。

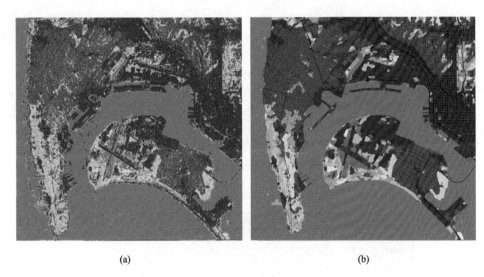

(a)　　　　　　　　　　　　　　　　　　(b)

图 12.15　神经网络预测圣迭戈地表覆盖类型(a)和使用条件随机场处理后的地表覆盖类型(b)

将使用神经网络得到的建筑物高度和提取得到的建筑物脚印结合，并转换成矢量记录。基于经验值，假设建筑物每层楼层高度为 3.5m，从而估计建筑物层数。将估计得到的层数和建筑物脚印写入 shape 文件中，设置渲染方式，在软件中生成三维建筑物。

使用 DTM 数据生成三维地表，再将地表覆盖类型作为纹理添加到重建的三维地表上，然后将三维建筑物模型嵌入三维地表，添加建筑物纹理，从而得到虚拟城市场景。图 12.16 中给出 8 类重建的场景和三个区域局部放大与卫星影像的对比。可以看出，模型能够比较好地重现真实场景。

重建三维地表使用的 DEM 数据来自日本对地观测卫星 ALOS，其分辨率精度达到 30m，通过建立本地数据库索引并提取相应经纬度的数字高程信息，从而得到 DEM 数据，如图 12.17 所示。本实验室开发的 PolSAR Eyes 2.0 仿真软件使用 GDAL 引擎对提取的 DEM 数据进行三维渲染及显示，效果如图 12.18 所示。

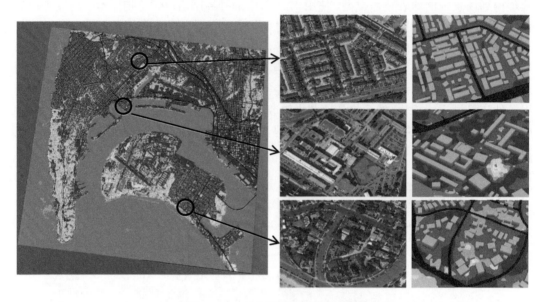

图 12.16　重建的圣迭戈场景模型

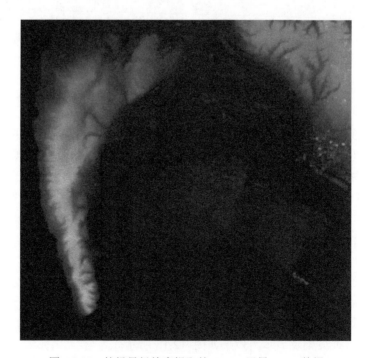

图 12.17　按场景经纬度提取的 ALOS 卫星 DEM 数据

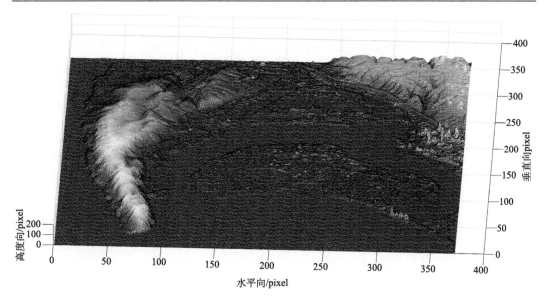

图 12.18　场景 DEM 可视化显示

12.5　SAR 图像仿真

雷达回波是处于波束照射区内的目标各点回波的合成。由于宽波束雷达的波束所照射地面目标面积比较大，照射区域内的地形地貌会比较复杂。SAR 图像仿真涉及的关键算法包括电磁散射建模、电磁计算以及信号处理和表征。电磁散射建模主要考虑地面、植被和城区，首先根据光学图像、电子地图、高程图等数据自动反演地表地物目标；然后根据图 12.19 所示模型进行电磁计算。

本节使用双向解析射线追踪(BART)和映射投影算法(MPA)进行电磁计算和仿真(Xu and Jin, 2006; Jin and Xu, 2013)。其中，MPA 散射计算引擎具有运算效率高、仿真结果精准的特点，适合在大场景面目标散射地形的仿真计算中使用。

1. 射线追踪引擎

为了实现复杂地表目标电磁回波的计算，针对复杂目标的表征、重构、计算成为需要解决的难点。在回波前沿中，由于复杂地表目标(如城市群)存在多径反射问题，因此需要求解大尺寸目标复合散射。本节沿用双向解析射线追踪(BART)的理论思路，将各种解析散射模型和射线追踪引擎有机地融合在一起，即对于小尺度如面元级的散射则直接调用对应的解析散射模型进行计算，而对于大尺度效应如各个面元的位置、不同面元的相互耦合则通过射线追踪的方式实现。

解析散射模型采用植被覆盖地表模型和建筑物模型(粗糙面 IEM 模型)，这些模型通过三维几何模型文件中的纹理与具体每个地物进行关联。射线追踪的算法过程如图 12.20 所示，从天线发射出射线，射线击中面元后做出两个动作：计算该面元直接到达接收天线的散射路径；同时，从该面元镜像反射发出高阶射线并继续追踪。因此，每个面元提供的散射模型应当包括两部分功能：给定入射角和散射角的漫散射与镜像反射的计算。而所收集的每条散射路径必然符合nGO+1PO的规律，其中nGO表示n次几何光学反射，1PO表示最后一跳必然为物理光学漫散射。

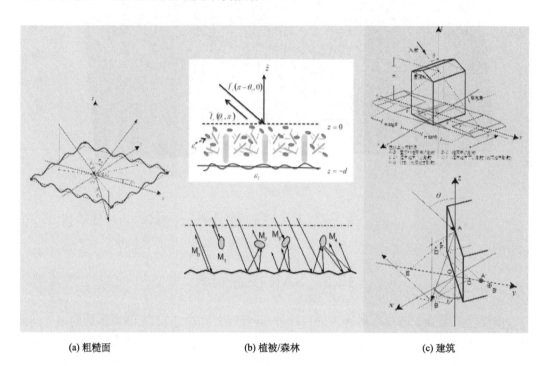

(a) 粗糙面　　　　　　　　　(b) 植被/森林　　　　　　　　(c) 建筑

图 12.19　复杂自然环境建模粗糙面

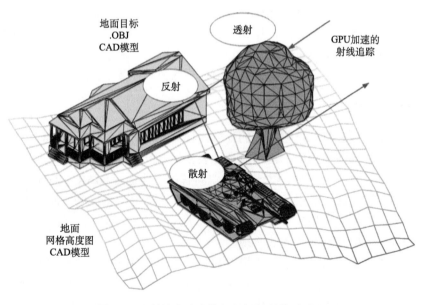

图 12.20　射线追踪引擎与解析散射模型融合

2. SAR 成像

雷达接收到的回波是发射电磁波和地面响应的卷积，可以表示为

$$s(t) = i(t) \circledast h(t) \tag{12.5.1}$$

式中，$h(t)$ 表示地面响应，可以通过上一节所叙述的方法进行计算；$i(t)$ 表示雷达发射信号，可以通过雷达系统参数计算得出。因此，通过式(12.5.1)可以计算得到测高雷达。

合成孔径雷达(SAR)的本质是波前重建，不失一般性，把雷达回波信号写为

$$s(t,u) = \sum_n \sigma_n P[t - t_n] \tag{12.5.2}$$

式中，$t_n = \dfrac{2\sqrt{x_n^2 + (y_n - u)^2}}{c}$。经过二维傅里叶变换后，得到：

$$S(\omega, k_u) = P(\omega) \sum_n \sigma_n \exp\left[-jk_x x_n - jk_y y_n\right] \tag{12.5.3}$$

式中，$k_x = \sqrt{4k^2 - k_u^2}$；$k_y = k_u$；$P(\omega)$ 为发射信号频谱，经过匹配滤波，式(12.5.3)可以写为

$$F(k_x, k_y) = P^*(\omega)S(\omega, k_u) = |P(\omega)|^2 \sum_n \sigma_n \exp\left[-jk_x x_n - jk_y y_n\right] \tag{12.5.4}$$

再经过二维逆傅里叶变换，可以得到 SAR 图像表达式：

$$f_0(x,y) = \sum_n \sigma_n \cdot \delta[x - x_n, y - y_n] \tag{12.5.5}$$

可以看出，最终的 SAR 图像是地面散射系数和系统冲激响应的卷积，可以近似认为 SAR 图像是由不同坐标网格内散射系数矢量叠加而成的。因此，可以使用对比 SAR 图像和本书提出 MPA 方法仿真得到的地面散射系数的相似度。

(a) 仿真SAR图像

(b) UAVSAR实测SAR图像

图 12.21　地面散射系数图像验证

MPA 方法计算得到的地面散射系数(a)；星载雷达实测 SAR 全极化图像(b)

　　使用 12.4 中的场景仿真的 SAR 图像和真实 SAR 图像在图 12.21 中给出,可以看出,仿真 SAR 图像中清晰地体现出水面、道路、建筑物和集成等目标,对于山地的起伏也能够很好地重现。但是对于停泊在港口和海面上的船只则无法有效的复现。尽管如此,由于使用 MPA 方法,仿真 SAR 图像中不存在旁瓣等干扰,图像整洁清晰,对于 SAR 平台、算法测试等有重要的意义。

参 考 文 献

陈军, 陈晋, 廖安平, 等. 2014. 全球 30m 地表覆盖遥感制图的总体技术. 测绘学报, (6): 551-557.

陈军, 廖安平, 陈晋, 等. 2017. 全球 30m 地表覆盖遥感数据产品-Globe Land30. 地理信息世界, 24(1): 1-8.

丁世飞, 齐丙娟, 谭红艳. 2011. 支持向量机理论与算法研究综述. 电子科技大学学报, 40(1): 2-10.

黄福奎. 1998. 论遥感技术在土地利用动态监测中的应用. 中国土地科学, (3): 21-25.

金亚秋, 徐丰. 2015. 极化合成孔径雷达之眼. 科技纵览, (9): 70-71.

李石华, 王金亮, 毕艳, 等. 2005. 遥感图像分类方法研究综述. 国土资源遥感, 17(2): 1-6.

刘仁钊, 廖文峰. 2005. 遥感图像分类应用研究综述. 地理空间信息, 3(5): 11-13.

吕晓芳. 2013. 摄影测量与遥感的现状及发展趋势. 消费电子, (12): 162.

童庆禧, 孟庆岩, 杨杭. 2018. 遥感技术发展历程与未来展望. 城市与减灾, 123(6): 6-15.

王继周, 林宗坚, 李成名, 等. 2014. 基于 UAV 遥感影像的建筑物三维重建. 遥感信息, (4): 11-15.

许建华, 张雪华, 王晓青. 2017. 无人机倾斜摄影技术在地震烈度评估中的应用——以九寨沟 7.0 级地震为例. 中国地震, 33(4): 655-662.

阎平凡, 张长水. 2007 人工神经网络与模拟进化计算. 北京: 清华大学出版社.

张庆君. 2017. 高分三号卫星总体设计与关键技术. 测绘学报, 46(3): 269-277.

赵萍, 傅云飞, 郑刘根, 等. 2005. 基于分类回归树分析的遥感影像土地利用/覆被分类研究. 遥感学报, 9(6): 708-716.

郑南宁. 1998. 计算机视觉与模式识别. 北京: 国防工业出版社.

Bertan E, Gokmen M, Moreau G. 2016. Automatic 3D Roof Reconstruction using Digital Cadastral Map, Architectural Knowledge and an Aerial Image. IGARSS.

Chen J, Ban Y, Li S. 2014. China: Open access to earth land-cover map. Nature, 514(7523): 434.

Everingham M, Zisserman A, Williams C K I, et al. 2005. The 2005 PASCAL visual Object Classes Challenge. Machine Learning Challenges Workshop. Berlin, Heidelberg: Springer.

Girshick R, Donahue J, Darrell T, et al. 2014. Rich feature hierarchies for accurate object detection and semantic segmentation. Computer Science, 580-587.

Habbecke M, Kobbelt L. 2006. Automatic Registration of Oblique Aerial Images with Cadastral Maps. European Conference on Computer Vision.

He Y, Mudur S, Poullis C. 2017. Multi-label pixelwise classification for reconstruction of large-scale urban areas. arXiv preprint, arXiv: . 1709. 07368.

Hinton G E, Salakhutdinov R R. 2006. Reducing the dimensionality of data with neural networks. Science, 313(5786): 504-511.

Homer C, Dewitz J, Yang L, et al. 2011. Completion of the 2011 national land cover database for the conterminous United States-Representing a decade of land cover change information. Photogrammetric Engineering & Remote Sensing, 81(5): 345-354.

Isola P, Zhu J Y, Zhou T, et al. 2017. Image-to-Image Translation with Conditional Adversarial Networks. Proceedings of the IEEE Conference on Computer Vision and Pattern Recognition.

Javanmardi M, Gu Y, Javanmardi E, et al. 2015. 3D Building map reconstruction in dense urban areas by integrating airborne laser point cloud with 2D boundary map. Vehicular Electronics and Safety (ICVES), 126-131.

Jin Y Q, Xu F. 2013. Polarimetric Scattering and SAR Information retrieval. New Jersey: John Wiley & Sons.

Krizhevsky A, Sutskever I, Hinton G E. 2012. ImageNet classification with deep convolutional neural networks. Advances in Neural Information Processing Systems, 1097-1105.

LeCun Y, Bottou L, Bengio Y, et al. 1998. Gradient-based learning applied to document recognition. Proceedings of the IEEE, 86(11): 2278-2324.

Li S, Zhu Z, Wang H, et al. 2019. 3D virtual urban scene reconstruction from a single optical remote sensing image. IEEE Access, 7: 68305-68315.

Lin T Y, Maire M, Belongie S, et al. 2014. Microsoft COCO: Common Objects in Context. European Conference on Computer Vision. Springer, Cham.

Musialski P, Wonka P, Aliaga D G, et al. 2013. A survey of urban reconstruction. Computer Graphics Forum, 32(6): 146-177.

Redmon J, Divvala S, Girshick R, et al. 2015. You Only Look Once: Unified, Real-Time Object Detection. Proceedings of the IEEE Conference on Computer Vision and Pattern Recognition.

Ronneberger O, Fischer P, Brox T. 2015. U-Net: Convolutional Networks for Biomedical Image Segmentation. International Conference on Medical Image Computing and Computer-Assisted Intervention. Springer, Cham.

Salehinejad H, Sankar S, Barfett J, et al. 2017. Recent advances in recurrent neural networks. arXiv preprint arXiv: 1801. 01078.

Sun X, Shen S, Hu Z. 2016. Automatic Building Extraction from Oblique Aerial Images. 2016 23rd International Conference on Pattern Recognition (ICPR).

Wickham J, Stehman S V, Gass L, et al. 2017. Thematic accuracy assessment of the 2011 national land cover database (nlcd). Remote sensing of environment, 191: 328-341.

Wojna Z, Ferrari V, Guadarrama S, et al. 2017. The devil is in the decoder: Classification, regression and

GANs. arXiv preprint arXiv: 1707. 05847.

Xu F, Jin Y Q. 2006. Imaging simulation of polarimetric SAR for a comprehensive terrain scene using the mapping and projection algorithm. IEEE Transactions on Geoscience and Remote Sensing, 44(11): 3219-3234.

Yuan J. 2017. Automatic building extraction in aerial scenes using convolutional networks. arXiv preprint arXiv: 1707. 05847.

Zhou Z, Gong J. 2018. Automated residential building detection from airborne LiDAR data with deep neural networks. Advanced Engineering Informatics, 36: 229-241.

Zhu J Y, Park T, Isola P, et al. 2017. Unpaired Image-to-Image Translation using Cycle-Consistent Adversarial Networks. Proceedings of the IEEE International Conference on Computer vision.

第 13 章　SAR 与光学图像互译

本章主要介绍 SAR 图像与光学图像之间的相互转换。现今的图像翻译研究大都基于光学图像进行的，往往是两种风格之间的变化，不涉及不同传感器(如可见光与微波)的原始数据。通过分析 SAR 图像和光学图像之间的差异性，我们(Fu et al.，2019a)提出 SAR-光学图像双向翻译网络，从而较好地完成这两种图像的互译合成工作。将该网络应用到多类 SAR 平台，考虑了图像分辨率、极化方式等多种因素，并与常见的光学图像翻译网络作对比，发现该双向翻译网络具有更好的翻译效果和泛化能力。通过 SAR 和光学图像的互译合成，可以将 SAR 图像翻译成更适合人眼解读的光学图像，从而辅助人们对 SAR 图像的解译。

13.1　SAR 和光学图像的互译

1. 图像翻译

自 2012 年卷积神经网络(CNN)首次被成功应用于图像分类任务以来，CNN 已经彻底颠覆了现有的计算机视觉领域。它将卷积层和池化层堆叠起来，通过监督学习来自动提取图像不同尺度的特征。

图像翻译是计算机视觉中一个非常有趣的课题，实现了两种不同类别的图像之间的转换。它构造了一个中间隐空间，通过两个编码器(encoder)将两个图像域 X_1、X_2 映射到隐空间 Z，然后分别通过解码器(decoder)重建 X_2、X_1 (Liu et al.，2017)。目前，主流的图像翻译方法都是基于生成对抗网络 (generative adversarial networks，GANs) (Goodfellow et al.，2014)。GAN 是一种特殊类型的 CNN，通常通过"行动者-监评者" (actor-critic)方案，训练生成式的 CNN，一个"actor"，试图生成尽可能逼真的图像和一个鉴别式的 CNN，一个"critic"，试图从数据集中鉴别出合成的图像。与传统的损失函数 (如 L2 和 L1 范数)的神经网络相比，GAN 可以生成更清晰、更逼真的图像。

和一般的 GANs 略微不同的是，图像翻译网络是一种条件生成对抗网络(conditional generative adeversarial networks，cGANs) (Mirza and Osindero，2014)，它需要原图作为输入。现今的图像翻译方面的研究大体可以分成两个类别：端到端的图像映射和风格迁移。

1)端到端的图像映射策略

该策略通过构造一个端到端的网络，直接将原始图像转换到目标图像域。Taigman 等(2016)使用域转移网络将人脸图像转换为卡通图像。Isola 等(2017)基于 U-Net 提出一种名为 Pix2Pix 的网络，将光学航空图像转换为地图。Zhu 等(2017a)针对非配对图像的转换提出了 CycleGAN，该网络能够改变图像中目标的属性，如图像中动物的类别和场景的季节等。Liu 等(2017)基于 CycleGAN 提出一种共享隐空间的假设，该隐空间使得图像内容具有可解释性，该网络在多个极具挑战性的非监督图像转换中均获得了突出的效果。类似的工作还有 Chen 和 Koltun(2017)使用级联精化网络，将语义分割图转换成摄影级别的城市场景图像。

2) 风格迁移策略

风格迁移策略假设两个不同域的图像共享相同的大尺度特征，但具有不同的小尺度特征。因此，它的目标是首先从图像中分离出图像风格，然后用目标图像域的风格替换原图的风格。它假定图像的内容是低频大尺度的边缘信息，而风格是高频小尺度的纹理。Gatys 等(2016)提出了用格拉姆矩阵(Gram matrix)，即 CNN 提取的特征图之间的相关系数矩阵，以表示图像的风格。Johnson 等(2016)训练了一个前馈网络来解决 Gatys 工作中存在的实时优化问题，不再是根据目标调整输入。Lample 等(2017)提出的 FaderNets 训练了一个特殊的鉴别器，能从编码特征中分离出一些特定的风格属性和不随风格变换的本质特征。

2. SAR 和光学图像的差异

由于 SAR 独特的成像机制和复杂的电磁散射机理，SAR 图像表现出与光学图像截然不同的成像特征。第 1 章表 1.1 总结了 SAR 图像和光学图像之间的一些基本差异。虽然 SAR 图像包含丰富的目标和场景的信息，如几何结构和材料属性，但目前 SAR 图像的信息解译往往要依靠训练有素的专家来做，这已成为利用现有 SAR 图像解译和进一步推广 SAR 应用的主要瓶颈与障碍。

SAR 图像的解译专家通常通过大量的 SAR 图像与相应的光学图像(图 13.1)的对比训练，来提升解译能力。通过大量对比训练，专家可以总结出实现 SAR 和光学遥感图像之间进行转换的一些规则。此后，他们能够直接解读来自类似 SAR 传感器的其他新图像。

受到最新的人工智能和深度学习技术的启发，在理想情况下，这种训练也可以在计算机平台中借助深度学习的方法来完成。事实上，自 2014 年以来，基于 CNN 的方法已逐渐被应用于 SAR 图像的解译中(Zhu et al.，2017b)。

为了表示两种传感模式之间转换中面临的挑战，图 13.1 中列出了 4 类常见地表类型的 SAR 图像(上一行)和对应的光学图像(下一行)，即低层建筑、高层建筑、水域和道路。在图中，SAR 图像和光学图像之间的差异用红色圆圈标出。对于低层建筑，在 SAR 图像中几乎无法辨别房屋之间的空地。对于高层建筑，两种传感模式中的建筑物的投影方向是不同的，且 SAR 图像中的建筑物散射影像具有严重的叠掩效果。对于水域，光学图像中的细微波动的水纹一般不会出现在 SAR 图像中。对于道路，由于叠掩和阴影的存在，SAR 图像中的小路几乎难以辨别。

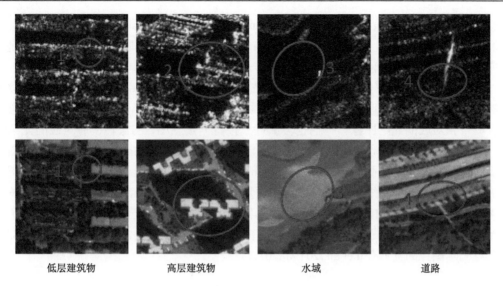

低层建筑物　　　　高层建筑物　　　　水域　　　　道路

图 13.1　不同传感方式的 SAR 和光学图像的对比

因此，相比于一般的两类光学图像之间的转换，SAR 图像和光学图像之间的转换显得更加复杂。该转换涉及两种传感模式和成像机制截然不同的原始数据。如图 13.1 中所示，SAR 图像和光学图像中的信息部分相同、部分不同，这意味着两个传感器仅观察到部分的共同信息，而其他的信息只对一种传感器可见。一个成功的翻译算法应该能够将相同的信息从一种图像转换到另一种图像中，并且在理想的情况下，根据学习到的先验知识生成新的内容。因此，这样一个交叉模式的数据转换需要一个新颖、可调的网络结构作为模型方案，以及大量严格配准的 SAR 图像和光学图像对作为训练数据。

3. SAR 和光学图像融合

目前，已经有不少多类传感器图像融合的工作（Byun et al.，2013）。数据融合的主要目的是将来自同一区域的多类传感器图像的互补信息整合到一起，这样获得的信息增强的图像比单一传感器的原始图像更好。通常采用的一些方法有：混合全色锐化法（hybrid pansharpening）、加权组合法（weighted combination，WC）、基于两个图像的幅度比的积分法（magnitude ratio，MR）等（Byun et al.，2013）。这样融合后的图像边缘会更加分明、纹理多样。Garzelli（2002）曾利用严格配准的 SAR 图像提取特别指定信息，并将其整合到光学图像中，这样的互补工作提高了光学图像的质量，使光学图像中的目标看起来更清晰。

另一项融合工作是 SAR 和光学图像的配准，其重点是寻找两种传感方式之间的一致性特征。为此，Fan 等（2018）设计了一种基于均匀非线性扩散的 Harris 特征提取方法，以寻找更多分布均匀且有正确匹配图像潜力的特征点。Liu 等（2018）使用深度卷积耦合网络，将两种类型的图像映射到一个特征空间上，在这个空间中它们表征特征的方式是一致的。Merkle 等（2018）曾用光学图像合成对应的 SAR 切片，并使用归一化互相关（normalized cross-correlation，NCC）、尺度不变特征变换（scale-invariant feature transform，

SIFT)或二进制鲁棒不变可放缩密钥(binary robust invariant scalable key, BRISK)方法，将它们与 SAR 切片匹配。值得关注的是，Liu 的方法对在 SAR 和光学图像转换中构建具有内容一致性的特征空间有启发性意义。

SAR 图像与光学图像转换的工作具有特别的意义。He 和 Yokoya(2018)使用 cGAN 方法，根据一对另一个时刻的 SAR-光学图像和一幅待转化的 SAR 图像总共三幅图像，来合成一张对应的光学图像。他们也尝试过直接将一张 SAR 图像转换成对应的光学图像，但并未成功。随后，Wang 和 Patel(2018)提出了一个级联 CNN 方法，为 SAR 图像降噪和着色，从而得到高质量的图像。Schmitt 等(2018)基于大量的 SEN1-2 切片数据，训练了一个 Pix2Pix 网络，也能转换出高质量的光学图像。Enomoto 等(2018)利用条件 cGAN，实现了 ALOS-PALSAR 图像到光学图像的转换，但是仍不能很好地解决图像中常见的体目标转换的问题。13.2 节提出了双向翻译网络，以解决多目标场景的微波 SAR 图像与光学图像的互译(Fu et al., 2019a，b)。

13.2　双向翻译网络

针对 SAR-光学图像转换任务，我们(Fu et al.，2019a，2019b)提出了一种多尺度残差生成对抗网络的方法(cascaded-residual adversarial network，CRAN)，该架构采用一个经典的 CNN 作为鉴别器(discriminator)，以及一个特别设计的网络作为生成器(翻译器，translator)。该翻译器使用多尺度编码-解码器作为主干，并辅以多尺度残差连接。网络以"极小-极大" min-max 方式交替训练。鉴别器的训练目标是最大化地生成样本和严格配对的真实样本之间的差异，而翻译器的训练目标则与之相反。为了缓解 GAN 训练期间的不稳定性，使用混合损失函数来训练翻译器，其包含两部分：由鉴别器的输出反向传播而产生的损失函数，以及直接衡量生成样本和真实样本的 L1 距离的损失函数。

1. 翻译框架

翻译框架如图 13.2 所示。它包含两个相反的转换方向，即 SAR 到光学和光学到 SAR。每个方向由一组对抗的深度网络组成，即作为翻译器的多尺度卷积编码-解码网络与作为鉴别器的卷积网络。SAR 到光学图像的翻译过程是：翻译器接收一张 SAR 图像，通过编码器将其映射到隐含空间，然后将内容信息整合重构出一张光学图像。鉴别器分别接收翻译的光学图像和与原始 SAR 图像严格配准的真实光学图像，然后输出分类结果。通过学习，鉴别器逐渐从光学图像中辨别出合成的光学图像，而翻译器则将 SAR 图像翻译成尽可能真实的光学图像，以欺骗鉴别器做出误判。在另一个方向上，网络以完全相同的方式构造，唯一的区别是光学作为输入，SAR 作为翻译的目标图像。

在此双向翻译网络中，鉴别器采用了实现二分类任务的 CNN 网络；翻译器采用了可以编码、解码的多尺度卷积层，其中编码器中不同尺度的特征图被直接馈送到解码器相应尺度的特征图中。除此之外，输入图像也被用作残差连接到各尺度的特征图中。其详细内容将在以下章节中展开说明。

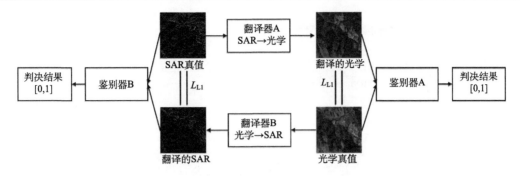

图 13.2　翻译框架示意图(Isola et al.，2017)

一对翻译器一同训练，每个翻译器由一个编码器和一个解码器构成。两个鉴别器分别训练。
连接"SAR 真值"和"翻译的 SAR"的两条垂线表示翻译网络应该通过 L1 范数正则化使它们相等

2. 网络架构

图 13.3 展示了翻译器网络的架构和主要参数，它借鉴了 U-Net(Ronneberger et al.，2015)和 Pix2Pix(Isola et al.，2017)网络。对于编码器，某个尺度的特征图卷积并下采样到下一个尺度，如此重复 6 次。对于解码器，隐含层的特征图被逐渐解卷积并且上采样回到原始尺度。此处添加了从编码器到解码器的直连链路。另外，CRAN 的网络架构包含从输入到解码器多级特征图的多尺度残差连接。该连接不同于传统的 ResNet 连接，如 Zhu 等(2017b)在编码器部分使用的 ResNet 连接。也有网络 (Jin et al.，2017)引入从输入到 U-Net 输出的单个跳连接。结果表明，该方法在生成图像细节上弱于 CRAN 提出的多尺度方法。我们相信这样的多尺度残差连接对生成清晰的高分辨率图像是有促进作用的。

为了增加网络的深度，每次对特征图进行上采样前，首先将编码器的特征图连接到当前的特征图，并进行解卷积，然后将残差块连接到输出的特征图，并再次进行解卷积。解码器的感受野由此增加，也就造成了编码器和解码器的感受野的不对称，从而可能影响网络性能。对此，一种解决方法是在编码器中对每个尺度的特征图也进行两次卷积。

对于生成器，它的卷积核为 3×3，编码器和解码器各有 12 层，输入图像的每个像素的感受野是 191×191；在鉴别器中，卷积核为 4×4，它有 5 层，像素感受野为 70×70。生成器中特征图的基准数目设置为 50，每次下采样特征图数量就会翻倍，每次上采样就会减少一倍。鉴别器中的特征图数目分别是 64、128、256、512 和 1。这意味着在鉴别器中，从输入图像中提取的特征图最终将被映射成一个 32×32 鉴别矩阵，矩阵中每个值对应于输入图像的一块尺寸为 70×70 的区域。真值的鉴别矩阵与重建图像的鉴别矩阵之间的差异可以被用来确定两个图像轮廓的相似程度。生成器的权值总数约为 53.75M，鉴别器的权值总数约为 2.76M。图 13.3 和图 13.4 中详细描述了两个网络的结构。

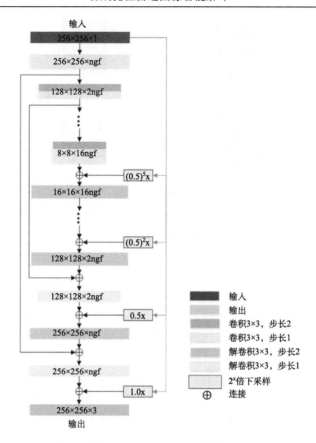

图 13.3　翻译器网络架构

输入图像的尺寸是 $256 \times 256 \times 1$，输出图像的尺寸是 $256 \times 256 \times 3$。每个方框里前两个数字代表特征图的尺寸，第 3 个数字代表特征图的通道数。ngf 代表生成器中特征图的基准数目，即网络第一层的特征图数。从编码器和输入到解码器的连接用带箭头的线条表示

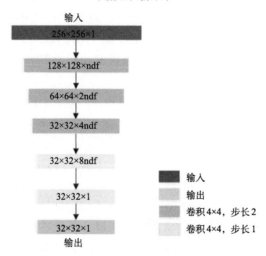

图 13.4　鉴别器网络结构

输入图像的尺寸是 $256 \times 256 \times 1$，输出图像的尺寸是 $32 \times 32 \times 1$。每个方框里前两个数字代表特征图的尺寸，第 3 个数字代表特征图的通道数。ndf 代表判决器中特征图的基准数目，这里设置为 64

3. 损失函数

损失函数对网络的训练非常重要。本节使用的损失函数主要受到 Pix2Pix(Isola et al.，2017)的启发。鉴别器通过一个二元分类的对数损失来训练，损失函数表示为

$$L(D) = -E_{x \sim p_{\text{data}}(i)}\left[\log D(x)\right] - E_{z \sim p_{\text{data}}(j)}\left[\log\left\{1 - D[T(z)]\right\}\right] \quad (13.2.1)$$

其中当 $i=0,1$ 时，$p_{\text{data}}(i)$ 分别表示真实光学和 SAR 图像的分布；i 和 j 互斥，即当 $i=1$ 时，$j=0$，反之亦然；$E_{x \sim p_{\text{data}}(i)}$ 表示 x 服从 $p_{\text{data}}(i)$ 分布；$E_{z \sim p_{\text{data}}(j)}$ 表示 z 服从 $p_{\text{data}}(j)$ 分布；z 表示输入 SAR(或光学)图像；$T(z)$ 表示翻译的光学(或 SAR)图像；x 表示对应的真实光学(或 SAR)图像；$D(\cdot)$ 表示鉴别器的输出概率图。对于鉴别器而言，最小化 $L(D)$ 等同于将 x 分类为 1，将 $T(z)$ 分类为 0。

遵循对抗原则，翻译器的损失函数为

$$L_{\text{GAN}}(T) = -\sum_i E_{z \sim p_{\text{data}}(i)}\left(\log\left\{D[T(z)]\right\}\right) \quad (13.2.2)$$

式中，$L_{\text{GAN}}(T)$ 为两个翻译器的损失之和。跟鉴别器的目标相反，翻译器希望生成足够真实的图像，以欺骗鉴别器将它们分类为真图像。

Isola 等(2017)发现对抗损失函数最好辅以传统的损失函数，如 L1 或 L2 损失。他们研究发现，使用 L1 距离较少产生模糊。所以，一个额外的衡量翻译图像 $T(z)$ 和真实图像 x 之间差异的 L1 范数也被用来训练翻译器，也就是

$$L_{\text{L1}}(T) = \sum_{i,j} E_{x \sim p_{\text{data}}(i), z \sim p_{\text{data}}(j)}\left[\left\|x - T(z)\right\|_1^1\right] \quad (13.2.3)$$

将式(13.2.2)和式(13.2.3)加权组合在一起，就可以得到翻译器的损失函数 $L(T)$：

$$L(T) = L_{\text{GAN}}(T) + \beta L_{\text{L1}}(T) \quad (13.2.4)$$

式中，$L(T)$ 为两个翻译器的目标函数，它们的参数同时更新。两个鉴别器分别有一个损失函数 $L(D)$，且被分别训练。

我们做了一个简单的实验(Fu et al. 2019a, 2019b)，以验证所提出的混合损失函数的效果。实验发现，不同的损失函数训练的模型翻译的结果的质量差异很大。如图 13.5 所示，仅使用 L1 损失训练的模型重建的图像很模糊，该模型仅可以学习诸如轮廓的低频特征。仅使用 GAN 损失训练的模型可以学习细节，它合成的目标更加突出，但是不能很好地重构出大尺度的特征和目标的空间分布。此外，在仅使用 GAN 损失的模型的训练中经常遇到著名的"模式塌陷"(mode collapse)问题(Arjovsky et al.，2017)。模式塌陷是 GAN 中的一个严重的训练问题，$T(z)$ 为了保持低损失会陷入一个固定的模式，而牺牲样本的多样性。该问题可以通过混合损失函数的应用得到缓解，合成的图像也能同时兼具低频和高频特征，而且网络的训练也会因此更加稳定。

4. 训练技巧

自适应矩估计(adaptive moment estimation，Adam)训练算法可以被用于翻译网络的

训练。遵循 GAN 训练策略，一次迭代包括以下步骤(图 13.6)。

(1)前向传播——首先，随机初始化一对翻译器和一对鉴别器。然后，一小批 SAR 图像被送入翻译器 A，翻译得到假光学图像；同时，一小批光学图像被送到翻译器 B，合成假 SAR 图像。接下来，将真假光学图像相继送到同一个鉴别器 A，分别生成两个概率图；相应地，真假 SAR 图像则被送到鉴别器 B，也分别生成两张概率图。

(2)后向传播——将真假光学图像的两张概率图的差异值作为损失，用来优化鉴别器 A，同时 SAR 图像的概率图的差异用来优化鉴别器 B。这里选用 Sigmoid 函数作为鉴别器的激活函数，由此鉴别器可被视为一个二分类器，目标是将假图像鉴别为 0，将真图像鉴别为 1。鉴别器对每张图像中每个切片分别分类，这样不仅限制了鉴别器的感受野，也为训练提供了很多样本(Shrivastava et al.，2017)。将这两个损失相加作为翻译器的 GAN 损失，而翻译器的目标是最大化它们。这也就意味着两个翻译器的目的是生成足够真实的图像来欺骗鉴别器。除此之外，翻译器还会直接比较真值和翻译图像的像素级的差异，来确保图中目标的位置一一对应。此后，对翻译器应用反向传播，计算出为了弥补真假图像的差异需要在每层网络层中做出的变动，以同时调整两个翻译器的可训练参数。

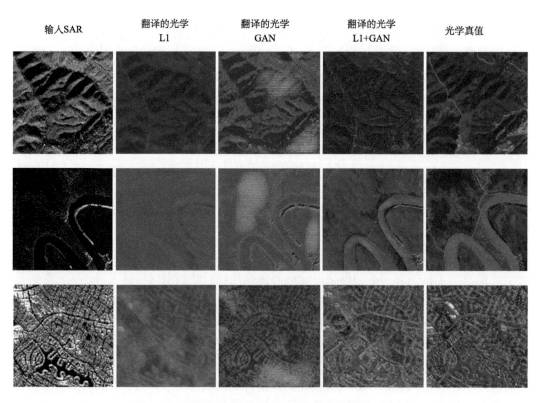

图 13.5　不同损失函数训练的模型翻译的图像的差异

第 1 列列出输入 SAR 图像，中间 3 列分别是 L1、GAN、L1+GAN 三种损失函数训练的模型产生的光学图像，最后 1 列是对应的光学图像真值

　　在整个训练过程中，前向传播和后向传播交替进行。批尺寸(batch size)设置为 1。使用 4 块 NVIDIA Titan X 的图形处理器(graphics processing unit，GPU)并行加速技术，也就是同时输入 4 对 SAR 和光学图像。每次前向传递一对图像生成对应的假图像，就可以根据损失函数计算出可训练参数的梯度。当 4 个线程中的梯度都计算出来后，单线程计算出其均值并被用来更新优化器。当完成后向传播后，另外 4 对图像又被送入网络中。每个周期要遍历完所有的图像，然后重新打乱图片的顺序，遍历下一个周期。

　　我们做了几组对比实验，设置式(13.2.4)中的权值 $\beta = 20$，由此 $L_{\mathrm{GAN}}(T)$ 和 $L_{\mathrm{L1}}(T)$ 加权后的初始值大致相等，模型的训练也更稳定，且能生成更好的结果。学习速率被设置为 0.0002。Adam 优化器中设置一阶矩估计的指数衰减率 $\beta_1 = 0.5$。输入的图像被线性映射到区间 $[-1,1]$。激活函数选择泄露整流线性单元(LeakyReLU)。除了第一层和最后一层外，在每一层的激活函数前使用批归一化(batch normalization，BN)。所有的可训练参数都初始化服从均值为 0、标准差为 0.02 的截断正态分布。这些超参数主要基于 Pix2Pix(Isola et al.，2017)的参数设置。当批量大小设置太小时，由于训练样本存在差异，梯度下降过程会发生轻微振荡，损失曲线呈逐渐下降的趋势。训练过程中使用了早截止(early stop)方法。当训练损失持续 4 个周期不下降时，强制停止本次训练。

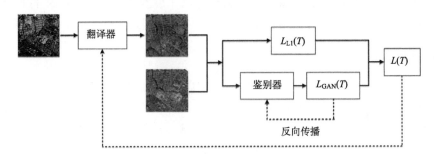

图 13.6　对抗网络的训练过程示意图

左边的图像是真实 SAR 图像；右上图像是生成的光学图像；右下图像是真实的光学图像

5. 非监督学习

　　使用严格配准的光学和 SAR 图像对的监督学习能够生成良好的结果。然而，这样的数据集很难获取，或者说即使能够获取，也要相当费力地去完成图像配准。因此，本节探讨如何使用非配准的 SAR 和光学图像对进行非监督学习。

　　CycleGAN(Zhu et al.，2017a)提出了循环回路(cyclic loop)的思想，该网络可以被用来实现上述目的。如图 13.7 所示，CycleGAN 首先将 SAR 图像送到翻译器 A，并翻译出假光学图像；然后利用假光学图像通过翻译器 B 重构出假 SAR 图像。另外，光学图像用于翻译出假 SAR 图像，然后进一步重构出假光学图像。重构的图像与真值逐像素进行比较，而翻译的假图像与真值经过鉴别器生成概率图并进行比较。在这两个循环期间，翻译器 A 和翻译器 B 与鉴别器一起交替训练。后续章节将介绍非监督学习，如何用少量严格配准的图像提升监督训练的翻译器的性能。

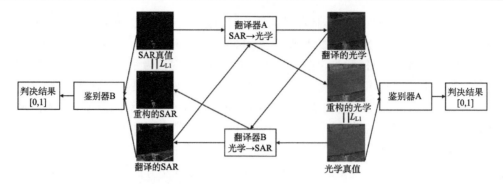

图 13.7　非监督学习网络的改进方案

13.3　实验分析

本节将从实验角度来验证 13.2 节提出的 CRAN 性能的优越性。实验将网络分别应用到星载和机载 SAR 数据中，并对翻译结果进行定性和定量分析；分析了对结果产生影响的不同因素，包括分辨率、极化方式、图像尺寸等。本节还设置了对照实验，将该方法与现有的图像翻译方法进行比较。最后将该方法拓展到基于 CycleGAN 的非监督学习模式，结果表明，使用大量非配对的 SAR 和光学图像可以极大地改善测试结果。

1. 数据集准备

本次实验中使用的 SAR 数据主要来自中国的星载 GF-3 SAR（China Centre for Resources Satellite Data and Application，2017）和美国 NASA 的无人机载 SAR（Uninhabited Airborne Vehicle Synthetic Aperture Radar，UAVSAR）系统（NASA，2018）。实验中使用的数据信息列在表 13.1 中。其中，光学数据是 2018 年 11 月从谷歌地图上下载而来的，GF-3 SAR 数据对应的光学图像的分辨率为 0.51 m，UAVSAR 数据对应的光学图像的分辨率为 1.02 m。

表 13.1　有关实验中使用的两个数据集的部分信息

项目		UAVSAR	GF-3
SAR	分辨率/m	6	0.51
	极化方式	全极化	HH 或 VV
	入射角/(°)	90	40.6642 和 36.0820
	采集模式	PolSAR	SL
	频带宽度/MHz	80	240
	采集时间(年-月-日)	2010-04-09、2013-05-13	2017-01-02、2016-08-15
	采集地点	美国加利福尼亚州	中国武汉和合肥
光学	分辨率/m	1.02	0.51
	采集时间(年-月-日)	2018-11-25	2018-06-05、2018-05-28
	地理坐标系	WGS 84	WGS 84

L 波段极化 UAVSAR 雷达获得的图像如图 13.8 所示。图像数据主要包括 5 种类型的地表，建筑物、植被(高山经常覆盖了树木，因此在这里被视作植被)、农田、水域和沙漠。UAVSAR 数据的像素间距大约是 6.2m×4.9m。从初始的 SAR 和光学大图中无重叠地切出一些尺寸为 256×256 的样本。这意味着当划分训练、测试集时，虽然两个数据集的分布可能相似，但同一个目标不可能同时出现在两者中，最终获得 12394 对配准好的样本。

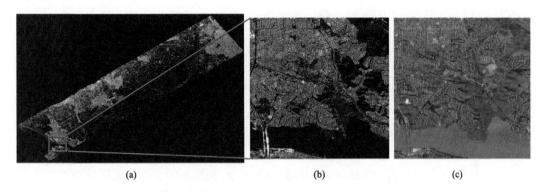

(a)　　　　　　　　　(b)　　　　　　　　　(c)

图 13.8　位于美国加利福尼亚州的一幅 UAVSAR 大图(a)；放大的区域(b)；
放大区域对应的光学图像(c)

GF-3 卫星是中国第一颗 C 波段多极化 SAR 成像卫星。本书的研究使用了两幅像素分辨率均为 0.51m 的 GF-3 图像。数据集包含不同的城市/郊区。地理编码后的 GF-3 SAR 图像如图 13.9(a)所示。它主要包含 5 种地表，即建筑物、道路(高速公路或立交桥)、植被、水域(湖泊、河流或海洋)和农田。建筑物可以进一步分为低层建筑和高层建筑。

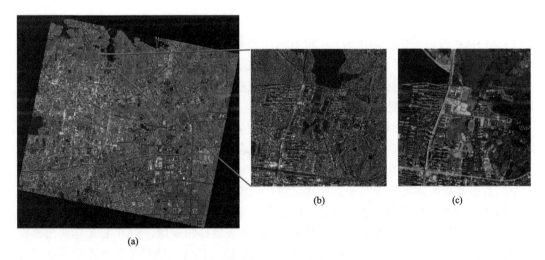

(b)　　　　　　　　　(c)

(a)

图 13.9　分辨率为 0.51m 的一景 GF-3 SAR 图像，位于中国湖北省武汉市洪山区(a)；放大的区域(b)；
放大区域对应的光学图像(c)

对于样本大图，可以使用一个简单的预处理，将 SAR 图像的像素值映射到 $[-1,1]$。原 SAR 图像的像素值变化范围太大，需要挑选一个合适的阈值在不改变 SAR 图像对比度的情况下将其归一化。归一化后的 SAR 图像的像素值定义为式(13.3.1)。

$$\hat{x} = \begin{cases} -1 & x \leqslant 0 \\ 1 & x \geqslant \bar{x} \\ 2x/\bar{x} - 1 & \text{其他} \end{cases} \tag{13.3.1}$$

式中，x 和 $\hat{x}$ 分别为 SAR 图像归一化前后的像素值；$\bar{x}$ 为挑选的阈值，被定义为

$$\bar{x} = \lambda \left(\sum_{i=1}^{N} x_i \right) \Big/ (N - n) \tag{13.3.2}$$

式中，x_i 为图像 x 中的第 i 个像素值；N 为图像中的像素总数；n 为像素值为 0 的像素总数。这里设置 $\lambda = 2000$。

另一个预处理是使用快速非局部降噪滤波器对 GF-3 SAR 图像进行相干斑滤波 (Cozzolino et al., 2014)。实验发现，对训练样本进行相干斑滤波可以改善最终生成图像的质量。通过切片，共获得 12854 对 GF-3 SAR 和光学图像样本，随机选择 20%作为测试样本，其余的作为训练样本。在数据集的准备过程中发现，由于 SAR 和光学图像的采集时间不同，最近收集的光学图像中所示的一些新建筑物没有出现在对应的 SAR 图像中，这可能会对最终结果产生不利影响。

2. 定量评估

本小节设计了一些实验来验证 CRAN 网络在不同分辨率和不同极化方式的数据集下的性能。不同分辨率的实验分别采用了中等分辨率的 UAVSAR 和高分辨率的 GF-3 数据集；不同极化方式的实验采用了单极化和全极化的 UAVSAR 数据。

1) 分辨率

UAVSAR 数据分别重采样为 6m 和 10m 分辨率的图像，然后用于训练提出的网络。如图 13.10 所示。6m 和 10m 分辨率的翻译图像视觉效果很好，说明 CRAN 网络模型在高质量的低分辨数据集上表现优异。由于 10m 分辨率的图像中的目标太小，网络很难提取特征，将翻译器的感受野调整为 95 可以缓解这个问题。

图 13.11 展示了 CRAN 翻译网络模型翻译的 4 对 GF-3 图像。第一行是一对训练样本，其余三行是测试样本。可以发现，简单的地表，如水域和植被很容易被正确翻译。低层建筑物被翻译成立方体，但是它们的边缘不对齐。当建筑物距离很近时，它们之间的空地就很难被辨别出来。对于高层建筑物，训练样本中的看起来更真实，而最后一行测试样本中的就显得很模糊了，似乎是由于网络受限于视角，不能弥补单目观测带来的对目标形状预估的偏差。事实上，针对高层 3D 地表目标的成像，SAR 和光学传感器都对观测视角很敏感。如果缺少投影机理的辅助，CRAN 翻译网络模型的性能很难在这方面得到提升。

SAR　　➡　　翻译的光学　　　　光学　　➡　　翻译的SAR

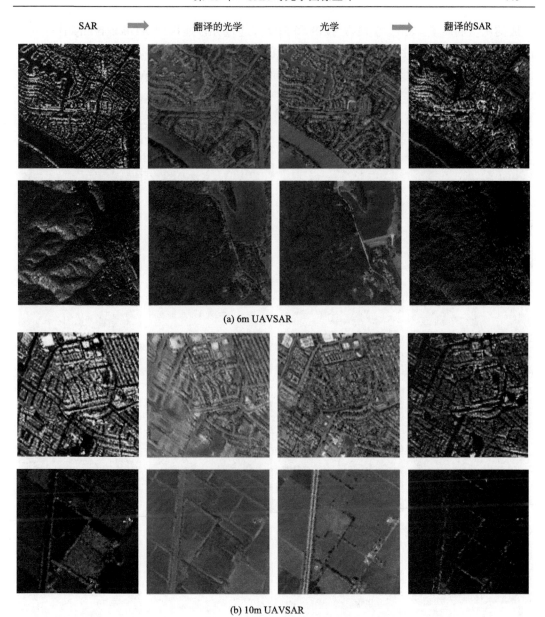

(a) 6m UAVSAR

(b) 10m UAVSAR

图 13.10　UAVSAR（测试样本）翻译的样例图像

每一行的图像从左到右依次是真实的 SAR 图像和用它翻译的光学图像、真实的光学图像和用它翻译的 SAR 图像

定量评估翻译的图像和真实图像之间的差异很有必要。传统的评估方法有 L1 范数正则化（L1 regularization）、峰值信噪比（peak signal to noise ratio，PSNR）、结构相似性（strutural similarity index，SSIM）等方法（Wang et al.，2004），可用于评估两张图像之间的相似程度。然而，传统方法仍然从像素值而不是感官的角度比较两个图像之间的相似性。并行连接网络得分（inception score，IS）（salimans et al.，2016）和弗雷歇并行连接网络距离（Fréchet inception distance，FID）（Heusel et al.，2017）通常被用于定量评估 GAN

生成的图像的质量。如图 13.12 所示 IS 和 FID 都通过并行连接网络(inceptionNet)将输入
图像编码为一个归一化的概率矢量,该矢量的每个值即被分类为某个类别的概率。如果
两个图像相同,则它们的概率矢量也应该相同。

SAR　➡　翻译的光学　　　　　　光学　➡　翻译的SAR

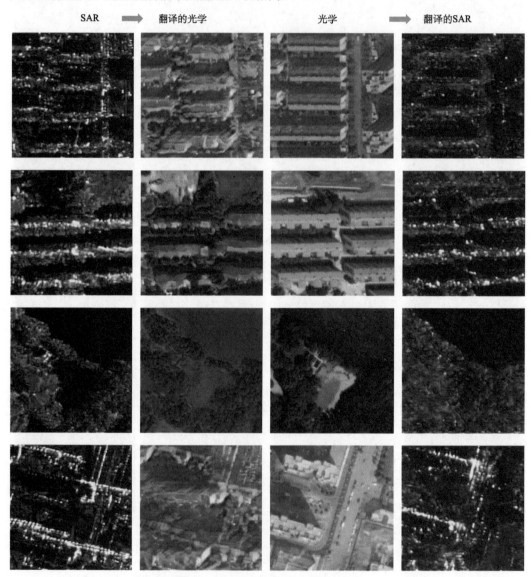

图 13.11　GF-3 数据翻译的样例图像

每一行的图像从左到右依次是真实的 SAR 图像和用它翻译的光学图像、真实的光学图像用它翻译的 SAR 图像

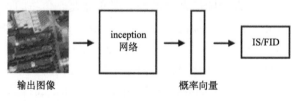

图 13.12　计算 IS/FID 的流程图

和 IS 相比, FID 使用了真值的统计数据, 并与生成样本的统计数据进行比较。均值和协方差为 (m_1, C_1) 的高斯分布与均值和协方差为 (m_2, C_2) 的高斯分布之间的 FID 值被定义为 $\left\| m_1 - m_2 \right\|_2^2 + \mathrm{Tr}\left[C_1 + C_2 - 2\left(C_1 C_2 \right)^{1/2} \right]$。FID 越小, 对应的真值集和生成样本集之间也就越相似。

实验结果显示, 生成的 0.51m 的光学和 SAR 图像的 FID 分别是 154.7532 和 53.0067。FID 的数值相对较大, 说明 CRAN 翻译网络模型的性能不好。然而, 从人眼的角度来看, 翻译的图像可视化效果很好。每张图中的建筑物、农田、绿地等都分类正确, 也都被分配了纹理。当然也有例外, 建筑物的纹理差异很大, 很难跟真值中的一一匹配。对大尺度的城市场景来说, 细节等高频部分很难被网络学习好, 因为它们在每个样本中的差异很大。目前, 主要目标是正确翻译各种地表的轮廓和赋予具有代表性的纹理。

用来计算 Gauss 统计数据(均值和协方差)的样本数应该比 inception 网络中最后一个编码层的维度大, 此处池化层的维度是 2048(Heusel et al., 2017)。否则, 协方差矩阵不满秩, 从而导致计算均方根时会产生复数和非数值 NaN。此处使用 2048 对测试样本来计算 FID, 以此来估计生成器生成类似真实样本的能力。

表 13.2 中列出了上面提出的不同分辨率数据集的 FID 值。随机从每个数据集选 2048 对样本, 并计算对应的 FID 值, 重复三次, 用三次计算出 FID 值的均值表示 CRAN 翻译网络模型学习这种数据集的能力。结果发现, 6m 分辨率的翻译结果比 0.51m 和 10m 的翻译结果更好。10m 分辨率的翻译结果不理想的原因是它们的特征太小很难提取。总体而言, 低分辨的图像更容易被翻译。

注意, 随着样本数量的增加, FID 可以进一步减少。如表 13.3 所示, 以 6m 全极化 UAVSAR 数据为例, 如果给 10000 对样本, 光学数据的 FID 可以减少到 72, SAR 数据的 FID 可以减少到 42。

表 13.2　不同数据集下翻译结果的 FID 值

项目	0.51m 单极化 GF-3	6m 单极化 UAVSAR	10m 单极化 UAVSAR	6m 全极化 UAVSAR
光学	154.8	106.4	138.4	85.6
SAR	53.0	56.0	64.7	52.8

表 13.3　随着样本数的增加, FID 在下降(针对表 13.2 中 6m 全极化 UAVSAR 数据集)

样本	500	1000	2048	3000	4000	5000	6000	7000	8000	9000	10000
光学	125.0	102.9	85.6	81.2	77.9	75.9	74.8	74.1	73.4	72.7	72.1
SAR	86.9	68.8	52.8	49.4	46.8	45.9	44.5	43.2	42.5	42.0	41.9

2) 极化方式

到目前为止, 实验中使用的 SAR 数据都是 *HH* 或 *VV* 单一极化数据。相比于单极化数据, 全极化数据包含丰富的极化信息。如果使用全极化 SAR 数据, 模型性能到底能够提升多少，这是很值得研究的课题。简单起见，使用 Pauli 伪彩色图代替全极化 SAR 数据。

极化 SAR 数据的基本形式是极化散射矩阵（Lee and Pottier，2009；　Jin and Xu，2013），它表述为一个包含 S_{HH}、S_{HV}、S_{VH}、S_{VV} 的 4 个分量的 2×2 维复矩阵。不同极化通道包含其特有的电磁散射信息，有些目标在交叉极化通道中的成像比同极化通道中的更清楚（Jin and Xu，2013）。

随后，通过 Pauli 分解将全极化信息转换为伪彩色图像。Pauli 分解旨在将散射矩阵 S 分解为不同散射类型，如 a 表示单次表面散射，b 表示二次散射，c 表示体散射。

$$a = \frac{S_{HH} + S_{VV}}{\sqrt{2}}, b = \frac{S_{HH} - S_{VV}}{\sqrt{2}}, c = \frac{S_{HV} + S_{VH}}{\sqrt{2}}, d = j\frac{S_{HV} - S_{VH}}{\sqrt{2}} \tag{13.3.3}$$

Pauli 图是使用其中 3 个分量的强度编码的伪彩色图，即

$$I = \left[\left| S_{HH} - S_{VV} \right|^2, 4\left| S_{HV} \right|^2, \left| S_{HH} + S_{VV} \right|^2 \right]^T / 2 \tag{13.3.4}$$

最后，分别基于同一区域的全极化图像和单极化图像训练我们的模型，并比较翻译效果。如表 13.2 所示，6m 全极化数据翻译效果最佳，尤其是重构的光学图像要比 6m 单机化数据重构的好很多。图 13.13 中列出了四类不同的地表，即水域、植被、农田和建筑物。显然，全极化数据翻译的光学图像更清晰且逼真。

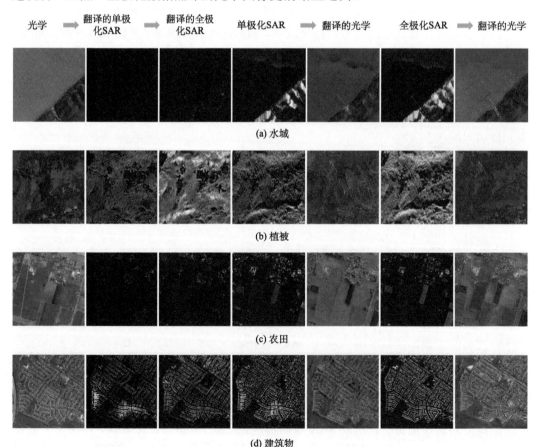

图 13.13　不同极化方式的 UAVSAR 数据翻译的样例图像

图 13.13 中每行列出的图像从左到右依次是光学图像真值和用它翻译的单极化 SAR 和全极化 SAR 图像，单极化 SAR 图像真值和它翻译的光学图像，全极化 SAR 图像真值和用它翻译的光学图像。每一行代表一种地表类型。

图 13.14 进一步探究了一些特殊情况。在每个例子中，单极化图像和其对应的全极化图像中的一个建筑都被标出。在全极化图像中能够轻易观察到的建筑物很难在单极化数据中被辨认，这主要是因为不同极化通道之间散射能量分布不均匀。由全极化 SAR 图像转换的光学图像更逼真且接近真值，显然，它受益于全极化 SAR 图像中包含更多的极化信息。

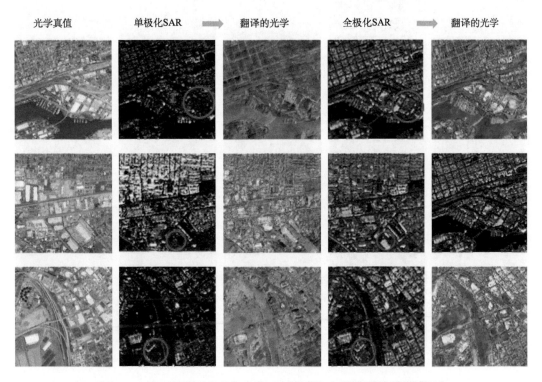

光学真值　　　　单极化SAR　　➡️　翻译的光学　　　　全极化SAR　　➡️　翻译的光学

图 13.14　不同极化方式的 UAVSAR 数据(特殊案例)翻译的样例图像

每一行的图像从左到右依次是光学图像真值，单极化 SAR 图像真值和用它翻译的光学图像，
全极化 SAR 图像真值和用它翻译的光学图像

3. 与现有翻译网络的对比

在已存在大量图像翻译方法的背景下，为了评价 CRAN 翻译网络模型的性能，将它与性能卓越的 CycleGAN(Zhu et al.，2017a)和 Pix2Pix(Isola et al.，2017)网络一起，比较它们翻译 0.51 m GF3 SAR 图像的性能。这两种网络经常被用于光学图像域的图像转换，这里被作为对照试验的基准。注意，这里应用的 CycleGAN 采用和 Pix2Pix 相同的网络结构，但是采用循环回路的策略进行训练。为了保证对照实验的公正性，鉴别器本身以及生成器的感受野保持相同，生成器网络的层数和可训练参数总数大致相等，网络

的参数随机初始化。为了去除参数初始化对训练结果的影响，每个网络使用同样的数据分别训练了三次，然后选择了最优的结果。

图 13.15 中选取了 4 类不同的具有代表性的地表。可以发现，前两行中 CRAN 翻译网络模型合成的建筑物更有立体感。在第 3 和第 4 行中，CycleGAN 翻译的农田、道路和植被跟 CRAN 翻译网络模型翻译的很类似。

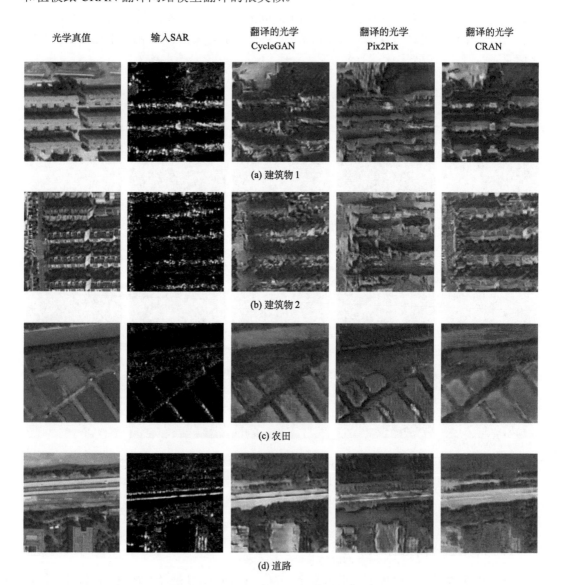

图 13.15　不同方法下 SAR-光学转换的对比

每一行代表一种地表类型。每一列从左向右依次是光学图像真值、输入 SAR 图像、CycleGAN 模型翻译的光学图像、Pix2Pix
模型翻译的光学图像和 CRAN 翻译网络翻译的光学图像

表 13.4 给出 3 种评价指标 PSNR、SSIM 和 FID 的量化结果。PSNR 是基准图像和待测图像之间像素差异之和的倒数，SSIM 从亮度、对比度和结构 3 个方面评价图像的相

似度。PSNR 或 SSIM 的值越大，两张图像越相似。FID 常被用来测量生成样本与真实样本之间的差距。FID 值越小，两个数据集之间的统计特性越相似。在 0.51m 和 6m 单极化数据集中，我们提出的方法优于 CycleGAN 和 Pix2Pix，尤其是 FID 提升了很多。而在 10 m UAVSAR 和 6 m 全极化 UAVSAR 数据集上，CRAN 虽然部分指标不如其他两种方法，但总体是较优的。

表 13.4　不同评价指标对比不同方法翻译的结果

数据集	方法	SSIM		PSNR		FID	
		SAR	光学	SAR	光学	SAR	光学
0.51m 单极化 GF3	CycleGAN	0.2535	0.2656	15.7171	14.9675	62.1420	185.3181
	Pix2Pix	0.2194	0.2317	15.4978	14.4686	77.6901	212.5304
	CRAN	0.2595	0.2799	15.9172	15.5820	53.0067	154.7532
6m 单极化 UAVSAR	CycleGAN	0.3585	0.3005	19.5424	16.1030	50.5496	132.1710
	Pix2Pix	0.3407	0.3081	19.6044	15.7463	48.5541	99.7782
	CRAN	0.3640	0.3092	20.2907	16.1323	56.0201	106.3988
10m 单极化 UAVSAR	CycleGAN	0.2879	0.2973	18.5911	16.2957	53.2890	113.2880
	Pix2Pix	0.2917	0.3072	18.3707	16.0357	63.5519	146.7449
	CRAN	0.2819	0.3346	18.3092	16.4238	64.7359	138.3651
6m 全极化 UAVSAR	CycleGAN	0.3418	0.3254	18.3431	16.0414	46.0073	95.69
	Pix2Pix	0.3716	0.3308	19.5295	16.0421	65.1980	94.9724
	CRAN	0.3768	0.3109	19.2188	16.1489	52.7645	85.5704

值得注意的是，测试使用的量化指标只能作为衡量图像生成效果的一个大致参考，在某些情况下，它们可能无法如实、准确地反映生成图像的实际视觉外观。图 13.16 给出了两个例子，每个例子的测试指标标注在对应图像的上方。从结果中可以看出，某些图片视觉感觉很好，但量化指标却很低。例如，对于从 6m 全极化 UAVSAR 数据集中选择的图像 a、b 和 c，由 CRAN 生成的光学图像 b 视觉效果优于 CycleGAN 生成的图像 c，但 PSNR 和 SSIM 值却小于后者；对于从 10m 单极化 UAVSAR 数据集中获取的图像 d、e、f，类似地，CRAN 生成的 e 优于 Pix2Pix 生成的 f，但后者有更大的 PSNR 值。

图 13.16 比较不同方法实现 SAR-光学转换的结果，验证评估指标的不完全正确性。第一行选自 6m 全极化 UAVSAR 数据集：(a)光学真值,(b)CRAN 翻译的光学图像,(c)CycleGAN 翻译的光学图像；第二行选自 10m 单极化 UAVSAR 数据集：(d)光学真值,(e)CRAN 翻译的光学图像，(f)Pix2Pix 翻译的光学图像。

4. 跨平台泛化

好的泛化能力是 CRAN 翻译网络模型能在实际场景中应用的关键。一个重要的方面就是不同地理场景之间的泛化。以上章节中，从不同地区采集了很多测试样本，其较低的 FID 数值表示 CRAN 翻译网络模型可以实现不同地理场景之间的泛化。另一个重要的测试是不同 SAR 平台之间的泛化，也就是说，使用一个 SAR 平台的数据训练的模型能够翻译另一个 SAR 平台的数据。

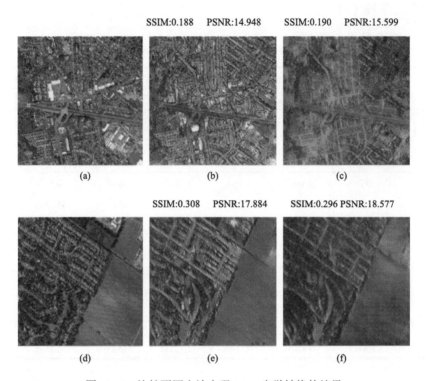

图 13.16　比较不同方法实现 SAR-光学转换的结果

　　本小节设计了一个实验，使用 UAVSAR 图像训练的模型用来转换从不同地区采样的 UAVSAR、GF-3 和 ALOS-2 的 SAR 数据(图 13.17)。跟真值对比，GF-3 和 ALOS-2 翻译得到的图像不好，不同地表之间的边界很模糊，这可能源于不同平台的 SAR 数据之间没有交叉校准。

5. 非监督学习的结果改善

　　本小节探究了通过非监督学习改善翻译结果的可能性。注意，此处是将基于配对样本预训练的网络以非监督的方式继续训练。然后，将待测试的 SAR 或光学图像输入网络，使用大量非配对的光学和 SAR 图像去训练它们，其不同于只用预训练学习的先验知识的监督学习模型去翻译图像，使用非监督学习的模型还可以动态地从拓展的数据集中学到些新的知识，并在迭代中改善翻译结果。

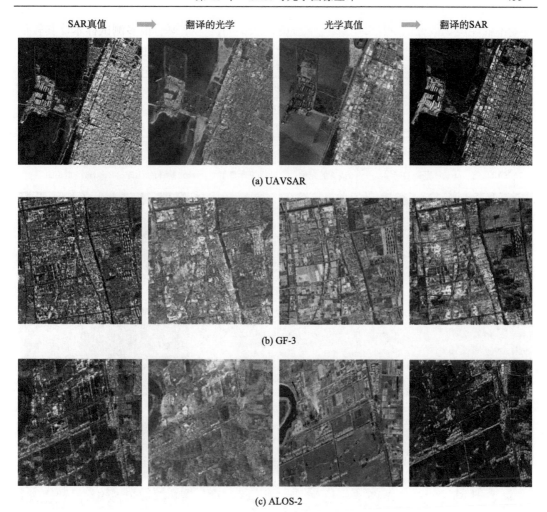

图 13.17　基于 6m UAVSAR 图像集预训练的模型翻译的跨场景和跨传感器图像

每列图像从左到右依次是 SAR 图像真值和用它翻译的光学图像、光学图像真值和用它翻译的 SAR 图像

实验的主要流程如下：

(1)在待测试的数据集之外随机选择 n 对光学和 SAR 图像，确保各类地表的数量均匀分布(由于翻译建筑物困难较大，建筑物可稍微多选一些)；

(2)将 N 张测试 SAR 图像和 n 张光学图像送入非监督网络中，训练直至网络早截止，并保存翻译的光学图像；

(3)将 N 张测试光学图像和 n 张 SAR 图像送入非监督网络中，训练直至网络早截止，并保存翻译的 SAR 图像；

(4)查看结果，定量评价，并与监督学习的结果对比。

如表 13.5 所示，非监督学习能极大地改善翻译结果。图 13.18 中列出了非监督学习改善的结果，发现相比于直接使用监督学习模型翻译的结果，非监督学习模型改善后的结果更加清晰且逼真。但是，由于 SAR 图像中的水域和农田相差不大，翻译的水域效果也就不够完美。

表 13.5 监督和非监督学习的翻译结果的 FID 值

项目	监督学习	非监督学习
光学图像	107.8	88.9
SAR 图像	58.1	41.2

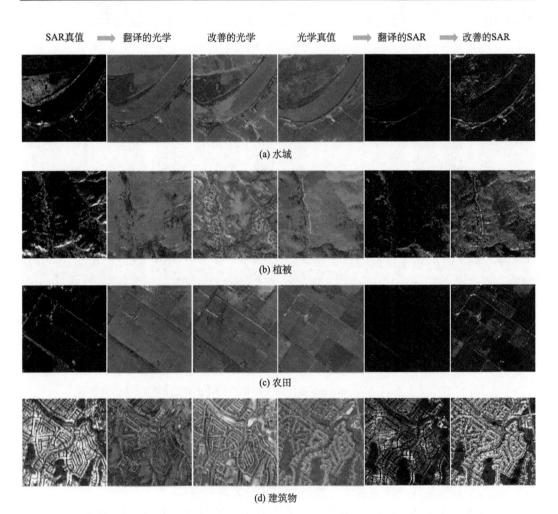

图 13.18 使用监督学习模式预训练网络翻译的图像经由非监督学习方法进一步改善

每一行的图像从左到右依次是输入 SAR 图像、预训练网络翻译的光学图像和非监督学习改善的图像，输入的光学图像、预训练网络翻译的 SAR 图像和非监督学习改善的 SAR 图像

为了辅助非专业人士解读 SAR 图像，本节提出了一个实现 SAR 和光学图像之间 CRAN 转换的图像翻译网络。为了从人眼角度评估合成的图像，本书使用了定量评估指标 FID。对于低分辨率(6m，10m)UAVSAR 数据集，翻译的图像看起来和真值很相似，对应的 FID 也很小。对于 0.51m 的高分辨率 GF-3 数据集，翻译的结果看起来很合理，

但是并不能准确抓取到人造目标的几何特征，尤其是高楼。

与单极化 SAR 图像相比，全极化 SAR 图像作为输入翻译的效果更好，因为全极化 SAR 图像中富含极化信息。在相同的条件下，CRAN 翻译网络模型优于久负盛名的图像翻译网络 CycleGAN 和 Pix2Pix 方法。通过验证发现，CRAN 翻译网络模型跨 SAR 平台泛化的结果不理想。最后，我们探究了非监督学习能够进一步提升使用少量配对图像对训练的翻译器的性能，这是辅助 SAR 图像解译的一个非常有效的方法。

6. 计算代价

本小节将分析三个翻译网络的计算性能，包括计算复杂度和每秒处理图像的速度。需要注意的是，对应神经网络，每幅图像的训练和推理的计算代价大致相同。因此，这里仅分析训练性能。

深度学习模型占用大量的运算资源，主要通过模型可训练参数总数和浮点运算总数来定量评估。实验中使用的翻译网络都是双向的。需要注意的是，计算运算资源时，只考虑了卷积层，而忽略了由 LeakyReLU 和 BN 产生的可训练参数和浮点运算操作。表 13.6 指出，当参数数量大致相同时，由于额外的循环回路结构，CycleGAN 的浮点运算总数约为 Pix2Pix 和 CRAN 的两倍。

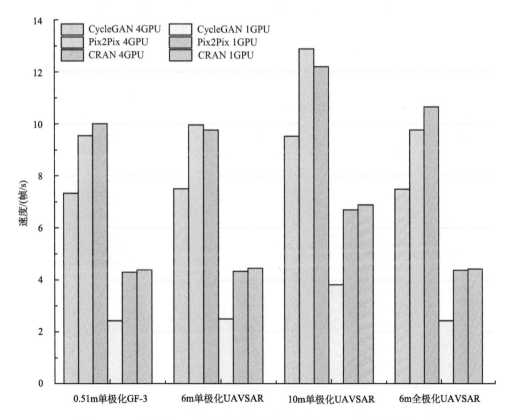

图 13.19　不同方法、不同数据集和不同数量的 GPU 下训练速度的对比

在每个数据集下，三种翻译网络分别运行在 4 块 GPU 和单块 GPU 上

表 13.6　三种翻译网络中可训练参数总数和浮点运算总数

模型	参数总数/M	浮点运算总数/FLOPs(G)
CycleGAN 生成器	113.73	152.39
Pix2Pix 生成器	107.16	89.50
CRAN 生成器	107.49	79.41
鉴别器	5.35	6.53

实验中的网络基于 TensoFlow 框架，并运行在搭载 4 块 Titan X 的 Ubuntu 服务器上。这里我们比较三种方法每秒分别能处理多少张图像。从图 13.19 可知：

(1)对于同一种方法，使用 4 块 GPU 训练的速度大约是使用 1 块 GPU 训练的 2～3 倍，这主要源于通信开销和某些无法分布式运行的计算部分。

(2)正如表 13.6 中分析的那样，CRAN 和 Pix2Pix 的速度远远快于 CycleGAN。

附录　实例代码——级联残差对抗网络(CRAN)

SAR-光学图像双向翻译网络的输入分别是 $N \times 256 \times 256 \times 3$ 的光学图像和 $N \times 256 \times 256 \times 1$ 的 SAR 图像(图像尺寸为 256×256，SAR 和光学的通道数分别是 1 和 3，N 是每次输入的图像数量)，输出是相应的同尺寸的 SAR 和光学图像。本节将介绍该网络训练过程中涉及的主要代码。

网络的翻译器是一个多尺度卷积的编码-解码网络，编码器逐步卷积和 2 倍池化，最终从 256×256 的输入图像提取出多通道的 8×8 的特征图；解码器中的特征图反卷积前，交替与编码器中同尺度的特征图和下采样的输入分别拼接，然后将组合的特征图馈送到下一层的反卷积层，最终输出 256×256 的图像。翻译器的卷积核为 3×3，编码器和解码器各有 12 层，输入图像的每个像素的感受野是 191×191。

```python
def build_generator(self, im_batch, out_channels, is_training, scope, reuse):
    # 编码器
    tmp = []
with tf.variable_scope(scope):
    # 判断是否复用可训练变量
        if reuse is True:
            tf.get_variable_scope().reuse_variables()
        out = im_batch
        kernel = 3
        # 有12层卷积层，每一层有不同的步长和通道数
        for i in range(12):
            out = self.lrelu(out) if i >= 1 else out
            stride = 2 if i % 2 == 0 and i // 2 > 0 else 1
```

```
            channels = self.args.ngf * 2 ** (i / 2) if i <= 9 else self.args.ngf
* 2 ** 4
            out = self.conv(out, channels, kernel, stride, sn=self.sn,
                        scope=scope + '_encoder%d_%d' % ((i % 2 + 1), (i
// 2 + 1)))
            out = self.batchnorm(out, is_training, scope + '_encoder%d_%d' %
((i % 2 + 1), (i / 2 + 1)))
            # save feature maps for the direct link
            if i % 2 == 0:
                tmp.append(out)


    # 解码器
    with tf.variable_scope(scope):
        if reuse is True:
            tf.get_variable_scope().reuse_variables()
        kernel = 3
        channels = [16, 16, 16, 8, 8, 4, 4, 2, 2, 1, 1]
        channels = [x * self.args.ngf for x in channels]
        channels.append(out_channels)
        # 有12层反卷积层，每一层有不同的步长和通道数
        for i in range(12):
            if i % 2 == 1:
                # 将反卷积得到的特征图与下采样的输入拼接
                out_shape = out.shape.as_list()
                resize = tf.image.resize_bilinear(im_batch, (out_shape[1],
out_shape[2]), align_corners=True)
                out = tf.concat((resize, out), axis=3)
            else:
                # 将反卷积得到的特征图与卷积得到的同尺度的特征图拼接
                out = tf.concat((out, tmp[int(5 - i // 2)]), axis=3) if i >=
2 else out
            stride = 2 if i <= 9 and i % 2 == 1 else 1
            out = self.deconv(self.lrelu(out), channels[i], kernel, stride,
sn=self.sn,
                        scope=scope + '_decoder%d_%d' % ((i % 2 + 1), 6
- i // 2))
            out = self.batchnorm(out, is_training, scope + '_decoder%d_%d' % (
(i % 2 + 1), 6 - i // 2)) if i <= 10 else out
        # 网络输出通过tanh激活函数约束到(-1,1)之间
        pred = tf.nn.tanh(out)
    return pred
```

网络的鉴别器的卷积核为 4×4，它有 5 层，像素感受野为 70×70。鉴别器中特征图的基准数目设置为 64，于是每一层的特征图数目分别为 64、128、256、512 和 1，最终 256×256 的输入图像被映射成一个取值范围为 (0,1) 的 32×32 鉴别矩阵，每一个值表征原图某一个局部区域的特征。

```python
def build_discriminator(self, im_batch, is_training, scope, reuse):
    # 判断是否复用可训练变量
    with tf.variable_scope(scope):
        if reuse is True:
            tf.get_variable_scope().reuse_variables()
        kernel = 4
        # 有5层卷积层，每一层输出的通道数不同
        channels = [self.args.ndf, self.args.ndf * 2, self.args.ndf * 4,
self.args.ndf * 8, 1]
        out = im_batch
        for i in range(5):
            out = self.lrelu(out) if i >= 1 else out
            stride = 2 if i <= 2 else 1
            out = self.dis_conv(out, channels[i], kernel=kernel, stride=
stride, use_bias=True, sn=self.args.sn,
                                scope=scope + '_discrim%d' % (i + 1))
            out = self.batchnorm(out, is_training, scope=scope +
'_discrim%d' % (i + 1)) if i >= 1 and i <= 3 else out
        out = tf.sigmoid(out)
    return out
```

创建一个双向网络，分别有两个翻译器"CRAN1_G"和"CRAN2_G"和两个鉴别器"CRAN1_D"和"CRAN2_D"。其中_a、_b 分别是输入的待转换的光学、SAR 图片，则 fake_ab、fake_ba 分别是转换得到的 SAR、光学图片。

```python
with tf.variable_scope("generator", reuse=tf.AUTO_REUSE):
    # 创建翻译器CRAN1_G, _a → fake_ab
    self.fake_ab = self.build_generator(_a, self.args.SAR_IMG_CHANNELS,
self.is_training,
                                        'CRAN1_G', False)
    # 创建翻译器CRAN2_G, _b → fake_ba
    self.fake_ba = self.build_generator(_b, self.args.OPT_IMG_CHANNELS,
self.is_training,
                                        'CRAN2_G', False)

with tf.variable_scope("discriminator", reuse=tf.AUTO_REUSE):
```

```
    # 创建鉴别器CRAN2_D, _a → predict_real_a
    self.predict_real_a = self.build_discriminator(_a, self.is_training,
scope='CRAN2_D',
                                            reuse=False)
    # 创建鉴别器CRAN1_D, _a → predict_real_b
    self.predict_real_b = self.build_discriminator(_b, self.is_training,
scope='CRAN1_D',
                                            reuse=False)

    # 复用鉴别器CRAN2_D, fake_ba → predict_fake_a
    self.predict_fake_a    =    self.build_discriminator(self.fake_ba,
self.is_training, scope='CRAN2_D',
                                            reuse=True)
    # 复用鉴别器CRAN1_D, fake_ab → predict_fake_b
    self.predict_fake_b    =    self.build_discriminator(self.fake_ab,
self.is_training, scope='CRAN1_D',
                                            reuse=True)
```

创建了一对转换方向相反的网络后，需要为这两个网络设置优化器。程序中，我们使用了数据并行处理的方式,每块 GPU 前馈产生的损失函数对各个可训练变量的梯度传递到某一块 GPU，由它计算梯度的均值，即

tower_grads、tower_grads_discrim_a、tower_grads_discrim_b,

然后用来后向更新各可训练变量。实际中，两个翻译器分享同一个优化器，而两个鉴别器使用独立的优化器。

```
# 创建针对两个翻译器的优化器
tower_grads = self.average_gradients(tower_grads)
self.gen_train = self.gen_optim.apply_gradients(tower_grads)

# 创建分别针对两个鉴别器的优化器
tower_grads_discrim_a = self.average_gradients(tower_grads_discrim_a)
self.discrim_train_a.                                              =
self.discrim_optim_a.apply_gradients(tower_grads_discrim_a)
tower_grads_discrim_b = self.average_gradients(tower_grads_discrim_b)
self.discrim_train_b.                                              =
self.discrim_optim_b.apply_gradients(tower_grads_discrim_b)
```

模型的训练代码如下所示，首先创建一个存储类(saver)，用来存储每个迭代周期(epoch)训练得到的网络结果(包括可训练变量值和网络结构图)。在训练过程中，每次从存放数据的目录下读取 4 对图片，分别馈送给每个 GPU，让它们分别处理。本次实验中，我们创建的是一个张量流(TensorFlow)的静态图，需要通过一个会话(session)来计算图

中的 3 个优化器 gen_train、discrim_train_a 和 discrim_train_b，从而让图动起来。同时，我们也会计算预先定义的几个损失函数的值，以作为监视网络训练状态的指标。需要注意的是，在将图片送入网络前，需要对其做归一化处理。

```
# 为计算图创建会话
with  tf.Session(config=tf.ConfigProto(allow_soft_placement=True))  as
sess:
    # 初始化各可训练变量
    sess.run(init)

    # 创建saver容器，用来保存训练模型
    path = self.args.model_dir + "/results/ckpt2"
    ckpt = tf.train.get_checkpoint_state(path)
    if ckpt:
        saver.restore(sess, ckpt.model_checkpoint_path)
        print('loaded ' + ckpt.model_checkpoint_path)

    # 读取训练和测试样本
    trainSample = os.listdir(os.path.join(self.args.model_dir, 'datasets/
origin/train/opt'))
    testSample = os.listdir(os.path.join(self.args.model_dir, 'datasets/
origin/test/opt'))

  for epoch in range(0, self.args.max_step):
      time_start = time.time()
      if os.path.isdir(resultPath + "/%04d" % epoch):
          continue
      print("In the epoch {}".format(epoch))
  curr_lr = self.args.base_lr
  # 打乱训练数据
      se = np.random.permutation(_num_train)
      for i in range(0, _iteration):
          print("Processing batch {}/{}".format(i, _iteration))
          image_opt = []
          image_sar = []
          # 每次读取4对图片，分别馈送给4块GPU分别处理
          for j in range(4):
              # 对每张输入图像做归一化处理
              image_opt.append(np.float32(scipy.misc.imread(
                  os.path.join(self.args.model_dir,
'datasets/origin/train/opt',
                              trainSample[se[i * 4 + j]]))) / 127.5 - 1.0)
```

```
image_sar.append(np.expand_dims(np.float32(scipy.misc.imread(
                os.path.join(self.args.model_dir,
'datasets/origin/train/sar',
                        trainSample[se[i * 4 + j]]))),
            axis=2) / 127.5 - 1.0)


    # 计算每个batch对3个优化器的更新和所用到的几个损失函数值
        _, _, _, gen_loss_fake, gen_loss_gan, gen_loss, discrim_loss_a,
discrim_loss_b = \
            sess.run([self.gen_train, self.discrim_train_a, self.discrim_
train_b, self.gen_loss_fake,
                    self.gen_loss_gan, self.gen_loss, self.discrim_loss_a,
self.discrim_loss_b],
                feed_dict={self.input_opt:image_opt[0:4], self. input_
sar: image_sar[0:4],
                    self.learning_rate: curr_lr, self.learning_
rate2: curr_lr,
                    self.is_training: True})
```

参 考 文 献

Arjovsky M, Chintala S, Bottou L. 2017. Wasserstein gan. arXiv preprint arXiv:1701.07875.

Byun Y, Choi J, Han Y. 2013. An area-based image fusion scheme for the integration of SAR and optical satellite imagery. IEEE Journal of Selected Topics in Applied Earth Observations and Remote Sensing, 6(5): 2212-2220.

Chen Q, Koltun V. 2017. Photographic Image Synthesis with Cascaded Refinement Networks. Proceedings of the IEEE International Conference on Computer Vision.

Cozzolino D, Parrilli S, Scarpa G, et al. 2014. Fast adaptive nonlocal SAR despeckling. IEEE Geoscience and Remote Sensing Letters, 11(2): 524-528.

Dataset: Gaofen3, China Centre for Resources Satellite Data and Application. 2017. http://www. cresda. com/CN/.

NASA. 2018. ASF DAAC. https://vertex.daac.asf.alaska.edu/.

Enomoto K, Sakurada K, Wang W, et al. 2018. Image Translation Between Sar and Optical Imagery with Generative Adversarial Nets. IGARSS 2018-2018 IEEE International Geoscience and Remote Sensing Symposium.

Fan J, Wu Y, Li M, et al. 2018. SAR and optical image registration using nonlinear diffusion and phase congruency structural descriptor. IEEE Transactions on Geoscience and Remote Sensing, 56(9): 5368-5379.

Fu S, Xu F, Jin Y Q. 2019a. Reciprocal translation between SAR and optical remote sensing images with cascaded-residual adversarial networks. arXiv preprint arXiv:1901.08236.

Fu S, Xu F, Jin Y Q. 2019b. Translating SAR to optical images for assisted interpretation. arXiv preprint arXiv:1901.03749.

Garzelli A. 2002. Wavelet-based fusion of optical and SAR image data over urban area. International Archives of Photogrammetry Remote Sensing and Spatial Information Sciences, 34 (3/B): 59-62.

Gatys L A, Ecker A S, Bethge M. 2016. Image Style Transfer Using Convolutional Neural Networks. Proceedings of the IEEE Conference on Computer Vision and Pattern Recognition.

Goodfellow I, Pouget-Abadie J, Mirza M, et al. 2014. Generative adversarial nets. Advances in Neural Information Processing Systems, 2672-2680.

He W, Yokoya N. 2018. Multi-temporal Sentinel-1 and -2 data fusion for optical image simulation. ISPRS International Journal of Geo-Information, 7 (10): 389.

Heusel M, Ramsauer H, Unterthiner T, et al. 2017. Gans trained by a two time-scale update rule converge to a local nash equilibrium. Advances in Neural Information Processing Systems, 6626-6637.

Isola P, Zhu J Y, Zhou T, et al. 2017. Image-to-Image Translation with Conditional Adversarial Networks. Proceedings of the IEEE Conference on Computer Vision and Pattern Recognition.

Jin K H, McCann M T, Froustey E, et al. 2017. Deep convolutional neural network for inverse problems in imaging. IEEE Transactions on Image Processing, 26 (9): 4509-4522.

Jin Y Q, Xu F. 2013. Polarimetric Scattering and SAR Information Retrieval. John Wiley & Sons.

Johnson J, Alahi A, Fei-Fei L. 2016. Perceptual Losses for Real-Time Style Transfer and Super-Resolution. European conference on computer vision. Springer, Cham.

Lample G, Zeghidour N, Usunier N, et al. 2017. Fader networks: Manipulating images by sliding attributes. Advances in Neural Information Processing Systems, 5967-5976.

Lee J S, Pottier E. 2009. Polarimetric Radar Imaging: from Basics to Applications. Boca Raton: CRC Press.

Liu J, Gong M, Qin K, et al. 2018. A deep convolutional coupling network for change detection based on heterogeneous optical and radar images. IEEE Transactions on Neural Networks and Learning Systems, 29 (3): 545-559.

Liu M Y, Breuel T, Kautz J. 2017. Unsupervised image-to-image translation networks. Advances in Neural Information Processing Systems, 700-708.

Merkle N, Auer S, Müller R, et al. 2018. Exploring the potential of conditional adversarial networks for optical and SAR image matching. IEEE Journal of Selected Topics in Applied Earth Observations and Remote Sensing, 11 (6): 1811-1820.

Mirza M, Osindero S. 2014. Conditional Generative Adversarial Nets. arXiv preprint arXiv:1411.1784.

Ronneberger O, Fischer P, Brox T. 2015. U-net: Convolutional Networks for Biomedical Image Segmentation. International Conference on Medical Image Computing and Computer-Assisted Intervention. Springer, Cham.

Salimans T, Goodfellow I, Zaremba W, et al. 2016. Improved techniques for training gans. Advances in Neural Information Processing Systems, 2234-2242.

Schmitt M, Hughes L H, Zhu X X. 2018. The SEN1-2 dataset for deep learning in SAR-optical data fusion. arXiv preprint arXiv:1807.01569.

Shrivastava A, Pfister T, Tuzel O, et al. 2017. Learning from Simulated and Unsupervised Images through Adversarial Training. Proceedings of the IEEE Conference on Computer Vision and Pattern Recognition.

Taigman Y, Polyak A, Wolf L. 2016. Unsupervised cross-domain image generation. arXiv preprint arXiv:1611.02200.

Wang P, Patel V M. 2018. Generating High Quality Visible Images from SAR Images Using CNNs. 2018 IEEE Radar Conference (RadarConf18).

Wang Z, Bovik A C, Sheikh H R, et al. 2004. Image quality assessment: From error visibility to structural similarity. IEEE transactions on image processing, 13 (4): 600-612.

Zhu J Y, Park T, Isola P, et al. 2017a. Unpaired Image-to-Image Translation Using Cycle-Consistent Adversarial Networks. Proceedings of the IEEE International Conference on Computer Vision.

Zhu J Y, Zhang R, Pathak D, et al. 2017c. Toward multimodal image-to-image translation. Advances in Neural Information Processing Systems, 465-476.

Zhu X X, Tuia D, Mou L, et al. 2017b. Deep learning in remote sensing: A comprehensive review and list of resources. IEEE Geoscience and Remote Sensing Magazine, 5(4): 8-36.